AF666132

Vorsorgender und nachsorgender Hochwasserschutz

Stephan Heimerl
(Hrsg.)

Vorsorgender und nachsorgender Hochwasserschutz

Ausgewählte Beiträge aus der Fachzeitschrift WasserWirtschaft Band 2

Herausgeber
Stephan Heimerl
FICHTNER Water & Transportation GmbH
Stuttgart, Deutschland

ISBN 978-3-658-21838-6 ISBN 978-3-658-21839-3 (eBook)
https://doi.org/10.1007/978-3-658-21839-3

Die Deutsche Nationalbibliothek verzeichnet diese Publikation in der Deutschen Nationalbibliografie; detaillierte bibliografische Daten sind im Internet über http://dnb.d-nb.de abrufbar.

Springer Vieweg
Erstveröffentlichung der Beiträge in der Fachzeitschrift WasserWirtschaft Jg. 2014–2016

Lektorat: Dr. Daniel Fröhlich

Springer Vieweg ist ein Imprint der eingetragenen Gesellschaft Springer Fachmedien Wiesbaden GmbH und ist ein Teil von Springer Nature
Die Anschrift der Gesellschaft ist: Abraham-Lincoln-Str. 46, 65189 Wiesbaden, Germany

Prof. Dr.-Ing. Stephan Heimerl
Chefredakteur der Fachzeitschrift WasserWirtschaft,
Alfdorf-Meuschenmühle

Hochwasserschutz – die Reise geht weiter

Seit Jahrzehnten wird Hochwasserschutz betrieben, der in immer wieder neuen Programmen verstärkt und im Rahmen der Hochwasserrisikomanagement-Richtlinie der EU sowie deren nationaler Umsetzung auch noch organisatorisch spürbar erweitert wurde. In der Folge wurde viel geforscht und untersucht, geplant und gebaut sowie Erfahrungen gesammelt und nachjustiert. Es wurden nationale Programme aufgelegt, länderübergreifende Maßnahmen ergriffen, viele Milliarden ausgegeben, Frühwarnsysteme aufgebaut und auch auf lokaler Ebene viele kleine und große Erfolge gefeiert.

Damit könnte man meinen, man sollte doch so langsam überall einen umfassenden Schutz erreicht haben.

Dem ist leider nicht so, denn die zu bewältigende Aufgabe ist umfassend, um einen flächendeckenden Hochwasserschutz in allen potenziellen Überflutungsgebieten zu erreichen. Immer wieder auftretende Hochwasserereignisse haben dann auch stets erneut vor Augen geführt, dass zwar bereits sehr viel erreicht wurde, es aber noch viel zu tun gibt – sei es im baulich-konstruktiven Bereich oder auch auf der organisatorischen Ebene.

Und dann rücken immer wieder neue Aspekte ins Bewusstsein, die zwar an sich bekannt sind, die aber neu bewertet und gewichtet werden.

So zeigten die Ereignisse der vergangenen Jahre, dass z. B. der Art und vor allem den Wegen der Kommunikation während der Hochwasserereignisse mehr Beachtung geschenkt werden muss. So will doch beispielsweise die sich anbietende spontane Hilfe von Privatpersonen in die richtige Richtung und vor allem an die richtigen Orte gelenkt sein, damit diese nicht gar noch zum Störfaktor in einem ohnehin kritischen System wird.

Darüber hinaus zeigen die letzten Jahre veränderte Wetterereignisse auf, die vertiefend untersucht werden müssen, um zu verstehen, ob dies jeweils eine einmalige, zufällige Konstellationen war oder ob dem Klimawandel zuzuordnende Phänomene sind, die gegebenenfalls ein systematisches Umdenken und Nachjustieren bedingen.

Schließlich haben die Ereignisse 2008 an der Starzel und 2016 u. a. in Braunsbach, beide in Baden-Württemberg, eindrucksvoll gezeigt, dass unwetterartige Regenereignisse überall und auch abseits von größeren Flüssen zu dramatischen Überschwemmungen führen können. Von derartigen Starkregenereignissen spricht man, wenn es in kurzer Zeit und lokal begrenzt intensiv regnet. Der Deutsche Wetterdienst bezeichnet Niederschläge als Starkregen, wenn in einer Stunde mehr als 15 mm bzw. in sechs Stunden mehr als 20 mm Regen fallen. Insbesondere in den Sommermonaten kann Starkregen in Verbindung mit heftigen Gewittern große Schäden anrichten. Eine große Herausforderung ist dabei, dass der genaue Ort und Zeitpunkt im Gegensatz zu Hochwasserereignissen an großen Flüssen bisher kaum vorherzusagen ist und somit die Betroffenen überraschend mit dem Ereignis und all seinen Folgen, wie zum Beispiel Hangrutschungen, Murengängen, Verklausungen und vielen anderem mehr, konfrontiert werden. Zudem treten derartige Ereignisse nicht nur im Talgrund auf, sondern können auch in Hanglagen oder in ungünstigen Konstellationen auch in fern von Gewässern gelegenen, bisher als sicher geltenden Ortschaften auftreten.

Diese wenigen Beispiele zeigen exemplarisch einige der vielen Handlungsfelder rund um den Hochwasserschutz auf und verdeutlichen, dass die Reise noch für eine längere Zeit weitergehen wird.

Einen Beitrag zur Weiterentwicklung der verschiedenen Handlungsfelder in Form eines fachlichen Austauschs und Diskurses leistet dabei seit über 100 Jahren die Fachzeitschrift WasserWirtschaft mit ihren verschiedenen Vorläuferzeitschriften. Bereits seit der ersten Ausgabe werden bis heute in dieser unabhängigen Fachzeitschrift innovative, zukunftsorientierte sowie qualitativ hochwertige Beiträge wiedergegeben, mit dem Ziel, Diskussionen anzuregen sowie innerhalb der Fachkreise heute und morgen die jeweils beste Lösung finden zu können.

Mit diesem vorliegenden zweiten Band „Vorsorgender und nachsorgender Hochwasserschutz“ soll ein Einblick in die aktuelle Themenvielfalt rund um den Hochwasserschutz gegeben werden, indem verschiedenartige ausgewählte Beiträge der letzten Jahre aus dieser Fachzeitschrift zusammengeführt und in gebündelter Form dargestellt werden. Diese Beiträge reichen von den Erfahrungen beim Aufbau und der Integration eines Hochwasserrisikomanagements über die Weiterentwicklung des Systems und die Integration von Einsatzleitzentralen bis hin zur Erforschung, Planung und Umsetzung von weiteren Maßnahmen. Breiten Raum wird auch ausgewählten Bespielen und den eingesetzten Techniken eingeräumt.

Die Lektüre der verschiedenartigen Anregungen bei der Vorsorge, Bewältigung und Nachsorge von Hochwasserereignissen soll Sie zur Nachahmung sowie zur weiteren Optimierung anregen und Sie auf der weiteren Reise hin zu einem möglichst vorausschauenden, bestmöglichen Hochwasserschutz inspirieren. Auch soll dieser fachliche Austausch dazu führen, dass die Schadenspotenziale immer geringer und im Ereignisfall die Schäden selbst so gering wie möglich werden.

Inhaltsverzeichnis

Vorwort V

Strategien und Effekte 1
Finanzierung von Hochwasserschutzmaßnahmen 2
Wertschöpfungs- und Beschäftigungseffekte des Programms zum Hochwasserschutzbau in Oberösterreich 8
Hochwasserangepasste Bauweisen – Hochwasserschutz versus Barrierefreiheit 16
Juni-Hochwasser 2013 an der Elbe – neue Fragestellungen 23
Umgang mit Extremereignissen auf kommunaler Ebene – Notfallkonzepte als Mittel der Wahl? 29
Hochwasservorsorgekonzept für starkregengeschädigte Gemeinden 37
Auswirkung des Klimawandels auf die Talsperren der Eifel-Rur 44
Klimatischbedingte Anpassungsstrategien für ein Talsperrenverbundsystem im Harz 51
Die Gruppen Landwirtschaft und Forsten – Hochwasserschutz (GLF) – Partner beim Hochwasserschutz in Bayern 57

Hochwasserrisikomanagement 63
Hochwasserrisikomanagement – eine immerwährende Aufgabe 64
Zwischenstand und weitere Aufgaben bei der Umsetzung der Hochwasserrisikomanagement-Richtlinie 65
Wasserrahmenrichtlinie und Hochwasserrisikomanagement-Richtlinie – Synergien und Konflikte 72
Hochwasserrisikomanagement 2030 – ein Ausblick 79
Hochwasserrisiken am Rhein – wichtigste Maßnahmen aus internationaler Sicht 86
Hochwasserrisikomanagement in Baden-Württemberg – Monitoring und Ausblick 94
Wie geht es in Rheinland-Pfalz mit dem Hochwasserrisikomanagement weiter? 101
Das sächsische Maßnahmenprogramm zur Umsetzung der nationalen Hochwasserrisikomanagement-Pläne 105
Hochwasserrisikomanagement in Bayern 111
Hochwasserrisikomanagement aus der Sicht einer bayerischen Kommune 117

Modellierung und Dateninterpretation 123
Ermittlung von Bemessungsabflüssen in hochalpinen Einzugsgebieten am Beispiel der projektierten Wasserfassungen Venter und Gurgler Ache 124

Bewertung der Hochwasserschutzwirkung und des Restrisikos von Speichern mit multivariaten Ansätzen ... 131
Stimmt die W/Q-Beziehung bei höchsten Abflüssen? ... 138
Transformationsprozess der Hochwasserwelle am Beispiel des Hochwassers der Lausitzer Neiße ... 147
Was wäre, wenn ein Extremereignis die Oberrheinregion treffen würde? ... 156
Hochwasserprognose in der Steiermark – Erfahrungen und Herausforderungen ... 163
Parametrisierte synthetische Schadensfunktionen zur Abschätzung hochwasserinduzierter Gebäudeschäden ... 171
Das Starkniederschlagsereignis in Meißen im Sommer 2014 ... 178
Statistische Bewertung der Hochwasserkoinzidenz zur Planung des technischen Rückhalts ... 185
Hochwasserwellentransformation an Rückhaltebecken am Beispiel der Speicher-Kaskade der Glatzer Neiße ... 196
Multikriterielle Wirksamkeitsanalysen zum dezentralen Hochwasserschutz ... 202
Hochwasser Simbach 2016: Dokumentation und Analyse ... 210

Planung und Umsetzung ... 217
Beitrag der Raumplanung beim Hochwasserrisikomanagement ... 218
Gute landwirtschaftliche Praxis für die Hochwasservorsorge ... 225
Hochwasserrückhalt durch natürliche Hochwasserretention entlang der bayerischen Donau ... 231
Vorlandmanagement an der niederbayerischen Donau im Spannungsfeld von Hochwasserschutz, Landwirtschaft und Naturschutz ... 242
Das Juni-Hochwasser 2013 in Sachsen-Anhalt ... 249
Arbeit des Krisenstabes der Landesregierung Sachsen-Anhalts ... 254
Die Arbeit des Landeshochwasserzentrums Sachsen im Juni 2013 ... 262
Das Technische Hilfswerk im Juni-Hochwasser 2013 in Sachsen-Anhalt ... 269
Die Arbeit des Technischen Hilfswerks in Sachsen ... 277
Hochwasserangepasster Umbau der Kläranlage Dresden-Kaditz ... 287
HWRM-Pläne im Rheineinzugsgebiet von IKSR, IKSMS und Rheinland-Pfalz: Ziele und Maßnahmen ... 291
Erstellung der Hochwasserrisikomanagement-Pläne in Rheinland-Pfalz ... 297
Starkniederschläge: Umsetzungsaspekte in der praktischen Planung ... 303
Sanierung der Unteren Salzach – Renaturierung = Hochwasserschutz? ... 309

Technik und IT ... 317
Flexibles Hochwasserschutzsystem für Gebäude ... 318
Einsatz von Drohnen im Hochwasserfall – Erfahrungen und Ideen ... 326
Einführung des Web Service XHydro
zur harmonisierten Pegeldatenübertragung ... 335
Neues Hochwasserinformations- und -managementsystem
für Sachsen ... 342
Unsicherheitsabschätzung für die Berechnung von dynamischen
Überschwemmungskarten – Fallstudie Kulmbach ... 350
Treibgutrückhalt in unteren Mittelgebirgsregionen –
Möglichkeiten und Grenzen ... 358

Autorenverzeichnis ... 365

Strategien und Effekte

Andreas Christ

Finanzierung von Hochwasserschutzmaßnahmen

Nach einem umfassenden Abstimmungsprozess sollen in den nächsten 6 Jahren rund 580 Maßnahmen den Hochwasserschutz und das Risikomanagement in Rheinland-Pfalz verbessern. Hierfür müssen die überwiegend öffentlichen Träger in den Kommunen und dem Land 311 Mio. € aufwenden, die sie in ihren Haushalten als eigene Mittel einstellen und häufig zusammen mit der Förderung durch das Land, den Bund oder die EU umsetzen. Bei der scheinbaren Vielfalt an Geldquellen sind aber der jeweiligen Zweckbestimmunen und Regeln für die finanzielle Abwicklung zu beachten. Dies erfordert neben der technischen Planung eine intensive und frühzeitige Abstimmung der Finanzierung.

1 Einleitung

Termingerecht zum 22.12.2015 wurden in Rheinland-Pfalz die vier Hochwasserrisikomanagementpläne (HWRM-Pläne) für den Oberrhein, Mittelrhein, Mosel/Saar und das Niederrheingebiet fertig gestellt. Die Pläne wurden in den neu gegründeten Hochwasserpartnerschaften der kommunalen Gebietskörperschaften mit den betroffenen Akteuren erarbeitet und abgestimmt. Unterstützung erhielten die Partnerschaften dabei durch das Informations- und Beratungszentrum Hochwasservorsorge (IBH) des Gemeinde- und Städtebundes.

Insgesamt sind in den vier Plänen rd. 580 Maßnahmen zusammengefasst, wobei auch laufende bzw. in Planung befindliche Maßnahmen berücksichtigt wurden. Vorgesehen ist, dass bis 2021 rund 270 Maßnahmen umgesetzt sein sollen. Die Finanzierung dieser Maßnahmen obliegt unterschiedlichen Trägern und wird sich nicht zuletzt wegen der thematischen Spannweite aus unterschiedlichen Quellen speisen. Für den Bereich der Wasserwirtschaftsverwaltung soll dargestellt werden, mit welchen Instrumenten diese Finanzierung abgewickelt und welche Finanzquellen hierfür in Anspruch genommen werden.

2 Aspekte des Hochchwasserrisikomanagementplanes

Entsprechend der zur Vereinheitlichung der Berichterstattung durch die Richtlinie vorgegebenen Zuordnung sind Einzelmaßnahmen nach den bundesweit abgestimmten Maßnahmenarten wie folgt zu Aspekten zusammengefasst worden:

2.1 Vermeidung

Er umfasst den Bereich der Flächenvorsorge in den Raumordnungs- und Regionalplänen, Festsetzung der Überschwemmungsgebiete, Bauleitplanung und Maßnahmen zur angepassten Flächennutzung und die große Themenpallette der

Kompakt

- Die Hochwasserrisikomanagementpläne Rheinland-Pfalz weisen bis 2021 einen Finanzbedarf von 311 Mio. € aus.
- Je nach Maßnahmenart stehen verschiedene Finanzquellen seitens des Landes, des Bundes oder der EU bereit.
- Wofür und wie diese eingesetzt werden können, soll im Beitrag dargestellt werden.

S. Heimerl (Hrsg.), *Vorsorgender und nachsorgender Hochwasserschutz*,
https://doi.org/10.1007/978-3-658-21839-3_1

Bauvorsorge. Darüber hinaus werden Konzepte, Studien und Gutachten im Auftrag des Landes zu speziellen Fragestellungen aus den Hochwasserpartnerschaften durchgeführt. Die Finanzierung liegt bei den kommunalen Gebietskörperschaften und dem Land.

2.2 Schutz

Dieser Aspekt beinhaltet die Maßnahmen zur Verbesserung des natürlichen Wasserrückhaltes und den baulichen Hochwasserschutz. Dieser Aspekt liefert den größten finanziellen Anteil, da er neben Hochwasserrückhalte- und -schutzmaßnahmen der Kommunen vor allem das Bau- und Unterhaltungsprogramm des Landes an den Gewässern I. Ordnung umfasst. Ergänzend werden im Rahmen der Hochwasserpartnerschaften örtliche Hochwasserkonzepte für Orte an Gewässern II. und III. Ordnung entwickelt, für die kein großer technischer Hochwasserschutz möglich und wirtschaftlich vertretbar ist. Die Finanzierung liegt bei den kommunalen Gebietskörperschaften und dem Land.

2.3 Vorsorge

Unter diesen Aspekt fällt die größte Anzahl der Maßnahmen, da neben der Verbesserung des Hochwassermeldedienstes, der kommunalen Warn- und Informationssysteme und Notfallplanung eine weite Palette von Maßnahmen zur Schärfung des Gefahrenbewusstseins und der Vorsorge im Rahmen der Hochwasserpartnerschaften vorgesehen sind.

Da hierzu auch die private Vorsorge durch Abschluss von Versicherungen gegen Hochwasserschäden und Bildung von Rücklagen gezählt wird, wird sich die Finanzierung heterogen gestalten.

2.4 Konzeptionelle Maßnahmen

Konzeptionelle, gebietsübergreifende Maßnahmen, wie z. B. das Informations- und Beratungszentrums Hochwasservorsorge, werden überwiegend vom Land durchgeführt.

Der sich aus diesen Aspekten für den Bereich der wasserwirtschaftlichen Maßnahmen ergebende Finanzbedarf für den 1. Zyklus bis 2021 ist in **Tabelle 1** zusammen gefasst.

3 Wer soll das bezahlen?

Auch wenn einzelne Maßnahmenarten finanzielle Konsequenzen für Privatpersonen haben (können), so betrifft die finanzielle Seite des Hochwasserrisikomanagements (HWRM) doch überwiegend öffentliche Träger. Damit diese ihre Maßnahmen umsetzen können, müssen sie dem Aufgabenkatalog der jeweiligen Institution zugeordnet werden. In Zeiten der grundgesetzlich verankerten Schuldenbremse und der sich daraus ergebenden Einsparvorgaben bei Personal und Finanzmitteln müssen Ausgaben gut begründet werden, Spielräume für freiwillige Leistungen werden immer enger.

Abgesehen vom Zeitaufwand, der sich in den Personalkosten des Maßnahmenträgers widerspiegelt, muss er die Finanzmittel entweder in den eigenen Haushalt eingestellt haben oder sie in Form von Fördermitteln von Dritten einwerben. Da aber so gut wie jede Förderung einen mehr

Tab. 1: Mittelbedarf Wasserwirtschaft in Rheinland-Pfalz (Quelle: Christ)

EU-Aspekt	2016 [Mio. €]	2017 [Mio. €]	2018 [Mio. €]	2019 [Mio. €]	2020 [Mio. €]	2021 [Mio. €]
Vermeidung	1,5	2,0	2,0	2,0	2,0	2,0
Schutz	39,3	43,6	47,1	44,4	44,9	49,3
Vorsorge	1,8	3,3	3,3	3,3	3,3	3,3
Konzeptionelle Maßnahmen	0,4	2,5	2,5	2,5	2,5	2,5
Summe	43,0	51,4	54,9	52,2	52,7	57,1

oder minder hohen Eigenanteil voraussetzt, entbindet dies den Träger nicht von der Notwendigkeit, eigene Mittel bereit zu stellen. Je nach Art der Maßnahme kommen verschiedene Fachbereiche mit jeweils eigenen Richtlinien in Betracht. Für den Bereich wasserwirtschaftlicher Maßnahmen gelten die Bedingungen, wie sie in der „Förderrichtlinie der Wasserwirtschaftsverwaltung" (FöRiWWV) vom Juni 2013 dargestellt sind. Die Maßnahme muss dazu einem der dort definierten Förderbereiche zugeordnet werden, in Betracht kommen „Gewässer- und Flussgebietsentwicklung", „Gewässerausbau und Unterhaltung", „Stauanlagen" und „Hochwasserrisikomanagement" mit ihrem jeweiligen Maßnahmenkatalog. In einer Web-Anwendung hat der Maßnahmenträger bis zum 30.06. einen Gesamtförderantrag zur Aufnahme in das Förderprogramm des nächsten Jahres zu stellen. Zum 30.11. ist dieser zu aktualisieren und zu vervollständigen. Dabei sind alle erforderlichen Unterlagen zur Prüfung hinsichtlich Zweckmäßigkeit und Angemessenheit sowie insbesondere eine kommunalaufsichtliche Stellungnahme über die finanzielle Leistungsfähigkeit des Maßnahmenträgers vorzulegen. Nach Bewilligung sind spätestens bis zum 15.11. die Fördermittel abzurufen, ein Jahr nach Abschluss ist der Verwendungsnachweis vorzulegen.

Der Mittelbedarf der Maßnahmen des Landes wird über eine internetbasierte Fachanwendung abgestimmt und koordiniert. Hierzu sind Projektarten, die sich aus den gesetzlichen Aufgaben des Landes ergeben, definiert. Die zuständige Regionalstelle der Struktur- und Genehmigungsdirektion bzw. das Landesamt für Umwelt melden ihre Maßnahmen z. B. für die „Ausweisung der Überschwemmungsgebiete" oder „Gewässerkundlicher Dienst" an. Über diese Vorschläge entscheidet das Fachreferat des Ministeriums, der Mittelabruf und die Zuweisung erfolgt über das zentrale Mittelbewirtschaftungs- und Anordnungsverfahren IRM@ der Landesverwaltung.

4 Wo kommt das Geld her?

Die Klammer für alle Finanzierungsquellen ist das Landeshaushaltsgesetz mit den jeweiligen Einzelplänen der Ministerien – für das Umweltministerium und damit die Wasserwirtschaft der Einzelplan 14. Da in den Diskussionen über die finanzielle Abwicklung immer wieder verschiedenste Geldgeber, Fonds und Verfahren ins Spiel gebracht werden, ist diese an sich banale Feststellung notwendig, damit nicht der Eindruck entsteht, es handele sich um autonome Finanzquellen neben oder über die Mittel der Wasserwirtschaft hinaus (**Bild 1**).

Der Haushaltsplan gliedert seine Einnahmen und Ausgaben nach Hauptgruppen, z. B. für Sachausgaben, Zuweisungen und Förderung Dritter oder Baumaßnahmen des Landes. Unter der Gliederungsebene der Hauptgruppe erfolgt die Auf-

Bild 1: Deichsanierung Mausmeer finanziert von EU, Bund und Land (Quelle: MUEEF)

Bild 2: Hochwasserschutz Koblenz-Neuendorf, finanziert im Rahmen eines Leasingmodells (Quelle: Geil, SGD Nord Koblenz)

teilung in einzelne Titel, um nachvollziehbar darzustellen, für welche Arten von Baumaßnahmen, z. B. für Deiche oder Polder, die Mittel eingesetzt werden. Aus der Gliederungssystematik und den jeweiligen Erläuterungen ergibt sich dann, ob der Titel ausschließlich für das Förderverfahren, Landesmaßnahmen oder für beide Verfahren Anwendung finden kann. Auf die Darstellung weitergehender haushaltstechnischer Details, wie zum Beispiel die Einrichtung von Deckungsreisen, Kopplungsvermerken oder die Unterteilung nach Titelgruppen, wird an dieser Stelle verzichtet.

Zur Umsetzung der Maßnahmen in den HWRM-Plänen stehen Finanzmittel auf Landes-, Bundes- und EU-Ebene zur Verfügung:

4.1 Landesmittel

Hierbei handelt es sich im Wesentlichen um originäre Landesmittel, d. h. Mittel aus dem allgemeinen Steueraufkommen, mit denen Sachausgaben, wie zum Beispiel Studien oder Baumaßnahmen, des Landes finanziert werden können.

Darüber hinaus werden aus dem Aufkommen des Wasserentnahmeentgeltes („Wassercent", LWEntG) Vorhaben kommunaler Träger entsprechend den o. g. Förderbereichen der FöRiWWV gefördert. Auch landeseigene Maßnahmen können daraus finanziert werden. Aus Mitteln des Landesfinanzausgleichsgesetzes (LFAG) werden vor allem technische Hochwasserschutzmaßnahmen der kommunalen Gebietskörperschaften gefördert (**Bild 2**).

4.2 Bundesmittel

Hier ist an erster Stelle die „Gemeinschaftsaufgabe zur Verbesserung der Agrarstruktur und des Küstenschutzes (GAK)" zu nennen. Seit 1970 ist grundgesetzlich verankert, dass der Bund die Länder finanziell bei Aufgaben unterstützt, „... wenn diese Aufgaben für die Gesamtheit bedeutsam sind und die Mitwirkung des Bundes zur Verbesserung der Lebensverhältnisse erforderlich ist" (Art. 91 a GG). Die förderfähigen Maßnahmen sind im GAK-Gesetz [1] festgelegt und werden über einen Rahmenplan konkretisiert [3]. Im Rahmen der jährlichen Fortschreibung des Rahmenplanes melden die Länder ihren Finanzbedarfs an, über den Rahmenplan selbst entscheidet ein Planungsausschuss (PLANAK) aus Bundesregierung (BMEL, BMF) und den Bundesländern. Der Bund trägt 60 % der Kosten, die Länder stellen 40 % bereit. In einem definierten Umfang und Verfahren können GAK-Bundesmittel, die von einem Bundesland nicht in Anspruch genommen werden können, auf andere Bundesländer umgeschichtet werden, bevor sie zum Jahresende an den Bund zurückgemeldet werden.

Im Rahmen dieser Gemeinschaftsaufgabe hat der PLANAK am 13.08.2015 einen „Sonderrahmenplan für Maßnahmen des präventiven Hochwasserschutzes“ (SRP) beschlossen [2]. Es gelten grundsätzlich die Förderregularien der GAK, wobei die Förderung auf den Rückbau von Deichen, Maßnahmen zur Gewinnung von Retentionsflächen und damit zusammenhängende konzeptionelle Vorarbeiten begrenzt ist und Sonderregeln für den Grunderwerb zu beachten sind. Die Maßnahmen müssen der Liste der prioritären Maßnahmen des Nationalen Hochwasserschutzprogrammes entsprechen. Die Mittel können erst dann in Anspruch genommen werden, wenn alle Bundesländer einen festgeschriebenen Sockelbetrag für den Hochwasserschutz aus anderen Finanzquellen erreicht haben. Dieser Sockelbetrag in Verbindung mit dem komplexen Abstimmungsverfahren innerhalb der LAWA im Vorfeld des PLANAK-Beschlusses über den Rahmenplan macht die Abwicklung des SRP zu einer anspruchsvollen Aufgabe.

4.3 EU-Mittel

Bei den im Zusammenhang mit dem HWRM (aber auch der WRRL) immer wieder gern zitierten, reichhaltigen EU-Fördertöpfen handelt es sich im Wesentlichen um die Struktur- und Investitionsfonds.

Zu den Struktur- und Investitionsfonds zählen insgesamt fünf einzelne Fonds, die an einem Gemeinsamen Strategischen Rahmen (GSR) ausgerichtet sind. Es handelt sich um:

- Fonds für Regionale Entwicklung (EFRE),
- Europäischen Sozialfonds (ESF),
- Kohäsionsfonds,
- Europäischen Landwirtschaftsfonds für die Entwicklung des ländlichen Raumes (ELER) und den
- Europäischen Meeres- und Fischereifonds (EMFF).

Jeder dieser Fonds widmet sich unterschiedlichen Prioritäten des GSR und legt in der jeweiligen Verordnung z. T. sehr offen formulierte Fördermaßnahmen fest. Diese sind durch die Mitgliedstaaten – in Deutschland durch die Länder – in sog. Operationellen Programmen oder Entwicklungsprogrammen in einem mehrstufigen, komplexen Planungsansatz unter Beteiligung der Wirtschafts- und Sozialpartner zu konkretisieren. Die Mittelverwaltung obliegt den Ländern. Relevant für das Hochwasserrisikomanagement sind EFRE und ELER.

Für den EFRE wurden in Rheinland-Pfalz drei Prioritäten entwickelt: Forschung und Entwicklung, Stärkung KMU und Verringerung der CO_2-Emissionen [4]. Vor diesem Hintergrund dürfte sich erfahrungsgemäß eine Finanzierung oder Förderung von Maßnahmen des Hochwasserrisikomanagement auf Einzelfälle beschränken.

Eine Ausnahme bildet das INTERREG-Programm. Ausnahme insofern, weil gerade das Rheineinzugsgebiet hier auf eine erfolgreiche Förderung von Hochwasserschutzmaßnahmen zurückblicken kann, das Programm mit der neuen Förderperiode jedoch in den EFRE integriert wurde. Es gliedert sich weiterhin in drei Ausrichtungen zur Grenzüberschreitenden Zusammenarbeit (A), zur Transnationalen Zusammenarbeit (B) sowie der Interregionalen Zusammenarbeit. Im Bereich des INTERREG-A liegen Teile von Rheinland-Pfalz in der „Euregio Maas-Rhein“, der „Großregion“ und dem „Oberrhein“. Im INTERREG-B ist ganz Rheinland-Pfalz Teil des Nordwesteuropäischen Kooperationsraumes (NWE). Auch hier gilt, dass jede Region ein eigenes Operationelles Programm (OP) entwickelt hat. Da Zielsetzung des Programms die Förderung der Zusammenarbeit der Mitgliedstaaten ist, müssen die Projekte nicht nur ihren Beitrag zur Erreichung der Ziele des OP, sondern vor allem den „europäischen Mehrwert“ nachweisen. Projekte eines Mitgliedstaates allein haben damit kaum Aussicht auf Förderung, Projektpartner in den anderen Mitgliedstaaten müssen gefunden und zu einem gemeinsamen Projekt zusammengefasst werden.

Für die Umsetzung des ELER-Fonds wurde das „Entwicklungsprogramm Umweltmaßnahmen, Ländliche Entwicklung, Landwirtschaft, Ernährung (EULLE)“ erarbeitet [5]. In vier strategischen Handlungsschwerpunkten zu Agrarumwelt und Klimaschutz, Verbesserungen im Agrar- und

Forstbereich, der Entwicklung des ländlichen Raumes (insbesondere LEADER) und Wissenstransfer wurden zehn Maßnahmen mit insgesamt 40 Teilmaßnahmen definiert. Als eigene Maßnahmen ist die Förderung der Hochwasserschutzmaßnahmen des Landes an Oberrhein und Nahe Bestandteil der EULLE.

Diese Zusammenstellung der Finanzquellen und Verfahren erhebt nicht den Anspruch auf Vollständigkeit, da für spezielle Projektziele auch spezielle Fördertöpfe und -verfahren, wie den LEADER-Ansatz der EULLE, das LIFE-Programm der Kommission [6] oder die Förderung von Naturschutzgroßprojekten durch das BMUB [7] existieren. Nicht zuletzt sind die Ausführungen eher allgemeiner Natur, da davon auszugehen ist, dass die Finanzierung jeder Maßnahme en detail be- und abgesprochen werden muss.

Autor

Dipl.-Ing. Andreas Christ
Ministerium für Umwelt, Energie, Ernährung und Forsten
Kaiser Friedrich Str. 1
55116 Mainz
andreas.christ@mueef.rlp.de

Literatur

[1] Gesetz über die Gemeinschaftsaufgabe „Verbesserung der Agrarstruktur und des Küstenschutzes" (GAK-Gesetz – GAKG) i. d. F. vom 21.07.1988 (BGBl. I S. 1055), zuletzt geändert durch Gesetz vom 09.12.2010, (BGBl. 2010 Teil I Nr. 63 S. 1934).

[2] Buschhüter, E.; Menn, K.: Das nationale Hochwasserschutzprogramm. In: Wasser und Abfall (2015), Heft 11.

[3] Bundesministerium für Ernährung und Landwirtschaft (Hrsg.): Gemeinschaftsaufgabe Agrarstruktur & Küstenschutz (www.bmel.de/SharedDocs/Downloads/Landwirtschaft/Foerderung/Rahmenplan2015-2018.pdf; Aufruf: 01.09.2016).

[4] Ministerium für Wirtschaft, Verkehr, Landwirtschaft, und Weinbau (Hrsg.): EFRE – Europäischer Fonds für regionale Entwicklung (www.efre.rlp.de; Aufruf: 01.09.2016).

[5] Ministerium für Wirtschaft, Verkehr, Landwirtschaft, und Weinbau (Hrsg.): ELER-EULLE (www.eler-eulle.rlp.de; Aufruf: 01.09.2016).

[6] europäische Kommission (Hrsg.): Environment – Life Porgramme (http://ec.europa.eu/environment/life; Aufruf: 01.09.2016).

[7] Bundesministerium für Umwelt, Nacturschutz, Bau und Reaktorsicherheit (Hrsg.): Naturschutzgroßprojekte (www.bmub.bund.de/themen/natur-arten-tourismussport/naturschutz-biologische-vielfalt/naturschutzgrossprojekte; Aufruf: 01.09.2016).

Andreas Christ

Financing of flood protection activities

Following an extensive consultation process approximately 580 measures shall improve flood protection and risk management in Rhineland-Palatinate in the next 6 years. For this, the mostly public bodies in communities and the country will spend 311 million €, which they have to adjust in their budgets as own resources, often in combination with the financial support from the country, the federal government or the EU. Seemingly, there is a diversity of sources of money, but different specifications and rules for the financial management have to be observed. This requires not only the technical planning but also an intense and early coordination of financing.

Sebastian Goers, Friedrich Schneider, Horst Steinmüller und Andreas Zauner

Wertschöpfungs- und Beschäftigungseffekte des Programms zum Hochwasserschutzbau in Oberösterreich

Ausgehend von hohen monetären Schäden vorheriger Hochwasser findet in Oberösterreich seit 2002 ein kontinuierlicher Hochwasserschutzbau statt. Infolge der Investitionen in den Hochwasserschutzbau wurden neben der Externalisierung von Hochwasserschäden im Zeitraum 2002 bis 2015 signifikante positive Effekte auf das Bruttoregionalprodukt und die Beschäftigung, abhängig von der Importquote für Bauleistungen, generiert.

1 Einleitung

In Österreich kommt es seit jeher immer wieder zu Hochwassersituationen, welche ein Gefahrenpotenzial für die Bewohner der jeweiligen Gebiete darstellen und hohe monetäre Schäden verursachen. Seit der Jahrtausendwende gab es innerhalb einer relativ kurzen Zeit, im Abstand von 11 Jahren, zwei Jahrhunderthochwasser: das Hochwasserereignis im August 2002 und das Hochwasserereignis im Juni 2013. Ausgehend davon kam es in Oberösterreich seit 2002 zu kontinuierlichen Investitionen seitens des Landes Oberösterreich und des Bundes in den Hochwasserschutz. Im vorliegenden Beitrag erfolgt die Quantifizierung der Wertschöpfungs- und Beschäftigungseffekte in Oberösterreich infolge der Implementierung des Hochwasserschutzprogramms bzw. der darin enthaltenden Maßnahmen. Der inhaltliche Schwerpunkt ist dabei eine Expost-Analyse für die oberösterreichische Volkswirtschaft im Zeitraum 2002 bis 2015.

Die übergeordnete Forschungsfrage kann somit folgendermaßen definiert werden: Welcher volkswirtschaftliche Beitrag in Form von Beschäftigung und Wertschöpfung wurde in der Vergangenheit (2002 bis 2015) durch das Bauprogramm zum Hochwasserschutz in Oberösterreich geschaffen?

Eine Abschätzung der Hochwasserschäden, welche durch diese Investitionen vermieden werden konnten, liegt nicht im Fokus der Studie. Schneider et al. [1] halten fest, dass das Schadensausmaß der in den letzten Jahren aufgetretenen Hochwasser nur rudimentär dokumentiert ist. Ferner wird bemerkt, dass zu den volkswirtschaftlichen Kosten von Hochwasserschäden, die den sozialen Opportunitätskosten entsprechen, kaum oder nur unzureichende Informationen vorliegen, da diese nicht unmittelbar aus vorhandenen Statistiken zu entnehmen sind. Dagegen widmet sich Kapitel 2 dem Überblick der Hochwasserschäden in Oberösterreich in den Jahren 2002 und 2013, welche aus öffentlichen Quellen zusammengefasst wurden. In Kapitel 3 erfolgt die Quantifizierung der Investitionseffekte auf die heimische Wertschöpfung und das Beschäftigungsniveau anhand einer Ex-post-Analyse. Diese basieren jeweils auf einer komparativ-statischen Betrachtung und einer makroökonometrischen Simulationsanalyse für Oberösterreich mittels des dynamischen Zeitreihenmodells MOVE2 [2]. Kapitel 4 stellt das Fazit dieses Beitrages dar.

2 Hochwasserschäden in Oberösterreich

Das Hochwasser im August 2002 übertraf alle anderen Überflutungsereignisse in Österreich seit 1965/66 [3]. Es forderte neun Todesopfer und verursachte einen Gesamtschaden von über 3 Mrd. € [4]. Davon wurden etwa 420 Mio. € von den Ver-

S. Heimerl (Hrsg.), *Vorsorgender und nachsorgender Hochwasserschutz*,
https://doi.org/10.1007/978-3-658-21839-3_2

sicherungen und etwa 414 Mio. € vom Katastrophenfonds abgedeckt, so dass sich eine Deckungslücke von ca. 2,2 Mrd. € ergibt [5], [6]. Die Wasserstraßendirektion [7] führte ebenfalls eine Schadenserhebung in ihrem Zuständigkeitsbereich (z. B. Schäden an Fahrradwegen, Uferschäden, Schäden an Leitwerken, Verlandung von Hafenbecken, Anlandungen, Schwemmgut) an der Donau, March sowie Thaya durch und quantifizierte den durch das Hochwasser verursachten Schaden auf rund 3 Mio. €. Für Oberösterreich ließen sich folgende Angaben zur Schadenshöhe machen: Nach Habersack und Fuchs [8] verursachte das Hochwasser im August 2002 einen Gesamtschaden von etwa 464 Mio. € (Erhebungsstand August 2003). Davon entfielen 23,9 % auf Haushalte, 49,6 % auf Betriebe, 7,8 % auf Land- und Forstwirtschaft und 18,7 % auf die öffentliche Hand. In der oberösterreichischen Landwirtschaft entstand durch die Flut ein Schaden in der Höhe von 11,6 Mio. €, wobei insgesamt etwa 10 500 ha landwirtschaftliche Fläche vom Hochwasser betroffen waren [9].

Das Hochwasser im Juni 2013, das zweite Jahrhunderthochwasser binnen elf Jahren, verursachte in Österreich einen Gesamtschaden von etwa 870 Mio. €. Vom EU-Katastrophenfonds erhielt Österreich knapp 22 Mio. € [10], wobei die Versicherungen ca. 250 Mio. € ausbezahlten [11]. In Oberösterreich belief sich der Gesamtschaden des Hochwasserereignisses 2013 auf rund 220 Mio. €, wobei der EU-Solidaritätsfond 2,9 Mio. € an Hochwasserhilfe für Oberösterreich bereitstellte [10]. In der oberösterreichischen Landwirtschaft wird ein Schaden infolge des Hochwassers von 15 Mio. € geschätzt [9].

3 Volkswirtschaftliche Ex-post-Analyse von Hochwasserschutzmaßnahmen in Oberösterreich

Als Input für die dynamische Simulationsanalyse der volkswirtschaftlichen Effekte in Oberösterreich dienen die in **Bild 1** angeführten Investitionen,

Bild 1: Gesamtinvestitionen in den Hochwasserschutz in Oberösterreich, 2002 bis 2015 (Anmerkungen: Gerundete Werte. Die bereitgestellten Mittel für den Zeitraum 2013 bis 2015 wurden ausgehend der Aufteilung in [1] den Maßnahmenarten zugeordnet) (Quelle: Goers et al. basierend auf [12] und [1])

welche 2002 bis 2015 im Rahmen des Hochwasserschutzes getätigt wurden. Sämtliche Zahlen wurden vom Amt der Oberösterreichischen Landesregierung, Direktion Umwelt und Wasserwirtschaft, Abteilung Oberflächengewässerwirtschaft Hydrografie, zur Verfügung gestellt und sind für den Zeitraum 2002 bis 2012 ident mit denen aus Schneider et al. [1].

Es ergeben sich für den Zeitraum 2002 bis 2015 Gesamtinvestitionen von ca. 690 Mio. €. Allgemein werden die Investitionen in den Hochwasserschutz folgendermaßen unterteilt:

- Sofortmaßnahmen (27 Mio. € bzw. ca. 4 % der Gesamtinvestitionen)
- Hochwasserschutzmaßnahmen
- (137 Mio. € bzw. ca. 20 % der Gesamtinvestitionen)
- Instandhaltungen (44 Mio. € bzw. ca. 6 % der Gesamtinvestitionen)
- Kosten für Planungen (5 Mio. € bzw. ca. 1 % der Gesamtinvestitionen)
- Wildbachverbauung und Sofortmaßnahmen (140 Mio. € bzw. ca. 20 % der Gesamtinvestitionen)
- Hochwasserschutzprojekte des Bundesministeriums für Verkehr, Innovation und Technologie an der Donau (337 Mio. € bzw. ca. 49 % der Gesamtinvestitionen).

Ebenfalls ist auf die Finanzierungsart einzugehen: Analog zu Schneider et al. [1] kann zwischen drei Finanzierungsarten unterschieden werden: Bundesmittel, Landesmittel und Mittel von Interessenten. Wie in **Tabelle 1** dargestellt, entfielen ca. 39 % (265 Mio. €) auf Bundesmittel, ca. 52 % (361 Mio. €) auf Landesmittel und ca. 9 % (64 Mio. €) auf Mittel von Interessenten.

Da es infolge von Importen der Materialien zum Hochwasserschutzbau zu Wertschöpfungsabflüssen kommen kann, werden Teile der Investitionen nicht in Oberösterreich wirksam. Da diese Importquoten in ihrer Höhe nicht exakt bekannt sind, werden zur Abschätzung der volks- und regionalwirtschaftlichen Effekte drei Szenarien mit unterschiedlich hohen Importquoten entworfen. Entsprechend Schneider et al. [1] werden verschiedene Importquoten (0 %, 10 %, 20 %) für Bauleistungen infolge von Sofortmaßnahmen, Hochwasserschutzmaßnahmen, Instandhaltungen, Wildbachverbauungen und Sofortmaßnahmen sowie Projekte bzgl. der Donau betrachtet.

Diese komparativ-statische Aufbereitung der Investitionen, welche 2002 bis 2015 im Rahmen des Hochwasserschutzprogramms getätigt wurden, dienen als Input für die dynamische Analyse anhand des Simulationsmodells MOVE2 [2] der volkswirtschaftlichen Effekte in Oberösterreich. Das am Energieinstitut an der Johannes-Kepler-Universität Linz im Jahr 2008 entwickelte Simulationsmodell MOVE2 (Modell zur Simulation der (ober-)österreichischen Volkswirtschaft mit Schwerpunkt Energie) dient zur detaillierten Analyse ökonomischer Veränderungen in (Ober-) Österreich. Das Simulationstool ist als makroökonometrisches Modell konzipiert, welches zusätzlich zur Modellierung verschiedener Sektoren die Energieflüsse von unterschiedlichen Energieträgern in (Ober-) Österreich genauestens beleuchtet. Das Modell wurde seit seiner Entwicklung in zahlreichen Untersuchungen zur Beantwortung energie- und umweltökonomischer Fragestellungen auf regionaler (oberösterreichischer) und nationaler (österreichischer) Ebene genutzt. MOVE2 beinhaltet 330 Gleichungen sowie darin enthaltenen 476 Variablen zur Durchführung der Simulationen. Der Schätzhorizont ist hierbei modifizierbar. Im Ökonomie-Teil können Auswirkungen für 13 verschiedene Sektoren dargestellt werden. Dabei handelt es sich neben den privaten Haushalten um die Wirtschaftssektoren Land- und Forstwirtschaft, Fischerei und Fischzucht, Bergbau und Gewinnung von Steinen und Erden, Sachgütererzeugung, Energie- und Wasserversorgung, Bauwesen, Handel und Reparatur von Kfz und Gebrauchsgütern, Beherbergungs- und Gaststättenwesen, Verkehr und Nachrichtenübermittlung, Kredit- und Versicherungswesen, Realitätenwesen und Unternehmensdienstleistungen, Öffentliche Verwaltung, Sozialversicherung, Exterritoriale Organisationen sowie Sonstige Dienstleistungen (Unterrichts-, Gesundheits-, Veterinär- und Sozial-

Tab. 3 : Investitionen nach Maßnahmenart und Finanzierungsquelle (Quelle: Goers et al. basierend auf [12] und [1])

	Gesamt-ausgaben [Mio. €]	Anteil Bund [Mio. €]	Anteil Land [Mio. €]	Anteil Interessenten [Mio. €]
Sofortmaßnahmen	27	15	9	3
davon Bundesgewässer	2	2	0	0
davon Interessentengewässer	26	14	9	3
Hochwasserschutzmaßnahmen	137	72	48	17
davon Bundesgewässer	28	24	1	3
davon Interessentengewässer	109	48	47	14
Instandhaltungen	44	19	12	13
davon Bundesgewässer	7	6	0	1
davon Interessentengewässer	37	13	12	12
Planungen	5	3	2	0
davon Bundesgewässer	1	1	0	0
davon Interessentengewässer	4	2	2	0
Wildbachverbauungen und Sofortmaßnahmen	140	83	26	31
Projekte Donau (BMVIT)	337	74	264	0
Summe	**690**	**265**	**361**	**64**

wesen, Erbringung von sonstigen öffentlichen und persönlichen Dienstleistungen). Das Energie-Modul beinhaltet die umfassende Analyse von 24 Energieträgern, deren Emissionen schließlich im Ökologie-Modul abgebildet werden können.

Konkret werden besonders die makroökonomischen Kenngrößen Bruttoregionalprodukt, Investitionen, Beschäftigung und privater Konsum bzw. deren Verläufe und Interaktionen betrachtet sowie erläutert. Für die allgemeine Interpretation der Ergebnisse ist festzuhalten: Als Simulationsergebnis wird die Differenz der beiden Entwicklungspfade des Modells – die Differenz jeder endogenen Variable des Modells zwischen dem Business-as-usual- (bzw. Referenz-) und dem Simulationsszenario – wiedergegeben und nicht die Absolutwerte beider Szenarien, wie im Falle eines Prognosemodells.

Im Betrachtungszeitraum 2002 bis 2015 zeigen sich im Allgemeinen positive Auswirkungen der Investitionen in den Hochwasserschutz auf das oberösterreichische Bruttoregionalprodukt (BRP) (**Bild 2**). Insgesamt ergibt sich im

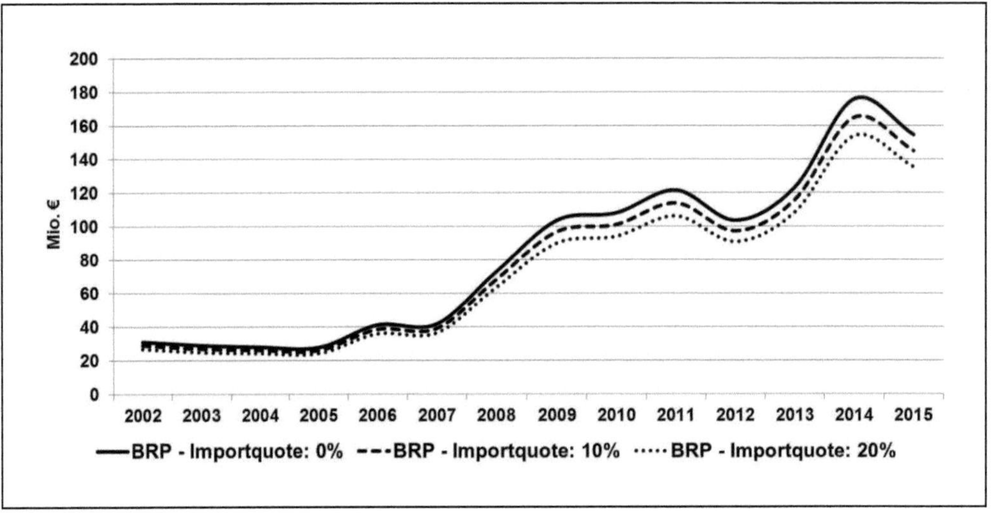

Bild 2: Zusätzliche Effekte auf das BRP der oberösterreichischen Volkswirtschaft infolge der Investitionen in den Hochwasserschutz unter Berücksichtigung verschiedener Importquoten, 2002 bis 2015 (Anmerkungen: Wertschöpfungsabflüsse werden für Bauleistungen infolge von Sofortmaßnahmen, Hochwasserschutzmaßnahmen, Instandhaltungen, Wildbachverbauungen und Sofortmaßnahmen sowie Projekte bzgl. der Donau berücksichtigt. Planungen weisen keine Wertschöpfungsabflüsse auf) (Quelle: Goers et al. basierend auf [12] und [1])

Zeitraum 2002 bis 2015 ein durchschnittlich um 83 Mio. € höheres jährliches BRP im Falle einer Importquote von 0 %, ein durchschnittlich um 78 Mio. € höheres jährliches BRP im Falle einer Importquote von 10 % sowie ein durchschnittlich um 73 Mio. € höheres jährliches BRP im Falle einer Importquote von 20 %. Die Investitionen in den Hochwasserschutz sowie der Anstieg des privaten Konsums der Haushalte zwischen 25 und 26 Mio. € pro Jahr je nach angenommener Importquote infolge induzierter Effekte der Investitionsimpulse sind Auslöser dieser Entwicklungen. Die Wertschöpfungsabflüsse durch den Import ausländischer Materialien und Technologien werden durch den Anstieg der Exporte infolge der allgemein positiven Wirtschaftsentwicklung überlagert. Somit ergeben sich Nettoexporte (Differenz aus Exporten und Importen) von 15 Mio. € im Falle einer Importquote von 0 %, von 10 Mio. € im Falle einer Importquote von 10 % sowie von 6 Mio. € im Falle einer Importquote von 20 %.

Für die Anzahl der Beschäftigten (**Bild 3**) ergibt sich infolge des Anstiegs des BRP über den gesamten Zeitraum (2002 bis 2015) eine durchschnittliche Steigerung von ca. 590 Personen pro Jahr im Falle einer Importquote von 0 %, eine durchschnittliche Steigerung von ca. 520 Personen pro Jahr im Falle einer Importquote von 10 % sowie eine durchschnittliche Steigerung von ca. 460 Personen pro Jahr im Falle einer Importquote von 20 %. Die zusätzlichen Beschäftigten stammen dabei zu ca. 60 % aus dem Bausektor, so dass sich ein leicht höherer Anteil von zusätzlich beschäftigten Männern von ca. 52 % ergibt. Durch den Anstieg der Beschäftigung kommt es zu einem Anstieg des Masseneinkommens, so dass über die Erhöhung des privaten Konsums wiederum positive Effekte auf die Volkswirtschaft generiert werden.

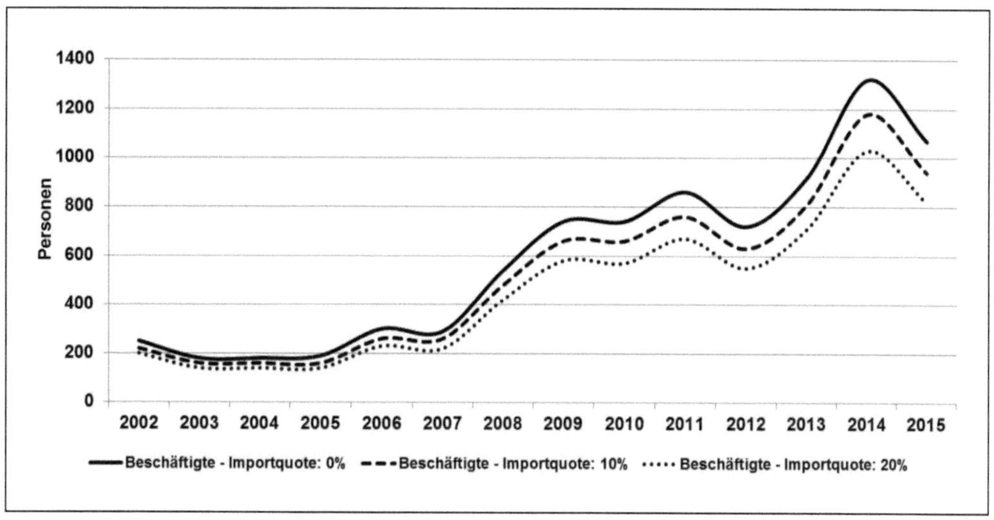

Bild 3: Zusätzliche Beschäftigte in Oberösterreich infolge der Investitionen in den Hochwasserschutz unter Berücksichtigung verschiedener Importquoten, 2002 bis 2015 (Anmerkungen: Wertschöpfungsabflüsse werden für Bauleistungen infolge von Sofortmaßnahmen, Hochwasserschutzmaßnahmen, Instandhaltungen, Wildbachverbauungen und Sofortmaßnahmen sowie Projekte bzgl. der Donau berücksichtigt. Planungen weisen keine Wertschöpfungsabflüsse auf) (Quelle: Goers et al. basierend auf [12] und [1])

4 Fazit

Die Studie zeigt für Oberösterreich auf, dass Investitionen infolge des Hochwasserschutzprogramms signifikant positive volkswirtschaftliche Effekte im Zeitraum 2002 bis 2015 generiert hat.

Vor allem zeigen sich positive Auswirkungen der Investitionen in den Hochwasserschutz auf das oberösterreichische BRP. Insgesamt ergibt sich ein durchschnittlich um 83 Mio. € höheres jährliches BRP im Falle einer Importquote von 0 %, ein durchschnittlich um 78 Mio. € höheres jährliches BRP im Falle einer Importquote von 10 % sowie ein durchschnittlich um 73 Mio. € höheres jährliches BRP im Falle einer Importquote von 20 %. Für die Anzahl der Beschäftigten eine durchschnittliche Steigerung von ca. 590 Personen pro Jahr im Falle einer Importquote von 0 %, eine durchschnittliche Steigerung von ca. 520 Personen pro Jahr im Falle einer Importquote von 10 % sowie eine durchschnittliche Steigerung von ca. 460 Personen pro Jahr im Falle einer Importquote von 20 %. Die zusätzlichen Beschäftigten stammen dabei zu ca. 60 % aus dem Bausektor. Somit wird ersichtlich, dass höhere Importquoten zur Folge haben, dass ein geringerer Teil der Investitionen im Bundesland Oberösterreich wertschöpfungs- und beschäftigungswirksam wird. Die Wertschöpfungsabflüsse durch den Import ausländischer Materialien und Technologien werden jedoch durch den Anstieg der Exporte infolge der allgemein positiven Wirtschaftsentwicklung überlagert.

Durch den Anstieg der Beschäftigung kommt es zu einem Anstieg des Masseneinkommens, so dass über die Erhöhung des privaten Konsums wiederum positive Effekte auf die Volkswirtschaft generiert werden. Die Investitionen in den Wasserschutz sowie der Anstieg des privaten Konsums der Haushalte zwischen 25 und 26 Mio. € pro Jahr je nach angenommener Importquote infolge induzierter Effekte der Investitionsimpulse sind die hauptsächlichen Auslöser der volkswirtschaftlich positiven Entwicklungen. Auch wenn innerhalb der vorliegenden Studie keine monetäre Quantifizierung der Vermeidung von Schäden vorgenommen wurde, ist aufgrund des Umfangs der volkswirtschaftlichen Effekte festzustellen, dass die Investitionen im Rahmen des Hochwasserschutzprogramms aus volkswirtschaftlicher Sicht einen hohen Nutzen geniert haben.

Autoren

Dr. Sebastian Goers
Dr. Horst Steinmüller
Andreas Zauner
Energieinstitut an der Johannes-Kepler-Universität Linz
Altenberger Straße 69
4040 Linz, Österreich
goers@energieinstitut-linz.at
steinmueller@energieinstitut-linz.at
zauner@energieinstitut-linz.at

o. Univ. Prof. Dr. Friedrich Schneider
Johannes-Kepler-Universität Linz
Institut für Volkswirtschaftslehre
Altenberger Straße 69
4040 Linz, Österreich
friedrich.schneider@jku.at

Literatur

[1] Schneider, F.; Jenewein, S.; Haigner, S.: Nutzen-Kosten-Analyse der Investitionen zur Schadensminimierung von potenziellen Hochwasserschäden. Gesellschaft für Angewandte Wirtschaftsforschung mbH, 2012.

[2] Baresch, M. et al.: Modell zur Simulation der (ober)österreichischen Volkswirtschaft mit einem speziellen Schwerpunkt auf Energie inkl. Zusatzmodul MOVE2social: Integration von Einkommen, Alter und Geschlecht. Energieinstitut an der Johannes-Kepler-Universität Linz, 2010.

[3] Godina, R. et al.: Das August-Hochwasser 2002 in Österreich. In: WasserWirtschaft 95 (2005), Heft 9, S. 14-18.

[4] Bundesministerium für Land- und Forstwirtschaft, Umwelt und Wasserwirtschaft (Hrsg.): Schutz vor Naturgefahren in Österreich 2002-2011. Wien, 2012.

[5] Zens, A.; Neumüller, H.: Hochwasser: Versicherungen decken nur einen Bruchteil des Schadens (www.nachrichten.at; Abruf: 16.02.2016)

[6] Müller, W.; Pichler, R.: Naturkatastrophen in Österreich – aktueller Stand der Forschung. Wien, 2014 (www.allianz.at; Abruf: 16.02.2016).

[7] Bundesministerium für Land- und Forstwirtschaft, Umwelt und Wasserwirtschaft (Hrsg.): Analyse der Hochwasserereignisse vom August 2002 – FloodRisk-Synthesebericht. Wien, 2004.

[8] Habersack, H.; Fuchs, H.: Hochwasser 2002: Datenbasis der Schadensbilanz 2002. Zentrum für Naturgefahren und Risikomanagement (ZENAR). Wien, 2003.

[9] ooe.ORFT.at: Hochwasser: 15 Mio. Euro Schaden in Landwirtschaft. 2013 (www.ooe.orf.at, Abruf: 16.02.2016).

[10] Bundesministerium für Inneres (Hrsg.): EU-Hochwasserhilfe für Oberösterreich: BM Mikl-Leitner und LH Pühringer unterzeichnen Vereinbarung. 2014 (www.bmi.gv.at, Abruf: 16.02.2016).

[11] Lichtenberger, P.: Jahrhundert-Hochwasser 2013 in Österreich: ein Jahr danach. 2014 (www.gmx.at, Abruf: 16.02.2016).

[12] Amt der Oberösterreichischen Landesregierung: Übermittlung von Daten in diversen Mails im Zeitraum Juni bis August 2015. Direktion Umwelt und Wasserwirtschaft, Linz, 2015.

Sebastian Goers, Friedrich Schneider, Horst Steinmüller and Andreas Zauner

Effects on Economic Growth and Employment due to Building Flood Protection Infrastructure in Upper Austria

Starting in 2002, a continuous building of flood protection infrastructure aiming at preventing high monetary damages has been taking place in Upper Austria. As a result of investments in these flood protections measures between 2002 to 2015 significant positive effects on the gross regional product as well as on the employment level have been generated. However, the macroeconomic effects are found to depend substantially on the import quota for required materials.

Matthias Kathmann

Hochwasserangepasste Bauweisen – Hochwasserschutz versus Barrierefreiheit

Viele Gebäude im Sturmflutgebiet der Hamburger Elbe sind als Hochwasserangepasste Bauweisen geplant und realisiert. Diese Gebäude müssen aufgrund steigender Hochwasser-Bemessungswasserstände ein immer höheres Schutzziel erfüllen, sind jedoch auch an die vorhandenen Erschließungshöhen gebunden und sollen darüberhinaus die Anforderungen an Ressourcenschonung sowie öffentliche Nutzungen im Erdgeschoss erfüllen. Anhand von Beispielen wird dargestellt, wie sich die Gebäude dennoch entsprechend den steigenden Hochwassereinwirkungen nachhaltig und barrierefrei realisieren lassen. Ein Vergleich der bereits realisierten Gebäude zeigt auf, dass nicht alle Hochwasserangepassten Bauweisen gleichermaßen die Anforderungen erfüllen.

1 Einleitung

1.1 Einführung

In den letzten Jahrzehnten haben sich in Hamburg verschiedene Quartiere, die sich außerhalb der Hochwasserschutzlinie der Stadt befinden, mehr und mehr von einem gewerbe- und industriegeprägten Gebiet zu einem hybriden Quartier mit einer Mischnutzung aus Wohnen und Arbeiten gewandelt. Wo früher die Gebäude keinen oder kaum Schutz vor einer Sturmflut benötigten, da ihre Nutzungen dem Wasser angepasst waren, sind heute umfangreiche Anpassungen der Bauweise erforderlich. Diese Anpassungen für die unterschiedlichen Gebäudenutzungen haben eine differenziertere Betrachtung der Hochwasserangepassten Bauweisen (HAB) erforderlich gemacht [1]. Gleichzeitig sind die Gebäude entsprechend der Nachhaltigkeitsstrategie ressourcenschonend und in Verbindung mit der Hamburger Bauordnung in öffentlich zugängigen Bereichen barrierefrei herzustellen.

1.2 Stand der Forschung

In den bereits abgeschlossenen Untersuchungen [2] wurde ein Modell entwickelt, welches die Einflüsse des Hochwassers auf unterschiedliche Bauweisen ablesbar und bewertbar macht. Für die Modellierung wurden Hochwasserparameter definiert, die zu einer Transformation bzw. einer Hochwasseranpassung bei den Bauweisen geführt haben. Diese Hochwasseranpassungen wurden anhand von Nachhaltigkeitsindikatoren bewertet. In weiterführenden Untersuchungen wurde festgestellt, dass die HAB die DIN 18 040-1 Barrierefreies Bauen, hier insbesondere die stufenlose Erreichbarkeit über Rampen oder Aufzüge oder die

Kompakt

- Hochwasserangepasste Bauweisen müssen ein immer höheres Schutzziel erfüllen.
- Sie sind jedoch auch an die vorhandenen Erschließungshöhen gebunden und sollen barrierefrei erreichbar sein.
- Diese Abhängigkeiten lassen eine Bewertung der unterschiedlichen Bauweisen in Bezug auf ihre Eignung zu.

S. Heimerl (Hrsg.), *Vorsorgender und nachsorgender Hochwasserschutz*,
https://doi.org/10.1007/978-3-658-21839-3_3

Minimierung der Türschwellenhöhe, teilweise nicht mehr einhalten können.

1.3 Problemstellung und Methodik

Sind die Einschränkungen der Barrierefreiheit nach DIN 18 040-1 bei allen HAB gleichermaßen vorhanden oder sind Unterschiede erkennbar? Verändert sich die Rangfolge der Eignung der Bauweisen, wenn die Barrierefreiheit im Zugangsbereich mit einbezogen wird? Um dies zu bewerten, wurde das ursprügliche Modell [2] modifiziert. Die Barrierefreiheit wurde hierbei in Anlehung an das Bewertungssystem Nachhaltiges Bauen [3] mit einem Gewichtungsfaktor von 5,6 % (bezogen auf die verwendeten Indikatoren) in dem ursprünglichen Modell (Modell 1) berücksichtigt. In der Modellmodifikation (Modell 2) werden 0 Punkte bei Bauweisen ohne Einschränkungen, 2,8 Punkte bei vorhandenen Türschwellen, 5,6 Punkte bei langen Rampenbauwerken und 8,4 Punkte bei nicht barrierefreien Gebäuden, in Abzug gebracht. Bei allen Bauweisen wurde die Erschließung in der hochwasserfreien Zeit betrachtet. Zunächst wurden vergleichende Betrachtungen zwischen den Bestandsgebäuden und den bisherigen Untersuchungsergebnissen durchgeführt, dann wurde das Modell modifiziert und die Gewichtung der Barrierefreiheit eingefügt. In der Gegenüberstellung (**Tabelle 1**) wird dargestellt, wie sich die Rangfolge der Bauweisen verändert.

2 Hochwasserangepasste Bauweisen

In den Betrachtungen wurden folgende HAB berücksichtigt: Durchflutete Bauweise (DuBAU), Abgedichtete Bauweise (AbBAU), Warft-Bauweise (WaBAU), Aufgeständerte Bauweise (AufBAU), Amphibische Bauweise (AmBAU) und Polder-Bauweise (PoBAU) (**Bild 1**). Diese Bauweisen wurden jeweils als Massivbau und als Leichtbau (Lb) untersucht.

Die Eigenschaften der Bauweisen wurden hiebei wie folgt typisiert:

- Die Durchflutete Bauweise (DuBAU) muss im Hochwasserfall, unabhängig von der Pegelhöhe, den Eintritt des Wassers zulassen. Die Gebäude sind weder für die Aufnahme von Auftriebskräften noch für erhöhte Drucklasten auf die Hülle ausgelegt. Die Baustoffe und Bauteile des Gebäudes müssen für die Flutung geeignet sein [4]. Bei der DuBAU muss eine Räumung der Flächen stattfinden, wenn die Einrichtung nicht an das Hochwasser angepasst ist.
- Die AbBAU muss Auftriebskräfte durch ihre Masse oder durch eine Rückverankerung im Boden und den Wasserdruck auf die Hülle, unter Einhaltung der Dichtigkeit, aufnehmen können. Bei dieser Bauweise befinden sich Nutzflächen innerhalb des Hochwasserbereiches, die auch bei Hochwasser weiterhin in Benutzung bleiben.
- Die AufBAU, die ihre Nutzflächen oberhalb der Sollhöhe hat, wird in den USA auch als Bauweise mit „spindly legs“ bezeichnet [5]. Die Bauweise kann mit verschiedenen Unterbauten hergestellt werden [8].
- Warften oder auch Wurten genannt definierten sich ursprünglich durch eine Geländeaufhöhung aus Mist und Klei [6]. Mit dem Planungsbeginn der Hafencity Hamburg wurde das System der Warften in modifizierter Form übernommen. Bei der WaBAU handelt es sich jedoch nicht mehr um Erdaufschüttungen, sondern um Stahlbetonkonstruktionen (Weiße Wannen), die den Erdhügel nur typologisch widerspiegeln.
- Entsprechend der Polderordnung Hamburg sind PoBAU „Geländeflächen, die durch Hochwasserschutzanlagen gesichert sind“ [7]. Diese können auch einzelne Gebäude sein. Die Umschließung der Polder kann mit einem Deich, einer HWS-Betonwand oder auch einer Spundbohlenwand erfolgen [7].
- AmBAU, die sich dem Wasserstand höhenvariabel anpassen, können auf Grund ihrer Bauweise untergliedert werden in: Stahlbetonplatte mit einem Schwimmkörper aus extrudiertem Polystyrol, Hohlkörper aus wasserundurchlässigem Stahlbeton oder auch als Schwimmkörper aus Stahl, Holz oder Aluminium.

Ergänzend zu den Bauweisen wurden im Grundmodell die Hochwasserparameter Wassertiefe (WD), Treibgutlasten (WF), Wellenlasten (WF), Fließgeschwindigkeit (VC), Erosionsschutz (ES)

Tab. 1: Vergleich der Barrierefeiheit (Auszug aus der Gesamtbetrachtung) (Quelle: Kathmann)

Gebäude	System Bauweise im Bestand	Hochwasser-parameter (HWP)	Modell 1 System	Modell 2 System	Veränderungen der Rangfolge		
					ja	nein	Erläuterung
Große Elbstr. 275	Widerstehen WaBAU	WD-5 DF-5 WF-1	Ausweichen AufBAU	Nachgeben LbDuBau	x		neue Zielbauweise ohne Schwellen und Rampen
Große Elbstr. 277	Widerstehen AbBAU	WD-3 DF-3 WF-1	Ausweichen AufBAU	Nachgeben LbDuBAU	x		neue Zielbauweise ohne Schwellen und Rampen
Neumühlen 21	Nachgeben DuBAU	WD-3 DF-3 WF-1	Ausweichen AufBau	Nachgeben LbDuBAU	x		neue Zielbauweise entspricht dem Bestand
Neumühlen 37	Widerstehen AbBAU	WD-3 DF-3 WF-1	Ausweichen AufBau	Nachgeben LbDuBAU	x		neue Zielbauweise ohne Schwellen und Rampen
Polder Neumühlen	Widerstehen PoBAU	WD-1 DF-1	Widerstehen PoBau	Widerstehen PoBau		x	neue Zielbauweise entspricht dem Bestand
Polder Neumühlen WK	Widerstehen PoBau	WD-4 DF-4 WF-1	Ausweichen AufBAU	Nachgeben LbDuBAU	x		Zielbauweise und Bestand ohne Schwellen und Rampen
Westliche Hafencity	Widerstehen WaBAU	WD-3 DF-3 WF-1	Ausweichen AufBAU	Nachgeben LbDuBAU	x		neue Zielbauweise ohne Schwellen und Rampen
Waterhouse IBA	Ausweichen AufBAU	WD-1	Widerstehen PoBAU	Widerstehen PoBau		x	Zielbauweise ohne Schwellen und Rampen
IBA-Dock	Ausweichen AmBAU	WD-6	Ausweichen AufBAU	Ausweichen AufBAU	x		keine Veränderung
Peutestr.	Ausweichen AufBAU	WD-4 DF-4 WF-1	Ausweichen AufBAU	Nachgeben LbDuBAU	x		neue Zielbauweise ohne Schwellen und Rampen
Industrie-gebäude Baakenhafen	Nachgeben HybridBAU AbBau + DuBau	WD-3	Ausweichen AufBAU	Nachgeben LbDuBAU	x		Zielbauweise + Bestandsgebäude ohne Schwellen und Rampen
Wohnheim Hafen-Harburg	Ausweichen AmBAU	WD-1	Widerstehen PoBAU	Widerstehen PoBAU		x	Zielbauweise ohne Schwellen und Rampen

und Baustoffgefährdende Wasserinhaltsstoffe bzw. Chloride (S) als Leitparameter für das Modell verwendet. Die Parameter wurden in unterschiedliche Laststufen von 1 bis 6 untergliedert. Unter Betrachtung der Auswirkungen auf die Nachhaltigkeit, in diesem Fall der Veränderung der Indikatoren Treibhauspotenzial (GWP), Ozonabbaupotenzial (ODP), Ozonbildungspotenzial (POCP), Versauerungspotenzial (AP), Überdüngungspotenzial (EP), nicht erneuerbare Energie und Gesamtenergie (PEI), Flächenanspruch, Flächeneffizienz und Lebenszykluskosten konnten die Einflüsse numerisch innerhalb von Simulationen abgebildet werden.

Folgende wesentliche Erkenntnisse ergaben sich aus der Modellbetrachtung (Modell 1):

- Die Transformation in eine HAB reduziert die Nachhaltigkeit gegenüber der Referenzbauweise.
- Für Hochwasserereignisse, die das 100-jährliche Hochwasser überschreiten, sollte geprüft werden, ob eine Transformation in eine HAB nachhaltig ist. Eine Sanierung kann in Einzelfällen zu geringen Verletzungen der Nachhaltigkeitsindikatoren führen.
- Das Widerstehen, wie z. B. bei einer PoBAU bzw. LbPoBAU, führt in der Modellierung bis zu einer Höhe von 1,0 m zu einer höheren Nachhaltigkeit als die Strategien Ausweichen, Sichern oder Nachgeben.
- Werden Wassertiefen bis zu 6 m erwartet, so ist die Nachhaltigkeit bei Bauweisen, die das „Ausweichen“ nutzen, höher (AufBAU, LbAufBAU); kommt es bei AufBAU bzw. LbAufBAU zu horizontalen Lasten oberhalb der Aufständerung, so wird die Bauweise überproportional in den Nachhaltigkeitsindikatoren verletzt.
- Eine trichterförmige Verteilung der Gebäudenutzflächen innerhalb eines Baukörpers erhöht die Nachhaltigkeit.
- Hochhäuser sind im Sturmflutgebiet auf Grund ihrer Massenverteilung nachhaltiger als Einfamilienhäuser.
- Das Verhältnis zwischen der notwendigen Schutzfläche (A_{HWS} z. B. HWS-Wand, WU-Konstruktion) und dem zu schützenden Bruttorauminhalt (BRI) des Gebäudes beeinflusst die Nachhaltigkeit der Hochwasserangepassten Bauweise (A_{HWS}/BRI).
- Widerstehende Bauweisen, bei denen die Hülle bereits die abdichtende Funktion übernimmt (WaBAU, LbWaBAU, AbBAU, LbAbBAU), erhalten im Verhältnis zu den anderen Bauweisen geringere zusätzliche Verletzungen der Nachhaltigkeitsindikatoren aus Fließgeschwindigkeiten und Treibgut, wenn bereits hohe Drucklasten aus der Wassertiefe auf die Bauweise wirken.
- Das flexible Anpassen, wie bei der AmBAU, sollte erst bei größeren Wassertiefen im Binnenbereich erfolgen.
- Eine Mischung der Bauweisen ist möglich und kann zur Verringerung der Verletzungen der Nachhaltigkeitsindikatoren führen und somit insgesamt zu nachhaltigeren Bauweisen.
- Können die Hochwasserparameter nur sehr schwer bestimmt werden, so ist bei einer DuBAU, die aus hochwasserangepassten Materialien konstruiert ist, die Gefahr des Versagens geringer und damit die Nachhaltigkeit höher, als bei den anderen Bauweisen.
- Meerwasser (Chloride, Änderung der Expositionsklasse) hat bei den Bauweisen im Verhältnis zu den anderen Hochwasserparametern einen geringen Einfluss auf die Nachhaltigkeit (kleiner 10 %).
- Gebäude sollten bis zu einer Höhe von 1,0 m das System Widerstehen als erste Sicherungsebene ermöglichen (PoBAU, LbPoBAU). Versagt die erste Sicherungsebene, sollte das Gebäude mit geringen Verlusten der Nachhaltigkeit das Nachgeben ermöglichen (DuBAU, LbDuBAU).
- Wird mit Wasserspiegelhöhen über 1,0 m gerechnet, sollte das Gebäude als erste Strategie das Ausweichen berücksichtigen und als zweite Strategie das Widerstehen oder das Nachgeben (Durchfluten).
- Ein Nachgeben (DuBAU, LbDuBAU) sollte dann berücksichtigt werden, wenn ein gleichmäßiges Absinken des äußeren und inneren Hochwasserpegels sichergestellt ist (Lastfall Sunk).
- Das flexible Ausweichen (AmBAU, LbAmBAU) ist dann zu wählen, wenn die Wasserspiegelhöhe

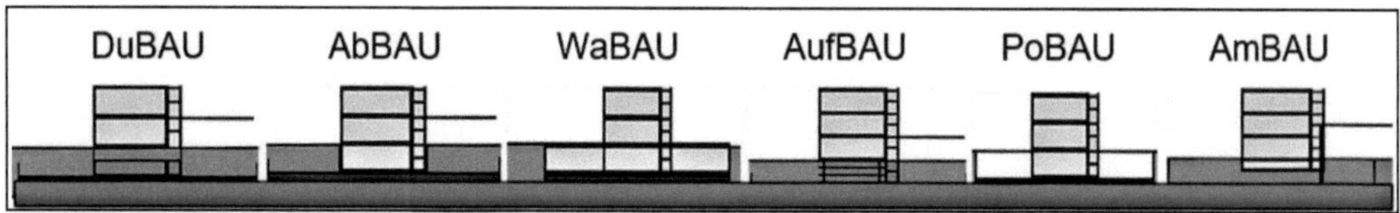

Bild 1: Hochwasserangepasste Bauweisen (Quelle: Kathmann)

nur begrenzt festgelegt werden kann und nicht mit Wellendynamik, hohen Fließgeschwindigkeiten und Treibgutlasten zu rechnen ist.

- Widerstehen in Form von WaBAU bzw. LbWaBAU oder AbBAU bzw. LbAbBAU kann dann zielführend sein, wenn neben den maßgebenden großen Wassertiefen auch mit hohen Fließgeschwindigkeiten und mit Treibgut zu rechnen ist.
- Wird das Widerstehen der PoBAU bzw. LbPoBAU auch über 1,0 m gewählt, so wird die Nachhaltigkeit durch die Hochwasserparameter stark beeinflusst und kann nur dann relativiert werden, wenn die zu schützende Baumasse im Verhältnis zur Umschließungsfläche erhöht wird.
- Das „Nachgeben", wie z. B. bei der DuBAU bzw. LbDu-BAU sollte in Abhängigkeit von der Nutzung gewählt werden und ist eine Bauweise mit einem geringen Schadenspotenzial. Sie wird in der Regel immer dann nachhaltig sein, wenn geringe Mieterlöse zu erwarten sind (Garagen).
- Die Häufigkeit der Hochwassereinflüsse und auch die Kostenveränderungen bei den Nutzungskosten Hochwasserschutz können die Eignung der Bauweisen beeinflussen [2].

3 Analyse des Gebäudebestandes

3.1 Objektbeschreibungen

Für die weiteren Betrachtungen wurden die nachfolgenden Bauweisen gemäß **Bild 2** analysiert. Dabei wird auch auf das Planungswerkzeug Hochwasserangepasste und nachhaltige Gebäudekonstruktions-Transformation (PHUNGT) verwiesen, das aus dem vorgenannten Modell entwickelt wurden, um die Stabilität des Modells zu prüfen (Sensitivitätsanalyse). Mit PHUNGT können auch die Auswirkungen auf Bauweisen aufgrund der unterschiedlichen Einflüsse aus dem Hochwasser untersucht werden.

3.2 Durchflutete Bauweisen

Die Fischauktionshalle, die Fischmarkthallen der Fischmmarkt Hamburg Altona GmbH, das Vereinsheim Övelgönne, die Hafenbar in der Großen Elbstraße und viele weitere Gebäude im Bereich der Elbe, sind als DuBAU konzipiert, die alle eine öffentliche Nutzung haben. Die einzelnen Gebäudeteile liegen auf unterschiedlichen Höhen, so dass die Flutungen ab einer Höhe von +3,50 mNHN bis +5,0 mNHN erfolgen. Die Barrierefreiheit im Bereich der Erschließung ist bei allen vorgenannten Gebäuden vorhanden (kein Abzug in PHUNGT).

3.3 Abgedichtete Bauweisen

Betrachtet man den Elbebereich von Neumühlen, so wurden dort viele Gebäude als AbBAU hergestellt oder wurden mit der Zeit dazu umgebaut. Die Seemansmission Hamburg Altona, das Stilwerkhaus in der Großen Elbstraße, der Speicher am Fischmarkt oder der Altonaer Kaispeicher, um nur einige Beispiele zu nennen. Diese Gebäude müssen neben der Hochwasseranpassung auch einen barrierefreien Zugang zu den öffentlichen Nutzungen ermöglichen. Im Bereich von Öffnungen werden die wasserdichten Gebäudehüllen durch Schiebetore, Klapptore, Dammbalken oder druckwasserdichte Fenster ergänzt. Es konnte vor Ort festgestellt werden, dass durch die untere Schwelle die Barrierefreiheit bei Dreh- und Klapptoren (**Bild 3**) eingeschränkt ist (2,8 Punkte Abzug in PHUNGT).

3.4 Warft-Bauweise

Für die Untersuchung der Barrierefeiheit wurden

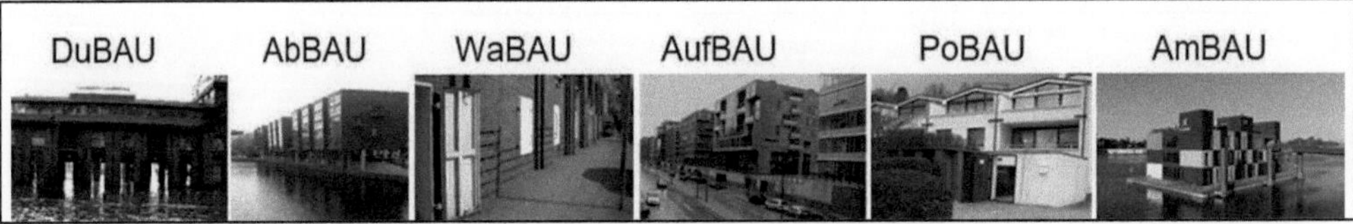

Bild 2: Hochwasserangepasste Bauweisen in Hamburg (Quelle: Kathmann)

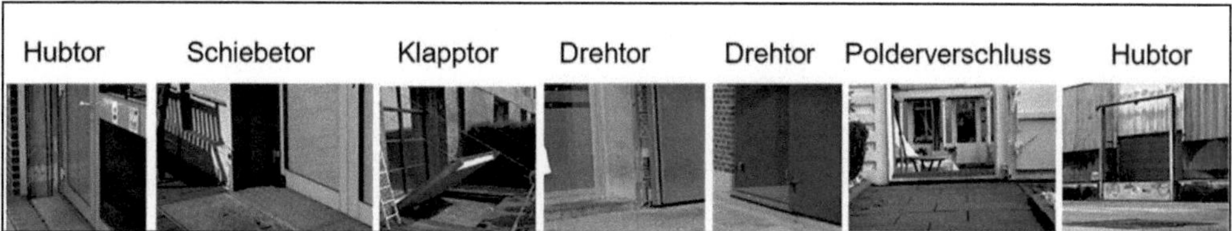

Bild 3: Hochwasserverschlüsse AbBAU in Hamburg (Quelle: Kathmann)

WaBAU in der Hafencity und in Neumühlen analysiert. Warften werden auf den bestehenden Geländeebenen errichtet und haben ihre Haupterschließung auf der Warftebene. Die Differenz von etwa 3,00 m zwischen den bestehenden Geländehöhen und der Oberkante der Warft führt in vielen Bereichen zu langen Rampen, um einen barrierefreien Übergang zu ermöglichen (5,6 Punkte Abzug in PHUNGT).

3.5 Aufgeständerte Bauweise

AufBAU sind unter anderem im Hafenbereich, auf der Peute oder in Övelgönne erstellt worden. Die Anbindung an den hochwassersicheren Bereich erfolgt während der Sturmflut über Brücken oder Stege von den Nachbargrundstücken, außerhalb der Hochwasserzeit über Aufzüge und Treppen vom bestehenden Gelände aus. Um die Bauweisen innerhalb des Modells vergleichen zu können, wird hier nur eine Treppe und kein Aufzug bis in den Flutbereich berücksichtigt, so dass diese Bauweise im Modell als nicht barrierefrei eingestuft wird (8,4 Punkte Abzug in PHUNGT). Bei der Herstellung der Bauweise im Bereich eines Geländeversprungs kann die Bauweise auch barrierefrei oder mit entsprechenden Rampen errichtet werden.

3.6 Polder Bauweise

Polder verfügen über größere Zugangs- oder Zufahrtsbereiche (Gatts), die entweder im Sturmflutfall geschlossen werden oder bis auf die Sollhöhe angehoben sind. Nach [7] sind Polder mit Fluchtplattformen oder Schutzräumen zu versehen. Der barrierefreie Zugang außerhalb der Hochwasserzeit ist bei den untersuchten Poldern gegeben (kein Abzug in PHUNGT).

3.7 Amphibische Bauweise

Im Bereich der Fleete und Hafenbecken, wie zum Beispiel im Hafenbecken Harburg, auf der Veddel, im Eilbekkanal oder in der Bille sind unterschiedliche AmBAU enstanden. Aufgrund des Tidehubs wird hier von einer Steglänge ausgegangen, die das maximale Gefälle von 6 % nicht überschreitet (5,6 Punkte Abzug in PHUNGT).

4 Bewertung

Die Veränderungen der Rangfolge in Bezug auf die Eignung der Bauweise sind in **Tabelle 1** dargestellt.

5 Ergebnis

Aus der Analyse der vorhandenen Gebäude, den Zielbauweisen aus dem Modell 1 und den Ergebnissen aus dem Modell 2 wird deutlich, dass bei allen Bauweisen – außer der PoBAU – eine Veränderung der Rangfolge entstanden ist, wenn die Barrierefreiheit mit berücksichtigt wird. Es ist auch zu erkennen, dass die Bestandsgebäude, die bereits das Nachgeben als Hochwasseranpassung verwenden, auch dieses Ergebnis im Modell 2 als Ergebnis erhalten. Bei denen mit Dreh- oder Klapptoren verringert sich durch die Schwellenhöhe die Barrierefreiheit. Bei der WaBAU und der AmABU reduziert sich die Barrierefreiheit durch die langen Rampen. Die DuBAU und die PoBAU haben kaum Reduktionen in der Barrierefreiheit. Die AufBAU verschlechtert sich bei allen untersuchten Gebäuden, wenn die Barrierefreiheit mit berücksichtigt wird und das Gebäude sich nicht an einem Geländeversprung befindet.

Autor

Dr.-Ing. Matthias Kathmann Architekt, M. Sc.
Lindenstraße 2a
29553 Bienenbüttel
m.kathmann@kathmann-architekt.de

Literatur

[1] Kathmann, M.: Hochwasserangepasste Bauweisen im Quartier Große Elbstraße. In: Aug. Prien Immobilien (Hrsg.): Projektentwicklung Große Elbstraße (2015), Bd. 1, S. 111.

[2] Kathmann, M.: Entscheidungshilfen für das nachhaltige Bauen von Hochwasserangepassten Bauweisen in urbanen Gebieten. Kaiserslautern : Shaker-Verlag, 2015 (Dissertation an der TU Kaiserslautern).

[3] Bundesministerium für Verkehr, Bau und Stadtentwicklung (Hrsg.): Bewertungssystem Nachhaltiges Bauen. Berlin, 2009.

[4] Federal Emergency Management Agency (Hrsg.): Flood Damage-Esistant Materials Requirements. In: Technical Bulletin (2008), Nr. 2.

[5] Federal Emergency Management Agency (Hrsg.): Above the Flood: Elevation your Floodprone House. 2000.

[6] Meier, D.: Landschaftsentwicklung und Siedlungsgeschichte des Eiderstedter und Dithmarscher Küstengebietes als Teilregion des Nordseeküstenraumes. In: Universitätsforschungen zur Prähistorischen Archäologie, 2001.

[7] Freie und Hansestadt Hamburg (Hrsg.): Verordnung über private Hochwasserschutzanlagen (Polderordnung-PolderO). Hamburg, 1977.

[8] Federal Emergency Management Agency (Hrsg.): Design Guide for Improving Critical Facility Safety from Flooding and High Winds: Providing Protection to People and Buildings. 2007

Matthias Kathmann

Flood adapted design – Flood protection versus accessibility

Many buildings in the Hamburg-Elbe River area of storm surge flooding have been planned and constructed based on flood adapted design. Due to increasing flood levels serving as a basis for planning, these buildings have to meet ever higher protection targets. However, they remain subject to the existing total building heights and should also meet the requirements regarding the preservation of resources and public ground floor uses. The examples provided demonstrate how buildings can still be constructed in a sustainable and barrier-free manner, taking into account the growing effects of flooding. A comparison of the buildings already completed shows that not all forms of "flood adapted design" equally meet the requirements.

Robert Jüpner

Juni-Hochwasser 2013 an der Elbe – neue Fragestellungen

Ein verheerendes Hochwasser mit historisch höchsten Hochwasserständen – aber weiter wie bisher? Bisher deutet vieles darauf hin. Aber das fundierte „Lernen aus der Katastrophe" muss in ein „Lernen für die Katastrophe" münden. Neue Fragestellungen ergeben sich hinsichtlich des Einsatzes neuer Technologien (z. B. Drohnen) und der Nutzung der „neuen Medien" sowie sozialer Netzwerke für die Einbindung ehrenamtlicher Helfer. Daneben bleibt die Hochwasservorsorge die wichtigste Tagesaufgabe.

1 Hintergrund

Im Juni 2013 wurde das Einzugsgebiet der Elbe erneut von einem verheerenden Hochwasser getroffen. In weiten Bereichen der Saale und der unteren Mittelelbe wurden die höchsten jemals gemessenen Wasserstände seit Pegeleinrichtung zum Teil um mehrere Dezimeter überschritten. In **Bild 1** ist zu erkennen, dass in diesem Jahr Sachsen-Anhalt in besonderem Maße betroffen war.

Drei wesentliche Merkmale haben das Juni-Hochwasser 2013 im Elbe-Einzugsgebiet charakterisiert:

- Das Hochwasser hat eine flächendeckende Betroffenheit in fast allen Bundesländern innerhalb des Elbe-Einzugsgebietes verursacht und neben den Elbe- vor allem die Saaleanlieger betroffen. Damit verbunden war ein immenser Einsatz von Ressourcen der ehren- und hauptamtlichen Katastrophenschutzkräfte – und das über einen vergleichsweise langen Zeitraum.
- Die Hochwassersituation war in weiten Teilen der betroffenen Gebiete durch eine „Außergewöhnlichkeit" gekennzeichnet. Solche Szenarien sind, insbesondere an der Saale und der unteren Mittelelbe, bis dahin nicht aufgetreten und erforderten ein permanentes Reagieren auf unbekannte wasserwirtschaftliche Situationen – vielfach jenseits der Bemessungsgrenzen der technischen Hochwasserschutzanlagen.
- Die Lage an Elbe und Saale wurde durch zwei nahezu zeitgleich auftretende große Deichbrüche bei Breitenhagen und Fischbeck deutlich verschärft. Für zehntausende Einwohner der betroffenen Regionen bestand eine unmittelbare Gefährdung für Leib und Leben, und sie mussten schnell evakuiert werden. Die Überflutung infolge der Deichbrüche betraf insgesamt ca. 230 km² – eine bisher in Deutschland bei Hochwasserereignissen nicht erreichte Größenordnung.

2 Das Juni-Hochwasser 2013 im Spiegel der vorliegenden Auswertungen

Die Bundesanstalt für Gewässerkunde hat zusammen mit dem Deutschen Wetterdienst im Bericht 1797 im Detail die hydrologische Betrachtung des Ereignisses vorgenommen und damit das „primäre fachliche Fundament" gelegt [1]. Die Bundesländer im Elbe-Einzugsgebiet publizierten ihre landesspezifischen Auswertungen des Hochwassers vom Juni 2013 (bisher) recht unterschiedlich. In Sachsen wurde im August 2013 der „Gewässerkundliche Monatsbericht mit vorläufiger Auswertung des Hochwassers Juni 2013" [2] veröffentlicht, der auf 69 Seiten sehr ausführlich die hydrologischen und meteorologischen Randbedingungen des Hochwassers beschreibt; eine vertiefende Ereignisanalyse ist bisher nicht erschienen. In Sachsen-Anhalt hingegen liegt der „Bericht über das Hochwasser im Juni 2013 in Sachsen-Anhalt: Entstehung, Ablauf, Management und statistische Einordnung"

S. Heimerl (Hrsg.), *Vorsorgender und nachsorgender Hochwasserschutz*,
https://doi.org/10.1007/978-3-658-21839-3_4

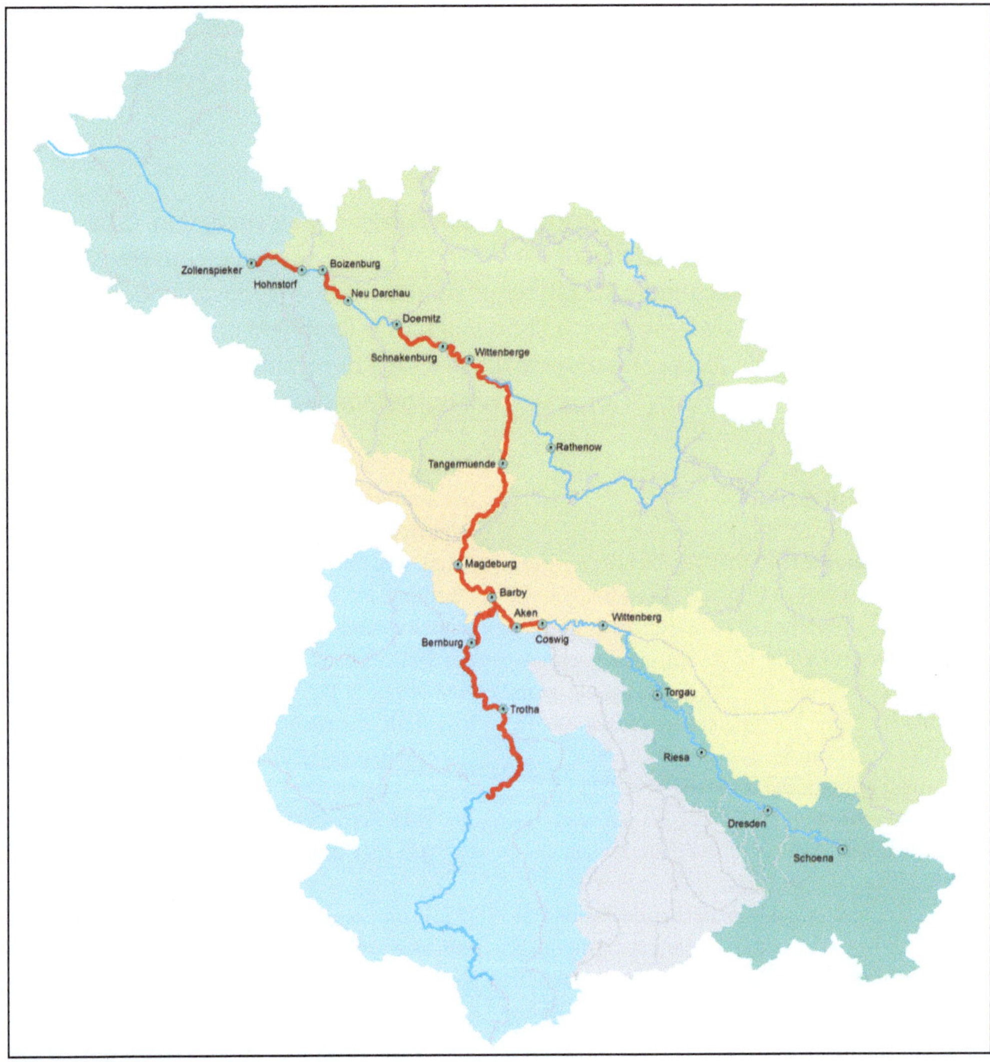

Bild 1: Überschreitungen des HHW (höchster bekannter Wasserstand) seit Pegeleinrichtung im Verlauf der Bundeswasserstraßen Elbe und Saale (rote Kennzeichnung) im Juni 2013 (Quelle: Bundesanstalt für Gewässerkunde)

seit März 2014 vor [3]. Dieser Bericht umfasst ebenfalls eine ausführliche hydrologische Darstellung des Ereignisses, geht aber gleichzeitig auf das Hochwassermanagement ein. Das daraus gezogene Fazit umfasst auch „Schlussfolgerungen und Forderungen nach der Auswertung" und darf daher als bisher eines der wenigen Beispiele kritischer Selbstreflektion nach dem Hochwasser 2013 gelten.

Weitere betroffene Bundesländer im Einzugsgebiet der Elbe haben grundsätzlich vergleichbare Berichte – meist allerdings in geringerem Umfang – veröffentlicht.

Eine Darstellung der Erfahrungen aus den Hochwassereinsätzen hat die Arbeitsgemeinschaft der Leiter der Berufsfeuerwehren, Arbeitskreis Zivil- und Katastrophenschutz, publiziert. Diese „Erfahrungen aus den Hochwasser-

Lagen in Sachsen, Sachsen-Anhalt, Niedersachsen, Schleswig-Holstein und Bayern im Sommer 2013" [4] sind eine fundierte Analyse der konkreten Einsatzerfahrungen aus Sicht des Zivil- und Katastrophenschutzes.

3 Neue Fragestellungen?

Auch gut ein Jahr nach dem Juni-Hochwasser 2013 bleibt ein Paradox bestehen: Einerseits trifft ein Hochwasser nie gekannten Ausmaßes weite Bereiche an Saale sowie Elbe und hinterlässt Schäden in Milliardenhöhe, aber neue Fragen hinsichtlich des Umgangs mit katastrophalen Hochwasserereignissen sind nicht erkennbar öffentlich zu vernehmen. Der Ruf nach wissenschaftlich fundierten grundsätzlichen Betrachtungen von Hochwasserkatastrophen ertönt zumindest nicht hörbar, nur vereinzelt fordern die Wasserwirtschaftsverwaltungen zusätzliche finanzielle und vor allem personelle Ressourcen. Ansonsten scheint die Ruhe nach dem Hochwasser wieder einzukehren.

Diese Situation ist umso bemerkenswerter, als eine andere – wenn auch im Umfang sicher nicht vergleichbare Naturkatastrophe – doch noch vor wenigen Jahren dazu geführt hat, dass sich unser Land komplett von einer Technologie verabschiedet hat und eine – teilweise sehr emotionale – breite öffentliche Diskussion zum Umgang mit den Risiken durch Naturgefahren geführt wurde.

Ist es überhaupt notwendig, nach dem Juni-Hochwasser 2013 neue Fragen zu stellen? Wie kann das bestehende System der Hochwasservorsorge und des Hochwasserschutzes so optimiert werden, dass die Gesellschaft zukünftig noch besser auf Hochwasserkatastrophen vorbereitet und weniger verwundbar ist?

Nachfolgend sind aus Sicht des Autors – und sicher wesentlich beeinflusst durch die konkreten Erfahrungen im Einsatz als externer Fachberater im Hochwassereinsatzstab des Landesbetriebes für Hochwasserschutz und Wasserwirtschaft Sachsen-Anhalt im Juni 2013 in Magdeburg – einige wesentliche in diesem Zusammenhang relevante fachliche Aspekte aufgelistet:

3.1 Lernen aus der Katastrophe – flussgebietsweite Auswertung und fundierte Analyse

Die Europäische Hochwasserrisikomanagement-Richtlinie (HWRM-RL) gibt es vor und die LAWA hat es explizit in ihren Kreislauf des HWRM übernommen: Eine fundierte Auswertung eines Hochwasserereignisses gehört immer mit dazu! Im „Kreislauf des Hochwasserrisikomanagements" taucht dazu der Begriff der Auswertung sowohl nach der Phase der „Bewältigung" als auch der „Regeneration" auf. Doch was ist unter einer fundierten Auswertung aus wasserwirtschaftlicher Sicht zu verstehen? Aufbauend auf einer Beschreibung der meteorologischen und hydrologischen Spezifika eines Hochwasserereignisses gehören dazu zunächst einmal die resultierende Beanspruchung der Hochwasserschutzanlagen sowie eine detaillierte Darstellung der unmittelbaren Ereignisbewältigung (operativer Hochwasserschutz). Ebenso wichtig ist jedoch die kritische Analyse des Standes und der Wirksamkeit von Hochwasservorsorgemaßnahmen. Es versteht sich zudem von selbst, dass eine seriöse wasserwirtschaftliche Ereignisanalyse die gesamte Wirkungskette und damit das Flusseinzugsgebiet sowie die entsprechenden Wechselwirkungen betrachten muss.

Dieses „Lernen aus der Katastrophe" ist bisher jedoch nur in Ansätzen erkennbar, denn häufig werden primär die (zweifellos vorhandenen) erfolgreichen Arbeiten beleuchtet und weniger die Fehler, die bei einer Hochwasserkatastrophe zwangsläufig passieren und aus denen gelernt werden kann und muss. Aus wissenschaftlicher Sicht ist ein großes Hochwasserereignis wie jenes vom Juni 2013 an der Elbe nicht bzw. nur in Ansätzen „modellierbar" und insofern von besonderem Interesse. Einen vergleichbaren „Laborversuch" kann man schlicht nicht durchführen! Es wäre daher insbesondere die Aufgabe der bundesweit (oder europaweit) tätigen Institutionen, entsprechende Untersuchungen anzuregen und/oder zu beauftragen.

3.2 Lernen für die Katastrophe – Vorbereitung und Übung

Dem „Lernen aus der Katastrophe" muss zwangsläufig ein „Lernen für die Katastrophe" folgen. Das ist so selbstverständlich wie richtig. Auch auf seltene und katastrophale Ereignisse kann man sich so vorbereiten, dass ein professionelles und effektives Handeln zur Minderung von Schäden beitragen kann. Jedoch erfordert die Vielzahl der beteiligten Institutionen und Personen, dass neben der Schulung der eigenen Fähigkeiten und Fertigkeiten auch ein Gesamtverständnis der komplexen Schadenslage erreicht wird. Von besonderer Bedeutung erscheint zudem die Notwendigkeit, die wichtigsten „Spielregeln" der Katastrophenbewältigung zu verstehen. Die zunehmende Anzahl involvierter „Spezialisten" macht eine Schulung grundsätzlicher Zusammenhänge des Zivil- und Katastrophenschutzes unverzichtbar, denn nur so kann jeder Einzelne auch notwendige Entscheidungen in der Katastrophe verstehen lernen.

3.3 Neue technische Möglichkeiten nutzen!

Neue technische Entwicklungen sind nicht zwangsläufig mit dem Thema Hochwasser verbunden. Dennoch erscheint es sinnvoll zu untersuchen, ob und in welcher Form neue technologische Entwicklungen auch zu einer Verbesserung im HWRM beitragen können. Neue Fragestellungen ergeben sich sowohl aus den Einsatzerfahrungen hinsichtlich der Echtzeit-Darstellung der wasserwirtschaftlichen Lage als auch der permanenten Überwachung, z. B. von Schwachstellen an Deichen. Die bisherige luftgestützte Datenerfassung durch Satelliten und Hubschrauber stößt bei großflächigen Hochwasserkatastrophen und den damit verbundenen zahlreichen Einsatzorten zwangsläufig an ihre Grenzen. Es ist allerdings zu erkennen, dass insbesondere im Bereich der unbemannten zivilen Flugkörper derzeit eine rasante technologische Entwicklung erfolgt. Der Einsatz von Drohnen im Bereich des operativen Hochwasserschutzes steckt zwar noch in den Kinderschuhen, jedoch sind die potenziellen Einsatzmöglichkeiten riesig. Bedenkt man in diesem Zusammenhang die Tatsache, dass gerade die aus Sicht des Katastrophenschutzes notwendigen Informationen (z. B. von Deichbrüchen bzw. der damit einhergehenden Entwicklung von Deichbreschen) oftmals nur schwer zu erhalten bzw. diese Orte mit herkömmlichen Mitteln häufig schwierig zu überwachen sind, ist das Potenzial in diesem technologischen Bereich unverkennbar.

3.4 Neue Medien nutzen

Die rasante technische Entwicklung wird in noch viel stärkerem Maße bei den „neuen Medien" und den sozialen Netzwerken sichtbar: Twitter und Facebook gehören heute ganz selbstverständlich zum Alltag und die „Generation Web 2.0" nutzt damit völlig andere Wege der Kommunikation als viele Generationen vorher. Ist die Wasserwirtschaft darauf vorbereitet? Werden die neuen Medien aktiv im Hochwasserschutz genutzt? Zahlreiche Beispiele für freiwillige Helferinnen und Helfer, die sich spontan mit Unterstützung der sozialen Netzwerke zu Hilfsaktionen versammelt und tatkräftig mit angepackt haben, zeugen vom immensen Aktivierungspotenzial. Andererseits sind in einem notwendigerweise streng regulierten Katastropheneinsatz eine zentrale Führung und Aufgabenverteilung nicht nur aus Sicherheitsgründen unverzichtbar. Wie kann das zusammenpassen? Welche Möglichkeiten gibt es für die professionellen Einsatzkräfte, die sozialen Netzwerke gezielt zu nutzen?

3.5 Hochwasservorsorge geht alle an

Hochwasser ist eine Daueraufgabe und ein mühsames tägliches Geschäft. Je besser die Vorbereitung desto geringer die potenziellen Schäden. Aber wie kann das Hochwasserbewusstsein über ein einzelnes Ereignis hinaus erhalten werden? Ansätze der letzten Jahre, z. B. der aktiven Bürgerbeteiligung an einzelnen Hochwasserschutzprojekten [5], [6] sowie das Konzept der Hochwasserpartnerschaften in Baden-Württemberg und Rheinland-Pfalz [7], [8], zeigen Wirksamkeit.

Was konkret kann nach dem Juni-Hochwasser 2013 „neu" bzw. weiter entwickelt werden?

Ein offensichtliches Defizit besteht in der ausreichenden Einbindung wasserwirtschaftlichen

Sachverstands in die Katastrophenschutzstäbe. Das Konzept der Entsendung von wasserwirtschaftlich ausgebildeten Hochwasserexperten als Fachberater in die Katastrophenschutzstäbe stößt bei großflächigen Gefahrenlagen sehr schnell an seine Grenzen. Insbesondere wenn man bedenkt, dass die Stäbe üblicherweise über mehrere Tage im 24-Stunden-Dienst tätig sein müssen. Die „Ausdünnung" des wasserwirtschaftlichen Sachverstandes in fast allen Wasserwirtschaftsverwaltungen Deutschlands hat dieses Problem noch verschärft. Welche Optionen sind denkbar? Natürlich muss zuerst ausreichend personeller Sachverstand in den zuständigen Wasserwirtschaftsinstitutionen gehalten bzw. wieder aufgebaut werden. Darüber hinaus ist eine permanente und zielgerichtete Einbindung externen Sachverstands, z. B. über die Ingenieurkammern und die Fachverbände, sinnvoll. Eine Vielzahl dieser Personen ist ohnehin freiwillig im Katastropheneinsatz tätig, jedoch könnte ihre Einbeziehung planmäßig vorbereitet und in einem klaren Rahmen geregelt sowie von Schulungen und Übungen flankiert werden.

Erstaunlich ist zudem die Tatsache, dass so wenig Bedarf an wissenschaftlichen Untersuchungen zu dieser Problematik öffentlich und vernehmbar artikuliert wird. Vielfach dominiert der Eindruck, dass alle Themen rund um das Hochwasser bei den (Fach-) Verwaltungen gut aufgehoben sind (was zweifellos häufig der Fall ist) und Forschungsbedarf nur in geringem Umfang besteht. Diese Sichtweise unterschätzt die Möglichkeiten kreativen und unabhängigen wissenschaftlichen Denkens in sträflicher Weise!

4 Ausblick

Das katastrophale Hochwasser im Juni 2013 an der Elbe hat großes Leid und immensen materiellen Schaden verursacht. Die Gesellschaft ist sehr verwundbarer gegen Naturgefahren und nicht viel spricht dafür, dass sich dieser Zustand in den nächsten Jahren deutlich ändern wird.

Neue Fragen stellen sich vor allem im Hinblick auf:

- fundierte Ereignisanalysen abgelaufener Hochwasserereignisse, die flussgebietsbezogen durchgeführt werden müssen,
- die Erarbeitung konkreter Aus- und Weiterbildungsprogramme für die zahlreichen beteiligten Institutionen und Personen,
- die Durchführung adäquater Übungen (Stabsrahmenübungen etc.), die insbesondere das Zusammenspiel verschiedenster Einsatzkräfte im Hochwasserfall trainieren müssen,
- die Nutzung neuer technologischer Entwicklungen für eine Optimierung der Hochwasservorsorge und des operativen Hochwasserschutzes,
- die aktive und zielgerichtete Nutzung neuer Medien und sozialer Netzwerke zur gezielten Einbindung von Freiwilligen im Hochwassereinsatz.

Vielleicht bieten sich durch das „Nationale Hochwasserschutzprogramm", welches der Bund und die Länder gemeinsam auf den Weg bringen wollen, Möglichkeiten, die skizzierten neuen Fragen aufzugreifen sowie systematisch und zielführend zu bearbeiten. Im Interesse einer Optimierung der Hochwasservorsorge und einer verbesserten Vorbereitung auf das nächste Hochwasser wäre das sicher ein guter und wichtiger Schritt!

Autor

Prof. Dr. Robert Jüpner
Fachgebiet Wasserbau und Wasserwirtschaft
Fachbereich Bauingenieurwesen TU Kaiserslautern
Paul-Ehrlich-Straße 14
67663 Kaiserslautern
robert.juepner@bauing.uni-kl.de

Literatur

[1] Bundesanstalt für Gewässerkunde und Deutscher Wetterdienst (Hrsg.): Länderübergreifende Analyse des Juni-Hochwassers 2013. In: BfG-Bericht-1797, Koblenz, 2013 (www.vhw.de/fileadmin/user_upload/Themenfelder/Umweltrecht/2013_09_04_pm_bfg-bericht.pdf; Aufruf: 25.08.2014).

[2] Landesbetrieb für Hochwasserschutz und Wasserwirtschaft Sachsen-Anhalt (Hrsg.): Bericht über das Hochwasser im Juni 2013 in Sachsen-Anhalt, Entstehung, Ablauf, Management und statistische Einordnung. Magdeburg, 2014 (www.lhw.sachsen-anhalt.de/fileadmin/Bibliothek/Politik_und_Verwaltung/Landesbetriebe/LHW/neu_PDF/4.0/SB_Hochwasserschutz/Hochwasserbericht_2013.pdf; Aufruf: 25.08.2014).

[3] Sächsisches Landesamt für Umwelt, Landwirtschaft und Geologie (Hrsg.): Gewässerkundlicher Monatsbericht mit vorläufiger Auswertung des Hochwassers Juni 2013. Dresden, 2013 (www.umwelt.sachsen.de/umwelt/wasser/download/Kurzbericht_Juni_2013_130820.pdf; Aufruf: 25.08.2014).
[4] Arbeitsgemeinschaft der Leiter der Berufsfeuerwehren in der Bundesrepublik Deutschland (Hrsg.): Erfahrungen aus den Hochwasser-Lagen in Sachsen, Sachsen-Anhalt, Niedersachsen, Schleswig-Holstein und Bayern im Sommer 2013. Münster, 2013 (www.agbf.de/pdf/Hochwasser_131114.pdf; Aufruf: 25.08.2014).
[5] Seifert, J.: Hochwasserrisikobewusstsein – Beteiligung von Bürgern im Vorfeld von Planungen. In: WasserWirtschaft 102 (2012), Heft 11, S. 39-41.
[6] Merz, G.: Beteiligung der Städte und Gemeinden an der Maßnahmenauswahl zur Hochwasserrisikomanagement-Planung in Bayern. In: Jüpner, R.; Müller, U. (Hrsg.): Berichtsreihe des Forums zur Europäischen Hochwasserrisikomanagementrichtlinie. Aachen: Shaker-Verlag (2012), Band 5, S. 29-36.
[7] Schernikau, R.: Beispiel Leutesdorf – örtliche Hochwasserschutzkonzepte in Rheinland-Pfalz. In: Jüpner, R.; Müller, U. (Hrsg.): Berichtsreihe des Forums zur Europäischen Hochwasserrisikomanagementrichtlinie. Aachen: Shaker-Verlag (2013), Band 5, S. 87-91.
[8] Cassel, M.; Jüpner, R.: Fortbildung „Hochwasserrisikomanagement und hochwasserangepasstes Planen und Bauen" in Rheinland Pfalz und Luxemburg – Erfahrungen. In: WasserWirtschaft 103 (2013), Heft 11, S. 38-41.

Robert Jüpner

Flood Disaster at River Elbe in 2013 – New Questions

Highest water levels ever recorded during the flood disaster at river Elbe in Germany in June, 2013 – but no consequences? It seems that business as usual dominates. However, "learning from a disaster" should lead to "learning for a disaster". New questions should be raised and answered including the intelligent use of new technologies (like for example unmanned aerial vehicles) as well as new media and social networks within emergency management. Nevertheless, flood prevention and its improvement will remain number one priority in flood risk management.

Corinna Gall und Robert Jüpner

Umgang mit Extremereignissen auf kommunaler Ebene – Notfallkonzepte als Mittel der Wahl?

Die Hochwasserrisikomanagement-Pläne enthalten Maßnahmen zur Verringerung des Hochwasserrisikos, welche in den zuständigen Kommunen umgesetzt werden sollen. Dazu zählt auch die Vorsorge gegenüber sehr seltenen Hochwasserereignissen. Zudem sind Kommunen verpflichtet, ihre Bürger mit wichtigen Infrastrukturen zu versorgen, welche bei Hochwasser gefährdet sind. Ob Hochwasser-Notfallkonzepte, welche die Erfordernisse zum Umgang mit Extremereignissen und zum Schutz kritischer Infrastrukturen vereinen, ein geeignetes Instrument für Kommunen darstellen, wird derzeit in Pilotregionen in Rheinland-Pfalz geprüft.

1 Einführung

Bis Ende 2015 steht in den Bundesländern entsprechend der Vorgaben der Hochwasserrisikomanagement-Richtlinie (HWRM-RL) die Aufstellung der HWRM-Pläne auf der Tagesordnung. Diese enthalten Ziele und Maßnahmen, die zur Verringerung des Hochwasserrisikos dienen und in der Regel vor Ort in den zuständigen Kommunen umgesetzt werden.

Dabei wird von der HWRM-RL explizit gefordert, auch „Hochwasser mit niedriger Wahrscheinlichkeit oder Szenarien für Extremereignisse" (Art. 6 Abs. 3a HWRM-RL) zu berücksichtigen. Für viele Kommunen ist es jedoch schwer vorzustellen, dass ein „Extremhochwasser" eintritt, welches auch die Bemessungsgrenzen der technischen Hochwasserschutzanlagen überschreitet, weshalb für dieses Szenario in der Vergangenheit nur wenig bzw. keine Risikovorsorge betrieben wurde [1].

Darüber hinaus sind Kommunen im Sinne der Daseinsvorsorge dafür verantwortlich, ihre Bürger und Bürgerinnen mit wichtigen Infrastrukturen zu versorgen, die bei Hochwasser gefährdet sein können. Insbesondere der Ausfall der sogenannten „kritischen Infrastrukturen" hat enorme Versorgungsengpässe oder andere dramatische Auswirkungen zur Folge und gerade bei einem sehr seltenen Hochwasser sind Bürger betroffen, die häufig nicht ausreichend vorbereitet sind.

Vor diesem Hintergrund stellt sich die Frage, wie auf kommunaler Ebene mit der Thematik „Extremhochwasser" und den Erfordernissen zum Schutz kritischer Infrastrukturen verantwortungsvoll umgegangen werden kann. Ob Hochwasser-Notfallkonzepte ein geeignetes Instrument für Kommunen darstellen, wird derzeit in verschiedenen Pilotregionen in Rheinland-Pfalz praktisch geprüft.

2 Was sind Hochwasser-Notfallkonzepte?

In Rheinland-Pfalz existieren bereits verschiedene Konzepte zur Hochwasservorsorge auf kommunaler Ebene. Zum einen ist es die Pflicht der Kommunen, Alarm- und Einsatzpläne für den Hochwasserfall aufzustellen (§ 3 Abs. 1 LBKG) und zum anderen können sie auf freiwilliger Basis ein örtliches Hochwasserschutzkonzept erstellen.

Doch wie sind die Hochwasser-Notfallkonzepte in diesem Kontext einzuordnen?

S. Heimerl (Hrsg.), *Vorsorgender und nachsorgender Hochwasserschutz*,
https://doi.org/10.1007/978-3-658-21839-3_5

Ein Hochwasser-Notfallkonzept wird auf kommunaler Ebene als Ergänzung zum Alarm- und Einsatzplan und als Bestandteil der örtlichen Hochwasserschutzkonzepte mit expliziter Berücksichtigung des Szenarios „Extremhochwasser“ erstellt. Aus diesem Grund wird darin für die kommunale Ebene die Hochwassersituation der Kommune sowie die potenziellen negativen Auswirkungen in Abhängigkeit vom Wasserstand am jeweiligen Bezugspegel bis hin zu einem Extremhochwasser umfassend dargestellt. Dabei werden u. a. Fragen zur Anzahl der betroffenen Gebäude und Personen sowie zur Versorgungssicherheit der kritischen Infrastrukturen (z. B. Energie-, Trinkwasser-, Telekommunikationsversorgung, Abwasserentsorgung, Verkehr usw.) behandelt.

Zudem werden die Aufgaben der Gemeinde und der betroffenen Bevölkerung vor, während und nach einem Hochwasser zusammengefasst und aufeinander abgestimmt, um die zur Bewältigung eines drohenden Hochwassers nötigen personellen Ressourcen bestmöglich zu koordinieren. In diesem Zusammenhang ist vor allem sicherzustellen, dass die hilfsbedürftigen Personen in der Kommune ausreichend versorgt sind.

Das Ziel des Hochwasser-Notfallkonzeptes ist es, die Bevölkerung sowie die Kommune über die möglichen negativen Auswirkungen eines Hochwassers zu informieren, damit diese sich effektiv darauf vorbereiten können. Durch die Konfrontation mit diesen Informationen sollen die Motivation zur Eigenvorsorge gegen Hochwasser, vor allem gegen sehr seltene Ereignisse, gestärkt werden und auf diese Weise auch die Schadenspotenziale in der Kommune reduziert werden. Darüber hinaus kann auf der Grundlage der in einem Hochwasser-Notfallkonzept zusammengestellten Informationen die Notwendigkeit einer Evakuierung der Bevölkerung in einzelnen Gebieten der Kommune abgeschätzt und vorsorglich geplant werden.

3 Was wird in Hochwasser-Notfallkonzepten behandelt?

Wie ein kommunales Hochwasser-Notfallkonzept aufgebaut werden kann, wurde in den vergangenen Jahren bereits in verschiedenen Pilotprojekten in Rheinland-Pfalz geprüft. Im Dialog mit den Kommunen und deren Bevölkerung haben sich dabei die folgenden inhaltlichen Schwerpunkte herauskristallisiert:

- Analyse der Hochwassersituation in der Kommune für verschiedene Szenarien (z. B. HQ_{10}, HQ_{100}, HQ_{extrem}).
- Umgang mit kritischen Infrastrukturen.
- Helfersystem zur Versorgung von Hilfsbedürftigen.
- Aufgaben vor, während und nach einem Hochwasser.

Diese Inhalte sind jedoch optional in Bezug auf deren Relevanz vor Ort zu bearbeiten. Im Fol-

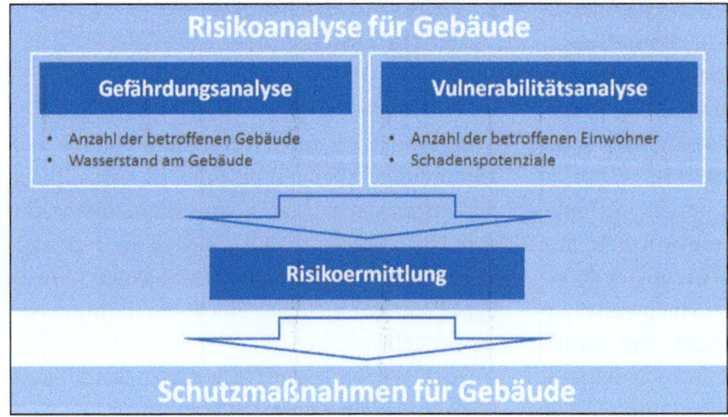

Bild 1: Schema der Risikoanalyse für Gebäude (Quelle: Gall und Jüpner, nach [3])

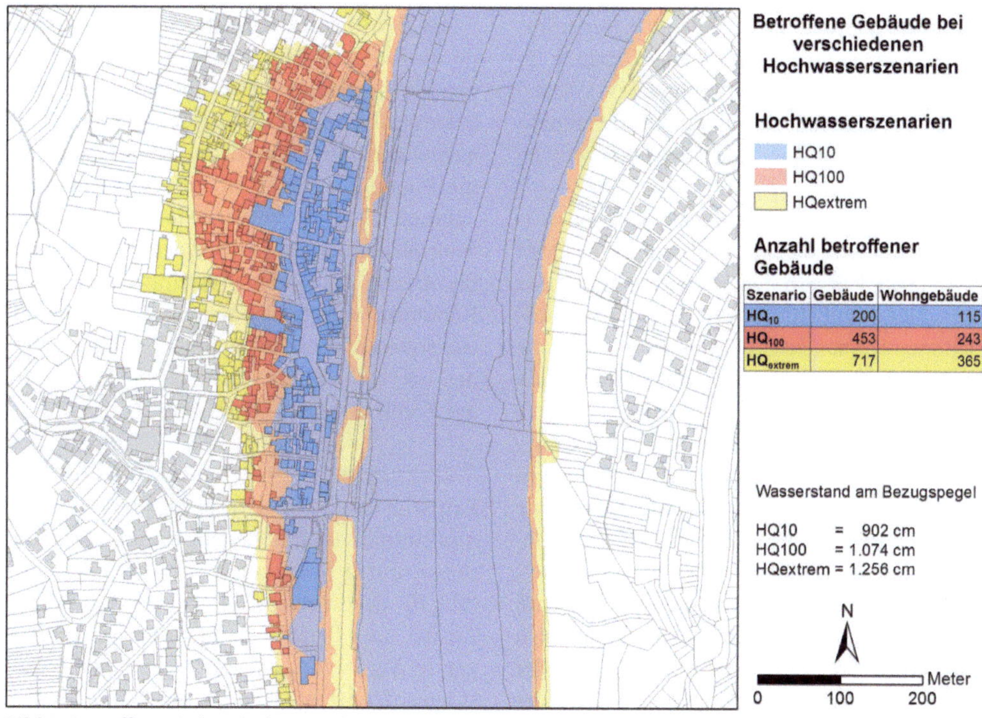

Szenario	Gebäude	Wohngebäude
HQ_{10}	200	115
HQ_{100}	453	243
HQ_{extrem}	717	365

Bild 2: Betroffene Gebäude für verschiedene Hochwasserszenarien in einer Pilotregion an der Mosel (Quelle: Gall und Jüpner, Darstellung auf Grundlage digitaler Daten des LUWG RLP)

genden werden nur die ersten beiden Inhalte näher thematisiert.

3.1 Analyse der Hochwassersituation in der Kommune für verschiedene Szenarien

Zur Beschreibung der Hochwassersituation in der Kommune werden zunächst die Hochwasserrisiken betrachtet, da deren Identifikation für die umfassende Planung von Schutzmaßnahmen unerlässlich ist [2]. Dazu wird eine Risikoanalyse durchgeführt, die sich im Allgemeinen aus der Gefährdungs- und der Vulnerabilitätsanalyse zusammensetzt.

Risikoanalyse für Gebäude

Durch die Risikoanalyse für die Gebäude in der Kommune sollen die Gefährdung durch verschiedene Hochwasserszenarien und darauf aufbauend die potenziellen Hochwasserschäden abgeschätzt werden. Diese Informationen können mithilfe eines Geographischen Informationssystems (GIS) ermittelt werden. Als Input werden sowohl die Gebäude in der Kommune aus dem Amtlichen Liegenschaftskatasterinformationssystem (ALKIS) als auch die Rasterdaten der Hochwasserszenarien mit den Höheninformationen benötigt. Für die Gebäude werden im Rahmen der Risikoanalyse eine Gefährdungs- und eine Vulnerabilitätsanalyse durchgeführt. Aus diesen Faktoren lässt sich in der Risikoermittlung das Hochwasserrisiko für die gesamte Kommune oder auch für einzelne Gebäude beurteilen, was als Grundlage zur Auswahl geeigneter Schutzmaßnahmen genutzt werden kann (**Bild 1**).

In der Gefährdungsanalyse werden zur Ermittlung der Gebäude, die bei Hochwasser überflutet werden, die Überschwemmungsflächen mit den Gebäuden im GIS verschnitten. Dadurch ist zu erkennen, ab welchem Wasserstand am Bezugspegel welche Gebäude betroffen sind und welche Anzahl an Gebäuden überflutet wird (**Bild 2**). Auf der Grundlage dieser Information können die Eigentümer der Gebäude abschätzen, ab welchem vorhergesagten Wasserstand am Bezugspegel Objektschutzmaßnahmen am eigenen Gebäude eingeleitet werden sollten.

Weiterhin wird im Zuge der Gefährdungsanalyse der mittlere Wasserstand an den Gebäuden in Abhängigkeit von den Hochwasserszenarien HQ_{10}, HQ_{100} und HQ_{extrem} ermittelt. Diese Informationen können zum Beispiel als Basis für die Bemessung von Objektschutzmaßnahmen am Gebäude dienen.

Anschließend wird eine Vulnerabilitätsanalyse für die Kommune durchgeführt, wozu zum einen die Abschätzung der Schadenspotenziale und zum anderen die Ermittlung der betroffenen Einwohner zählen.

Die Schadenspotenzialanalyse wird basierend auf den spezifischen Vermögenswerten und den Schadensfunktionen aus dem Rhein-Atlas der Internationalen Kommission zum Schutz des Rheins (IKSR) durchgeführt [4]. Aufgrund des Umfangs der Schadensermittlung für eine Kommune können wichtige Aspekte zur Abschätzung des Gebäudewertes, wie z. B. das Baujahr und die Bauart der Gebäude, nicht in die Schadensermittlung einbezogen werden. Dennoch bieten die Schadenspotenziale die Möglichkeit, die Erfordernisse zur Hochwasservorsorge in der Kommune abzuleiten. Eine grundsätzliche Verbesserung ist z. B. durch die vom Leibniz-Institut für ökologische Raumentwicklung in Dresden entwickelte Methodik zur Vulnerabilitätsanalyse im Gebäudebestand möglich [5].

Auf diese Weise können sowohl die Kommune als auch die privaten Eigentümer abschätzen, inwieweit technische Hochwasserschutzmaßnahmen oder einzelne Objektschutzmaßnahmen an Gebäuden notwendig bzw. wirtschaftlich sind. Ergänzende Informationen zu möglichen Bauvorsorgemaßnahmen am eigenen Gebäude können Privateigentümer auch auf der Homepage des Kompetenzzentrums für Hochwassermanagement und Bauvorsorge erhalten (www.hochwassermanagement.rlp.de/servlet/is/175640/).

Zur Bestimmung der betroffenen Einwohner für die Szenarien HQ_{10}, HQ_{100} und HQ_{extrem} können die Informationen aus den Hochwasserrisikokarten herangezogen werden. Wenn jedoch davon auszugehen ist, dass diese Angaben für die Planung weiterer Hochwasserschutzmaßnahmen, wie z. B. zur Aufstellung von Evakuierungsplänen, aktualisiert werden müssen, sollte die Anzahl der betroffenen Einwohner in der Kommune anhand der aktuellsten Einwohnerstatistiken und der bereitgestellten Informationen im Hochwasser-Notfallkonzept erneut von der Kommune berechnet werden.

Risikoanalyse für kritische Infrastrukturen

Kritische Infrastrukturen werden vom Bundesministerium des Innern definiert als „Organisationen und Eichrichtungen mit wichtiger Bedeutung für das staatliche Gemeinwesen, bei deren Ausfall oder Beeinträchtigung nachhaltig wirkende Versorgungsengpässe, erhebliche Störungen der öffentlichen Sicherheit oder andere dramatische Folgen eintreten würden" [6]. Die Kenntnis des Hochwasserrisikos ist unbedingt erforderlich, damit die finanziell und personell begrenzten Ressourcen zum Schutz der Infrastrukturen effizient und effektiv eingesetzt werden können [3].

Zur Einschätzung des Hochwasserrisikos wird eine Risikoanalyse durchgeführt. Diese besteht aus einer Kritikalitätsabschätzung, einer Gefährdungs- und Vulnerabilitätsanalyse sowie einer Risikoermittlung, in der die Ergebnisse aus den vorherigen Untersuchungen verknüpft werden. Darauf aufbauend können Schutzmaßnahmen zur Aufrechterhaltung der Funktionsfähigkeit oder zur Verringerung der potenziellen Hochwasserschäden an den kritischen Infrastrukturen entwickelt werden (**Bild 3**).

Die Kritikalitätsabschätzung dient dazu, diejenigen Prozesse zu identifizieren, deren Ausfall oder Beeinträchtigung zu weitreichenden Folgen für die Kommune oder die Infrastrukturen führen bzw. sogar deren Funktionsfähigkeit nicht mehr gewährleisten würde [3]. Aufgrund der Erfahrungen aus Pilotprojekten in Rheinland-Pfalz wird die Beeinträchtigung der Sekto-

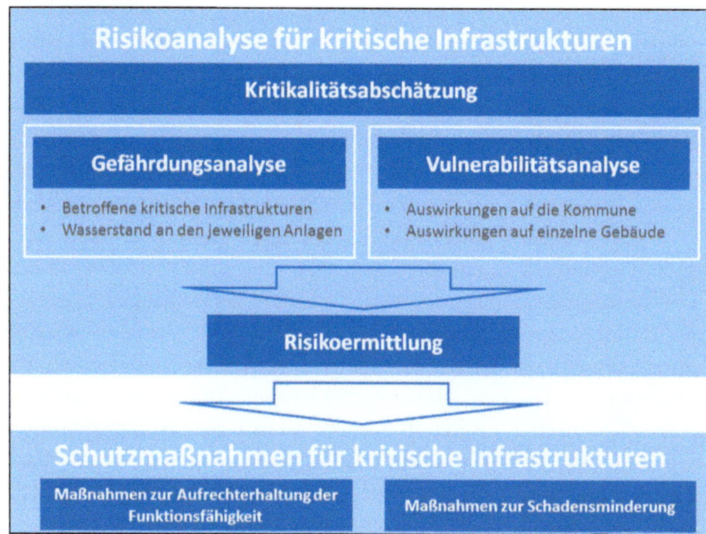

Bild 3: Schema der Risikoanalyse für kritische Infrastrukturen (Quelle: Gall und Jüpner, nach [3])

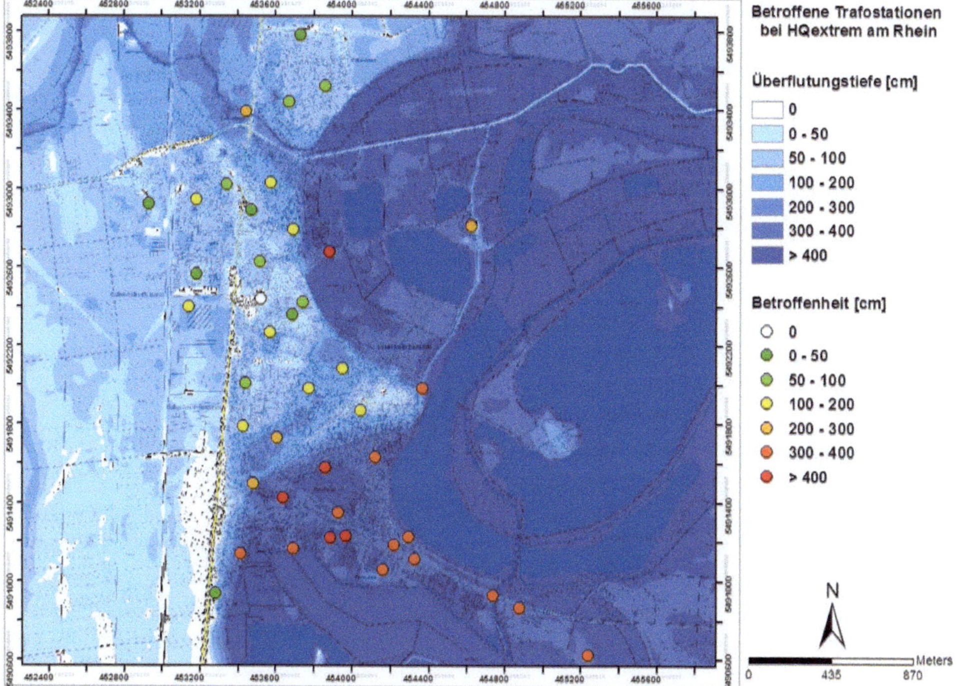

Bild 4: Betroffene Trafostationen bei einem HQ_{extrem} in einer Pilotregion am Rhein (Quelle: Gall und Jüpner, Darstellung auf Grundlage digitaler Daten des LUWG RLP)

ren Energie, Wasser sowie Informations- und Telekommunikation als besonders kritisch angesehen, da diese weitreichende Auswirkungen für eine Kommune haben würde. In Bezug auf eine mögliche Evakuierung stellen diese Sektoren den limitierenden Faktor dar.

Für die Gefährdungsanalyse der kritischen Infrastrukturen wird dieselbe Vorgehensweise wie bei der Gefährdungsanalyse für Gebäude in der Kommune angewendet. Die Bestimmung des Wasserstands an den betroffenen kritischen Infrastrukturen für die verschiedenen Hochwasserszenarien ist besonders wichtig zur Abschätzung der Auswirkungen auf die Funktionsfähigkeit der Anlagen, was wiederum als Entscheidungsgrundlage zur Abschätzung der Notwendigkeit einer Evakuierung herangezogen wird. In **Bild 4** sind beispielhaft die Wasserstände an den Transformatorstationen in einer Pilotregion in Rheinland-Pfalz bei einem HQ_{extrem} dargestellt. Weiterhin können auf Grundlage dieser Informationen mögliche Objektschutzmaßnahmen an den Anlagen identifiziert werden.

Anschließend werden in der Vulnerabilitätsanalyse mithilfe der Ergebnisse aus der Gefährdungsanalyse und mit der Unterstützung der verantwortlichen Betreiber der kritischen Infrastrukturen die Auswirkungen eines Hochwassers in der Kommune abgeschätzt. Anhand der Informationen aus der Gefährdungsanalyse lässt sich festlegen, ab welchem Wasserstand am nächstgelegenen Pegel die kritischen Infrastrukturen ausfallen und welchen Schaden diese nehmen. Darüber hinaus können die Gebiete bestimmt werden, die von diesem Ausfall betroffen sind, auch wenn diese sich selbst nicht im Überschwemmungsbereich befinden. Weiterhin ist grundsätzlich zu prüfen, ob die Funktion der ausgefallenen kritischen Infrastruktur ersetzt werden kann.

3.2 Umgang mit kritischen Infrastrukturen

Aufbauend auf den Erkenntnissen aus der Risikoanalyse für die kritischen Infrastrukturen werden im Rahmen des Hochwasser-Notfallkonzeptes mögliche Schutzmaßnahmen für die untersuchten Infrastrukturen aufgezeigt. Im Allgemeinen können diese in Maßnahmen zur Aufrechterhaltung der Funktionsfähigkeit und in Maßnahmen zur Schadensminderung differenziert werden.

Um die Funktionsfähigkeit im Hochwasserfall trotz exponierter Lage aufrechtzuerhalten, ist es erforderlich, einen ganzheitlichen Ansatz zu verfolgen, der alle zusammenhängenden Komponenten aus dem Versorgungsnetz der jeweiligen Infrastruktur einschließt. Beispielsweise sind die verschiedenen Komponenten des Stromversorgungsnetzes stark miteinander vernetzt, so dass der Ausfall einer Anlage sich auch auf alle nachfolgenden Komponenten auswirkt. In der Regel kann die Stromversorgung auch während eines Hochwassers weiterhin funktionieren, wenn z. B. die einzelnen Komponenten entweder an einen weniger hochwassergefährdeten Standort verlegt oder am selben Standort höhergelegt werden.

Im Vergleich dazu werden Maßnahmen zur Schadensminderung für die Stromversorgung erst ergriffen, wenn die Verlegung oder Erhöhung nicht mehr wirtschaftlich umgesetzt werden kann. Durch Maßnahmen der Schadensminderung können dann deutliche Vorteile in Bezug auf die zeitnahe Wiederinbetriebnahme oder die Reduzierung von Reparaturkosten erzielt werden [7].

4 Fazit und Ausblick

Ein kommunales Hochwasser-Notfallkonzept dient dazu, alle Betroffenen über das bestehende Hochwasserrisiko zu informieren und bestmöglich auf die negativen Auswirkungen eines Hochwassers bis hin zu einem extremen Ereignis vorzubereiten. Dadurch stehen vielfältige Informationen in kompakter Form beim Eintreten eines Hochwassers bereits zur Verfügung, womit eine große Zeitersparnis einhergeht, die im Notfall entscheidend sein kann. Aus diesen Gründen stellt ein kommunales Hochwasser-Notfallkonzept ein geeignetes Instrument dar, um das Hochwasserrisiko in der Kommune durch zielführende Maßnahmen der Hochwasservorsorge zu verringern.

Da in Zukunft die Schadenspotenziale in Risikogebieten weiter zunehmen werden, ist es von sehr großer Bedeutung, die potenziell betroffene Bevölkerung für Extremereignissen zu sensibilisieren. Es ist zu empfehlen, dies weiterhin mithilfe von Hochwasser-Notfallkonzepten zu fördern, denn dadurch wird die Zusammenarbeit zwischen den Kommunen, den Betreibern der kritischen Infrastrukturen und der Bevölkerung verbessert, welche für ein effektives HWRM unerlässlich ist.

Darüber hinaus besteht insbesondere im Hinblick auf den Umgang mit kritischen Infrastrukturen bei Hochwasser ein großes Forschungspotenzial, da unsere Gesellschaft heutzutage wie nie zuvor von solchen Infrastrukturen abhängig ist. Im Rahmen von kommunalen Projekten sollten daher weiterhin Schutzmaßnahmen untersucht werden, die die Funktionsfähigkeit von kritischen Infrastrukturen auch während eines Hochwassers gewährleisten oder deren Schäden so weit wie möglich verringern können.

Autoren

Corinna Gall
Uniwasser GmbH
Schumannstraße 1
67655 Kaiserslautern
gall@uniwasser.com

Prof. Dr. Robert Jüpner
Technische Universität Kaiserslautern
Fachbereich Bauingenieurwesen
Fachgebiet Wasserbau und Wasserwirtschaft
Paul-Ehrlich-Straße 14
67663 Kaiserslautern
juepner@rhrk.uni-kl.de

Literatur

[1] Hartmann, T.; Jüpner, R.: Der Hochwasserrisikomanagementplan – Herausforderungen für Wasserwirtschaft und Raumplanung. In: Institut für Wasserbau und Technische Hydromechanik (Hrsg.): Technischer und organisatorischer Hochwasserschutz – Bauwerke, Anforderungen, Modelle (2013), S. 183-192.

[2] Müller, U.: Hochwasserrisikomanagement. Wiesbaden: Vieweg + Teubner Verlag, 2010.

[3] Bundesministerium des Innern (Hrsg.): Schutz Kritischer Infrastrukturen – Risiko- und Krisenmanagement. Niestetal: Silber Druck oHG, 2011.

[4] Internationale Kommission zum Schutz des Rheins (Hrsg.): Rheinatlas 2001 (www.iksr.org/fileadmin/user_upload/Dokumente_de/Rhein-Atlas/german/german_text.pdf; Aufruf: 08.04.2015).

[5] Naumann, T.; Fahrion, M.; Nikolowski, J.; Günther, B.; Horn, S.: Verletzbarkeitsanalysen im Gebäudebestand. In: Weller, B.; Fahrion, M.-St.; Naumann, T. (Hrsg.): Gebäudeertüchtigung im Detail für den Klimawandel. Berlin: Rhombos-Verlag. In: Publikationsreihe des BMBF-geförderten Projektes REGKLAM – Regionales Klimaanpassungsprogramm für die Modellregion Dresden (2013), Heft 4, S.1-27.

[6] Bundesministerium des Innern (Hrsg.): Nationale Strategie zum Schutz Kritischer Infrastrukturen (KRITIS-Strategie). Paderborn: Bonifatius GmbH, 2009.

[7] Bundesamt für Bevölkerungsschutz und Katastrophenhilfe (Hrsg.): Indikatoren zur Abschätzung von Vulnerabilität und Bewältigungspotenzialen – am Beispiel von wasserbezogenen Naturgefahren in urbanen Räumen. Bonn: MedienHaus Plump GmbH, 2011.

Corinna Gall and Robert Jüpner

Dealing with Extreme Events on a Municipal Level – Emergency Concepts as Device of Choice?

The flood risk management plans include measures for reduction of the flood risk which shall be implemented in the responsible municipalities. This includes also the prevention against very rare flood events. Furthermore the municipalities are obliged to supply their citizens with important infrastructures which are endangered by a flood. If flood emergency concepts which combine the requirements of dealing with extreme events and the safety of critical infrastructures are an appropriate instrument for municipalities, is currently examined in pilot regions in Rhineland-Palatinate.

Doris Hässler-Kiefhaber und Ralf Lorig

Hochwasservorsorgekonzept für starkregengeschädigte Gemeinden

Am 20. September 2014 ging in der Nordpfalz ein besonders heftiger Starkregen mit Regenmengen von bis zu 150 mm in drei Stunden nieder. Die Folge war eine Sturzflut ungekannten Ausmaßes mit Schäden in Millionenhöhe. In den Brennpunktgemeinden stand stark verschlammtes Wasser bis zu 1,70 m hoch in Häusern, Höfen und auf Straßen. In einem Pilotprojekt des Landes Rheinland-Pfalz wurden die Erfahrungen aus diesem Ereignis analysiert und bewertet sowie Maßnahmen entwickelt, die den Betroffenen und Beteiligten helfen sollen, bei künftigen Starkregenereignissen besser gerüstet zu sein.

1 Ziel des Pilotprojektes

Zur Erarbeitung von Maßnahmen aus allen Handlungsbereichen der Hochwasservorsorge, die geeignet sind, auch bei Starkregen und Sturzfluten Schäden zu vermeiden, sollten das Katastrophenhochwasser und seine Ursachen untersucht werden. Ziel war es, für die besonders von Hochwasser betroffenen Orte Defizitanalysen zu erstellen und daraus lokal wirksame Maßnahmen zu entwickeln. Darüber hinaus sollten aus den vor Ort gewonnenen Erfahrungen allgemeingültige und auf andere Gebiete übertragbare Grundsätze abgeleitet werden, wie das örtliche Risiko bei Starkregen besser eingeschätzt werden kann und welche Handlungsoptionen zur Schadensreduktion bestehen. Ziel war es auch, in einem öffentlichen Dialog mit den Betroffenen Erfahrungen abzufragen sowie frühzeitig ortsbezogen Erwartungen und Konflikte zu erkennen.

2 Der öffentliche Dialog

Hochwasservorsorge ist Gemeinschaftsaufgabe von Bürgern, Feuerwehr, Gemeinde und Staat. Deshalb wurden alle Vorsorgemaßnahmen unter Federführung der Wasserwirtschaftsverwaltung und Bearbeitung des Ingenieurbüros Obermeyer gemeinsam in einem öffentlichen Planungsprozess entwickelt. Hierfür wurden in Bürgerversammlungen nach einem eigens ausgearbeiteten Fragekatalog Informationen zu den Geschehnissen im September 2014 und Anregungen der Teilnehmer zur Behebung der Defizite gesammelt. Der sachliche Dialog mit Bürgern, Bürgermeistern, Vertretern der örtlichen Verwaltungen und der Wasserbehörden ermöglichte es, die fachliche Bewertung durch wichtige ortsspezifische Informationen zu verifizieren. Die örtlichen Bürgerversammlungen gaben Raum für Diskussionen und es zeichnete sich rasch ab, welche Art der Maßnahmen die Zustimmung der Menschen finden und welche auf Ablehnung stoßen werden. Vielfach war das fehlende Verständnis für die komplexen Zusam-

Kompakt

- Hochwasservorsorge ist eine Gemeinschaftsaufgabe von Betroffenen, Kommunen und dem Staat.
- Öffentlicher Dialog schafft Risikobewusstsein.
- Örtliche Hochwasservorsorgekonzepte zeigen Handlungsbedarf und Maßnahmenspektrum vom Treibgutrückhalt über Feuerwehreinsätze bis hin zum Objektschutz.

S. Heimerl (Hrsg.), *Vorsorgender und nachsorgender Hochwasserschutz*,
https://doi.org/10.1007/978-3-658-21839-3_6

menhänge der Hochwasserentstehung und des resultierenden Abflussgeschehens ursächlich für Widerstand. Deshalb wurde bei Maßnahmen zur Gewässerunterhaltung und zum Totholzmanagement, die sich als besonders konfliktträchtig herauskristallisierten, mit der Vermittlung von Basiswissen versucht, Akzeptanz zu erzielen. Nach der schnellen Soforthilfe nach der Sturzflut brauchte die umfassende Prüfung aller eingebrachten Vorschläge und die Ausarbeitung sinnvoller und wirtschaftlicher Maßnahmen eine angemessene Bearbeitungszeit, was verschiedentlich zu Beschwerden der Teilnehmer in den Bürgerversammlungen führte. Auch wenn die öffentliche Bearbeitung länger dauerte als eine konventionelle, hatte sie den Vorteil, dass die Betroffenen zu jedem Zeitpunkt über den aktuellen Planungsstand informiert waren. Zudem wurden die Zusammenkünfte genutzt, um unerfüllbare Erwartungen zu dämpfen. Der öffentliche Planungsprozess machte zudem deutlich, dass in vielen Fällen das Wissen der Menschen über die Zusammenhänge von Starkregen und Hochwasser verloren gegangen ist. Dies war Motivation, die Bürgerversammlungen zu nutzen, um Grundlagenwissen und eine Kultur des Lebens mit dem Risiko zu vermitteln.

3 Die Methodik

Die Bearbeitung des Pilotprojektes umfasste folgende Planungsschritte:

1. Auswertung von Karten, Einsatzberichten, Presseartikeln etc.
2. Sichtung und Auswertung des in den geschädigten Gemeinden gesammelten Bildmaterials (Fotos, Videos).
3. Ortsbegehungen unter ortskundiger Führung.
4. Durchführung von lokalen Bürgerversammlungen mit Befragung der Teilnehmer zu den individuellen und kollektiven Erfahrungen während und nach dem Schadensereignis sowie von Vorschlägen zur Schadensminderung.
5. Erstellung eines Hochwasservorsorgekonzepts für jede Gemeinde mit Maßnahmenvorschlägen aus allen Handlungsbereichen der Hochwasservorsorge.
6. Präsentation des örtlichen Vorsorgekonzepts in einer Bürgerversammlung.
7. Ausarbeitung der finalen Maßnahmenliste gemeinsam mit den jeweiligen Trägern und Festlegung des Zeitraums, in dem die Maßnahme zur Umsetzung kommen soll.

4 Das Untersuchungsgebiet

Das Untersuchungsgebiet umfasst das Moscheltal mit zehn Gemeinden (Einzugsgebietsgröße von 65 km^2) sowie weitere vier Gemeinden an den westlichen Flanken des Alsenztals. Das Gebiet ist topografisch stark bewegt mit von Kerbtälern zerschnittenen Hochflächen. Der Landschaftsraum hat eine hohe Reliefenergie und ist auf den Höhen durch weite Feldfluren geprägt. Die Topografie und die intensive landwirtschaftliche Nutzung begünstigten einen hohen und schnellen Oberflächenabfluss.

Die fehlende Vegetationsdecke zum Schadensereignis führte in der Kernzelle des Starkregens nicht nur zu einem immensen Oberflächenabfluss, sondern auch zu erheblicher Bodenerosion (**Bild 1**).

Die Siedlungsflächen in dem landwirtschaftlich geprägten Plangebiet liegen traditionell in den Tälern und erstrecken sich erst in jüngerer Zeit zunehmend in die Hanglagen. Nur in wenigen betroffenen Gemeinden werden noch Neubaugebiete ausgewiesen. Die Bäche sind zwar durch die Ortslagen ausgebaut, können jedoch aufgrund des zum Teil stark begrenzten Abflussvermögens an Engstellen (Brücken, Richtungswechsel etc.) nur selten Hochwasserabflüsse bis HQ_{100} abführen. In keinem Fall waren die Bachquerschnitte in der Lage, die Flutwelle des Katastrophenhochwassers aufzunehmen.

Bild 1: Außengebietsabfluss und Hochwasser im Oberlauf der Moschel (Quelle: Küsters)

5 Die Sturzflut am 20. September 2014

Am Nachmittag des 20. September 2014 brach ein Unwetter über die Nordpfalz herein. Nach Platzregen und Hagel ergossen sich sintflutartige Wassermassen über zwei Orte (**Bild 2**). In einem 26 km² großen Teileinzugsgebiet wurde eine Niederschlagshöhe von im Mittel 90 mm in 3 Stunden gemessen. Die Niederschlagsmenge nahm talwärts ab und sie lag am Talausgang unter 30 mm. Ab 17 Uhr stieg das Hochwasser in Waldgrehweiler innerhalb von Minuten an und erreichte zwischen 17:30 und 17:40 Uhr den Höchststand mit 1,7 m über dem Straßenniveau. Kaum 20 Minuten später war der Wasserstand schon wieder im Dezimeterbereich gefallen. Etwa 10 km unterhalb wurde am Pegel Obermoschel (Einzugsgebiet rd. 62 km²) um 20:30 Uhr ein Abfluss von 35,3 m³/s gemessen. Dies war der höchste, dort gemessene Pegelstand (HQ_{100}) seit Beginn der Pegelaufzeichnungen 1969. Der mittlere Abfluss am Pegel liegt bei 300 l/s.

6 Schäden

Die größten Schäden traten in Waldgrehweiler (2,6 Mio. Euro bei 250 Einwohnern, 26 km² Einzugsgebiet) und in Finkenbach-Gersweiler (2,0 Mio. Euro bei 350 Einwohnern, 36 km² Einzugsgebiet) auf. Weitere Schwerpunkte lagen in Ransweiler (1,9 Mio. Euro bei 290 Einwohnern, 7 km² Einzugsgebiet) und im unteren Moscheltal in Obermoschel (0,8 Mio. Euro, 1 100 Einwohner, 62 km² Einzugsgebiet). Die Feuerwehr verzeichnete innerhalb 1 Stunde mehr als 300 Einsätze, gemeldet wurden u. a. mehr als 160 überflutete Keller, Wohnräume in etwa 90 Häusern, 5 eingestürzte Nebengebäude sowie mehr als 40 beschädigte Fahrzeuge. Mit dem Hochwasser wurden sehr große Schlammmassen in die Dörfer transportiert. In den Bächen führten insbesondere abgetriebene Silageballen, Polderholz und bewegliches Grundstücksinventar zu temporären Verklausungen an Geländern und Brücken sowie zum plötzlichen Abfluten im Falle eines Durchbruchs.

Die L 379 durch das Moscheltal war über viele Stunden nicht passierbar und ausgerück-

Bild 3: Gewässerbett mit ökologischen Mindeststrukturen in Waldgrehweiler (Quelle: Leib, Verbandsgemeinde Alsenz-Obermoschel)

te Feuerwehren und Einsatzkräfte konnten ihren Zielort häufig nicht erreichen. Unzureichende Auftriebssicherungen von Heizöltanks führten lokal zu Umweltschäden. Havarierte Gastanks verursachten eine Explosionsgefahr mit der Folge, dass die Anlieger temporär evakuiert werden mussten. Auch wenn keine Todesfälle zu beklagen waren, führte das Ereignis zu einer Traumatisierung der Geschädigten.

7 Die Defizitanalyse

In Rheinland-Pfalz war es das bis zu diesem Zeitpunkt größte gemessene Starkniederschlagsereignis. Das Katastrophenhochwasser führte deutlich vor Augen, wie empfindlich Siedlungsgebiete gegenüber Sturzfluten sind und wie machtlos Anwohner und Einsatzkräfte den Wassermassen gegenüberstehen. Gerade

Bild 2: Außengebietsabfluss über die Straße in Teschenmoschel (Quelle: Küsters)

Bild 4: Oberflächenabfluss in Teschenmoschel (Quelle: Stark)

deshalb ergibt sich die dringende Notwendigkeit, der Hochwasservorsorge künftig höhere Aufmerksamkeit zu schenken. Im oberen Moscheltal sind die Schäden meist unabhängig von der Nähe zu Bächen aufgetreten. Fluten stürzten von den Hängen auf die Dorfränder zu, Tiefenlinien und Straßen wurden zu Bächen und aus Straßeneinläufen sowie Kanalschächten sprudelte Wasser. Im mittleren und unteren Moscheltal wurden die Schäden überwiegend durch die hochwasserführende Moschel verursacht. Der sehr stark schadensverstärkende Schlamm trat in nahezu allen Gemeinden auf. Geschädigt wurden sehr viele Privatleute, aber auch landwirtschaftliche und sonstige Betriebe sowie Infrastruktureinrichtungen.

8 Maßnahmen zur Reduzierung der Schäden

Die vorgeschlagenen Maßnahmen gliedern sich in öffentliche sowie in private Hochwasservorsorgemaßnahmen und umfassen:

- Warnung der Bevölkerung und Feuerwehreinsätze: Entwicklung eindeutiger Sprachregelungen für die Kommunikation im Hochwasserfall, Verbesserung der Ausstattung der örtlichen Feuerwehren, insbesondere mit Schmutzwasserpumpen sowie Fortschreibung der Alarm- und Einsatzpläne.
- Hochwasserangepasste Nutzung: Presse- und Amtsblattmitteilungen der Verbandsgemeinden zum Verzicht auf Lagerung beweglicher Gegenstände in überflutungsgefährdeten Bereichen bzw. deren Sicherung durch die Anlieger sowie zur Aufrechterhaltung des individuellen Risikobewusstseins.
- Gewässerunterhaltung: Entwicklung gehölzreicher Gewässerstrecken und Zulassen von Totholzaufkommen in Bereichen geringer Schadenspotentiale sowie angepasste Gewässerunterhaltung, z. B. Entfernung von Auflandungen an ohnehin abflusskritischen Engstellen in verletzbaren Bereichen unter Berücksichtigung ökologischer Anforderungen (**Bild 3**).
- Hochwasserrückhaltebecken: In den engen Kerbtälern gibt es keine Standorte für hochwasserwirksame Hochwasserrückhaltebecken.
- Schaffen von Notabflusswegen: Ortsspezifische Vorschläge zur Herstellung eines Notentlastungsweges in drei Bereichen, in denen der oberirdische Abflussweg für die Hochwasserwelle verbaut ist und in denen es zu erheblichen Schäden kam.

- Renaturierung und Totholzfänger: Förderung der natürlichen Wasserrückhaltung im Talraum durch Renaturierung, insbesondere Umwandlung von Acker- in Grünland. Um den Abtrieb von Totholz aus Renaturierungsstrecken in die Ortslagen zu verhindern, sollen in einem weiteren Pilotprojekt Möglichkeiten des Einsatzes von Totholzfängern und ggf. des ergänzenden Totholzmanagements geprüft werden.
- Leistungsfähige Einlaufbauwerke vor Bachdurchlässen: Einbau leistungsfähiger Einlaufbauwerke, u. a. mit Kragen, größeren, schräg stehenden Gittern und Notentlastungen in mehreren Ebenen zum Schutz verrohrter Gewässer in Ortslagen vor Verklausung.
- Leistungsfähige Außengebietsentwässerung: Umbau von Gräben und Einlaufbauwerken an den kritischen Stellen in Feldlagen, z. B. Einbau größerer Gitter, Kragen in Steilstrecken, Rückhalteeinrichtungen für Ernterückstände und Schlamm zur Verbesserung der Aufnahmefähigkeit.
- Hochwassermindernde Flächenbewirtschaftung und Kleinrückhalt in Feldlagen: Umwandlung von Acker- in Grünland oder besser Aufforstung in zwei besonders kritischen Hanglagen oberhalb Bebauung. Zudem wurde den Gemeinden – trotz der Vorbehalte der Landwirtschaft – vorgeschlagen, hochwassermindernde Maßnahmen, z. B. im Zuge von Betriebsstilllegungen, umzusetzen (**Bild 4**).
- Hochwasserangepasstes Planen, Bauen und Sanieren: Empfehlung, künftig bei Bautätigkeiten auf allen Ebenen (Bauherr, Architekt, Genehmigungsbehörde, Bauamt etc.) stärker auf die Eignung des Standortes und die Hochwasseranpassung der Nutzung zu achten. Dies gilt für private und öffentliche Bauten ebenso wie für öffentliche Infrastruktur. Gerade die großen Schäden an öffentlichen Brücken sollten Anlass sein, die Bauart zu überdenken.
- Private Hochwasservorsorge: Empfehlungen zum Objektschutz an Gebäuden und zur hochwasserangepassten Nutzung des Grundstücks, zum hochwasserangepassten Umgang mit wassergefährdeten Flüssigkeiten und zur Elementarschadensversicherung sowie Tipps zum richtigen Verhalten im Hochwasserfall.

9 Fazit

Extreme Naturereignisse sind in den letzten Jahren häufiger geworden und es wird offensichtlich, dass die Gesellschaft durch solche Katastrophen immer verwundbarer wird. Das Pilotprojekt zeigt im Ergebnis, dass in dem betroffenen Gebiet selbst die Summe der erarbeiteten Maßnahmen nicht geeignet sein wird, die Hochwassergefahr bei Starkregen zu bannen. Zwar können vereinzelt durch bauliche Maßnahmen lokale Missstände gemildert werden, eine signifikante Reduktion der Schäden kann jedoch nur erreicht werden, wenn Nutzungen vor Ort der Hochwassergefahr angepasst werden. Die Gewässeranlieger müssen lernen, mit dem Risiko zu leben und auch dauerhaft im privaten Bereich vorzusorgen. Um Schäden zu verringern, müssen sie ihr Eigentum schützen, Grundstücksnutzungen der Hochwassergefahr anpassen und sich möglichst gegen Elementarschäden versichern. Der sachliche Dialog in Bürgerversammlungen und die Gegenüberstellung von unerfüllbaren Wünschen und realistischen Lösungen sorgte im Planungsprozess für Transparenz und dient als Basis für erforderliche politische Entscheidungen. Kernaufgabe wird es künftig auch sein, Bewusstsein für derartige Gefahrensituationen zu schaffen und als individuelle und kollektive Erfahrung dauerhaft präsent zu halten.

Autoren

Dipl.-Ing. Doris Hässler-Kiefhaber
Obermeyer Planen + Beraten GmbH
Brüsseler Straße 5
67657 Kaiserslautern
Doris.Haessler@opb.de

Dipl.-Ing. Ralf Lorig
Struktur- und Genehmigungsdirektion Süd
Regionalstelle Wasserwirtschaft, Abfallwirtschaft und Bodenschutz
Fischerstraße 12
67655 Kaiserslautern
Ralf.Lorig@sgdsued.rlp.de

Doris Hässler-Kiefhaber and Ralf Lorig

Flood prevention concept for communities affected by heavy precipitation

On 20th September 2014 the North Palatinate suffered particularly intense rainfall with amounts of up to 150 mm in three hours. The result was a flash flood of unprecedented proportions, causing damage running into the millions. In the hotspot communities silty water was up to 1.70 m deep in houses as well as on farms and roads. In a pilot project organized by the Land Rhineland-Palatinate the experiences from this event were analyzed and assessed and measures developed with the aim of helping those affected and involved to be better prepared for future heavy precipitation.

Gerd Demny, Matthias Kufeld, Bernd Hausmann, Christof Homann, Torsten Rose, Benjamin Sinaba und Holger Schüttrumpf

Auswirkung des Klimawandels auf die Talsperren der Eifel-Rur

Die Talsperren der Nordeifel dienen vor allem dem Hochwasserschutz und der Versorgung der Region mit Trink- und Brauchwasser. Im Zuge eines europäischen INTERREG-IVB-NWE-Projekts wurde untersucht, welche Auswirkung der Klimawandel auf die Talsperrenwirtschaft haben könnte.

1 Die Rurtalsperren

Die Eifel-Rur gehört zum Einzugsgebiet der Maas und entspringt im Hohen Venn in Belgien, durchfließt die Nordeifel sowie die niederrheinische Bucht bei Düren und mündet in den Niederlanden in die Maas. Das Einzugsgebiet beträgt 2 338 km² [1]. Bereits vor über 100 Jahren wurde mit dem Bau von Talsperren entlang der Rur und seiner Nebengewässer begonnen. Der Wasserverband Eifel-Rur (WVER) betreibt heute sechs, größtenteils miteinander verbundene Anlagen mit einem Gesamtstauvolumen von 300 Mio. m³, wovon 64 Mio. m³ dem Hochwasserschutz dienen. Die wesentlichen Aufgaben des Talsperrensystems sind der Hochwasserschutz, die Rohwasserbereitstellung für die Trinkwassergewinnung und die Versorgung der Dürener Papierindustrie mit Brauchwasser. Darüber hinaus dienen die Talsperren der Stromerzeugung aus Wasserkraft und spielen eine große Rolle für den regionalen Tourismus.

Die Leistung des Talsperrensystems wird anhand folgender Kennzahlen deutlich: Der 100-jährliche Hochwasserabfluss in der Rur ohne Talsperren würde 300 m³/s betragen, durch die Talsperren wird der Abfluss auf max. 60 m³/s begrenzt. Die Niedrigwasseraufhöhung in der Rur zur Versorgung der Dürener Industrie beträgt 5 m³/s, demgegenüber stünde ohne Berücksichtigung der Talsperren ein Niedrigwasserabfluss von 0,33 m³/s. Aber auch für die wasserwirtschaftlichen Verhältnisse der Maas spielen die Talsperren eine wichtige Rolle: Obwohl ihr Einzugsgebiet nur rd. 7 % des Gesamteinzugsgebietes der Maas ausmacht [1], trägt die Rur dank der Talsperrenbewirtschaftung zu 25 % zum Niedrigwassersabfluss in der Maas bei. In Verbindung mit der guten Wasserqualität der Rur wird damit die Trinkwassergewinnung entlang der Maas unterstützt.

2 Das Projekt AMICE

Im Jahr 2009 haben sich 17 Institutionen aus den Maas-Anrainerstaaten Frankreich, Belgien, Niederlande und Deutschland zusammengetan, um die Auswirkungen des Klimawandels auf die Wasserwirtschaft der Maas zu untersuchen und mögliche Anpassungsstrategien zu entwickeln. Das Projekt AMICE (Adaption oft the Meuse to the Impacts of Climate Evolutions) wird vom französischen Wasserverband EPAMA koordiniert und vom europäischen Programm INTERREG IVB North-West Europe (NWE) finanziell unterstützt [2]. Von deutscher Seite stehen die Rurtalsperren wegen ihrer regionalen und überregionalen Bedeutung im Fokus. Ihre mögliche Kompensationswirkung auf die durch den Klimawandel bedingte Änderung des Abflussregimes der Rur und der Mass wird gemeinsam von der RWTH Aachen und dem WVER un-

S. Heimerl (Hrsg.), *Vorsorgender und nachsorgender Hochwasserschutz*,
https://doi.org/10.1007/978-3-658-21839-3_7

tersucht. Diese Arbeiten werden zusätzlich vom MKULNV NRW kofinanziert.

Mit dem Projekt sollen insbesondere folgende Fragen zum Einzugsgebiet der Rur und zur Bewirtschaftung der Rurtalsperren beantwortet werden:

1. Wie werden sich die Klimabedingungen im Rureinzugsgebiet verändern?
2. Welchen Einfluss wird der Klimawandel auf die Talsperrenbewirtschaftung haben?
3. Wie verändern sich dadurch die wasserwirtschaftlichen Risiken an der Rur und auch an der Maas (z. B. ausgedrückt in Euro, Anzahl betroffener Personen etc.)?
4. Kann die Talsperrenbewirtschaftung zur Verringerung der Risiken an Rur und Maas angepasst werden?

In dem hier vorliegenden Beitrag werden die Fragen 1 und 2 behandelt, die Fragen 3 und 4 sind Thema einer weiteren Veröffentlichung in dieser Zeitschrift [3].

3 Quantifizierung der Klimaänderung

In AMICE wird folgender Weg für die Quantifizierung der klimatischen Veränderungen im Maaseinzugsgebiet beschritten: Es werden Daten für zwei Untersuchungszeiträume analysiert, die nahe Zukunft (2021 bis 2050) und die ferne Zukunft (2071 bis 2100), die mit dem Referenzzeitraum (1961 bis 1990) verglichen werden. Für jeden beteiligten Staat bzw. jede beteiligte Region werden regionalisierte Klimaprognosen ausgewertet. Für das Rureinzugsgebiet werden dabei die Ergebnisse des ZWEK-Projektes des DWD verwendet [4]. Aus den verschiedenen Klimaprognoserechnungen werden nun zwei Modellrechnungen (Szenarien) je Untersuchungszeitraum ausgewählt, die besonders trockene und sehr nasse Verhältnisse repräsentieren. Diese Szenarien sollen somit die obere und untere Grenze der möglichen Klimaveränderung repräsentieren. Mittels des sog. Delta-Ansatzes werden absolute und relative Veränderungen der Untersuchungszeiträume

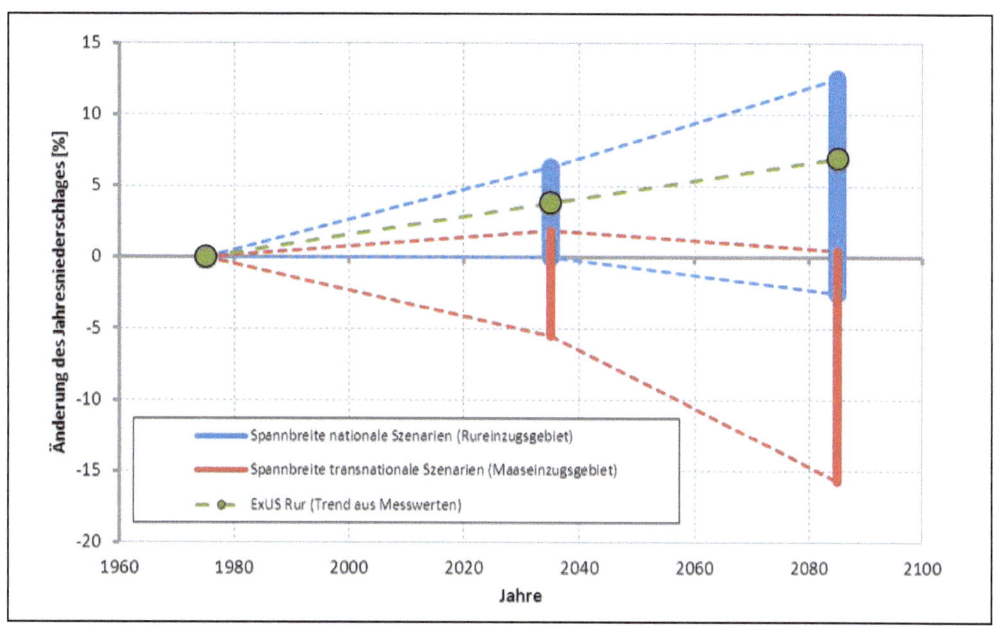

Bild 1: Prognostizierte Änderung der Jahresniederschläge für nasse und trockene Szenarien in der nahen und fernen Zukunft sowie für das ExUS-Rur-Szenario

nahe und ferne Zukunft zum Referenzzeitraum bestimmt. Dazu wird die Differenz der prognostizierten Mittelwerte für Niederschlag und Lufttemperatur für die Untersuchungszeiträume mit denen des Referenzzustandes gebildet. Damit stehen auf nationaler Ebene vier nationale Szenarien (nahe Zukunft nass und trocken, ferne Zukunft nass und trocken) zur Verfügung. Erwartungsgemäß streuen die verschiedenen nationalen Ergebnisse stark, daher werden zusätzlich nach Gebietsgröße gewichtete Mittelwerte aus den nationalen Szenarien für das gesamte Maaseinzugsgebiet gebildet, die zu vier weiteren, transnationalen Szenarien führen [5]. In **Bild 1** ist die relative Veränderung des Jahresniederschlages für die verschiedenen Szenarien über die Zeit aufgetragen. Die jeweils nassen bzw. trockenen Szenarien bilden die Einhüllende aller vorliegenden Rechenläufe aus dem ZWEK-Projekt. Es wird deutlich, dass die prognostizierten regionalen Verhältnisse an der Rur deutlich nasser sind, als die für das gesamte Maaseinzugsgebiet. Hier muss sogar von einer Verringerung der Niederschlagsmengen ausgegangen werden. Für die Lufttemperatur zeigen alle Szenarien eine deutliche Steigerung an, die Spannbreite aller Szenarien liegt hier bei +2,2 bis +4,0° C für die ferne Zukunft (2071 bis 2100).

Die erarbeiteten Szenarien fußen ausnahmslos auf Klimamodellrechnungen und deren Regionalisierungen. Es stellt sich daher die Frage, ob Veränderungen auch aus Messdaten abgelesen und die Szenarien bestätigt werden können. Dazu werden Daten und statistische Auswertungen aus dem ExUS-Projekt des Landes NRW [6] verwendet und mit weiteren Beobachtungsdaten aus dem Rureinzugsgebiet ergänzt. Hierzu standen zusätzliche Klimazeitreihen über 58 und 78 Jahre zur Verfügung. Im Ergebnis zeigt sich, dass durchaus gegenläufige Trends insbesondere des Niederschlages an den einzelnen Messstationen im Einzugsgebiet festgestellt werden können, in der Summe aber signifikante Trends hin zu feuchteren Wintermonaten und – in schwächerer Ausprägung – hin zu trockeneren Sommermonaten feststellbar sind. Rechnet man diese Trends nun für Jahresniederschlag und -lufttemperatur auf die beiden Untersuchungszeiträume nahe Zukunft und ferne Zukunft hoch und bildet entsprechend dem Delta-Ansatz die Differenz zum Referenzzustand, lassen sich die Ergebnisse mit den Klimamodellrechnungen vergleichen. In **Bild 1** sind die aus den Messwerten abgelesenen Veränderungen für den Jahresniederschlag eingetragen. Man erkennt, dass die beobachteten Trends nahezu in der Mitte des von den nationalen Szenarien aufgespannten Raumes liegen. Die Beobachtungen bestätigen somit, dass eher die nationalen Szenarien und weniger die transnationalen belastbare Aussagen liefern. Auch die aus den Modellrechnungen ermittelte Zunahme der Jahresmitteltemperatur wird durch die Trendauswertung der Messwerte bestätigt (+3,2° C für den Zeitraum 2071 bis 2100).

Insgesamt kann festgehalten werden, dass sowohl Klimamodellrechnungen als auch Beobachtungen vor Ort kommende Klimaveränderungen für das Rureinzugsgebiet prognostizieren. Beim Niederschlag ergibt sich jedoch gegenüber dem Jahresmittel noch ein differenzierteres Bild, wenn zwischen den Jahreszeiten bzw. Monaten unterschieden wird: Alle Szenarien zeigen eine Zunahme für den Winter an, für den Sommer ist die prognostizierte Abnahme nicht so deutlich ausgeprägt. Insgesamt kann aber von einer Verlagerung der Niederschläge vom Sommer- in das Winterhalbjahr ausgegangen werden. Somit ist nach derzeitigem Kenntnisstand damit zu rechnen, dass sich spürbare klimatische Änderungen im Rureinzugsgebiet einstellen und Auswirkungen auf die wasserwirtschaftlichen Verhältnisse haben werden. Die genaue Quantifizierung ist jedoch noch mit großen Unsicherheiten behaftet.

4 Klimaänderung und Talsperrenbewirtschaftung

Nachdem die Klimaänderung im Rureinzugsgebiet anhand der beschriebenen Klimaszenarien quantifiziert worden ist, wird ihre Auswirkung auf die Wirksamkeit der Talsperren in der Nordeifel untersucht. Die Einzugsgebiete der Talsperren werden mit Hilfe von fünf NA-Modellen (NASIM) modelliert, die Talsperrenbewirtschaftung über zwei Bewirtschaftungsmodelle (TALSIM) abgebildet. Alle sieben Modelle werden in einer Modellkette miteinander verknüpft. Hinzu kommen drei weitere NASIM-Modelle, die die Einzugsgebiete unterhalb der Talsperren bis zur Rurmündung repräsentieren. Ausgangspunkt für die Belastungsdaten der Modelle (Niederschlag, Lufttemperatur und potenzielle Verdunstung) sind Messdaten für den Referenzzustand (1961 bis 1990). Für die Prognoserechnungen werden diese Zeitreihen des Referenzzustandes quartalsweise bzw. monatsweise um die Differenzwerte aus den verschiedenen Klimaszenarien (national, transnational, jeweils nass und trocken sowie ExUS Rur) verändert. Der Vorteil dieser Delta-Methode gegenüber dem direkten Ansatz von Klimareihen aus den Klimamodellen ist, dass keine Off-Sets in den gerechneten Zeitreihen auftreten können.

Bild 2 zeigt einen Ausschnitt der Dauerlinie der Abgabe aus dem Talsperrensystem in die Rur. Dargestellt sind die Abflussdauerlinien der Szenarien für die ferne Zukunft (2071 bis 2100). Lediglich das nationale nasse Szenario zeigt wie der Referenzlauf keine Unterschreitung der Mindestabgabe von 5 m^3/s. Die Unterschreitungen der anderen Szenarien sind bis auf das transnational trockene jedoch nur geringfügig. Innerhalb des Simulationszeitraums von 30 Jahren treten maximal zwei Tage mit Unterschreitungen der Zielgröße auf. Das transnational trockene Szenario hingegen weist mit Unterschreitungen der Mindestabgabe an sechs Tagen pro Jahr eine erhebliche Verletzung der Zielsetzung der Talsperrenbewirtschaftung auf. Für die nahe Zukunft (2021 bis 2050) sind die Berechnungsergebnisse ähnlich wie für die ferne Zukunft, wobei das transnational trockene Szenario noch nicht die massive Unterschreitung der Mindestabgabe aufweist.

Die Überprüfung der Hochwasserschutzwirkung der Talsperren erfolgt anhand empirischer Serien aus den Ergebniszeitreihen der verschiedenen Szenarien. Die transnationalen

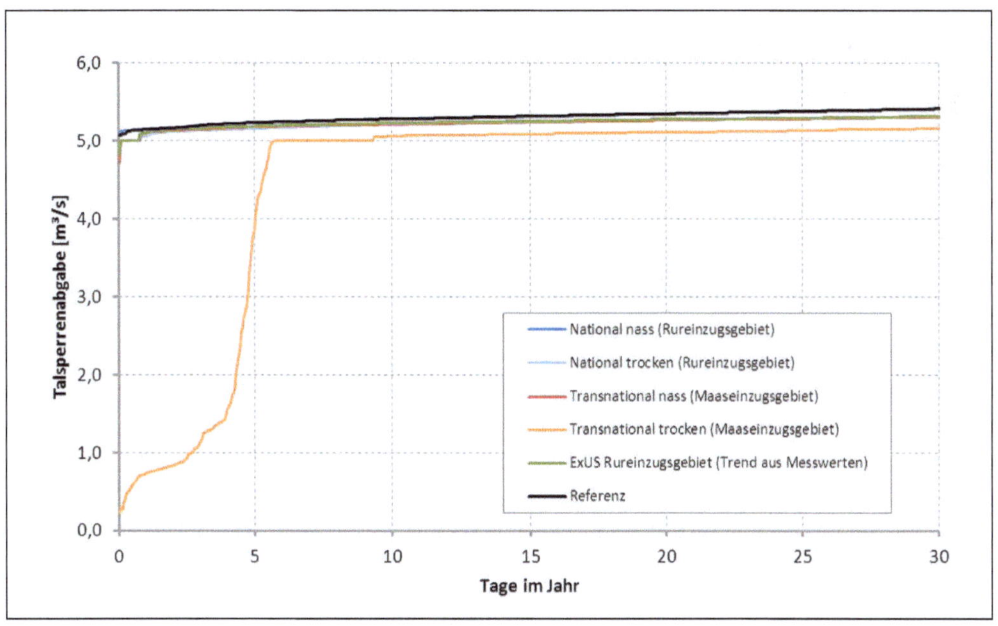

Bild 2: Dauerlinien der Abgabe aus dem Talsperrensystem für die ferne Zukunft (2071 bis 2100)

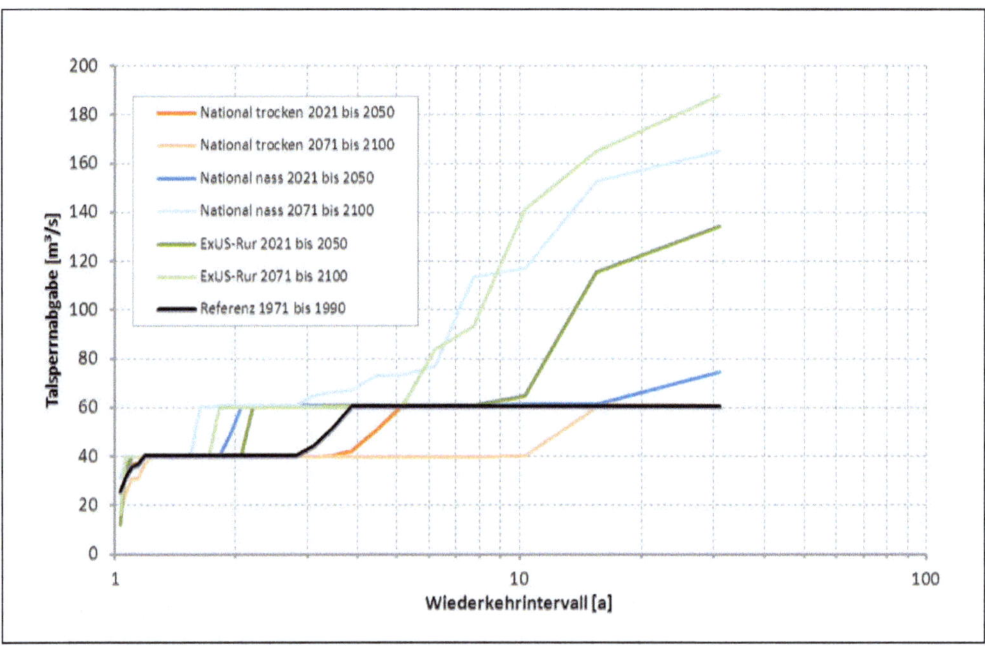

Bild 3: Empirische Serien der Talsperrenabgabe in die Rur bei Hochwasser

Szenarien für das gesamte Maaseinzugsgebiet zeigen keine Verschlechterung der Hochwasserschutzwirkung der Talsperren an, wohl aber die nationalen Szenarien und das ExUS-Rur-Szenario. In **Bild 3** sind die zugehörigen Hochwasserstatistiken dieser Szenarien dargestellt. Die beiden nationalen, feuchten und die ExUS-Rur-Szenarien zeigen eine teilweise deutliche Erhöhung der Talsperrenabgabe im Hochwasserfall: Die Zielgröße von 60 m^3/s kann bei diesen Szenarien nicht mehr eingehalten werden, im extremsten Fall träte sogar eine Überschreitung ab dem dreijährlichen Hochwasserfall auf. Die Zielgrößenüberschreitung nimmt dabei von der nahen Zukunft (2021 bis 2050) bis zur fernen Zukunft (2071 bis 2100) hin zu. Die beiden nationalen trockenen Szenarien zeigen dagegen eine Verbesserung der Hochwasserschutzwirkung an: hier verschiebt sich die in den Betriebsregeln infolge des Eintretens der entsprechenden Randbedingungen festgelegte Abgabesteigerung von 40 auf 60 m^3/s hin zu größeren Jährlichkeiten. Der derzeitige Hochwasserschutzgrad des Talsperrensystems liegt bei einer Wiederkehrzeit von über 100 Jahren. Diese Jährlichkeit und darüber kann nicht mehr mit dem hier verwendeten Delta-Ansatz bestimmt werden, da der Untersuchungsabschnitt mit 30 Jahren zu kurz ist. Eine Extrapolation der kurzen empirischen Serien verbietet sich wegen des nichtlinearen Verhaltens der Talsperren.

Da jedoch längere empirische Serien für die anschließende Hochwasserschadenspotenzialberechnung [3] benötigt werden, wird ergänzend eine Hochwassermerkmalsimulation [7] durchgeführt. Die dabei erforderlichen Hochwassermerkmale der Zuflusswellen werden aus den gerechneten 30-jährigen Zeitreihen der verschiedenen Szenarien extrahiert und daraus rd. 10 000 Wellen generiert. Die Wellen werden auf das Bewirtschaftungsmodell TALSIM angesetzt und man erhält im Ergebnis eine entsprechend lange empirische Serie der Talsperrenabgabe. Erste Ergebnisse der Hochwassermerkmalsimulation bestätigen das in **Bild 3** gezeigte Verhalten der Talsperren.

5 Fazit

Die Talsperren an der Eifel-Rur haben eine hohe regionale Bedeutung für die Wasserversorgung und für den Hochwasserschutz. Aber auch überregional spielen sie für die Wassermenge und -qualität der Maas eine wichtige Rolle. Im Zuge des INTERREG IVB NWE-Projektes AMICE wird untersucht, welchen Einfluss der Klimawandel auf die Talsperrenbewirtschaftung haben wird. Die Auswertung von Klimamodellrechnungen und Messwerten zeigt für die Eifel-Rur einen Temperaturanstieg auf 2,2 bis 4,0° C. Für die Jahresniederschläge sind die Prognosen uneinheitlicher, so zeigen die nationalen Szenarien (nur für das Rureinzugsgebiet) und die Auswertung von Messungen eher feuchter werdende Verhältnisse (-2,5 bis +12,5 % Veränderung) an. Für die Maas insgesamt hingegen ist mit trockeneren Verhältnissen zu rechnen (transnationale Szenarien, +0,5 bis -15,7 % Veränderung).

Damit ist zu erwarten, dass künftig die Aufrechterhaltung des Hochwasserschutzes durch das Talsperrensystem schwieriger wird, die Einhaltung der Mindestabgabe in die Rur hingegen eher gewährleistet sein wird. Die mit gekoppelten Niederschlag-Abfluss- und Talsperrenbewirtschaftungsmodellen gerechneten Szenarien bestätigen diese Einschätzung. Vier der durchgeführten zehn Szenarienrechnungen zeigen eine Überschreitung der derzeitigen Maximalabgabe bei Hochwasser an, lediglich ein Szenario führt zur erheblichen Unterschreitung der heutigen Mindestabgabe bei Trockenwetter. Allerdings ist zu beachten, dass sich bei der überwiegenden Anzahl der Szenarien die Füllstände der Talsperren im Sommer verringern, auch wenn dies noch nicht auf die Mindestabgabe durchschlägt. Ursache hierfür ist die Verlagerung der Niederschläge vom Sommer- in das Winterhalbjahr, auch bei den nassen Szenarien. Da die Schere zwischen Hochwasserschutz und Wasserbereitstellung durch den Klimawandel weiter aufgehen wird, kommen einfache Lösungen, wie z. B. die Ausweitung der Hochwasserschutzräume zu Lasten des Speichervolumens für die Wasserversorgung nicht in Frage. Die Identifikation geeigneter Maßnahmen bedarf dabei Beurteilungsinstrumente, wie sie von Kufeld et al. [3] erläutert werden.

Autoren
Dr.-Ing. Gerd Demny
Dr.-Ing. Christof Homann
Dr.-Ing. Torsten Rose
Wasserverband Eifel-Rur
Postfach 102564
52353 Düren
gerd.demny@wver.de
christof.homann@wver.de
torsten.rose@wver.de

Dipl.-Ing. Matthias Kufeld
Dipl.-Ing. Benjamin Sinaba
Univ.-Prof. Dr.-Ing. Holger Schüttrumpf
Institut für Wasserbau und Wasserwirtschaft
der RWTH Aachen
Mies-van-der-Rohe-Str. 1
52056 Aachen
kufeld@iww.rwth-aachen.de
sinaba@iww.rwth-aachen.de
schuettrumpf@iww.rwth-aachen.de

Dipl.-Ing. Bernd Hausmann
Lehr- und Forschungsgebiet Ingenieurhydrologie der
RWTH Aachen
Mies-van-der-Rohe-Str. 1
52056 Aachen
hausmann@lfi.rwth-aachen.de

Literatur

[1] MKULNV NRW (Hrsg.): Ergebnisbericht Rur und südliche sonstige Maaszuflüsse, Wasserrahmenrichtlinie in NRW – Bestandsaufnahme. Düsseldorf, 2005 (http://daten.flussgebiete.nrw.de/bestandsaufn/daten/maas_sued/index.html; Abruf: 06.03.2013).

[2] EPAMA (Hrsg.): AMICE Meuse Maas. 2009 (www.amice-project.eu/de/index.php; Abruf: 06.03.2013).

[3] Kufeld, M. et al.: Anpassung des Talsperrenbetriebs an die Klimaänderung am Beispiel des Rurtalsperrensystems. In: WasserWirtschaft 103 (2013), Heft 5.

[4] DWD (Hrsg.): ZWEK – Zusammenstellung von Wirkmodell-Eingangsdatensätzen für die Klimafolgenabschätzung (http://mud.dkrz.de/projects-at-md/sg-adaptation/other-regional-model-data/zwek/index.html; Abruf: 06.03.2013).

[5] Hausmann, B.; Nacken, H.: Mögliche Auswirkungen des Klimawandels auf das Abflussregime der Eifel-Rur. In: Forum für Hydrologie und Wasserbewirtschaftung (2011), Heft 30.11.

[6] LANUV (Hrsg.): Extremwertstatistische Untersuchung von Starkniederschlägen in NRW (ExUS), Abschlussbericht, 2010 (www.lanuv.nrw.de/klima/pdf/ExUS_Bericht_1a.pdf; Abruf: 06.03.2013).

[7] LANUV (Hrsg.): Ermittlung von Bemessungsabflüssen nach DIN 19 700 in NRW. In: Merkblätter (2004), Band 46 (www.lanuv.nrw.de/veroeffentlichungen/merkbl/merk46/merk46start.htm; Abruf: 06.03.2013).

Gerd Demny, Matthias Kufeld, Bernd Hausmann, Christof Homann, Torsten Rose, Benjamin Sinaba and Holger Schüttrumpf

Impact of Climate Change to the Eifel-Rur Reservoirs

The Rur Reservoirs are mainly serving for flood protection, drinking water supply, and water supply for industrial use in the Eifel-Rur region. Within a European INTERREG-IVB-NWE-project studies were conducted, how climate change could affect the reservoir management.

Günter Meon, Tim Müller, Andreas Koch, Frank Eggelsmann, Lisa Unger und Andreas Lange

Klimatischbedingte Anpassungsstrategien für ein Talsperrenverbundsystem im Harz

Das Nordharzspeicherverbundsystem mit den Talsperren Grane, Oker und Innerste wird von der Harzwasserwerke GmbH betrieben. Zur Anpassung der Betriebsregeln an die Klimaänderung wurde das Gesamtsystem mit einem Betriebsmodell auf Tagesbasis und Input von generierten Zuflussserien über 10 000 Jahre für die Vergangenheit und Zukunft untersucht. Mit dem Betriebsmodell konnten die Auswirkungen von geänderten Betriebsregeln auf den Verbundspeicherbetrieb mit und ohne Klimaänderung detailliert sowie transparent quantifiziert werden.

1 Das Nordharzverbundsystem

Seit den 1970er-Jahren betreibt die Harzwasserwerke GmbH im Westharz das Nordharzverbundsystem, das aus den Talsperren Grane, Oker und Innerste besteht. Der Talsperrenverbund wird ergänzt durch die Beileitungen von Gose, Wintertalbach und Radau, deren Wasser über Wehranlagen und Stollen im Freigefälle in die Granetalsperre abgeleitet wird. Insgesamt hat das Gewinnungsgebiet eine Größe von etwa 250 km².

Im Zentrum des Nordharzverbundsystems befindet sich die Granetalsperre mit dem zugehörigem Wasserwerk. Aus dem Reservoir werden bislang bis zu 46 Mio. m³/a entnommen und zu Trinkwasser aufbereitet. Über das Fernleitungssystem der Harzwasserwerke GmbH gelangt das Trinkwasser von der Granetalsperre zu den Kunden im nördlichen Harzvorland (**Bild 1**).

2 Veränderungen im Wasserdargebot

Bereits in den 1930ern wurde ein umfangreiches Messnetz an meteorologischen Stationen und Abflussmesspegeln aufgebaut, um das Wasserdargebot der Fließgewässer im Westharz zu erfassen [1]. Eine langjährige und lückenlose Serie von hydrologischen Daten ermöglicht es, Trends zu erkennen und Auswirkungen auf den Wasserhaushalt bewerten zu können [2].

Die hydrologischen Daten des Westharzes wurden auch im niedersächsischen Forschungsprojekt KliBiW verwendet, wo für Niedersachsen die wasserwirtschaftlichen Folgen des globalen Klimawandels abgeschätzt wurden [3]. Die Analyse der heutigen und zukünftigen Klimaentwicklung kam im Aller-Leine-Gebiet in Südniedersachsen zu dem Ergebnis, dass die Winterabflüsse zukünftig deutlich zunehmen, es für die Veränderung der Sommerabflüsse jedoch keine eindeutigen Klimasignale gibt.

Ergänzende Untersuchungen zur Ermittlung der Auswirkungen des Klimawandels auf den Wasserhaushalt hat Haberlandt für fünf Abflusspegel im Harz durchgeführt [4]. **Bild 2** zeigt beispielhaft für das Gewässer Radau bei Bad Harzburg die Veränderung des mittleren monatlichen Abflusses auf Basis einer WETTREG-Zukunfts-Realisation. Diese Realisation führt sehr konsequent die beobachteten Trends der Vergangenheit in die Zukunft fort. Danach ist zu erwarten, dass die Winterabflüsse im Westharz zukünftig deutlich ansteigen, während die Sommerabflüsse insgesamt abnehmen.

S. Heimerl (Hrsg.), *Vorsorgender und nachsorgender Hochwasserschutz*,
https://doi.org/10.1007/978-3-658-21839-3_8

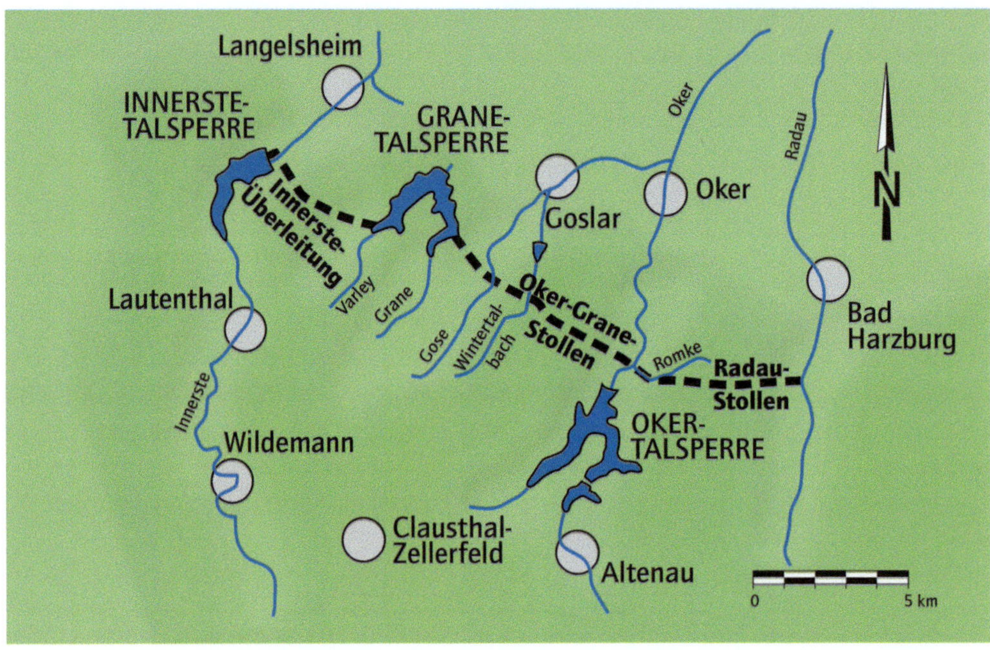

Bild 1: Das Nordharzverbundsystem im westlichen Teil des Harzes (Quelle: Harzwasserwerke GmbH)

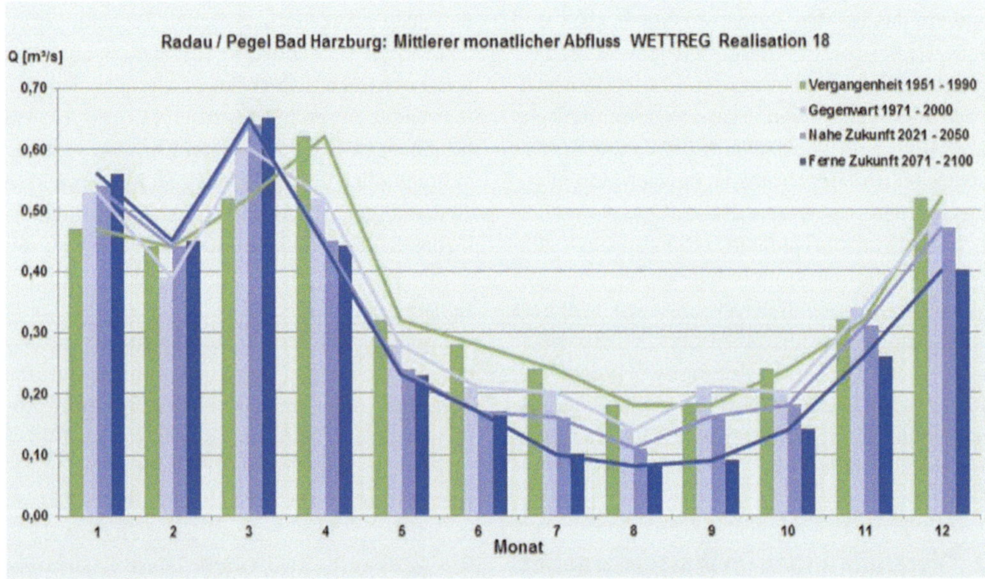

Bild 2: Veränderungen im Wasserdargebot (Quelle: Harzwasserwerke GmbH)

Die innerjährliche Verschiebung im Wasserdargebot hängt im Harz ganz wesentlich mit den zunehmend milderen Wintern zusammen. In früheren Zeiten waren die Verhältnisse im Winter durch komfortable und lang andauernde Schneelagen im Mittelgebirge geprägt. Die Frühjahrsschmelze sorgte insbesondere im Monat April regelmäßig für hohe Abflüsse. Dieses Muster ist in der Gegenwart nur noch selten zu beobachten. Weil die Schneedecken insgesamt kleiner geworden sind und Wärmeeinbrüche zu zwischenzeitlichen Schneeschmelzen führen, sind die abflussreichsten Monate nun der Januar und der März.

3 Bewirtschaftungsanforderungen

Das Nordharzverbundsystem muss auch in Zukunft unter sich verändernden hydrologischen Randbedingungen seine wasserwirtschaftlichen Aufgaben erfüllen. Mit Bezug auf die Stauanlagennorm DIN 19 700 sind sowohl Ziele der Wassermengenbewirtschaftung als auch der Wassergütebewirtschaftung zu erreichen [5], [6].

Konkret sind für die Talsperren des Nordharzverbundsystems folgende Bewirtschaftungsanforderungen zu nennen:

- Trinkwassergewinnung: Aus der Trinkwassertalsperre an der Grane sollen zukünftig 50 Mio. m^3/a Rohwasser für die Trinkwasserproduktion entnommen werden können.
- Sicherung der Wassergüte: Die Granetalsperre soll nach der Frühjahrszirkulation immer so gut gefüllt sein, dass die vorgesehenen Entnahmen während der Sommerstagnation nicht zu einer Aufzehrung des Hypolimnions führen.
- Hochwasserschutz: Die Hochwasserschutzräume an den Talsperren Innerste, Grane und Oker sind so bemessen, dass ein 100-jährliches Hochwasser zurückgehalten werden kann.
- Niedrigwasseraufhöhung: Zur Aufhöhung des Niedrigwassers im Unterlauf sind an allen drei Talsperren amtlich festgesetzte Mindestabgaben einzuhalten.
- Einhaltung von Überleitungskontingenten: Die Überleitungsmenge von der Oker- zur Granetalsperre soll im langjährigen Mittel 24 Mio. m^3/a nicht überschreiten. Für die Innerste-Überleitung gilt eine Grenze von 12 Mio. m^3/a.
- Energieerzeugung: An allen drei Talsperren des Nordharzverbundsystems werden seit Jahrzehnten Speicherwasserkraftwerke betrieben. Diese Anlagen sollen auch zukünftig nennenswerte Beiträge zur regenerativen Stromerzeugung leisten.
- Zum Nachweis der Speicherleistung wurde für das Nordharzverbundsystem von Meon et. al. das Speicherverbundmodell IGOmod aufgebaut [7].

4 Das Speicherverbundmodell IGOmod

Das Speicherverbundmodell IGOmod (Innerste-Grane-Oker-Modell) für die Betriebssimulation des Nordharzverbundsystems wurde als modulares System konzipiert, programmiert und direkt in die Softwareplattform Gecko GeodataCore des Ingenieurbüros IWUD GmbH, Höxter, integriert. Es erlaubt unter anderem die Verknüpfung des Speicherbetriebsmodells mit Datenbanken, GIS-Anwendungen, hydrologischer und hydronumerischer Modellierung. Über Gecko wurde IGOmod nur mit der Projektdatenbank sowie mit Dateneinlese- und Datenauswerteroutinen verknüpft. Eine hydrologische Modellierung wurde hier nicht benötigt, da die Zuflussdatenserien übernommen wurden [4]. Für den Aufbau des Betriebsmodells wurde das reale Nordharzverbundsystem hochdetailliert in seine Komponenten aufgelöst. Diese wurden dann getrennt voneinander als eigenständige Bausteine in Software umgesetzt. Die einzelnen Bausteine wurden beim Aufbau des Modells IGOmod über definierte Schnittstellen miteinander zu einem Gesamtsystem verbunden, das beliebig erweiterbar oder veränderbar ist. Das System erlaubt Rückkoppelungen von Elementen und ermöglicht die integrative Simulation auch unter komplizierten und verschachtelten Betriebsregeln. Das Modell ist auf Stunden- bis Tagesbasis anwendbar. Hier wurde auf täglicher Basis simuliert.

Bild 3 zeigt einen Ausschnitt des aufgestellten Modells zur Innerste-Talsperre mit den Symbolen der Softwareplattform Gecko. Von Bedeutung sind die Regeln zur Überleitung von Wasser aus der Okertalsperre und Innerstetalsperre in die Granetalsperre. Diese Überleitungen werden zusätzlich von kleineren Fließgewässern gespeist.

5 Gegenwart und Anpassungsstrategien für die Zukunft

IGOmod wurde zuerst über zwei historische Perioden kalibriert und über eine historische Periode validiert. Hierfür wurden die Zuflusszeitreihen an fünf Zuflusspegeln und andere Daten von der Harzwasserwerke GmbH zur Verfügung gestellt. Durch die Simulationen der drei unterschiedlichen Zeiträume wurde deutlich, dass das Modell die Betriebsregeln des Nordharzverbundsystems richtig umsetzt. Das kalibrierte IGOmod wurde als geeignet beurteilt, das Verbundsystem nach vorgegebenen und zukünftigen Betriebsregeln realistisch zu simulieren.

Anschließend wurde mit IGOmod eine Simulation über 10 000 Jahre für die reale verlängerte Vergangenheit durchgeführt und ausgewertet. Die hierzu generierten Zuflussserien an fünf maßgebenden Zuflusspegeln in das System basierten auf beobachteten historische Daten von 1950 bis 1990 [4]. Somit repräsentiert diese Simulation die echte, auf lokalen Stationsdaten basierende Vergangenheit – im Sinne der Klimaforschung noch ohne signifikante Klimaänderung.

Die Auswertung des Simulationslaufes reale verlängerte Vergangenheit zeigte, dass die Granetalsperre die gewünschte Entnahme von Rohwasser für die Trinkwasserversorgung immer erfüllen konnte. Der vorgegebene Mindeststau wurde in der Granetalsperre, die primär der Trinkwasserversorgung dient, sehr selten unterschritten, da durch die Einhaltung der Überleitungsregeln die Talsperre über die 10 000 Jahre kontinuierlich mit Wasser versorgt wurde. Die Simulation lieferte keinen Rückgang des Speicherinhaltes auf den eisernen Bestand. Beispielhaft ist für diese Simulation die mittlere Wasserstandsganglinie der Okertalsperre auf Tagesbasis in **Bild 4** dargestellt. Diese Sperre liefert auf Bedarf Wasser über eine Beileitung zur Granetalsperre. Weitere, hier nicht dargestellte Simulationen mit den heutigen Betriebsregeln betrafen die nahe Zukunft (2021 bis 2050) und ferne Zukunft (2071 bis 2100).

Aufbauend auf den oben genannten Simulationen entwickelten die Harzwasserwerke GmbH eine Reihe von Varianten mit geänderten Betriebs- und Überleitungsregeln. Diese wurden für die reale verlängerte Vergangenheit simuliert und ausgewertet. Basierend auf der Auswertung wurden ausgewählte Varianten für die Zukunftsszenarien weiter untersucht.

Aus den Variantenrechnungen mit veränderten Regeln (Lamellenpläne, Überleitungen, erhöhte Trinkwasserabgabe aus der Granetalsperre) konnten folgende grundlegenden Erkenntnisse gewonnen werden:

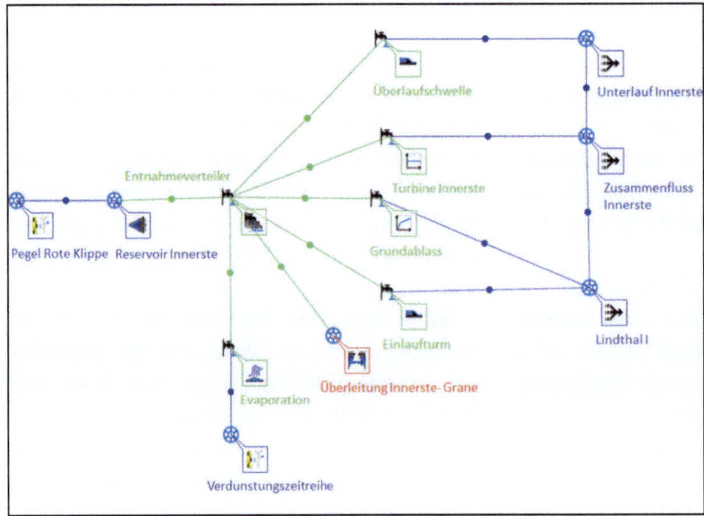

Bild 3: Ausschnitt der Modellstruktur für das Speicherverbundmodell IGOmod des Nordharzverbundsystems der Harzwasserwerke GmbH (Quelle: Leichtweiß-Institut der TU Braunschweig)

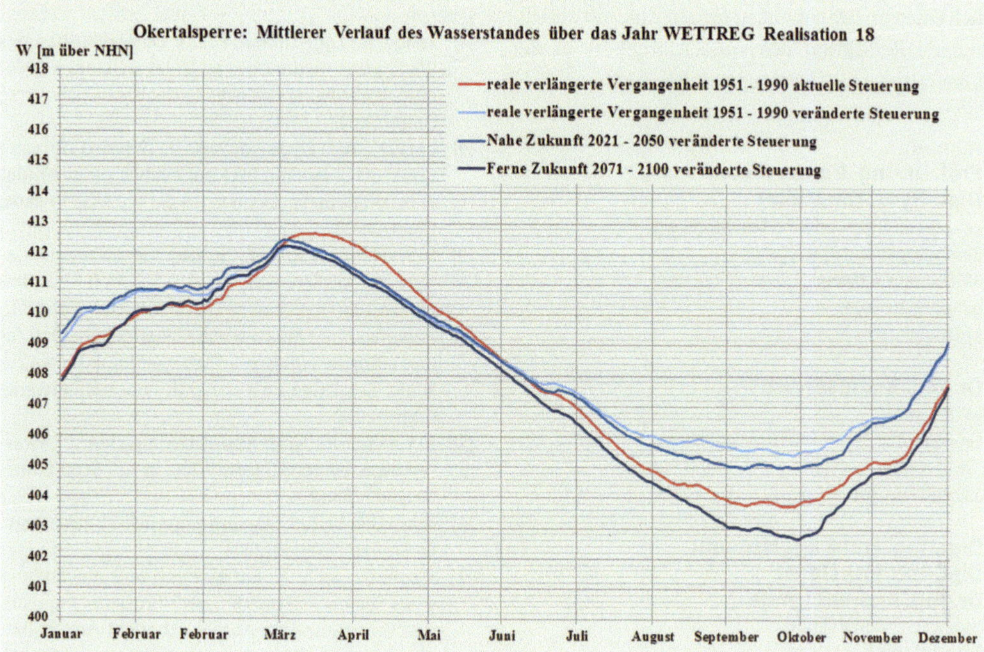

Bild 4: Okertalsperre: Beispiel für die Variantenuntersuchungen mit geänderten Betriebsregeln ohne und mit Berücksichtigung des Klimawandels (Quelle: Leichtweiß-Institut der TU Braunschweig)

- Mittelwasserabgaben: Das MQ im Unterlauf der Talsperren nimmt bei veränderten Regeln im Vergleich zur den bisherigen Werten etwas ab, zum Beispiel bei der Innerste-Talsperre von 1,85 m^3/s auf 1,66 m^3/s (nahe Zukunft) und 1,52 m^3/s (ferne Zukunft).
- Wasserversorgung: Die Versorgung mit Trinkwasser aus der Granetalsperre ist bei der zukünftigen Trinkwasserentnahme von 1,5 m^3/s auch unter Berücksichtigung der Klimaänderung durchgehend gewährleistet. Bei erhöhtem Abgabewunsch wird es insbesondere wegen der verringerten mittleren Zuflüsse einschließlich verringerter Überleitungen zu Engpässen kommen.
- Hochwasserschutz: Bei Klimaänderung in Kombination mit den modifizierten Betriebsregeln kommt es insgesamt zu weniger Hochwasserereignissen bzw. zu geringeren Scheitelwerten der Ausflüsse. Dies führt zu einer Reduktion der Tage, an denen die Hochwasserentlastungen in Anspruch genommen werden.

In **Bild 4** sind zusätzlich die mittleren Wasserstandsganglinien für eine näher untersuchte Variante (veränderte Lamellenpläne; veränderte Überleitung der Innerste-Talsperre; fiktive starke Erhöhung der Trinkwasserabgabe aus der Granetalsperre) dargestellt, um die Auswirkungen von stark gestiegener Nutzung in Überlagerung mit der Klimaänderung zu quantifizieren. Wird der Verlauf des Wasserstandes (ohne Klimaeinfluss, aktuelle Betriebsregeln, rote Linie) für die reale verlängerte Vergangenheit mit dem Wasserstand mit veränderten Betriebsregeln (hellblaue Linie) verglichen, hat die Okertalsperre in der Spätsommer- und Herbstsaison einen höheren Wasserstand. Dieser ist begründet durch verringerte Abgaben in den Unterlauf zur Absicherung der Überleitung in die Granetalsperre. Die Überleitung wird jedoch nicht vollständig abgerufen, die Überleitungsregeln könnten hier noch verbessert werden. Beim Vergleich der realen verlängerten Vergangenheit (hellblaue Linie) mit den beiden Zukunftsszenarien (mittelblau, dunkelblau) jeweils mit gleichen veränderten Regeln – zeigt sich deutlich eine von der nahen zur fernen Zukunft zunehmende Reduktion des Wasserdargebots in der Okertalsperre in der zweiten Jahreshälfte.

Autoren

Prof. Dr.-Ing. Günter Meon
Dipl.-Hydr. Tim Müller
Leichtweiß-Institut der TU Braunschweig
Beethovenstraße 51 a
38106 Braunschweig
g.meon@tu-bs.de
tim.mueller@tu-bs.de

Dr.-Ing. Andreas Koch
IWUD GmbH
Grüne Mühle 34
37671 Höxter
a.koch@iwud.de

Dipl.-Ing. Frank Eggelsmann
Dipl.-Ing. Lisa Unger
Dr.-Ing. Andreas Lange
Harzwasserwerke GmbH
Nikolaistraße 8
31137 Hildesheim
eggelsmann@harzwasserwerke.de
unger@harzwasserwerke.de
lange@harzwasserwerke.de

Literatur

[1] Lange, A.; Eggelsmann, F.: Der Wasserhaushalt des Westharzes. Hydrologische Untersuchungen 1941-2010. Hildesheim: Eigenverlag der Harzwasserwerke GmbH, 2011.

[2] Lange, A.; Eggelsmann, F.: Hydrologische Untersuchungen mit Blick auf ein sich veränderndes Klima. Hildesheim: Eigenverlag der Harzwasserwerke GmbH, 2008.

[3] NLWKN (Hrsg.): KliBiW. Globaler Klimawandel. Wasserwirtschaftliche Folgenabschätzung für das Binnenland. In: Oberirdische Gewässer (2012), Band 33.

[4] Haberlandt, U.: Multivariate Abflussgenerierung für Harztalsperrenzuflüsse auf Tageswertbasis für die Zukunft. Gutachten im Auftrag der Harzwasserwerke GmbH, 2014.

[5] ATT (Hrsg.): Integrale Bewirtschaftung von Trinkwassertalsperren gemäß DIN 19 700. In: ATT-Schriftenreihe (2009), Band 7.

[6] Norm DIN 19 700: Stauanlagen – Teil 11: Talsperren. Berlin: Beuth-Verlag, 2004.

[7] Meon, G.; Koch, A.: Entwicklung und Anwendung eines Speicherverbundmodells für Oker-, Innerste- und Granetalsperre. Abschlussbericht zur Projektphase 1 im Auftrag der Harzwasserwerke GmbH, 2015.

[8] Meon, G.; Müller, T.: Variantenberechnung der zukünftigen Betriebspläne für Oker-, Grane- und Innerstetalsperre. Abschlussbericht zur Projektphase 2 im Auftrag der Harzwasserwerke GmbH, 2015.

Günter Meon, Tim Müller, Andreas Koch, Frank Eggelsmann, Lisa Unger and Andreas Lange

Management Rules for a Reservoir System in the Harz Mountains as a Result of Climate Change

The North Harz dam system consists of the Grane, Oker and Innerste dams and is operated by the Harzwasserwerke GmbH. Because of its interconnected operation rules and internal water transfers the system operation is considered as highly complex. Evaluation of hydrometeorological data and investigations about the climate change of the region indicate that the water availability will increase during the winter and decrease during the summer season. For adaption of the operation rules to the changed conditions, operation of the dam system was performed with the help of a detailed operation model. Generated inflow series covering 10 000 years of daily flow data for the past to present and for the future were applied. The model simulations allowed a detailed and transparent quantification of the combined reservoir operation under changed rules and climate change impact.

Michael Kaiser

Die Gruppen Landwirtschaft und Forsten – Hochwasserschutz (GLF) – Partner beim Hochwasserschutz in Bayern

Nach dem verheerenden Junihochwasser 2013 wurden die Gruppen Landwirtschaft und Forsten – Hochwasserschutz (GLF) an den sieben bayerischen Bezirksregierungen ab Herbst 2013 neu eingerichtet. Sie bringen bei Hochwasserschutzvorhaben frühzeitig die Belange der Land- und Forstwirtschaft ein und sind Ansprechpartner für Behörden, Planer und Betroffene.

1 Wie kam es zur Einrichtung der GLF?

In den letzten Jahren haben sich in Bayern die sogenannten Jahrhunderthochwasser gehäuft: Pfingsthochwasser 1999, Augusthochwasser 2002 und 2005 sowie zuletzt das verheerende Junihochwasser 2013. Zudem hat das Schadenspotenzial in den vergangenen Jahrzehnten deutlich zugenommen. Vor diesem Hintergrund hat das bayerische Kabinett bereits in seiner Sitzung am 17. Juni 2013 beschlossen, das bestehende Aktionsprogramm zum Hochwasserschutz zu einem Hochwasser-Aktionsprogramm 2020plus zu erweitern und beschleunigt umzusetzen. Wie bei den meisten Infrastrukturprojekten ist dabei die Frage der Grundstücksverfügbarkeit ein wesentlicher Faktor für die Umsetzung. Einvernehmlich herbeigeführte Lösungen tragen zu einer zügigen Bereitstellung der für den Hochwasserschutz notwendigen Grundstücke und einer insgesamt beschleunigten Maßnahmenumsetzung bei. Eine gute Einbindung der betroffenen Grundstückseigentümer, besonders bei den land- und forstwirtschaftlich genutzten Flächen, ist deshalb von wesentlicher Bedeutung für die erfolgreiche und rasche Umsetzung dieses erweiterten Aktionsprogramms. Deshalb sollte bei den anstehenden umfangreichen Hochwasserschutzmaßnahmen an der Donau und bei allen anderen Hochwasserschutzprojekten in Bayern die Einbindung der Grundeigentümer deutlich verbessert werden. Dabei ist zu berücksichtigen, dass die Umsetzung größerer Hochwasserschutzmaßnahmen im Wesentlichen nur auf land- und forstwirtschaftlichen Flächen möglich ist. Ziel soll daher sein, möglichst mit bereits weitgehend abgestimmten Lösungen in die Genehmigungsverfahren und die Ausführung zu gehen. Eine frühzeitige Einbindung der betroffenen Grundstückseigentümer zur Entwicklung abgestimmter Lösungen sowie ein fairer Ausgleich zwischen nutzenziehenden und belasteten Grundeigentümern sind deshalb für eine rasche Umsetzung von Hochwasserschutzmaßnahmen von großer Bedeutung.

Kompakt

- Die Realisierung großer Hochwasserschutzmaßnahmen ist ein langwieriger Prozess. Häufig werden Behördenentscheidungen gerichtlich hinterfragt.
- Hauptbetroffene großer Hochwasserschutzmaßnahmen sind Land- und Forstwirte.
- Durch frühzeitige Einbindung von land- und forstwirtschaftlichem Sachverstand kann es gelingen, abgestimmte Lösungen zu finden, die bei den Betroffenen höhere Akzeptanz finden und schneller realisiert werden können.

S. Heimerl (Hrsg.), *Vorsorgender und nachsorgender Hochwasserschutz*,
https://doi.org/10.1007/978-3-658-21839-3_9

Für die Großvorhaben im Rahmen des Hochwasser-Aktionsprogramms 2020plus führen die jeweiligen Bezirksregierungen die notwendigen Raumordnungs- und Planfeststellungsverfahren durch. An diesen Mittelbehörden gab es seit der Auflösung der Abteilungen Landwirtschaft im Jahr 2005 keine Mitarbeiter aus dem Geschäftsbereich des Staatsministeriums für Ernährung, Landwirtschaft und Forsten (StMELF) mehr.

Vor allem landwirtschaftliche Flächen und Wälder sind von den Hochwasserschutzvorhaben durch Baumaßnahmen, als zusätzlicher Retentionsraum oder für ökologische Ausgleichs- und Ersatzmaßnahmen betroffen. Die Staatsregierung setzt deswegen nach Beschluss vom 7. August 2013 an den sieben Bezirksregierungen im Bereich Hochwasserschutz gezielt Mitarbeiter aus dem Geschäftsbereich des StMELF ein, damit diese frühzeitig die Belange der Land- und Forstwirtschaft in die Planungen für diese Hochwasserschutzmaßnahmen einbringen. Damit soll die Umsetzung dieser Vorhaben deutlich beschleunigt und die Anzahl der Klagen dagegen verringert werden. Die Mitarbeiter dieser neugebildeten „Gruppen Land- und Forstwirtschaft – Hochwasserschutz" (GLF) an den Regierungen sind seither Ansprechpartner für Behörden, Planer und Betroffene.

2 Wie sind die GLF organisiert?

Bei der Umsetzung von Hochwasserschutzmaßnahmen und unmittelbar damit zusammenhängenden Fragen gibt es besonders intensive fachliche Verknüpfungen zwischen Wasserwirtschaft, Naturschutz sowie Land- und Forstwirtschaft. Zur weiteren Verbesserung der interdisziplinären Abstimmung wurden – über die bereits bestehende Einbindung von Landwirtschaftsverwaltung und Verbänden im Rahmen der formellen Genehmigungsverfahren hinaus – aus dem Geschäftsbe-

© Kaiser

Bild 1: Die Mitarbeiter der Gruppen Landwirtschaft und Forsten-Hochwasserschutz im April 2017

reich des StMELF Mitarbeiter an die Bezirksregierungen abgeordnet, die die frühzeitige Einbindung der land- und forstwirtschaftlichen Belange in die wasserwirtschaftlichen Projekte erleichtern sowie die Abstimmung zwischen Land- und Forstwirtschaft, Naturschutz und Wasserwirtschaft vereinfachen und beschleunigen sollen. Für diese GLF wurden insgesamt 17 Mitarbeiterinnen und Mitarbeiter der Landwirtschafts- und Forstverwaltung abgeordnet sowie zusätzlich ein Koordinator am StMELF eingesetzt (**Bild 1**).

Diese 18 zusätzlichen Stellen sind bis 2022 befristet. Die erforderlichen personellen Kapazitäten werden durch eine entsprechende Aussetzung des bereits beschlossenen Stellenabbaus erbracht. Beginnend mit Niederbayern noch im November 2013 wurden in der Folge der Beschlüsse von 2013 an allen sieben bayerischen Bezirksregierungen GLF eingerichtet. In Südbayern (Schwaben, Oberbayern, Niederbayern) umfassen die GLF je drei Vollzeitarbeitskräfte und in den nordbayerischen Regierungsbezirken (Oberpfalz, Ober-, Mittel- und Unterfranken) je zwei. Die Darstellung der Gruppe im Organisationsplan der Regierung erfolgt als eine eigenständige, dem Präsidium unterstellte Organisationseinheit mit Anbindung an den Bereichsleiter 5 – Umwelt, Gesundheit und Verbraucherschutz. Die Zusammenarbeit mit dem Bereich 5 sowie den anderen Bereichen der Regierung erfolgt in konstruktiver Weise ohne land- und forstwirtschaftliche Weisungsbefugnisse durch den Bereichsleiter 5. Die Zusammenarbeit zwischen den Regierungen und den Ämtern für Ländliche Entwicklung (ALE) sowie den Regierungsansprechpartnern der Landwirtschafts- und der Forstverwaltung bleibt davon unberührt.

3 Welche Aufgaben haben die GLF?

Die Aufgabenschwerpunkte der GLF-Mitarbeiter ergeben sich ebenfalls aus dem Ministerratsbeschluss vom 7. August 2013. Zu ihren Aufgaben zählen insbesondere eine frühzeitige Einbindung bei der Vorbereitung von Raumordnungs- und Planfeststellungsverfahren der Regierungen sowie bei der Koordinierung von solchen Projekten und die Wahrnehmung der Interessen der Land- und Forstwirtschaft bei Planungen der Wasserwirtschaftsämter zum Hochwasserschutz durch frühzeitige Einbeziehung und Mitwirkung bei diesen Planungen. Insbesondere geht es dabei um:

- Fragen der Nutzungsänderung und der Nutzungseinschränkung von landwirtschaftlich und forstwirtschaftlich genutzten Grundstücken sowie der Bewertung der Folgen,
- land- und forstwirtschaftliche Äußerungen zu möglichen Alternativplanungen,
- Mitwirkung bei Informationsveranstaltungen und Gesprächen mit Grundstückseigentümern,
- Mitwirkung bei der Erstellung von Kompensationskonzepten,
- frühzeitige Einbeziehung von land- und forstwirtschaftlichen Interessenverbänden.

Nach einer detaillierten Aufgabenbeschreibung des StMELF vom November 2013 werden die Mitarbeiterinnen und Mitarbeiter aus dem Geschäftsbereich des StMELF an die Regierungen abgeordnet, um die Umsetzung des Hochwasser-Aktionsplans 2020plus durch frühzeitige Einbindung und Abstimmung der Belange von Land- und Forstwirtschaft im Rahmen der Bündelungsfunktion der Regierungen zu unterstützen. Dazu erfüllen sie insbesondere Aufgaben auf den Gebieten Information sowie Kommunikation und wirken vorrangig im Aufgabenschwerpunkt Hochwasserschutz mit. Sie können aber entsprechend dem je nach Regierungsbezirk beim Hochwasserschutz regional bzw. im Zeitablauf sehr unterschiedlichen Aufgabenanfall nachrangig auch für weitere Aufgaben der Regierungen mit land- und forstwirtschaftlichem Bezug eingesetzt werden, insbesondere wenn diese den Bereich Wasserwirtschaft berühren, solange und soweit deswegen ihre Hauptaufgabe nicht eingeschränkt wird. Der zweistufige Aufbau der Landwirtschaftsverwaltung (Ämter für Ernährung, Landwirtschaft und Forsten (ÄELF) und StMELF ohne eigene Mittelbehörde) bleibt davon unberührt, weil die Mitarbeiter der GLF nur im Vorfeld von Rechtsverfahren tätig werden. In eingeleiteten bzw. laufenden Raumordnungs- bzw. Planfeststellungsverfahren werden Stellungnahmen im Rahmen der Beteiligung der Träger öffentlicher Belange von den dafür jeweils zuständigen ÄELF erstellt und abgegeben.

Die Umsetzung des Flutpolderkonzeptes der bayerischen Wasserwirtschaftsverwaltung erfolgt in mehreren Schritten:

1. Vorläufige Sicherung aller Flutpolderstandorte als Überschwemmungsgebiete.
2. Einleitung von Raumordnungsverfahren für die Standorte, die die größte Hochwasserschutzwirkung haben.
3. Durchführung von Planfeststellungsverfahren für die einzelnen Polder.
4. Bau der Flutpolder.

Dieser Prozess, der sich voraussichtlich über viele Jahre hinziehen wird, wird von einer umfassenden Öffentlichkeitsbeteiligung begleitet. So wurden alleine in Schwaben im ersten Quartal 2015 sieben Auftaktveranstaltungen für einen „Hochwasserdialog vor Ort" durchgeführt. Anschließend fanden themenspezifische Workshops statt und im Internet wurde eine Informations- und Diskussionsplattform bereitgestellt (www.hochwasserdialog.bayern.de). Alle diese Verfahrensschritte werden fachlich von den GLF begleitet, da die Betroffenheit land- und forstwirtschaftlicher Betriebe durch den Bau der geplanten Flutpolder sehr groß ist. Sie kann im Einzelfall eine existenzbedrohende Wirkung erreichen. So wird für die Bauwerke (Deiche, Ein- und Auslassbauwerke) und naturschutzrechtliche Ausgleichsmaßnahmen dauerhaft viel Fläche benötigt. Die Baustelleneinrichtungen nehmen temporär zusätzliche Flächen in Anspruch. Es können zudem Bewirtschaftungserschwernisse durch die Zerschneidung von Flächen und Zufahrtswegen entstehen. Da die Flutpolder nur bei extremen Hochwasserereignissen geflutet werden sollen, können die Flächen innerhalb des Polders in den meisten Jahren normal bewirtschaftet werden. Im Flutungsfall werden alle entstandenen Schäden entschädigt. Bei der Ausarbeitung der entsprechenden Entschädigungsregelungen waren neben dem Bayerischen Bauernverband von Seiten der Landwirtschaft maßgeblich auch Vertreter der Bayerischen Landwirtschaftsverwaltung beteiligt. Eine besondere Belastung entsteht für die Betriebe, bei denen Gebäude im Polder liegen. Für sie müssen sachgerechte und faire Lösungen gefunden werden (z. B. Hochwasserfreilegung oder gar Absiedelung).

Die GLF bringen sich in Zusammenarbeit mit den örtlich zuständigen ÄELF und dem ÄLE intensiv in alle Kommunikations- und Planungsprozesse zu Flutpoldern ein. Ziel ihrer Arbeit ist es, dazu beizutragen, dass Varianten erarbeitet werden, die dem notwendigen Hochwasserschutz dienen, gleichzeitig aber möglichst flächensparend sind, die Bewirtschaftung möglichst wenig einschränken und die dadurch möglichst zügig umgesetzt werden können (**Bild 2**).

Neben der Vorbereitung und Begleitung der Raumordnungs- oder Planfeststellungsverfahren im Bereich Hochwasserschutz an größeren Flüssen in der Zuständigkeit der Regierungen einschließlich der Mitwirkung bei den entsprechenden Dialogverfahren gibt es viele kleinere und mittlere Hochwasserschutzprojekte. Diese Vorhaben werden von den Landratsämtern planfestgestellt und von den Wasserwirtschaftsämtern (WWÄ) bzw. bei Gewässern 3. Ordnung von den Kommunen als Vorhabensträger umgesetzt. Einzelne dieser laufenden Projekte haben bereits eine längere Vorgeschichte und sind durch Klagen von Grundstückseigentümern ins Stocken geraten. Andere befinden sich gerade erst in der Anfangsphase der Planungen. In beiden Fallkonstellationen sind die GLF zwischen Wasserwirtschaft, Landratsamt sowie Land- und Forstwirtschaft vermittelnd tätig. Sie beraten und unterstützen die beteiligten Behörden und sind Ansprechpartner für die vom Projekt betroffenen Landwirte und Waldbesitzer. Sie versuchen dabei, für deren Anliegen möglichst bürgerfreundliche Lösungen zu erreichen.

Ein weiterer Arbeitsschwerpunkt sind Hochwasserrisikomanagement-Planungen. Die GLF haben teilweise dazu bei diesem umfassenden Planungsprozess, der alle sechs Jahre erneuert wird, die Koordination der land- und forstwirtschaftlichen Beiträge der ÄELF und des ALE übernommen. Weitere Arbeitsbereiche sind u. a. örtliche Anpassungen von Entschädigungsregelungen, Mitwirkung bei der Umsetzung der Wasserrahmenrichtlinie (Gewässer- und Grundwasserschutz), Niedrigwassermanagement, Mitwirkung bei Konzepten gegen Sturzfluten, Zuarbeit bei der Erstellung von FFH-Managementplänen, Umsetzung der bayerischen Kompensationsverordnung (BayKompV), Weiterentwicklung von produktionsintegrierten Kompensationsmaßnahmen (PIK) u. v. a. m. GLF-Mitarbeiter sind Mitglieder in einschlägigen bayernweiten interdisziplinären Arbeitsgruppen.

4 Bisherige Erfahrungen

Für die neuen land- und forstwirtschaftlichen Mitarbeiter an den Regierungen war es zunächst sehr ungewohnt, sich außerhalb ihres gewohnten Arbeitsumfeldes und der üblichen Arbeiten in dem völlig neuen Umfeld einer Mittelbehörde zu bewegen. Manche Regierungsmitarbeiter, insbesondere aus dem Bereich Naturschutz, waren anfänglich den Vertretern der Landwirtschaft gegenüber etwas reserviert, sahen sie teilweise sogar als Interessensvertreter des Bauernverbandes an und nicht als Mitarbeiter einer staatlichen Fachverwaltung. Das hat sich aber sehr schnell gegeben, besonders dort, wo durch die Unterstützung der GLF stockende Verfahren o. ä. mit allseits zufriedenstellenden Ergebnissen abgeschlossen werden konnten.

Mittlerweile hat sich erwiesen, dass der landwirtschaftliche Sachverstand an den Regierungen dazu beiträgt, Verfahren reibungsloser und zügiger zur Umsetzung zu bringen und dass manche Missverständnisse gar nicht erst entstehen. Es zeigt sich, dass land- und forstwirtschaftliche Ansprechpartner in vielen Arbeitsbereichen der Regierungen nützlich sind und auch unabhängig von den Aktivitäten im Zusammenhang mit der Umsetzung des Hochwasser-Aktionsplans 2020plus landwirtschaftlichen Sachverstand in die tägliche Arbeit der Regierung einbringen. Dies wirkt sich – unabhängig davon, dass die Zusammenarbeit zwischen den Regierungen und den Regierungsansprechpartnern der Landwirtschafts- und Forstverwaltung davon unberührt geblieben ist – gewinnbringend auf die Arbeit der Sachgebiete aus, die mit landwirtschaftsrelevanten Fragestellungen befasst sind und ermöglicht es, die Belange der Landwirtschaft und Forstwirtschaft früh-

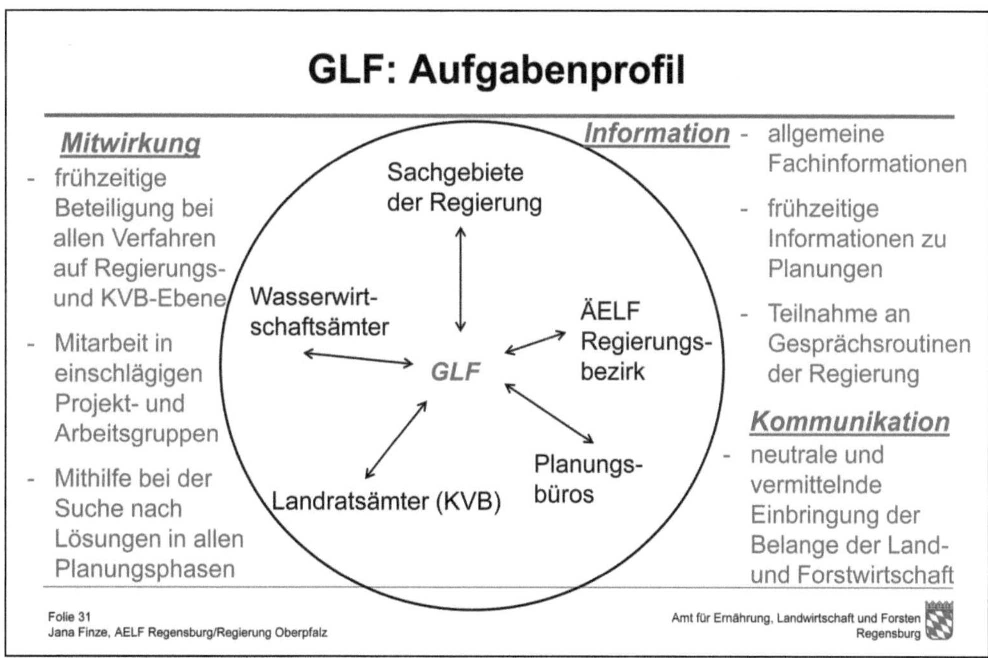

Bild 2: Aufgabenprofil der GLF

zeitig in Entscheidungsprozesse innerhalb der Regierung einzubringen. Letztlich zeigt sich immer wieder, dass durch frühzeitige Beteiligung und Mitwirkung im Vorfeld komplexer Planungen wesentlich mehr erreicht werden kann als durch Stellungnahmen zu fertig ausgearbeiteten Planungen und Ausgleichskonzepten, die in einem laufenden Verfahren kaum noch oder nur mit sehr großem Aufwand geändert werden können.

Zudem fehlen speziell der Landwirtschaft zwingende rechtliche Regelungen, um berechtigte agrarstrukturelle Belange so darzustellen, dass diese in Abwägungsprozessen gleichrangig z. B. mit Belangen des Natur- und Landschaftsschutzes behandelt werden müssen. Die Mitarbeiter der GLF tragen daher deutlich dazu bei, dass im Sinn des Ministerratsbeschlusses vom 7. August 2013 durch frühzeitige Einbindung der betroffenen Grundstückseigentümer und -bewirtschafter bzw. derer Interessen abgestimmte Lösungen und Planungen entwickelt werden und damit die notwendigen Hochwasserschutzmaßnahmen möglichst zügig umgesetzt werden können.

Autor
Michael Kaiser
Bayerisches Staatsministerium für Ernährung, Landwirtschaft und Forsten
Ludwigstr. 2
80539 München
Michael.Kaiser@stmelf.bayern.de

Michael Kaiser

The groups of agriculture and forestry – flood protection (GLF) – partner in flood protection in Bavaria

After the devastating June floods in 2013, the groups of agriculture and forestry protection (GLF) in the seven Bavarian district governments were re-established from autumn 2013. In the case of flood protection projects, they take into account the interests of both agriculture and the interests of agriculture and forestry at an early stage and are the contact points for authorities, planners and affected parties.

Hochwasser-
risikomanagement

Stefan Hill

Hochwasserrisikomanagement – eine immerwährende Aufgabe

Ende des Jahres 2015 wurden die Hochwasserrisikomanagementpläne veröffentlicht. Jetzt beginnt die Arbeit – von neuem. Eine Sisyphus-Arbeit? Kommen wir immer wieder zum gleichen Ergebnis: Wir fangen bei null an und schaffen es nicht?

Die griechische Mythologie ist das eine – das Hochwasserrisikomanagement das andere. Gemäß Artikel 14 der Hochwasserrisikomanagement- Richtlinie evaluieren wir die Bewertung des Hochwasserrisikos, der Gefahren- und Risikokarten sowie die Pläne selbst. Aber sind wir da nicht wieder bei Sisyphus? Pläne gab es in der Vergangenheit schon genug: Hochwasserschutzplanungen, Hochwasseraktionspläne und jetzt noch die Hochwasserrisikomanagementpläne. Viele Planungen sind nicht umgesetzt worden, auch weil sie vielleicht gar nicht umsetzbar waren, vielleicht auch weil viele am grünen Tisch erarbeitet und zu wenig mit den Betroffenen geredet wurde.

Selbstkritik ist hier gefragt. Wir haben uns auf dem achten Forum zur Hochwasserrisikomanagement- Richtlinie in Mainz zur Umsetzung dieser Richtlinie mit aktuellen Hochwasserrisikomanagementplänen befasst: Was ist gut gelaufen, was ist schlecht gelaufen? Was ist davon in den nächsten sechs Jahren umsetzbar? Spätestens dann, wenn die Zwischenbilanz gezogen wird, werden wir es wissen: Ist der Versuch, den Hochwasserschutz europaweit auf neue Füße zu stellen, gelungen oder bleibt es nur bei weiteren Planungen. In diesem Zusammenhang haben wir uns weiterhin mit Maßnahmen aus der Praxis beschäftigt und – last but not least – die wichtige Frage der Finanzierung beleuchtet.

Häufig werden in Grußworten Zitate großer Ökonomen, Politiker oder Wissenschaftler bemüht, um positive Einstellungen zu vermitteln. Ich will diese Zitate durch eine Aussage eines großen Musikers, nämlich des Jazzpianisten und Bigband- Leaders Duke Ellington, erweitern: „Probleme sind Gelegenheiten zu zeigen, was man kann.“ Das sollten wir auch tun.

In diesem Themenheft sind die wichtigsten Vorträge des achten Forums veröffentlicht, so dass sich auch diejenigen Leser der Fachzeitschrift Wasser- Wirtschaft, die nicht in Mainz dabei sein konnten, ein Bild über den Stand der Diskussionen machen können.

S. Heimerl (Hrsg.), *Vorsorgender und nachsorgender Hochwasserschutz*,
https://doi.org/10.1007/978-3-658-21839-3_10

Uwe Müller

Zwischenstand und weitere Aufgaben bei der Umsetzung der Hochwasserrisikomanagement-Richtlinie

Im Beitrag wird ein kurzer Rückblick auf den bisherigen Umsetzungsprozess der Hochwasserrisikomanagement-Richtlinie insbesondere in Sachsen gegeben. Dabei werden auch anrechnungsfähige Aktivitäten aus der Zeit vor der Richtlinie mit erläutert. Anschließend werden einige Herausforderungen zur Umsetzung derselben für die nächsten Jahre aufgezeigt.

1 Einführung

Im Oktober 2007 hat die Europäische Union die Richtlinie 2007/60/EG zur Bewertung und das Management von Hochwasserrisiken (HWRM-RL) [5] verabschiedet. Die Bundesregierung hat die HWRM-RL mit dem ab 01.03.2010 geltendem neuen Wasserhaushaltsgesetz [1] in nationales Recht umgesetzt. Die einzelnen Bundesländer haben zeitnah ihre Landeswassergesetze angepasst.

Diese EG-Richtlinie soll zur Verringerung der hochwasserbedingten nachteiligen Folgen auf die menschliche Gesundheit, die Umwelt, das Kulturerbe und die wirtschaftlichen Tätigkeiten dienen. Damit bildet sie die Grundlage für ein integriertes Hochwasserrisikomanagement (HWRM) auf europäischer Ebene [9].

2 Umsetzung der HWRM-RL

2.1 Vorläufige Bewertung des Hochwasserrisikos

Entsprechend der Artikel 4 und 5 der HWRM-RL war bis zum 22.12.2011 die vorläufige Bewertung des Hochwasserrisikos auf der Grundlage verfügbarer oder leicht abzuleitender Informationen durchzuführen. Dabei wurden z. B. Aufzeichnungen und Studien zu langfristigen Entwicklungen; Informationen zu Auswirkungen von Klimaveränderungen auf Hochwasser; Karten der Flussgebietseinheiten mit Einzugsgebieten, Teileinzugsgebieten, ggf. Küstengebieten, Topographie und Flächennutzung; Beschreibungen vergangener Hochwasser mit signifikant nachteiligen Auswirkungen auf Schutzgüter einschließlich Eintrittswahrscheinlichkeit, Ausdehnung, Abflusswegen und Bewertung ihrer nachteiligen Auswirkungen und die Bewertung potenziell nachteiliger Folgen künftiger Hochwasser auf die Schutzgüter unter Berücksichtigung von Topographie, gewässerkundlichen Angaben und weiteren Fachinformationen, wie z. B. Überschwemmungsgebiete, bestehende Hochwasserschutzinfrastrukturen und Vulnerabilität der Schutzgüter verwendet. In **Bild 1** sind die auch als interaktive Karte verfügbaren Risikogebiete für den Freistaat Sachsen dargestellt.

Die nach diesen Kriterien identifizierten Gebiete mit signifikantem Hochwasserrisiko sind für jede Flussgebiets- und Bewirtschaftungseinheit benannt sowie anschließend den weiteren Betrachtungen entsprechend der HWRM-RL unterzogen worden.

2.2 Hochwassergefahren- und Hochwasserrisikokarten

Für die Hochwasserrisikogebiete waren entsprechend Artikel 6 der HWRM-RL bis zum 22.12.2013 Hochwassergefahren- und Hochwasserrisikokarten für Hochwasser mit niedriger Eintrittswahrscheinlichkeit (Extremereignis), Hochwasser mit mittlerer Eintrittswahrscheinlichkeit (≥100 Jahre)

S. Heimerl (Hrsg.), *Vorsorgender und nachsorgender Hochwasserschutz*,
https://doi.org/10.1007/978-3-658-21839-3_11

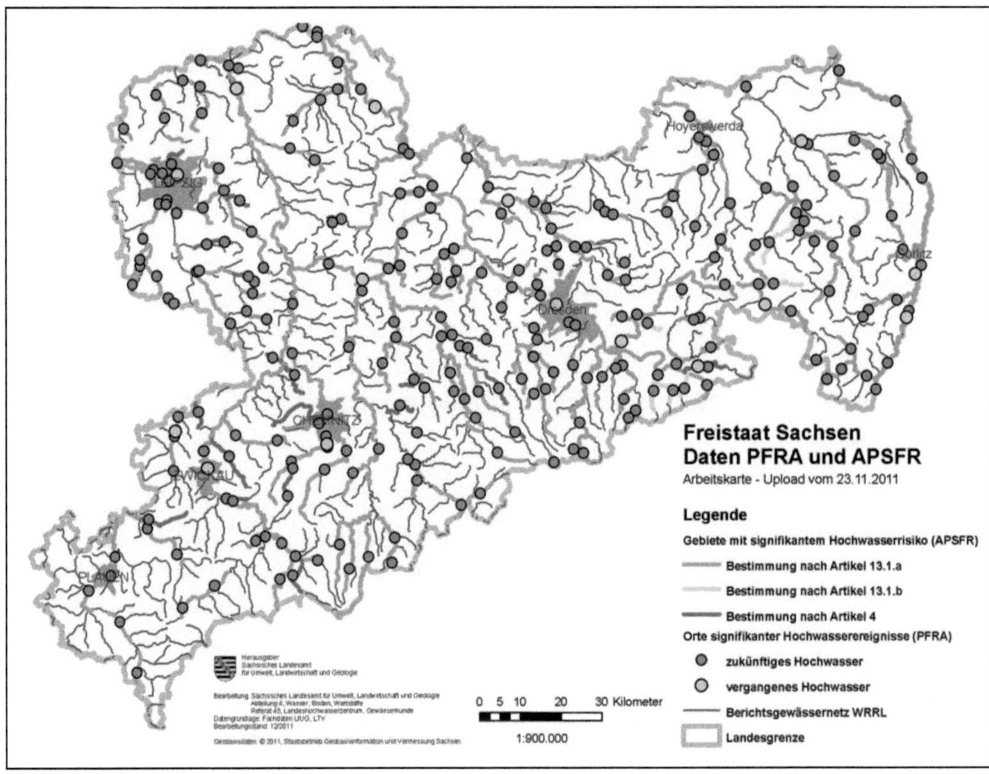

Bild 1: Ergebnis vorläufige Risikobewertung für Sachsen (Quelle: LfULG)

und ggf. Hochwasser mit hoher Eintrittswahrscheinlichkeit zu erstellen.

Die Hochwassergefahrenkarten müssen das Ausmaß der Überflutung, die Wassertiefe oder ggf. den Wasserstand und ggf. die Fließgeschwindigkeit oder relevante Wasserabflüsse enthalten. Die Hochwasserrisikokarten sollen die Anzahl der potenziell betroffenen Einwohner, die Art der wirtschaftlichen Tätigkeit, die IVU-Anlagen gemäß RL 96/61/EG, die betroffene Schutzgebiete nach Wasserrahmenrichtlinie (WRRL) [4] und ggf. weitere Informationen (z. B. Sedimente, Verschmutzungen etc.) enthalten. Die Bund/Länderarbeitsgemeinschaft Wasser (LAWA) hat dazu eine Arbeitshilfe [6] erarbeitet. Im Internet findet man die interaktiven Versionen der Gefahren- und Risikokarten für den gesamten Freistaat Sachsen unter www.wasser.sachsen.de.

2.3 HWRM-Pläne

Nach der Erarbeitung dieser in den Hochwassergefahren- und Hochwasserrisikokarten darzustellenden Grundlageninformationen sind bis zum 22.12.2015 in der Flussgebiets- oder Bewirtschaftungseinheit abgestimmte HWRM-Pläne entsprechend Artikel 7 und 8 der HWRM-RL aufzustellen. Diese Pläne müssen die Darstellung der Gebiete mit signifikantem Hochwasserrisiko, die Hochwassergefahren- und Hochwasserrisikokarten sowie die Festlegung und Beschreibung angemessener Ziele für das HWRM mit Schwerpunkt auf die Verringerung potenzieller nachteiliger Folgen für Schutzgüter, nichtbauliche Maßnahmen der Hochwasservorbeugung und Maßnahmen zur Zielerreichung enthalten. Dabei sind Nutzen-Kosten-Verhältnisse, Überschwemmungsflächen, Retentionsräume, natürliche Überschwemmungsgebiete, Umweltziele der WRRL, Bodennutzung, Wasserwirtschaft, Raumordnung, Flächennutzung, Naturschutz, Schifffahrt und Hafeninfrastruktur sowie alle Aspekte des HWRM zu berücksichtigen. Beim HWRM legt die EG-Richtlinie besonderen Wert auf Vermeidung, Schutz, Vorsorge; Hochwasservorhersagen; Frühwarnsysteme; ggf. die Berücksichtigung besonderer Merkmale des betreffenden (Teil-) Einzugsgebietes, ggf. die Unterstützung nachhaltiger Flächennutzung, ggf. die Verbesserung des Wasserrückhalts und auf die Beachtung des Oberlieger- und Unterliegerprinzips. Die LAWA hat auch dazu eine Arbeitshilfe [7] erarbeitet. Die Pläne an denen Sachsen beteiligt ist (Elbe und Oder) liegen zum Zeitpunkt der Drucklegung dieses Beitrages gerade zur Anhörung aus.

2.4 Vorleistungen in Sachsen

In Auswertung des extremen Hochwassers vom August 2002 hatte der Freistaat Sachsen beginnend mit einer Ereignisanalyse über die Erarbeitung von Hochwasserschutzkonzepten (HWSK) und die Erstellung von Gefahrenkarten begonnen, das Katastrophenhochwasser methodisch aufzuarbeiten und ein sinnvolles Hochwasserschutzinvestitionsprogramm zur schrittweisen Verbesserung des Hochwasserschutzes abzuleiten. Auf der parallel geschaffenen landeswassergesetzlichen Grundlage sind durch die Landestalsperrenverwaltung (LTV) für alle Gewässer I. Ordnung und für den im Freistaat Sachsen liegenden Teil der Elbe 47 HWSK nach einer einheitlichen Aufgabenstellung auf Grundlage der neuesten Erkenntnisse des Hochwasserschutzes aufgestellt worden. Mittlerweile sind auch durch Kommunen über 25 HWSK für Gewässer II. Ordnung erarbeitet worden. Diese HWSK entsprechen den im alten Wasserhaushaltsgesetz geforderten Hochwasserschutzplänen. Entsprechend dem HWRM beinhalten die HWSK alle entscheidenden Informationen zur Hochwasserprävention, die auch anderen Planern und Akteuren im Raum, insbesondere den Raumplanungsstellen, verfügbar gemacht worden sind. Damit decken die HWSK einen großen Teil der Inhalte der HWRM-Pläne der HWRM-RL ab und beinhalten sehr viele neu erarbeitete methodische Grundlagen [9], u. a. 568 Gefahrenkarten für 540 Orte für die Szenarien HQ_{20}, HQ_{50}, HQ_{100}, HQ_{200} oder HQ_{300} und EHQ.

Durch die mit den HWSK verbundenen Datenerhebungen verfügte der Freistaat Sachsen über eine sehr gute Datengrundlage und methodische Erfahrungen zur Erstellung der HWRM-Pläne.

3 Herausforderungen für die Zukunft

3.1 HWRM-RL

Bei den nach Artikel 14 der HWRM-RL aller 6 Jahre anstehenden Überarbeitungen der HWRM-Pläne sind zu den bereits aufgeführten Inhalten folgende Informationen zu ergänzen:

- alle Änderungen oder Aktualisierungen zum vorhergehenden Plan,
- Zusammenfassung der nach Artikel 14 HWRM-RL durchzuführenden Überprüfungen,
- Bewertung der Fortschritte bezüglich der Zielerreichung (Erfolgskontrolle),
- Beschreibung und Begründung weggelassener Maßnahmen aus vorhergehenden HWRM-Plänen,
- Beschreibung zusätzlicher Maßnahmen gegenüber vorhergehender HWRM-Pläne.

Diese Aktualisierungen und Bewertungen erfordern eine Strategie und Methodik zur Laufendhaltung der Datengrundlagen.

3.2 HWRM-RL und WRRL

Im Artikel 9 der HWRM-RL ist die Koordinierung mit der WRRL festgeschrieben.

Eine von der LAWA eingesetzte Kleingruppe hat ein Dokument [8] erarbeitet, in dem die Erfahrungen der Länder als Anwendungsempfehlung für Deutschland aufbereitet wurden. Darin wurde festgestellt, dass beide Richtlinien einen integrierten flussgebietsbezogenen Ansatz verfolgen und gleichzeitig zur grenzüberschreitenden Zusammenarbeit sowie Koordinierung verpflichten. Die Koordinierungspflichten gemäß Art. 9 HWRM-RL legen den Schwerpunkt auf die Möglichkeiten zur Verbesserung der Effizienz und des Informationsaustausches sowie zur Erzielung von Synergien und gemeinsamen Vorteilen im Hinblick auf die Umweltziele des Art. 4 der WRRL. Der sich daraus ergebende Abstimmungs- bzw. Koordinierungsbedarf bezieht sich schwerpunktmäßig auf die Analyse hinsichtlich der Beschreibung des Gewässerzustands, die Belastungen bzw. Auswirkungen auf den Gewässerzustand bzw. das Gewässerpotenzial, die Inhalte der Hochwassergefahren- und Hochwasserrisikokarten hinsichtlich der Gefährdung von Umweltgütern, die Inhalte der HWRM-Pläne bezogen auf die Maßnahmenplanung, die Bewirtschaftungspläne der WRRL sowie die in beiden Richtlinien vorgesehene Öffentlichkeitsbeteiligung. In [10] sind die Synergieeffekte und gemeinsamen Vorteile bei der Umsetzung beider Richtlinien für Sachsen beschrieben.

Die Auswertung der LAWA-Kleingruppe [8] hat ebenfalls ergeben, dass die effiziente Erhebung und Nutzung von gemeinsamen Daten sowie die Abstimmung zu gemeinsamen adäquaten Parametern und Methoden soweit möglich und angemessen von grundlegender Bedeutung sein wird. Hierzu gehören sowohl die gemeinsame Auseinandersetzung zu den zu erreichenden Umweltzielen als auch die Abstimmung der Maßnahmen und deren Priorisierung im Einzelnen.

Den entscheidendsten Einfluss auf die Vereinbarkeit der Richtlinien wird die jeweilige Maßnahmenumsetzung haben. Prinzipiell kann man die Maßnahmen in drei Kategorien hinsichtlich der Zielerreichung der WRRL und der HWRM-RL einteilen. Die erste Kategorie sind Maßnahmen die sich positiv auf die Zielerreichung beider Richtlinien auswirken, wie z. B. das Freihalten der Auen von Bebauung durch rechtlich festgesetzte Über-schwemmungsgebiete oder Maßnahmen zum verstärkten Wasserrückhalt in der Fläche. Die zweite Kategorie sind Maßnahmen zur Umsetzung der jeweils einen Richtlinie, die sich neutral zum Ziel der andern Richtlinie verhalten, wie z. B. WRRL-Maßnahmen zur Reduzierung von Stoffeinträgen oder HWRM-RL-Maßnahmen zur Gefahrenabwehr. Die dritte Kategorie sind Maßnahmen, die einer Einzelfallprüfung unterzogen werden müssen, weil Sie nicht eindeutig einer der ersten beiden Kategorien zugeordnet werden können oder ggf. Konfliktpotential zur Zielerreichung der jeweils anderen Richtlinie beinhalten.

In der praktischen Umsetzung bedeutet dies, dass die in den Maßnahmenprogrammen nach WRRL enthaltenen Maßnahmen der ersten Kategorie, die die Ziele des HWRM unterstützen (u. a. Wiederanbindung von ehemaligen Überflutungsräumen, morphologische Verbesserungen sowie die Verbesserung des Wasserrückhalts), in die HWRM-Pläne übernommen oder ggf. nur nachrichtlich genannt werden können, um eine Doppelberichterstattung zu vermeiden. Dabei sollte besonderes Augenmerk auf die zuvor ermittelten Maßnahmen mit potenziellen Synergien zwischen beiden Richtlinien gelegt werden. Diesen Maßnahmen sollte von vornherein eine hohe Priorität eingeräumt werden.

Die Maßnahmen der zweiten Kategorie (neutrales Verhalten) sollten in der Umsetzung der jeweiligen Richtlinie die nächste Prioritätenstufe einnehmen, da sie sich nicht negativ auf die Zielerreichung der jeweils anderen Richtlinie auswirken.

Die Maßnahmen der letzten Kategorie, die zu potenziellen Konflikten bei der Zielerreichung der jeweils anderen Richtlinie führen könnten, sollten bei der Bestimmung der Rangfolge von Maßnahmen nachrangig betrachtet werden. Dabei ist jedoch zu beachten, dass insbesondere die technisch infrastrukturellen Maßnahmen der HWRM-RL in der Regel eine hohe Wirkung bei der Verminderung bestehender Hochwasserrisiken besitzen und daher im Einzelfall eine höhere Priorität bekommen können.

3.3 Übergang zur integralen Wasserbewirtschaftung

Unter Flussgebietsmanagement wird nach Patt et al. [12] die gesamtheitliche Bewirtschaftung eines Fließgewässers verstanden, wobei dabei alle natürlichen und durch die menschliche Nutzung bedingten Einflüsse berücksichtigt werden sollen. Aus der Betrachtung der gesamten Flusseinzugsgebiete über administrativen Grenzen hinweg ergibt sich die erste Herausforderung. Der integrale Bewirtschaftungsansatz führt dazu, dass noch weitere Aspekte (z. B. Naturschutz) und damit auch gesetzliche Regelungen, wie z. B. die FFH-Richtlinie [3] oder die Vogelschutzrichtlinie [2] der EU, zu beachten sind. Um dem Gedanken einer integralen Wasserbewirtschaftung vollum-

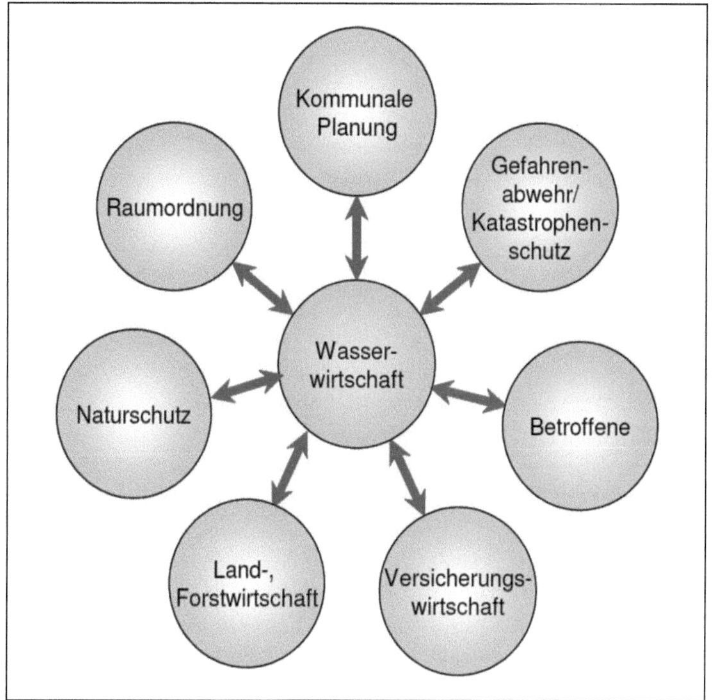

Bild 2: Mitwirkende Akteure bei der Aufstellung von HWRM-Plänen (Quelle: [7])

fänglich gerecht zu werden, muss man die bisher gewählte Betrachtungsweise noch um die Standgewässer und das Grundwasser erweitern.

Die Umsetzung einer integralen Wasserbewirtschaftung erfordert die Betrachtung vieler Aspekte, wovon hier nur einige wichtige benannt werden sollen:

- Niederschlag
- Oberflächengewässer (Menge, Güte)
- Grundwasser (Menge, Güte)
- Trinkwasser (Menge, Güte)
- Abwasser (Menge, Güte)
- wassergefährdende Stoffe
- Anlagenüberwachung
- Boden-/Flächennutzung
- Stofftransporte
- …

Allein einer dieser aufgezählten Aspekte erfordert wiederum eine umfassende interdisziplinäre Zusammenarbeit vieler Fachdisziplinen. Bei der mengenmäßigen Betrachtung der Oberflächengewässer spielen zum Beispiel Trockenperioden, Hochwasser, hydrologische Kennwerte, Mindestwasserabgaben, Bemessungswasserstände usw. eine Rolle. In [9] sind am Beispiel des HWRM als ein Teil der integralen Wasserbewirtschaftung die Vielzahl der Fachdisziplinen und Akteure aufgezeigt worden. Diese Vielfalt der Akteure, hier demonstriert am Beispiel des HWRM, stellt eine Herausforderung für die Zukunft dar (**Bild 2**).

Das HWRM selbst wird als ein fortlaufender und iterativer Prozess unter Berücksichtigung möglichst vieler Ebenen (Akteure) verstanden. Die einzelnen Phasen sind dabei das Hochwasser, die Hochwasserbewältigung, die Regeneration und die Hochwasservorbeugung. Ziel des integrierten HWRM ist es, neben der Risikoakzeptanz (Risikobewusstsein) die größtmögliche Vermeidung, Verminderung oder Begrenzung des Hochwasserrisikos unter Beteiligung aller Betroffenen und Akteure aller Ebenen mit allen verfügbaren Mitteln in allen Phasen des Risikokreislaufes zu erreichen [9].

Die in den wasserwirtschaftlichen Fachdisziplinen tätigen Akteure sind oft entweder hauptsächlich mit der Umsetzung der WRRL oder der HWRM-RL beschäftigt. Dadurch können die möglichen Synergien nur schlecht ausgenutzt und Konflikte erst in einem späten Stadium gelöst werden. Die Akteure außerhalb der Wasserwirtschaft wissen nur teilweise oder gar nicht, dass Sie auch in der Verantwortung zur Erfüllung der Ziele der WRRL und der HWRM-RL stehen. Dies wird später noch an einem Beispiel gezeigt.

An dieser Stelle lässt sich als Zwischenfazit feststellen, dass das Flussgebiets- und HWRM Bestandteil der integralen Wasserbewirtschaftung sind. Durch die Einzugsgebietsbetrachtung über administrative Grenzen hinweg steht die Herausforderung zur Koordination und Harmonisierung. Die Beteiligung vieler Fachdisziplinen bedeutet ebenfalls eine Herausforderung bezüglich einer interdisziplinären Zusammenarbeit. Mit einer integralen Wasserbewirtschaftung lassen sich die Ziele der WRRL und der HWRM-RL synergetisch und damit wirtschaftlicher umsetzen.

3.4 Kommunikation

Ein bisher meist unterschätztes Aufgabenfeld sind die fachübergreifende und die zielgruppenorientierte Kommunikation.

Zu vielen Aspekten der integralen Wasserbewirtschaftung, wozu die synergetische Umsetzung der WRRL und der HWRM-RL gehören, liegen bereits fundierte Fachinformationen vor, die jedoch auf Grund unzureichender Kommunikation keine oder nur ungenügende Anwendung finden. Dadurch werden insbesondere durch die Akteure außerhalb der Wasserwirtschaft unbewusst Handlungen durchgeführt, die den Zielen der Wasserbewirtschaftung teils widersprechen. Dies soll anhand von zwei Beispielen belegt werden.

Im Rahmen des Projektes „Strategien zum Umgang mit Arzneimittelwirkstoffen im Trinkwasser" [13] wurde über eine Befragung herausgefunden, dass in Deutschland ca. 16 % der Befragten ihre Tabletten und ca. 43 % der Befragten ihre flüssigen Arzneimittel über die Toilette/Spüle entsorgen. Damit gelangen unnötig viele Schadstoffe in den Wasserkreislauf und damit in die Umwelt. Hier kann eine professionelle Kommunikation gegenüber dem Endverbraucher und natürlich eine Kommunikation gegenüber den Arzneimittelherstellern sowie anderen Verantwortlichen bezüglich einer wesentlich verbesserten Produktverantwortung zu einer entscheidenden Minderung dieser Schadstoffeinträge führen.

Das zweite Beispiel bezieht sich auf die Ausführung von Verkehrsanlagen in Gewässernähe. Von Müller [11] wird u. a. gezeigt, dass bei Kreuzungsbauwerken (z. B. Brücken) wasserwirtschaftliche Gesichtspunkte, wie die Beachtung von Rückstau, Überstau, Versetzen durch Eis, Treibsel und Ablagerungen, oft nicht hinreichend beachtet werden. Auch werden aus wasserwirtschaftlicher Sicht oft Fehler in der Linienführung, der Pfeiler- und Widerlageranordnung gemacht. Der häufigste Fehler wird bei Brückenbauwerken bei der Bemessung des Freibordes auf Basis des Bemessungsdurchflusses, meist durch die Anwendung einer einfachen empirischen Fließformel nur unter dem Brückenquerschnitt, gemacht. Allein in Sachsen sind nach dem Hochwasser von 2002 im Zuge der Hochwasserkonzepterstellung an den staatlichen Gewässern 1 481 Brücken mit einem zu geringen Freibord identifiziert worden.

Beide Beispiele zeigen, dass eine fachübergreifende Aufklärung und die Einbeziehung aller Betroffenen eine unbedingte Voraussetzung für die Erreichung der Ziele der Wasserbewirtschaftung sind. Die Kommunikation sollte sich dabei auch auf die Kinder und Jugendlichen konzentrieren, weil das die Entscheidungsträger von Morgen sind.

Autor

Dr.-Ing. habil. Uwe Müller
Sächsisches Landesamt für Umwelt, Landwirtschaft und Geologie (LfULG)
Zur Wetterwarte 11
01109 Dresden
Uwe.Mueller@smul.sachsen.de

Literatur

[1] Gesetz zur Ordnung des Wasserhaushalts (Wasserhaushaltsgesetz; WHG) vom 31. Juli 2009, zuletzt geändert durch Artikel 2 des Gesetzes vom 8. April 2013. In: BGBl., 2009, Teil I, Nr. 51, S. 2 585-2 621 und BGBl., 2013, Teil I, Nr. 734.

[2] Richtlinie 79/409/EWG des Rates vom 2. April 1979 über die Erhaltung der wildlebenden Vogelarten (Vogelschutzrichtlinie). In: ABl. der EU L103 vom 25.4.1979, S. 1.

[3] Richtlinie 92/43/EWG des Rates vom 21. Mai 1992 zur Erhaltung der natürlichen Lebensräume sowie der wildlebenden Tiere und Pflanzen (FFH-Richtlinie).In: ABl. der EU L206 vom 22.7.1992, S. 7.

[4] Richtlinie 2000/60/EG des Europäischen Parlaments und des Rates vom 23.10.2000 zur Schaffung eines Ordnungsrahmens für Maßnahmen der Gemeinschaft im Bereich der Wasserpolitik (Wasserrahmenrichtlinie; WRRL). In: ABl. der EG, 2000, L 327, S. 1-72.

[5] Richtlinie 2007/60/EG des Europäischen Parlaments und des Rates vom 23. Oktober 2007 über die Bewertung und das Management von Hochwasserrisiken (Hochwasserrisikomanagement-Richtlinie; HWRM-RL). In: ABl. der EU L 288/27 vom 6.11.2007.

[6] Bund/Länderarbeitsgemeinschaft Wasser (Hrsg.): Empfehlung zur Aufstellung von Hochwassergefahrenkarten und Hochwasserrisikokarten. Dresden, 2010.

[7] Bund/Länderarbeitsgemeinschaft Wasser (Hrsg.): Empfehlung zur Aufstellung von Hochwasserrisikomanagementplänen. Dresden, 2010.

[8] Bund-/Länderarbeitsgemeinschaft Wasser (Hrsg.): Empfehlungen zur koordinierten Anwendung der HWRM-RL und WRRL. Tangermünde, 2013.

[9] Müller, U.: Hochwasserrisikomanagement – Theorie und Praxis. Wiesbaden: Vieweg+Teubner Verlag, 2010.

[10] Müller, U.: Umsetzung der Europäischen Wasserrahmen- und der Europäischen Hochwasserrisikomanagementrichtlinie - Widerspruch oder Chance in der Flussgebietsbewirtschaftung? In: Korrespondenz Wasserwirtschaft 4 (2011), Heft 3, S. 141-147.

[11] Müller, U.: Akteure im Hochwasserrisikomanagement am Beispiel der Verkehrsplanung. In: Wasserwirtschaft 102 (2012), Heft 11, Seite 10-15.

[12] Patt, H.; Jürging, P.; Kraus, W.: Naturnaher Wasserbau: Entwicklung und Gestaltung von Fließgewässern. 3. A. Berlin, Heidelberg: Springer Verlag, 2009.

[13] Institut für sozial-ökologische Forschung (Hrsg.): Strategien zum Umgang mit Arzneimittelwirkstoffen im Trinkwasser (www.start-project.de/broschuere/6_2.htm; Aufruf: 28.06.2015).

Uwe Müller

Status and Further Tasks to the Implementation of the Flood Risk Management Directive

This article gives a brief review of the present implementation process of flood risk management directive particular in Saxony. Eligible activities from the period before the flood risk management policy was valid are explained. Subsequently the paper presents challenges for the implementation of flood risk management directive for the next years.

Michael Eiden und Robert Jüpner

Wasserrahmenrichtlinie und Hochwasserrisikomanagement-Richtlinie – Synergien und Konflikte

In Abwägungsgrund Nr. 17 der Hochwasserrisikomanagement-Richtlinie (HWRM-RL) wird eine Synergienutzung der Wasserrahmenrichtlinie und der HWRM-RL gefordert. 2013 wurde von der Bund-/Länderarbeitsgemeinschaft Wasser (LAWA) diesbezüglich eine Empfehlung veröffentlicht, die den einzelnen Bundesländern als Arbeitshilfe dienen kann, jedoch freien Spielraum für innovative Ansätze bietet. Rheinland-Pfalz verfolgt bereits seit 1995 mit der Aktion Blau verschiedene innovative Ansätze, die vor allem Maßnahmen des dezentralen Hochwasserschutzes und der Gewässerentwicklung kombinieren. Durch Erweiterung zur Aktion Blau Plus im Jahre 2011 wird zusätzlich eine Verknüpfung zwischen Maßnahmen der ökologischen Gewässeraufwertung, des vorsorgenden Hochwasserschutzes sowie Aspekten des Allgemeinwohls erreicht. Damit ist es möglich, auch neue Herausforderungen, die z. B. aus dem Klimawandel oder zunehmenden Starkregenereignissen resultieren, in innovative Gesamtkonzepte zu integrieren. Erste Vorhaben wurden bereits in der Praxis erfolgreich umgesetzt.

1 Rechtlicher Rahmen

Hochwasser ist ein Naturphänomen, das sich nicht nach politischen Grenzen richtet. Es ist daher erstaunlich, dass der europäische Gesetzgeber dies erst spät für seine Normensetzung erkannt hat. Die Hochwasserthematik wurde in den früheren europäischen Richtlinien nur am Rande berücksichtigt und nicht umfassend aufgegriffen. Die Wasserrahmenrichtlinie (WRRL) [1] enthält zum ersten Mal normative Aussagen zum Hochwasserschutz [2]. Das Ziel der Richtlinie ist die nachhaltige Bewirtschaftung der Gewässer in der EU, wobei die ökologischen Funktionen der Oberflächengewässer bzgl. der Flora und Fauna eine wichtige Rolle spielen („guter ökologischer Zustand" bzw. „gutes ökologisches Potenzial"). Weiterhin werden Aussagen zur Begrenzung und Verminderung stofflicher Belastungen („guter chemischer Zustand") sowie des Grundwassers („guter chemischer und mengenmäßiger Zustand") getroffen. Die Richtlinie beschränkt sich aufgrund der vielfältigen Gegebenheiten innerhalb der EU daher primär auf eine Aufstellung von Qualitätszielen und einer Angabe von Methoden.

Folgende Ziele werden in der Richtlinie beschrieben:

- Vermeidung einer weiteren Verschlechterung sowie Schutz und Verbesserung des Zustands der aquatischen Ökosysteme und der direkt von ihnen abhängenden Landökosysteme und Feuchtgebiete im Hinblick auf deren Wasserhaushalt.
- Förderung einer nachhaltigen Wassernutzung auf der Grundlage eines langfristigen Schutzes der vorhandenen Ressourcen.
- Anstreben eines stärkeren Schutzes und einer Verbesserung der aquatischen Umwelt, unter anderem durch spezifische Maßnahmen zur schrittweisen Reduzierung von Einleitungen, Emissionen und Verlusten von prioritären Stoffen und durch die Beendigung oder schrittweise Einstellung von Einleitungen, Emissionen und Verlusten von prioritären gefährlichen Stoffen.

S. Heimerl (Hrsg.), *Vorsorgender und nachsorgender Hochwasserschutz*,
https://doi.org/10.1007/978-3-658-21839-3_12

- Sicherstellung einer schrittweisen Reduzierung der Verschmutzung des Grundwassers und Verhinderung seiner weiteren Verschmutzung und
- Beitrag zur Minderung der Auswirkungen von Überschwemmungen und Dürren.

Nach den verheerenden Hochwasserereignissen in Europa um die Jahrtausendwende herum erschien eine einheitliche Rahmensetzung auch im Bereich des Hochwasserschutzes immer dringender. Folgerichtig wurde 2007 die Richtlinie über die Bewirtschaftung und das Management von Hochwasserrisiken (HWRM-RL) veröffentlicht, die erstmals einen einheitlichen Rahmen für den Umgang mit Hochwasserrisiken in der EU vorgibt [4]. Hauptziel ist die Verringerung nachteiliger Folgen für die menschliche Gesundheit, die Umwelt, Kulturgüter und wirtschaftliche Tätigkeit durch Hochwasser. Sie stellt eine der drei Säulen des europäischen Hochwasserschutzprogramms dar, das außerdem einen verbesserten Informationsaustausch mit einer engeren Zusammenarbeit zwischen Forschung und Politik sowie eine bessere Koordination mit den EU-Förderprogrammen vorsieht [5].

2 Stand der Umsetzungspraxis

Mit Inkrafttreten des Gesetzes zur Neuregelung des Wasserrechts (WHG) [6] am 1. März 2010 ist die HWRM-RL in bundesdeutsches Recht umgesetzt worden. Die WRRL wurde bereits zuvor durch Regelungen im WHG, in den Landeswassergesetzen sowie in verschiedenen Bundesverordnungen in nationales Recht überführt [7]. Entsprechend Kapitel IV HWRM-RL sind für die Flussgebietseinheiten bis zum 22. Dezember 2015 aufbauend auf den Hochwassergefahren- und Hochwasserrisikokarten HWRM-Pläne zu erstellen. Diese Pläne sind in den meisten Bundesländern bereits veröffentlicht und befinden sich mehrheitlich in der Phase der Öffentlichkeitsbeteiligung. Durch sich überschneidende Gebietskulissen (alle Flussgebiete >10 km²) ist es zielführend, geplante Maßnahmen gegenüberzustellen und potenzielle Synergie- und Konfliktpotenziale zwischen den HWRM-Plänen und den Bewirtschaftungsplänen nach WRRL zu prüfen. Dabei spielt auch der zeitliche Rahmen der Überprüfung beider Richtlinien eine große Rolle. Ab 2021 soll alle sechs Jahre eine synchrone Aktualisierung beider Pläne stattfinden (**Bild 1**).

Potenzielle Synergien lassen sich auch aus den verschiedenen Querverweisen innerhalb der HWRM-RL und der WRRL ableiten. Dabei wird deutlich, dass die EU eine integrale Bewirtschaftung der Flussgebietseinheiten und eine aufeinander abgestimmte Anwendung der beiden Richtlinien anstrebt. Der Hochwasserschutz wird in der WRRL nur an einzelnen Stellen erwähnt und schreibt nur wenig klar definierte Ziele vor – und auch nur in den Bereichen, in denen der Hochwasserschutz einen zu beachtenden Aspekt darstellt. Dies ermöglicht den erforderlichen Spielraum für

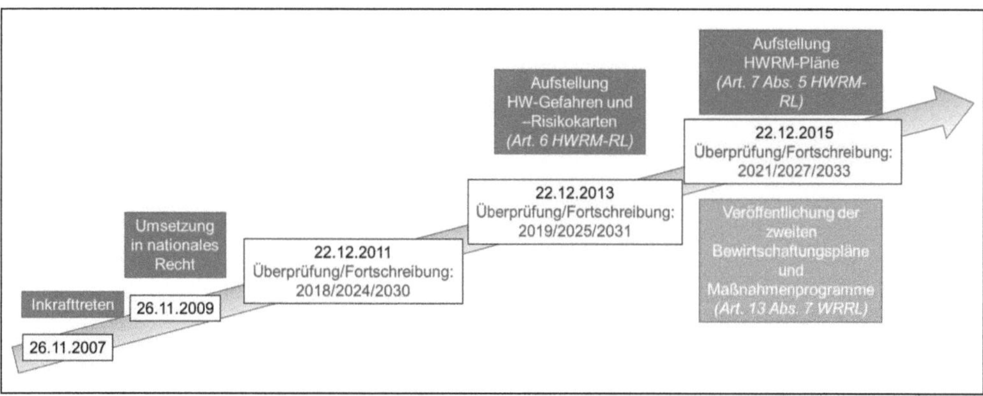

Bild 1: Zeitlicher Ablauf des Umsetzungsprozesses der HWRM-RL (Quelle: nach [1], [4])

die Umsetzung der HWRM-RL [3]. Ausgangspunkt für die koordinierte Anwendung beider Richtlinien ist Erwägungsgrund Nr. 17 der HWRM-RL:

„Die Erstellung von Bewirtschaftungsplänen für die Einzugsgebiete gemäß der Richtlinie 2000/60/EG und von Hochwasserrisikomanagementplänen gemäß der vorliegenden Richtlinie sind Elemente der integrierten Bewirtschaftung der Einzugsgebiete. Deshalb sollte bei diesen beiden Prozessen das Potenzial für gemeinsame Synergien und Vorteile im Hinblick auf die umweltpolitischen Ziele der Richtlinie 2000/60/EG genutzt werden und damit eine effiziente und sinnvolle Nutzung von Ressourcen gewährleistet werden, wobei sich die zuständigen Behörden und Bewirtschaftungseinheiten gemäß der vorliegenden Richtlinie und der Richtlinie 2000/60/EG unterscheiden können."

Um der koordinierten Anwendung gerecht zu werden, wurde auf der 146. Vollversammlung der Bund-/Länder-Arbeitsgemeinschaft Wasser (LAWA) am 26./27. September 2013 in Tangermünde eine Empfehlung zur koordinierten Anwendung der HWRM-RL und der WRRL beschlossen [7]. Die LAWA-Empfehlung beabsichtigt dabei ein grundlegendes Verständnis für die fachlich-inhaltlichen Querverweise herzustellen, als Arbeitshilfe für die Koordination zu dienen, den gemeinsamen Standpunkt der deutschen Länder und des Bundes wiederzugeben sowie als Argumentationsgrundlage für die gemeinsame Umsetzungsstrategie (Common Implementation Strategy, CIS) auf EU-Ebene zu dienen. Als potenzielle Synergien werden die umzusetzenden Maßnahmen, die Einbeziehung der interessierten Stellen und der Öffentlichkeit sowie die Berichtsdatenbereitstellung genannt. Dabei sind die Synergien im Wesentlichen über die Auswahl und die Priorisierung der konkreten (Einzel-) Maßnahmen zu erwarten. Als potenzielle Konflikte werden Maßnahmen des technischen Hochwasserschutzes genannt, die nicht im Einklang mit der WRRL stehen und im Einzelfall abgewogen werden müssen.

Um geeignete Maßnahmen auszuwählen und zu priorisieren, wurde von der LAWA ein Prüfschema entwickelt, welches alle Maßnahmen in drei Kategorien einstuft [7]:

- M1-Maßnahmen, die die Ziele beider Richtlinien unterstützen.
- M2-Maßnahmen, die zu einem Konflikt führen können und im Einzelfall überprüft werden müssen.
- M3-Maßnahmen, die für die Ziele der jeweils anderen Richtlinie nicht relevant sind.

Eine Priorisierung der Maßnahmen ist jedoch von weiteren Faktoren abhängig, so dass nicht automatisch Maßnahmen der Kategorie M1 bevorzugt umgesetzt werden. Nach der Prüfung der Synergiepotenziale muss außerdem die Wirksamkeit der Maßnahme im Hinblick auf beide Richtlinien, die Wirtschaftlichkeit sowie die generelle Umsetzbarkeit überprüft werden.

3 Innovative Ansätze aus Rheinland-Pfalz

Die LAWA-Empfehlung dient den Ländern als Arbeitshilfe und zeigt auf, wie sich potenzielle Synergien der WRRL und der HWRM-RL effizient nutzen lassen, wobei die konkrete Umsetzung den einzelnen Bundesländern obliegt. Durch den Empfehlungscharakter bleibt ausreichend Handlungsspielraum für innovative Ansätze zur praktischen Umsetzung in den einzelnen Bundesländern.

Rheinland-Pfalz hat bereits 1995 – also fünf Jahre vor Inkrafttreten der WRRL –die Aktion Blau ins Leben gerufen. Die Hauptziele bestehen in der Wiederherstellung der ökologischen Durchgängigkeit der Gewässer sowie der nachhaltigen Hochwasservorsorge durch natürlichen Wasserrückhalt [8].

Nach der Einführung der WRRL und der HWRM-RL wird die Aktion Blau weitergeführt, da sie als geeigneter Rahmen der Zielsetzung der WRRL und der HWRM-RL entspricht und als bewährtes Instrument in der praktischen Umsetzung eine hohe Akzeptanz erreichen konnte. Mit der Aktion Blau Plus wurde die Aktion Blau 2011 weiterentwickelt und um weitere Punkte ausgebaut, wobei zusätzliche Aspekte, wie die kommunale Entwicklung, der Denkmalschutz, die Landwirt-

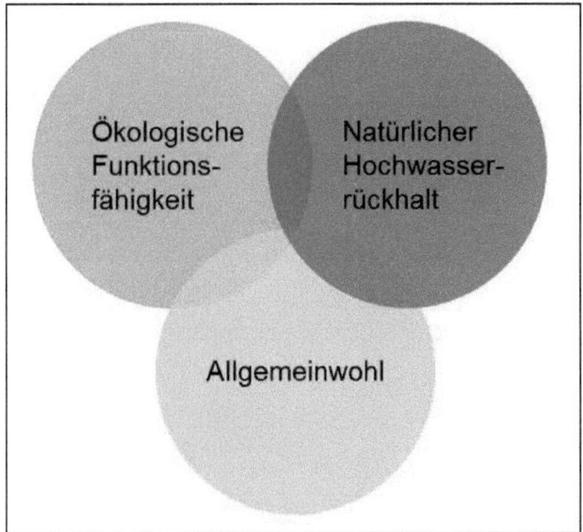

Bild 2: Die Ziele der Aktion Blau Plus (Quelle: nach [8])

schaft, der Naturschutz und die Umweltbildung, miteinander vernetzt werden (**Bild 2**). Durch die Einbindung der einzelnen Akteure, besonders der Bevölkerung vor Ort, können vorhandene Synergien besser genutzt werden und Gesamtkonzepte, die nicht ausschließlich das Thema Wasser betrachten, entwickelt werden [9]. Seit 1995 wurden über landeseigene Fördermittel der Aktion Blau 261 Gewässerpflegepläne auf einer Gesamtlänge von 3 850 km erstellt und 1 393 Renaturierungsprojekte mit einer Gesamtlänge von 920 km umgesetzt. Außerdem wurden mit 730 Bachpatenschaften an 2 800 km Gewässer die Unterhaltungspflichtigen unterstützt. Um solche integrativen Maßnahmen umzusetzen, wurden die wasserwirtschaftlichen Förderrichtlinien umgestaltet, so dass nun bei wasserwirtschaftlichen Projekten Synergien und Mehrwerte mit integriert werden können. Dies können beispielsweise Maßnahmen der Stadtentwicklung, Dorferneuerung, Bodenordnung, Infrastrukturprojekte, Naturschutz, Regionalentwicklung, Landentwicklung oder auch die Tourismusförderung sein, die anteilig abhängig vom Mehrwert über die Aktion Blau Plus finanziert werden [8].

Ebenso bietet sich ein Spielraum für den Blick über die ausschließliche Betrachtung von Flusshochwasser hinaus. Ein Hauptaugenmerk liegt auf der „Integration weiterer Belange des Allgemeinwohls". Damit wurde die Möglichkeit geschaffen, durch verschiedenste Aktivitäten z. B. der Dorf-, Stadt- und Regionalentwicklung die generelle „Widerstandsfähigkeit" der Städte und Gemeinden gegenüber Hochwassergefahren zu verbessern. Dieses Instrument ist damit in besonderem Maße geeignet, auch die von Starkniederschlägen ausgehenden Gefahren zu berücksichtigen. Es ist davon auszugehen, dass – bedingt durch den Klimawandel – Risiken durch extreme Starkniederschläge zukünftig tendenziell zunehmen werden [10]. Die aufgetretenen Starkregenereignisse in den letzten Jahren haben deutlich gemacht, dass bedeutende Investitionen in Starkregenvorsorge und den Überflutungsschutz zur Risikominderung nötig sind. Dabei können Maßnahmen der Aktion Blau Plus helfen, den Schutz vor Starkregen zu verbessern und gleichzeitig die formulierten Ziele der WRRL und HWRM-RL zu erreichen.

Ein Beispiel eines innovativen Aktion-Blau-Plus-Projektes stellt die Renaturierung der Isenach in Bad Dürkheim dar. Zwischen 2011 und 2013 wurden ca. 1,5 km der verrohrten Isenach inmitten des Kurparks von Bad Dürkheim offengelegt. Neben der Verbesserung des Hochwasserschutzes konnte auch eine ökologische und gestalterische Aufwertung für die Kommune erreicht werden. Für den Hochwasserschutz wurde dabei ein Abschlagsbauwerk errichtet, welches maximal 1 500 l/s über einen Quelltopf in die Offenlegung und im Falle eines Starkregenereignisses die übersteigende Wassermenge mittels Klappen in die bestehende alte Verrohung leitet (**Bild 3**). Zusätzlich zur Förderung durch die Aktion Blau Plus wurden durch das Ministerium für Wirtschaft, Energie und Landesplanung Rheinland-Pfalz und die EU-Zuschüsse für Aufenthalts- und Aktivitätszonen gewährt, um die touristische Qualität des Kurparks zu steigern (**Bild 4**). Darüber hinaus beteiligten sich viele Vereine und Einzelpersonen aus der näheren Umgebung aktiv bei der Gestaltung des Umlandes und übernahmen Pflanzarbeiten, Pflasterungsarbeiten und die Errichtung eines Gewässer-Erlebnispfades sowie eines Spielplatzes. Der Erfolg dieser Maßnahme bestätigt sich hier vor allem durch die breite Akzeptanz der Bevölkerung. Allein bei der Einweihung der Offenlegung am 20. April 2014 kamen mehre-

Bild 3: Quelltopf der Isenach im Kurpark Bad Dürkheim (Quelle: Eiden)

re Tausend Besucher, um sich die Isenach sowie die neu errichteten Anlagen und Gewässerstrecken im Detail anzuschauen [8], [11]. Die breite Akzeptanz in der Bevölkerung spielt bei solchen Maßnahmen, vor allem im innerstädtischen Bereich eine sehr große Rolle, weshalb die Vorgehensweise in Bad Dürkheim ein gelungenes Projekt darstellt und in ähnlicher Form in anderen Kommunen umgesetzt werden kann. Die Einbindung der Ortsvereine und der breiten Bevölkerung in die Planung fördert ein „Wir-Gefühl", welches sich auch in der Bereitschaft mitzuarbeiten und später in der Akzeptanz widerspiegelt.

4 Ausblick

Die Aktion Blau Plus ist ein innovativer Ansatz in Rheinland-Pfalz, der bereits vor Implementierung der WRRL und der HWRM-RL die jeweiligen Synergien zwischen naturnahem Gewässerausbau und der Hochwasservorsorge erkannt sowie verknüpft hat. In zahlreichen Projekten wurden bereits entsprechende Synergien erkundet und in der praktischen Umsetzung realisiert. Das Förderinstrument „Aktion Blau Plus" bietet – zusammen mit anderen Förderinstrumenten – dem Land Rheinland-Pfalz einen bemerkenswerten Freiraum, um zusätzliche und in der Region meist als bedeutend eingestufte weitere Aspekte, wie die Entwicklung des ländlichen Raumes, die Stadt- und Dorferneuerung oder den Tourismus, in derartigen wasserwirtschaftlich orientierten Projekten mit zu berücksichtigen und als Gesamtkonzepte umzusetzen.

In Zukunft wird der Schwerpunkt der Maßnahmen aus wasserwirtschaftlicher Sicht vor allem auf der Anpassung an den Klimawandel und der Adaption an Starkregenereignisse liegen. Dabei kommen allerdings auch Probleme zum Vorschein, die noch nicht adäquat gelöst worden sind. Spielen für einen naturnahen Gewässeraufbau eine natürliche Sedimentfracht und das Einbringen von Totholz eine wichtige fachliche Rolle, können diese im Hochwasserfall – vor allem auch bei Starkregen – eine zusätzliche Gefahr darstellen. Dies spiegelt sich vor allem in Siedlungsgebieten bei Starkregenereignissen wider, wo durch das mitgeführte Treibgut infolge Verklausungen der Schaden deutlich ansteigen kann. Daher müssen weitere wissenschaftliche Untersuchungen umgesetzt werden, inwieweit konkrete praktische Lösungen zum Schutz vor Verklausungen und schädlichen Sedimentablagerungen sowie gewässerökologische Aspekte miteinander vereinbar sind.

Bild 4: Gestaltetes Gewässerumfeld an der Isenach im Stadtgebiet von Bad Dürkheim (Quelle: Eiden)

Um die Wirksamkeit der Maßnahmen und die Beeinflussung auf die einzelnen Ziele vergleichen und detailliert auswerten zu können, muss ferner das vorhandene Monitoring ausgebaut werden. Die detaillierte Schadensaufnahme und das Verstehen der ablaufenden Prozesse einschließlich der wesentlichen Wechselwirkungen nach großen Hochwasser- und Starkniederschlagsereignissen ist zwingend notwendig, um aus diesen Erfahrungen lernen zu können. Nur so können Erkenntnisse über ablaufende Ereignisse gewonnen werden, die sich bisher der numerischen und auch physikalischen Modellierung entziehen.

Autoren

Dipl.-Ing. Michael Eiden
Uniwasser GmbH
Schumannstraße 1
67655 Kaiserslautern
eiden@uniwasser.com

Prof. Dr. Robert Jüpner
Fachgebiet Wasserbau und Wasserwirtschaft
Fachbereich Bauingenieurwesen
TU Kaiserslautern
Paul-Ehrlich-Straße 14
67663 Kaiserslautern
robert.juepner@bauing.uni-kl.de

Literatur

[1] Richtlinie 2000/60/EG des Europäischen Parlaments und des Rates vom 23.10.2000 zur Schaffung eines Ordnungsrahmens für Maßnahmen der Gemeinschaft im Bereich der Wasserpolitik (Wasserrahmenrichtlinie; WRRL). In: ABl. der EG, 2000, L 327, S. 1-72.

[2] Reinhardt, M.: Der neue europäische Hochwasserschutz. In: Natur und Recht (2008), Nr. 30.

[3] Müller, U.: Hochwasserrisikomanagement – Theorie und Praxis. Wiesbaden: Vieweg + Teubner Verlag, 2010.

[4] Richtlinie 2007/60/EG des Europäischen Parlaments und des Rates vom 23. Oktober 2007 über die Bewertung und das Management von Hochwasserrisiken (Hochwasserrisikomanagement-Richtlinie; HWRM-RL). In: ABl. der EU L 288/27 vom 6.11.2007.

[5] Löw, M.: Die Hochwasserrichtlinie der Europäischen Union. In: Wasser und Abfall (2007), Nr. 12.

[6] Gesetz zur Ordnung des Wasserhaushalts (Wasserhaushaltsgesetz; WHG) vom 31. Juli 2009, zuletzt geändert durch Artikel 2 des Gesetzes vom 8. April 2013. In: BGBl., 2009, Teil I, Nr. 51, S. 2 585-2 621 und BGBl., 2013, Teil I, Nr. 734.

[7] Bund/Länder-Arbeitsgemeinschaft Wasser (Hrsg.): Empfehlungen zur koordinierten Anwendung der EG-HWRM-RL und EG-WRRL –Potenzielle Synergien bei Maßnahmen, Datenmanagement und Öffentlichkeitsbeteiligung. Tangermünde, 26./27.09.2013.

[8] Ministerium für Umwelt, Landwirtschaft, Ernährung, Weinbau und Forsten Rheinland-Pfalz (Hrsg.): Aktion Blau Plus – Gewässerentwicklung in Rheinland-Pfalz. Mainz, 2015.

[9] Ministerium für Umwelt, Landwirtschaft, Ernährung, Weinbau und Forsten Rheinland-Pfalz (Hrsg.): Aktion Blau Plus (www.aktion-blau-plus.rlp.de; Aufruf: 21.08.2015).

[10] Intergovernmental Panel on Climate Change (Hrsg.): Working Group II Contribution to the IPCC Fifth Assessment Report – Climate Change 2014. Yokohama, Japan, 2014.

[11] Stadtverwaltung Bad Dürkheim (Hrsg.): Offenlegung und Renaturierung der Isenach (www.bad-duerkheim.de/offenlegung-und-renaturierung-der-isenach; Aufruf: 21.08.2015).

Michael Eiden and Robert Jüpner

Water Framework Directive and Flood Risk Management Directive – Synergies and Conflicts

In consideration reason no. 17 the Flood Risk Management Directive (FRMD) demands the use of synergies between the Water Framework Directive (WFD) and the FRMD. In 2013, a recommendation has been published in this regard by the German Working Group on water issues (LAWA) which can serve as a tool for the individual Federal States, but provides a free leeway for innovative approaches. Rhineland-Palatinate has been pursued different innovative approaches with the Aktion Blau already since 1995, which combines primarily measures of decentralized flood control and water development. By extending it to the "Aktion Blau Plus" in 2011, a connection between ecological water appreciation, preventive flood protection as well as aspects of the common good has been achieved. This makes it possible to integrate new challenges, which results for example from climate change or increasing heavy rain events, into innovative overall concepts. First projects have already been successfully implemented in practice.

Robert Jüpner

Hochwasserrisikomanagement 2030 – ein Ausblick

Die jüngsten Hochwasserereignisse – und insbesondere die durch Starkniederschläge verursachten Ereignisse – waren Anlass, wieder einmal grundlegend über die Möglichkeiten und Grenzen der Hochwasservorsorge nachzudenken. Wie geht es weiter? Welche absehbaren Fortschritte im Hochwasserrisikomanagement werden in den nächsten 15 Jahren die Entwicklung maßgebend prägen?

1 Einführung

Mit der EU-weiten Veröffentlichung der Hochwasserrisikomanagementpläne (HWRM-Pläne) fand Ende 2015 die dritte und letzte Stufe im Umsetzungsprozess der europäischen Hochwasserrisikomanagement-Richtlinie (HWRM-RL) auch in Deutschland ihren Abschluss. Damit ist die rechtliche Implementierung zunächst beendet. Aber wie geht es weiter? Welche absehbaren Fortschritte im Hochwasserrisikomanagement (HWRM) werden in den nächsten 15 Jahren die Entwicklung maßgebend prägen?

Neben dem von der HWRM-RL vorgegebenen Prozess der Aktualisierung aller drei Schritte in einem regelmäßigen Zyklus zeichnen sich bereits

© Jüpner

S. Heimerl (Hrsg.), *Vorsorgender und nachsorgender Hochwasserschutz*,
https://doi.org/10.1007/978-3-658-21839-3_13

heute sowohl wesentliche gesellschaftspolitische als auch technologische Entwicklungen ab. Zudem ist zu erwarten, dass der Klimawandel auch Auswirkungen auf das Hochwassergeschehen in Deutschland haben wird – wenn auch regional wahrscheinlich in unterschiedlicher Ausprägung. Es erscheint sinnvoll, vor allem im Hinblick auf die notwendigen immensen Investitionen meist öffentlicher Mittel in technische Hochwasserschutzmaßnahmen und die Hochwasservorsorge frühzeitig die Weichen zu stellen.

Die weiteren Ausführungen sind vor allem ein Plädoyer für eine – von aktuellen Ereignissen weitgehend unabhängige – kontinuierliche Auseinandersetzung mit der „Daueraufgabe Hochwasserrisikomanagement". Betrachtet man die aktuelle Entwicklung in Deutschland, so fällt zunächst die Vielfalt an Verantwortlichkeiten und eine große Menge an mit der Thematik befassten Institutionen auf. Zentrale Aufgaben des HWRM (und vor allem der technische Hochwasserschutz) sind in wesentlichen Teilen bei den Bundesländern angesiedelt. Auch wenn nach den großen Hochwasserereignissen an Elbe und Donau im Juni 2013 der Bund erstmals durch das Nationale Hochwasserschutzprogramm eine substantielle Förderung technischer Hochwasserschutzmaßnahmen übernommen hat, bleibt die föderale Aufgabenteilung bestehen. Wer übernimmt aber die Aufgabe, konzeptionell vorzudenken und zukunftsweisende Strategien zu entwickeln? Hinsichtlich der Hochwasserforschung bietet sich ein heterogenes Bild: An wissenschaftlichen Einrichtungen wird das Thema häufig in Teilaspekten (hydraulische Modellierung der Hochwassergefährdung, Analyse der Wirksamkeit von technischen Hochwasserschutzanlagen, Untersuchungen zum klimaangepassten Bauen und anderem mehr) behandelt, so aktuell u. a. [1] und [2].

Nach dem Auslaufen des infolge des Elbe-Hochwassers 2002 initiierten Verbund-Forschungsvorhabens „RIMAX – Risikomanagement extremer Hochwasserereignisse" scheint aus Sicht der großen Förderinstitutionen derzeit kein weiterer Bedarf zu bestehen. Es ist bedauerlich festzustellen, dass von einer kontinuierlichen und systematischen Forschung – insbesondere im Bereich der Hochwasservorsorge – in Deutschland derzeit leider nur sehr wenig zu sehen ist und entsprechende Förderprogramme in jüngster Zeit nicht aufgelegt wurden.

Kompakt

- Wichtige Entwicklungen für das Hochwasserrisikomanagement 2030 sind bereits heute absehbar.
- Dazu zählen u. a. die Folgen des Klimawandels, ein zunehmendes Interesse der Öffentlichkeit, die (Risiko-) Kommunikation über soziale Netzwerke und moderne Medien ebenso wie neue technologische Entwicklungen.

2 Absehbare Entwicklungen

Die Auswertung der jüngsten großen Hochwasserereignisse vom Juni 2013 an Elbe und Donau (s. u. a. [3]) ist mittlerweile weitgehend abgeschlossen. Bei genauerer Analyse ergeben sich eine Reihe interessanter Hinweise auf absehbare Entwicklungen (s. dazu auch [4]), die im Zusammenhang mit der Bewältigung großer Hochwasserereignisse zukünftig wahrscheinlich eine größere Rolle spielen werden. Betrachtet man zunächst das Hochwasserrisiko, so fällt ein fast zwangsläufiger Trend auf (**Bild 1**):

Im Entwurf des DWA-Merkblattes M 553 „Hochwasserangepasstes Planen und Bauen" [5] werden die grundlegenden Wechselwirkungen hinsichtlich des Hochwasserrisikos detaillierter visuell dargestellt, als es durch das Deutsche Komitee für Katastrophenvorsorge (DKKV) erstmalig 2003 getan wurde. Demnach ist die Größe des Hochwasserrisikos, welches als Schnittmenge zwischen der Hochwassergefährdung und der Vulnerabilität ausgedrückt werden kann, von Intensität und Eintrittswahrscheinlichkeit des Ereignisses abhängig und darüber hinaus von Exposition sowie Verletzbarkeit der betrachteten Schutzgüter. Folglich wird zwangsläufig auch bei Annah-

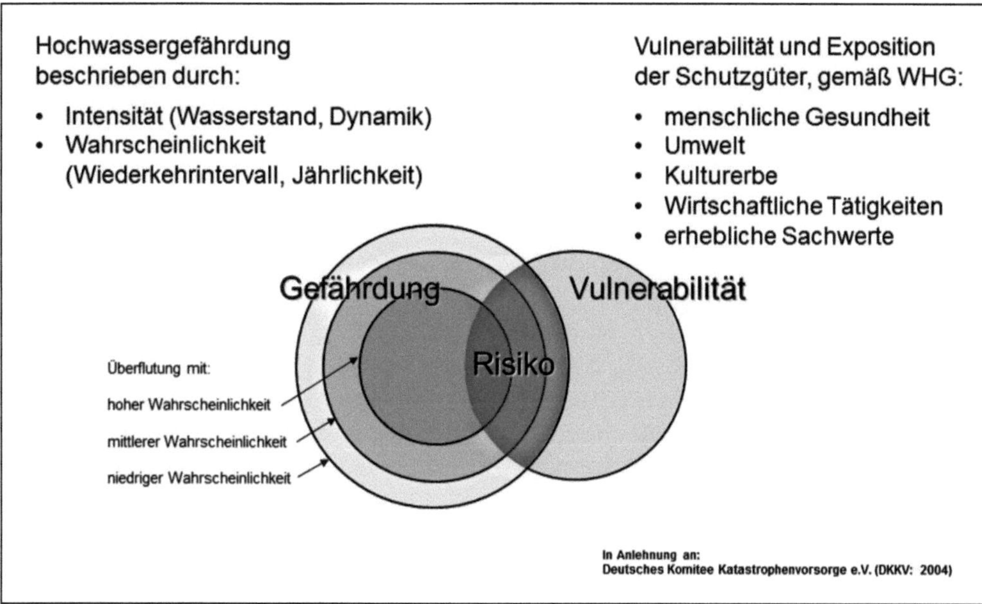

Bild 1: Hochwasserrisiko (Quelle: nach [5])

me konstanter Hochwassergefährdung (angesichts der prognostizierten Folgen des Klimawandels ist das eher unwahrscheinlich, s. z. B. [6]), allein durch die Zunahme der – wenn auch regional sehr unterschiedlichen – Siedlungsentwicklung in den Hochwasserrisikogebieten und der damit verbundenen Zunahme der Vulnerabilität vor allem baulicher Anlagen (s. dazu u. a. [7]), das Hochwasserrisiko immer weiter ansteigen. Derzeit deuten nur sehr wenige Indizien darauf hin, dass sich dieser Trend in naher Zukunft umkehren wird. Mit anderen Worten: Je weiter die Siedlungsentwicklung voranschreitet und je hochwertiger die Bebauung ausgeführt wird, desto größer wird das Hochwasserrisiko. Diese eher ökonomisch orientierte Betrachtung berücksichtigt dabei noch nicht die zunehmende „Verflechtung" innerhalb der Gesellschaft, die dazu führt, das tendenziell die Hochwasser-Folgeschäden durch Betriebsunterbrechungen oder die Beeinträchtigung kritischer Infrastrukturen zunehmen werden.

Im Folgenden werden einige absehbare Entwicklungen und ihre Bedeutung für das „Hochwasserrisikomanagement 2030" beschrieben.

2.1 Auswirkungen des Klimawandels

Die prognostizierten Folgen des Klimawandels werden zweifelsohne Auswirkungen auf das Hochwassergeschehen haben. Betrachtet man dazu beispielsweise das Rheineinzugsgebiet, so sind in Kapitel 1.3 des „International koordinierten Hochwasserrisikomanagementplans für die Internationale Flussgebietseinheit Rhein, Teil A" die „Aspekte des Klimawandels" im Detail beschrieben [6]. Das sind – bei aller gebotenen Berücksichtigung der Unsicherheiten der der Prognose zugrunde liegenden Klimamodelle – recht deutliche Aussagen. Insbesondere die benannten häufigeren Starkniederschläge im Sommer lassen aufhorchen. Dieses Hochwasserszenario ist bislang in den Hochwassergefahrenkarten noch überhaupt nicht enthalten. Es ist daher zu erwarten, dass die zunehmende Gefährdung durch örtliche Starkniederschläge im HWRM vor allem im Hinblick auf die damit verbundene Beanspruchung der urbanen Siedlungsentwässerungssysteme eine größere Rolle spielen muss und wird. Diese Aussage ist jedoch für die mit der Materie vertrauten Experten keinesfalls überraschend. Ich persönlich gehe davon aus, dass wir im Jahre 2030 Starkniederschlagsgefahrenkarten, wie sie beispielsweise für die Städte Unna und Gerlingen bereits erarbeitet wurden, als selbstverständliche Arbeitsinstrumente nutzen werden; entsprechende Technologien sind bereits heute verfügbar, s. u. a. [8].

Neben den o. g. Auswirkungen des Klimawandels auf die hydrologischen Verhältnisse wird zunehmend die „sommerliche Hitze" infolge des Temperaturanstiegs auch in Deutschland eine wichtige Rolle spielen. Entsprechende Belastungen werden nicht nur auf Gewässer, sondern auch auf Städte, Stadtquartiere und einzelne Gebäude wirken. Parallel zu den zunehmenden Gefährdungen durch Starkniederschläge. Auch dieser Bereich wird wesentlich stärker in den Fokus der Forschung rücken müssen. Erste interessante Lösungsideen beschreiben z. B. die Untersuchungen des Bundesinstitutes für Bau-, Stadt- und Raumforschung (BBSR) im Bundesamt für Bauwesen und Raumordnung zum „Klimaangepassten Bauen bei Gebäuden" [9].

2.2 Auswirkungen der demographischen Entwicklung

Es ist davon auszugehen, dass in Deutschland die Siedlungsentwicklung und dabei vor allem die Verdichtung in den Hochwasserrisikogebieten weiter anhalten werden. In den großen Städten sind in den letzten Jahren und Jahrzehnten insbesondere die exponiert an Flüssen liegenden Bereiche zu attraktiven Stadtteilen entwickelt und ausgebaut worden. Beispielhaft ist dafür die HafenCity in Hamburg zu nennen. Mit der Verdichtung des innerstädtischen Raumes erfolgt zwangsläufig ein Anstieg der Schadenspotenziale. Wie geht die Gesellschaft mit dieser Zunahme der Hochwasserrisiken um?

Die visualisierte Hochwassergefahr ist seit der Veröffentlichung der Hochwassergefahren- und -risikokarten Ende 2013 für jedermann zugänglich. Auch die Darstellung der Auswirkungen eines „extremen Hochwassers" ist enthalten. Manche Städte wären in einem solchen Fall zu einem ganz erheblichen Teil betroffen. Diese Informationen „sickern" jedoch erst langsam in das Bewusstsein einer breiteren Öffentlichkeit. Zwangsläufig wird mit der detaillierten Darstellung eines realistischen – wenn auch sehr seltenen – Szenarios die Frage mitgeführt, wie mit dieser Gefährdung verantwortungsvoll umgegangen werden kann. 2030 werden dann vermutlich Algorithmen entwickelt und in der Praxis durchgesetzt sein, die objektiv die Verwundbarkeit einer Stadt oder Region analysieren können. Auf dieser Basis sind dann Vorsorgemaßnahmen sowohl in ihrer Wirksamkeit einzuschätzen als auch nach wirtschaftlichen Kriterien zu beurteilen. Dabei werden aller Voraussicht nach Betrachtungen zu kritischen Infrastrukturen eine besondere Bedeutung erlangen. Erste Ansätze, die derzeit jedoch bislang vor allem aus der Forschung oder pilothaften Untersuchungen abgeleitet sind und keine umfassende und vollständige Handlungsanleitung darstellen, deuten klar in diese Richtung [10], [11].

2.3 Zunehmendes Interesse der Öffentlichkeit

Bei der breiten Öffentlichkeit ist nicht nur ein stetig wachsendes Interesse an (spektakulären) Hochwasserereignissen festzustellen, sondern auch ein ausgeprägtes Bedürfnis nach technischen Detailinformationen und wenn immer möglich an Echtzeit-Informationen. Das beweisen eindrucksvoll z. B. die Nutzungen der entsprechenden Internetportale zum Thema Hochwasser insbesondere vor und während großer Hochwasserereignisse (s. [12]). Neben diesem Trend ist das grundsätzlich wachsende Interesse an der Mitwirkung bei geplanten Maßnahmen der Hochwasservorsorge sowie bei technischen Hochwasserschutzmaßnahmen bemerkenswert und dürfte weiter zunehmen. War noch vor wenigen Jahrzehnten im Bewusstsein der Bevölkerung die Tatsache fest verankert, dass die Fachleute bzw. die zuständigen Verwaltungen ein Quasimonopol auf technische Lösungen besaßen, ist die heutige Situation durch eine eher kritische Sicht auf staatliche Institutionen und Verantwortliche geprägt. Große Infrastrukturprojekte – und dazu zählen auch technische Hochwasserschutzmaßnahmen – werden mittlerweile standardmäßig durch aufwendige Verfahren der Öffentlichkeitsbeteiligung begleitet. Diese Verfahren stellen eine große Herausforderung für die verantwortlichen Fachleute dar. Sie müssen einerseits fach- und sachkundig auch komplexe Zusammenhänge tiefgründig modellhaft abbilden können und diese andererseits möglichst einfach sowie auch für Laien verständlich aufbereitet darstellen. Dabei sind sie zudem häufig mit einer ausgeprägten Erwartungshaltung der Bürger konfrontiert, die oftmals technisch bedingte Randbedingungen oder Grenzen bautechnischer Lösungen nicht akzeptieren können oder wollen (s. z. B. www.hochwasserdialog.bayern.de).

Im Jahr 2030 wird der Dialog mit Beteiligten und Betroffenen standardmäßig von Beginn an und durch alle Phasen einer Planung sowie baulichen Umsetzung erfolgen. Der professionelle Umgang der wasserwirtschaftlichen Experten mit dem gestiegenen Informationsbedürfnis sowie dem Anspruch auf Teilhabe wird einen breiten Raum einnehmen und selbstverständlicher Teil der (wissenschaftlichen) Ausbildung sein.

2.4 Soziale Netzwerke und moderne Medien

Heute hat sich die Kommunikation im Vergleich zu früher – gemeint ist damit meist die Zeit vor der umfassenden Nutzung des Internets – radikal geändert. Das betrifft konsequenterweise auch die Hochwasserrisikokommunikation. Bürger wollen umfassend, schnell sowie tiefgründig informiert werden und verlangen selbstverständlich auch eine aktive Mitwirkung bzw. Teilhabe. Vor allem seit Einführung bzw. Verfügbarkeit der modernen Medien und der sozialen Netzwerke ist das steigende Informationsbedürfnis der Gesellschaft und die rasante Verbreitung von Informationen eine schlichte Tatsache, die in der täglichen Arbeit der Fachleute erst beginnt zu wirken. Betrachtet man beispielsweise bei einem großen Hochwasserereignis die praktische Wirkung der genannten Entwicklungen (z. B. [3]), so fallen mehrere Aspekte ins Auge:

- Informationen jeglicher Art verbreiten sich sofort und sind praktisch für jedermann verfügbar. Damit stehen neben den amtlichen Mitteilungen in zunehmendem Maße Informationsquellen zur Verfügung, deren Qualität höchst unterschiedlich einzuschätzen ist und deren Urheber häufig entweder anonym oder fachfremd sind.
- Auch viele unmittelbar Betroffene informieren sich nicht automatisch über die von amtlicher Seite zur Verfügung gestellten Informationen, sondern erwarten eine Bereitstellung relevanter Informationen über die neuen Medien und sozialen Netzwerke. Das erfordert aber eine neue und vielfach erweiterte Öffentlichkeitsarbeit der (meist staatlichen) Handlungsträger im HWRM und ist bisher nur in ersten Ansätzen erkennbar.
- Soziale Netzwerke bilden sich als parallele Plattformen zu den professionellen Hilfsorganisationen und wirken sehr attraktiv vor allem auf junge Nutzerinnen und Nutzer. Wie die zielgerichtete Einbindung der sogenannten ungebundenen Helfer erfolgen kann, wird derzeit intensiv diskutiert und ist Gegenstand der Forschung.
- Der Freistaat Sachsen hat in der Ereignisanalyse des Juni-Hochwassers 2013 [3] eine bemerkenswerte Einschätzung vorgenommen: „Eine Beteiligung an der Social-Media-Kommunikation und weitere Maßnahmen sind dabei nicht nur notwendig, um Gerüchten vorzubeugen. Auch können auf Grund falscher Vorhersagen praktische Schutzmaßnahmen in einer nicht notwendigen Weise ergriffen werden …"

2.5 Neue technologische Entwicklungen

Das HWRM des Jahres 2030 wird zweifelsohne von einer Reihe technologischer Entwicklungen profitieren, von denen einige bereits heute grundsätzlich verfügbar sind. Am Beispiel des Umgangs mit großen Hochwasserereignissen wird die rasante technologische Entwicklung in den Bereichen der Echtzeit-Datenerfassung und -verarbeitung besonders deutlich erkennbar. Durch die Weiterentwicklung von Sensorsystemen zur Datenerfassung in unterschiedlichen Skalen eröffnen sich in der praktischen Anwendung völlig neue Möglichkeiten. So ist neben neuartigen und extrem leistungsfähigen Erdbeobachtungs- und Geländeaufnahmesystemen, die von Satelliten, Flugzeugen oder Drohnen (man spricht hier allgemeiner von UAV (unmanned aerial vehicles)) verwendet werden, vor allem die Verknüpfung verschiedenster Daten erwähnenswert. Bereits heute gestatten Geographische Informationssysteme (GIS) nahezu unbegrenzte Verbindungen von räumlichen Daten mit verschiedensten Informationen, z. B. Bauwerkskatastern, Pegelstatistiken oder historischen Luftbildern.

Im Rahmen des Umsetzungsprozesses der HWRM-RL sind durch die zuständigen staatlichen Institutionen der Wasserwirtschaft umfassende Datengrundlagen neu erstellt (z. B. Hochwassergefahren- und -risikokarten) bzw. fortgeführt worden (z. B. Deichkataster). Flächendeckend liegen zudem für die Hochwasserrisikogebiete digitale Geländemodelle vor.

Im Falle einer großflächigen Gefahrenlage, die sich z. B. infolge eines Deichbruches entwickeln kann, können speziell angepasste Echtzeit-Datenerfassungssysteme mit entsprechend leistungsfähigen hydraulischen Modellen gekoppelt werden, um eine zeitnahe Modellierung der Überschwemmungsbereiche zu ermöglichen. Auch die Simulation von Katastrophenschutzmaßnahmen, wie z. B. der Aufbau zweiter Verteidigungslinien, ist bereits heute grundsätzlich möglich und kann zu einer deutlichen Verbesserung der Entscheidungsgrundlagen der Katastrophenschutzkräfte beitragen (s. [13] und [14]).

Es wird an der Kreativität der Hochwasserforschung liegen, welcher konkrete Nutzen für das HWRM in der Praxis durch den Einsatz neuer technologischer Entwicklungen erbracht werden kann.

3 Fazit

Die HWRM-Pläne sind seit Anfang 2016 in den EU-Ländern erarbeitet und veröffentlicht worden. Sie werden in den kommenden Jahren und Jahrzehnten die wesentliche Grundlage für das HWRM und die verschiedensten vorbeugenden und technischen Hochwasserschutzmaßnahmen bilden. Wie aber wird das HWRM der Zukunft aussehen? Ist bereits alles Wesentliche berücksichtigt und müssen die HWRM-Pläne nur umgesetzt werden?

Für die Hochwasserforschung bleibt noch genug zu tun. Neben den bisher nicht in der HWRM-RL enthaltenen fachlichen Themenstellungen, wie z. B. der Frage nach dem angemessenen Umgang mit Starkregenereignissen, muss grundsätzlich auch Neues berücksichtigt werden. Einige wichtige gesellschaftspolitische und technologische Entwicklungen sind bereits heute in Ansätzen erkennbar. Dazu zählen u. a.:

- die Auswirkungen des Klimawandels,
- die Auswirkungen des demographischen Wandels,
- das zunehmende Interesse der Öffentlichkeit an Informationen und Mitwirkung und eine damit verbundene Weiterentwicklung der Hochwasserrisikokommunikation,
- der Umgang mit neuen Medien und sozialen Netzwerken sowie
- neue technologische Entwicklungen.

Diese Aspekte erfordern eine intensive und wissenschaftlich fundierte Auseinandersetzung innerhalb einer multidisziplinär ausgerichteten Hochwasserforschung. Nur so können die zukünftigen Herausforderungen angemessen und verantwortungsvoll bewältigt werden.

Autor

Prof. Dr. Robert Jüpner
Technische Universität Kaiserslautern
Paul-Ehrlich-Straße 14
67663 Kaiserslautern
Robert.Juepner@bauing.uni-kl.de

Literatur

[1] Helmholtz-Zentrum Potsdam; Deutsches GeoForschungsZentrum GFZ (Hrsg.): Naturgefahren und Risiken in einer sich verändernden Welt (NatRiskChange) (www.gfz-potsdam.de/sektion/fernerkundung/projekte/natriskchange/; Aufruf: 30.08.2016).

[2] Bundesministerium für Bildung und Forschung (Hrsg.): Sicherheitsforschung – Forschung für die zivile Sicherheit (www.sifo.de; Aufruf: 30.08.2016).

[3] Landesamt für Umwelt, Landwirtschaft und Geologie Sachsen (Hrsg.): Ereignisanalyse Hochwasser 2013. Dresden, 2016 (https://publikationen.sachsen.de/bdb/artikel/12162; Aufruf: 30.08.2016).

[4] Jüpner, R.: Juni-Hochwasser 2013 an der Elbe – neue Fragestellungen. In: WasserWirtschaft 105 (2015), Heft 3, S. 38-41.

[5] Deutsche Vereinigung für Wasserwirtschaft, Abwasser und Abfall (Hrsg.): Hochwasserangepasstes Planen und Bauen. In: DWA-Merkblätter (2014), M 553 (Entwurf).

[6] Internationale Kommission zum Schutz des Rheins (Hrsg.): International koordinierter Hochwasserrisiko-

managementplan für die Internationale Flussgebietsgemeinschaft Rhein, Teil A. Koblenz, 2015.
[7] Bundesinstitut für Bau-, Stadt- und Raumforschung (BBSR) im Bundesamt für Bauwesen und Raumordnung (Hrs.): Flächenverbrauch, Flächenpotentiale und Trends 2030. In: BBSR-Analysen Kompakt (2014), Nr. 7.
[8] Deutsche Vereinigung für Wasserwirtschaft, Abwasser und Abfall (Hrsg.): Starkregen und urbane Sturzfluten – Praxisleitfaden zur Überflutungsvorsorge. In: DWA-Themenhefte (2013), Nr. T1.
[9] Bundesinstitut für Bau-, Stadt- und Raumforschung (BBSR) im Bundesamt für Bauwesen und Raumordnung (Hrsg.): Klimaangepasstes Bauen bei Gebäuden. In: BBSR-Analysen Kompakt (2015), Nr. 2.
[10] Bundesministerium des Innern (Hrsg.): Schutz Kritischer Infrastrukturen – Risiko- und Krisenmanagement – Leitfaden für Unternehmen und Behörden. Berlin, 2011 (www.bbk.bund.de/SharedDocs/Downloads/BBK/DE/Publikationen/PublikationenKritis/Leitfaden_Schutz-Kritis.pdf?__blob=publicationFile; Aufruf: 30.08.2016).
[11] Gall, C.; Jüpner, R.: Umgang mit Extremereignissen auf kommunaler Ebene – Notfallkonzepte als Mittel der Wahl? In: WasserWirtschaft 105 (2015), Heft 9, S. 23-27.
[12] Müller, U.: Die Arbeit des Landeshochwasserzentrums Sachsen im Juni 2013. In: Jüpner & Müller (Hrsg.): Tagungsband zum 6. Forum zur Umsetzung der EG-HWRM-RL in Magdeburg, 2014 (unveröffentlicht).
[13] Brauneck, J.; Jüpner, R.; Pohl, R.; Friderich, F.: Auswertung des Deichbruchs Breitenhagen (Juni 2013) anhand von UAS-basierten Videoaufnahmen. In: Dresdner Wasserbauliche Mitteilungen (2016), Heft 57.
[14] Jüpner, R.; Brauneck, J.; Pohl, R.: Einsatz von Drohnen im Hochwasserfall – Erfahrungen und Ideen. In: WasserWirtschaft 105 (2015), Heft 9, S. 49-54.

Robert Jüpner

Flood risk management 2030 – future prospects

Recent flood events – in particular the extreme pluvial flooding – gave reason to again think about drawbacks and opportunities of flood prevention strategy. How to effectively proceed? Which significant progress in flood risk management will be made within the next 15 years? The effects of climate as well as demographic change will be of importance. Beside this, an increasing public interest in active participation is obvious. New Media have the potential to dramatically change traditional approaches in risk communication as well as involving volunteers during catastrophic flood events. Already today new technological developments influence flood risk management. Unmanned aerial vehicles and their abilities to obtain real-time data and process them are only one of them.

Anne Schulte-Wülwer-Leidig

Hochwasserrisiken am Rhein – wichtigste Maßnahmen aus internationaler Sicht

Der erste koordinierte Hochwasserrisikomanagementplan gemäß Hochwasserrisikomanagement-Richtlinie (HWRM-RL) für die internationale Flussgebietseinheit Rhein (Ebene A = EZG > 2 500 km^2) liegt seit Ende 2015 vor. Der Plan beschreibt die Hochwasserrisiken am Rhein, seinen großen Nebenflüssen und die wichtigsten Maßnahmen zur Verringerung hochwasserbedingter nachteiliger Folgen aus internationaler Sicht.

1 Einzugsgebiet und Abfluss sowie Aspekte des Klimawandels

Der Rhein verbindet als einziger europäischer Fluss die Alpen mit der Nordsee und ist mit 1 233 km Länge einer der wichtigsten Flüsse Europas. Das rund 200 000 km^2 große Einzugsgebiet teilen sich neun Staaten (Schweiz, Italien, Liechtenstein, Österreich, Deutschland, Frankreich, Luxemburg, Belgien, Niederlande). Im Rheineinzugsgebiet überlagern sich verschiedene Abflussregime. Im südlichen, alpennahen Bereich (Pegel Basel) treten Hochwasserereignisse durch das Wechselspiel von Schneedeckenaufbau und sommerlicher Schneeschmelze und relativ hohen Niederschlägen vornehmlich im Sommer auf (**Bild 1**). Typisch für die Gewässer im Mittelgebirgsbereich (Neckar, Main, Nahe, Lahn, Mosel etc.; Pegel Trier) ist ein pluviales Abflussregime mit einer Dominanz von Hochwasserereignissen im Winter. Durch die Überlagerung beider Regime ergibt sich stromabwärts des Rheins eine immer gleichmäßigere Verteilung des Abflusses über das Jahr (kombiniertes Regime; Pegel Köln, s. **Bild 1**).

Der im 19. Jahrhundert begonnene Ausbau des Oberrheins wurde im Jahr 1977 mit dem Bau der Staustufe Iffezheim als letzter Staustufe abgeschlossen. Mit diesem Ausbau hat sich die Hochwassergefahr stromabwärts (nördlich der staugeregelten Rheinstrecke) aufgrund der deutlichen Laufverkürzung und Verringerung der potenziellen Überschwemmungsbereiche durch Eindeichung direkt am Sommerbett, der Wellenbeschleunigung und Überlagerung mit Hochwasserwellen aus Nebenflüssen erheblich verschärft. Nach 1977 wurde daher damit begonnen, dieser anthropogen bedingten Hochwasserverschärfung durch den gezielten Bau von Rückhaltungen zu begegnen.

Die letzten großen Hochwasserereignisse 1993 und 1995 haben sich über extrem hohe Zuflüsse insbesondere aus dem Moselgebiet im Rhein stromabwärts von Koblenz aufgebaut und hohe Schäden am Niederrhein verursacht (1993 1,4 Mrd. Euro und 1995: 2,6 Mrd. Euro). Im Mai 1999 war ein weiteres großes Hochwasserereignis am Hoch- und Oberrhein zu verzeichnen.

Kompakt

- Weitere Retentionsmaßnahmen werden jetzt im Rahmen des abgestimmten Hochwasserrisikomanagementplans umgesetzt.
- Ein harmonisierter interaktiver IKSR-Rhein-Atlas liegt unter www.iksr.org vor.
- Eine Methode zum Nachweis der Änderung des Hochwasserrisikos ist entwickelt worden.

S. Heimerl (Hrsg.), *Vorsorgender und nachsorgender Hochwasserschutz*,
https://doi.org/10.1007/978-3-658-21839-3_14

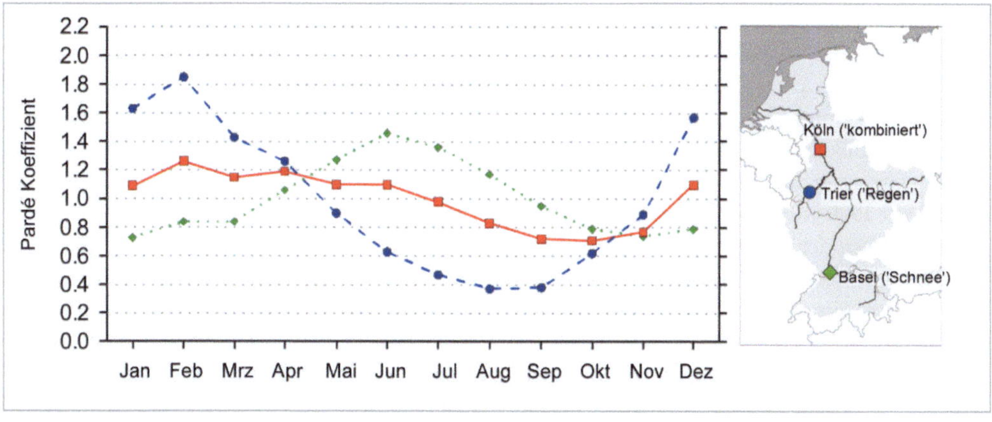

Bild 1: Typisches Abflussregime im Rheineinzugsgebiet nach Pardé (Pardé-Koeffizient = Verhältnis von vieljährigem Monats-Abfluss zu vieljährigem Jahresabfluss); Referenzzeitraum 1961-1990 (Quelle: [1])

Bereits über das 20. Jahrhundert hinweg zeigte sich eine Tendenz hin zu einer größeren Regenlastigkeit (Pluvialisierung), mit der Konsequenz einer Zunahme der mittleren winterlichen Abflüsse (November bis April). Dies führt im Süden bei der jahreszeitlichen Verteilung zu einer Vergleichmäßigung der Abflüsse und im Norden zu einer stärkeren Ausprägung der jahreszeitlichen Verteilung [1].

Der Klimawandel mit steigenden Temperaturen könnte im Rheineinzugsgebiet – laut Studien der Internationalen Kommission zum Schutz des Rheins (IKSR) [2] – bis 2050 und bis 2100 möglicherweise zu folgenden Veränderungen von Niederschlag und Abflüssen führen:

a. im hydrologischen Winterhalbjahr:
- Zunahme der Niederschläge im Winter
- Zunahme der Abflüsse
- Frühzeitige Schmelze von Schnee/Eis/Permafrost, Verschiebung der Schneefallgrenze

b. im hydrologischen Sommerhalbjahr:
- Abnahme der Niederschläge (aber voraussichtlich häufigere Starkregenereignisse im Sommer)
- Abnahme der Abflüsse
- Zunahme der Niedrigwasserperioden

c. Zunahme kleinerer bis mittlerer Hochwasser, Zunahmen der Scheitelabflüsse seltener Hochwasser erscheinen möglich, sind jedoch in ihrem Ausmaß nicht zweifelsfrei quantifizierbar.

2 Hochwasserrisiken im internationalen Rheineinzugsgebiet

Seit Inkrafttreten der WRRL ist die flussgebietsweite Koordination von Gewässerschutzmaßnahmen erstmals eine Verpflichtung für die EU-Mitgliedstaaten. Koordinierte Managementpläne sind für alle nationalen und internationalen europäischen Flusseinzugsgebiete in 6-Jahres-Zyklen zu erstellen und umzusetzen. Ähnliches gilt für die 2007 in Kraft getretene Hochwasserrisikomanagement-Richtlinie (HWRM-RL) [8]. Ziel der HWRM-RL ist es, einen Rahmen für die Bewertung und das Management von Hochwasserrisiken zur Verringerung der hochwasserbedingten nachteiligen Folgen auf die menschliche Gesundheit, die Umwelt, das Kulturerbe und wirtschaftliche Tätigkeiten in der Europäischen Gemeinschaft zu schaffen.

Seit der 13. Rhein-Ministerkonferenz 2001 in Straßburg ist die IKSR die Koordinationsplattform für die Umsetzung der WRRL in der internationalen Flussgebietseinheit (IFGE) Rhein durch die EU-Staaten und für die Zusammenarbeit mit den Nicht-EU-Staaten Schweiz und Liechtenstein. Analog dazu hat die 14. Rhein-Ministerkonferenz in Bonn 2007 die IKSR beauftragt, gleichfalls die bei der Umsetzung der HWRM-RL erforderliche Koordinierung und Abstimmung zu unterstützen sowie die bereits mit dem Aktionsplan Hochwasser erzielten Erfolge mit der Umsetzung der HWRM-RL fortzuschreiben.

Seit 1950 kümmern sich die Schweiz, Frankreich, Deutschland, Luxemburg und die Niederlande gemeinsam um den Gewässerschutz am Rhein. Seit 1999 wurde die Kooperation völkerrechtlich neben der Wasserqualität auf die Bereiche Ökologie, Hoch- und Niedrigwasser sowie auf Grundwasser ausgedehnt. In der IKSR arbeiten die Vertragsparteien und seit 2001 alle Staaten im Rheineinzugsgebiet, also einschließlich Österreich, Liechtenstein und der belgischen Region Wallonien, gleichberechtigt zusammen.

Mit einer politischen Erklärung der zuständigen EU-Umweltminister vom 4. Februar 1995 in Arles – direkt unter dem Eindruck der Evakuierung von 200 000 Personen in den Niederlanden beim katastrophalen Rheinhochwasser – sind die Zuständigkeiten der IKSR und der Internationalen Kommissionen zum Schutz von Mosel und Saar (IKSMS) auf die Hochwasserthematik ausgeweitet worden. Die Kommissionen erhielten seinerzeit den Auftrag, Hochwasser-Aktionspläne für das gesamte Einzugsgebiet des Rheins sowie für das Teileinzugsgebiet von Mosel und Saar aufzustellen. Ziel dieser Pläne war es, die Menschen und ihre Güter vor negativen Auswirkungen von Hochwasser zu schützen und gleichzeitig die ökologischen Zielsetzungen zur Erhaltung und Verbesserung der Gewässer und Auen zu berücksichtigen [3].

3 Hochwasserrisikomanagement in der IFGE Rhein

In der IFGE Rhein stützt sich das HWRM auf die grundlegenden Werte der Verantwortung, Solidarität und Verhältnismäßigkeit und auf Synergien mit der sonstigen EU-Politik.

Es ist ganzheitlich, nachhaltig und eine Gemeinschaftsaufgabe. Die Staaten im Rheineinzugsgebiet haben sich darauf geeinigt, dass das zu erreichende Sicherheitsniveau ökologisch vertretbar, ökonomisch verhältnismäßig und sozial/gesellschaftlich verträglich sein soll. Alle Beteiligten und Betroffenen sollen ein Risikobewusstsein für die Hochwassergefahr aufbauen, festigen und dieses dauerhaft erhalten.

Dafür müssen alle Entscheidungsträger, Fachstellen und Behörden auf allen Ebenen (lokal, regional, national, international) mit den betroffenen Akteuren kooperieren. Insbesondere lokal muss mit der Bevölkerung zusammengearbeitet werden. Auch bei einer optimalen Kombination von Maßnahmen beim HWRM gibt es keine absolute Sicherheit im Umgang mit den Naturereignissen (z. B. Extremhochwasser): Die verbleibenden Risiken erfordern einen Ansatz, der über den Schutz allein hinausgeht. D. h. die verbleibenden Risiken müssen für die Bevölkerung tragbar sein.

Ziel des HWRM ist es, bestehende Hochwasserrisiken auf ein gesellschaftlich akzeptables Maß zu bringen und neue, inakzeptable Risiken zu verhindern, um die Lebens- und Wirtschaftsräume auch für die Zukunft zu sichern. Mit Blick auf die längerfristige Zukunft (ca. 20-30 Jahre) soll für Menschen, Bauten, Infrastrukturen und Sachwerte eine angemessene Sicherheit geschaffen sowie langfristig erhalten werden.

Die Staaten haben beschlossen, analog zur WRRL auch einen gemeinsamen HWRM-Plan zu erarbeiten, der sich aus einem übergeordneten Managementplan für das Gewässernetz (Teil A) und nationalen und/oder regionalen Managementplänen (Teile B) zusammensetzt. Regionale B-Teile gibt es beispielsweise für den Alpenrhein/Bodensee und das Mosel-Saar-Gebiet (IKSMS).

Die EU-Mitgliedstaaten sind für die Umsetzung der HWRM-RL verantwortlich und dementsprechend gegenüber der EU-Kommission berichtspflichtig. Die IKSR stellt den Mitgliedstaaten auf ihrer öffentlichen Website (www.iksr.org) die gemeinsam erarbeiteten Berichte und Karten als Beleg für die durchgeführte Koordinierung zur Verfügung.

Für alle von den Staaten bestimmten Gebiete mit potenziellem signifikantem Hochwasserrisiko (Teil A) sind 2013 Hochwassergefahrenkarten und Hochwasserrisikokarten (s. **Bild 2**) erstellt worden. Basis dafür bildeten die in der IKSR international abgestimmten Abflusswerte für die drei Hochwasserszenarien (niedrige, mittlere und

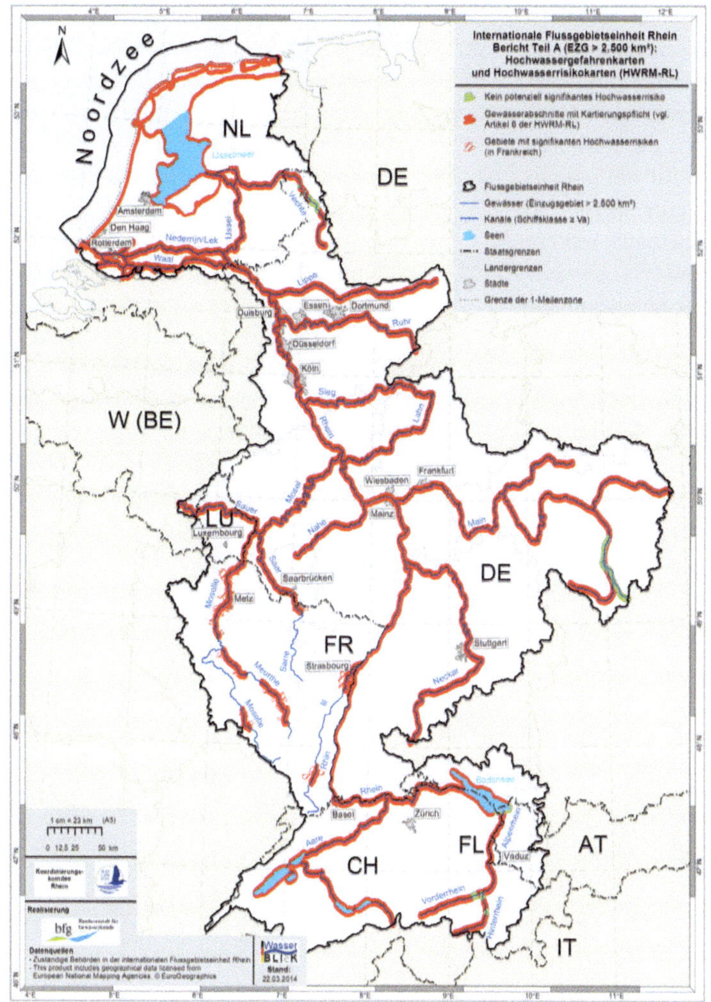

Bild 2: Übersichtskarte über das Vorhandensein von Hochwassergefahren- und Hochwasserrisikokarten in der IFGE Rhein (Teil A) (Quelle: [4])

hohe Wahrscheinlichkeit) für den Rheinhauptstrom ab Alpenrhein, den Bodensee, das IJsselmeer und die niederländische Küste [4].

Aufbauend auf den nationalen Karten gemäß HWRM-RL ist ein Interaktiver Rheinatlas 2015 [5] für den gesamten Rheinhauptstrom vom Alpenrhein bis zur Mündung erstellt worden. Dieser ersetzt den 2001 erstellten IKSR-Rheinatlas ab Bodenseeauslauf, der seinerzeit erstmals belegt hatte, wie wichtig es für alle Akteure ist, die Hochwassergefahren und möglichen Hochwasserrisiken genau zu kennen.

4 Der HWRM-Plan für die IFGE Rhein

Die allgemeinen Ziele für das Management (Reduktion nachteiliger Folgen während eines Hochwassers, Reduktion nachteiliger Folgen nach einem Hochwasser, Vermeidung neuer Risiken und Reduktion bestehender Risiken) bilden einen Risikomanagementkreislauf. Gestützt auf diese Ziele wurden in der IKSR gemeinsame Maßnahmen vereinbart. Die wesentlichen Ergebnisse der bisherigen Umsetzung des Aktionsplans Hochwasser, die in der Bilanz 1995-2010 [6] beschrieben sind, bilden eine gute Grundlage für das HWRM gemäß HWRM-RL.

Laut der IKSR-Bilanz sind bis 2010 die in **Bild 3** angegebenen Hochwasserscheitelminderungen erzielt worden oder werden bei Umsetzung der weiteren, bis 2020 geplanten Maßnahmen noch erzielt. Sie zeigen die mittleren Änderungen der Wasserstände für die jeweiligen Ausbauzustände des Rheins 2010 und 2020 an den verschiedenen Rheinabschnitten für ein etwa hundertjährliches Hochwasser und ein Extremhochwasser. Die überregionale Wirksamkeit dieser Maßnahmen ist somit belegt.

Die berechneten Wasserstandreduzierungen bedingen ebenfalls Abnahmen der Hochwasserwahrscheinlichkeit. Dies führt auch zu einer Reduzierung des Hochwasserrisikos [7]. Diese Ergebnisse sind wiederum in die Berechnungen zur Hochwasserrisikoänderung mit dem im Zeitraum 2013-2016 in der IKSR entwickelten GIS-basierten Nachweisinstrument eingeflossen.

Aufbauend auf in zwei Jahrzehnten gewonnenen Erfahrungen mit der Umsetzung des Aktionsplans Hochwasser sind in der IKSR folgende gemeinsame Maßnahmen im HWRM-Plan 2015 vereinbart worden [3]:

1. Die Kenntnisse über das Hochwasserrisiko werden in der IKSR insbesondere auch für grenzüberschreitende Gewässer weiter verbessert und entwickelt. Dies gilt für den Austausch über nationale Politikansätze zu Schutz, Vorsorge, Nachsorge und über wichtige durchgeführte Maßnahmen. Zudem hat die IKSR 2016 mit einem neu entwickelten GIS-Nachweisinstrument eine allgemeine übergreifende Analyse des Hochwasserrisikos am Rhein durchgeführt, mit der auch die Effekte einzelner Maßnahmen erfasst wurden (Publikation in Vorbereitung).
2. Die Staaten in der IFGE Rhein verstärken ihren Informationsaustausch über die Entwicklung

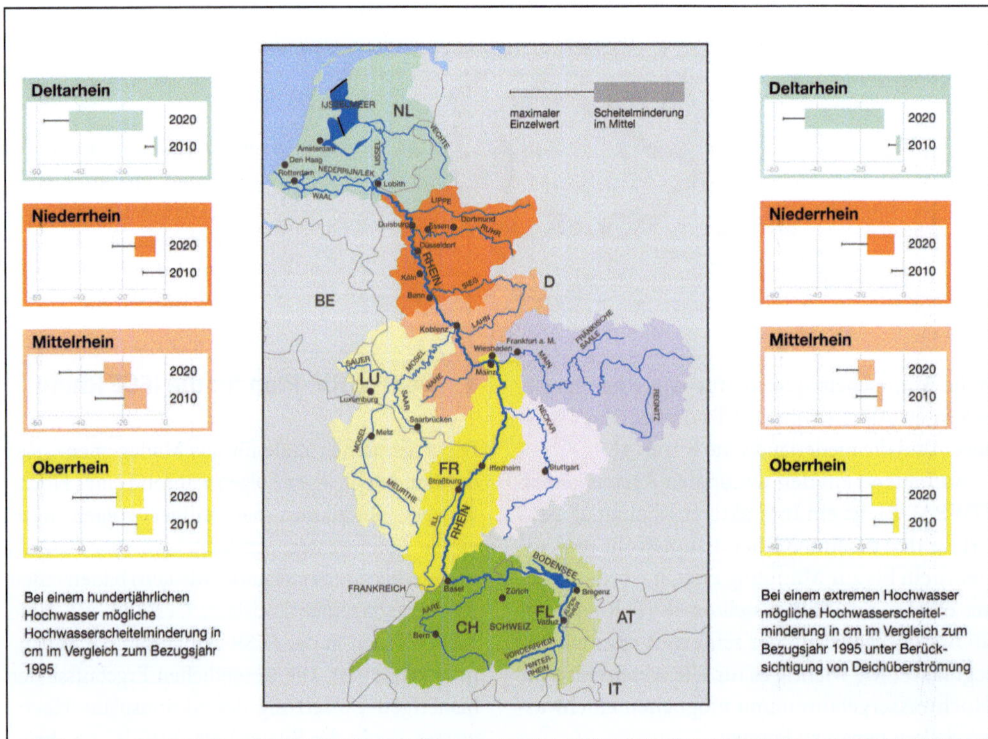

Bild 3: Mögliche Scheitelminderungen durch wasserstandsenkende Maßnahmen: Zustand 2010 und 2020 (Quelle: IKSR)

von hydraulischen und hydrologischen Modellen sowie Klimamodellen im Rheingebiet.

3. Die Bürger werden auf nationaler, regionaler oder lokaler Ebene gut informiert, so dass regionalen Besonderheiten Rechnung getragen werden kann. Sensibilisierung z. B. mittels Hochwasserpartnerschaften ist regional und lokal besonders wichtig. Diese kann durch überregionale Maßnahmen auf IKSR-Ebene, z. B. über den Interaktiven Rheinatlas 2015, unterstützt werden.
4. Ein gutes Krisenmanagement für den Hochwasserfall ist wichtig, um die Risiken während eines Ereignisses minimieren zu können. Dies ist in den Staaten die Aufgabe des Katastrophen- oder Zivilschutzes. Die Erstellung einer Übersicht über existierende multilaterale, bilaterale und nationale Krisenmanagementsysteme wird künftig die Kenntnisse über derartige Systeme verbessern.
5. Die langjährige internationale Zusammenarbeit bei der Hochwasservorhersage und -meldung sowie für Frühwarnsysteme wird fortgesetzt und laufend verbessert.
6. Die Staaten im Rheineinzugsgebiet setzen alle bis 2020 im Rahmen des Aktionsplans Hochwasser vorgesehenen wasserstandsenkenden oder Retentionsmaßnahmen konsequent um, wie z. B. Retentionsräume, Deichrückverlegungen, Raum für den Fluss,

Bild 4: Aufweitung am Alpenrhein, Mündung Frutz, Vorarlberg, Österreich (Quelle: Internationale Rheinregulierung IRR/Hydra-Institute)

Renaturierungen. Bedeutend ist ferner die Freihaltung der Abflusskorridore sowie die raumplanerische Sicherstellung der Flächen für die weiteren bis 2030 umzusetzenden Rückhaltungen. Die bis 2020 umzusetzenden und bis 2030 geplanten Einzelmaßnahmen sind den Anlagen 11-1 und 11-2 des HWRM-Plans für die IFGE Rhein zu entnehmen [3]. Diese enthalten nur Maßnahmen, deren überregionale Wirkung über umfassende IKSR-Studien [6], [7] bekannt ist. Die 15. Rhein-Ministerkonferenz 2013 hat auch festgehalten, dass durch die Auswirkungen des Klimawandels mit der erwarteten Zunahme von Hochwasserereignissen und auch mit Blick auf eine möglicherweise größere Eintrittswahrscheinlichkeit von Extremereignissen, insbesondere überregional wirksame Maßnahmen des HWRM, wie die Freihaltung überflutungsgefährdeter Bereiche von weiterer Nutzung oder die Schaffung von weiteren Hochwasserrückhalteräumen und Flussbetterweiterungen, wie die niederländischen Maßnahmen „Raum für den Fluss", noch wichtiger werden.

5 Maßnahmen zur Koordinierung der HWRM-RL mit der WRRL

Gemäß HWRM-RL sind die Staaten, Länder und Regionen in der IFGE Rhein auch verpflichtet, angemessene Maßnahmen zu treffen, um die Anwendung dieser Richtlinie und die der WRRL miteinander zu koordinieren. Dabei wird der Schwerpunkt auf Möglichkeiten zur Verbesserung der Effizienz und auf die Erzielung von Synergien sowie gemeinsamen Vorteilen mit Blick auf die Umweltziele der WRRL gelegt. Möglichkeiten für Synergien können sich ergeben, wenn Maßnahmen zur Schaffung von Rückhalteräumen, Deichrückverlegungen, Schaffung von Nebengewässern oder Vorlandvertiefungen mit einer Erweiterung oder Wiederherstellung von Habitaten oder ökologischen Anbindungen mit dem Ziel der Verbesserung der ökologischen Wasserqualität einhergehen. Synergien bei Maßnahmen zur Verbesserung der Hochwasservorsorge, z. B. Ausweitung von Überschwemmungsgebieten durch Deichrückverlegungen und Maßnahmen zur ökologischen Aufwertung, wie Renaturierungen etc., die im Rahmen der Umsetzung der WRRL durchgeführt werden und zum Wasserrückhalt in der Fläche beitragen, sind weitestgehend zu nutzen. Beispiele dafür zeigen **Bilder 4 und 5,** eine Aufweitung am Alpenrhein und eine Deichrückverlegung in den

Bild 5: Flussbetterweiterung durch Deichrückverlegung bei Lent/Nimwegen, Situation 2016 (Quelle: Ruimte voor de Waal)

Niederlanden. Mit beiden Maßnahmen wird eine Verbesserung des Lebensraumes insgesamt angestrebt.

6 Fazit

Die in der IKSR mit der seit 1998 laufenden Umsetzung des Aktionsplans Hochwasser gewonnenen Erfahrungen haben die Aufstellung des ersten koordinierten HWRM-Plans gemäß HWRM-RL für die IFGE Rhein (Teil A) wesentlich erleichtert. Dank der über 20-jährigen internationalen Zusammenarbeit von Hochwasserexperten im Rahmen der IKSR stützt sich der HWRM-Plan auf konkrete Maßnahmen mit grenzüberschreitenden und insbesondere überregionalen Wirkungen. Dies wäre ohne den Erfahrungsvorsprung mit der seit 1998 laufenden Umsetzung des Aktionsplans Hochwasser nicht möglich gewesen.

Danksagung

Dieser Beitrag stützt sich auf den im Rahmen der IKSR gemeinsam erstellten HWRM-Plan 2015. Allen Mitgliedern der Arbeitsgruppe Hochwasser wird für die konstruktive Zusammenarbeit gedankt.

Autorin
Dr. Anne Schulte-Wülwer-Leidig
Internationale Kommission zum Schutz des Rheins (IKSR)
Kaiserinöö-Augusta-Anlagen 15
56068 Koblenz
anne.schultewl@iksr.de

Literatur

[1] Belz, J. U.; Brahmer, G.; Buiteveld, H.; Engel, H.; Grabher, R.; Hodel, H.; Krahe, P.; Lammersen, R.; Larina, M.; Mendel, H.-G.; Meuser, A.; Müller, G.; Plonka, B.; Pfister L.; Van Vuuren, W.: Das Abflussregime des Rheins und seiner Nebenflüsse im 20. Jahrhundert – Analyse, Veränderungen, Trends. In: KHR-Schriften (2007) Bd. I-22.

[2] IKSR (Hrsg.): Klimawandelanpassungsstrategie für die IFGE Rhein. In: IKSR-Fachberichte (2015), Nr. 219.

[3] IKSR (Hrsg.): International koordinierter Hochwasserrisikomanagementplan für die internationale Flussgebietseinheit Rhein, Teil A. Koblenz, 2015.

[4] IKSR (Hrsg.): Bericht über die Erstellung der Hochwassergefahren- und Hochwasserrisikokarten in der internationalen Flussgebietseinheit Rhein. Koblenz, 2014.

[5] IKSR (Hrsg.): Rheinatlas – Hochwasserkarten der internationalen Flussgebietseinheit Rhein. Koblenz, 2015.

[6] IKSR (Hrsg.): Aktionsplan Hochwasser, 1995-2010, Handlungsziele, Umsetzung und Ergebnisse – Kurzbilanz. In: IKSR-Fachberichte (2012), Nr. 200.

[7] IKSR (Hrsg.): Abschätzung der Wahrscheinlichkeitsänderung durch die hochwasserreduzierenden Maßnahmen entlang des Rheins. In: IKSR-Fachberichte (2015), Nr. 229.

[8] Richtlinie 2007/60/EG des Europäischen Parlaments und des Rates vom 23. Oktober 2007 über die Bewertung und das Management von Hochwasserrisiken (Hochwasserrisikomanagement-Richtlinie; HWRM-RL). In: ABl. der EU L 288/27 vom 6.11.2007.

Anne Schulte-Wülwer-Leidig

Flood risks along the Rhine – most important measures from an international point of view

The first coordinated Flood Risk Management Plan for the international river basin district Rhine (level A = catchment > 2 500 km^2) according to the Floods Directive (FD) is available since end 2015. This management plan describes flood risks along the Rhine, its major tributaries and important measures to reduce negative flood-related consequences from an international point of view. The measures determined in the Flood Risk Management Plan are compared to the Action Plan on Floods for the Rhine and its catchment implemented since 1998.

Marc Geörg und Klaus Dapp

Hochwasserrisikomanagement in Baden-Württemberg – Monitoring und Ausblick

Die Umsetzung der Hochwasserrisikomanagement-Richtlinie in Baden-Württemberg basiert auf einem 2002 begonnenen Gemeinschaftsprojekt mit den kommunalen Landesverbänden. Gemeinsam mit den verantwortlichen Akteuren wurde anhand eines einheitlichen Kataloges jeweils die Relevanz, der Umsetzungsstand und der vorgesehene Umsetzungszeitraum der Maßnahmen ermittelt. Durch die Landesanstalt für Umwelt, Messungen und Naturschutz Baden-Württemberg (LUBW) werden alle Planungsphasen einschließlich des Monitorings durch umfangreiche technische Instrumente unterstützt.

1 Spezifika der bisherigen Umsetzung der Hochwasserrisikomanagement-Richtlinie in Baden-Württemberg

Hochwasserrisikomanagement (HWRM) ist eine Gemeinschaftsaufgabe mit vielen Handlungsbereichen. Deshalb wurde 2009 durch das Ministerium für Umwelt, Klima und Energiewirtschaft Baden-Württemberg die Entwicklung eines Vorgehenskonzeptes gemeinsam mit den relevanten Akteursgruppen initiiert und bis 2012 abgeschlossen. Dabei wurde auf dem Gemeinschaftsprojekt „Hochwassergefahr und Strategien zu Schadensminderung" [1] mit den kommunalen Landesverbänden aufgebaut, das im Jahr 2002 begonnen wurde. Ziel ist ein umfassender Ansatz zum Umgang mit den Risiken durch Hochwasser. Mit der „Strategie zur Minderung von Hochwasserrisiken in Baden-Württemberg" wurde dieser Prozess 2014 fortgeschrieben und die Bandbreite der Akteure im Sinne der Hochwasserrisikomanagement-Richtlinie (HWRM-RL) erweitert [2]. Als eine Voraussetzung für die Erreichung der Ziele der HWRM-RL wurde eine transparente Maßnahmenplanung und Darstellung des aktuellen Umsetzungsstandes vereinbart. Auf dieser Grundlage erstellen die Regierungspräsidien die Hochwassergefahren- sowie -risikokarten und koordinieren die HWRM-Planung.

Kompakt

- Einheitliches landesweites Vorgehen schafft Transparenz.
- Zentrales Informationsportal, ein Klick bringt alle Informationen.
- Akteursspezifisches Monitoring bei der Maßnahmenplanung.

1.1 Flächendeckendes Hochwasserrisikomanagement

Im Rahmen des oben beschriebenen Gemeinschaftsprojektes wurden durch die Wasserwirtschaftsverwaltung Gewässerstrecken mit einer Länge von ca. 11 300 km abgegrenzt, für die Hochwassergefahrenkarten (HWGK) erstellt werden. Bei Extremhochwasser aus diesen Gewässern sind ca. 90 % der Kommunen in Baden-Württemberg betroffen. Während für die Berichterstattung gegenüber der EU ca. 5 000 Gewässerkilometer mit einem im Sinne der HWRM-RL signifikanten Risiko abgegrenzt wurden [3], wird als Fortführung des Gemeinschaftsprojektes das gesamte HWRM für die betroffenen 966 Kommunen durchgeführt. Die Fortschritte bei der Umsetzung werden deshalb landesweit dokumentiert.

1.2 Festlegung von Überschwemmungsgebieten per Gesetz

Im Baden-Württemberg gelten Gebiete, in denen ein Hochwasserereignis statistisch einmal in

S. Heimerl (Hrsg.), *Vorsorgender und nachsorgender Hochwasserschutz*,
https://doi.org/10.1007/978-3-658-21839-3_15

100 Jahren zu erwarten ist, als festgesetzte Überschwemmungsgebiete. Damit kommt der Darstellung des HQ_{100} in den HWGK eine besondere Bedeutung zu. Mit der Novellierung des Wassergesetzes 2013 wird festgelegt, dass die HWGK im Internet öffentlich zugänglich gemacht werden [4].

Damit wird die Veröffentlichung der HWGK durch die LUBW seit 2005 aufgegriffen. Gleichzeitig begründet dies die Anforderung, die Risiken und die entsprechenden Maßnahmen gegenüber der Öffentlichkeit zu dokumentieren.

1.3 Landesweit einheitlicher Maßnahmenkatalog

Ein zentrales Element des landesweiten Vorgehenskonzeptes ist der mit den relevanten Akteursgruppen abgestimmte Maßnahmenkatalog [5]. Er enthält die für Baden-Württemberg spezifizierten HWRM-Maßnahmen für die unterschiedlichen Akteure. Die Berichtspflichten können durch eine klare Zuordnung zu den Maßnahmenkatalogen der EU und der Bund/Länder-Arbeitsgemeinschaft Wasser (LAWA) erfüllt werden.

Mit Hilfe von ergänzenden Fragebogen wurden alle Akteure in die Lage versetzt, im Sinne eines Eigenaudits zu klären, ob die Maßnahme für sie relevant ist und durch sie vollständig umgesetzt wird. Für alle Maßnahmen werden jeweils der verantwortliche Akteur und der geplante Umsetzungszeitraum angegeben. Kleinste räumliche Einheit sind die Gemeindegebiete. Weitergehende Konkretisierungen sind den Detailplanungen der jeweiligen Akteure vorbehalten.

Damit ist die Grundlage geschaffen, um für alle Akteure ein planvolles Vorgehen und den jeweiligen Umsetzungs- bzw. Planungsstand zu dokumentieren. Gegenüber allen Beteiligten einschließlich der Öffentlichkeit ist damit einfach zu erkennen, welcher Akteur wann welche Maßnahmen ergreifen will bzw. ergriffen hat.

1.4 Maßnahmenberichte und verbale Risikobeschreibungen

Für die aktive Beteiligung der interessierten Stellen und der Öffentlichkeit in den Jahren 2012 bis 2014 wurden 22 Projektgebiete definiert, für die jeweils mit den Akteuren ein Maßnahmenbericht erstellt wurde.

Ein wesentliches Element für den Einstieg in die Beteiligung sind die verbalen Risikobeschreibungen pro Gemeindegebiet. In ihnen wird erläutert, welche Risiken durch Hochwasser für die Schutzgüter bestehen. Diese Aussagen werden durch einen Hochwasserrisikosteckbrief pro Gemeindegebiet ergänzt, in dem die Inhalte der Hochwasserrisikokarten (HWRK) statistisch ausgewertet werden.

Auf dieser Basis sind die Maßnahmen der Kommunen sowie der weiteren Akteure zusammengestellt und werden nachvollziehbar.

1.5 Hochwasserpartnerschaften

In Baden-Württemberg wurden bereits seit 2003 Hochwasserpartnerschaften insbesondere zwischen Kommunen, Fachverwaltungen und Institutionen innerhalb eines Gewässereinzugsgebietes gegründet. Neben dem Erfahrungsaustausch dienen sie dem Aufbau von Netzwerken und der Informationsvermittlung.

Die Hochwasserpartnerschaften sind das zentrale Element zur Einbindung der Kommunen. In den Veranstaltungen werden die Rückmeldungen vorbereitet und die Umsetzung der Maßnahmen begleitet. Sie nehmen dabei auch Bezug auf den aktuellen Umsetzungsstand und nutzen damit die fortlaufende Dokumentation der Umsetzung.

2 Zentrales Informationsportal für die Öffentlichkeit und Fachinformationssystem für Kommunen und Behörden

Voraussetzung für ein wirksames HWRM ist die Information über Hochwassergefahren und -risiken sowie Möglichkeiten zum Umgang damit. Für die HWRM-Planung ist es darüber hinaus erforderlich, die Beteiligung der Akteure zu unterstützen und Erfolge sichtbar zu machen. Deshalb wurden durch die LUBW ein zentrales Informationsportal und ein Fachinformationssystem für Kommunen und Behörden eingerichtet.

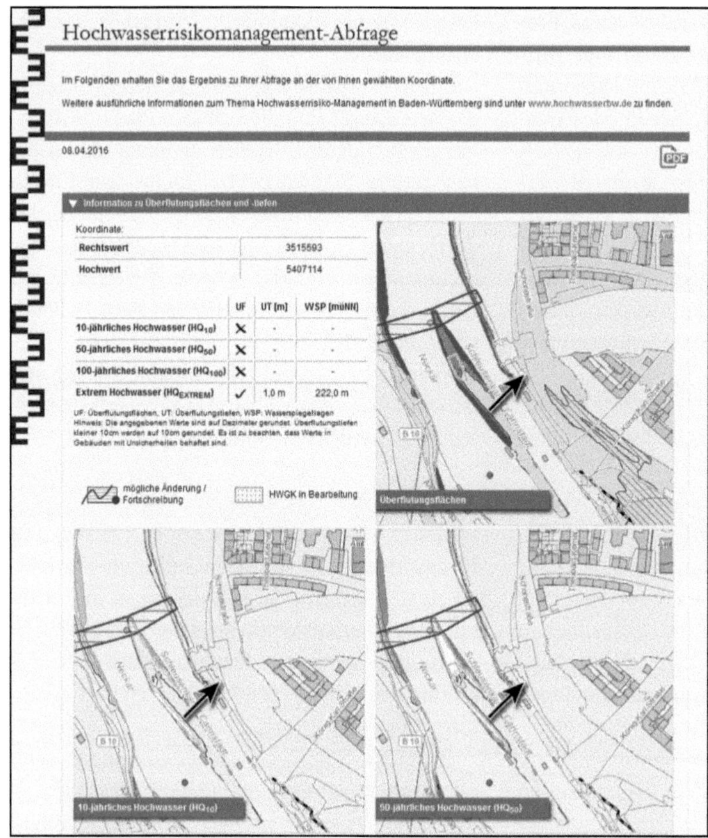

Bild 1: Auszug aus einer HWRM-Abfrage (Quelle: Informationsportal www.hochwasserbw.de)

2.1 Zentrales Informationsportal hochwasserbw.de

Mit dem Informationsportal hochwasserbw.de werden die Informationsangebote gebündelt und zielgruppenspezifisch aufbereitet. Über hochwasserbw.de werden auch Materialien zur Unterstützung der unterschiedlichen Akteure für die Umsetzung von Maßnahmen bereitgestellt.

Hochwasserbw.de dient auch dazu die HWRM-Planung der unterschiedlichen Akteure untereinander und gegenüber der Öffentlichkeit zu vermitteln. Hier sind alle Grundlagen sowie Ergebnisse der Arbeitsschritte veröffentlicht. Darüber hinaus wurde die formelle Öffentlichkeitsbeteiligung über das Informationsportal abgewickelt.

2.2 HWRM-Abfrage – ein Klick bringt alle Informationen

Eines der wesentlichen Elemente der Informationsvermittlung ist die HWRM-Abfrage (**Bild 1**). Mit diesem Instrument ist es möglich, mit einem Klick in der interaktiven Karte alle verfügbaren Informationen zu Hochwassergefahren und -risiken (u. a. Wasserstände und betroffene Nutzungen), der verbalen Risikobeschreibung und der Maßnahmenplanung für das jeweilige Gemeindegebiet zusammengefasst zu erhalten.

Damit steht der Öffentlichkeit und allen Akteuren ein komfortables Instrument zur Abfrage von Informationen zur Verfügung, in dem Änderungen in der Gefahrenlage, im Risiko und in der Maßnahmenplanung einfach nachgeführt werden können.

2.3 Fachinformationssystem HWRM für Kommunen und Behörden

Für die Beteiligung an der HWRM-Planung und für die konkrete Umsetzung von Maßnahmen steht den Kommunen und Behörden ein Fachinformationssystem (FIS) zur Verfügung.

Neben einer für die Verwaltungstätigkeit inhaltlich erweiterten HWRM-Abfrage beinhaltet dieses FIS u. a. eine kartenbasierte Rückmeldemöglichkeit zur HWGK und HWRK. Damit wurden zwischenzeitlich mehr als 14 000 Rückmeldungen bearbeitet. Durch dieses Instrument ist eine effektive Kommunikation über räumlich konkrete Rückmeldungen möglich. Darüber hinaus ist über das FIS eine Rückmeldung zur Umsetzung von Maßnahmen des HWRM möglich.

3 Monitoring als Teil der Umsetzung von Maßnahmen

Der Erfolg des HWRM steht und fällt mit der Umsetzung der Maßnahmen aller Akteure. Die Fortschritte einzelner Akteure können und sollen andere Akteure – insbesondere auch die Bürgerinnen und Bürger – zu eigenen Aktivitäten motivieren. Voraussetzung dafür ist eine zeitnahe Dokumentation der Ergebnisse und deren Veröffentlichung. Das Monitoring der Maßnahmen dient in Baden-Württemberg daher vor allem der Präsentation der Fortschritte im HWRM.

3.1 Zentrale Maßnahmendokumentation (MaDok HWRM)

Voraussetzung für eine einfache und laufende Aktualisierung des landesweiten Umsetzungsstandes der HWRM-Planung ist eine zentrale Maßnahmendokumentation (MaDok HWRM). Diese wird durch die LUBW betrieben und durch die vier Regierungspräsidien als Flussgebietsbehörden gepflegt. Alle Rückmeldungen durch die Akteure werden durch die Regierungspräsidien vor der Eingabe plausibilisiert. Basis dafür bieten die akteursspezifischen Rückmeldebogen bzw. ergänzende Checklisten, mit denen die Rückmeldung der Akteure strukturiert wird.

Die MaDok HWRM ermöglicht unterschiedliche Auswertungen, insbesondere nach vorgesehenen Umsetzungszeiträumen und räumlichen Kulissen, die sich aus Gemeindegebieten zusammensetzen, wie die Gebiete der Hochwasserpartnerschaften. Damit ist es einfach möglich, den Umsetzungsstand statistisch oder kartographisch darzustellen, wie dies beispielsweise für die Bearbeitungsgebiete der HWRM-Planung umgesetzt wurde. Auch ist eine konkrete Benennung von Akteuren möglich, für deren Maßnahmen die geplanten Umsetzungszeiträume abgelaufen sind.

Der aktuelle Stand der MaDok HWRM wird in Form der Maßnahmenberichte regelmäßig veröffentlicht und ist u. a. als Abfragemöglichkeit pro Gemeindegebiet in der oben beschriebenen HWRM-Abfrage enthalten.

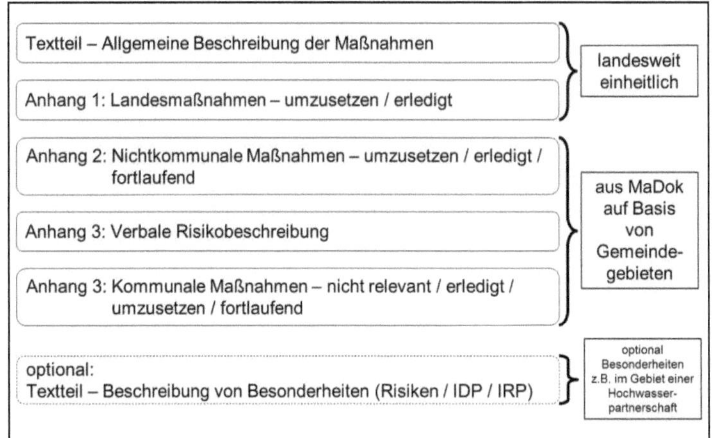

Bild 2: Aufbau des modularen Maßnahmenberichts pro Gemeindegebiet (Quelle: [6])

Darüber hinaus werden in der MaDok HWRM alle Änderungen festgehalten. Dies erlaubt eine detaillierte Darstellung der Entwicklung zwischen beliebigen Zeitpunkten und innerhalb definierter räumlicher Einheiten.

3.2 Modularer Maßnahmenberichte pro Gemeindegebiet

Die Maßnahmenberichte pro Projektgebiet (s. Abschnitt 1.4) der Ersterstellung enthalten die Maßnahmen aller Akteure in einem Projektgebiet. Die Maßnahmen der Kommunen werden im Anhang zusammengefasst pro Gemeindegebiet dargestellt.

Um den Zugriff auf die Informationen zu erleichtern und eine Aktualisierung einfacher umsetzen zu können, wurde der Maßnahmenbericht modularisiert. Die Maßnahmenplanung lässt sich dadurch über die HWRM-Abfrage für die jeweiligen Gemeindegebiete abrufen. Sie setzt sich aus einer allgemeinen Beschreibung der Maßnahmen und den jeweils für das Gemeindegebiet relevanten Maßnahmen der unterschiedlichen Akteure zusammen (**Bild 2**).

3.3 Akteursspezifisches Monitoring

Die Maßnahmenplanung und das Monitoring werden akteursspezifisch durchgeführt. Dabei wird für Akteure, wie Kommunen, mit Maßnahmen, bei denen vergleichsweise häufig mit Änderungen des Umsetzungsstandes gerechnet wird, ein kontinuierlicher Informationsaustausch angestrebt (**Bild 3**). Bei Akteuren mit langfristigen Maßnahmen, wie beispielsweise den auf 15 Jahren ausgelegten Regionalplänen, ist hingegen eine am Fortschreibungszyklus der HWRM-RL orientierte Abfrage vorgesehen.

Durch dieses Vorgehen wird sichergestellt, dass für die Berichterstattung gegenüber der EU aktuelle Monitoringergebnisse vorliegen und gleichzeitig die Änderungen innerhalb der Zyklen der HWRM-RL dargestellt werden, damit die Akteure Ihre Erfolge zeitnah darstellen können.

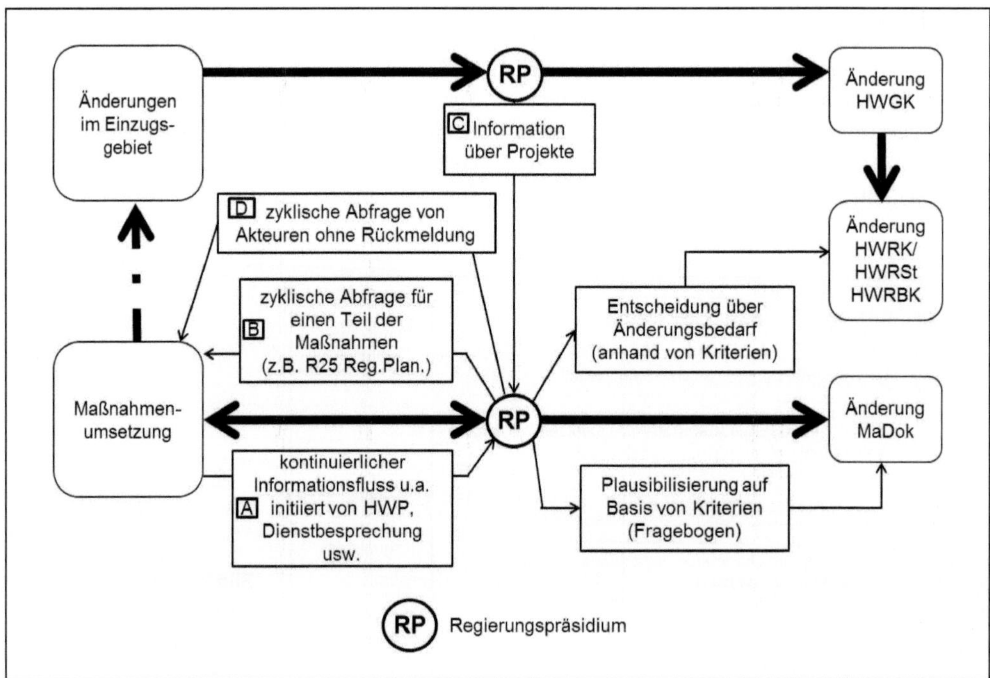

Bild 3: Übersicht über die Informationswege (A-D) für die Umsetzung der Maßnahmenplanung in Baden-Württemberg (Quelle: [6])

4 Ausblick

Der Umgang mit Hochwasserrisiken ist durch Veränderungen geprägt. Neue Erkenntnisse über die hydrologischen oder hydraulischen Verhältnisse und Veränderungen in den Einzugsgebieten machen es erforderlich, HWGK und HWRK stetig fortzuschreiben. Dazu trägt auch die im Abschnitt 1.2 beschriebene gesetzliche Festsetzung der Überschwemmungsgebiete bei.

Hochwasserrisiken verändern sich zusätzlich durch Änderungen der von Hochwasser betroffenen Nutzungen. Deshalb werden die HWRK im Jahr 2016 flächendeckend auf Basis der Rückmeldungen aus der Erstbefassung und der zwischenzeitlichen Veränderungen der HWGK und der Nutzungen aktualisiert und danach entsprechend der Aktualisierung der HWGK fortgeschrieben.

Um die Fortschritte besser darstellen zu können, wird langfristig eine weitgehend automatisierte Erstellung der Maßnahmenberichte aus der Maßnahmendatenbank angestrebt. Ziel ist es, einerseits Veränderungen bei der Umsetzung bzw. der Planung der Maßnahmen möglichst schnell in die öffentlich zugänglichen Maßnahmenberichte zu übertragen und andererseits auch die angepassten verbalen Risikobeschreibungen in möglichst engem Zusammenhang mit der Aktualisierung von HWGK und HWRK zu veröffentlichen.

Neben der Darstellung der Fortschritte soll das Monitoring der Maßnahmen auch genutzt werden, um die laufende Unterstützung der Akteure gezielt weiterzuentwickeln und soweit notwendig auszubauen. So wurden auch die Ergebnisse der Erstaufstellung genutzt, um landesweit vorhandene Defizite zu identifizieren und diesen beispielsweise durch Informationsangebote in Dienstversammlungen bzw. landesweiten Fortbildungsveranstaltungen oder durch spezielle Schulungsangebote und Workshops entgegenzuwirken. Damit leistet das Monitoring zur Erreichung der Ziele des HWRM einen wichtigen Beitrag.

Perspektivisch ist vorgesehen, soweit fachlich begründbar, für die unterschiedlichen Maßnahmenarten Wirkungszusammenhänge abzuleiten. Damit wäre es möglich, die Zielerreichung abzuschätzen.

Autoren

Dipl.-Ing. (FH) Marc Georg, M. Sc. (GIS)
Landesanstalt für Umwelt, Messungen und Naturschutz
Baden-Württemberg (LUBW)
Griesbachstraße 1
76185 Karlsruhe
Marc.Georg@lubw.bwl.de

Dr.-Ing. Klaus Dapp
Infrastruktur & Umwelt Professor Böhm und Partner
Julius-Reiber-Straße 17
64293 Darmstadt
klaus.dapp@iu-info.de

Literatur

[1] Ministerium für Umwelt und Verkehr (Hrsg.): Hochwassergefahr und Strategien zur Schadensminderung in Baden-Württemberg. Stuttgart, 2002.

[2] Ministerium für Umwelt, Klima und Energiewirtschaft (Hrsg.): Strategie zur Minderung von Hochwasserrisiken in Baden-Württemberg. Stuttgart, 2014.

[3] Ministerium für Umwelt, Klima und Energiewirtschaft (Hrsg.): Bewertung des Hochwasserrisikos und Bestimmung der Gebiete mit signifikantem Hochwasserrisiko in Baden-Württemberg – Vorläufige Risikobewertung gemäß Artikel 4 und 5 der Hochwasserrisikomanagementrichtlinie. Stuttgart, 2011.

[4] Wassergesetz für Baden-Württemberg (WG) i. d. F. v. 3. Dezember 2013, zuletzt geändert am 6. Dezember 2014 In: GBl. Nr. 17, S. 389 und GBl. S. 777.

[5] Ministerium für Umwelt, Klima und Energiewirtschaft (Hrsg.): Hochwasserrisikomanagementplanung in Baden-Württemberg: Vorgehenskonzept zur Erstellung von Hochwasserrisikomanagementplänen. Stuttgart, 2014.

[6] Ministerium für Umwelt, Klima und Energiewirtschaft (Hrsg.): Fortschreibung Hochwasserrisikomanagement – Teilprojekt Hochwasserrisikomanagementplanung: Konzeption. Stuttgart, 2015.

Marc Geörg and Klaus Dapp

Flood Risk Management in Baden-Württemberg – Monitoring und Outlook

The implementation of the directive on the assessment and management of flood risks in Baden-Württemberg is based on a joint project of the municipal associations on federal state level which started in 2002. In a common approach a uniform catalogue of measures was developed for the whole federal state. The relevance, the implementation status and the planned implementation period for all measures was determined by all relevant stakeholders. The whole process of flood risk management is supported by the LUBW State Institute for the Environment, Measurements and Conservation in Baden-Württemberg which contributes several technical tools also used for the monitoring.

Ralf Schernikau

Wie geht es in Rheinland-Pfalz mit dem Hochwasserrisikomanagement weiter?

Hochwasserrisikomanagement ist eine Gemeinschaftsaufgabe der Bürgerinnen und Bürger, der Kommunen und des Staates. Sie ist bei den Städten, Gemeinden und den betroffenen Menschen noch nicht angekommen. In Rheinland-Pfalz hat der Prozess in den regionalen Hochwasserpartnerschaften und örtlichen Initiativen zur Aufstellung von Hochwasserschutzkonzepten begonnen. Er wird in den kommenden Jahren fortgesetzt.

1 Was haben wir erreicht?

Vielleicht kennen Sie den Cartoon von F. K. Waechter mit der Gans, die Kopfstand auf dem Misthaufen macht, mit dem Kopf im Stiefel und denkt: Wahrscheinlich guckt wieder kein Schwein! So ähnlich muss es doch uns Hochwasserexperten gehen, die die vergangenen Jahre damit verbracht haben, die Hochwasserrisikomanagementpläne (HWRM-Pläne) aufzustellen. Kaum jemand interessiert sich dafür, vor allen Dingen nicht die, die das Hochwasser am meisten betrifft. Was läuft hier falsch?

Wenn ich mir den ganzen Aufwand ansehe, den wir betreiben, um die EU-Kommission zufrieden zu stellen, dann frage ich mich oft genug, was das eigentlich soll. Denn Hochwasserrisikomanagement (HWRM) findet nicht auf dem Papier (oder im Computer) statt!

Als wir im Jahr 2008 in der LAWA über die Strategie zur Umsetzung der Hochwasserrisikomanagement-Richtlinie (HWRM-RL) in Deutschland nachgedacht haben, haben wir formuliert:

„Der Zweck der HWRM-RL ist die Verdeutlichung der Hochwasserrisiken und die Verbesserung der Hochwasservorsorge und des Risikomanagements. Hier besteht auch in Deutschland noch Handlungsbedarf, besonders auf der Ebene der für den Hochwasserschutz zuständigen Kommunen und Verbände sowie der Betroffenen vor Ort. Die Richtlinie soll genutzt werden, um Verbesserungen der Eigenvorsorge der Kommunen und der betroffenen Bürger zu erreichen."

Weiter heißt es im LAWA-Strategiepapier: „Die Verbesserung des HWRM und des Hochwasserschutzes stehen bei der Umsetzung im Vordergrund, wobei die formalen Anforderungen der Richtlinie zu berücksichtigen sind."

Also: Auf die Umsetzung kommt es an! Dafür zuständig sind nicht die Länder, sondern in erster Linie die betroffenen Kommunen und Bürger. Aber haben wir die erreicht? Tun sie etwas? Sind sie einen Schritt vorangekommen und besser gerüstet?

Das rührt auch an unser Selbstverständnis. Aber HWRM ist nicht in erster Linie eine Fachaufgabe. Elementar ist, dass das, was wir für die Betroffenen vor Ort ausgedacht und geplant haben, dort ankommt und aufgenommen wird. Da muss ich feststellen:

- Viele Anwohner an den Flüssen kennen ihr Risiko immer noch nicht.
- Die meisten denken immer noch, der Staat und die Kommunen sind zuständig und werden sie schon schützen.

Kompakt

- Hochwasserrisikomanagement findet nicht auf dem Papier (oder im Computer) statt.
- Die Betroffenen leben immer noch im Tal der Ahnungslosen.
- Es gibt noch viel zu tun!

S. Heimerl (Hrsg.), *Vorsorgender und nachsorgender Hochwasserschutz*,
https://doi.org/10.1007/978-3-658-21839-3_16

- Sie haben noch nicht verstanden, dass sie auch selbst vorsorgen müssen und zumindest eine Elementarschadenversicherung abschließen sollten.

Gut, mag man einwerfen, das einzige, was helfen würde, wäre mal wieder ein ordentliches Hochwasser. Das haben wir am Rhein lange nicht mehr gehabt. Aber können wir darauf warten?

2 Wie geht es weiter?

Vollständigen Hochwasserschutz gibt es nicht. Immer wieder oder immer noch geistert in den Köpfen herum, dass die Hochwassergefahr durch technische Maßnahmen, wie Mauern, Dämme und Hochwasserrückhaltung, gebannt werden kann. Jede Anlage hat ihr Bemessungsziel, das überschritten werden kann. Technische Hochwasserschutzanlagen helfen, häufigere kleinere Überschwemmungen abzuhalten. Neben der verbleibenden Gefahr, dass ein Hochwasser auftritt, für das die Anlage nicht ausreicht, haben technische Schutzmaßnahmen auch einen negativen Effekt: Die „Geschützten" fühlen sich auch so, sie blenden die verbleibende Gefahr weitgehend aus und erhöhen die Schadenspotenziale und damit auch ihr Risiko.

Auch ökologisch lässt sich „Hochwasserschutz" nicht erreichen, auch wenn „Synergien zwischen den Richtlinien" gefunden werden sollen. Hochwasser hat es immer gegeben, unsere Landschaften mit ihren Tälern und Auen sind dadurch entstanden. Rückgängig könnte man höchstens (ansatzweise) die Verschärfung machen, die der Mensch verursacht hat, und die ist in der Regel gering. Hochwasser können wir so nicht verhindern oder wesentlich abmindern.

Wirkungsvoll ist vielmehr, die Schadenspotenziale zu verringern. Das ist Aufgabe der Betroffenen und der betroffenen Kommunen. Um die Eigenvorsorge in Gang zu setzen, ist Hochwasserbewusstsein erforderlich. Deshalb werden wir in Rheinland-Pfalz den steinigen Weg der Aufklärung und Bewusstseinsmachung unvermindert weiter gehen.

Zur Erreichung dieser Ziele haben sich nach baden-württembergischen Vorbild, jedoch mit anderer Aufgabenstellung, Hochwasserpartnerschaften gegründet. Auf freiwilliger Basis haben sich Städte, Gemeinden und Landkreise an Gewässern oder Gewässerabschnitten, an denen eine gemeinsame Hochwasserbetroffenheit besteht, zu den Hochwasserpartnerschaften zusammengeschlossen. Die Hochwasserpartner treffen sich bis zu viermal im Jahr zu Workshops, die folgende Themen behandeln:

- Gefahrenabwehr und Katastrophenschutz,
- Wasserrückhalt in der Fläche und angepasste Flächennutzung,
- Hochwasserschutz und hochwasserangepasstes Planen, Bauen und Sanieren,
- Regional- und Bauleitplanung,
- Information und Vorbereitung der betroffenen Bürgerinnen und Bürger.

Zum Teilnehmerkreis gehören neben den stets eingeladenen Spitzen der Verwaltungen (Bürgermeister, Landrat) alle für das jeweilige Thema zuständigen Stellen der kommunalen Verwaltungen sowie anlassbezogen auch die interessierten Stellen, wie Vertreter der Land- und Forstwirtschaft, des Naturschutzes, von Bürgerinitiativen und weitere. Sie legen das konkrete Vorgehen unter Berücksichtigung lokaler Besonderheiten fest. Ein Moderator (Bürgermeister, Landrat) ist dabei zentraler Ansprechpartner für alle Beteiligten. Damit können die Hochwasserpartnerschaften alle lokalen Probleme aufgreifen.

Die Workshops sind aber keine klassischen Fortbildungsveranstaltungen. Zentral ist die Herausarbeitung der konkreten Probleme und die Entwicklung von Maßnahmen mit der Festlegung, wer die Umsetzung vornehmen wird und wann dies erfolgen soll. Die Diskussionen erfolgen auf Augenhöhe, die anwesende Wasserwirtschaftsverwaltung versteht sich als beratende und helfende Institution.

In den letzten Jahren haben sich 25 Hochwasserpartnerschaften an allen großen und mittleren Flüssen in Rheinland-Pfalz etabliert. In mehr als 100 Workshops haben die kommunalen Akteure über 500 Maßnahmen auf kommunaler und Landesebene festgelegt. Nebenprodukt: Die Maßnahmen finden sich auch in den HWRM-Plänen wieder.

In den Hochwasserpartnerschaften können jedoch nur Themen behandelt werden, die für alle Kommunen gleich gelagert sind. Ortsspezifische Themen können nur allgemein angesprochen, die Bürger nicht beteiligt werden. Wenn einzelne Kommunen in der Eigenvorsorge mit ihrer Bürgerschaft weiter aktiv werden wollen, bietet sich die Aufstellung von örtlichen Hochwasserschutzkonzepten an.

Die Aufgabenstellung lautet: Was können wir in unserer hochwasserbedrohten Stadt tun, um Hochwasserschäden gering zu halten? (**Bild 1**)

Die Federführung übernehmen die Kommunen. Das Land mit seinen Fachbehörden leistet Unterstützung und gewährt finanzielle Hilfe (Förderung bis zu 90 % nach den Förderrichtlinien der Wasserwirtschaftsverwaltung). Die Aufstellung des Hochwasserschutzkonzepts wird sachkundig von einem Ingenieurbüro begleitet, das von der Kommune beauftragt wird. Die Bürger werden in Versammlungen und Workshops über die Hochwassergefährdung informiert. Aus den Diskussionen heraus werden wie in den Hochwasserpartnerschaften, aber auf lokaler Ebene, Maßnahmen mit Verantwortlichkeiten festgelegt. Nach der Durchführung verschiedener Pilotprojekte mit unterschiedlichen Schwerpunkten (hinter Deichen, ohne Schutzanlagen, Starkregenbetroffenheit) haben bis heute ca. 50 Städte oder Gemeinden mit der Aufstellung ihres Konzepts zur Hochwasservorsorge begonnen.

Zur organisatorischen und fachlichen Unterstützung der Hochwasserpartnerschaften und der Aufstellung örtlicher Hochwasserschutzkonzepte

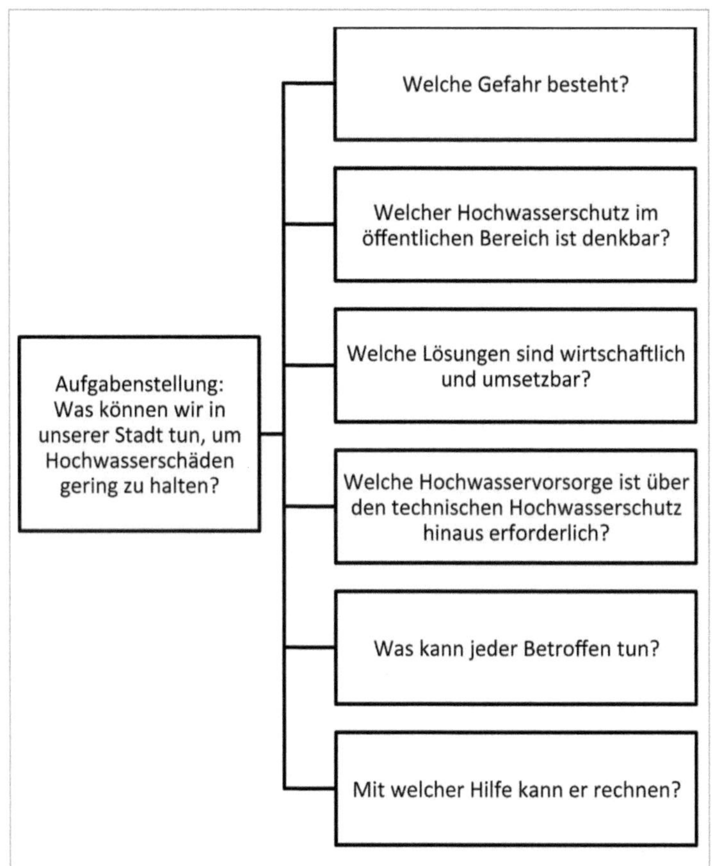

Bild 1: Maßnahmen, um Hochwasserschäden gering zu halten (Quelle: Schernikau)

wurde 2009 das Informations- und Beratungszentrum Hochwasservorsorge Rheinland-Pfalz (IBH) ins Leben gerufen. Hinter dieser Einrichtung stehen der Gemeinde- und Städtebund, der Landkreistag und der Städtetag, das Innen- und das Umweltministerium sowie die Hochwassernotgemeinschaft Rhein. Durch die enge Anbindung an die kommunalen Spitzenverbände werden der Kooperationsgedanke aufgegriffen sowie kommunale Erfahrungen und Anliegen eingebunden. Das IBH versteht sich als Dienstleister für die Hochwasserpartnerschaften, denen hierfür im Übrigen keine Kosten entstehen.

Die Wasserwirtschaftsverwaltung ist in (fast) allen örtlichen Veranstaltungen vertreten und berät die kommunalen sowie privaten Akteure bei der Maßnahmenfindung. Der offene Dialog, der auch kooperatives Verwaltungshandeln erfordert, ist für viele Mitarbeiter der Genehmigungs- und Fachbehörden neu. Die Kolleginnen und Kollegen bei den beiden Struktur- und Genehmigungsdirektionen sowie beim Landesamt für Umwelt haben die Aufgabe aber engagiert aufgegriffen.

Ihnen und dem IBH ebenso wie den Mitarbeiterinnen und Mitarbeitern der kommunalen Verwaltungen und vielen engagierten Bürgerinnen und Bürgern möchte ich herzlich danken. Hochwasserschutz ist eine Gemeinschaftsaufgabe. Wir sitzen alle im selben Boot.

Autor
Ralf Schernikau
Ministerium für Umwelt, Energie,
Ernährung und Forsten Rheinland-Pfalz
Kaiser-Friedrich-Straße 1
55116 Mainz
ralf.schernikau@mueef.rlp.de

Ralf Schernikau

Continuation of flood risk management in Rhineland-Palatinate

Flood risk management is a common task of citizens, communes and the state. It has not yet arrived at the cities, municipalities and their affected residents. In Rhineland-Palatinate the process has started in the regional flood partnerships and local initiatives for the development of flood protection concepts. It will continue in the coming years.

Heinz Gräfe, Stephan Gerber und Kristin Hunger

Das sächsische Maßnahmenprogramm zur Umsetzung der nationalen Hochwasserrisikomanagement-Pläne

Nach dem Hochwasser im August 2002 wurden in Sachsen Hochwasserschutzkonzepte und Gefahrenhinweiskarten als komplexe einzugsgebietsbezogene wasserwirtschaftliche Planungen erstellt. Damit lagen zum 22.12.2010 bereits Dokumente vor, welche die wesentlichen Anforderungen der Hochwasserrisikomanagementrichtlinie (HWRM-RL) erfüllen. Auf Basis dieser Vorleistungen hat der Freistaat Sachsen das Sächsische Maßnahmenprogramm zu den Hochwasserrisikomanagementplänen der Elbe und der Oder erarbeitet. Damit werden die Übergangsregelungen genutzt, die Art. 13 der HWRM-RL bietet. Dieses Maßnahmenprogramm besteht aus einem Textteil, der die Umsetzung der HWRM-RL in Sachsen erklärt, und Anhängen, welche die Maßnahmen im Detail erläutern. In informativen Steckbriefen werden sowohl die überregional wirksamen nichtbaulichen Maßnahmen aus den Handlungsfeldern Vermeidung, Warnung und Vorsorge dargestellt, als auch die baulichen Hochwasserschutzmaßnahmen mit ihrem aktuellen Umsetzungsstand beschrieben.

1 Die Landestalsperrenverwaltung

Im Freistaat Sachsen ist für die Umsetzung der HWRM-RL an den Gewässern I. Ordnung und der Elbe die Landestalsperrenverwaltung (LTV) zuständig. Die LTV ist ein Staatsbetrieb nach § 26 Sächsische Haushaltsordnung und dem Sächsischen Staatsministeriums für Umwelt und Landwirtschaft nachgeordnet.

Dem Staatsbetrieb obliegen hoheitliche Aufgaben, die im Sächsischen Wassergesetz festgeschrieben sind. Gewässerunterhaltung sowie Planung, Bau und Unterhaltung von Hochwasserschutzanlagen und anderen wasserwirtschaftlichen Anlagen zählen ebenso dazu wie die Roh- und Brauchwasserbereitstellung.

Unmittelbar nach dem verheerenden Augusthochwasser 2002 in Sachsen begann die LTV mit der Beseitigung der zahlreichen Schäden an Fließgewässern und Stauanlagen. Parallel dazu wurden insgesamt 47 Hochwasserschutzkonzepte erstellt, an deren Umsetzung die LTV kontinuierlich arbeitet. Mit den Hochwasserschutzkonzepten wurden Gefahrenkarten für betroffene sächsische Kommunen erstellt, welcher die Auswirkungen möglicher Hochwasserereignisse aufzeigen [1].

2 Rahmenbedingungen

Die HWRM-Pläne sind generell dreistufig aufgebaut. Die internationalen Pläne für die Einzugsgebiete (A-Ebene) wurden durch die internationalen Flussgebietskommissionen erstellt. Sie enthalten die grundlegenden strategischen Ziele und Maßnahmen für das gesamte Einzugsgebiet. Sachsen ist mit den Einzugsgebieten der Elbe und der Oder betroffen. Die nationalen Pläne (B-Ebene) für den deutschen Teil der Einzugsgebiete, die durch die Flussgebietsgemeinschaft Elbe bzw. die Bundesländer mit Anteil an der Flussgebietseinheit Oder erstellt wurden, leiten daraus die nationalen Ziele und Maßnahmen ab. Auf der Ebene der Bundesländer wurden verschiedene landesspezifische

S. Heimerl (Hrsg.), *Vorsorgender und nachsorgender Hochwasserschutz*,
https://doi.org/10.1007/978-3-658-21839-3_17

Kompakt

- In Sachsen lagen mit den Hochwasserschutzkonzepten (HWSK) bereits 2005 Dokumente vor, welche die wesentlichen Anforderungen der HWRM-RL erfüllen.
- Die Maßnahmen aus den HWSK sind 2015 in einem Maßnahmenprogramm aufgegangen, das die planerische Entwicklung der Maßnahmen seit Erstellung der Konzepte berücksichtigt.

Ansätze zur Untersetzung der HWRM-Pläne der Flussgebietseinheiten verfolgt (C-Ebene).

Mit den Hochwasserschutzkonzepten (HWSK) und der mit schweizerischer Unterstützung erstellten Gefahrenhinweiskarten [2] lagen zum 22.12.2010 komplexe einzugsgebietsbezogene Planungen vor, welche die wesentlichen Anforderungen der HWRM-RL erfüllen. Der konzeptionelle Ansatz der HWSK sowie die enthaltenen Maßnahmenvorschläge haben weiterhin grundsätzlich Bestand, auch wenn sie in der konkreten Umsetzung der Entwicklung der aktuellen Randbedingungen unterliegen.

Auf Basis dieser Vorleistungen hat der Freistaat Sachsen das Sächsische Maßnahmenprogramm zu den Hochwasserrisikomanagementplänen der Elbe und der Oder [3] erarbeitet. Damit werden die Übergangsregelungen genutzt, die der Art. 13 HWRM-RL (und abgeleitet davon, die §§ 74 und 75 WHG sowie § 71 SächsWG) bietet. Dieses Maßnahmenprogramm enthält die konkreten Maßnahmen des HWRM an den einzelnen Gewässern sowie überregional wirksame nichtbauliche Maßnahmen aus den Handlungsfeldern Vermeidung, Warnung und Vorsorge. Enthalten sind Maßnahmen verschiedener Akteure, insbesondere der LTV, der oberen und der unteren Wasserbehörden sowie der regionalen Planungsverbände.

In den Plänen und Programmen der A- und B-Ebene sind die sächsischen Beiträge nur in aggregierter Form sichtbar.

3 Das Maßnahmenprogramm

Das Sächsische Maßnahmenprogramm dient vor allem der Information der Öffentlichkeit über die fachlichen Grundlagen, über den aktuellen Planungs- und Umsetzungsstand der baulichen Maßnahmen sowie über die nichtbaulichen Maßnahmen. Es gilt für Gewässer I. Ordnung und für die Elbe. Kommunale Gewässer sind im Maßnahmenprogramm nicht enthalten. Die Kommunen konnten und können eigenverantwortlich HWRM-Pläne erstellen, diese werden jedoch in dieser Broschüre nicht dargestellt.

Das sächsische Maßnahmenprogramm umfasst:

- Einen Textteil, der die fachlichen Grundlagen und die Umsetzungsstrategie des HWRM in Sachsen beschreibt,
- einen Anhang 1, in dem sachsenweit umgesetzte nichtbauliche Maßnahmen erläutert werden,
- einen Anhang 2, in dem anhand von Steckbriefen die baulichen Maßnahmen mit ihrem aktuel-

Maßnahme: Festsetzung bzw. Aktualisierung der Überschwemmungsgebiete und Formulierung von Nutzungsbeschränkungen nach Wasserrecht		
LAWA Maßnahmentyp: 302		
Maßnahmedetails: Durch die unteren Wasserbehörden werden Überschwemmungsgebiete, die bei einem statistisch alle 100 Jahre wiederkehrenden Hochwasserereignis überflutet werden, durch Rechtsverordnung oder mittels Karten festgesetzt (§ 76 WHG, § 72 SächsWG). In einem festgesetzten Überschwemmungsgebiet gelten nach § 78 WHG bestimmteVerbote, welche eine Erhöhung des Hochwasserrisikos durch bauliche Tätigkeiten oder andere Aktivitäten verhindern sollen.		
Zuständigkeit: Untere Wasserbehörden		
Priorität: mittel	**Status:** fertig	

Bild 1: Beispiel für eine nichtbauliche Maßnahme (Quelle: LTV)

lem Umsetzungsstand dargestellt werden, sowie

- einen Anhang 3, der eine Liste der Gemeinden, für die ein HWRM-Plan für Gewässer II. Ordnung vorliegt, enthält.

Der Textteil widmet sich den fachlichen Grundlagen, Strukturen und Zuständigkeiten. Er stellt zunächst den Bezug zu den HWSK und der sächsischen Hochwasserstrategie, als Vorgänger des HWRM, her. Anschließend wird bürgernah über die drei Schritte des HWRM (Risikobewertung, Kartenerstellung, Managementplan), über die drei Ebenen des HWRM (internationale Pläne, nationale Pläne der Flussgebiete, landesspezifische Hintergrunddokumente) sowie über die Akteure und deren Zuständigkeiten informiert.

3.1 Darstellung der nichtbaulichen Maßnahmen

Ein Schwerpunkt der HWRM-RL liegt auf der Umsetzung von nichtbaulichen Maßnahmen, die geeignet sind, die Auswirkungen von Hochwasserereignissen zu mindern. Es handelt sich dabei um gesetzliche Regelungen und deren Umsetzung, die hauptsächlich der verbesserten Hochwasserwarnung, der Schadensvermeidung, der Hochwasserabwehr, der Vorsorge, aber auch der Abflussminderung in Hochwasserentstehungsgebieten dienen (Hochwasserentstehungsgebiete sind eine Besonderheit in Sachsen und haben das Ziel, das Hochwasserpotenzial schon im Einzugsgebiet zu mindern [4]). Diese Maßnahmen werden im Anhang 1 zum Sächsischen Maßnahmenprogramm vorgestellt. Sie sind überregional wirksam und werden daher mit Steckbriefen (**Bild 1**) ohne räumliche Zuordnung dargestellt.

Beispiele für die nichtbaulichen Maßnahmen sind:

- Festsetzung von Überschwemmungsgebieten und überschwemmungsgefährdeten Gebieten,
- Festsetzung von Hochwasserentstehungsgebieten und zugehörige Regelungen,
- technische und fachliche Weiterentwicklung des Landeshochwasserzentrums,
- Aufstellen der Wasserwehren incl. Satzung, Material, Alarm- und Einsatzplänen, Evakuierungsplänen,
- Förderung kommunaler Hochwasserschutzmaßnahmen,
- Erarbeitung fachlicher Grundlagen zur Bewertung der Wirtschaftlichkeit von Hochwasserschutzmaßnahmen.

Die Bezeichnung und Sortierung der Maßnahmen erfolgt nach LAWA-Maßnahmenkatalog bzw. -typ. Die Maßnahmendetails enthalten eine bürgerverständliche Erläuterung der Maßnahmen einschließlich des Zwecks bzw. der Einschränkungen durch diese Maßnahme.

3.2 Darstellung der baulichen Maßnahmen

Die baulichen Hochwasserschutzmaßnahmen basieren auf den Vorschlägen, die in den HWSK in den Jahren 2003 bis 2005 erarbeitet wurden. Sie wurden und werden im Hochwasserschutzinvestitionsprogramm des Freistaates Sachsen geplant und umgesetzt (s. Kapitel 4). Im sächsischen Maßnahmenprogramm für die HWRM-Pläne der El-

Große Kreisstadt Pirna	**Gottleuba**
Maßnahme: Ausbau, Ertüchtigung bzw. Neubau von stationären und mobilen Schutzeinrichtungen **LAWA Maßnahmentyp:** 317	
Maßnahmedetails: Erhöhung von Ufermauern, Rückbau bzw. Umbau Brücken zum schadlosen Abfluss des BHQ, Elbmündung bis Brücke B172	
Zuständigkeit: Freistaat Sachsen	
Priorität: hoch	**Status:** in Planung

Bild 2: Beispiel für eine bauliche Maßnahme (Quelle: LTV)

be und der Oder werden alle auf den HWSK basierenden baulichen Maßnahmen an den Gewässern I. Ordnung und der Elbe mit einzelnen Steckbriefen dargestellt. Dies umfasst rein technische Hochwasserschutzmaßnahmen, aber auch Maßnahmen, die der Verbesserung der Gewässerökologie dienen.

Die wesentlichen Inhalte der Steckbriefe (**Bild 2**) sind: Der LAWA-Maßnahmentyp, die Priorität, der aktuelle Umsetzungsstand der Maßnahme und ein Feld Maßnahmendetails, das der bürgerverständlichen Erläuterung der Maßnahmen dient. Diese verbalen Informationen werden durch eine kartografische Darstellung der jeweiligen Maßnahme in Form einer punktuellen Verortung und der Darstellung des Überschwemmungsgebietes vor Umsetzung der Maßnahme ergänzt.

Die Steckbriefe sind nach Gemeinden sortiert, um dem Bürger das möglichst schnelle Auffinden der für ihn relevanten Maßnahmen zu ermöglichen.

4 Umsetzung

Die Umsetzung der baulichen Maßnahmen an den Gewässern I. Ordnung und der Elbe erfolgt durch die LTV im Rahmen des Hochwasserschutzinvestitionsprogrammes. Das Hochwasserschutzinvestitionsprogramm gliedert sich dabei als ein wichtiger Teil des präventiven Hochwasserschutzes in die sächsische Gesamtstrategie zur Verbesserung des Hochwasserschutzes ein.

Die insgesamt 1 600 Maßnahmenvorschläge wurden in einem landesweiten Verfahren priorisiert ([5], [6]) und werden unter Berücksichtigung weiterer (priorisierungsfremder) Gesichtspunkte, wie Finanzierbarkeit, Realisierbarkeit und gesellschaftliche Akzeptanz, kontinuierlich durch die

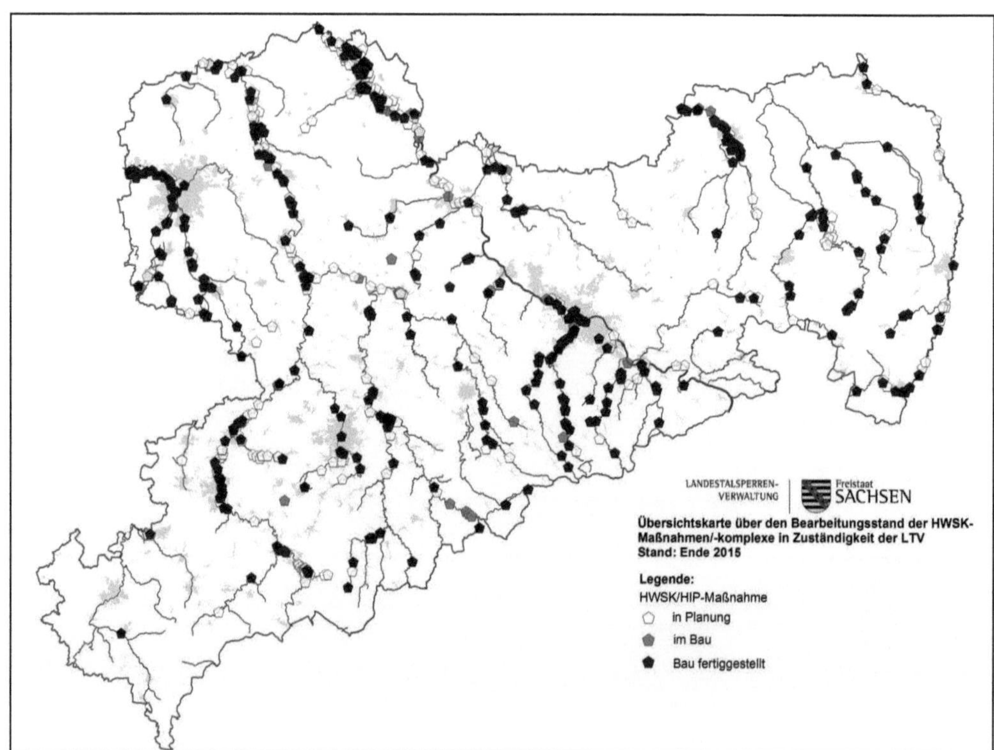

Bild 3: Übersichtskarte über den Bearbeitungsstand der HWSK-Maßnahmen/-Komplexe im Zuständigkeitsbereich der LTV mit Stand 12/2015 (Quelle: LTV)

LTV umgesetzt. Die Umsetzung aller Maßnahmen – soweit überhaupt möglich – ist ein langfristiges Ziel und somit eine Generationenaufgabe.

Ende 2015 (**Bild 3**):

- waren 408 Maßnahmen abgeschlossen,
- waren 48 Maßnahmen im Bau und
- befanden sich 249 Maßnahmen in der Planung oder im Genehmigungsverfahren.

5 Ausblick

Bedingt durch:

- Anpassung von hydrologischen Grundlagen in Folge abgelaufener Hochwasserereignisse,
- umgesetzte Hochwasserschutzmaßnahmen,
- maßgeblichen Änderungen am Gewässer infolge Hochwasser und der Schadensbeseitigung,
- zwischenzeitlich genaueren Datengrundlagen und neuen Erkenntnissen,
- die Weiterentwicklung der Strömungsmodellierung (1D zu 2D) und
- einer Weiterentwicklung der HWSK zu HWRM-Plänen auf C-Ebene

wird für den zweiten Zyklus der HWRM-RL eine Aktualisierung der aktuell vorliegenden Dokumente zum HWRM im zweiten Turnus notwendig (**Bild 4**).

Die große Herausforderung bei der Überarbeitung der Hochwasserkarten liegt v. a. im enormen Umfang (rund 3 000 km hydraulisch zu modellierende Fließgewässer mit ca. 580 Ortslagen) und der Herausforderung, die teilweise kleinteilig fortgeschriebenen hydraulischen Modelle auf einen einheitlichen und aktuellen Stand für die einzelnen Flussgebiete zu bringen. Mit Stand Januar 2016 liegen für etwa 1 000 Flusskilometer aktuelle hydraulische Modelle vor. Zur besseren Akzeptanz und korrekten Interpretation der Karten ist die Übergabe der überarbeiteten Karten im Rahmen einer Veranstaltung bei den betroffenen Gemeinden sinnvoll, aber auch mit weiterem Aufwand verbunden.

Die Entwicklung der HWSK zu HWRM-Plänen bedeutet einen umfassenderen Planungsansatz mit mehr Handlungsfeldern als bei der Erstellung der HWSK. Der notwendige Bearbeitungsaufwand wird demnach merklich steigen. Bei

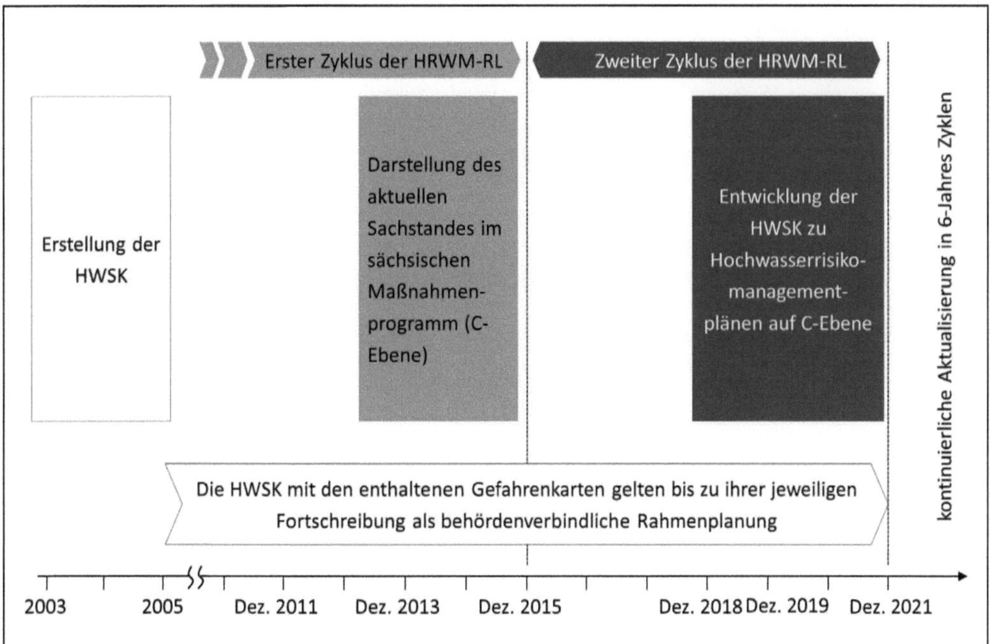

Bild 4: Vom HWSK zum HWRM-PL (Quelle: LTV)

48 Planungsregionen in Sachsen wird dies eine große Herausforderung werden. Zudem muss begleitend auch eine Öffentlichkeitsbeteiligung zur Sicherung der Akzeptanz in der Bevölkerung erfolgen, auch wenn die strategische Umweltprüfung bereits auf Flussgebietsebene durchgeführt wird. Um zukünftig besser für zyklische Aktualisierungen gewappnet zu sein, wird parallel zur Facharbeit an einer effizienten Datenhaltung gearbeitet.

Autoren

Heinz Gräfe
Kristin Hunger
Dr. Stephan Gerber
Landestalsperrenverwaltung des Freistaates Sachsen (LTV)
Bahnhofstraße 14
01796 Pirna
Heinz.Graefe@ltv.sachsen.de
Kristin.Hunger@ltv.sachsen.de
Stephan.Gerber@ltv.sachsen.de.

Literatur

[1] Landestalsperrenverwaltung des Freistaates Sachsen (Hrsg.): Hochwasserschutzkonzepte – eine integrierte Strategie für Sachsen. Pirna, 2003.
[2] Sächsisches Landesamt für Umwelt, Landwirtschaft und Geologie (Hrsg.): Hochwasser in Sachsen – Gefahrenhinweiskarten. Dresden, 2006.
[3] Landestalsperrenverwaltung des Freistaates Sachsen (Hrsg.): Das sächsische Maßnahmenprogramm zu den Hochwasserrisikomanagementplänen der Elbe und der Oder. Pirna, 2015.
[4] Wahren, A.; Frank, S.; Walther, P.; Schmidt, W.; Feger, K.-H.: Erstellung eines Leitfadens für Ausgleichsmaßnahmen auf landwirtschaftlich genutzten Flächen in den Hochwasserentstehungsgebieten Sachsens. In: Hydrologie und Wasserbewirtschaftung 55 (2011), Heft 3, S. 155-163.
[5] Socher, M.; Sieber, H.-U.; Müller, G.; Wundrak, P.: Verfahren zur Landesweiten Priorisierung von Hochwasserschutzmaßnahmen in Sachsen. In: Hydrologie und Wasserbewirtschaftung 50 (2006), Heft 3, S. 123-130.
[6] Sächsisches Staatsministerium für Umwelt und Landwirtschaft (Hrgs.): Ergebnisse der landesweiten Priorisierung von Hochwasserschutzmaßnahmen. Dresden, 2005.

Heinz Gräfe, Stephan Gerber and Kristin Hunger

The Saxon program to implement the national flood risk management plans

After the flood in August of 2002 flood protection concepts and risk maps were created as complex water management plans for the different catchments in Saxony. On 22.12.2010 documents, which fulfil the essential requirements of the Flood Risk Management Directive (FRMD), were already available. Using these data the Free State of Saxony has drawn up the "Saxon Action Plan for Flood Risk Management of the Elbe and Oder Rivers", per the transitional arrangements of article 13 FRMD. The action plan consists of a text explaining the implementation of the Flood Risk Management Directive in Saxony, and of annexes outlining the individual measures in more detail. In addition, the plan includes descriptions of effective transregional measures which are non-structural, such as flood avoidance and precautions as well as flood warnings. It also addresses the current state of implementation of structural flood protection measures in Saxony.

Ulrike Scharf

Hochwasserrisikomanagement in Bayern

Mit dem Klimawandel steigt auch das Hochwasserrisiko. Bayern investiert daher seit fast zwei Jahrzehnten verstärkt in den Hochwasserschutz. Das Hochwasserschutz-Aktionsprogramm 2020plus ist das Rückgrat der integralen Schutzstrategie. Hochwasserrisikomanagement ist eine gesamtgesellschaftliche Zukunftsaufgabe und bildet die Grundlage für den richtigen Umgang mit dem Hochwasser in Zeiten des Klimawandels.

1 Hochwasserschutz als politische Herausforderung

2016 war nach Angaben der Vereinten Nationen das wärmste Jahr seit Beginn der Wetteraufzeichnungen. Mit einem Temperaturanstieg von 1,1 °C gegenüber dem vorindustriellen Zeitalter liegen wir schon gefährlich nahe an den 1,5 °C, die die Weltklimakonferenz in Paris als gerade noch tragbar bezeichnet hat. Damit einhergehend steigt auch das Hochwasserrisiko für unser Land. Hochwasser bedroht Menschenleben, öffentliches und privates Vermögen sowie kritische Infrastruktur.

Seit bald zwei Jahrzehnten investiert Bayern mit Erfolg in den vorsorgenden Hochwasserschutz. Neben den finanziellen Herausforderungen, die

© Hermann Ernst

S. Heimerl (Hrsg.), *Vorsorgender und nachsorgender Hochwasserschutz*,
https://doi.org/10.1007/978-3-658-21839-3_18

Kompakt

- Mit dem Klimawandel steigt auch das Hochwasserrisiko.
- Hochwasserrisikomanagement ist eine gesamtgesellschaftliche Zukunftsaufgabe und bildet die Grundlage für den richtigen Umgang mit dem Hochwasser in Zeiten des fortschreitenden Klimawandels.

beim Hochwasserschutz zu bewältigen sind, geraten wir mit unseren Planungen auch immer wieder ins Kreuzfeuer öffentlicher Kritik. Nicht alle Oberlieger haben Verständnis dafür, dass sie mit die Verantwortung für den Schutz der Unterlieger übernehmen müssen. „Hochwasserschutz ja, aber bitte nicht bei uns", ist oft im Gespräch mit den Betroffenen zu hören.

Für die Bayerische Staatsregierung ist Hochwasserschutz eine gesamtgesellschaftliche Zukunftsaufgabe. Sie betrifft uns alle, und wir können sie nur gemeinsam bewältigen. Unterlieger sind auf die Solidarität der Oberlieger angewiesen; Oberlieger stehen in der Pflicht, Verantwortung für die Nachbarn flussabwärts zu übernehmen. Eine große Herausforderung!

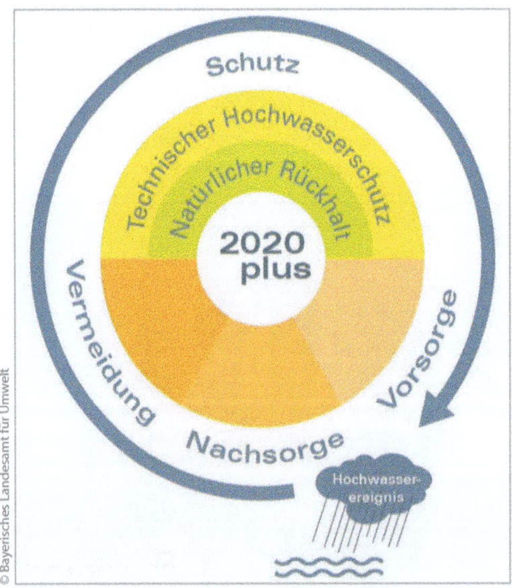

Bild 1: Aktionsprogramm 2020plus unter Berücksichtigung des Kreislaufs des Hochwassermanagements

Die großen Hochwasserereignisse der Jahre 1999, 2005 und 2013 sowie die Sturzfluten des Jahres 2016 haben deutlich gemacht: Einen absoluten Schutz vor Überschwemmungen gibt es nicht. Es gibt aber einen hohen, einen höchstmöglichen Schutz – und genau diesen höchstmöglichen Schutz streben wir an. Dabei steht für uns fest: Wir dürfen uns nicht mehr nur an technischen Maßnahmen orientieren. Vielmehr müssen wir umfassende Strategien entwickeln, wie wir bei zunehmendem Klimawandel das Hochwasserrisiko vermindern. Dies gelingt nur mit einem ganzheitlichen Ansatz.

2 Die Umsetzung der HWRM-Richtlinie im 1. Zyklus – ein Rückblick

Den Grundstein für einen umfassenden Hochwasserschutz in Bayern haben wir bereits 2001 mit dem „Hochwasserschutz-Aktionsprogramm 2020" gelegt, einer neuen, integralen und zukunftsweisenden Schutzstrategie. Die drei Handlungsfelder „technischer Hochwasserschutz", „natürlicher Rückhalt" und „Hochwasservorsorge" zeigten schon damals den Weg von der reinen Gefahrenabwehr hin zu einer gesamtheitlichen Risikokultur.

Nach dem katastrophalen Hochwasser vom Juni 2013 wurde das bisherige Programm zum „Hochwasserschutz-Aktionsprogramm 2020plus" weiterentwickelt. Der Kreislauf des HWRM wurde integriert und das Finanzvolumen von 2,3 auf 3,4 Mrd. Euro angehoben. Damit ist das Aktionsprogramm 2020plus das bislang größte wasserbauliche Investitions- und Infrastrukturprogramm Bayerns.

Das Aktionsprogramm 2020plus legt einen neuen Schwerpunkt auf die Resilienz der Hochwasserschutzanlagen, wodurch ein plötzliches Versagen verhindert werden soll. Gleichzeitig setzen wir auf ein erweitertes Rückhaltekonzept mit Maßnahmen des natürlichen und technischen Rückhalts sowie auf

Nachsorge und Vermeidung von Hochwasserschäden (**Bild 1**).

Das HWRM ist ein kontinuierlicher und zyklischer Prozess. Er basiert auf der HWRM-RL der EU (Richtlinie 2007/60/EG). Die praktische Umsetzung stellt für alle Beteiligten eine große Herausforderung dar, die für den 1. Umsetzungszyklus jedoch fristgerecht bewältigt werden konnte. Mit der Erstellung der Hochwassergefahrenkarten und Hochwasserrisikokarten bis Dezember 2013 an insgesamt rund 7 650 Gewässerkilometern und der Erarbeitung der HWRM-Pläne bis Dezember 2015 haben wir die Voraussetzungen geschaffen, die negativen Auswirkungen von Hochwasser in den Flussgebieten auf die vier Schutzgüter menschliche Gesundheit, Umwelt, Kulturerbe und wirtschaftliche Tätigkeit/erhebliche Sachwerte in den Griff zu bekommen. In den folgenden Umsetzungszyklen, die alle sechs Jahre beginnen, gilt es, die positiven Ansätze weiter zu intensivieren sowie für die notwendigen Maßnahmen zu werben.

3 Bedeutung der Kommunen und anderer Akteure

Um das Risiko für die vier Schutzgüter zu verringern, ist es erforderlich, alle Akteure einzubeziehen, die zur Reduzierung der Hochwasserrisiken beitragen können (**Bild 2**). Diese Aufgabe kann nicht alleine durch die Wasserwirtschaft bewältigt werden, der Ansatz würde zu kurz greifen. HWRM-Pläne sind fachübergreifend und gehen deutlich über den Zuständigkeitsbereich der Wasserwirtschaftsverwaltung hinaus. Vielmehr ist eine intensive Zusammenarbeit der verschiedenen Ressorts und Verwaltungsebenen, der Politik und aller am Umgang mit Hochwasser beteiligten Akteure erforderlich. Nur so können wir das Schadenspotenzial so gering wie möglich halten.

Wenn HWRM-Pläne aufgestellt werden, legen die Akteure in den Flussgebieten fest, wie sie mit den Hochwasserrisiken umgehen wollen. Zentrales Element ist die Risikobewertung. Anhand der zur Verfügung stehenden Karten setzen sich die einzelnen Gruppen zunächst mit der potenziellen Gefährdung auseinander. In der Folge werden im

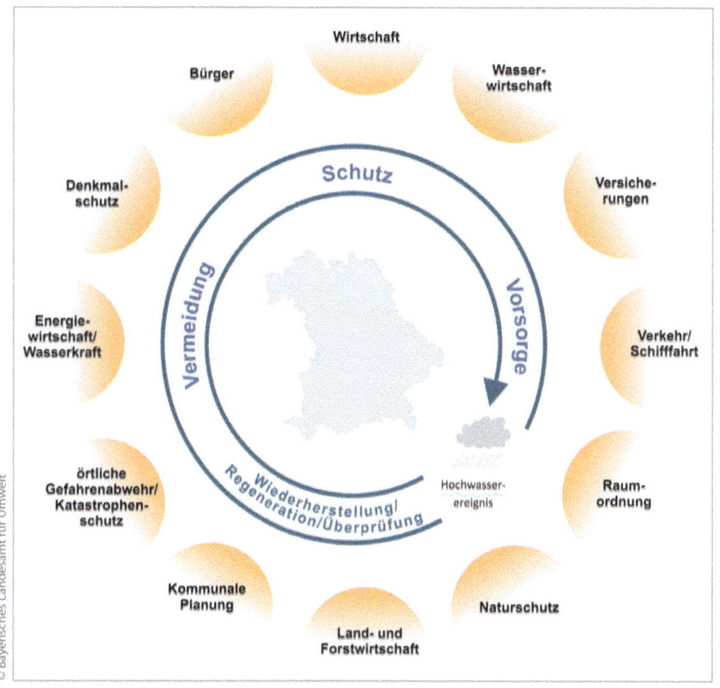

Bild 2: Am HWRM beteiligte Akteure

jeweiligen Zuständigkeitsbereich der einzelnen Akteure Maßnahmen vorgestellt, die zur Reduzierung der Risiken durch Hochwasser beitragen.

Neben den Bezirksregierungen, Verbänden, Fachbehörden und Trägern überörtlicher Infrastruktur als den Akteuren auf regionaler Ebene nehmen die Kommunen als Akteure der lokalen Ebene eine herausragende Rolle ein. Sie werden bei der Bewertung der Risiken und bei der Auswahl geeigneter Maßnahmen für ihr Stadt- und Gemeindegebiet durch die Wasserwirtschaftsämter und Kreisverwaltungsbehörden unterstützt.

80 % der betroffenen Städte und Gemeinden haben im ersten Umsetzungszyklus von diesem Angebot Gebrauch gemacht. Dies zeigt deutlich: Es gibt ein großes Interesse am richtigen Umgang mit Hochwasser. Den Kommunen im Land wird immer mehr bewusst: HWRM muss als kontinuierliche Aufgabe wahr- und angenommen werden. Neben der Intensivierung des Risikodialogs müssen deshalb auch die Maßnahmen, die sich die einzelnen Gruppen vorgenommen haben, nach und nach in die Tat umgesetzt werden. So kommt beispielsweise der kommunalen Bauleitplanung, dem Katastrophenschutz oder der Landwirtshaft hinsichtlich des HWRM eine besondere Bedeutung zu.

Die Berücksichtigung des vorbeugenden Hochwasserschutzes im Rahmen der Bauleitplanung sorgt dafür, dass das Schadenspotenzial in den Überschwemmungsgebieten nicht durch neue Siedlungs- und Gewerbeflächen anwächst. Hier tragen die Kommunen eine hohe Verantwortung. Die von der Wasserwirtschaftsverwaltung erstellten Hochwassergefahren- und Hochwasserrisikokarten stehen frei zugänglich beim „Informations-

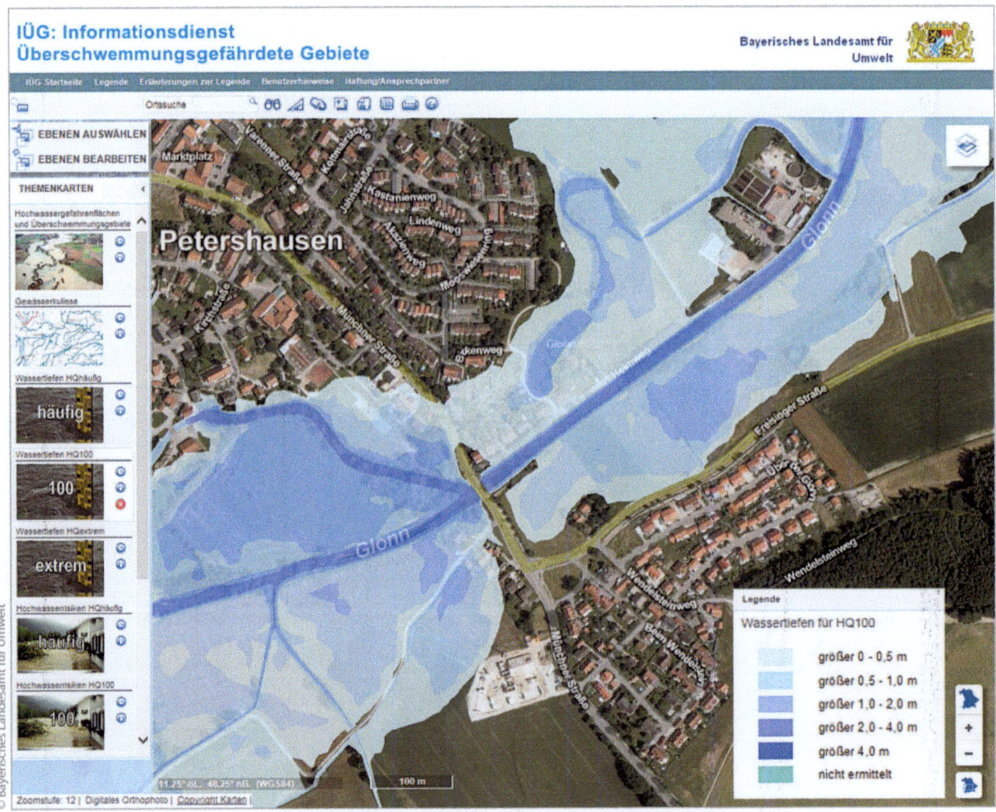

Bild 3: Ausschnitt aus dem „Informationsdienst Überschwemmungsgefährdete Gebiete", dargestellt werden die Wassertiefen für ein HQ_{100} in fünf Klassen

dienst Überschwemmungsgefährdete Gebiete" (www.iug.bayern.de; **Bild 3**) zur Verfügung. Die Karten sind eine wichtige Entscheidungshilfe bei allen kommunalen Planungen und ein wichtiger Baustein der Hochwasservorsorge. Den vorbeugenden Hochwasserschutz bei Flächennutzungsplänen und Bauleitplänen zu integrieren, ist eine unverzichtbare Maßnahme auf kommunaler Ebene.

Der Katastrophenschutz nimmt im HWRM ebenfalls eine zentrale Funktion ein. Mit Hilfe der Hochwassergefahren- und Hochwasserrisikokarten kann die Gefährdung bestimmter Gebiete oder sogar einzelner Gebäude und Einrichtungen beurteilt werden. Im Rahmen des HWRM können und sollen Planungen zur Bewältigung von Hochwasserereignissen überprüft, fortentwickelt und bei Bedarf neu aufgestellt werden. Von besonderer Bedeutung sind die sogenannten „Örtlichen Alarm- und Einsatzpläne Hochwasser", die von den Gemeinden erstellt werden. Mit einem „Örtlichen Alarm- und Einsatzplan Hochwasser" verfügen die Städte und Gemeinden über ein wirkungsvolles Instrument, um zügig und sachgerecht auf Hochwasserereignisse zu reagieren. Wer sich rechtzeitig und fundiert mit dem Thema auseinandersetzt, kann im Ernstfall besser und ohne Zeitdruck planen und die Schäden im Hochwasserfall damit geringer halten.

Beim Thema HWRM spielt auch die Landwirtschaft eine große Rolle. So hat eine hochwasserangepasste Bewirtschaftung der Flächen unter anderem Einfluss auf Wasserrückhalt sowie Erosion und trägt unmittelbar dazu bei, die Hochwassergefahr zu reduzieren. Eine hochwasserangepasste Flächennutzung ist daher auch eine wichtige Maßnahme des HWRM.

4 Aktiv bleiben – aktiv werden

Nur wenn sich alle Beteiligten ihrer Aufgaben und Pflichten im HWRM bewusst sind, an einem Strang ziehen, sich aktiv in den Planungsprozess einbringen und bei der Umsetzung der Maßnahmen mitwirken, führen die Anstrengungen auch wirklich zum Erfolg. Ein fortlaufender Risikodialog macht es möglich, dass sich die Akteure zielgerichtet und fachübergreifend mit dem Hochwasserrisiko auseinandersetzen und das Risikobewusstsein auf Dauer geschärft wird.

Die Evaluation der Maßnahmenumsetzung, die im bayerischen Main-Einzugsgebiet im Winter 2016 begonnen hat und für das Donau-Einzugsgebiet in der zweiten Jahreshälfte 2017 folgen wird, trägt dazu bei, den Dialog und die Auseinandersetzung mit der Thematik aufrechtzuerhalten. Hierfür wird bei den Akteuren abgefragt, wie weit die Maßnahmen schon umgesetzt und wo möglicherweise Probleme aufgetreten sind. Gleichzeitig werden die Akteure an die Umsetzung ihrer Maßnahmen erinnert und kompetent beraten. Der stetige Austausch zwischen den Akteuren, die intensive Auseinandersetzung mit den Risiken und die Aufarbeitung der Erfahrungen mit den ergriffenen Maßnahmen sind die Basis, um auch für künftige Hochwasserereignisse gut vorbereitet zu sein. Unser Appell an alle Akteure: Behalten Sie die Umsetzung der Maßnahmen weiter im Blick. Eine erfolgreiche Hochwasserschutzpolitik macht unsere Kommunen zukunftsfest!

2020 werden die nächsten HWRM-Pläne erstellt und eine Risikobewertung durchgeführt. Dann wird sich zeigen, inwieweit die bisher ergriffenen Maßnahmen das Risiko vermindert haben und an welchen Stellen gegebenenfalls nachjustiert werden muss.

Wichtig ist dabei für alle Beteiligten, sich noch mehr als bisher zu vernetzen. Unsere Flüsse und Bäche halten sich nicht an Verwaltungsgrenzen. Deshalb werden wir Hochwassergefahren nur dann erfolgreich begegnen, wenn wir auch die Grenzen in unseren Köpfen überwinden! Auch hier gilt: Gemeinsam erreichen wir mehr!

Bereits 2007 hat sich der erste kommunale Zweckverband für den Hochwasserschutz in Bayern gegründet. Diese positiven Beispiele müssen weiter ausgebaut und mit Leben erfüllt werden. Der Freistaat Bayern unterstützt deshalb beispielsweise die Durchführung von Hochwasser-Audits. Dadurch können sich Kommunen besser auf drohende Gefahren im Ernstfall vorbereiten und bereits im Vorfeld präventive Maßnahmen ergreifen. Das von der Deutschen Vereinigung für Wasserwirtschaft, Abwasser und Abfall e. V. (DWA) angebotene Audit wird vom Freistaat zu 75 % gefördert und ist eine lohnende Investition für jede Kommune.

5 Ausblick: Wohin wollen wir?

Das HWRM ist ein kontinuierlicher Prozess, bei dem sich alle Umsetzungsstufen in einem Rhythmus von sechs Jahren wiederholen. Mit der im ersten Zyklus getroffenen Einschätzung des Risikos, der Auswahl und auch einer erfolgreichen Umsetzung von Maßnahmen ist das Ziel der HWRM-RL noch lange nicht erreicht. Die Richtlinie verlangt eine fortdauernde Beschäftigung mit der Thematik – auch über den ersten, zweiten und dritten Umsetzungszyklus hinaus. Das HWRM ist eine Daueraufgabe, die uns eine ständige Aktualisierung von Strategien und Maßnahmen abverlangt.

Auch aus der Katastrophe von Simbach, die im letzten Jahr enorme Schäden angerichtet und auch Tote gefordert hat, haben wir gelernt. Neben den großen Hochwasserereignissen an Flüssen und Bächen sollen auch die Gefahren durch wild abfließendes Wasser in Folge von Starkregen und durch sogenannte Sturzfluten in sonst harmlos erscheinenden kleinen Einzugsgebieten noch stärker in den Fokus gerückt werden. Bayern wird das Hochwasseraktionsprogramm 2020plus noch um diese Komponente erweitern.

Wir müssen uns darüber im Klaren sein: Nahezu jedes Anwesen kann von Hochwasser-Ereignissen betroffen sein, unabhängig von der Lage zu einem Gewässer. Infolge des Klimawandels müssen wir zwei Tatsachen ins Auge sehen: Extreme Ereignisse nehmen zu und einen absoluten Schutz vor Hochwasser, beispielsweise durch technische Maßnahmen, gibt es nicht. Aber wir lernen jeden Tag dazu, wie wir noch besser mit Hochwassersituationen umgehen können. Fest steht: HWRM ist weit mehr als nur die Umsetzung einer europäischen Richtlinie. Es ist die Grundlage für den richtigen Umgang mit Hochwasser, die Grundlage für sicheres Leben in Zeiten des Klimawandels.

Autorin
Ulrike Scharf MdL
Bayerische Staatsministerin für Umwelt und Verbraucherschutz
Rosenkavalierplatz 2
81925 München
Eva.Dondl@stmuv.bayern.de

Ulrike Scharf

Flood risk management in Bavaria

A consequence of the global climate change is the increased risk of flooding. Since almost two decades Bavaria increased the investment in flood control measures. The Bavarian "Flood Protection Action Program 2020plus" is the basis of an integrative protection strategy. Flood risk management is a community duty and forms the basis for the proper handling of flooding, especially in times of the global climate change.

Liane Sedlmeier

Hochwasserrisikomanagement aus der Sicht einer bayerischen Kommune

Hochwasserereignisse bedrohen Leben, Gesundheit und Vermögen unserer Bevölkerung. Eine Gemeinde ist daher gut beraten, sich die Hochwassergefahren im eigenen Gemeindegebiet bewusst zu machen. In der Stadt Osterhofen, einer typischen bayerischen Kleinstadt im ländlichen Raum, hat man sich ausführlich mit der Thematik befasst und dabei überraschende Erkenntnisse gewonnen. Unterschätzt bzw. verkannt wird oft das Risiko an Bächen und Gräben, wo durchaus ein sehr hohes Schadenspotenzial herrschen kann, wie der Fall Osterhofen zeigt. Darüber hinaus darf den historisch gewachsenen Dörfern in den überschwemmungsgefährdeten Bereichen durch allzu strenge Baubeschränkungen eine angemessene und zukunftssichernde Entwicklungsmöglichkeit nicht entzogen werden.

Seit 2008 darf ich meine Heimatstadt Osterhofen im Landkreis Deggendorf als 1. Bürgermeisterin auf ihrem Weg in die Zukunft begleiten. Bereits 12 Jahre länger gehöre ich dem Stadtrat an. Osterhofen wurde 1378 von Johann Landgraf von Leuchtenberg zur Herzogstadt erhoben und umfasst eine Fläche von 111 km² mit rd. 11 600 Einwohnern. Die Stadt liegt mit mehreren Ortsteilen direkt an der Donau und war beim Jahrhunderthochwasser 2013 so massiv bedroht, dass bereits Evakuierungsmaßnahmen anliefen. Nur mit großem Glück wurden wir vor größeren Schäden verschont. Der Deichriss in Winzer auf der gegenüberliegenden Donauseite mit den Folgen der Überflutung von Niederalteich hat für eine Entspannung in Osterhofen gesorgt. Zudem verdanken wir es aufmerksamen Feuerwehrkameraden, die in der Morgendämmerung einen Deichriss im Ortsteil Ruckasing entdeckten und uns damit vor einer großen Katastrophe bewahrten. Ein weiteres aus den Medien hinreichend bekanntes „Fischerdorf" wäre die Folge gewesen.

Ich sehe meine Heimatstadt als repräsentative Vertreterin einer bayerischen Kommune im ländlichen Raum an, die sich zwangsläufig mit den Risiken von Hochwässern auseinandersetzen sollte. Bei der Hochwasserkatastrophe 2013 lag die Verantwortung richtigerweise beim Krisenstab in der Kreisverwaltungsbehörde, sprich beim Landratsamt in Deggendorf. Da ich durch meine Mitarbeit im Arbeitskreis „Hochwasserrisikomanagement" am Bayerischen Landesamt für Umwelt mehr als üblich für das Thema sensibilisiert war, habe ich am städtischen Rettungszentrum, das die größte Wehr von insgesamt 16 städtischen Feuerwehren und das BRK mit Wasserwacht beheimatet, einen lokalen Krisenstab eingerichtet. Im Nachhinein betrachtet war das eine sehr wichtige und richtige Maßnahme, war doch der Donaudamm auf einer Länge von 17 km im Stadtgebiet zu verteidigen, was umso schwieriger wurde, als bei Fischerdorf

Kompakt

- Hochwasserrisikomanagement ist eine gesamtstaatliche Aufgabe, die sinnvollerweise ihren Anfang auf Gemeindeebene nimmt.
- Gemeindeverantwortliche sollten sie als anhaltenden Prozess verstehen.
- Die Auseinandersetzung mit der Materie führt nicht selten zu überraschenden Erkenntnissen.

S. Heimerl (Hrsg.), *Vorsorgender und nachsorgender Hochwasserschutz*,
https://doi.org/10.1007/978-3-658-21839-3_19

der Damm brach. Deggendorf war für uns anschließend nicht mehr erreichbar, so dass die lokal Verantwortlichen auch nicht mehr an den Krisenstabsitzungen im Landratsamt teilnehmen konnten. In der Rückschau auf die dramatischen Tage anfangs Juni 2013 und deren Aufarbeitung bezweifle ich, dass sich ein Bürgermeister allein auf das Funktionieren des überörtlichen Krisenstabes verlassen darf. Es gilt immer eigene Hausaufgaben zu machen. Jede Gemeinde, die irgendwie von Hochwasser bedroht werden kann, ist gut beraten, sich rechtzeitig mit den Gefahren und den möglichen und sinnvollen Vorkehrungen dagegen auseinanderzusetzen.

Für ein gutes und vor allem systematisch gegliedertes Vorgehen auch auf lokaler Ebene gibt es Hilfsmittel des Bayerischen Landesamtes für Umwelt. Die dort erarbeiteten Hochwassergefahren- und Hochwasserrisikokarten bilden eine entscheidende Erkenntnisgrundlage. Sehr positiv war auch, dass engagierte Mitarbeiter des Wasserwirtschaftsamtes Deggendorf uns diese Karten nicht nur in Papier bereitgestellt, sondern auch erläutert haben. Und wenn man dann weiß, wo im Gemeindegebiet Hochwasser droht und mit welchen Hochwasserständen man in den verschiedenen Szenarien rechnen muss, kann man über die Auswirkungen nachdenken, das Gefahrenpotenzial beurteilen und sich überlegen, mit welchen Maßnahmen die Gemeinde kurz-, mittel- und langfristig reagieren will und kann.

Die Hochwassergefahrenkarten unterscheiden drei Szenarien:

Ein $HQ_{häufig}$, ein HQ_{100} und ein HQ_{extrem}. Die Darstellungen in den Karten für das Stadtgebiet in Osterhofen waren uns aus jahrzehntelanger Bauleitplanungserfahrung im Wesentlichen bekannt für die überschwemmungsgefährdeten Bereiche in den unterschiedlichen Szenarien an der Donau und an der Vils, einem weiteren Gewässer I. Ordnung. Dass aber das größte Schadensrisiko für die Stadt selbst als Immobilieneigentümer und als Träger wichtiger Einrichtungen der Daseinsvorsorge von einem Gewässer III. Ordnung, unserem Herzogbach ausgeht, mussten wir erst einmal verinnerlichen. Ich gestehe, die Überflutungsgefahr ausgehend von kleinen oder mittleren Bächen haben wir gerade für ein HQ_{100} und HQ_{extrem} so nicht auf dem Schirm gehabt. Erst die Erfahrungen der letzten Jahre andernorts machen glaubhaft, dass scheinbar harmlose Bäche unerwartet und überraschend schnell zu einem Hochwasserfluss entarten können. Auch das ist Aufgabe eines lokalen Hochwasserrisikomanagements: Das Bewusstsein für Gefahren ausgehend von gemeindlichen Gewässern III. Ordnung bei den Gemeindeverantwortlichen, aber auch und besonders bei den Bachanliegern zu schärfen. Dies war auch der Grund, warum ich vor zwei Jahren das Hochwasserrisikomanagement zum Hauptthema einer Bürgerversammlung machte. Ich wollte die Bevölkerung zu einer Einschätzung der eigenen, privaten Risikolage und machbarer Vorkehrungen bewegen. Eine unmittelbare Folge daraus war, dass mehrere Ortswehren seither einen Vorrat an Sandsäcken in ihren Dörfern vorhalten und wir als Stadt auch an Privatpersonen bis zu einem vertretbaren Umfang Sandsäcke abgeben bzw. zur Abholung bereithalten. Diese Vorbereitungen können die Ortswehren im Fall der Fälle entlasten.

Wenn wir das Hochwasserrisiko einigermaßen managen wollen, müssen wir uns auch überlegen, welche schützenswerten Güter denn bedroht wären. Wir kennen in diesem Zusammenhang folgende Schutzgüter:

- Schutzgut Mensch, der bei Überflutung besiedelter Bereiche am Leben und seiner Gesundheit bedroht ist. Dabei müssen wir nicht nur an Wohnungen denken, sondern an alle Aufenthaltsorte, an denen Menschen betroffen sein können, also auch an Arbeitsstätten in Gewerbegebieten, an Schulen oder Kindergärten, Senioren- oder Behinderteneinrichtungen oder an Krankenhäuser. Überflutete Straßen oder Brücken können die Erreichbarkeit für Rettungskräfte erschweren. Der Ausfall einer Kläranlage bzw. eine Behinderung der Schmutzwasserableitung lässt hygienische Probleme erwarten.
- Schutzgut Umwelt, wobei wir zum einen beispielsweise an Trinkwasserschutzgebiete, Naturschutzgebiete oder Badegewässer denken sollen, zum anderen aber auch an Anlagen, die gerade bei

Überflutung zur Umweltgefahr werden, seien es Industrieanlagen, Tankstellen oder in privaten Haushalten die Heizöltanks.

- Schutzgut Kulturerbe: Wir haben gerade als öffentliche Hand den Auftrag, historische Bausubstanz zu erhalten. Allein im Stadtgebiet Osterhofen stünden bei einem 100jährlichen Hochwasser an der Donau drei mehrere Jahrhunderte alte und teuer restaurierte Kirchengebäude über zwei Meter hoch im Wasser. Vergessen wir auch nicht das Inventar oder den gesammelten wertvollen Inhalt von Gebäuden, wenn z. B. Archive oder Museen bedroht sind.
- Schutzgut Wirtschaft: Wo Betriebe der Wirtschaft überflutet werden, stehen Existenzen auf dem Spiel, fallen mindestens kurzfristig, schlimmstenfalls sogar dauerhaft Arbeitsplätze weg.

Bei der Bearbeitung der Thematik in unserem Rathaus sind wir doch zu einigen Erkenntnissen gelangt:

Dass an der Donau mehrere Ortschaften mit insgesamt über 1 500 Einwohner bei einem HQ_{100} massiv bedroht sind, war und ist im Rathaus und in der Bevölkerung bekannt, zumindest solange es sich nicht um neu zugezogene Einwohner handelt. In diesen Bereichen setzen wir in erster Linie auf die Bemühungen des Freistaates, mittelfristig die Schutzanlagen auf HQ_{100}-Stand auszubauen. Meine Aufgabe als Bürgermeisterin sehe ich hier allgemein darin, das Bewusstsein über das Hochwasserrisiko in der Bevölkerung wach zu halten, so dass sie für den Katastrophenfall Vorsorge treffen und reagieren kann. Wir achten auch darauf, dass unsere Feuerwehren im Donauraum sinnvoll und zweckorientiert ausgestattet sind, dass ihren Interessen zur notwendigen Deichverteidigung nachgegangen wird und ich werbe für Nachwuchs in den Wehren.

Für ein Gewerbegebiet an der Donau, das im Ernstfall bis zu drei Meter überflutet wäre und nicht angefahren werden könnte, wird im Rathaus eine Firmenliste mit Kontaktdaten aktuell gehalten, um rechtzeitig über eine Bedrohungslage zu informieren. Die akute Überflutungsgefahr in 2013 hat gezeigt, dass gerade Firmeninhaber einen Ansprechpartner oder Betreuer im Rathaus erwarten, der sie über die allgemein üblichen Informationskanäle hinaus auf den aktuellsten Entwicklungsstand hält.

Ein besonderes kommunales Sorgenkind im Bedrohungsbereich der Donau ist die Zentralkläranlage Osterhofen. Bei einem Dammbruch in 2013 wäre unsere Kläranlage bis unters Dach im Wasser gestanden und wochen-, wenn nicht gar monatelang ausgefallen. Wir haben uns daher bei den Stadtwerken dazu entschlossen, einen fensterlosen, wasserdichten Betonanbau zu schaffen und dort, soweit möglich, die Technik als Herzstück der Anlage unterzubringen. Die notwendigen Bauarbeiten laufen aktuell.

Im Vergleich zur Donau ist das Hochwasserrisiko für unsere Stadtteile an der Vils vom gesamt vorstellbaren Schadenspotenzial her weitaus geringer. Die Zahl der betroffenen Anwesen ist überschaubar. Diese wenigen aber sind bereits ab einem $HQ_{häufig}$ bedroht, da man an der Vils lediglich von einem 5-jährlichen Hochwasserschutz ausgeht.

Das nächstgrößere Gewässer im Stadtgebiet, bei dem wir wegen eigener Zuständigkeit in Sachen Hochwasserschutzausbau nicht nach dem Freistaat rufen können, ist der Herzogbach mit seinen Seitenbächen und Gräben (**Bild 1**). Das Überflutungsrisiko für die durchflossenen Ortsteile konnte zumindest für das Szenario $HQ_{häufig}$ vor gut 10 Jahren spürbar reduziert werden, als die Stadt durch einen Dammbau quer zu einer Tallage Retentionsraum aktivieren konnte und damit Hochwasserspitzen abfedern kann. Wesentlich dramatischer zeigt sich das Schadensrisiko ab einem HQ_{100}-Szenario insbesondere im Zentralort Osterhofen selbst. Hier tangieren der Bach und ein in den 30er-Jahren des letzten Jahrhunderts geschaffenes Ersatzgerinne, die sog. Flutmulde, das Schul- und Sportzentrum Osterhofen. Nicht umsonst nennt man diesen Bereich Seewiese. Sie liegt tiefer als das aufgesattelte Bachbett und würde bei HQ_{100} einen Kindergarten, mehrere Schulen, die Stadthalle, das Hallenbad und die Dreifachturnhalle zum Teil bis über einen Meter hoch überfluten. Der Schaden an den zumeist sanierten Gebäuden wäre immens. Dieses Bewusstsein fehlte bis dato und wurde erst durch die vom Landes-

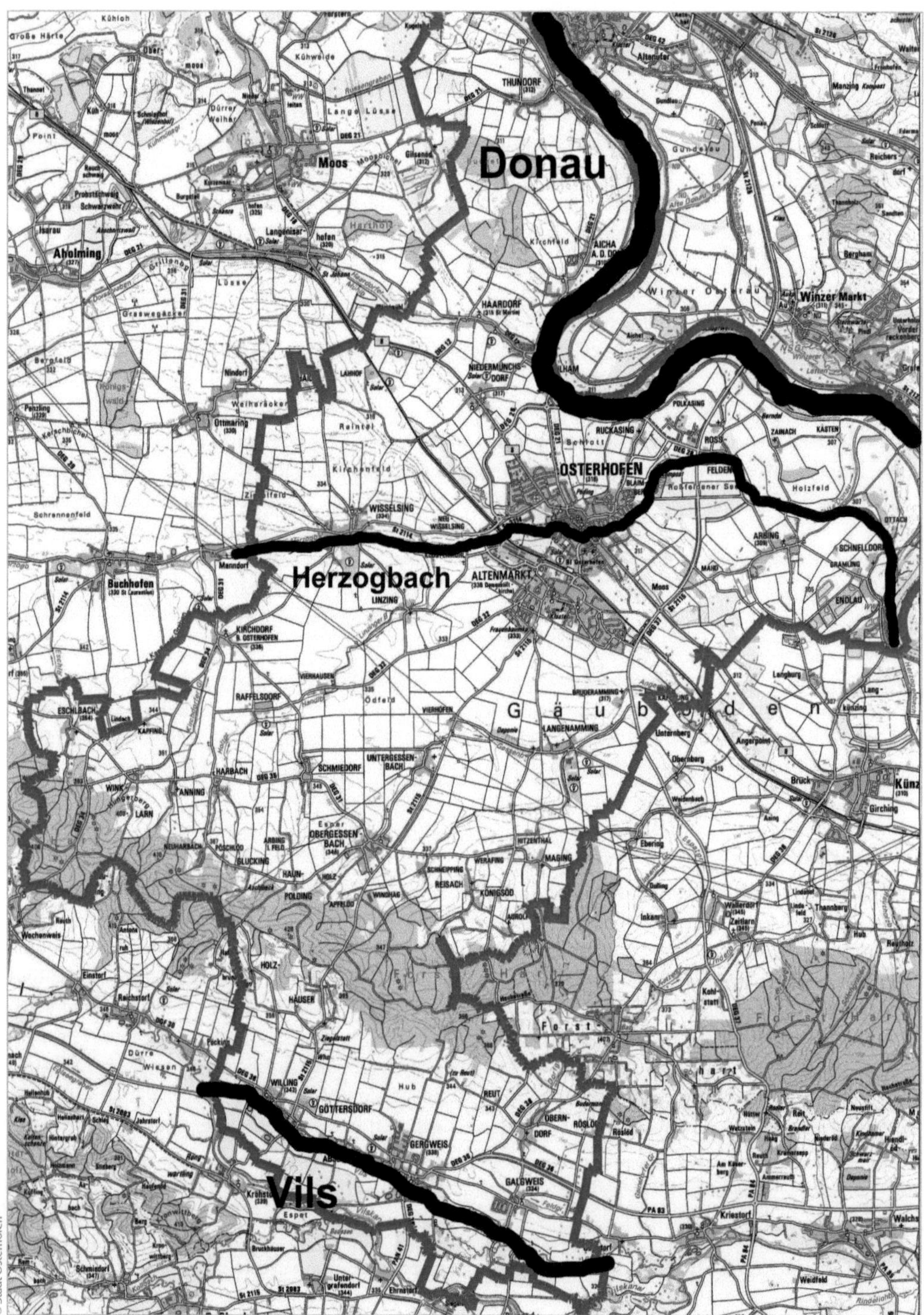

Bild 1: Stadtgebiet Osterhofen

amt erarbeiteten Hochwassergefahrenkarten deutlich. Hinzu kommt, dass die Dreifachturnhalle und die Stadthalle bei notwendigen Evakuierungsmaßnahmen zur Unterbringung der Bevölkerung nicht mehr zur Verfügung stünden. Wir als Stadt sehen hier einen in kommunaler Verantwortung dringlichen Handlungsbedarf und lassen derzeit von einem Fachbüro prüfen, wie wir mit einem ersten Bauabschnitt für das Schul- und Sportzentrum einen HQ_{100}-Schutz realisieren können. Erste Ergebnisse lassen hoffen, dass es sowohl technisch als auch rechtlich eine Lösung geben kann, und wir ab voraussichtlich 2019 nurmehr über $HQ_{häufig}$-Risiken nachdenken müssen.

Auch die vorher genannte Flutmulde des Herzogbaches spielt nach neueren Erkenntnissen an anderer Stelle eine zu bedenkende Rolle. Ab HQ_{100} würde ihr Wasser die Zufahrt zum städtischen Bauhof und zum Rettungszentrum mit Feuerwehr und BRK zumindest für Pkw unpassierbar machen. Eine konkrete Lösung ist hier noch nicht in Sicht.

Als Chefin der Rathausverwaltung muss ich mir eingestehen, dass die Thematik „Hochwasserrisikomanagement" und die Bereitschaft, sich damit auseinanderzusetzen, ganz schnell abflacht und droht, im Tagesgeschäft unterzugehen. Man muss sich regelmäßig erneut Impulse setzen und nicht erst auf ein Hochwasser erschreckenden sowie wachrüttelnden Ausmaßes warten. Ich erkenne auch, wie wichtig es ist, dass in der Verwaltung und in den angegliederten einschlägigen Bereichen ein thematischer Austausch über die Abteilungen hinweg stattfindet und vor allem das Wissen langjähriger Mitarbeiter erfragt, weitergegeben sowie festgehalten wird.

Sobald eine Gemeinde ihre Hochwasserrisiken analysiert und bewertet hat, kann sie einen Katalog sinnvoller und machbarer Maßnahmen aufstellen sowie diese Liste im Rahmen der jeweiligen Leistungsfähigkeit abarbeiten und ggf. auch anpassen. Die vom Landesamt für Umwelt bereitgestellten, auf Excel basierenden Arbeitshilfen erleichtern dabei ein systematisches Vorgehen. Wichtig erscheint es mir, auch bereits umgesetzte Projekte – seien es Hochwasserschutzbauten oder organisatorische, logistische Maßnahmen – ausreichend zu dokumentieren, damit man nachvollziehen kann, was bereits geleistet wurde.

Bei aller Bewusstseinsbildung in Richtung Hochwasserrisiko, bei allen Überlegungen und Vorkehrungen, ob im Rathaus, bei Fachstellen und Rettungskräften oder in der Bevölkerung, eines liegt mir als Bürgermeisterin aber auch besonders am Herzen: Ein noch fehlender oder mangelhafter Schutz vor HQ_{100} und HQ_{extrem} darf nicht soweit führen, dass historisch gewachsene Dörfer an unseren Flüssen aufgegeben werden. Mit „aufgeben" meine ich, dass es der jungen Generation verwehrt wird, am Heimatort zu bauen oder überhaupt Bauland ausgewiesen zu erhalten. Viele Experten, gerade in den entscheidenden Ministerien oder Landesämtern vertreten leidenschaftlich ihren Fachbereich und verkennen oder übersehen andere Belange und Interessen unserer Bevölkerung im ländlichen Raum. Seit dem Hochwasserereignis 2013 ist es zunehmend schwieriger, in Überschwemmungsgebieten Bauen zu ermöglichen. Ich spreche hier nicht von der Ausweisung von großen Baugebieten, sondern von der Möglichkeit, den Kindern der Dorfbevölkerung es zu ermöglichen, in ihren Heimatdörfern bei eigener Familiengründung bleiben zu können. Dort wo unter Inkaufnahme eines sog. Opferstockwerkes ein Wohnhaus evtl. genehmigungsfähig wäre, steht in aller Regel der Grund nicht zum Verkauf. Die Aktivierung von bedarfsorientiertem Neubauland durch eine Ortsabrundungssatzung ist derzeit nicht möglich und es ist ungewiss, ob und wann kleinere Abrundungssatzungen wieder umsetzbar sein werden. Dies hat zur Folge, dass sich die jungen Dorfbewohner in ihren Heimatdörfern keine Wohnbauten schaffen können und einige schon in Nachbargemeinden mit dem Bauen beginnen bzw. begonnen haben. Die jungen Menschen wollen jedoch in ihren Dörfern bleiben und akzeptieren eine hochwasserangepasste Bauausführung. Sollten sich hier nicht zeitnah Möglichkeiten finden, Ansiedlungsabsichten in angemessenem Rahmen genehmigen zu können, hätte dies langfristig fatale Folgen. Zum einen gäbe es bald keine jungen Menschen mehr in den Dörfern und die alt werdende Dorfbevölkerung verbliebe alleine in aussterbenden Dörfern. Kindergärten und Schulen müssten geschlossen werden, Bürgerhäuser würden leer stehen, Kirchen auf Besucher warten, Vereine und Feuerwehren hätten keinen Nachwuchs mehr. Bayern legt besonders Wert auf eine Stärkung des ländlichen Raums. In meinen Dörfern an der Donau würde der ländliche Raum massiv geschwächt. Dies kann unsere Gesellschaft nicht gut heißen. Deshalb plädiere ich dafür, die Wassergesetze auf Landes- und Bundesebene im Sinne der Stärkung und Zukunftssicherung unserer Dörfer an den Flüssen anzupassen. Das ist sicherlich eine von vielen Haftungsfragen überschattete Herausforderung, die aber unverzichtbar gemeistert werden muss. Umso wichtiger bleibt dann aber auch, sich als Gemeinde im ländlichen Raum dauerhaft mit Hochwasserrisikomanagement zu befassen.

Autorin
Liane Sedlmeier
1. Bürgermeisterin
Stadt Osterhofen
Stadtplatz 13
94486 Osterhofen
1.buergermeisterin@osterhofen.de

Liane Sedlmeier

Flood risk management from the perspective of a Bavarian municipality

Flood events threaten life, health and wealth of our population. A municipality is therefore well advised to make aware of the flood risks in its own municipal area. In the city of Osterhofen, a typical Bavarian small town in the rural region, the topic has been dealt with in detail and surprising insights gained. The risk of streams and ditches with a very high damage potential as the case of Osterhofen shows, is often underestimated. In addition, the historically grown villages in the flood-prone areas cannot be deprived of adequate and future-proof development opportunities by overly strict construction restrictions.

Modellierung und Dateninterpretation

Stefan Achleitner, Johannes Schöber und Helmut Schönlaub

Ermittlung von Bemessungsabflüssen in hochalpinen Einzugsgebieten am Beispiel der projektierten Wasserfassungen Venter und Gurgler Ache

Am Beispiel der Wasserfassungen Venter und Gurgler Ache wird die Ermittlung von Bemessungshochwässern im alpinen Raum vorgestellt. Hydrologische Modellierung und statistischen Verfahren werden dabei kombiniert. Dem Systemzustand des Einzugsgebiets (Schneebedeckungsgrad und Schneewasseräquivalent) wird dabei speziell Rechnung getragen. Unterschiedliche, aus der Langzeitmodellierung abgeleitete Schneebedeckungszustände bilden die Grundlage zur Szenarien-Bildung für kritische Vorbedingungen.

1 Allgemeines

Die vorliegende Arbeit zeigt die Ermittlung von Bemessungsabflüssen in hochalpinen Einzugsgebieten am Beispiel der projektierten Wasserfassungen Venter und Gurgler Ache im hinteren Ötztal, Tirol. Diese sind Teil des von der Tiroler Wasserkraft (TIWAG) geplanten Ausbaus des Kraftwerks Kaunertal. Die Beurteilung der Hochwassersicherheit der Wasserfassungen erfolgt dabei nach dem in Österreich gültigen „Leitfaden zum Nachweis der Hochwassersicherheit von Talsperren“ [1]. Dabei sind Sicherheitsnachweise für zwei Fälle – Bemessungshochwasser (BHQ) und Sicherheitshochwasser (SHQ) – zu führen. Als BHQ wird jener Hochwasserabfluss bezeichnet, den die Hochwasserentlastungsanlage auch in extremen Situationen abführen muss. In hydrologischer Hinsicht wird das BHQ als ein Hochwasserereignis mit einer Wiederkehrperiode von 5 000 Jahren ($HQ_{5\,000}$) definiert. Das hier angewendete detaillierte Verfahren zur BHQ-Ermittlung für Neuanlagen umfasst einen kombinierten „Mehr-Standbeine-Ansatz“ auf Basis voneinander unabhängiger Berechnungen des BHQ-Wertes nach folgenden Ansätzen:

- Lokale Hochwasserstatistik;
- Regionale Hochwasserstatistik;
- Niederschlag-Abfluss-Modellierung (NA-Modellierung);
- GRADEX-Verfahren.

Das Sicherheitshochwasser dient als Grundlage für die Überprüfung der Anlagensicherheit bei Überlastung, d. h. bei Überschreitung des BHQ-Zuflusses. International ist dies mit dem Extremfall „Probable Maximum Flood“ (PMF) bzw. dem rechnerisch größtes Hochwasser (RHHQ) aus früheren Regelwerken vergleichbar. Einen wesentlichen Bestandteil in der vorliegenden Bearbeitung stellen NA-Modellierung in den Einzugsgebieten der geplanten Wasserfassungen Venter und Gurgler Ache dar.

Eine rein statistische Ermittlung der Bemessungswerte stößt im alpinen Raum schnell an Grenzen, die Beobachtungszeiträume der Pegelmessungen sind im Vergleich zu Talflüssen kürzer. Die Zusatzinformationen aus hydrologischen Modellierungen und einer damit verbundenen zusätzlichen Eingrenzung der oftmals großen Bandbreite der Ergebnisse von hochwasserstatistischen Untersuchungen ist dabei von großer Bedeutung. Für die hier vorgestellten Untersuchungen wurden hydrologische Wasserhaushaltsmodelle verwendet, die über Kalibrierungs- und Va-

S. Heimerl (Hrsg.), *Vorsorgender und nachsorgender Hochwasserschutz*,
https://doi.org/10.1007/978-3-658-21839-3_20

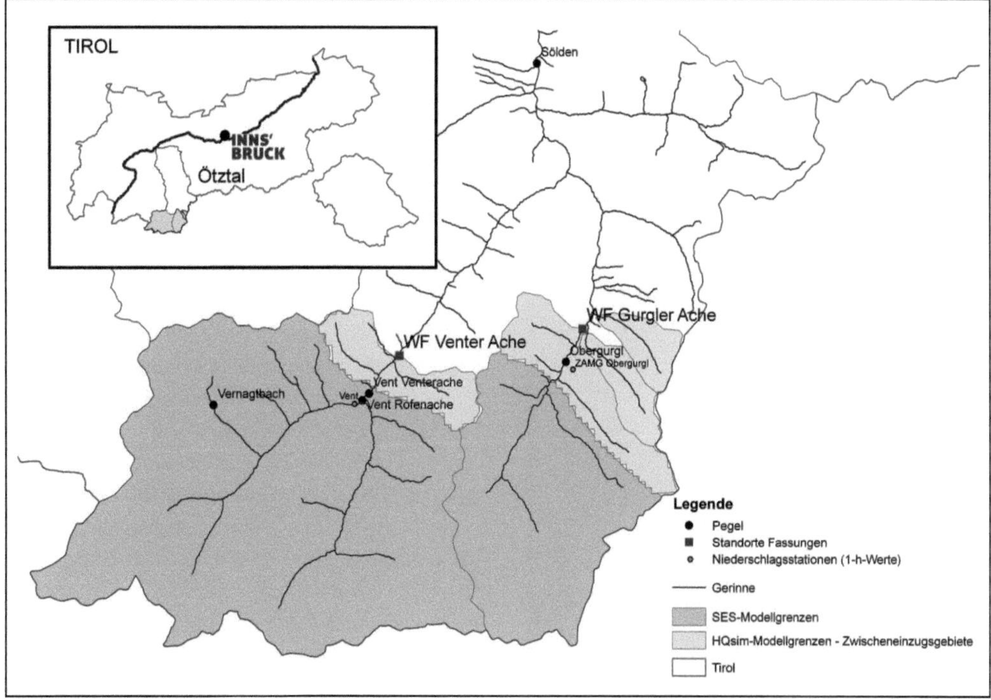

Bild 1: Einzugsgebiete Venter und Gurgler Ache: Abgrenzung der NA-Abflussmodelle

lidierungszeiträume von 15 Jahren verfügen. Die Belastung der Modelle erfolgt durch Bemessungsregen, wobei der Systemzustand des Einzugsgebiets bei Beginn des Regenereignisses eine wichtige Rolle spielt.

2 Gebietsbeschreibung

2.1 Topographie

Die hier vorgestellten Einzugsgebiete liegen im Ötztal, einem südlichen Zubringer zum Inn. Die Einzugsgebiete der geplanten Wasserfassungen Venter und Gurgle Ache (**Bild 1**) mit 180,0 km² bzw. 79,7 km² sind vor allem durch eine hohe Vergletscherung (28 % bzw. 32 %) geprägt. Im Einzugsgebiet der Venter Ache teilt sich das Haupttal oberhalb der Ortschaft Vent in zwei Nebentäler, das Rofental und das Niedertal. In den südlichsten Teilen liegen beide Einzugsgebiete am Alpenhauptkamm. **Tabelle 1** gibt einen Überblick über die topographischen Gebietskennwerte.

2.2 Klima

Im Hydrologischen Atlas von Österreich (HAÖ) werden für die EZG mittlere jährliche Niederschlagssummen in der Größenordnung von 1 500 mm/Jahr ausgewiesen. Ein großer Teil dieses Jahresniederschlags fällt als Schnee. Eine durchgehende Schneedecke ist im Einzugsgebiet in höheren Lagen an 270 bis 365 Tagen im Jahr möglich. Als mittlere maximale Schneehöhe wird für das Untersuchungsgebiet ein Bereich von 100 bis 250 cm angegeben.

Charakteristisch für vergletscherte Einzugsgebiete sind die geringen Abflüsse in der Akkumulationsperiode (etwa Oktober bis Mai). Im Sommer, während der Ablationsperiode der Gletscher, entsteht zusätzlicher Abfluss aus schmelzendem Schnee und Gletschereis. Das glaziale Abflussregime ist durch starke Tagesgänge mit geringen Abflüssen morgens und rasch ansteigenden Abflüssen geprägt, die in den späten Nachmittagsstunden ihr tägliches Maximum erreichen. Tägliche Abflussschwankungen können bis zu 40 m³/s

Tab. 1: Topographische Gebietskennwerte

	WF Venter Ache	WF Gurgler Ache
Fläche [km²]	180,0	79,7
Vergletscherung 2006 [%]	28	31,5
Höhenerstreckung [m]	1 847 bis 3 768	1 830 bis 3 549
mittlere Höhe [m]	2 882	2 762

in Vent bzw. 20 m³/s an der Gurgler Ache betragen.

3 Methoden

3.1 Regionale Hochwasserstatistik, Gradex-Verfahren

Für die Berechnung der $HQ_{5\,000}$ Schätzwerte aus der Hochwasserstatistik wurden Reihen der Jahreshochwässer der beiden lokalen Pegel vor Ort sowie entsprechende Daten vergleichbarer Pegel in den Ötztaler Alpen verwendet. Die extremwertstatistische Auswertung erfolgte nach Gumbel, Gumbel mit L-Momenten, Allgemeine Extremwertverteilung (GEV) und die Allgemeine Extremwertverteilung mit L-Momenten (GEV L-Moments).

Das Gradex-Verfahren [2] stellt eine kombinierte statistische Auswertung von Niederschlagsreihen und Pegelreihen basierend auf einer Gumbel-Verteilung dar. Der Vorteil liegt darin, dass Pegelreihen mit in der Regel längeren Niederschlagsmessreihen erweitert werden können. In den untersuchten Einzugsgebieten standen dafür Tagesniederschlagsmessreihen mit einer Dauer von bis zu etwa 100 Jahren zur Verfügung.

3.2 NA-Modellierung

Für die NA-Modellierung kamen zwei Modelle zur Anwendung. Für den größeren Teil des Einzugsgebiets der Wasserfassung wurde das Schnee- und Eisschmelzmodell SES [3] verwendet. Das zwischen dem Pegel und den unterliegenden Wasserfassungen liegende Zwischeneinzugsgebiet wurde mit dem halbverteilten hydrotopbasiertem Modell HQ_{sim} [4] modelliert.

Bei SES – dem zentralen Modell in der vorliegenden Arbeit – handelt es sich um ein vollverteiltes Energiebilanzmodell mit einer Rasterweite von 50 m. Es bilanziert den Schneedeckenauf- und -abbau sowie die Firnschicht. Eine Bilanzierung des Gletschereises erfolgt nicht. Die berechneten Schmelzraten der vergletscherten und der unvergletscherten Teile der Kopfeinzugsgebiete sowie die Abflüsse aufgrund von Regen werden im Modell durch fünf parallele Linearspeicherkaskaden geleitet. Damit werden die unterschiedlichen Verzögerungs- und Retentionsprozesse simuliert.

Als Modelleingangsdaten für die Kalibrierung wurden Zeitreihen des Niederschlags und der Temperatur mit einer Auflösung von 1 h verwendet. Für das SES-Modell kamen zusätzlich Zeitreihen der Luftfeuchte, Globalstrahlung und der Windgeschwindigkeit zur Anwendung.

Für die Kalibrierung des flächendetaillierten Energiebilanzmodells SES wurden neben Abflussdaten auch Daten zur Schneedecke verwendet. Eine Kalibrierung, die sich nur auf den Abfluss stützt, läuft Gefahr, fehlerhafte Schneebedeckungszustände zu enthalten [5]. Gerade hinsichtlich der Erstellung eines BHQ sind die Einzugsgebietszustände relevant, da sie für die Analyse der Ausgangszustände für die Bemessungsszenarien von großer Bedeutung sind. Wie vergangene Hochwasserereignisse zeigen, ist der saisonale Abfluss im hinteren Ötztal weitgehend durch die Schnee und Eisschmelze geprägt. Für die Bildung von Hochwasser kann der Beitrag durch die Schnee- und Gletscherschmelze entscheidend sein. Eine vorhandene Schneedecke kann dabei abflussdämpfend wirken, wohingegen ausgeaperte Gletscher wie versiegelte Flächen für den Regen

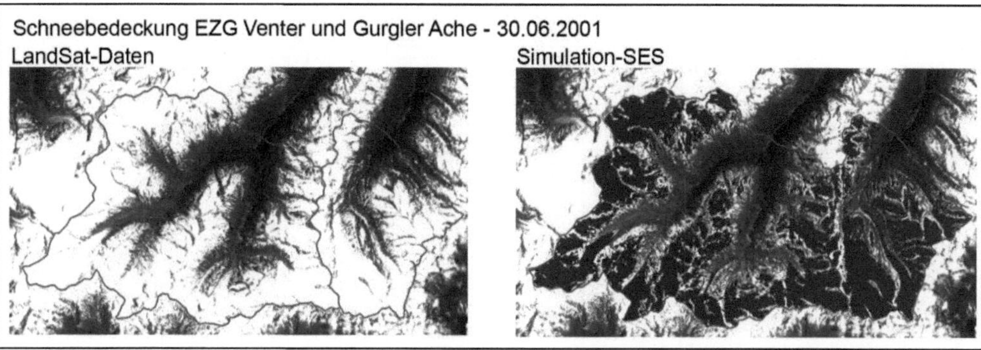

Bild 2: Vergleich der Schneebedeckung am 30.06.2001: LandSat-Daten (links) und Simulation (rechts)

wirken. Die Vorgehensweise der Kalibrierung wurde in Schöber et al. [6] vorgestellt und basiert auf dem Vergleich zwischen schnee- und firnbedeckten Flächen in LandSat-Daten und der Simulation (**Bild 2**). Insgesamt wurden mit dem kalibrierten Modell nach einem kontinuierlichen Simulationslauf von 1994 bis 2009 zufriedenstellende Simulationsergebnisse bezüglich der Schneebedeckung im Einzugsgebiet erreicht. Gleichzeitig wurde das Modell hinsichtlich seines Abflussverhaltens, insbesondere für größere Abflüsse in den Sommerperioden, kalibriert.

3.3 Bemessungsszenarien der NA-Modellierung

Die Variabilität der Schneebedeckungszustände und Schneewasserwerte im Zeitraum der Modellkalibrierung bildet die Grundlage der Szenarienbildung. Dabei wurden Systemzustände zwölf verschiedener Perzentilen von Schneebedeckungszuständen [% Fläche] exzerpiert. Jeder auf diese Weise ermittelten Schneebedeckung wird der jeweilige minimale, mittlere und maximale, in der Simulation auftretende Schneewasserwert [mm] zugeordnet. Somit ergeben sich in jedem Gebiet 36 Basissystemzustände [7]. Die verwendeten Bemessungsniederschläge des eHYD (Hydrographisches Zentralbüro) basieren auf der extremwertstatistischen Messstellenauswertung ÖKOSTRA und maximierten Modellniederschlägen (MaxModN) [8]. Zur Modellierung kamen daraus gewichtete Bemessungsniederschläge (NBemess) sowie die MaxModN mit unterschiedlichen Dauerstufen (bis 48 h) zur Anwendung. Weitere Szenarienbandbreiten ergeben sich aus der unterschiedlichen zeitlichen Verteilung der Bemessungsniederschläge sowie der flächenbezogenen Abminderung der punktuell vorliegenden Eingangsdaten.

Um die für das Projektgebiet relevante maximale Dauerstufe abzuschätzen, wurden historische Hochwasserereignisse hinsichtlich Regendauer (D [h]) und dem Temperaturverlauf während der Ereignisse analysiert. Interessant ist dabei insbesondere die Zeit ab Beginn des maßgeblichen Regenereignisses bis die Temperatur in den Bereich von null Grad oder darunter fällt. Diese Zeit t_{T0} dient als Anhaltspunkt, über welche Dauer bei realen Ereignissen die Niederschlagsmenge als Regen eingetragen wird, bis die Eintragung als Schnee – bedingt durch einen Temperaturabfall – beginnt. Es zeigte sich, dass bei Regenereignissen bis D = 24 h durchaus auch früher (t_{T0} = 9 bis 20 h) mit einem Eintrag als Schneefall gerechnet werden kann. Eine Begrenzung der Dauer der Bemessungsniederschläge bis 18 bzw. 24 h erscheint daher sinnvoll. In der NA-Modellierung, die als relevant für die Ermittlung der BHQ-Werte betrachtet wird, kommen die Bemessungsregen N_{Bmess} zur Anwendung. Hinsichtlich der zeitlichen Verteilung werden Blockregen als auch endbetonte Regenverteilung untersucht. Die Regenwerte jeweils mit und ohne Flächenabminderung (starke Abminderung nach Blöschl) stellen einen weiteren Wertebereich dar. Bei der NA-Modellierung für SHQ kommen an Stelle des N_{Bemess} die Bemes-

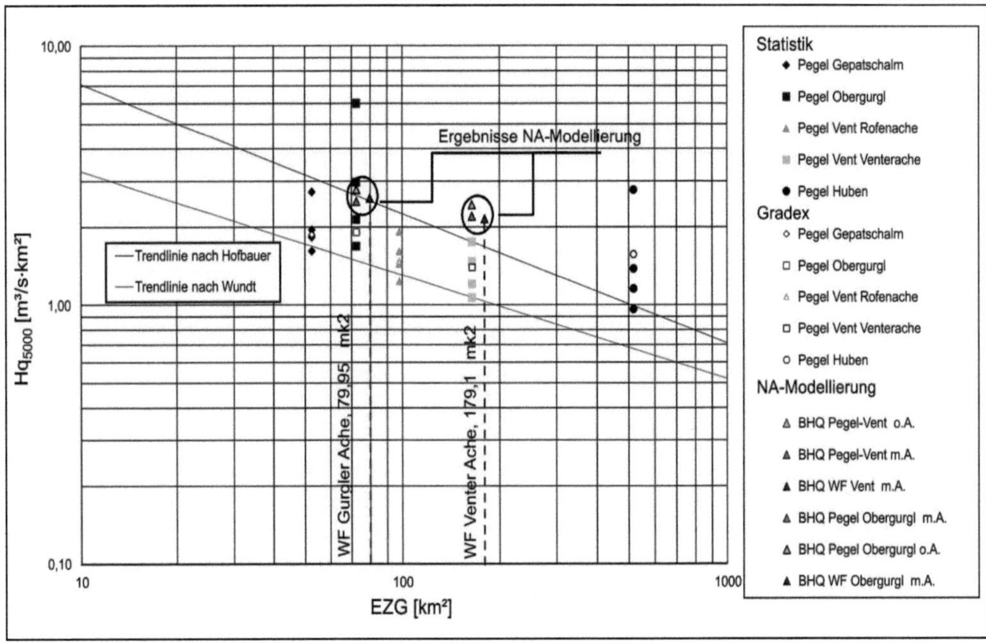

Bild 3: Spendendiagramm der $HQ_{5\,000}$-Schätzungen aus regionaler Hochwasserstatistik, Gradex-Verfahren und NA-Modellierung

sungsregen MaxModN zur Anwendung. Als zeitliche Verteilung erfolgt jedoch eine Beschränkung auf Blockregen. Ansonsten erfolgt die Modellierung analog zu BHQ-Simulationen.

4 Ergebnisse

Die Ergebnisse aus den verschiedenen Modellierungsszenarien werden mit den Resultaten der statistischen Verfahren kombiniert. Somit können Unsicherheitsbereiche der verschiedenen Methoden, auch im Fall von Bemessungswerten mit sehr großen Wiederkehrzeiten, oftmals deutlich verringert werden. Die ermittelten Abflussspenden der $HQ_{5\,000}$-Schätzwerte (**Bild 3**) weisen eine entsprechende Streuung auf. Die Verknüpfung von Bemessungsniederschlägen mit verschiedenen Dauerstufen in Kombination mit unterschiedlichen Schneebedeckungen (SCQ [%]) und Schneewasserwerten (SWE) (**Bild 4**) zeigt, dass die für die Abflussspitze maßgeblichen Dauerstufen im Bereich 9 bis 12 h liegen. Die Dauerstufe von 12 h ergab dabei – in Übereinstimmung mit Schöber et al. [7] – die jeweils maximalen Abflussspitzen an der Pegelstelle. Des Weiteren zeigt sich, dass maximale Abflüsse in Kombination mit geringen Schneebedeckungen im Einzugsgebiet stehen (0-%-, 5-%- und 10-%-Perzentil der Schneebedeckung kombiniert mit unterschiedlichen SWE-Werten). Als maximierende Anfangsbedingung zur $HQ_{5\,000}$-Ermittlung zeigte sich die minimale Schneedeckenausdehnung der 0-%-Perzentile letzten Endes als maßgeblich.

Die Simulationsergebnisse mit und ohne flächenbezogener Abminderung der Regeneingangswerte stecken dabei die Bandbreite der Ergebnisse aus der NA-Modellierung ab. Dabei ist zu bemerken, dass neben bereits beschriebenen Randbedingungen die tägliche Abflussdynamik des Gletscherschmelzwassers einen Einfluss auf das Abflussgeschehen bei Hochwasser hat. Die sich im nachfolgenden ergebenden Zeitpunkte für extreme Anfangsbedingungen sind alle um die Mittagszeit gelegen, wo auch der Gletscherschmelzabfluss im oberen Bereich liegt. An den

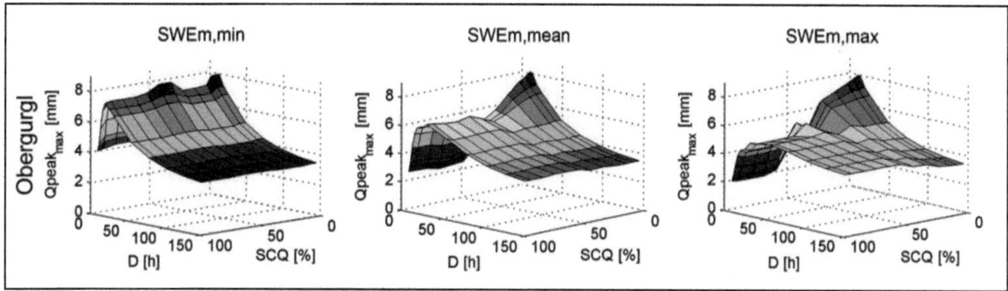

Bild 4: Verteilung von Spitzenabflüssen als Funktion der Ereignisdauer D [h], der Schneebedeckungsquantile SCQ [%] für verschiedene Niveaus von Schneewasserwerten (SWE_m) in Obergurgl (adaptiert aus [7])

Pegelmessstellen ergeben sich mit und ohne flächenbezogener Abminderung Abflussscheitel von 157 m³/s bzw. 174 m³/s für Obergurgl und 362 m³/s bzw. 401 m³/s für Vent. In beiden Fällen liegen die Werte in hohen Bereichen, teils über dem Vertrauensbereich der Hochwasserstatistik (**Bild 3**). Aus diesem Grund wurde für die Ermittlung des Abflusses an der Wasserfassung die zulässige Flächenabminderung zur Anwendung gebracht. Die BHQ-Abschätzung aus der NA-Modellierung an der Stelle der Wasserfassungen ergibt sich damit zu 386,6 m³/s für Vent und 205,8 m³/s für Gurgl. Die statistischen Werte am Pegel Obergurgl liegen deutlich darüber. Die Pegelmessungen in Obergurgl sind als wenig vertrauenswürdig einzustufen. Dieser Umstand spiegelt sich auch in der großen Bandbreite der statistischen $HQ_{5\,000}$-Werte wieder. Die Werte streuen stark mit einer Tendenz zur Überschätzung (insbesondere die Methode GEV (LM)).

Für die Ermittlung des SHQ wurde der für das BHQ relevante Systemzustand bzw. Rechenlauf mit geänderten (maximierten) Regeneingangsdaten beaufschlagt. In analoger Herangehensweise für beiden Gebiete wurden die SHQ-Werte für die Gurgler Ache mit SHQ = 266 m³/s und für die Venter Ache SHQ = 450 m³/s definiert.

Für die nachgeschaltete hydraulische Bemessung bzw. Nachweisführung an der Talsperrenanlage selbst bringt die NA-Modellierung einen weiteren Vorteil, da sie als Eingangsgröße nicht nur den Spitzenabflusswert liefert, sondern auch dynamische Ganglinien und somit Einheits- bzw. Dreiecksganglinien ersetzt. Generell kann für die Bemessung der Hochwasserentlastungsanlage der Fall eintreten, dass nicht der ermittelte Spitzenzufluss, sondern die Zuflussfracht das entscheidende Bemessungskriterium darstellt. Im hier vorgestellten Fallbeispielen kam dieser Umstand nicht zu tragen, da keine bzw. vernachlässigbare Retentionswirkung der Stauräume gegeben ist.

Autoren

Dipl.-Ing. Dr. Stefan Achleitner
Arbeitsbereich Wasserbau der Universität Innsbruck
Technikerstraße 13
6020 Innsbruck, Österreich
stefan.achleitner@uibk.ac.at

Mag. Johannes Schöber
Dipl.-Ing. Dr. Helmut Schönlaub
TIWAG – Tiroler Wasserkraft AG
Eduard-Wallnoefer-Platz 2
6010 Innsbruck, Österreich
helmut.schoenlaub@tiwag.at
johannes.schoeber@tiwag.at

Literatur

[1] Gutknecht, D.; Drobir, H.; Blöschl, G.; Reszler, C.; Merz, R.; Heindl, H.; Komma, J.; Melbinger, R.; Hochmair, P.; Czerny, H.; Weichlinger, B.; Wiesinger, U.; Godina, R.; Lorenz, P.; Weilguni, V.; Kugi, W.; Moser, G. und Schönlaub, H.: Leitfaden zum Nachweis der Hochwassersicherheit von Talsperren. BMLFUW; Österreichische Staubeckenkommission; TU Wien – Institut für Wasserbau und Ingenieurhydrologie, 2009.

[2] Merz, R.; G. Blöschel, U. Piock-Ellena: Zur Anwendbarkeit des Gradex-Verfahrens in Österreich. In: Österreichische Wasser- und Abfallwirtschaft 51 (1999), Heft 11/12.

[3] Kirnbauer, R.; Achleitner, S.; Schöber, J.; Asztalos, J. und Schönlaub, H.: Hochwasservorhersage Inn: Modellier-

ung der Gletscherabflüsse. In: Mitteilungsblatt des Hydrographischen Dienstes in Österreich (2009), Nr.86, 109-130.

[4] Achleitner, S.; Schöber, J.; Rinderer, M.; Leonhardt, G.; Schöberl, F.; Kirnbauer, R.; Schönlaub, H.: Analyzing the operational performance of the hydrological models in an alpine flood forecasting system. In: Journal of Hydrology (2012), 412-413, S. 90-100.

[5] Kirnbauer, R.; Blöschl, G.; Gutknecht, D.: Entering the Era of Distributed Snow Models. In: Nordic Hydrology 25 (1994), Nr. 1, 1-24.

[6] Schöber, J.; Achleitner,S.; Kirnbauer, R.; Schöberl, F. and Schönlaub, H.: Hydrological modelling of glacierized catchments focussing on the validation of simulated snow patterns – applications within the flood forecasting system of the Tyrolean river Inn. In: Advances in Geosciences (ADEGO) 27 (2010), S. 99-109.

[7] Schöber, J.; Achleitner, S.; Kirnbauer, R.; Schöberl, F. and Schönlaub, H.: Impact of Modelled Snow State Selection for Flood Simulation in Glacierized Catchments. In: Advances in Geosciences (ADEGO) 31 (2012), S. 39-48.

[8] Weilguni, V.: Bemessungsniederschläge in Österreich. In: Wiener Mitteilungen Wasser – Abwasser – Gewässer (2009), Band 216, S. 71-84.

Stefan Achleitner, Johannes Schöber and Helmut Schönlaub

Assessment of the Design Flood Discharge in High Alpine Catchments using the Examples of the Planned Water Intakes Venter and Gurgler Ache

Based on the examples of the water intakes Venter and Gurgler Ache, the assessment of design flood discharges in alpine catchments is shown. Hydrological modelling and statistical methods are therein combined. Focus is put on the system state of the catchment, specifically the snow coverage and snow water equivalent. Different states for snow coverage, resulting from long term hydrological simulations, are the basis for scenarios defining critical initial conditions.

Markus Schulte und Andreas Schumann

Bewertung der Hochwasserschutzwirkung und des Restrisikos von Speichern mit multivariaten Ansätzen

Die Beurteilung von Hochwasserrückhaltungen erfolgt meist auf Grundlage einzelner Bemessungsereignisse. Derartige Ansätze können die Vielfalt möglicher Belastungsszenarien nicht repräsentieren. Insbesondere die Analyse der Schutzwirkung durch Speicher, die im Verbund bewirtschaftet werden, erfordert die umfassende Berücksichtigung raum-zeitlicher Verteilungen der hydrologischen Belastungsgrößen. Der Beitrag zeigt mit Hilfe von Anwendungsbeispielen hierzu geeignete Ansätze auf Grundlage der multivariaten Statistik.

1 Einleitung

Die risikoorientierte Bewertung von Talsperren und Hochwasserrückhaltebecken erfordert die Berücksichtigung des stochastischen Charakters der hydrologischen Belastungsgrößen, welche innerhalb eines Flussgebietes sehr vielfältig ausfallen können. Bedingt wird dies einerseits durch die räumliche und zeitliche Verteilung des Niederschlags, aber auch durch die Struktur des Fließgewässernetzes und die Eigenschaften des Einzugsgebiets, wie Vorfeuchte oder Bewuchs. Diese Einflüsse bewirken hydrologische Belastungen, die sich hinsichtlich Hochwasserscheitel und Ganglinienverlauf deutlich voneinander unterscheiden können, aber trotzdem jeweils ein ähnliches Risiko für eine Stauanlage beinhalten. Bisher wurde das hydrologische Risiko durch die Überschreitungswahrscheinlichkeit des Scheitelabflusses bewertet, wohingegen bei Risikobetrachtungen unter Berücksichtigung der Retention, wie dies die DIN 19 700 [1] vorgibt, auch andere Charakteristika der Belastung maßgebend werden. Neben dem Scheitelabfluss sind dies vor allem die Fülle und Form der Hochwasserwelle, da eine stauinhaltsmaximierende Ganglinie nicht zwangsläufig der Ganglinie mit dem größten Scheitelabfluss entsprechen muss [2]. Somit sollten Scheitel und Fülle eines Hochwassers stets gemeinsam betrachtet werden. Die Risiken einer beschränkten Wirksamkeit der angestrebten Scheitelminderung oder der Überlastung der Anlage kann nur bei Berücksichtigung beider Kriterien abgeschätzt werden.

Die Verminderung des Hochwasserrisikos im Unterlauf durch einen Speicher hängt vom Einzugsgebietszuwachs, aber auch von der räumlichen Niederschlagsverteilung und der Reaktion der Zwischengebiete ab. Kommt es in (größeren)

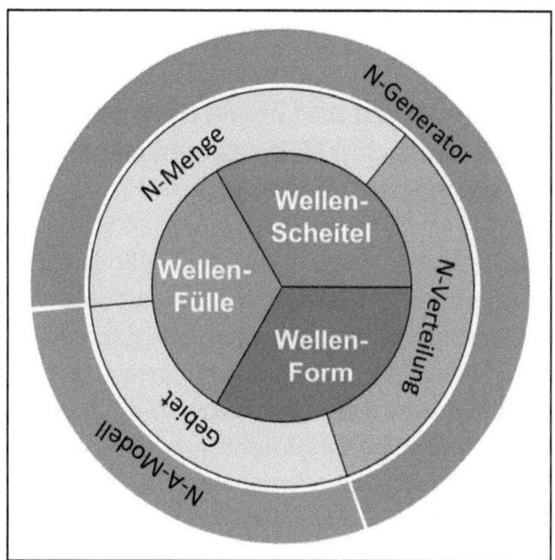

Bild 1: Einflussfaktoren der Hochwassercharakteristika und Möglichkeiten der Berücksichtigung derselben bei der Datengenerierung

S. Heimerl (Hrsg.), *Vorsorgender und nachsorgender Hochwasserschutz*,
https://doi.org/10.1007/978-3-658-21839-3_21

Flussgebieten zu einem Hochwasserereignis, besteht die Möglichkeit, dass sich Abflüsse aus Teilgebieten so überlagern, dass die geplante Schutzfunktion des Speichers nicht vollständig realisiert werden kann. Die hydrologische Belastung hängt hierbei von der Interaktion des Niederschlages in seiner ereignisspezifischen räumlichen und zeitlichen Verteilung und dem jeweiligen Einzugsgebiet ab (**Bild 1**). Um diese zufälligen Zusammenhänge adäquat zu berücksichtigen, können multivariate statistische Ansätze verwendet werden. Damit wird es möglich, eine Vielfalt kritischer Szenarien in Kombination verschiedener Einflussfaktoren zu beschreiben und zu bewerten. Multivariate statistische Analysen können bei ausreichender Datenlage mit gemessenen Werten durchgeführt werden. Liegen zu wenige Messdaten vor, müssen die hydrologischen Belastungen realitätsnah synthetisch erzeugt werden. Hierzu können Niederschlagsgeneratoren und Niederschlag-Abfluss-Modelle (N-A-Modelle) gekoppelt werden. Im Rahmen dieses Beitrags werden Ansätze dargestellt, mit denen auf Grundlage gemessener und simulierter Daten Belastungsszenarien generiert werden können, die stochastisch zu bewerten sind. Die Anwendungsmöglichkeiten derartiger Ansätze für die Beurteilung der Hochwasserrückhaltefunktion von Stauanlagen in Flussgebieten werden aufgezeigt.

2 Ermittlung und Bewertung hydrologischer Belastungen mit Hilfe stochastischer Ansätze

Für die Anwendung multivariater Methoden muss zunächst ein ausreichender Umfang von Daten vorhanden sein, da stets mehrere Variablen gleichzeitig betrachtet werden. Hierzu genügt der für herkömmliche Scheitelstatistiken minimal geforderte Umfang (ca. 30 Jahreshöchstwerte [3]) nicht aus. Um statistische Zusammenhänge zwischen mehreren Zufallsvariablen zu charakterisieren, können partielle Serien genutzt werden. Als Grenzwert partieller Reihen der Hochwasserscheitel kann z. B. der kleinste Jahreshöchstwert dienen. Alternativ kann auf simulierte Daten zurückgegriffen werden: um hydrologische Belastungen in ihrer Bandbreite abzubilden, wird ein Niederschlagsgenerator verwendet, der nach statistischer Anpassung an Beobachtungsreihen komplexe Niederschlagsfelder generieren kann. Damit wird die Vielfalt der räumlichen Verteilungen des Niederschlages in einem Flussgebiet repräsentiert. Mit Hilfe eines flächenverteilt arbeitenden N-A-Modells können diese Niederschlagsereignisse in Hochwasserabflüsse transformiert werden. Im Ergebnis dieser stochastisch-deterministischen Simulationsrechnung wird eine größere Datenbasis bereitgestellt, die die wesentlichen hochwasserstatistischen Eigenschaften des Einzugsgebietes repräsentiert.

Die statistische Analyse der multivariaten Daten kann mit Hilfe von „Copulas" erfolgen. Diese statistischen Modelle koppeln korrelierte Zufallsvariablen, die nicht notwendigerweise der gleichen Randverteilung unterliegen müssen [4]. Hierzu sind die Randverteilungen der einzelnen Zufallsvariablen und deren Zusammenhangsstruktur zu schätzen. Eine Copula zwischen Hochwasserscheitel und -fülle ist zur Beurteilung kritischer Hochwasserbelastungen eines Speichers, aber auch für die Bewertung der Hochwasserrückhaltefunktion im Unterlauf maßgebend und kann z. B. genutzt werden, um zwei Speicherstandorte miteinander zu vergleichen. Auch die Koinzidenz sich überlagernder Hochwasserabflüsse aus Teileinzugsgebieten kann mit Hilfe der Copula-Statistik abgebildet werden.

3 Multivariate Wahrscheinlichkeitsaussagen mittels Copulas

Die Anwendung multivariater Statistiken in Form von Copulas wird in der Hydrologie immer gebräuchlicher [2], [5]. Sie basieren auf dem Theorem von Sklar [6]. Dieses definiert den Zusammenhang zwischen der Copula-Funktion C und der multivariaten Verteilungsfunktion der korrelierenden Zufallsvariablen X_i (Gl. 1), die einzeln jeweils durch ihre univariaten Randverteilungen $F_1,\dots,F_d$ dargestellt werden können:

$$F(x_1,\ldots,x_d) = C\left[F_1(x_1),\ldots,F_d(x_d)\right] = P(X_1 \leq x_1,\ldots,X_d \leq x_d) \quad (1)$$

Es existiert eine große Anzahl von Copulas, um unterschiedlichste multivariate Abhängigkeiten zu beschreiben. In der Hydrologie sind insbesondere Archimedische Copulas [4] gebräuchlich, für die verschiedene Anpassungstests [7] existieren. Mit Hilfe der geschätzten Copulas lassen sich die multivariaten Auftretenswahrscheinlichkeiten von Kombinationen, z. B. der Scheitel- und Füllenwerte und die zugehörigen Jährlichkeiten, ermitteln. Die Unterschreitungswahrscheinlichkeit eines bivariaten Ereignisses, die dem Funktionswert der Copula an der Stelle (x,y) entspricht, ergibt sich aus Gl. 1. Für die Überschreitungswahrscheinlichkeiten gibt es im bivariaten Fall zwei Möglichkeiten: Bei der Verknüpfung mit „und" muss sowohl ein bestimmter Wert x als auch gleichzeitig ein spezifischer Wert y überschritten sein, während bei der Kombination mit „oder" nur eine der beiden Größen überschritten werden muss. Die entsprechenden Wahrscheinlichkeiten und die zugehörigen Jährlichkeiten errechnen sich nach Gl. (2) für (X > x und Y > y) und Gl. (3) für (X > x oder Y > y). Daraus folgt, dass beispielsweise ein Hochwasserscheitel X zwar eine bestimmte Jährlichkeit aufweist, das zugehörige Hochwasserereignis mit einem bestimmten Volumen Y allerdings eine gänzlich andere Auftretenswahrscheinlichkeit aufweisen kann und in der Regel auch aufweisen wird. Durch die bivariate Betrachtung mittels Copulas kann somit das Risiko einer Unter- oder Überschätzung der Jährlichkeiten vermindert werden, das gegeben wäre, wenn z. B. ein Scheitelabfluss mit einer zu kleinen oder zu großen Fülle kombiniert würde, da hier immer beide Zufallsvariablen gleichzeitig betrachtet und bewertet werden:

$$P_{X>x \wedge Y>y} = 1 - F_X(x) - F_Y(y) + F_{X,Y}(x, y)$$

$$= 1 - F_X(x) - F_Y(y) + C\left[F_X(x), F_Y(y)\right] \quad (2a)$$

$$T_{X>x \wedge Y>y} = \frac{1}{P(X > x \wedge Y > y)} = \frac{1}{1 - F_X(x) - F_Y(y) + C\left[F_X(x), F_Y(y)\right]} \quad (2b)$$

$$P_{X>x \vee Y>y} = 1 - F_{X,Y}(x,y) = 1 - C\left[F_X(x), F_Y(y)\right] \quad (3a)$$

$$T_{X>x \vee Y>y} = \frac{1}{P(X > x \vee Y > y)} = \frac{1}{1 - C\left[F_X(x), F_Y(y)\right]} \quad (3b)$$

Auch die Bestimmung bedingter Wahrscheinlichkeiten ist mit Copulas leicht möglich. Zu weiteren Informationen hinsichtlich höherdimensionalen Anwendungen, wie im nachfolgenden zweiten Beispiel angewendet, wird auf Nelson [4] und Salvadori et al. [8] verwiesen.

4 Anwendungsbeispiele

Nachfolgende Beispiele sollen exemplarisch darlegen, wie multivariate Methoden bei der systemischen Bewertung der Hochwasserschutzwirkung und des Restrisikos von Rückhaltebecken eingesetzt werden können. Dabei behandelt das erste Beispiel die bivariate Betrachtung von Hochwasserscheitel sowie -fülle und zeigt, dass dieser Zusammenhang für zwei Einzugsgebiete des gleichen Flussgebiets trotz ähnlicher Scheitelstatistiken sehr unterschiedlich ausfallen kann. Die zweite Anwendung zeigt exemplarisch die Möglichkeit einer trivariaten Betrachtung der Scheitelabflüsse zusammenfließender Gewässer zur Berücksichtigung der Koinzidenz.

4.1 Anwendungsbeispiel 1

Die beiden im Flussgebiet der Mulde (Sachsen) gelegenen Einzugsgebiete des Lungwitzbaches bis zum Pegel Niederlungwitz (138 km^2) und der Schwarzen Pockau bis zum Pegel Zöblitz (129 km^2) haben beide ein ähnlich großes Einzugsgebiet. Wie **Tabelle 1** zeigt, unterscheiden sich auch die Scheitelstatistiken kaum voneinander. Bei reiner Verwendung der Scheitelstatistik würden Bemessungshochwasser an beiden Orten daher vermutlich relativ ähnlich ausfallen.

Die bivariate Statistik belegt jedoch deutliche Unterschiede in der Füllenverteilung und ermöglicht es, diese zu berücksichtigen. Auf Grundlage der vorliegenden Monatshöchstwerte wurden hierzu die Hochwasserereignisse an beiden Pegeln separiert, bei denen der Monatshöchstwert größer war, als das kleinste Jahres-HQ. Für die auf Tageswertbasis separierten Ereignisse wurden jeweils Scheitel und Fülle ermittelt, so dass eine bivariate Stichprobe vorlag. Da die Korrelation zwischen den Scheiteln aus Terminwerten und den Füllen aus Tageswerten relativ gering ist, wurde auch bei den Scheiteln auf Tagesmittelwerte zurückgegriffen. Somit lagen 135 bzw. 145 Stichprobenpaare vor. Das Extremhochwasser im August 2002 wurde aufgrund seiner Dimensionen aus der Stichprobe entfernt. Die Korrelationskoeffizienten zwischen Scheitel und Fülle nach Pearson/Spearman/Kendall ergaben sich an beiden Pegeln zwischen 0,8 und 0,62, was auf einen starken korrelativen Zusammenhang schließen lässt.

Nach Anpassung der Randverteilungen (Pearson-III-Verteilung für Scheitel und Log-Weibull-Verteilung für Fülle) wurden zweiparametrige sogenannte BB1-Copulas angepasst, mittels derer die gemeinsamen Wahrscheinlichkeiten ermittelt werden können. Da die Scheitelwerte hierbei auf Tageswerten beruhen, resultieren aus deren Statistiken nun nicht mehr ähnliche Quantile. Doch wie **Bild 2** offenbart, gibt es vor allem große Unterschiede hinsichtlich des Volumens der Hochwasserereignisse. Es zeigt die mittels der Copulas zufällig generierten Wertepaare an den beiden Pegeln. Deutlich wird, dass am Pegel Zöblitz im Mittel größere Hochwasserfüllen auftreten. Dargestellt sind ebenfalls Isolinien gleicher Oder-Überschreitungswahrscheinlichkeit (Gl. (3)). An diesen kann man z. B. ablesen, dass ein 100-jährliches Ereignis mit einem Scheitel (Tagesmittelwert) von 35 m³/s am Pegel Niederlungwitz mit einem Volumen von ca. 12 Mio. m³ verknüpft ist, wohingegen der Pegel Zöblitz eine Fülle von ca. 23 Mio. m³ aufweist. Diese Unterschiede ergeben sich vor allem durch die höheren Niederschlagsmengen und das geringere Speichervermögen. Die Anwendung zeigt, dass die alleinige Betrachtung der Scheitelstatistik für die Speicherplanung nicht ausreicht. Vor allem bei der Standortsuche können bivariate Betrachtungen helfen, Speicherstandorte zu bewerten und miteinander zu vergleichen.

4.2 Anwendungsbeispiel 2

Copulas sind nicht an 2-D-Betrachtungen gebunden. Das zweite Beispiel stellt den Einsatz einer 3-D-Copula zur Abschätzung des Hochwasserrisikos durch Überlagerung von Scheitelabflüssen dreier Flüsse dar. Kommt es in einem Flussgebiet zu einem flächendeckenden Hochwasserereignis,

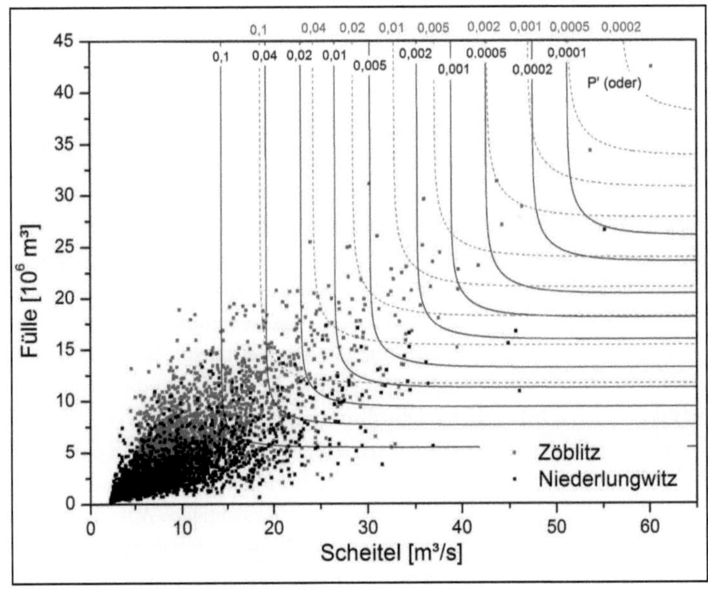

Bild 2: Überschreitungswahrscheinlichkeiten der Wertepaare in „Oder"-Kombination (gestrichelte Linie: Zöblitz) auf Copula-generierten Wertepaaren

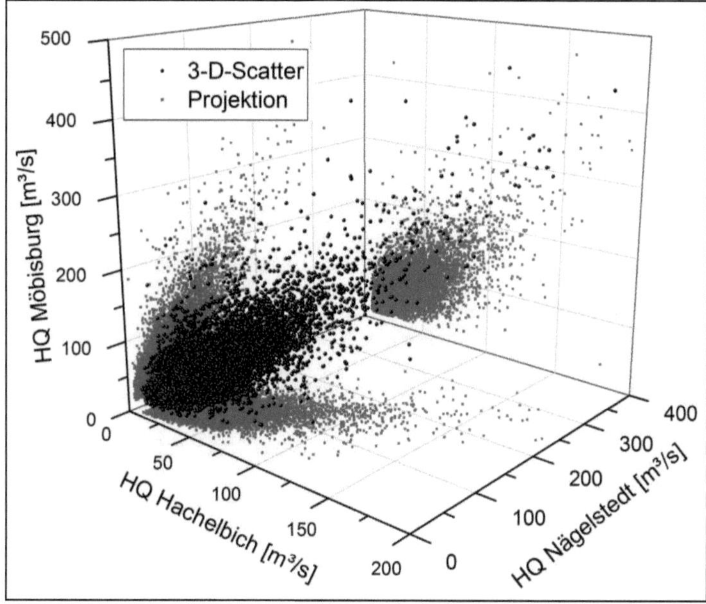

Bild 3: 3-D-Scatterplot der Gumbel-Hougaard-Copula an den Pegeln Hachelbich, Nägelstedt und Möbisburg zur Abschätzung der Scheitelkoinzidenz

so steigt die Gefahr der Koinzidenz der Hochwasserscheitel benachbarter Einzugsgebiete. Für den Unterlauf stellt eine solche Überlagerung ein Risiko dar, das in Hochwasserschutzplanungen berücksichtigt werden sollte.

Im Flussgebiet der Unstrut (Thüringen) wurden hierzu im Rahmen eines BMBF-Verbundforschungsvorhabens zehn 1 000-jährige Niederschlagszeitreihen generiert und mit einem N-A-Modell in Abflüsse transformiert [9]. Für die Abflüsse der Pegel Hachelbich/Wipper (524 km^2), Nägelstedt/Unstrut (716 km^2) und Möbisburg/Gera (843 km^2) wurden die quasi zeitgleichen Jahreshöchstabflüsse ermittelt (eine maximale Differenz von einem Zeitschritt (Tageswerte) wurde zugelassen), die jeweils mindestens den 2-fachen Mittelwasserabfluss aufwiesen. Damit lag eine trivariate Stichprobe von 2 392 Stichprobentrios vor. An diese wurden verschiedene 3-D-Copulafunktionen angepasst. Nach Anpassungstests erwies sich die Gumbel-Hougaard-Copula als die geeignetste. Die Randverteilungen wurden durch die Log-Pearson-III-Verteilung bzw. durch Allgemeine Extremwertverteilungen beschrieben. **Bild 3** zeigt exemplarisch eine mit Hilfe der Copula generierte 3-D-Stichprobe und die Projektionen der drei bivariaten Abhängigkeiten in die Ebenen. Mit Hilfe dieses Modells können nun zeitgleiche Hochwasser unter Einhaltung ihrer Abhängigkeitsstruktur modelliert und Wahrscheinlichkei-

Tab. 1: Hochwasserscheitelstatistiken für die Pegel Niederlungwitz/Lungwitzbach und Zöblitz/Schwarze Pockau (Allgemeine Extremwertverteilung mittels L-Momente an Jahreshöchstwerte)

Jährlichkeit T [a]	50	100	500	1 000
HQ Niederlungwitz [m^3/s]	78	98	164	203
HQ Zöblitz [m^3/s]	71	91	160	204

ten der Überlagerung von Scheitelwerten bestimmt werden, um das Risiko im Unterlauf, aber auch die Wirksamkeit eines Speichers in einem der drei Teilgebiete abschätzen zu können.

5 Zusammenfassung

Die Anwendung stochastischer Ansätze ist in vielfältiger Form zur Generierung und Bewertung hydrologischer Belastungsszenarien für Stauanlagen möglich. Sie können dabei helfen, neben der im Fokus stehenden Betrachtung des Abflussscheitels weitere Hochwassereigenschaften (Wellenform und -fülle, räumliche Verteilung) bei der Bemessung, der Risikoanalyse oder der Steuerung zu berücksichtigen. Durch ihre Anwendungen kann somit die Vielfalt maßgebender hydrologischer Belastungsszenarien nicht nur charakterisiert, sondern auch mit Hilfe von Wahrscheinlichkeiten bewertet werden.

Autoren
Dipl.-Ing. Markus Schulte
Prof. Dr. Andreas Schumann
Ruhr-Universität Bochum
Lehrstuhl für Hydrologie,
Wasserwirtschaft und Umwelttechnik
Universitätsstraße 150
44801 Bochum
markus.schulte-3@rub.de
andreas.schumann@rub.de

Literatur

[1] Norm DIN 19 700: Stauanlagen: Teil 10 – Gemeinsame Festlegungen; Teil 11 – Talsperren; Teil 12 – Hochwasserrückhaltebecken. Berlin: Beuth-Verlag, 2004.
[2] Klein, B.: Ermittlung von Ganglinien für die risikoorientierte Hochwasserbemessung von Talsperren. In: Schriftenreihe Hydrologie/Wasserwirtschaft der Ruhr-Universität Bochum (2009), Nr. 24.
[3] Deutsche Vereinigung für Wasserwirtschaft, Abwasser und Abfall e. V. (Hrsg.): Ermittlung von Hochwasserwahrscheinlichkeiten. In: DWA-Merkblätter DWA (2012), Nr. M 552.
[4] Nelson, R. B.: An introduction to copulas. New York: Springer, 1999.
[5] Salvadori, G.; De Michele, C.: Frequency analysis via copulas: Theoretical aspects and applications to hydrological events. In: Water Resources Research 40 (2004), W 12 511.
[6] Sklar, A.: Fonctions de rèpartition à n dimensions et leurs marges. In: Publ. Inst. Stat. Univ. Paris (1959), Nr. 8, S. 229-231.
[7] Genest, C.; Favre, A. C.: Everything you always wanted to know about copula modeling but were afraid to ask. In: Journal of Hydrologic Engineering (2007), Nr. 12(4), S. 347-368.
[8] Salvadori, G.; De Michele, C. et al.: Extremes in Nature: An Approach Using Copulas. In: Water Science and Technology Library (2007), Nr. 56.
[9] Schumann, A. (Hrsg.): Integrative Nutzung des technischen Hochwasserrückhalts in Poldern und Talsperren am Beispiel des Flussgebiets der Unstrut. Abschlussbericht des BMBF-Verbundforschungsvorhabens, Bochum.

Markus Schulte and Andreas Schumann

Evaluation of Flood Control Efficiency and remaining Risk of Dams by multivariate Approaches

Often the evaluation of flood detention results from a single design event which is considered as adequate. Such approaches reach their limits by observing the flood control efficiency of one or more detention reservoirs in large river basins, because single flood events cannot represent the diversity of potential flood loads in a catchment. The analysis of the efficiency of reservoirs, operating in combination in a larger catchment, requires a broad consideration of possible spatio-temporal distributions of the hydrological loads. In this paper we present proper multivariate approaches to handle this problem, illustrated by two sample applications.

Thomas von Kalm, Detlef Sönnichsen und Heinrich Wiebe

Stimmt die W/Q-Beziehung bei höchsten Abflüssen?

Bemessungsabflüsse sind die Lastannahmen für teure Hochwasserschutzmaßnahmen, für wertmindernde Abgrenzungen von Überschwemmungsgebieten oder schicksalsträchtige Entscheidungen der Hochwasserzentralen, ihre Angemessenheit ist volkswirtschaftlich essentiell. Als Quelle dienen die gewässerkundlichen Pegel. Ihre Kennlinien im Bereich hoher Abflüsse sind fragwürdig. „Kennen wir die Hochwasserdurchflüsse ...?" schrieb Prof. Pohl im Jahr 2002. Für Kenner der Szene lautet die Antwort: Schlecht. Mit der Modelltechnik kann diese Unsicherheit verringert werden.

1 Bemessungsabflüsse sind die Lastannahmen des Konstrukteurs

Für den Statiker sind zutreffende Lastannahmen essentiell. Sind sie untertrieben, wird das Bauwerk versagen, sind sie übertrieben, wird unnütz Geld ausgegeben. Gleiches gilt für den Wasserbauer und seine Bemessungsabflüsse als Planungsgrundlage. Hochwasserschutz und Hochwasservorsorge sind eine notwendige sowie selbstverständliche Aufgabe der Daseinsfürsorge. Aus den aktuellen Hochwasserkatastrophen wird der Druck auf Hochwasserschutzmaßnahmen zunehmen. Hochwasserschutz ist teuer und falsche Bemessungsabflüsse sind es auch, besonders weil sie nicht wie beim Statiker nur für ein einzelnes Tragwerk gelten, sondern für kilometerlange Gewässerstrecken. Untertreibungen führen häufiger zu Schäden, Übertreibungen binden unnütz Kapital und verursachen unnötigen Unterhaltungsaufwand. Quelle der Wahrheit oder des Übels sind unsere gewässerkundlichen Pegel. Ihre Bedeutung kann gar nicht hoch genug eingeschätzt werden, weder von den Kunden noch von den Betreibern, die ihre Pflicht tun und dabei leicht den Wert ihrer Arbeit aus den Augen verlieren, und besonders nicht von der Politik, die dazu neigt nur die Kosten zu sehen [1]. Tausende von Messstellen sind vermutlich nicht nötig. Nicht alle Standorte bieten die optimalen Bedingungen, um die ganze Bandbreite des hydrologischen Geschehens abzudecken. Darüber sollte man sich Klarheit verschaffen und sich nach reiflicher Überlegung auch von Messstellen trennen oder sie an geeignetere Standorte verlegen.

Was schwer wiegt, ist die Unsicherheit der Wasserstand-Abfluss-Beziehung (W/Q-Beziehung oder auch Abflusskurve) im Bereich hoher Abflüsse [2]. Diese Abflusskurve ist aber das Herzstück eines jeden Pegels, die Kennlinie, die für diesen „Fühler an der Natur" [3] zutreffend herzustellen ist. Aus ihr und der Wasserstandsganglinie werden die Abflüsse generiert und mit statistischen Auswertungen Bemessungsabflüsse gewonnen. Jeder Pegelbetreiber weiß um das Problem der Kurvensicherheit im Bereich hoher Abflüsse, aber nicht jeder Planer weiß um die Leichtigkeit, mit der sie in statistischen Auswertungen vorausgesetzt wird. Umso wichtiger sind alle Anstrengungen hier der Wahrheit näher zu kommen.

Wünschenswert sind Abflussmessungen bei Hochwasser, aber wer die Diagramme mit den Messwerten sieht, findet Messpunktwolken im Bereich niedriger bis mittlerer Abflüsse und einzelne, verloren wirkende Hochwassermessungen (**Bild 1a**).

Die Ursachen sind bekannt: es gibt selten Hochwasser und es gibt im Hochwasserfall selten genügend Geräte sowie Personal zum Messen. Mit den

S. Heimerl (Hrsg.), *Vorsorgender und nachsorgender Hochwasserschutz*,
https://doi.org/10.1007/978-3-658-21839-3_22

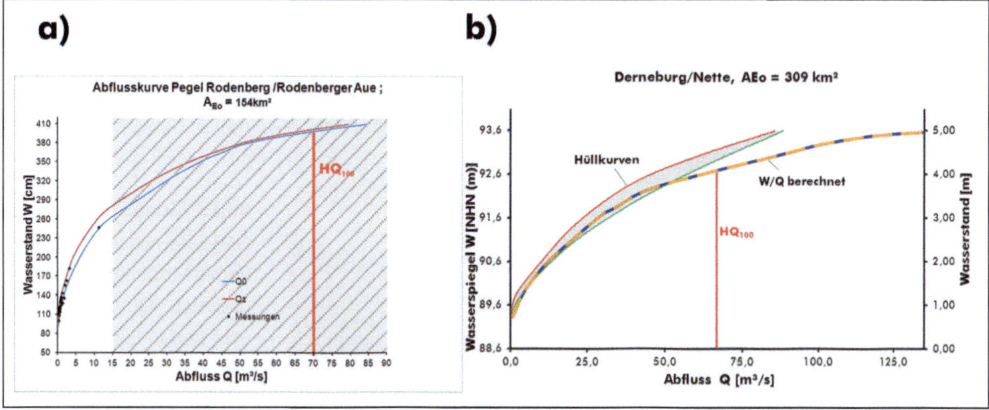

Bild 1: Abflusskurven: a) Kurvenunsicherheit schraffiert; b) Abweichung W/Q berechnet zu Hüllkurven Bestand

modernen Messmethoden treten zwar laufend Verbesserungen ein, so konnte das Mai-Hochwasser 2013 im südlichen Niedersachsen an vielen Pegeln mit Abflussmessungen erfasst werden, aber die Dürre der Messungen im oberen Bereich der Abflusskurve wird auf längere Zeit bleiben.

Um diese Lücke zu schließen, werden seit je her die Kurven extrapoliert. Früher mit dem Bleilineal, später mit besonderen Auswertemethoden der Abflussmessungen. Beide Methoden weisen den Mangel auf, dass sie im Extrapolationsbereich blind sind für die Hydraulik der Unterwasserstrecke. Wie bei hohen Abflüssen das Talgefälle, die Talgeometrie, das Relief und der Bewuchs sowie andere Hindernisse im Vorland die W/Q-Beziehungen beeinflussen und ihre Form bestimmen, bleibt bei diesen Verfahren unerkannt (**Bild 1b**). Nach bisheriger Erfahrung ergaben sich grob folgende Abweichungen:

- 1/3 der Pegel: Extrapolation und Berechnung ähnlich
- 1/3 der Pegel: Extrapolation leistungsfähiger als Berechnung
- 1/3 der Pegel: Extrapolation leistungsschwächer als Berechnung

Bereits von Pohl in [2] wurde auf das Hilfsmittel Modelltechnik hingewiesen. Seit mehr als 20 Jahren ist die Wasserwirtschaftsverwaltung dabei, in großem Stil die Flüsse hydraulisch zu modellieren, der Trend geht zu längendeckenden 2-D-Modellen. Es liegen immer bessere Erfahrungen vor, Hochwasser ermöglichen Eichungen und da liegt es nahe, diese Technik großmaßstäblich konsequent für die Verbesserung der Abflusskurven von Pegeln zu nutzen. Bayern hat diesen Schritt getan, Niedersachsen hat sich gerade an diese wichtige Aufgabe begeben.

Nachfolgend werden die Vorgehensweise auf der Grundlage von 2-D-Modellen beschrieben und Ergebnisse dargestellt. Auf die Kosten wird ebenfalls eingegangen. Zur Verbesserung der Lesbarkeit wird nicht zwischen Durchfluss und Abfluss unterschieden, sondern grundsätzlich der Begriff Abfluss verwendet.

2 Auswahl der Pegel und Datengrundlagen

Der Nds. Landesbetrieb für Wasserwirtschaft, Küsten- und Naturschutz (NLWKN) als Fachbehörde für Wasserwirtschaft in Niedersachsen betreibt derzeit etwa 260 Pegel davon 215 Pegel mit einer W/Q-Beziehung. 2012 wurde entschieden, diese Pegel einer Konsistenzprüfung zu unterziehen. Sie betraf zunächst das südliche Niedersachsen im Einzugsgebiet von Aller, Leine und Oker. Eine Ausweitung erfolgte anschließend in Teilen der Einzugsgebiete von Hase und Hunte mit dem Ergebnis, dass an vielen Pegeln die Schlüsselkurven

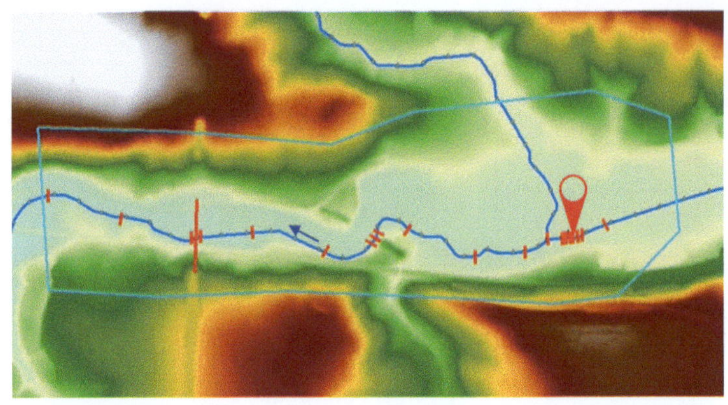

Bild 2: Modellierung eines Gewässerabschnittes mit Pegel: Modellgrenzen (hellblau), Querprofillagen (rot) und Relief (Farbschattierung)

im Extrembereich wenig durch Abflussmessungen belegt waren. Dies führte im Jahr 2013 zu der Entscheidung, die Schlüsselkurven im Extrembereich modelltechnisch überprüfen zulassen. Insgesamt verfügt der NLWKN derzeit über 57 Hochwassermeldepegel mit W/Q-Beziehungen. Diese Pegel werden bei der Überprüfung der Abflusskurven prioritär behandelt. Zudem gibt es viele Pegel, welche für die Hochwasservorhersagezentrale wichtig sind oder eine hohe regionale Bedeutung haben. Sofern diese Pegel in der Konsistenzprüfung auffällig waren, wurden sie mit in die Vorauswahl genommen und in enger Abstimmung mit den einzelnen Betriebsstellen priorisiert sowie ausgeschrieben.

Datengrundlage bilden vor allem die seit Jahrzehnten durchgeführten Abflussmessungen und die daraus erstellten Abflusskurven nach dem Eta-Verfahren mit den Umhüllenden $Q_0 + Q_z$. Für die Modellerstellung werden eine Vielzahl von GIS- und Vermessungsdaten benötigt. In einem ersten Schritt werden seitens des NLWKN die zu erwartenden Modellgebiete anhand von Überschwemmungsgebieten und Höhenlinien abgeschätzt (**Bild 2**). Die Wahl des Anfangs- und Endprofiles (Modellbereich) erfolgt unter Berücksichtigung der Gefälleverhältnisse und der Größe des Gewässers. Für geordnete Zuflussbedingungen wird der oberwasserseitige Modellrand soweit nach oberhalb gelegt, dass von einem beruhigten Zustrom ausgegangen werden kann. In der Regel reicht ein Abschnitt von 500 m Länge.

Anders verhält es sich bei der Wahl des unteren Modellrandes. Unzutreffende Wasserspiegelannahmen am unteren Modellrand dürfen am Pegelstandort keinen Einfluss ausüben. Eine Annäherung an den Abstand zwischen Pegel und unterem Modellrand gründet auf der Theorie zur Staulänge und betrachtet als Sohle den Talboden (= Vorlandhöhe) (**Bild 3**). Der Einfluss eines unzutreffenden Anfangswasserstandes endet in erster Näherung da, wo dieser den Talboden am Pegel schneidet. Als erster Schritt der Berechnungen müssen Variationen der Anfangsbedingung diese Wahl bestätigen.

Für die Modellgebiete werden die Höhenmodelle, Flächennutzungen und Luftbildaufnahmen in den zu erwartenden Modellgrenzen zusammengestellt. An einzelnen Pegeln kann auf aktuelle Vermessungen aus der Überschwemmungsgebietsermittlung zurückgegriffen werden. Für größere oder unzugängliche Bauwerke, wie Wehre etc., werden soweit wie möglich Bestandspläne beschafft.

Auf dieser Grundlage werden Arbeitskarten erstellt und anschließend Vorortbesichtigungen mit allen Beteiligten durchgeführt. Bei den Vorortbesichtigungen werden die Lage der Querprofile und die aufzunehmenden, den Abfluss leitenden Längsstrukturen festgelegt. Entsprechend ihrem Einfluss erfolgt die Wahl der Profilabstände: im Nahbereich der Pegel eng und mit zunehmender Entfernung größer (**Bild 2**). Die hydraulische Wirkung der Brücken, Wehre und Schwellen werden durch die Bauwerksgeo-

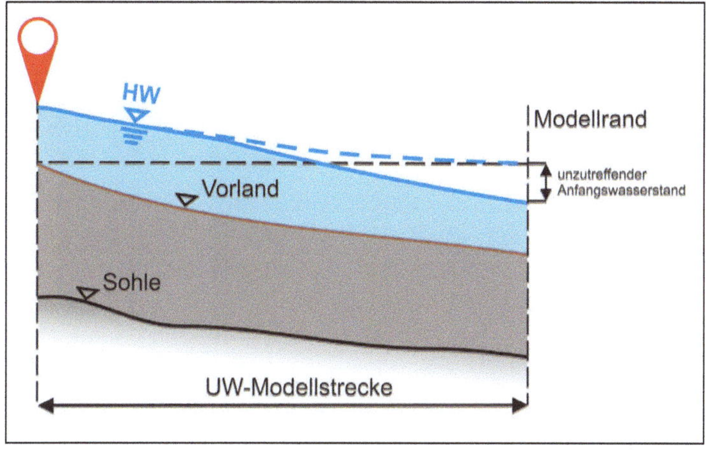

Bild 3: Annäherung an die Einflussgrenze unzutreffender Anfangswasserstände

metrien sowie je ein Unterwasser- und Oberwasserprofil abgebildet.

3 2-D-Modellaufbau, Randbedingungen und Abflussganglinien

Auf Grundlage der vorliegenden Höheninformationen aus der Vermessung sowie aus den digitalen Geländemodellen wird das 2-D-Hydraulikmodell aufgebaut. Der Netzaufbau besteht im Wesentlichen aus drei Schritten:

1. Aufbau des Flussschlauchnetzes aus den Vermessungsdaten.
2. Aufbau eines Vorlandnetzes aus den Daten des digitalen Geländemodells (DGM).
3. Zusammenfügen der beiden Teilnetze zu einem Berechnungsnetz.

Das Flussschlauchnetz wird aus den vermessenen oder vorliegenden Querprofilen generiert. Besonderer Wert wird auf die korrekte Abbildung der Pegelquerprofile, der Brücken und der Sohlenschwellen gelegt, so dass die hydraulische Wirkungsweise des untersuchten Streckenabschnittes detailgetreu nachgebildet wird.

Aus dem DGM entsteht das Vorlandnetz. Diese Rasterdaten werden zum Teil durch Flurkarten ergänzt. Straßen und Häuser sowie die vermessenen Längsstrukturen werden als Bruchkanten bei der Erstellung des Vorlandnetzes eingefügt. Anhand dieser Daten werden abflusshindernde Bereiche nachgebildet und Rauheiten können leichter zugeordnet werden. Das Berechnungsnetz entsteht durch das Zusammenfügen von Flussschlauchnetz und Vorlandnetz. Anschließend erfolgt das Einfügen der Bauwerke.

Das 2-D-Modell wird in Fließrichtung durch den Zu- und Auslaufrand begrenzt. Diese Grenzen liegen jeweils unmittelbar vor bzw. hinter dem ersten und letzten gemessenen Querprofil. Bei der Festlegung der Modellbreite wird darauf geachtet, dass auch ein HQ_{Extrem} die seitlichen Modellgrenzen nicht erreicht. Als Modellbelastung dient eine treppenförmige Zuflussganglinie mit einer Abflussstaffelung bis zur Obergrenze (z. B. 2 x HQ_{100}). Die „Auftrittslänge“ der Stufen ist so bemessen, dass stationäre Abflussverhältnisse erreicht werden, um Hystereseeffekte auszuschließen. Die fertige Zuflussganglinie bildet die obere Randbedingung des Modells. Als untere Randbedingung wird das Energieliniengefälle angesetzt, welches anhand des Sohlengefälles abgeschätzt wird.

4 Kalibrierung und Sensitivitätsanalyse

Zur Kalibrierung des Modells werden die Abflussmessungen herangezogen. Ihre Einführung als Stufen der Treppenganglinie vereinfacht den Vergleich von berechneten und gemessenen Wasserspiegellagen. Messwerte können aus verschiedenen Grün-

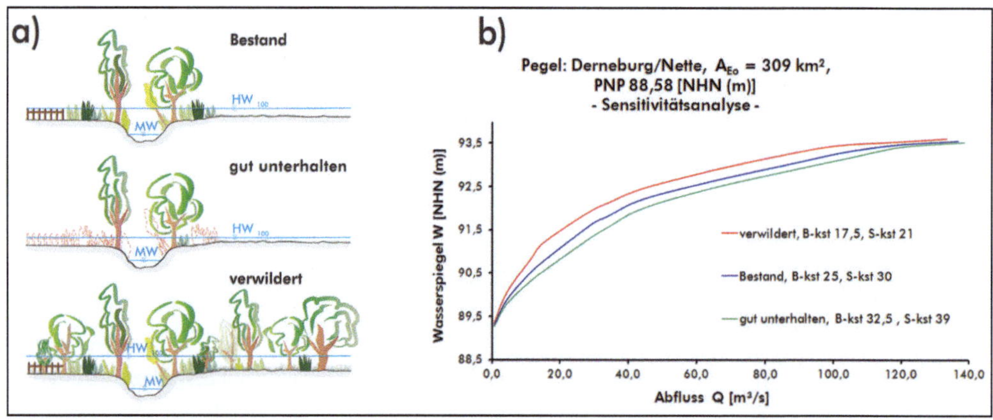

Bild 4: Sensitivitätsanalyse: a) Rauheitsvarianten, b) Wirkung

den extrem von der Abflusskurve abweichen. Diese werden als Ausreißer ausgeschlossen. Bei den übrigen Abweichungen ist es von Bedeutung, in welchem Bereich (Flussschlauch oder Vorland) der Abflusskurve sie auftreten. Weiterhin wird geprüft, in welcher Größenordnung sie auftreten. Geringe Differenzen können durch eine Veränderung der Rauheiten abgebaut werden, wohingegen größere Abweichungen meist aus Modellfehlern der Fluss- oder Talgeometrie rühren.

Eine Anpassung der Rauheiten zu Kalibrierungszwecken erfolgt unter Zuhilfenahme der Luftbilder und der georeferenzierten terrestischen Fotos. Geometrieverbesserungen bei Schwellen oder Rampen erfolgen durch eine Verfeinerung der Vermaschung. Je nach hydraulischen Gegebenheiten und Güte der Daten kann die Kalibrierung einfach gelingen oder sie gerät zur Detektivarbeit, die viel Sachverstand erfordert.

In einer Sensitivitätsanalyse wird nach erfolgter Kalibrierung untersucht, wie die Abflusskurve auf Rauheitsänderungen reagiert. Es werden unterschiedliche Modellzustände verwendet. **Bild 4a** zeigt die Varianten „Bestand", „gut unterhalten" und „verwildert", deren Ergebnis in **Bild 4b** sichtbar wird.

5 Ergebnisse und ihre Bewertung

Als Ergebnis der o. g. Arbeitsschritte entsteht eine berechnete W/Q-Beziehung wie in **Bild 5**, die den bis dahin unsicher extrapolierten Q_0/Q_Z-Bereich der vorhandenen Abflusskurve verifiziert und darüber hinaus den unbekannten Extrembereich erschließt. Sie ist als eine mittlere Beziehung anzusehen, ohne den Einfluss der Hysterese, ohne die Varianz, die durch Entwicklung von Bewuchs oder seine Entfernung möglich ist. Diese Schwankungsbreite betrifft jede Abflusskurve ohnehin in ihrem gesamten Bereich. Im Niedrig- und Mittelwasserbereich kann die Modellierung nicht so gut sein, dass sie diesen Kurvenbereich aus der Vielzahl der Abflussmessungen ersetzt. Hier gilt nach wie vor der Bestand. Aber im Bereich hoher Abflüsse ist jetzt eine Beziehung vorhanden, die die hydraulische Wirkungsweise der Unterwasserstrecke zutreffend abbildet und Fehlinterpretation von Abflüssen aus aufgetretenen extremen Wasserständen sehr gut eingrenzt. Damit ist die Abflusskurve als Herzstück der Ermittlung der Abflussganglinien sicherer und in der Folge deren Auswertung zu Bemessungsabflüssen deutlich verbessert worden.

Berechnete Abflusskurven befreien nicht von der Aufgabe, im Hochwasserfall Abflussmessungen durchzuführen. Hier müssen nach wie vor alle Anstrengungen unternommen werden zu messen – auch um die simulierten Abflusskurven auf ihre Richtigkeit hin zu überprüfen.

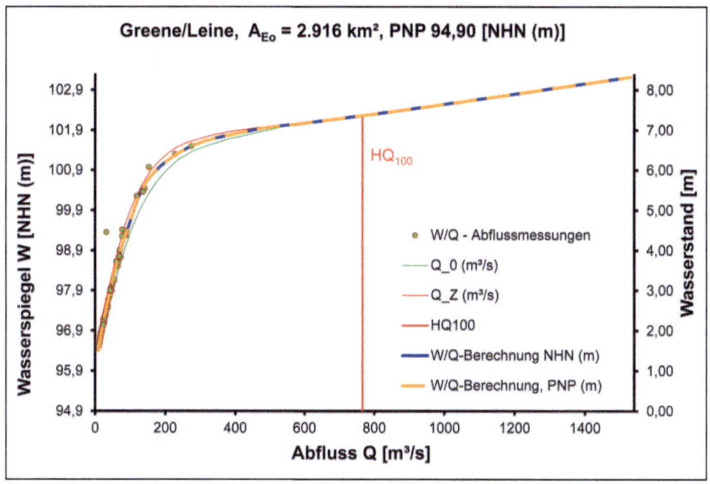

Bild 5: Arbeitsergebnis W/Q-Beziehung aus amtlichen Abflusskurven und 2-D-Simulation

6 Problematische Pegelstandorte

Als Nebeneffekt einer modelltechnischen Bearbeitung der Pegel fallen dem kundigen Bearbeiter Qualitätsprobleme der Messstellen auf. Pegelstandorte sind nicht immer optimal. Es gab Gründe, wie die Erreichbarkeit, politische Vorgaben oder hydraulische Fehleinschätzungen der Beteiligten, die für den Hochwasserfall zu eingeschränkt brauchbaren Messstellen führten. Innerhalb der Gruppe der Problempegel sind nach Erfahrung der Autoren am häufigsten Messstellen umläufig oder haben im Hochwasserbereich eine zu flach verlaufende Abflusskurve. Bei den umläufigen Pegeln können wesentliche Anteile des Abflusses nicht erfasst werden, weil sie mehr oder wenig großräumig außerhalb der Messstellen abfließen. Eine zu flach verlaufende Kurve resultiert aus Pegelstandorten oberhalb ausgedehnter, leistungsfähiger Talbereiche. Große Abflusszunahmen verursachen hier nur geringste Wasserspiegelerhöhungen. Das kann bei nie auszuschließenden Ungenauigkeiten der Wasserstandsregistrierung zur fehlerhaften Abflussermittlung führen.

6.1 Abflusskurven mit zu geringer Steigung an Pegeln auf freier Strecke

Der in **Bild 6a** oberhalb des breiten Talraumes angeordnete Pegel hat auf Grund dieser Situation ei-

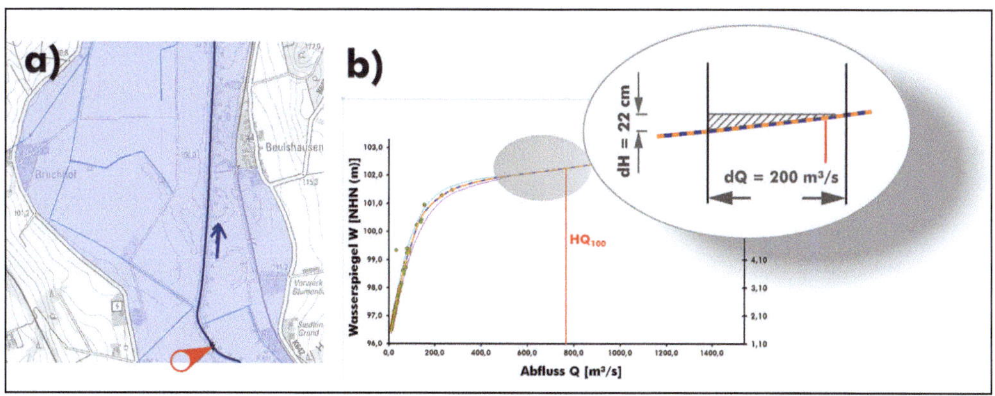

Bild 6: Ungünstiger Pegelstandort oberhalb einer leistungsfähigen Gewässerstrecke

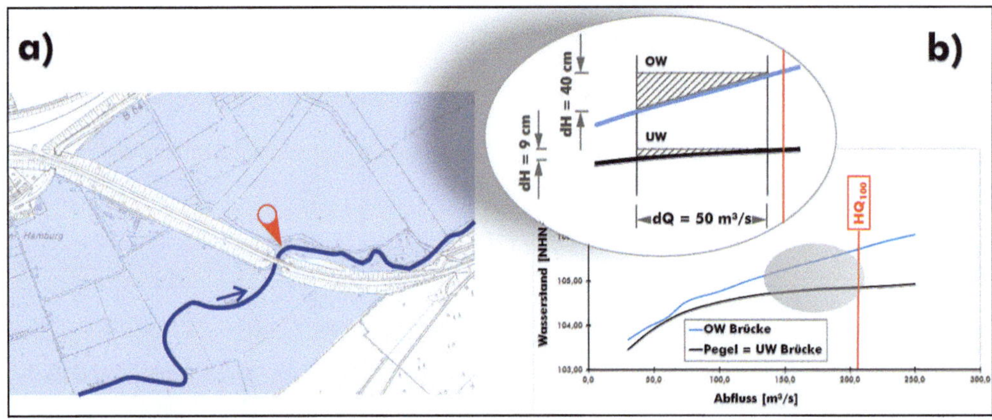

Bild 7: Ungünstiger Pegelstandort im Unterwasser einer Brücke

ne extrem flach verlaufende Abflusskurve (**Bild 6b**). Wasserstandsmessfehler von einem Dezimeter führen zu einem Abflussfehler von rund 100 m^3/s.

6.2 Abflusskurven mit zu geringer Steigung an Pegeln unterhalb von Brücken

Die Abflusskurve des Pegels in **Bild 7a** verläuft auf Grund des ausgedehnt flachen Talraumes und der Lage im Unterwasser der Eisenbahnbrücke ebenfalls sehr flach (**Bild 7b**), Verlauf UW. Eine Verlegung der Wasserstandserfassung in das Oberwasser führt zu einer deutlichen Spreizung und damit einer deutlichen Verringerung von Fehlern in der Abflussermittlung (**Bild 7b**), Verlauf OW. Dieser Sachverhalt ist häufiger anzutreffen und führt zu dem Rat, die Wasserstandserfassung in das Oberwasser zu verlegen. Voraussetzung ist, dass die Brückenöffnung durch ihre Größe im Verhältnis zu potenziellem Treibzeug nicht verklausungsgefährdet ist.

6.3 Umläufigkeit von Pegeln

In **Bild 8** sind umläufige Pegel dargestellt. **Bild 8a** zeigt einen Pegel, der am Rande des Talraumes platziert wurde und bei dem häufig ein Teil des Abflusses von der Abflussmesseinrichtung nicht erfasst wird. Das Taltiefst liegt am gegenüberliegenden Talrand. Dennoch fließt das Hochwas-

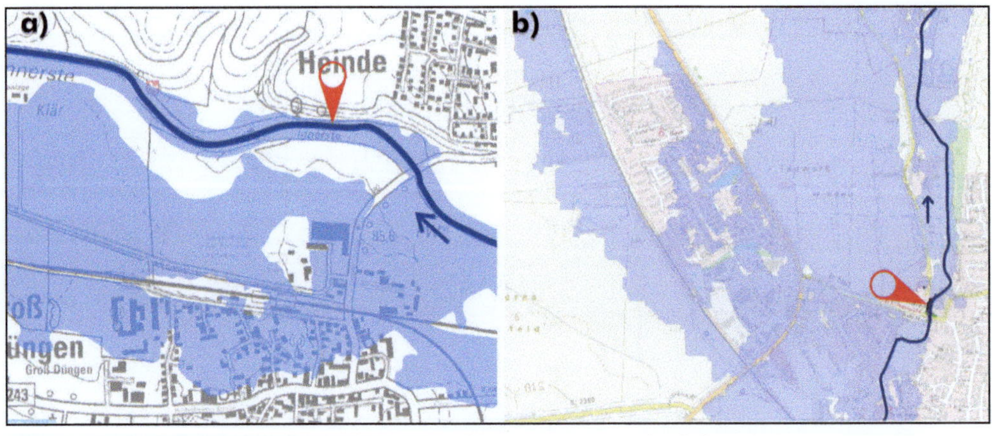

Bild 8: a) Umläufigkeit innerhalb eines Talraumes; b) weiträumige Umläufigkeit

ser insgesamt in einem Raum ab, wohingegen in **Bild 8b** bereits oberhalb der Pegelstelle Furkationen entstehen, ab der Teile des Hochwasserabflusses die Pegelstelle weiträumig umströmen.

Selbst wenn in beiden Fällen an Talbrücken ober- oder unterhalb mit moderner Messtechnik (ADCP) noch vollständige Abflussmessungen möglich sind, ist eine eindeutige Zuordnung zu einem Wasserstand am Pegel nicht ohne weiteres machbar. Solche Pegelstandorte sollten hinterfragt werden.

7 Kosten

Derlei Leistungen zur Kontrolle und Nachrechnung der Pegel werden von den Ländern ausgeschrieben. Neben den nicht zu unterschätzenden Eigenleistungen der Wasserwirtschaftsverwaltung für das Projektmanagement, für die Leistungsbeschreibung und das Ausschreibungsverfahren sowie für die Betreuung und Kontrolle der Auftragnehmer ist nach Erfahrung der Unterzeichnenden mit Kosten zwischen 4 500 € und 6 000 € pro Pegel zu rechnen (Auftragsvolumen 10 Pegel). Ein Aufwand der nach Auffassung der Autoren durch den Erkenntnisgewinn unbedingt gerechtfertigt wird.

Die Spannweite der Kosten wird von den Datengrundlagen und der Gewässergröße bestimmt. Je kürzer das Modell ist, desto weniger Vermessungsaufwand ist in der Regel erforderlich, und je besser die vorhandene Datengrundlage ist, desto geringer sind die Kosten der Vermessung. Ab einer Einzugsgebietsgröße von 200 km² bis 300 km² ist der Einsatz eines Bootes notwendig.

Aus vorhandenen Modellen etwa für die Ermittlung der Hochwassergefahrenkarten liegen häufig Profile vor, wobei je nach Alter über eine erneute Aufnahme nachgedacht werden sollte. Auf jeden Fall erfordert die Überprüfung der W/Q-Beziehung eine Verfeinerung durch zusätzliche Profile in Pegelnähe, denn die Überprüfung war nicht Bestandteil der seinerzeitigen Modellierungen.

8 Fazit

Mit Hilfe der 2-D-Modelltechnik, die gezielt für die Verifizierung der W/Q-Beziehung eingesetzt wird, lässt sich die Unsicherheit im Bereich hoher Abflüsse mindern und der Bereich von Extremabflüssen erst erschließen. Dieser Erkenntnisgewinn ist volkswirtschaftlich von hohem Wert, weil hier die Bemessungsabflüsse als Grundlage des Hochwasserschutzes, der -vorsorge und der -bewältigung generiert werden, der finanzielle Aufwand ist dagegen gering.

Autoren

Dipl.-Ing. (FH) Thomas von Kalm, M. Eng.
Nds. Landesbetrieb für Wasserwirtschaft,
Küsten- und Naturschutz
Betriebsstelle Hannover-Hildesheim
An der Scharlake 39
31135 Hildesheim
thomas.von-kalm@nlwkn-hi.niedersachsen.de

Dipl.-Ing. Detlef Sönnichsen
Dipl.-Ing. Heinrich Wiebe
Sönnichsen & Partner
Schwarzer Weg 8
32423 Minden
detlef.soennichsen@soe-ing.de
heinrich.wiebe@soe-ing.de

Literatur

[1] Sönnichsen, D.: Die Gundrechenarten anwenden. In: WasserWirtschaft 103 (2013), Heft 1-2, S. 3.

[2] Pohl, R.: Kennen wir die Hochwasserdurchflüsse unserer Flüsse? In: Wasser und Abfall (2002), Heft 11/12.

[3] Amt der Tiroler Landesregierung (Hrsg.): Unser Fühler an der Natur: Der Hydrographische Dienst Tirol (www.tirol.gv.at; Aufruf: 25.08.2014).

Thomas von Kalm, Detlef Sönnichsen and Heinrich Wiebe

Does the Rating Curve Equate at Higher Levels of Flooding?

The higher levels of water recorded in recent times have shown the impact of excessive flooding on the economy as a whole. These events represent an acknowledged financial burden comprising of expensive flood protection schemes, depreciating land values for fenced-off flooded areas and far-reaching and life-changing decisions by the flood control authorities. In economic terms the degree of fairness involved in taking such steps is considerable. The basis for determining the measurement of flood levels lies in the gauging stations. Their parameters with regard to the measuring of high-level water are however questionable. „Do we in fact know the high-level water flow rates in our rivers?" For experts in this area the answer must be: Only insufficiently! With the help of a 2D model this uncertainty can be greatly reduced. This paper describes the methods of working, the results and the costs involved.

Ryszard Kosierb

Transformationsprozess der Hochwasserwelle am Beispiel des Hochwassers der Lausitzer Neiße

Das Hochwasser, das im August 2010 in dem Oberlauf des Einzugsgebietes der Lausitzer Neiße aufgetreten ist, war eine Katastrophe. Die heftigsten Niederschläge traten am 7. August in den Morgenstunden auf, die auf den bereits gesättigten Boden im Einzugsgebiet getroffen sind. Das hatte einen schnellen Anstieg der Wasserstände in allen Wasserläufen zur Folge. Besonders an den Flüssen Mandau, Miedzianka und Witka (Smeda) kam es zu plötzlichen Hochwasserereignissen mit katastrophalen Folgen. Der Abfluss oberhalb des Bemessungshochwassers über die Dammkrone der Talsperre Niedów an der Witka verursachte die Zerstörung der Talsperre. Die durchgeführten Untersuchungen zeigten allerdings, dass die Zerstörung der Talsperre Niedów keinen großen Einfluss auf den Anstieg der Hochwassergefahr im Zentrum der Städte Zgorzelec und Görlitz hatte.

1 Einführung

Das Hochwasser, das im August 2010 in dem Oberlauf des Einzugsgebietes der Lausitzer Neiße auftrat, war eine Katastrophe mit einem bisher einmaligen Ausmaß in dieser Umgebung. Es ist selbstverständlich, dass je mehr wir über den kausalen Zusammenhang der damals eingetretenen Ereignisse erfahren desto kleiner wird der Grad der Zufälligkeit sein und desto näher an der Wirklichkeit werden die Ergebnisse von der vorgenommenen Bewertung des Ereignisses sein. Um die hydrologischen Ziele einschließlich verlässlicher Prognosen erreichen zu können, ist es am wichtigsten, die Verteilung von Niederschlägen mit ihren Maximalwerten und Charakteristiken (Höhe, Dauer, zeitliche Verteilung der Niederschläge sowie die Reichweite auf dem Gebiet) zu kennen.

Die Bewertung des eingetretenen katastrophalen Ereignisses basiert auf folgender Grundlage:

- Analyse der meteorologischen und hydrologischen Bedingungen;
- Bewertung von Bedingungen des Zusammenflusses von Oberflächenwasser des Gebietes mit einem besonders komplexen Abflussprozess des Oberflächen- und Grundwassers im Oberlauf des Einzugsgebietes der Lausitzer Neiße;
- Bewertung des Einflusses der Zerstörung des Niedów-Stausees auf die Überschwemmungsgefahr von Zgorzelec und Görlitz.

Das wichtigste Ergebnis der durchgeführten Analysen und Untersuchungen sind die Landkarten der Überschwemmungsgebiete entlang des Flusses Witka (Wittig) und der Lausitzer Neiße, von der Niedów-Talsperre bis zum Pegel Zgorzelec an der Lausitzer Neiße.

2 Physikalisch-geografische Charakteristik im Oberlauf des Einzugsgebietes der Lausitzer Neiße

Die Quelle der Lausitzer Neiße befindet sich in den südlich-westlichen Hängen des Isergebirges auf der Höhe von 780 m ü. NN. Außer im Quellgebiet ist die Lausitzer Neiße ein Grenzfluss auf der Strecke von Fluss-km 49,6 bis 246,09 (Mündung in die Oder).

Im Bereich des Einzugsgebietes der Lausitzer Neiße befinden sich vier Braunkohletagebaugru-

S. Heimerl (Hrsg.), *Vorsorgender und nachsorgender Hochwasserschutz*,
https://doi.org/10.1007/978-3-658-21839-3_23

ben, die durch deren Entwässerung einen Einfluss auf die Wasserbilanz haben. Das sind drei deutsche Kohlegruben (Reichwalde, Nochten und Jänschwalde) sowie die polnische Kohlegrube Turów. Auf der deutschen Seite befand sich noch die Kohlegrube Berzdorf, in der der Braunkohleabbau im Jahr 1997 aufgegeben wurde. Infolge der Rekultivierung des Abbauraums der Kohlengrube Berzdorf entstand ein Reservoir, der Berzdorfer See.

Der obere Teil des Einzugsgebietes der Lausitzer Neiße befindet sich in undurchlässigen Gesteinen, wie Granit, Basalt, Granit-Gneis, und stark zerberstenden Schiefer. Bei größerem Gefälle der Gewässer hat das zur Folge, dass über den Abfluss oft der Zusammenfluss der Oberflächengewässer und des Grundwassers entscheidet. Hierbei wird die Bedeutung dieser Abflüsse im Verhältnis zur Retention deutlich, was einen plötzlichen und schnellen Verlauf des Hochwasseranstiegs zur Folge hat. Für ihre Bewertung sind die Niederschläge mit ihrem Maximalwert sowie der Charakteristiken ihrer Höhe, ihrer Dauer und ihrer Reichweite in ihrem Gebiet am wichtigsten.

In der Lausitzer Neiße befinden sich 29 Stauwehre, davon sind 17 unter deutscher, 10 unter polnischer und zwei unter gemeinsamer Verwaltung. 2/3 aller Stauwehre stauen das Wasser hauptsächlich zur Energiegewinnung, die anderen werden zur Wasserentnahme für Industrie, Landwirtschaft und Forstwirtschaft sowie zur Regulierung des Flussbettes genutzt. Die Fallhöhen der Wehre betragen zwischen 0,7 und 4,3 m, hauptsächlich im Bereich von 2 bis 3,5 m. An Lausitzer Neiße liegen 7 polnische sowie 12 deutsche Wasserkraftwerke. Im oberen Teil des Einzugsgebietes der Lausitzer Neiße befinden sich auf der deutschen Seite zwei nach dem Abbau entstandenen Becken, Olbersdorf und Berzdorf, und ein Stausee an der Pließnitz. Auf der polnischen Seite existieren zwei Reservoirs (Niedów an der Witka und Zatonie am Bach Plebanka, einem Nebenfluss von Miedzianka), die für den Bedarf der Bergbauindustrie und thermischer Kraftwerke in dieser Umgebung entstanden sind.

Das Niedów-Becken wurde im Jahr 1962 gebaut. Seine Hauptaufgabe war die Wasserbereitstellung für die Kraftwerke Turów, Berzdorf und Hirschfelde. Der Betreiber des Beckens ist das Kraftwerk Turów in Bogatynia. Das Becken wurde an Fluss-km 2,800 der Witka platziert. Die Länge des Beckens beträgt ca. 4,0 km, die Wassertiefe am Staudamm 11,00 m und in der Mitte ca. 6,0 m. Bei einem Stau bis zu einer Höhe von 210,0 m ü. NN beträgt die Fläche der maximalen Füllung von dem Becken 183 ha und das Volumen 4,8 Mio. m^3.

3 Randbedingungen des Hochwassers im August 2010

Es wurden vielseitige Untersuchungen der Struktur der Niederschläge in Polen durchgeführt [1]. In den statistischen Untersuchungen einer Reihe von maximalen Niederschlägen wurden Niederschlagsmesswerte aus den Sommermonaten (Mai bis Oktober) in den Jahren von 1961 bis 2000 aus 59 meteorologischen Stationen sowie Wetterkarten, Karten der Luftdruckverteilung, Satelliten- und Radarphotos verwendet. Auf polnischem Gebiet konnten drei Typen der bedingten Niederschläge bestimmt werden, deren Eintreten einen bedeutenden hydrologischen Effekt verursacht hat: konvektive Niederschläge, frontale Niederschläge sowie die Niederschläge der Konvergenzzone (ausgedehnte Konvergenzzonen). Ein typischer konvektiver Niederschlag ist im August 2010 eingetreten und hat einen katastrophalen Hochwasseranstieg im Einzugsgebiet der Lausitzer Neiße verursacht.

Starke Niederschläge, die im August 2010 in der Umgebung von Westsudeten auf dem Gebiet von Tschechien, Polen und Deutschland eingetreten sind, waren mit der Bildung des Tiefdruckzentrums in dieser Umgebung in einer ausgedehnten Tiefdruckzone in Mitteleuropa verbunden. Eine sehr warme und feuchte tropische Luft ist eingeflossen. In der gleichen Zeit hatte das Tiefdruckgebiet aus den Britischen Inseln einen Einfluss auf das Wetter in Westeuropa, das einen Zustrom auf den Kontinent von feuchter und etwas kühlerer polarer Meeresluft generierte.

Bei dieser Wettersituation in Europa hat sich über Polen eine Zone gebildet, in der zwei verschiedene Luftmassen aufeinandertrafen, eine feuchte und warme sowie eine sehr feuchte und sehr warme. Dies schuf sehr gute Bedingungen für die Entwicklung der konvektiven Phänomene, was auch die aerologischen Messungen bestätigt haben, die an den Stationen in Wrocław, Lindenberg und Prostejov durchgeführt wurden.

In dieser Gesamtsituation sind auf dem vorliegenden Gebiet schon ab den Nachmittagsstunden des 6. Augusts zeitweise Niederschläge mit mäßiger Stärke aufgetreten. Ihr Maximum hatten die Niederschläge jedoch am Morgen des 7. Augusts.

Die Werte der 24-Stunden-Summen der Niederschläge, die von den meteorologischen Stationen der polnischen und tschechischen Wetterdienste in der Zeit vom 1. bis 10. August 2010 registriert wurden, sind in **Tabelle 1** dargestellt.

Im Einzugsgebiet der Mandau sind die maximalen 24-Stunden-Niederschläge am 7. August aufgetreten und betrugen an der Station in Varnsdorf 89,4 mm und in Berzdorf-Hörnitz 102,0 mm. Im Einzugsgebiet der Miedzianka trat mit 160,2 mm der maximale Niederschlag am 7. August in Bogatynia auf.

Die in **Tabelle 1** dargestellten Werte deuten auf eine erhebliche Summe der Niederschläge in der Zeit vom 1. bis 10. August hin (248,0 mm an der Station Bogatynia, 325,5 mm an der Station Hejnice und 344,4 mm an der Station Mnišek). Diese Niederschläge hatten einen entscheidenden Einfluss auf die Abflüsse der Witka sowie der Miedzianka. Es ist dabei festzustellen, dass die größten

Tab. 1: 24-Stunden-Summen der Niederschläge auf den polnischen und tschechischen Niederschlagstationen in den Tagen vom 1. bis 10. August 2010 [mm]

Station	1	2	3	4	5	6	7	8	9	10	Summe
Bierna	-	11,6	25,4	-	-	15,1	86,2	4,6	1,8	-	144,7
Bogatynia	-	6,0	42,0	-	-	32,0	160,2	6,8	1,0	-	248,0
Sieniawka	-	1,6	17,3	-	-	16,5	110,8	4,0	0,4	-	150,6
Sulików	-	14,4	17,6	-	-	5,8	57,3	7,0	0,3	-	102,4
Zgorzelec	-	5,2	22,3	-	-	7,9	49,7	2,4	0,7	-	88,2
Bedřichow	-	12,5	20,0	-	-	100,6	112	21,7	1,4	-	268,2
Desná	-	8,2	15,9	-	-	24,4	64,0	11,9	0,6	-	125,0
Harrachov	-	6,2	24,6	-	-	55,7	63,7	9,3	3,0	-	162,5
Hejnice	-	12,4	29,4	-	-	73,5	179,0	23,3	7,9	-	325,5
Josefův Důl	-	11,2	13,8	-	-	19,1	63,2	12,3	7,5	-	127,1
Kořenov	-	7,9	14,8	-	-	33,3	80,1	6,8	0,0	-	142,9
Liberec	-	13,3	22,4	-	-	66,6	98,9	21,9	0,4	-	223,5
Mnišek	-	14,7	33,7	-	-	128,5	160,0	7,1	0,4	-	344,4
Nowé Město	-	11,4	31,5	-	-	27,0	138,2	5,0	3,2	-	216,3
Smržovka	-	9,5	13,1	-	0,1	13,9	48,1	10,7	0,5	-	95,9
Chotyně	-	6,8	19,5	-	-	60,4	101,6	1,8	0,9	-	191,0
Chrastava	-	34,5	17,3	-	-	93,4	135,5	7,8	3,8	-	292,3
Křižany	-	10,8	11,5	-	-	33,7	90,6	11,7	2,4	-	160,7
Jablonec	-	22,5	6,8	-	2,1	16,7	43,9	4,5	5,7	-	102,2
Víšňová	-	7,0	19,9	-	0,1	12,9	85,5	25,0	0,5	-	150,9

Niederschläge an den Stationen Hejnice, Mníšek und Bogatynia am 7. August 2010 in der Zeit von 8:00 bis 14:00 Uhr aufgetreten sind. Einen Auftakt bildeten die Niederschläge am 2., 3. und 6. August, die in erheblichem Maße die relativ kleine Bodenretention gefüllt haben. Diese Niederschlagssituation hat die Entwicklung des Hochwassers an der Lausitzer Neiße und ihren Nebenflüssen erzeugt.

4 Hydrologische Charakteristik des oberen Einzugsgebietes der Lausitzer Neiße

Der obere Teil des Einzugsgebiets der Lausitzer Neiße ist ziemlich gut, sowohl in meteorologischer als auch in hydrologischer Hinsicht, überwacht. Die wichtigsten Nebenflüsse auf dem tschechischen Hoheitsgebiet sind die Schwarze Neiße und der Görsbach (Jerica). An der Schwarzen Neiße befindet sich der Staudamm Bedrichovska, der ein Einzugsgebiet von 4,1 km² erschließt. Das Volumen des Beckens beträgt 1,98 Mio. m³. Am Görsbach (Jerica) liegen sowohl das Becken Fojtka mit dem Volumen von 0,32 Mio. m³ und einem Einzugsgebiet von 6,9 km² als auch das Becken Mlynice mit dem Volumen von 0,27 Mio. m³ und einem Einzugsgebiet von 5,9 km². Die wichtigsten linken Nebenflüsse auf dem Gebiet von Sachsen sind Mandau und Pließnitz. Im Einzugsgebiet der Mandau befindet sich das nach dem Braunkohleabbau entstandene Becken Olbersdorf. Zwischen der Mündung von Pließnitz und der Lausitzer Neiße südlich von Görlitz liegt der nach dem Abbau entstandene Berzdorfer See mit dem Volumen von 330 Mio. m³ und einer Wasseroberfläche

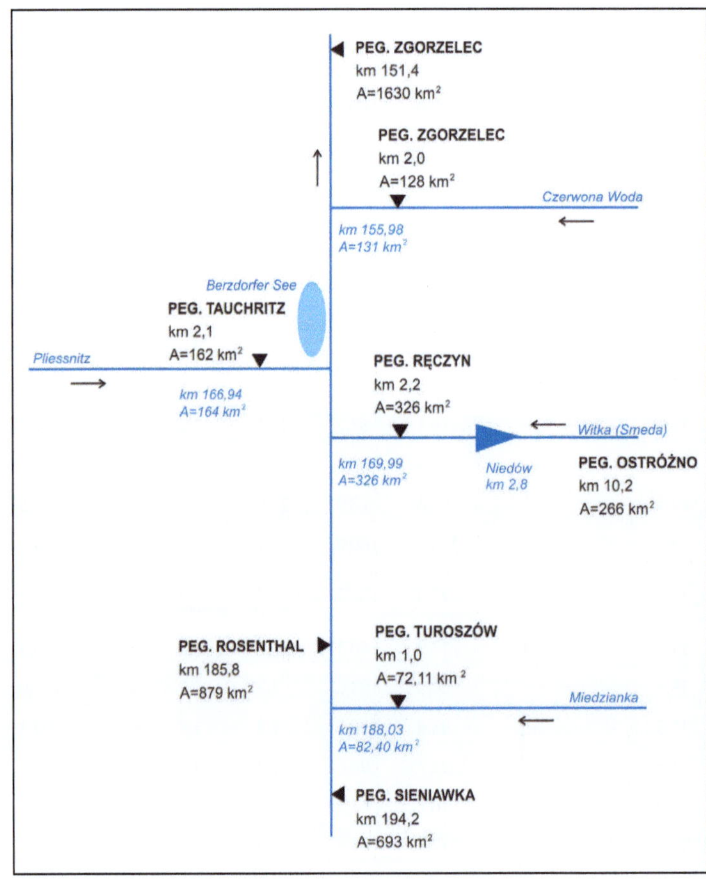

Bild 1: Schema des hydrographischen Einzugsgebietes der Lausitzer Neiße auf der Strecke zwischen Pegel Sieniawka und Pegel Zgorzelec (Quelle: IMGW-PIB O/Wroclaw)

von 9,6 km². Die wichtigsten Nebenflüsse im polnischen Teil des Einzugsgebietes der Lausitzer Neiße sind Miedzianka, Witka und Czerwona Woda. Nicht weit von der Mündung von Witka in die Lausitzer Neiße bei Fluss-km 2,8 km der Witka befindet sich das Niedów-Staubecken (**Bild 1**).

An allen untersuchten Pegeln haben die Abflüsse dieser Hochwasserwelle ein HQ_{100} überschritten. In Turoszów ist eine große Menge des Wassers aus der Miedzianka in die Grube Turów geflossen. Der angegebene Wert des Abflusses von 83 m^3/s am Pegel Turoszów berücksichtigt diese Tatsache nicht. Unter Berücksichtigung dieses Ereignisses wurde der maximale Abfluss an diesem Pegel auf 190 m^3/s geschätzt. Aus dem Archivmaterial resultiert, dass diese Welle mit den Überschwemmungen in den Jahren 1897 und 1899 in dieser Umgebung vergleichbar ist. Wie bereits erwähnt sind die nachhaltigsten Niederschläge am 7. August in den Morgenstunden aufgetreten, die auf einen bereits gesättigten Boden gefallen sind. Das hatte einen schnellen Anstieg der Wasserstände in allen Wasserläufen zur Folge. Besonders an den Flüssen Mandau, Miedzianka und Witka (Smeda) kam es zu einer plötzlichen Welle mit katastrophalen Folgen. Der Abfluss oberhalb des Bemessungshochwassers über die Dammkrone der Talsperre Niedów an der Witka verursachte die Zerstörung der Talsperre. Dagegen wurde der Pegel Ręczyn, der sich unterhalb dieses Beckens befindet, schon früher aufgrund sehr hoher Abflüsse aus dem Niedów-Stausee zerstört.

5 Einfluss der Zerstörung der Talsperre Niedów auf die unterhalb liegenden Gebieten

Eine wichtige Bedeutung für die Zerstörung der Talsperre hatten zweifellos die maximalen Niederschläge, die auf der tschechischen Seite des Einzugsgebietes (266 km²) der Witka aufgetreten sind. Nicht zuletzt ein wichtiger Faktor, der auch einen Einfluss auf diese Zerstörung hat, war das Fehlen eines Überfalles an dem Staudamm. Nach Meinung des Autors war die Anlage zur sicheren Hochwasserabfuhr nicht ausreichend dimensioniert. Sie entsprachen zwar den in dieser Zeit geltenden Vorschriften, aber sie gewährleisteten keine Sicherheit der Talsperre im Fall eines großen Hochwasserereignisses oder bei starker Vereisungen im Winter. Das Fehlen eines Überfalles bei Staudämmen, v. a. an Bergflüssen und Bächen, ist gefährlich, insbesondere bei Becken, die keinen Hochwasserrückhalt bieten – und ein solches Becken ist Niedów. Ein derartiger Überfall ist an der neuen Talsperre vorgesehen. Das Eintrittsrisiko der Zerstörung der Talsperre war in der gegebenen Situation sehr groß. Bei der Steuerung der Hochwasserentlastungsanlage muss man sich beim Auftreten eines Hochwasserereignisses bewusst sein, dass „eine absolute Sicherheit im Denken und im Handeln" im Bereich der Steuerung derartiger Anlagen nicht existiert. Unter diesen Umständen muss individuell über Abflusssteuerung aus dem Staubecken durch eine systematische Verbesserung der Vollständigkeit und der Glaubwürdigkeit der Eingabedaten entschieden werden.

Eine vollständige Bewertung des eingetretenen Ereignisses in Bezug auf Ausmaß und entstandenen Schaden entsprechend dem aktuellen Wissensstand kann auf Grundlage des mathematischen Abflussmodells des Gewässersystems vorgestellt werden.

Im Fall der Zerstörung der Talsperre Niedów war das Ziel der Analyse die Ermittlung der Hochwassergefahr für die Stadt Zgorzelec. Einbezogen wurde die Flussniederung von der Lausitzer Neiße vom Pegel Sieniawka bis zum Pegel Zgorzelec einschließlich der ganzen technischen Infrastruktur (Bebauung, Straßen, Brücken, Becken Berzdorf usw.). Am Institut für Meteorologie und Wasserwirtschaft Abteilung Wrocław (IMGW-PIB) [2] hat man die verfügbaren Modelle auf der untersuchten Strecke von der Lausitzer Neiße und Witka unterhalb des Niedów-Stausees eingesetzt. Bei der Bewertung der Gefahr wurden:

- die zwei Simulationsmodelle (1-D und 2-D) verwendet; auf der Grundlage der Simulationsberechnungen wurden örtliche Hochwasserszenarien erstellt, die alle Möglichkeiten des Verlaufes einer Hochwasserwelle umfassen, darunter auch die extrem ungünstigen in Verbindung mit einer potentiell möglichen Zerstörung der Objekte, die

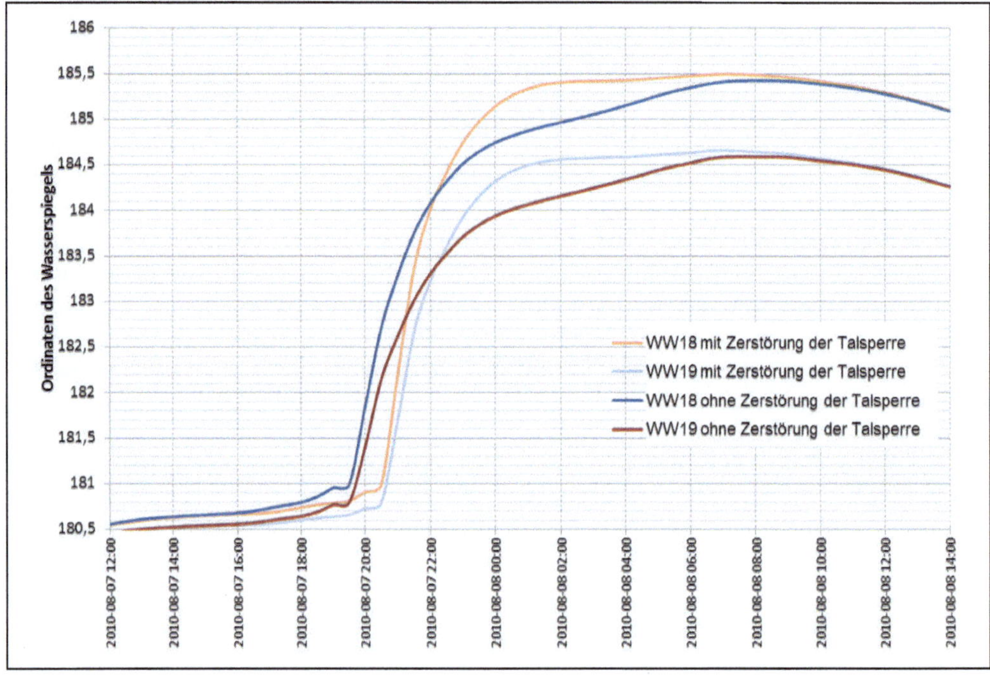

Bild 2: Wasserspiegelhöhen in Zgorzelec im August 2010 für die zwei erwähnten Szenarien (Quelle: IMGW-PIB O/Wroclaw)

den entsprechenden Bereich schützen (Becken, Dämme usw.),

- die Transformation des Hochwassers im August 2010 in den Flüssen Witka und Lausitzer Neiße durchgeführt und dabei die Zerstörung der Niedów-Talsperre berücksichtigt und
- die Berechnungen für die Hochwasserwelle im August 2010 für den hypothetischen Fall der Vernachlässigung der Existenz der Niedów-Talsperre durchgeführt.

Dazu wurden das hydrodynamische 1-D-Modell MIKE 11 und das hydrodynamische 2-D-Modell MIKE 21 HD verwendet [3].

Für die Durchführung der Berechnungen mit den 1-D- und 2-D-Modellen benötigt man eine richtige Vorbereitung von:

- topographischen Daten,
- hydrologischen Daten, d. h. Wasserständen und entsprechenden Abflüssen, die in den Pegelquerschnitten registriert wurden und
- hydraulische Charakteristiken, d. h. Werte der Abflusskoeffizienten.

Für die Ausführung der Aufgabe haben Tokarczyk et al. [2] folgende hydrologische Daten benutzt:

- die Wasserstände, die an den Pegeln entlang der Lausitzer Neiße in Porajów, Sieniawka, Zgorzelec und Görlitz gemessen wurden, einschließlich entsprechender Abflüsse aus der Abflusskurve,
- die Wasserstände, die an den Pegeln der Nebenflüsse der Lausitzer Neiße in Miedzianka, Pließnitz und Czerwona Woda gemessen wurden, einschließlich entsprechender Abflüsse,
- der Verlauf des Hochwassers, der in der Zeit des Abflussanstiegs registriert wurden,
- eine unkontrollierte Überleitung des Wassers in das Becken Berzdorf mit einem Volumen von 3,5 Mio. m^3,
- hydrometrische Messungen der Abflüsse in den Pegelquerschnitten für die vorläufige Bewertung des Rauheitsbeiwertes,
- Wasserspiegelverlauf der Witka im Querschnitt unterhalb der Talsperre Niedów unter Berücksichtigung ihrer Zerstörung,

- Wasserspiegelverlauf der Witka ohne den Niedów-Stausee und
- die Zeit des Eintretens des maximalen Abflusses in der Lausitzer Neiße in der Umgebung der Ortschaften Posada und Krzewina, die 5 und 3 km oberhalb der Mündung der Witka liegen.

In die Analyse sind auch die von der deutschen Seite zur Verfügung gestellten Daten eingeflossen.

6 Simulation

Die vorgestellten Modelle sowie die entsprechend vorbereiteten Daten erlaubten eine Durchführung von Simulationen. Bei der Modellierung mit MIKE 11 wurde die Strecke der Lausitzer Neiße vom Pegel Sieniawka bis Pegel Zgorzelec verwendet. Dagegen wurde mit MIKE 21 die Strecke der Lausitzer Neiße vom Querschnitt oberhalb der Mündung der Witka bis Pegel Zgorzelec sowie der Witka auf der Strecke von der Talsperre Niedów bis zur Mündung in die Lausitzer Neiße modelliert.

Es wurden zwei Varianten erstellt:

Variante 1: Verlauf der Hochwasserwelle mit der Zerstörung der Talsperre Niedów.

Variante 2: Verlauf der Hochwasserwelle unter der Annahme, dass das Niedów-Becken nicht vorhanden gewesen wäre.

Der Verlauf des Hochwassers im August 2010 (Variante 1) wurde auf Grundlage vielfacher Simulationen wiedergegeben. Für die gleichen hydraulischen Parameter wurden die Simulationen für die zweite Variante durchgeführt. Das Ausgangselement für die Durchführung der Simulationen war der Wellenverlauf der Witka in einem Querschnitt direkt unterhalb des Niedów-Stausees. Im Fall eines freien Abflusses des Hochwassers (Vari-

Bild 3: Reichweite der Überflutung in Zgorzelec im August 2010 für den Fall der Zerstörung der Niedów-Talsperre und ohne deren Zerstörung (die dunklere Farbe zeigt das Szenario mit der Zerstörung der Talsperre) (Quelle: IMGW-PIB O/ Wroclaw)

ante 2 ohne Becken) wurde der maximale Abfluss auf ca. 750 m³/s eingeschätzt. Dagegen betrug der durch die Technischen Universität in Wrocław berechnete maximale Abfluss bei Vorhandensein der Talsperre (Variante 1) 1 400 m³/s.

Die Hochwassersituation innerhalb der Stadt Zgorzelec (Pegel Zgorzelec) im Fall von Variante 1 resultiert aus der Transformation der Hochwasserwelle im Tal der Lausitzer Neiße sowie aus dem Überleitung von circa 5,0 Mio. m³ Wasser in das Becken Berzdorf. Für Zgorzelec und Görlitz war die Tatsache wichtig, dass die Höchststände der Wellen von der Lausitzer Neiße und Witka sich nicht überlagert haben. Der zeitliche Verlauf der Wasserspiegellagen an zwei Bezugspunkten des Hochwassers in Zgorzelec (WW 18 und WW 19) ist in **Bild 2** dargestellt.

Aus den beigefügten Hydrogrammen resultiert, dass im Falle der Zerstörung der Talsperre Niedów der Hochwasseranstieg in Zgorzelec früher begonnen hätte und der Anstieg der Wasserstände etwas geringer ausgefallen wäre.

Dies ist eine Folge der Tatsache, dass die verlagerte Hochwasserwelle sowohl ohne Zerstörung der Talsperre als auch mit ihrer Zerstörung durch den Überleitung des Wassers in das Becken Berzdorf reduziert wurde. Im Fall des Hochwassers ohne Zerstörung der Talsperre würde in den Tagebau circa 0,7 Mio. m³ Wasser fließen, dagegen ist mit der Zerstörung des Beckens in den Berzdorfer See ca. 3,5 Mio. m³ aus der Lausitzer Neiße geflossen. Die Flächen der überfluteten Gebiete innerhalb des Zentrums von Zgorzelec (**Bild 3**) unterscheiden sich praktisch unter den analysierten Varianten nicht. Es treten ausschließlich zusätzliche Überflutungen von kleinen Flächen ein, was aus dem geringen Unterschied der Wasserstände für diese zwei Varianten resultiert.

7 Schlussfolgerungen

Die durchgeführten Untersuchungen haben gezeigt, dass die Zerstörung der Talsperre Niedów keine wesentliche Bedeutung für den Anstieg der Hochwassergefahr im Zentrum der Städte Zgorzelec und Görlitz hatte. Auf Grundlage von zahlreichen hydrodynamischen Simulationen wurde festgestellt, dass der Wasserspiegel im Zentrum der Stadt Zgorzelec maximal um 2 bis 12 cm gestiegen ist.

Das resultiert aus folgenden Faktoren:

- Der Hochwasserscheitel der Witka mit der Zerstörung der Talsperre Niedów hat den Hochwasserscheitel der Lausitzer Neiße um einige Stunden überholt,
- auf der betrachteten Strecke der Lausitzer Neiße tritt eine große Talretention auf und
- die Verengung des Tales sowie das Vorhandensein der Stauwehre an der Lausitzer Neiße, die das Wasser stauen und dessen Überleitung in das Becken Berzdorf verursacht haben, hatte die Reduzierung der Hochwasserwelle in der Umgebung von den Städten Zgorzelec und Görlitz zur Folge.

Autor

Dr.-Ing. Ryszard Kosierb
Institut für Meteorologie und Wasserwirtschaft, Staatsforschungsinstitut, Abteilung Wrocław Parkowa 30
51-616 Wrocław, Polen
ryszard.kosierb@imgw.pl

Literatur

[1] Kupczyk, E., Suligowski, R.: Typy opadu deszczu w terminologii hydrologicznej. Przegląd Geofizyczny L VI. 2011.

[2] Tokarczyk, T.; Banasiak, R.; Bogusz, A.; Orczykowski, T.; Zdralewicz, M.: Ocena wpływu awarii zbiornika Niedów na przebieg fali wezbraniowej na odcinku Nysy Łużyckiej od ujścia Witki do przekroju wodowskazowego Zgorzelec. Raport IMGW-PIB Oddział we Wrocławiu. Maszynopis. 2011.

[3] DHI (Hrsg.): MIKE 11 – A Modelling System for Rivers and Channels – Reference Manual. 2008.

Ryszard Kosierb

Process of Wave Transformation in the Riverbed on the Example of a Flood on the Nysa Łużycka River

The flood in August 2010 in the upper catchment of the Nysa Łużycka was a disaster. Heavy rainfall occurred in the morning on 7th August when the soil retention had been already filled. This caused a rapid increase in water levels on all rivers and streams. Sudden freshets resulting in disastrous consequences especially occurred on the following rivers: Mandau, Miedzianka and Witka (Smeda). The spilling of flood water over the dam crown of Niedów reservoir on the Witka River led to a destruction of the dam. The conducted research implies that the destruction of the dam of the Niedów reservoir did not have a significant impact on the increase in the flood risk in the city centre of Zgorzelec and Görlitz.

Stefan Hill und Andreas Meuser

Was wäre, wenn ein Extremereignis die Oberrheinregion treffen würde?

Trotz Deichbau und technischem Hochwasserrückhalt sind auch am frei fließenden Oberrhein Extremhochwasserereignisse nicht auszuschließen. Für den Bau der Deiche hat sich das Deichhöhenabkommen von 1991 zwischen den betroffenen Ländern bewährt, mit dem die Gleichwertigkeit der Überflutungssicherheit gewährleistet wird. Als weitergehende Hochwasservorsorge sind insbesondere die Verhaltensvorsorge im konkreten Hochwasserfall sowie aber auch die Hochwasserversicherung als effiziente Maßnahmen anzusprechen. Probleme bereiten bei einem Extremhochwasser eher die schwierig kalkulierbaren Auswirkungen für Gewerbe und Industrie.

1 Extremhochwasser am Oberrhein?

Was kennzeichnet ein Extremhochwasser? Sicherlich auch die Annahme, dass ein höheres Hochwasser kaum denkbar ist. Diese Diskussionen kommen immer wieder auf, sei es beim Oderhochwasser 1997, beim Elbehochwasser 2002 oder beim letztjährigen Hochwasser vom Juni 2013.

Bis vor nicht allzu vielen Jahren hat man bereits ein 100-jährliches Hochwasser als Extremhochwasser bezeichnet. Am frei fließenden Oberrhein unterhalb von Iffezheim soll das Deichsystem durchgehend vor einem 200-jährlichen Hochwasser Schutz bieten. Allerdings ist zu beachten, dass dieser Schutz auch dann nicht erreicht sein wird, wenn die Deiche auf dieses Bemessungsniveau ausgebaut sind. Zu berücksichtigen ist hierbei auch der Ausbau der geplanten Hochwasserrückhaltungen. Nur in der Zusammenschau dieser beiden Komponenten wird das Ziel erreicht, einen 200-jährlichen Hochwasserschutz am Oberrhein zu gewährleisten.

In Aufarbeitung der Lehren aus der katastrophalen Elbeflut 2002 hat die deutsche Länderarbeitsgemeinschaft Wasser (LAWA) eine Empfehlung zur „Sicherstellung der Datengewinnung an Pegeln bei Extremhochwasser" publiziert [1]. In Kapitel 2 dieser Empfehlung heißt es: „Unter Extremhochwasser soll ein Hochwasser größer HQ_{100} verstanden werden. Als Bemessungsansatz wird HQ_{500} empfohlen. Der Extremhochwasserstand HWEXTREM ist dann in erster Näherung der $HWHQ_{500}$. In pegelspezifischer Entscheidung kann dieser Wert durch Berücksichtigung gegebener Randbedingungen herab- oder heraufgesetzt werden."

Für die Belange des Hochwasserschutzes am Rhein hat die Internationale Kommission zum Schutze des Rheins (IKSR) u. a. folgende Präzisierung vorgeschlagen [2]: „Extreme Hochwasserereignisse haben aber immer auch einen Bezug zur menschlichen Nutzung, zur Toleranz von Schäden durch Hochwasser. So haben die Menschen am Ober- und Niederrhein, zu einem geringen Teil aber auch am Mittelrhein Deiche geschaffen, die ihnen die Nutzung der Rheinauen mit einer gewissen Sicherheit gestatten. Die Bemessung der Deichhöhen bezog sich in der Regel auf das jeweils letzte größte bekannte Hochwasser, zuzüglich eines Sicherheitsmaßes. In jüngerer Zeit wurden den Deichhöhen nachträglich Wiederkehrintervalle zugeordnet. Diese Werte unterscheiden sich regional deutlich. Die so festgelegten Bemessungswasserstände bieten in der Regel mindestens einen Schutz vor einem 100-jährlichen, normalerweise aber vor einem weit darüber liegenden Hochwasser."

Es stellt sich hiermit die Frage, ob Hochwasser in der Historie aufgetreten sind, die das heutige

S. Heimerl (Hrsg.), *Vorsorgender und nachsorgender Hochwasserschutz*,
https://doi.org/10.1007/978-3-658-21839-3_24

Schutzniveau am Oberrhein überschritten haben. Hochwasser, die in ihrer Gesamtheit aus dem gesamten Einzugsgebiet einen gleich oder ähnlich hohen Abflussanteil haben, sind außerordentlich selten, zumindest wenn man das gesamte Rheineinzugsgebiet betrachtet. Eine Tendenz in dieser Richtung lieferte in den letzten 30 Jahren lediglich das Hochwasser vom März/April 1988, ohne dabei als wirklich extrem eingestuft werden zu können (höchstens für den südlichen Mittelrhein im Sinne der Definition der IKSR). Gleichwohl hat es zumindest bereichsweise extreme Hochwasser bereits gegeben.

Beispielhaft ist hier das Hochwasser von 1342, auch bekannt als „Magdalenenflut", zu nennen. In den Annalen kann man folgendes nachlesen: „In diesem Sommer [also ein Sommerhochwasser, wohl die berüchtigte Vb-Wetterlage] war eine so große Überschwemmung der Gewässer, durch den ganzen Erdkreis unserer Zone, die nicht durch Regengüsse entstand, sondern es schien, als ob das Wasser von überall her hervorsprudelte, sogar aus den Gipfeln der Berge, ... und über die Mauern der Stadt Köln fuhr man mit Kähnen ... Donau, Rhein und Main ... trugen Türme, sehr feste Stadtmauern, Brücken, Häuser ... und die Bollwerke der Städte davon."

Für Mainz heißt es weiter: „Das Wasser im Dom habe einem Manne bis zum Gürtel gestanden". – Im Übrigen hat zumindest seit Beginn der regelmäßigen Pegelbeobachtungen vor fast 200 Jahren im Mainzer Dom nachweislich kein Rheinwasser mehr gestanden. Vergleicht man die Zitate aus den Annalen mit der Hochwassergefahrenkarte von Mainz, die im Rahmen der Arbeiten der Hochwasserrisikomanagement-Richtlinie entstanden ist, so sind für Extremhochwasser derartige Wasserstände möglich (**Bild 1**).

Als zweites Beispiel sei das Winterhochwasser von 1882/83 genannt. Hiervon gibt es hinreichend genaue Aufzeichnungen, Fotos, kartografische Darstellungen und Berichte. Bei diesem Hochwasser wurde die gesamte Oberrheinniederung aufgrund von zahlreichen Deichbrüchen unter Wasser gesetzt. Allein im heutigen Bereich von Rheinland-Pfalz wurden 12 Deichbrüche verzeichnet. Die Deichbrüche bewirkten eine deutliche Abflachung der Hochwasserganglinie am Pegel Mainz. Homogenisierungsrechnungen auf den heutigen Ausbauzustand nach Oberrheinausbau (ohne den Einfluss steuerbarer Hochwasserrückhaltungen) zeigen, dass der Scheitelabfluss bei diesem Hochwasser am Pegel Mainz ohne Deichbrüche deutlich in den Bereich eines Extremhochwassers gekommen wäre, das für die Erstellung der Hochwassergefahrenkarten mit 10 300 m^3/s festgelegt wurde (**Bild 2**).

Diese beiden Beispiele mögen verdeutlichen, dass die Hochwasserereignisse der letzten 30 Jahre keineswegs als Extremhochwasserereignisse

Bild 1: Bereich des Mainzer Doms und Betroffenheit bei einem Extremhochwasser im Oberrhein (Quelle: LUWG; Geobasisdaten: GeoBasis – DE/LVermGeoRP)

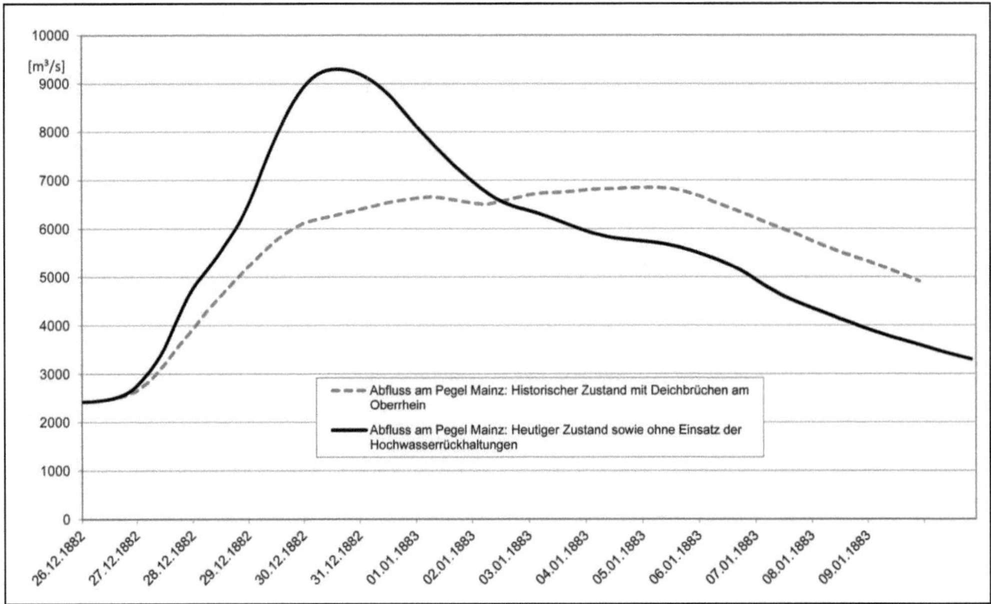

Bild 2: Bereich des Mainzer Doms und Betroffenheit bei einem Extremhochwasser im Oberrhein (Quelle: LUWG)

einzustufen sind. Gleichwohl sind Extremhochwasserereignisse am Rhein in ihrer Größenordnung einschätzbar und ihr Auftreten sowohl im Sommer als auch im Winter möglich. Das Hochwasser im Juni 2013 lässt sich in seinem Auftreten am Oberrhein in einer Größenordnung von 10 bis 20 Jahren einordnen [3].

Aus meteorologischer und hydrologischer Sicht bestand allerdings 2013 das Potenzial, dass die extremen Niederschlagsschwerpunkte stärker nach Westen, d. h. in das Rheineinzugsgebiet hinein, übergegriffen hätten. Eine Niederschlagsvorhersage des DWD vom 30.05.2013 enthielt ein solches Szenario. In einem solchen Falle hätte das Hochwasser im Rheingebiet bis in das Niederrheingebiet katastrophale Ausmaße angenommen.

2 Technischer Schutz gegen ein Extremereignis am Oberrhein

Wie bereits eingangs erwähnt, wird der Hochwasserschutz am freifließenden Rhein nach Abschluss der Deichertüchtigungen und dem Bau der vorgesehenen Hochwasserrückhaltungen einen Schutzgrad von 200 Jahren aufweisen (zwischen Basel und Iffezheim ist der Rhein mit Staustufen ausgebaut und weist dort einen Schutzgrad von einem etwa 1 000-jährlichen Hochwasser auf). Die ersten Deichbauten am Rhein sind aus dem 16. Jahrhundert bekannt, aber erst mit der Rheinkorrektion durch Tulla und am nördlichen Oberrhein durch Kroencke wurde ein mehr oder weniger flächendeckendes Deichsystem geschaffen. Nach dem verheerenden Hochwasser von 1882/83 mit vielen Deichbrüchen erfolgte ein erster zentraler Ausbau der Rheindeiche. Infolge des Hochwassers von 1955 wurden die Deiche weiter verstärkt. Nach dem Hochwasser von 1988 haben die Länder Baden-Württemberg, Hessen und Rheinland-Pfalz ein Verwaltungsabkommen mit langfristiger Abstimmung der Deichausbauhöhen geschlossen. Hierbei wurde die Festlegung von gleichwertigen Deich- und Dammhöhen beidseits des Rheins vereinbart. Soweit im Rahmen der technischen Nachrüstung der Deiche die Deichhöhen auf das Niveau der Gegenüberlieger angehoben werden, ist damit die Gleichwertigkeit der Überflutungssi-

Bild 3: Gefährdete Fabrik beim Oberrhein-Hochwasser Mai 1999 (Quelle: Struktur- und Genehmigungsdirektion Süd Rheinland-Pfalz)

cherheit des Rheins auf Dauer gesichert. Dies ist als überaus wichtiger Meilenstein für den Hochwasserschutz am Oberrhein zu werten. Um bei einer Überflutung der Deiche im Falle eines Extremhochwassers den Schaden räumlich zu begrenzen, ist derzeit wieder das „Für und Wider" von Riegeldeichen in der Diskussion.

Durch den Ausbau des Oberrheins von Basel bis Iffezheim wurde dem Rhein Retentionsraum in erheblichem Maß entzogen. Die „Hochwasser-Studienkommission für den Rhein" beschäftigte sich in den Jahren 1968 bis 1978 mit den Folgen des Oberrheinausbaus. Ergebnis war, dass der Ausbau des Oberrheins eine Wellenbeschleunigung und damit einen Anstieg der Hochwasserscheitel zur Folge hat. Zur Reduzierung der gestiegenen Hochwassergefahr wurde in der Folgezeit ein Maßnahmenpaket von Hochwasserrückhaltungen mit einem Gesamtvolumen von knapp 300 Mio. m^3 Rückhalteraum geplant. Die Umsetzung der Maßnahmen ist bei weitem noch nicht abgeschlossen, obwohl bereits mehr als die Hälfte des Rückhaltevolumens zur Verfügung steht. Mit den derzeit einsatzbereiten Rückhaltemaßnahmen kann auf der Strecke Maxau bis Mainz etwa ein 130- bis 150-jährliches Hochwasser schadlos abgeführt werden.

Über das angestrebte Schutzziel eines 200-jährlichen Hochwassers hinaus werden in Rheinland-Pfalz zwei Reserveräume mit weiteren rund 60 Mio. m^3 Rückhalteraum geplant. Die Realisierung aller vertraglich vereinbarten Rückhaltungen sowie der Reserveräume wird voraussichtlich nicht vor 2030 möglich sein.

Zusammenfassend lassen sich die Maßnahmen des technischen Hochwasserschutzes wie folgt bewerten: Die Hochwasserrückhaltungen werden am Oberrhein eine Reduktion der Wasserstände um etwa 50 cm bewirken, in Einzelfällen vielleicht auch etwas mehr. In Verbindung mit dem Deichsystem kann in Zukunft ein 200-jährlicher Hochwasserschutz gewährleistet werden. Durch den Bau von zwei zusätzlichen Reserveräumen könnte der Schutz bereichsweise gesteigert werden. Sollte ein höheres Hochwasser ablaufen, so könnte durch Inanspruchnahme des Freibordes im optimistischen Fall, dass die Deiche nicht brechen, ein etwa 300-jährliches Hochwasser noch zwischen den Deichen abgeführt werden, allerdings mit entsprechenden Folgen für die Unterlieger.

Somit lässt sich als Fazit festhalten:

Extremhochwasser mit Deichüberströmungen sind auch am Oberrhein möglich!

3 Weitergehende Hochwasservorsorge

Nach grundlegenden Untersuchungen zu Beginn der 1990er Jahre sind in der durch eine geschlossene Deichlinie geschützten und potenziell durch Hochwasser gefährdeten Oberrheinniederung zwischen Iffezheim und Bingen über 700 000 Menschen rechts und links des Rheins gefährdet. Beim Bruch der Deiche, wie zuletzt beim Hochwasser zur Jahreswende 1882/83, sind demnach Schäden von insgesamt bis zu 13 Mrd. € möglich. Hochgerechnet auf den heutigen Stand sind das Schäden von rund 17 Mrd. €. Eine solche Summe für technischen Hochwasserschutz - der endlich ist - ausgeben zu wollen, ist unrealistisch. Hier greifen andere Mechanismen. In den Empfehlungen der LAWA zur Aufstellung von Hochwasserrisikomanagementplänen [4] werden weitere Vorsorgeempfehlungen genannt, die im Grunde auf den in den LAWA-Leitlinien für einen vorsorgenden Hochwasserschutz [5] genannten Begriffen, wie Bauvorsorge, Verhaltensvorsorge und Risikovorsorge aufbauen.

Für den Bereich „Wohnen" bezieht sich die Bauvorsorge in den Niederrungen auf der Landseite der Deiche im Wesentlichen nicht so sehr auf die Hochwassersicherheit, sondern auf das häufig hoch anstehende Grundwasser. Das bedeutet entweder den Verzicht auf Keller oder den Keller als wasserundurchlässige „Weiße Wanne" zu bauen. Eine hochwasserangepasste Bauweise ist natürlich auch nicht verkehrt, steigert die Kosten für Private allerdings enorm. Die Variante ohne Unterkellerung ist die preiswerteste und daher zu empfehlen. Für den Fall der Hochwasserbedrohung stehen erst einmal die Deiche, die auf eine Sicherheit von 200 Jahren ausgerichtet ist. Hierfür hat weitgehend die Allgemeinheit die Kosten getragen. Für den Fall eines darüber hinausgehenden Deichversagens kann es zu schwerwiegenden Schäden insbesondere an den Immobilien kommen. Diese lassen sich aber durch eine Elementarschadensversicherung unter Einschluss des Hochwasserrisikos monetär relativ gut abfedern. Die Elementarschadensversicherung unter Einschluss des Hochwassers ist im Bereich des Oberrheins günstig, da der durch Deiche geschützte Bereich (fast die gesamte Oberrheinniederung) im Wesentlichen in die ZÜRS-Klasse 2 eingestuft ist, d. h. Schadensfall >50 Jahre bis <200 Jahre. Da bekanntermaßen auch im Versicherungsfall meist nicht alle Schäden im gewünschten Maß von den Versicherungen übernommen werden, sollten persönliche Rücklagen in der Größenordnung von 20 000 bis 50 000 € gebildet werden. Die Hochwasserversicherung ist damit als ein sehr effizientes Vorsorgeinstrument anzusehen.

Der Vorbereitung der konkreten Gefahrenabwehr, der Verhaltensvorsorge sowie der Informationsvorsorge kommt im Fall eines Extremhochwassers besondere Bedeutung zu. Hier werden im Grunde die lebensrettenden Verhalten geklärt, angefangen bei der Verfolgung der Hochwasservorhersage bis zu den eigentlichen Evakuierungsmaßnahmen. Diese Verhaltensmaßregeln werden in Rheinland-Pfalz in den Hochwasserpartnerschaften eingehend besprochen, in entsprechenden Übungen sollten sie auch trainiert werden. Dennoch stellt eine Evakuierung - beispielsweise des Ballungsraumes Mannheim/Ludwigshafen - eine extreme Herausforderung dar.

4 Verbleibende Risiken

Gewerbe und Industrie lassen sich nicht so einfach versichern. Hier bedarf es regelmäßig der Abwägung von Kosten und Nutzen zwischen Industrieversicherern und Betrieb. Gewinn- und Verdienstausfall bei einem Extremhochwasser sind schwer kalkulierbar, insbesondere auch nach dem Hochwasser. Die Folgen einer Überflutung und damit auch die der Gewässerverschmutzung und Gefährdung sind im Rahmen des Sicherheitsmanagement zu beachten. Somit ist diesem Sektor in Zukunft ein besonderes Augenmerk zu widmen (**Bild 3**).

5 Schlussfolgerungen

Am Oberrhein, insbesondere im rund 160 km umfassenden Rheinabschnitt zwischen Iffezheim und Bingen besteht derzeit eine Hochwassersicherheit vor einem Hochwasser mit einer Wiederholungszeitspanne von etwa 130 bis 150 Jahren. Angestrebt wird eine Sicherheit vor einem

200-jährlichen Hochwasser. Dies wird erreicht durch den Bau von Hochwasserrückhaltungen und den Ausbau der Deiche. Als eines der wichtigsten Instrumente für den Deichausbau hat sich das Verwaltungsabkommen zwischen den Ländern Baden-Württemberg, Hessen und Rheinland-Pfalz erwiesen. Hierin wurden die Bemessungswasserstände für den Deichausbau festgelegt; somit ist die Gleichwertigkeit der Überflutungssicherheit des Rheins auf Dauer gesichert. In der weiteren Planung sind zwei Reserveräume, um auch Hochwasser beherrschen zu können, die noch seltener sind als der angestrebte 200-jährliche Hochwasserschutz. Trotz aller technischen Bemühungen können Extremhochwasserereignisse mit weiträumigen Überschwemmungen der Oberrheinebene sowohl im Sommer als auch im Winter nicht ausgeschlossen werden. Im Fall eines Extremhochwassers sind Vorsorgemaßnahmen zu ergreifen, die im konkreten Fall lebensrettend sind (Gefahrenabwehr und Katastrophenschutzpläne, Aufklärung möglicher Betroffener über Hochwasserrisiken, Nutzung der Vorhersagen und Informationen durch den Hochwassermeldedienst). Gerade in den stark verstädterten Gebieten dürften sich Evakuierungen als besonders schwierig erweisen. Auch die Risiken, die von Gewerbe und Industrie ausgehen, sind in einem umfassenden Sicherheitsmanagement eine Herausforderung. Neben negativen wirtschaftlichen Auswirkungen eines Extremhochwassers (Produktionsausfall teils über längere Zeit) sind im Fall einer Havarie die Folgen für die Umwelt kaum abzusehen. Als effiziente Vorsorgemaßnahme für Private erweist sich eine Hochwasserversicherung im Rahmen der Elementarschadensversicherung, die in der durch Deiche geschützten Oberrheinniederung relativ preiswert ist.

Autoren

Dr.-Ing. Stefan Hill
Dr. Andreas Meuser
Landesamt für Umwelt, Wasserwirtschaft
und Gewerbeaufsicht (LUWG) Rheinland-Pfalz
Kaiser-Friedrich-Straße 7
55116 Mainz
Stefan.Hill@luwg.rlp.de
Andreas.Meuser@luwg.rlp.de

Literatur

[1] Länderarbeitsgemeinschaft Wasser (Hrsg.): Sicherstellung der Datengewinnung an Pegeln bei Extremhochwasser. Hannover, 2004.

[2] Internationale Kommission zum Schutz des Rheins (Hrsg.): Festlegung des Begriffs „Extremes Hochwasser" im Zusammenhang mit den Wirkungen der Maßnahmen des Aktionsplans Hochwasser. Interner Bericht der IKSR-Expertengruppe HVAL, 2005.

[3] Landesamt für Umwelt, Wasserwirtschaft und Gewerbeaufsicht Rheinland-Pfalz (Hrsg.): Hochwasser im Rhein – Juni 2013. Mainz, 2013 (www.hochwasser-rlp.de/publikationen/bericht_rheinhochwasser_juni2013.pdf; Aufruf: 19.10.2014).

[4] Länderarbeitsgemeinschaft Wasser (Hrsg.): Empfehlungen zur Aufstellung von Hochwasserrisikomanagementplänen. Dresden, 2010.

[5] Länderarbeitsgemeinschaft Wasser (HRsg.): Leitlinien für einen zukunftsweisenden Hochwasserschutz. Stuttgart, 1995.

Stefan Hill and Andreas Meuser

What Would Happen if an Extreme Flood Would Hit the Upper Rheine Region?

Despite dike construction and technical flood retention extreme floods are also on the Upper Rheine downstream of Iffezheim not be excluded. For the construction of dikes, the height of the dikes agreement has proved 1991 between Rhineland-Palatinate, Hesse and Baden-Württemberg, with the equivalence of flooding safety is guaranteed. As a further flood prevention, the precautionary behaviour in the specific case of floods and also the flood insurance are especially to be regarded as effective measures. Problems are of extreme flood events rather difficult in calculating the effects of trade and industry.

Robert Schatzl, Robert Stöffler und Hans-Jörg Holzer

Hochwasserprognose in der Steiermark – Erfahrungen und Herausforderungen

Der hydrographische Dienst Steiermark betreibt internationale Hochwasserprognosemodelle für die großen Flüsse in der Steiermark (Mur mit Slowenien und Ungarn, Raab mit Ungarn) sowie deren wichtigsten Zubringern. Zusätzlich wird derzeit ein Hochwasserwarnsystem für kleine Einzugsgebiete (>100 km^2) entwickelt, das sukzessive auf die gesamte Steiermark ausgeweitet werden soll. Im folgenden Beitrag werden die Erfahrungen im Modellbetrieb im internationalen Kontext sowie die damit in Verbindung stehenden Herausforderungen beleuchtet.

1 Einleitung

Die Hochwasserereignisse des Jahres 2002, bei dem in der Steiermark vor allem die Enns, aber auch die Mur betroffen waren, waren Auslöser dafür, dass seitens des hydrographischen Dienstes Steiermark mit den Planungen für die Entwicklung von Hochwasserprognosemodellen begonnen wurde. Im Jahr 2004 ergab sich im Rahmen des EU-Projektes „Alpenraumagenda", das in der Programmschiene von „Alpine Space" abgewickelt wurde, die Möglichkeit, ein Hochwasserprognosemodell für das gesamte Einzugsgebiet der Mur gemeinsam mit Slowenien zu entwickeln. Das Prognosemodell wurde im Jahr 2005 fertiggestellt und läuft seitdem im operationellen Betrieb.

Überlegungen für die Umsetzung eines gemeinsamen Hochwasserprognosemodells für die Raab mit Burgenland und Ungarn gab es seit dem Jahr 2002, ab dem Jahr 2007 wurden die Planungen intensiviert und schlussendlich konnte das Projekt im Rahmen des ETZ-Programmes Österreich-Ungarn 2007 bis 2013 erfolgreich abgeschlossen werden. Das daraus resultierende Prognosemodell für das gesamte Einzugsgebiet der Raab befindet sich seit Anfang des Jahres 2012 im operationellen Betrieb.

Zusätzlich wurde im Jahr 2006 ein Steiermark-internes Prognosemodell für die Enns entwickelt, das seit 2007 im operationellen Betrieb läuft. Dabei erfolgt eine Übergabe der Prognosewerte an der Grenze an den hydrografischen Dienst Oberösterreich.

2 Systemaufbau

Der Systemaufbau der beiden internationalen Hochwasserprognosesysteme für Mur und Raab ist analog. Das Kernstück des jeweiligen Systems stellt ein zentraler Prognoseserver dar, der beim hydrografischen Dienst Steiermark in Graz situiert ist. An diesem Server werden stündlich automatisch Prognosen für Wasserstand und Durchfluss für die Prognosepegel im gesamten Einzugsgebiete für die nächsten 6 Tage im Voraus berechnet (**Bild 1**). Folgende Daten fließen als Input in die Modellberechnungen ein:

- Hydrometeorologische Onlinedaten (Wasserstand, Durchfluss, Niederschlag) aus dem gesamten Einzugsgebiet.
- Niederschlagsprognosen der jeweiligen meteorologischen Dienste (für das Raab-Modell werden sowohl deterministische Prognosen als auch 51 Ensembleprognosen verwendet).

Die Ergebnisse der Modellberechnungen am zentralen Server werden einerseits auf einer Homepage veröffentlicht (Mur noch verschlüsselt, Prognosen für die Raab für ausgewählte Pegel in der Steiermark und im Burgenland für die nächsten 48 Stunden abrufbar unter http://app.hydrographie.

S. Heimerl (Hrsg.), *Vorsorgender und nachsorgender Hochwasserschutz*,
https://doi.org/10.1007/978-3-658-21839-3_25

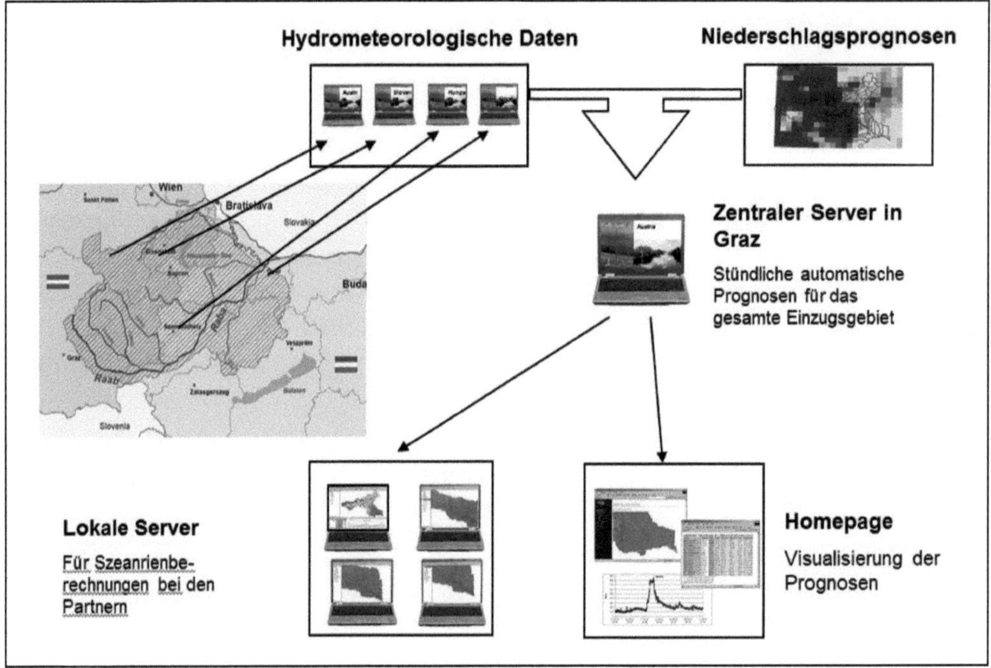

Bild 1: Systemaufbau der internationalen Hochwasserprognosemodelle (Quelle: Hydrographischer Dienst Steiermark)

steiermark.at/bilder/Hochwasserzentrale/Source/RaabOverview_at_Pub.htm), andererseits werden sie an die jeweiligen lokalen Prognoserechner, die bei jedem Partner mit analogen Aufbau zum zentralen Server installiert sind, übermittelt. Jeder Partner ist somit in der Lage, im Bedarfsfall eigene Szenarien für das gesamte Einzugsgebiet zu berechnen.

2.1 Verwendete Modelle

Sämtliche Prognosemodelle in der Steiermark wurden auf Basis von Softwareprodukten des Danish Hydrological Institutes (DHI) entwickelt. Dabei wurden die nachfolgend aufgeführten Modellbausteine verwendet.

Niederschlag-Abflussmodell NAM

NAM ist ein einzugsgebietsbezogenes Speichermodell, das aus insgesamt 4 Speichern besteht. Es beinhaltet auch ein Schneemodell, wobei der Beitrag des Schneeschmelzanteils am Gesamtdurchfluss mittels des Tag-Grad-Verfahrens bestimmt wird. Dazu wurden die einzelnen Einzugsgebiete in Höhenzonen von je 100 m eingeteilt. NAM liefert somit die Eingangsdaten für das hydrodynamische Modell MIKE11.

Hydrodynamisches Modell MIKE11

Der hydrodynamische Prozess wird mittels des 1-D-Modells MIKE11 abgebildet. Als wesentliche Grundlagen für die Modellerstellung dienen die Querprofildaten aus den vorhandenen Abflussuntersuchungen sowie die Daten der Rückhaltebecken, die vor allem im österreichischen Teil des Einzugsgebietes der Raab einen bedeutenden Einfluss auf den Abflussprozess haben.

Zusätzlich erfolgt zur Steigerung der Güte der Vorhersagen eine automatische Anpassung der Daten an den Prognosepunkten, d. h. die prognostizierten Daten werden mit den tatsächlich beobachteten Werten verglichen und bei Abweichungen mittels eines mathematischen Algorithmus angepasst.

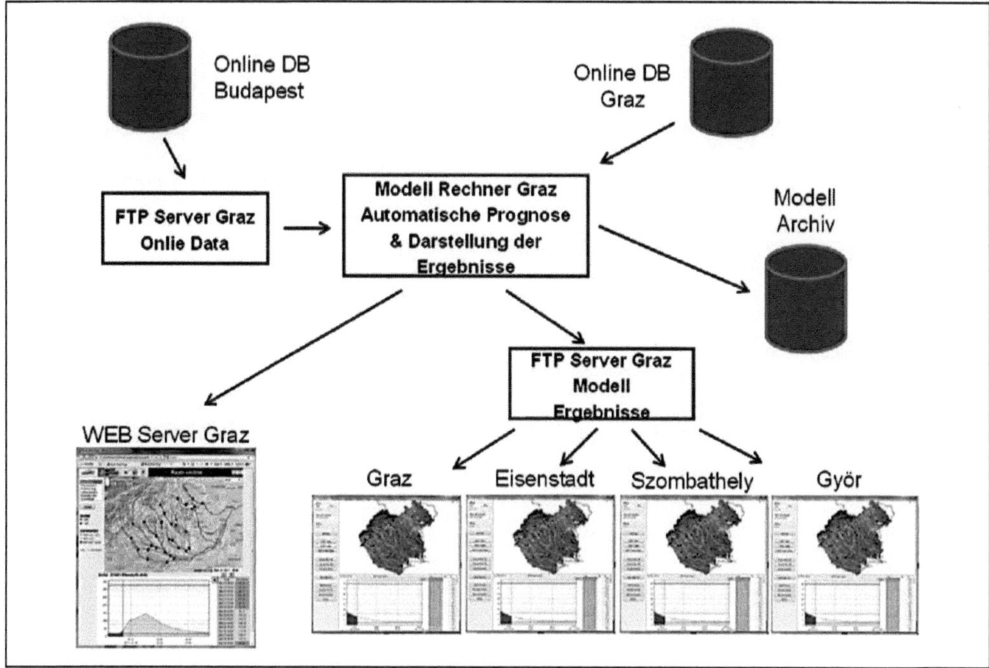

Bild 2: Datenfluss am Beispiel des Hochwasserprognosemodells Raab (Quelle: Hydrographischer Dienst Steiermark)

Prognosesystem MIKE FLOOD WATCH

MIKE FLOOD WATCH ist in der identen Version sowohl am zentralen Server in Graz als auch bei den lokalen Servern der einzelnen Partner installiert und ist für die Berechnung der Prognosen an den Prognosepunkten auf Basis der vorhandenen Eingangsdaten verantwortlich.

2.2 Datenfluss

Beispielhaft wird der Datenfluss anhand des Prognosemodells für die Raab gezeigt. Wie in **Bild 2** zu erkennen ist, werden einerseits die hydrometeorologischen Daten und andererseits die Niederschlagsprognosen aus den Einzugsgebieten aus den dafür vorhandenen Online-Datenbanken in Graz (für den österreichischen Teil des Einzugsgebietes inkl. Burgenland) bzw. in Budapest (für den ungarischen Teil des Einzugsgebietes) per ftp zur Verfügung gestellt. Die Prognoseergebnisse des zentralen Servers in Graz werden wie bereits in Kapitel 2 erwähnt einerseits über ftp an die lokalen Server bei den einzelnen Partnern übermittelt, andererseits werden sie auf den Internetserver des Landes Steiermark zur Darstellung auf der Homepage transferiert. Zusätzlich erfolgt eine Speicherung sämtlicher Prognoseergebnisse in einem internen Datenarchiv des hydrographischen Dienstes.

2.3 Eingangsdaten

Hydrometeorologische Onlinedaten

Einerseits gehen Onlinedaten von Wasserstand und Durchfluss von definierten Prognosepegeln in die Systeme ein, andererseits werden auch Onlinedaten des Niederschlags für die Prognoseberechnungen verwendet. Dabei gehen allerdings die Niederschlagsdaten nicht direkt für die Modellberechnungen ein, sondern werden alle 15 Minuten per ftp an die Zentralanstalt für Meteorologie und Geodynamik (ZAMG) in Wien übermittelt und dort zur Verbesserung der Nowcasting-Niederschlagsprognosen verwendet, welche dann wiederum in die Prognosemodelle einfließen.

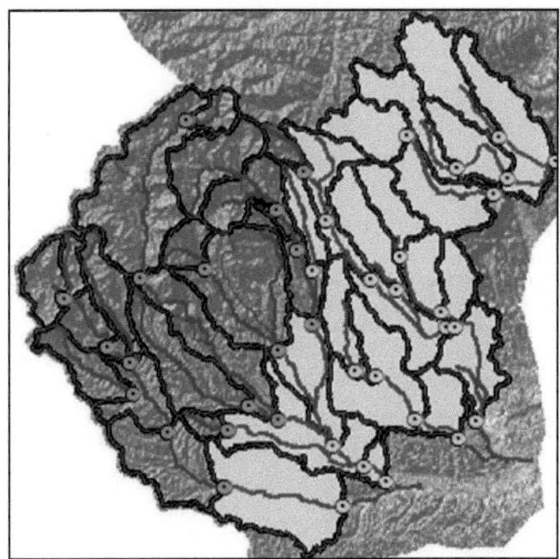

Bild 3: Online-Pegel im Einzugsgebiet der Raab (Quelle: Hydrographischer Dienst Steiermark)

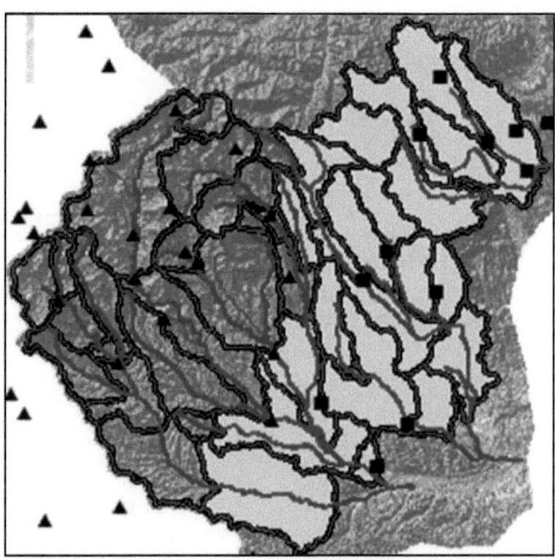

Bild 4: Online-Niederschlagsstationen im Einzugsgebiet der Raab (Quelle: Hydrographischer Dienst Steiermark)

Bild 3 zeigt anhand des Prognosemodells Raab die verwendeten Onlinepegel im österreichischen Teil des Raab-Einzugsgebietes, für die auch Prognosen berechnet werden, in **Bild 4** werden die hochaufgelösten Niederschlagsstationen, deren Daten an die ZAMG übermittelt werden, dargestellt.

Niederschlagsprognosen

Die Niederschlagsprognosedaten werden von der ZAMG per ftp zur Verfügung gestellt, wobei folgende Prognosemodelle verwendet werden:

- INCA-Prognosen: Nowcasting bis 6 Stunden im Voraus
- ALADIN- bzw. ALARO-Prognosen: von 6 bis 48 Stunden
- ECMWF-Prognosen: Mittelfristprognosen von 48 Stunden bis 6 Tage

Eine Übersicht über die Gewichtung der einzelnen Niederschlagsprognosemodelle zeigt **Bild 5.** Des Weiteren ist zu erwähnen, dass für das Hochwasserprognosemodell Raab nicht nur deterministische Niederschlagsprognosen (wie für Enns- und Mur-Modell) verwendet, sondern zusätzlich auch noch Berechnungsläufe mit sämtlichen 51 Niederschlagsensembleprognosen, die viermal täglich von der ZAMG übermittelt werden, durchgeführt werden, um auch eine Abschätzung über die Wahrscheinlichkeit der Durchflussprognosen zu erhalten. Die Ergebnisse der Berechnungen mit den Ensembleprognosen werden auch auf der internen Homepage dargestellt (s. a. Kapitel 2.4)

2.4 Darstellung der Prognoseergebnisse

Wie bereits in Kapitel 2 erwähnt, werden die Ergebnisse der Hochwasserprognosemodelle auf einer Homepage veröffentlicht. Während derzeit Prognosen für das Einzugsgebiet der Raab für ausgewählte Pegel für die nächsten 48 Stunden öffentlich zugänglich sind, sind die Ergebnisse des Mur- bzw. des Enns-Modells sowie detailliertere Ergebnisse des Raab-Modells nur auf einer verschlüsselten Homepage dargestellt. Für die nächste Zukunft ist allerdings geplant, auch Prognosen für das Mur-Modell und in weitere Folge für das Enns-Modell zumindest an ausgewählten Pegeln für die Öffentlichkeit zugänglich zu machen.

Die Einstiegsseite der detaillierten, internen Prognosehomepage ist in **Bild 6** dargestellt. Für die Prognosepegel werden die prognostizierten Ganglinien für Wasserstand und Durchfluss für die nächsten 6 Tage im Voraus sowohl grafisch als auch tabellarisch dargestellt. Zusätzlich sind auch noch einzugsgebietsbezogene Prognosen für Nie-

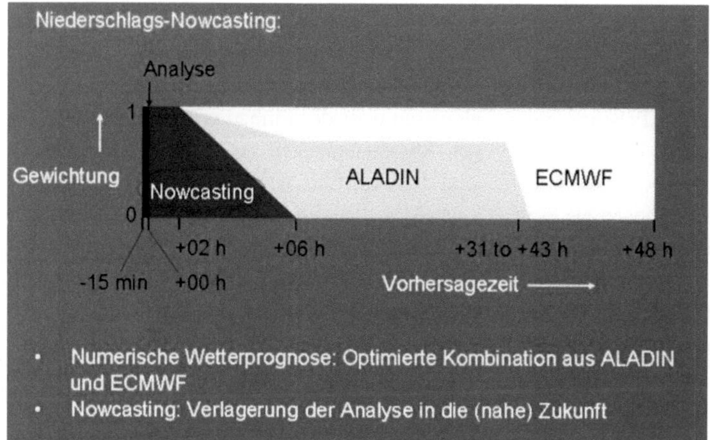

Bild 5: Gewichtung der Niederschlagsprognosemodelle (Quelle: ZAMG)

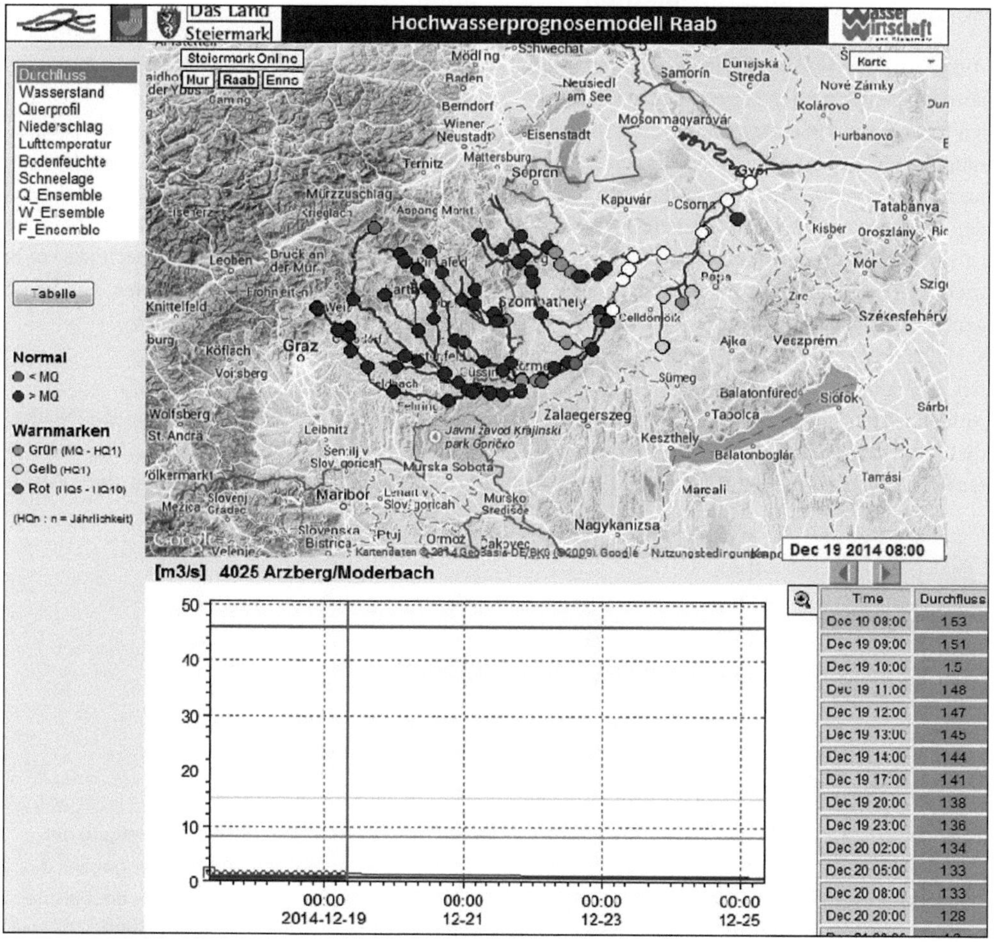

Bild 6: Einstiegsseite der internen Homepage für das Hochwasserprognosemodell Raab (Quelle: Hydrographischer Dienst Steiermark)

derschlag, Lufttemperatur, Bodenfeuchte und Schneelage auch jeweils für die nächsten 6 Tage verfügbar.

Für den österreichischen Teil des Prognosemodells der Raab werden, wie bereits erwähnt, zusätzlich zu den deterministischen Niederschlagsprognosen auch 51 Ensembleprognosen als Eingangsdaten verwendet und die Ergebnisse grafisch dargestellt, indem die obere und untere Einhüllende sowie der Mittelwert aller Prognosen dargestellt werden (**Bild 7**). Somit ist auch eine zusätzliche Abschätzung über die Eintrittswahrscheinlichkeit der Prognosen möglich.

3 Erfahrungen im Modellbetrieb

Aufgrund der gewählten Systemkonfiguration mit jeweils einem zentralen Server in Graz sowie lokalen Servern bei den einzelnen Partnern ist die Voraussetzung gegeben, dass ein entsprechender nachhaltiger Modellbetrieb nur durch eine unter den Partnern abgestimmte Vorgangsweise möglich ist. Aufgrund der sich im operationellen Betrieb gewonnenen Erfahrungen wurden dazu folgende Eckpunkte festgelegt:

- Halbjährliche Treffen der Modellierungsexperten, bei denen die praktischen Erfahrungen im Modellbetrieb, mögliche Änderungswünsche in den Modellen sowie geplante Adaptierungsarbeiten bei den jeweiligen Partnern diskutiert werden.
- Sollten Änderungen bzw. Adaptierungen, wie z. B. Neukalibrierungen der hydrologischen oder hydrodynamischen Modelle nach Hochwasserereignissen oder der Einbau von neuen Daten (Pegel, Rückhaltebecken etc.), notwendig sein, so sind diese sowohl im zentralen als auch in den lokalen Modellen durchzuführen. Dazu ist eine zeitlich mit den anderen Partnern abgestimmte Vorgangsweise notwendig, damit sich mögliche Adaptierungsarbeiten nicht überschneiden.
- Sämtliche von den einzelnen Partnern durchgeführten Arbeiten an den lokalen Modellen sind entsprechend zu dokumentieren, die adaptierten Teile der Modelle sind nach Abschluss der Arbeiten für den zentralen Server zur Verfügung zu stellen.

3.1 Probleme im Modellbetrieb und deren Ursachen

Auf Basis der vorgenannten festgelegten abgestimmten Vorgangsweise ist ein nachhaltiger, gemeinsamer Modellbetrieb möglich. Dennoch zeigten die praktischen Erfahrungen, dass vor allem hinsichtlich der Modellgüte nach wie vor in einigen Bereichen Probleme auftreten, auf die im Folgenden näher eingegangen wird.

Eingangsdaten

Wie in Kapitel 2.3 erwähnt, bilden die Niederschlagsprognosedaten der ZAMG eine wesentliche Grundlage für die Ermittlung der Wasser-

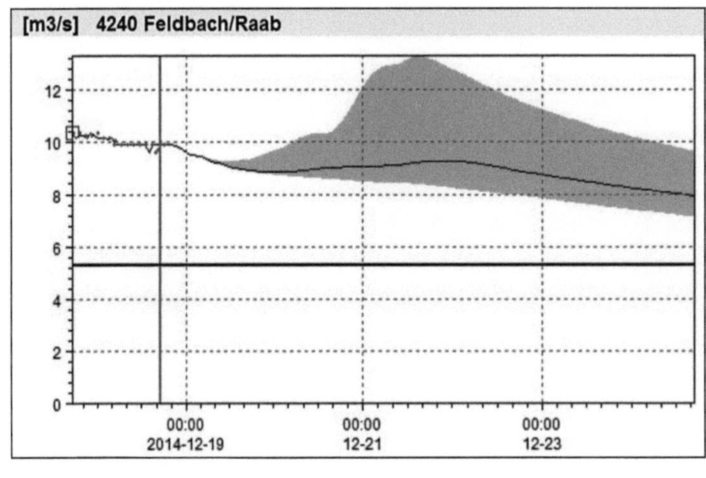

Bild 7: Darstellung der Ensembleprognosen des Durchflusses am Beispiel des Pegels Feldbach/Raab (Quelle: Hydrographischer Dienst Steiermark)

stands- und Durchflussprognosen in den jeweiligen Einzugsgebieten. Wie die Erfahrung zeigt, sind die Niederschlagsprognosen vor allem bei kleinräumigen Gewitterereignissen, die speziell im Einzugsgebiet der Raab wesentlich zur Entstehung von Hochwasserereignissen beitragen, mit großen Unsicherheiten behaftet. Zwar konnte in den letzten Jahren eine wesentliche Verbesserung speziell im Nowcasting (INCA-Modell bis +6 Stunden) dadurch erreicht werden, dass sämtliche Online-Niederschlagsstationen des hydrographischen Dienstes an die ZAMG übermittelt werden, in den längerfristigen Prognosen sind diese Ereignisse speziell in Hinsicht auf Lokalisierung der zu erwartenden Gewitterzellen jedoch nur sehr schwer zu prognostizieren.

Hydrologische und hydrodynamische Modelle

Neben den Problemen mit den Niederschlagsprognosen liegen auch in den hydrologischen bzw. hydrodynamischen Modellen noch einige Unsicherheiten. In der Hydrologie ist dies einerseits die Tatsache, dass die Kalibrierung mit Stationsdaten des Niederschlags durchgeführt wurde, in das Modell selbst aber die Rasterdaten der ZAMG eingehen, andererseits der Umstand, dass die Kalibrierung mit Pegeldaten in einigen Bereichen (vor allem in den verkarsteten Einzugsgebieten) sehr problematisch war. Diesen Umständen wird im laufenden Betrieb aber insofern Rechnung getragen, dass nach jedem Hochwasserereignis bei Bedarf Adaptierungen in den hydrologischen Modellen durchgeführt werden.

Ein weiteres Problem in der Hydrologie stellt das Schneemodell dar, das sich in der ursprünglichen Form (Tag-Grad-Verfahren) als sehr unsicher erwiesen hat und im nächsten Jahr durch einen neuen Ansatz unter Verwendung der Globalstrahlung ersetzt werden soll.

Das Hauptproblem in den hydrodynamischen Modellen lag darin, dass in einigen Bereichen keine aktuellen Flussquerprofile vorlagen und daher angenommene Querprofile im Modell integriert wurden. Auch dieses Problem wurde über die Jahre in den Griff bekommen, indem ständig neue Querprofile (aus 2-D-Abflussstudien und -Geländeaufnahmen) in die Modelle eingebaut wurden.

3.2 Veröffentlichung von Prognosen

Wie bereits in Kapitel 2.4 erwähnt, werden die Ergebnisse der Hochwasserprognosemodelle auf einer Homepage dargestellt, wobei diese für die österreichischen Teile der Einzugsgebiete von Mur und Enns nicht öffentlich zugänglich sind, jedoch für ausgewählte Pegel im Raab-Einzugsgebiet. Die ungarischen Partner stellen sowohl die Ergebnisse des Mur- als auch des Raab-Modells nur internen Dienststellen zur Verfügung, wobei diese zusätzlich durch eigene Szenarienrechnungen abgesichert werden.

4 Planungen für die Zukunft

Neben der sich aus den in Kapitel 3 erwähnten Erfahrungen und Problemen entstehenden Notwendigkeit, die Modelle laufend zu verbessern, sind in den nächsten Jahren zusätzliche Arbeiten geplant, die im Folgenden zusammengefasst werden.

4.1 Softwareupgrade

Seit Fertigstellung des Hochwasserprognosemodells Raab wurden seitens DHI die Berechnungs- und Visualisierungssoftware in wesentlichen Punkten weiterentwickelt, die nunmehr auch in einem von der EU kofinanzierten Projekt in das bestehende Prognosemodell Raab integriert wird. Als nächste Schritte sind diese Softwareupgrades auch für die Prognosemodelle Mur und Enns geplant.

4.2 Verknüpfung der Hochwasserprognosemodelle mit Überflutungsflächen aus 2-D-Abflussuntersuchungen

Der Schwerpunkt der zukünftigen Arbeiten liegt in der Schaffung einer Verknüpfung der Ergebnisse der Hochwasserprognosemodelle mit bereits bestehenden 2-D-Abflussuntersuchungen. Dabei soll auf Basis der in den Abflussuntersuchungen erstellten Berechnungsmodelle mittels Lamellenanalyse mit verschiedenen Durchflüssen zwischen bordvollem Durchfluss und HQ_{100} ein Katalogsystem mit Überflutungsszenarien erstellt werden, aus denen für den aus den Prognosemodellen am Pegel prognostizierten Durchfluss automatisiert das ähnlichste Szenario ausgewählt wird. Somit kann auch dem Katastrophenschutz eine wesentlich verbesserte Grundlage zur Abschätzung von potenziellen Gefährdungsbereichen im Hochwasserfall zur Verfügung gestellt werden.

5 Zusammenfassung

Der hydrographische Dienst Steiermark betreibt seit dem Jahr 2005 Hochwasserprognosemodelle, wobei die Modelle für die Mur und die Raab internationale Modelle (Ungarn, Slowenien) sind. Die dafür grundlegenden Aspekte einer gemeinsam abgestimmten Vorgangsweise im Datenmanagement sowie in der ständigen Verbesserung der Modelle wurden in den letzten Jahren großteils umgesetzt, sind aber ein sich ständig fortsetzender Prozess.

Der wesentliche Schwerpunkt der zukünftigen Weiterentwicklung liegt in der Schaffung der Verknüpfung zwischen den Ergebnissen der Hochwasserprognosemodelle und den aus den bestehenden 2-D-Abflussuntersuchungen generierten Überflutungsflächen, die im Laufe der nächsten Jahre auf sämtliche mit Prognosemodellen abgedeckten Gewässer ausgeweitet werden soll.

Autoren
DI Dr. Robert Schatzl
Mag. Robert Stöffler
Hans-Jörg Holzer
Amt der Steiermärkischen Landesregierung
Wartingergasse 43
8010 Graz, Österreich
robert.schatzl@stmk.gv.at
robert.stoeffler@stmk.gv.at
hans-joerg.holzer@stmk.gv.at

Robert Schatzl, Robert Stöffler and Hans-Jörg Holzer

Flood Forecasting in Styria – Experiences and Challenges

The hydrographical service of the Styrian Government runs international flood forecasting systems for the bigger rivers in Styria (Mur together with Slovenia and Hungary, Raab together with Hungary) as well as the most important tributaries. Furthermore, a flood warning system for small catchments (>100 km^2) is currently developed, which will be extended step by step to whole Styria. In the following paper, the experiences in the operation of the models in the international context and the related challenges are highlighted.

Thomas Naumann, Sebastian Golz und Reinhard Schinke

Parametrisierte synthetische Schadensfunktionen zur Abschätzung hochwasserinduzierter Gebäudeschäden

Der Beitrag thematisiert ein methodisches Gesamtkonzept zur Abschätzung hochwasserbedingter Schäden an Gebäuden auf der Basis synthetischer Schadensfunktionen. Einen Schwerpunkt bildet die Beschreibung einer Methodenerweiterung, welche die Integration zusätzlich erhobener, objektkonkreter Parameter erlaubt und somit die Anpassung der Schadensfunktionen ermöglicht. Die Fallstudie Dresden-Kleinzschachwitz dient dem Test des erweiterten methodischen Ansatzes zur gebietsspezifischen Abschätzung von Hochwasserschadenspotenzialen mit dem GIS-basierten Modellwerkzeug HOWAD.

1 Einleitung

Es ist nachgewiesen, dass die Auswirkungen von Überflutungsereignissen in urbanen Gebieten aufgrund einer Intensivierung extremer Wetterereignisse, einer nicht planvollen oder unkontrollierten Siedlungsentwicklung sowie einer steigenden Schadensanfälligkeit (Vulnerabilität) von Vermögenswerten zukünftig weiter zunehmen werden. Insbesondere das Schadenspotenzial von Wohn- und Nichtwohngebäuden, d. h. der bei bestimmten Ereignisintensitäten prognostizierbare, direkt tangible Schaden beeinflusst maßgeblich die gesamtwirtschaftlichen Folgen eines Hochwasserereignisses. Methodisch fundierte, belastbare Ex-ante-Abschätzungen potenzieller Hochwasserschäden in Siedlungsgebieten sind deshalb eine wesentliche Voraussetzung für das Management von Hochwasserrisiken sowie für die Konzeption und Umsetzung effektiver und effizienter Hochwasserschutz- und Hochwasservorsorgemaßnahmen.

2 Abschätzung hochwasserbedingter Schäden an Gebäuden

Die verwendete Methodik zur Abschätzung hochwasserbedingter Schäden an Gebäuden basiert auf einem synthetischen Ansatz (z. B. [1] und [2]). Demnach werden in Abhängigkeit von der Überflutungshöhe und der spezifischen Vulnerabilität von Gebäudetypen die Kosten für die fachgerechte Beseitigung von Hochwasserschäden an der Baukonstruktion und der Haustechnik kalkuliert sowie mit Hilfe synthetischer Schadensfunktionen visualisiert. Der synthetische Ansatz zur Monetarisierung von Hochwasserschäden an Gebäuden umfasst sieben grundlegende Verfahrensschritte, die z. B. in [2] und [3] erläutert sind.

Synthetische Schadensfunktionen ordnen jeder Überflutungshöhe die jeweiligen Bruttokosten der Schadensbeseitigung zu. **Bild 1** zeigt exemplarisch eine Schadensfunktion für den Gebäudetyp ME 4 (einzeln stehendes Mehrfamilienhaus mit Bauzeit zwischen 1918 und 1945). Die Abszisse zeigt die Überflutungshöhe in [m] über der Oberkante des Fertigfußbodens im Erdgeschoss (OKFF EG) und die Ordinate die Kosten in [EUR/m² GGF] für die fachgerechte Schadensbeseitigung bezogen auf die Gebäudegrundfläche. Die Wiederherstellungskosten sind differenziert für die Kostengruppen 300 (Baukonstruktion) und 400 (Haustechnik) nach DIN 276 angegeben.

Die Schadensfunktionen sind im Definitionsbereich stetige, jedoch an ihren Stützstellen nicht differenzierbare, mathematische Beziehungen. Die Steigung der linearen Funktionsäste zwischen

S. Heimerl (Hrsg.), *Vorsorgender und nachsorgender Hochwasserschutz*,
https://doi.org/10.1007/978-3-658-21839-3_26

zwei Stützstellen dient als Maß für die Schadensanfälligkeit in dieser Überflutungsstufe. Je größer die Steigung ist, desto intensivere Schäden sind zu erwarten. Der Flächeninhalt unterhalb der Kurve der Funktion fungiert als Indikator für das Schadenspotenzial des Gebäudetyps gegenüber Hochwasser. Je größer der Flächeninhalt bis zum Bemessungswasserstand ist, desto höher sind die Kosten für die Schadensbeseitigung.

Die beschriebene Methodik wurde nunmehr erweitert, um die Wirkungen gebäudespezifischer Bauvorsorgemaßnahmen [6] sowie objektkonkreter Parameter, wie etwa der Unterkellerungsanteil oder die Geländeanbindung von Gebäuden, auf den zu erwartenden hochwasserbedingten Schaden zu bestimmen. Die Berücksichtigung weiterer Parameter dient dem Zweck, die Genauigkeit zukünftiger Schadensprognosen insbesondere in Untersuchungsgebieten mit sehr wenigen Gebäuden (Anzahl <100) zu optimieren. Der Gebäudetypenansatz lieferte bisher lediglich einen durchschnittlichen bzw. üblichen Wert für diese Parameter ohne Angabe von Bandbreiten, so dass die berechneten Schadenswerte, abweichen können.

3 Fallstudie Dresden-Kleinzschachwitz

3.1 Zielstellung

Die Fallstudie Kleinzschachwitz dient dem Test des erweiterten methodischen Ansatzes zur Bestimmung von Hochwasserschadenspotenzialen auf kommunaler Ebene. Einen Schwerpunkt bildet die Untersuchung der Effekte zusätzlich erhobener, individueller Gebäudeparameter auf die kalkulierten Kosten zur Schadensbeseitigung.

Die Vulnerabilität eines Gebäudes gegenüber Hochwasser steigt mit abnehmender Geländeanbindung und mit zunehmendem Unterkellerungsanteil. Um diese Hypothese zu untersuchen und den Einfluss der beiden Parameter auf den Verlauf der synthetischen Schadensfunktionen zu prüfen, werden die Geländeanbindung und der Unterkellerungsanteil in dieser Fallstudie für jedes Gebäude exemplarisch genau erfasst und statistisch ausgewertet. Anschließend werden die synthetischen Schadensfunktionen parametrisiert, so dass die beiden Koeffizienten spezifisch anpassbar sind.

3.2 Gefährdung des Untersuchungsraums

Das Untersuchungsgebiet hat eine Fläche von etwa 100 ha und befindet sich östlich des Lockwitzbachs am Südufer der Elbe. Das stark durchgrünte Wohngebiet ist von einer überwiegend aufgelockerten Bebauung mit Ein-, Zwei- und Mehrfamilienhäusern verschiedener Baualtersstufen geprägt. Die Hochwassergefährdung des Gebiets resultiert aus den Ausuferungen der Fließgewässer Elbe und Lockwitzbach. Oberhalb eines Wasserstands von etwa 8,80 m am Elbe-Pegel Dresden wird ein ehemaliger Seitenarm der Elbe geflutet, so dass das Untersuchungsgebiet ab diesem Pegel-

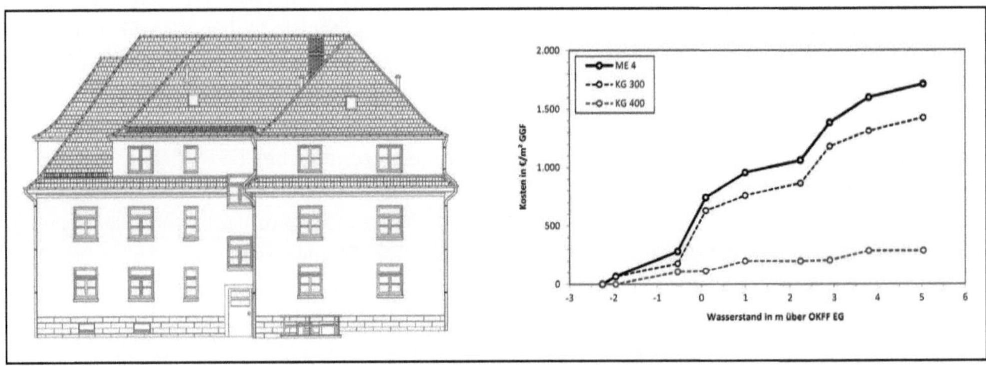

Bild 1: Synthetische Schadensfunktion für den Gebäudetyp ME 4 (Quelle: Nikolowski und Lemnitzer)

stand zunehmend vom Hochwasser umschlossen wird. Ein HQ_{100}-Ereignis der Elbe führt bereits zu einer signifikanten Gefährdung von Gebäuden entlang ihres ehemaligen Seitenarms. Aufgrund der bereichsweise sehr geringen Grundwasserflurabstände ist das Untersuchungsgebiet nicht nur durch Oberflächenwasser, sondern auch durch Grundhochwasser gefährdet, was insbesondere für unterkellerte Gebäude von hoher Relevanz ist.

3.3 Klassifizierung exponierter Wohngebäude

Innerhalb des Untersuchungsgebietes wurden insgesamt 944 Objekte erfasst und kartiert. Etwa zwei Drittel dieser Objekte wurden als Wohngebäude identifiziert, ein Drittel bilden Nichtwohngebäude verschiedener Nutzungsarten. Die identifizierten 631 Wohngebäude wurden 18 verschiedenen Wohngebäudetypen zugeordnet, wobei acht der 18 Wohngebäudetypen jeweils über einen signifikanten Flächenanteil von mehr als 5 % der gesamten Wohngebäudegrundfläche verfügen. Die aufgelockerte Struktur des Lupengebietes spiegelt sich in dem dominierenden Grundflächenanteil von einzeln stehenden Wohngebäuden wider (etwa 80 %). Im Gegensatz dazu sind in Reihe stehende Wohngebäude von nachrangiger Bedeutung (circa 20 %). Augenfällig ist darüber hinaus der hohe Flächenanteil der Gebäude mit Bauzeit zwischen 1870 und 1914 (32 %) sowie mit Bauzeit nach 1990 (36 %). Diese Baualtersstufen kennzeichnen daher die bedeutendsten Entwicklungsphasen im Lupengebiet Kleinzschachwitz.

3.4 Schadensanfälligkeit von Gebäuden

Die beiden objektspezifischen Parameter Geländeanbindung und Unterkellerungsanteil wurden im Verlauf systematischer Ortsbegehungen im Untersuchungsgebiet erfasst und anschließend statistisch ausgewertet. Die **Tabelle 1** enthält den Medianwert und die Standardabweichung der Geländeanbindung bzw. die prozentuale Verteilung voll-, teil- und nicht unterkellerter Gebäude für fünf ausgewählte Gebäudetypen. Die Auswahl der Gebäudetypen orientiert sich an ihrer quantitativen Relevanz im Untersuchungsgebiet.

Es wird unter anderem deutlich, dass

- der Medianwert der Geländeanbindung von einzeln stehenden Mehrfamilienhäusern mit Bauzeit ab 1990 (Signatur ME7) etwa um etwa zwei Drittel gegenüber Wohngebäuden höheren Baualters (Bauzeit 1918 bis 1945) dieser Bebauungsart (Signatur ME4) abnimmt, und dass
- die Nichtunterkellerung bei einzeln stehenden Ein- und Zweifamilienhäusern, insbesondere bei Typenvertretern der Bauzeit nach 1990 (Signatur EE7), eine signifikante Bedeutung (bis zu 36 %) hat.

Tab. 1: Statistische Auswertung der beiden objektspezifischen Parameter Geländeanbindung und Unterkellerungsanteil für fünf ausgewählte Gebäudetypen im Untersuchungsgebiet Kleinzschachwitz

Gebäudetyp	Geländeanbindung			Unterkellerung			
	erfasste Gebäude [Stk]	Medianwert [m]	Standardabweichung [m]	erfasste Gebäude [Stk]	vollunterkellert [%]	teilunterkellert [%]	nicht unterkellert [%]
EE5	52	0,85	0,41	49	73	14	12
EE7	66	0,43	0,42	56	59	5	36
ME3	105	0,85	0,47	102	88	8	4
ME4	43	1,02	0,37	41	88	12	0
ME7	65	0,34	0,53	64	91	5	5

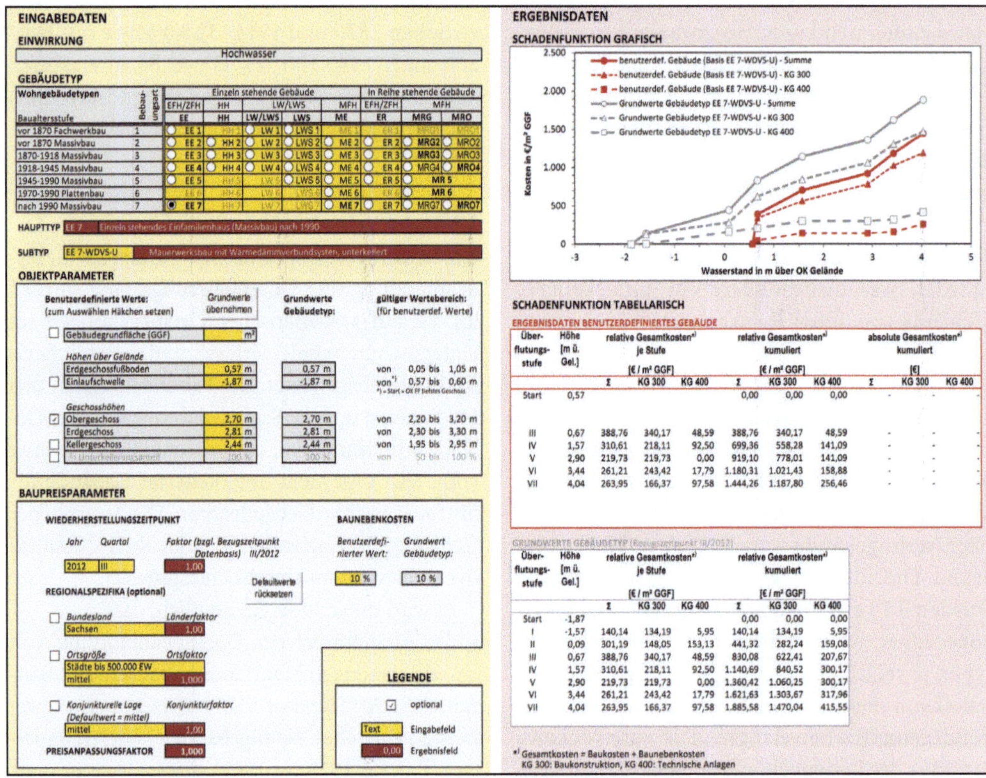

Bild 2: Werkzeug zur Untersuchung der Effekte objektspezifischer Parameter (Quelle: Ortlepp)

Der erste Schritt bei der Nutzung dieses Werkzeugs ist die Auswahl des jeweiligen Gebäudetyps durch Markieren des zugehörigen Optionsfeldes in der gebäudetypologischen Matrix. Der zweite Schritt beinhaltet die Festlegung der Objektparameter. Diese sind zunächst auf die Standardwerte des jeweils ausgewählten Gebäudetyps voreingestellt. Anschließend besteht die Möglichkeit, benutzerdefinierte Werte für das zu analysierende Gebäude einzugeben, welche von den Standardwerten des voreingestellten Typs abweichen. Für die Eingabewerte werden Definitionsbereiche angegeben, innerhalb derer die Schadensfunktionen sinnvolle Ergebnisse liefern.

Um die Effekte zusätzlich erhobener, individueller Gebäudeparameter auf den Verlauf der synthetischen Schadensfunktionen und somit auf die kalkulierten Kosten zur Schadensbeseitigung zu untersuchen, wurde ein Microsoft-Excel-basiertes Werkzeug konzipiert und umgesetzt (**Bild 2**). Neben den beiden Parametern Geländeanbindung und Unterkellerungsanteil erlaubt das Werkzeug auch die benutzerdefinierte Anpassung der Gebäudegrundfläche, der Geschosshöhen sowie mehrerer preisbestimmender Faktoren, wie etwa dem Baupreisindex, der Höhe der Baunebenkosten und weiterer regionalspezifischer Kostenkriterien (z. B. Bundesland, Ortsgröße, konjunkturelle Lage), so dass sich individualisierte Schadensfunktionen generieren lassen.

Bild 3 veranschaulicht die Wirkung dreier verschiedener Unterkellerungsanteile auf den Verlauf der synthetischen Schadensfunktion am Beispiel des Gebäudetyps ER7 (in Reihe stehendes Einfamilienhaus mit Bauzeit nach 1990). Das Diagramm zeigt, dass das Schadenspotenzial des nichtunterkellerten Repräsentanten (ER7_0) über die gesamte analysierte Überflutungshöhe geringer ist als für die teil- und vollunterkellerten

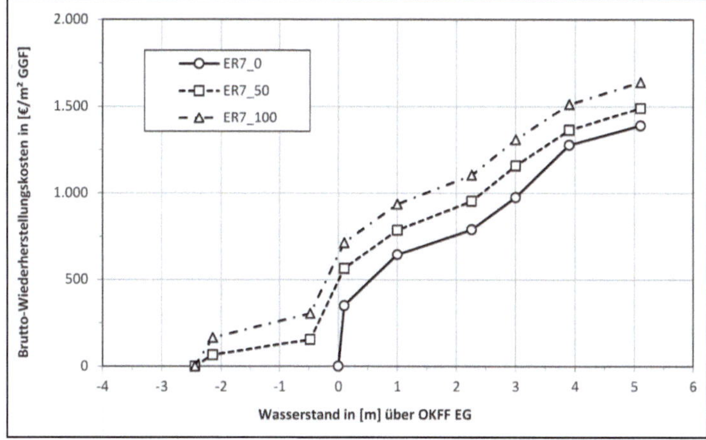

Bild 3: Einfluss des Unterkellerungsanteils auf den Verlauf der synthetischen Schadensfunktion für den Gebäudetyp ER7 (Quelle: Golz und Schinke)

Repräsentanten. Der vollunterkellerte Typenvertreter (ER7_100) verfügt über das höchste Schadenspotenzial. Unterschiede in der Steigung der Funktionsäste zwischen dem nicht- und dem teil- bzw. vollunterkellerten Repräsentanten bestehen z. B. auf Grund der Verlagerung der Heizungszentrale aus dem Keller- in das Obergeschoss.

3.5 Simulationsergebnisse

Das **Bild 4** zeigt die kartografisch aufbereiteten Ergebnisse der gebietsspezifischen Hochwasserschadenssimulation in Kleinzschachwitz. Mit dem Modellwerkzeug HOWAD wurden gebäudekonkrete Schadenswerte für drei Überflutungsszenarien ermittelt. Die Ergebnisse bilden die Evidenzbasis für die Beurteilung der Effizienz

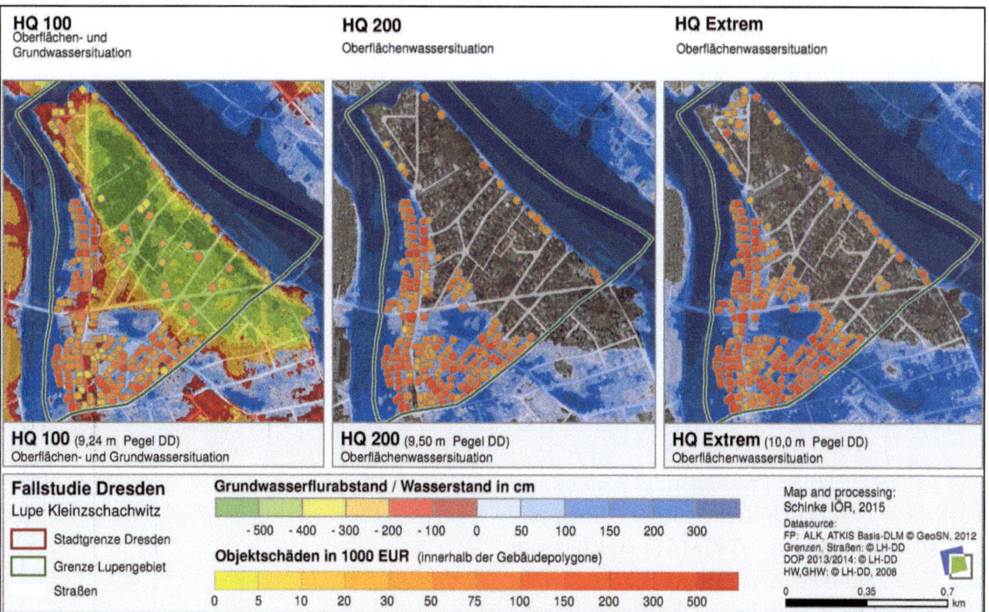

Bild 4: Räumlich hoch aufgelöste Ergebnisse der Hochwasserschadensimulation für die Szenarien HQ_{100}, HQ_{200} und HQ_{Extrem} der Elbe im Untersuchungsgebiet (Quelle: Schinke)

sowohl von Hochwasserschutz- als auch von Hochwasservorsorgemaßnahmen.

4 Zusammenfassung und Ausblick

Der Beitrag thematisiert ein methodisches Gesamtkonzept zur Ex-ante-Abschätzung hochwasserbedingter Schäden an Wohn- und Nichtwohngebäuden. Einen Schwerpunkt bildet die Beschreibung einer Methodenerweiterung, welche die Integration zusätzlich erhobener, objektkonkreter Parameter erlaubt und somit die Anpassung der Schadensfunktionen ermöglicht. Um die Wirkung dieser Gebäudeparameter zu untersuchen, wurde ein Microsoft-Excel-basiertes Werkzeug konzipiert und umgesetzt.

Die Fallstudie Kleinzschachwitz dient dem Test des erweiterten methodischen Ansatzes zur gebietsspezifischen Abschätzung von Hochwasserschadenspotenzialen auf kommunaler Ebene. Hervorzuheben ist in diesem Zusammenhang die kombinierte Berechnung von Sachschäden an Gebäuden infolge Hochwasser- und Grundhochwassereinwirkungen. Im Mittelpunkt des Methodentests steht die Analyse und Beurteilung der Effekte zusätzlich erhobener, objektkonkreter Gebäudeparameter auf die kalkulierten Kosten zur Schadensbeseitigung.

Die nächsten Schritte umfassen u. a. die vergleichende Bewertung der Robustheit der in unterschiedlichen Fallstudien gewonnenen Ergebnisse der Schadenabschätzungen sowie die systematische Validierung der bislang mit dem Gebäudetypenansatz verknüpften Parameter.

5 Danksagung

Der Artikel reflektiert Ergebnisse des Forschungsvorhabens „Sächsisch-Tschechisches Hochwasserrisikomanagement (STRIMA)“, welches von der EU im Rahmen ihres Ziel-3/Cíl-3-Kooperationsprogramms zur Förderung der grenzübergreifenden Zusammenarbeit zwischen dem Freistaat Sachsen und der Tschechischen Republik finanziert wurde. Die Autoren danken dem Sächsischen Landesamt für Umwelt, Landwirtschaft und Geologie sowie dem Umweltamt der Landeshauptstadt Dresden für die sehr gute Zusammenarbeit.

Autoren

Dr.-Ing. Thomas Naumann
Dipl.-Ing. Sebastian Golz
Dr.-Ing. Reinhard Schinke
Leibniz-Institut für ökologische Raumentwicklung e. V. (IÖR)
Weberplatz 1
01217 Dresden
t.naumann@ioer.de
s.golz@ioer.de
r.schinke@ioer.de

Literatur

[1] Naumann, T.; Nikolowski, J.; Golz, S.: Entwicklung analytischer Schadensfunktionen und deren Einsatz in der Projektbewertung. In: DWA (Hrsg.) Schadensanalysen und Projektbewertungen im Hochwasserrisikomanagement. DWA Themenheft, 2012.

[2] Neubert, M.; Naumann, T.; Hennersdorf, J.; Nikolowski, J.: The Geographic Information System-based flood damage simulation model HOWAD. In: Journal of Flood Risk Management, Veröffentlichung online: 30.03.2014.

[3] Golz, S.; Schinke, R.; Ortlepp, R.; Naumann, T.: Hochwasserschadenspotentiale und deren gebietsspezifische Erfassung. In: Jüpner, R.; Müller, U. (Hrsg.) Berichtsreihe des Forums zur Europäischen Hochwasserrisikomanagement-Richtlinie. Band 7. Aachen: Shaker Verlag, 2015.

[4] Nikolowski, J.; Goldberg, V.; Zimm, J.; Naumann, T.: Analysing the vulnerability of buildings to climate change: Summer heat and flooding. In: Meteorologische Zeitschrift 22 (2013), Nr. 2, S. 1-9.

[5] Golz, S.; Schinke, R.; Naumann, T.: Assessing the effects of flood resilient technologies on building scale. In: Urban Water Journal 12 (2015), Nr. 1, S. 30-43.

Thomas Naumann, Sebastian Golz and Reinhard Schinke

Parameterised Synthetic Damage Functions to Estimate Flood Damage to Buildings

The paper presents a methodology for the estimation of flood damage to buildings based on synthetic damage functions. Then, the paper elucidates an extended methodology that facilitates the integration of additional object-specific parameters. The proposed extended methodology has been included in the GIS-based flood damage simulation model HOWAD to calculate flood damage to buildings on property scale in the case study Dresden-Kleinzschachwitz.

Steffen Wackwitz

Das Starkniederschlagsereignis in Meißen im Sommer 2014

Nach den Hochwässern der Elbe in den Jahren 2002, 2006 und 2013, die jeweils weite Teile der Altstadt Meißens überfluteten, richtete eine Schlammlawine im Jahr 2014 schwere Verwüstungen im Stadtteil Triebischtal aus. Der Lawine, bestehend aus lehmigen Ackerboden, Geröll, Steinen, Baumstämmen und sonstigen Materialien, gingen extrem starke Regenfälle voraus. Im Zeitraum des 27. Mai 2014 fielen im Gebiet ca. 40 bis 60 l/m² Niederschlag, verbunden mit starken Gewittern. Die Schlammlawine verursachte Schäden an der öffentlichen und privaten Infrastruktur in Höhe von 6,0 Mio. €.

Einleitung

Meißen, das ist die Geburtsstadt des heutigen Freistaates Sachsen, erstmalig erwähnt im Jahr 929, gegründet durch König Heinrich, dem I. Die Lage im herrlichen Landschaftsraum der Elbe, einem Fluss, der das Riesengebirge mit der Nordsee verbindet, ist heute ein bedeutendes Pfund, mit dem Meißen wuchern kann. Darüber hinaus hat sich die Stadt am Fluss in den letzten eintausend Jahren immer wieder verändert und war nach der Festlegung Dresdens als Residenzstadt etwas abgehangen. Erst mit der Erzeugung des Meissener Porzellans bekam die Stadt Meißen mit Dom und Albrechtsburg eine neue Identität und eine neue, bis heute anhaltende weltweite Bedeutung (**Bild 1**).

1 Meißen – die Stadt am Fluss

Eingangs wurde bereits erwähnt, dass Meißen an einem Fluss, der Elbe, liegt. Man könnte auch sagen, dass Meißen nahe am Wasser gebaut ist. Dies mussten wir staunend, erschreckend und nahezu ungläubig in den letzten 11 Jahren gleich dreimal mit anschauen. Das Hochwasser der Elbe und die reißende Welle der Zuflüsse – in Meißen im Jahr 2002 die Triebisch – führten zu verheerenden Verwüstungen und Schäden an Gebäuden und an der Infrastruktur. Schäden von über 150 Mio. € wurden ermittelt (**Bild 2**).

2 Der Starkregen am 27. Mai 2014

Der Mitteldeutsche Rundfunk sendete am Nachmittag des 27.05.2014 folgende Informationen – knapp ein Jahr nach dem Hochwasserereignis der Elbe:

„Starkregen und zum Teil heftige Gewitter haben vor allem in Sachsen teils für Überflutungen gesorgt. Im Gebiet Meißen fielen am Dienstagnachmittag in nur einer Stunde 40 bis 60 l/m². Der Starkregen löste einen Erdrutsch im nahegelegenen Triebischtal aus. In Sachsen-Anhalt und Thüringen blieb die Lage etwas ruhiger.

Die Unwetterfront hat vor allem in Teilen Sachsens am Dienstag Schäden angerichtet. Besonders betroffen sind die Städte Meißen und Dresden. Zwischen den beiden Städten verwüsteten Schlammlawinen Teile der Bundesstraße 6 sowie die Talstraße in Meißen. Nach den sintflutartigen Regenfällen im Gebiet Meißen war den Informationen zufolge ein Hang im nahegelegenen Triebischtal abgerutscht. Die Schlammlawine hatte sich zwischenzeitlich in Richtung Meißner Innenstadt ergossen." [1] (**Bild 3**).

2.1 Erste Sofort- und Hilfsmaßnahmen

Nachdem die Stadtverwaltung von der Schlammlawine erfuhr, wurden sofort und gemeinsam mit dem Deutschen Roten Kreuz, dem Kreisbrand-

S. Heimerl (Hrsg.), *Vorsorgender und nachsorgender Hochwasserschutz*,
https://doi.org/10.1007/978-3-658-21839-3_27

Bild 1: Blick auf die historische Altstadt von Meißen mit Burg und Dom (Quelle: Stadt Meißen)

meister, den Kameraden der FFW und des Technischen Hilfswerks Vorbereitungen getroffen, um Bewohner im betroffenen Stadtteil Triebischtal zu retten und evtl. zu evakuieren. Noch in der Nacht war klar, dass dies nicht der Fall sein würde und die Stadt davon keinen Gebrauch machen musste. Zum großen Glück kam an Leib und Leben niemand zu schaden.

Ebenfalls noch in der Nacht zum 28.05.2014 begannen die ersten Aufräumarbeiten. Die Schlammlawine hatte alles mit sich gerissen und vor allem Geröll, Erde und Schlamm von den oben liegenden Feldern mit Wucht nach unten ins Tal gedrückt. Dabei wurden Straßen und Wege aufgerissen, die Kanalisation hydraulisch überbelastet und mit Schlamm außer Funktion gesetzt, ganze Keller- und Erdgeschossbereiche von Wohn- und Geschäftshäusern wurden mit Dreck, Schlamm und Geröll geflutet.

Um die Auswirkungen sofort provisorisch zu beseitigen, wurden die Straßen und Wege einigermaßen wieder passierbar gemacht, die Geröll-, Erd- und Schlammmassen mussten möglichst schnell vor der Trocknung abtransportiert und zwischengelagert werden. Als Sofortmaßnahme wurden in den darauffolgenden Wochen mehr als 50 Einzelaufträge mit einem Wertumfang von 800 000 € vergeben, um die ersten Schäden zu beheben.

Bild 2: Hochwasser der Elbe 2013 (Quelle: Stadt Meißen)

Bild 3: Nach dem Starkregen am 27.Mai 2014 im Triebischtal (Quelle: Stadt Meißen)

2.2 Was war geschehen?

Alles fing am Tag des 27.05.2014 mit einem normalen Regen an. Der folgende gemeinsame Bericht (Auszug) des Sächsischen Staatsministeriums des Innern, des Sächsischen Staatsministeriums für Kultus und des Sächsischen Staatsministeriums für Umwelt und Landwirtschaft beschreibt die Wettersituation zum Unwetterereignis am 27. Mai 2014 wie folgt [2]:

„Am 26. Mai 2014 bildete sich zwischen einem Hoch über Dänemark und einem Bodentief über Süddeutschland eine Konvergenzlinie (Tiefdruckrinne) zwischen Nordrhein-Westfalen und Bayern, die kältere Luft im Norden von feuchter und wärmerer Luft im Süden trennte. Sie verlagerte sich am 27. Mai nach Norden und lag damit nahezu stationär über Mitteldeutschland einschließlich Sachsen. Im Folgenden bildeten sich in einer breiten, Sachsen von Süd nach Nord überquerenden Linie zahlreiche heftige Gewitter, die örtlich zu extremem Starkregen führten. Innerhalb von 24 Stunden fielen in einem Streifen von Dresden bis Leipzig 40 bis 60 mm, punktuell bis zu 120 mm Niederschlag, davon teilweise örtlich bis zu 40 mm Niederschlag in einer Stunde [Hinweis: 1 mm Niederschlag = 1 l/m²]. Der Schwerpunkt der Ereignisse verlagerte sich vom Raum Chemnitz – Mittelsachsen – Freiberg am Mittag in den Raum Nossen – Meißen – Freital – Dresden – Pirna am Nachmittag. Abends kam es zu weiteren Gewittern mit Starkniederschlägen im Raum Hoyerswerda. Seitens des SMI wird künftig eine weitere Befassung mit dem Wetterphänomen „Starkregen“ für erforderlich gehalten.“

2.3 Die Analyse

Durch die starken Niederschlagsmengen sammelte sich das Wasser in den über dem Triebischtal höher gelegenen Ackerflächen an mehreren Stellen gleichzeitig, vereinigte sich in den Kerbtälern des Stadtwaldes und schoss ungehindert ins Tal. Dies geschah im Triebischtal am Kirchsteigbach, an der Ochsendrehe und am Kanonenweg, an der Hohen Eifer und am Dobritzbach (**Tabelle 1**).

2.4 Übersicht über Sofortmaßnahmen und geplante Maßnahmen nach dem Schadensereignis vom 27.05.2014

Um Schäden nach dem Unwetterereignis vom 27. Mai 2014 zu beheben und die Auswirkungen künftiger Starkregenereignisse möglichst gering zu halten, investiert die Stadt Meißen 539 334 € in eine breit angelegte Baumaßnahme im Trie-

Tab. 1: Schadensbilanz nach dem Starkregen

Schadensbild	Maßnahme	Kosten
Schäden am Gewässer 2. Ordnung/ Schlamm und Geröllbeseitigung	Prävention, Instandsetzung, Neubau Regenrückhaltung	1 735 000 €
Schäden an Abwasseranlagen	Instandsetzung, Neubau	440 000 €
Schäden an forstwirtschaftlichen Flächen	Instandsetzung, Fällmaßnahmen	60 000 €
Schäden an öffentlicher und sozialer Infrastruktur	Instandsetzung, Ersatz	749 600 €
Geröll- und Schlammbeseitigung		218 600 €
Schäden an Straßen und Wegen	Instandsetzung, Aufwertung	1 008 500 €
Summe		4 211 700 €

(Quelle: Stadt Meißen)

bischtal, die der Stadtrat am 20. August 2014 beschlossen hat [3]. Planung und Konzeption hatte das Büro Arnold Consult AG aus Meißen in enger Zusammenarbeit mit der Stadtverwaltung, dem Landesamt für Straßenbau und Verkehr, der Unteren Naturschutzbehörde und der Unteren Wasserbehörde des Landkreises übernommen.

Die Analyse der Ereignisse ergab die Notwendigkeit der Schaffung eines Hochwasserrückhaltebeckens oberhalb der Hohen Eifer (**Bild 4**), d. h. oberhalb der bewaldeten Flächen. Der geplante Erddamm ist mit einer Kronenbreite von 5 m befahrbar. Mit einer konstruktiven Höhe von ca. 6 m im Zentrum kann ein Speichervolumen von ca. 4 500 m^3 erzielt werden. Darüber hinaus bietet die Maßnahme eine geeignete Möglichkeit, die noch im Triebischtal aus dem Schadensereignis lagernden Erd- und Geröllmassen einer ökologisch und wirtschaftlich sinnvollen Nutzung zuzuführen.

2.4.1 Straßeninstandsetzung An der Hohen Eifer und Kirchsteig

Der durch die Schlamm- und Geröllmassen stark beschädigte Straßenbelag wird von Grund auf erneuert. Auf einen separaten Gehweg wird dabei verzichtet, stattdessen entsteht eine Mischverkehrsfläche aus Bitumen mit einer Entwässerungsrinne. Im Bereich der Ossietzkystraße wird der Gehweg mit abgesenktem Bordstein parallel zur Straße geführt. Die Flächen vor den Garagen werden im Auftrag der Stadtentwicklungs- und Stadterneuerungsgesellschaft (SEEG) als Eigentümer ebenfalls neu hergestellt.

2.4.2 Straßenbau im Bereich Ossietzkystraße

Die Staatsstraße 83 soll im Bereich Ossietzkystraße mit drei Lagen Bitumen wieder befahrbar gemacht und der Gehweg vor dem Getränkemarkt entsprechend angepasst werden. Die Maßnahme wird durch das Landesamt für Straßenbau und Verkehr (LASuV) realisiert. Die Durchführung erfolgt seit Herbst 2014. Die Maßnahme wird im Jahr 2015 fortgeführt und beendet.

2.4.3 Mühlgraben

Im Zuge der Baumaßnahme an der Ossietzkystraße wird auch der schadhafte Mühlgraben in diesem Bereich instand gesetzt. Nach der Straßenquerung des Kirchsteigbaches wird der vorhandene Mühlgraben, der bei Starkregen ebenfalls Wasser führt, in Form einer Betonrohrleitung DN 800 in die Bachverrohrung eingebunden. Die Bachverrohrung wird daher an dieser Stelle auf DN 1500 erweitert.

Bild 4: Übersichten Schadensvorsorge an Gewässern (Quelle: Baudezernat der Stadt Meißen)

2.4.4 Mischwasserkanal

Durch das Unwetter am 27. Mai 2014 in Mitleidenschaft gezogen wurde auch der Mischwasserkanal an der Hohen Eifer. Das dort verlaufende Rohr mit 20 cm Durchmesser wird durch ein 25 cm dickes ersetzt und umverlegt. Die dazugehörigen Hausanschlüsse müssen ebenfalls erneuert werden.

2.4.5 Erneuerung und Aufdimensionierung der Rohre am Kirchsteigbach

Damit Wassermassen künftig besser aufgenommen und abgeleitet werden können, wird die Verrohrung des Kirchsteigbachs erneuert und der Durchmesser des Betonrohres von bisher 1 m auf 1,40 m vergrößert. Damit erhöht sich die Kapazität des Rohres um etwa das Doppelte. In einer späteren Ausbauphase soll die Kirchsteigbachverrohrung in dieser vergrößerten Dimension (DN 1 400 bzw. 1 500) in einer neuen Trasse in die Triebisch einbinden.

3 Hydrologisches Gutachten und Planungen zur weiteren Verbesserung des Unwetterschutzes

Für einen Einzugsbereich von ca. 2,6 km² rund um den Kirchsteigbach und benachbarte Areale wurden durch die Stadt Meißen umfassende hydrologische Untersuchungen beauftragt. Ziel ist es, ein Paket mit weiteren geeigneten Maßnahmen zu schnüren, die zwischen Korbitz und Dobritz die Wirkung von Unwetterereignissen künftig abmindern sollen. Dazu zählen zum Beispiel die Umwandlung von Ackerland in Wald oder Grünland, das Einbringen von Gehölzstreifen und das Anlegen von weiteren Rückhalte- und Geröllfangbecken.

Dabei werden folgende denkbare Maßnahmen bzw. Szenarien untersucht:

- Umwandlung von Acker in Wald,
- Umwandlung von Acker in Grünland,
- Umwandlung von Acker in Kurzumtriebsplantagen,
- Einbringung von Gehölzstreifen in den Ackerstandort,
- Wirkung von Rückhalte- und Geröllfangbecken im Gewässerlauf,
- die Kombination der vorgenannten Maßnahmen.

Auf Grundlage des Gutachtens lassen sich folgende Handlungsempfehlungen ableiten und durch die zuständigen Fachleute und Gremien beraten und beschließen [4]:

„Durch Rückhaltemaßnahmen, wie Hochwasserrückhaltebecken oder die Umwandlung von Ackerflächen in Grünland, Laubwald oder Kurzumtriebsplantagen, können Hochwasserabflüsse sowie Schlamm- und Geröllfrachten wirksam reduziert werden. Der Schutz durch solche Maßnahmen ist begrenzt und vor allem für häufiger auftretende kleine und mittlere Starkregenereignisse geeignet. Zumindest die technischen Maßnahmen, wie z. B. das geplante Hochwasserrückhaltebecken HRB2 sind dabei auf ein Schutzziel HQ_T mit T = 50 a ausgelegt – also auf ein Hochwasserereignis, das statistisch betrachtet alle 50 Jahre auftritt. Die Erfahrung zeigt, dass schwerwiegendere, seltenere Ereignisse (mit T > 50 a) jederzeit auftreten können. Rückhaltemaßnahmen mit Schutzgrad HQ_{50} zeigen in diesem Fall selbstverständlich eine dämpfende Wirkung. Dennoch können aber im Extremfall außergewöhnliche Hochwasserabflüsse auftreten – mit entsprechenden Belastungen für die Anlieger.

Daneben zeigen die durchgeführten Szenarioanalysen, dass die statistische Wahrscheinlichkeit und Intensität eines Niederschlag-Abfluss-Ereignisses neben der Wahrscheinlichkeit und Dauer des Niederschlagsereignisses auch von der Vorfeuchte abhängen. Die Radarbilder vom 27.05.2014 lassen z. B. darauf schließen, dass im Untersuchungsgebiet zwischen 13 und 14 Uhr Stunden-Niederschläge mit einer Wiederkehrzeit T > 50 a gefallen sind. Andererseits waren die Monate März und April des Jahres 2014 lt. gewässerkundlichen Monatsberichten des LfULG vergleichsweise warm und trocken. Man kann also davon ausgehen, dass die Bodenfeuchte eher unterdurchschnittlich war. Wären dieselben Starkniederschläge nach einem feuchten Frühjahr gefallen, hätte das Hochwasserereignis noch gravierender sein können. Außerdem bedeutet eine statistische Wiederkehrzeit von 50 Jahren nicht, dass ein Ereignis vergleichbarer Intensität erst in 50 Jahren wieder auftritt. Im Kirchsteigbach fand am 11.09.1975 ein Ereignis statt, das zumindest in der Erinnerung einer Anliegerin vergleichbar war. An der Elbe wurden 2002 und 2013 – also im Abstand von 11 Jahren – Hochwasserscheiteldurchflüsse verzeichnet, die jeweils etwa als 100-jährliche Ereignisse eingeordnet wurden.

Zusammenfassend kann man sagen, dass Hochwasserrückhaltemaßnahmen in jedem Fall sinnvoll sind, da sie häufige, kleine Hochwässer im Idealfall weitgehend auffangen können und seltene, große Hochwasserereignisse zumindest dämpfen.

Da die seltenen Ereignisse dennoch mit erheblichen Belastungen verbunden sein werden – und diese jederzeit auftreten können – sind technische Maßnahmen zum Geröllrückhalt im Gewässerlauf in jedem Fall angebracht. Unabhängig von Landnutzungsänderungen zum Hochwasserrückhalt ist außerdem die Anlage von Gehölzstreifen oder -gruppen in besonders erosionsgefährdeten Bereichen sinnvoll.

In ausgewählten Bereichen werden Gehölzstreifen als Schutz vor linienhafter Erosion empfohlen. Als Planungsgrundlage für die Identifizierung der besonders gefährdeten Bereiche können in erster Näherung die Ergebnisse der hydromorphologischen Analyse verwendet werden. Ergänzend ist die Ortskenntnis der Anlieger sachdienlich. Das geplante HRB2 wurde als wirksam erachtet. Dessen Umsetzung wird daher empfohlen. Für das HRB1 am linksseitigen Quellbach des Kirchsteigbaches wurde eine vergleichbare Wirksamkeit ermittelt. Daher wird auch dieses Becken als sinnvolle Maßnahme zum Hochwasserrückhalt eingeschätzt. Für den Standort HRB3 an einem rechtsseitigen Zufluss des Kirchsteigbaches ergab sich eine deutlich geringere Wirksamkeit. Daher sollte sorgfältig abgewogen werden, ob die damit verbundenen Kosten sowie der Eingriff in die Landschaft im Falle einer Umsetzung gerechtfertigt sind.

Ebenso wie bei Gehölzpflanzungen zum Schutz vor linienhafter Erosion ist die unmittelbare Einbindung der Landwirte in die Planung möglicher Landnutzungsänderungen eine unabdingbare Voraussetzung.

Ungeachtet aller Anstrengungen bzgl. Hochwasserschutzmaßnahmen können auch extreme Hochwasserereignisse zu jeder Zeit auftreten. Der Schutz vor kleinen und mittleren Ereignissen durch die genannten Maßnahmen darf nicht zur Abnahme des öffentlichen Bewusstseins und einer damit einhergehenden Sorglosigkeit führen. Die Eigenvorsorge jedes einzelnen ist daher eine unabdingbare Säule der Hochwasservorsorge.“

Autor

Dipl.-Ing. (FH) Steffen Wackwitz
Stadtverwaltung Meißen
Markt 1
01662 Meißen
Steffen.Wackwitz@stadt-meissen.de

Literatur

[1] Mitteldeutscher Rundfunk: Nachrichten vom 28. Mai 2014, 07:43 Uhr.

[2] Sächsisches Staatsministerium des Innern, Sächsisches Staatsministerium der Finanzen, Sächsisches Staatsministerium für Kultus, Sächsisches Staatsministerium für Umwelt und Landwirtschaft (Hrsg.): Gemeinsamer Bericht des zum Unwetterereignis am 27. Mai 2014.

[3] Stadtrat der Stadt Meißen: Übersicht zu den ergriffenen und noch geplanten Maßnahmen in Folge des Starkregenereignisses vom 27.05.2014. Stadträteinformation Nr. 4/2014 vom 08.08.2014.

[4] Dr. Dittrich & Partner Hydro-Consult GmbH (Hrsg.): Potenziale und Grenzen von Erosionsschutz sowie Hochwasser- und Sedimentrückhalt im Schadensgebiet vom 27.05.2014 in der Stadt Meißen. S. 34-39.

Steffen Wackwitz

The Heavy Rainfall Event in Summer 2014 in Meißen

Large parts of the historic centre of Meißen were already massively affected by the floods of the river Elbe in 2002, 2006 and 2013. In 2014 a mudflow caused excessive damages to the quarter "Triebischtal". The flow itself was an effect of the extremely strong rainfalls that day and it contained soil from the nearby farms as well as rubble, stones, trunks and other materials. During May 27th there were rainfalls with 40 to 60 l/km² in the area. The mudflow caused damages of 6 million Euro to the public and private infrastructure. As nowadays such extreme meteorological events happen more often it is inevitable to find methods to prevent or even avoid further damages. On the basis of hydrological reports it is planned to take measures such as the building of stormwater retention basins, boulder catchments and others to protect the residents and infrastructure.

Markus Schulte und Andreas Schumann

Statistische Bewertung der Hochwasserkoinzidenz zur Planung des technischen Rückhalts

Bei großen Hochwasserereignissen kommt es zur Überlagerung von Scheiteln aus verschiedenen Teileinzugsgebieten. Die Wirkung von Rückhaltesystemen kann mit Szenarien bewertet werden, die diese räumlichen Verhältnisse berücksichtigen. Dies erfordert die Einschätzung der Plausibilität der betrachteten Ereignisse, wofür die übliche Scheitelstatistik jedoch nicht ausreicht. Somit ergibt sich durch die gemeinsame Betrachtung räumlich verteilter, aber zeitgleicher Merkmale der Bedarf an einer multivariaten statistischen Bewertung. Die hier vorgestellten Ansätze auf Grundlage von Copulas bieten dazu eine Möglichkeit.

1 Einleitung

Der technische Rückhalt ist eine wesentliche Komponente des Hochwasserrisikomanagements. Talsperren und Rückhaltebecken wurden bis zur Einführung der DIN 19 700 [1] mit sicherheitsorientierter Nachweisführung dimensioniert. Die Norm sorgte jedoch für eine Ausrichtung hin zu einer risikoorientierten Bemessung, bei der auch das Restrisiko des Anlageversagens berücksichtigt werden muss. Zur Dimensionierung werden Bemessungshochwasser mit sehr geringen Überschreitungswahrscheinlichkeiten eingesetzt. Um die Stauanlagenwirkung zu beurteilen, werden zur Retentionsberechnung Zuflussganglinien benötigt. Die klassische Hochwasserstatistik liefert allerdings nur Wahrscheinlichkeitsaussagen zum Scheitel, jedoch nicht zur Fülle und Form der Welle. Dabei können diese beiden Merkmale entscheiden, ob es zur Überlastung kommt oder nicht. Beispiele und Lösungsansätze zu deren Berücksichtigung sind z. B. der Arbeit von Klein [2] zu entnehmen.

Obwohl in Kapitel III, Artikel 6, Abs. 3 der Hochwasserrisikomanagement-Richtlinie [3] ausdrücklich Szenarien für Extremereignisse benannt werden, wird bei der Bewertung des technischen Rückhalts wenig von solchen Szenarien Gebrauch gemacht. Hierfür dürften auch Probleme bei der Einschätzung der Plausibilität derartiger Annahmen beitragen. Neben den vielfältigen Ausprägungen von Hochwasser an einem Gewässerquerschnitt ist zu beachten, dass bei großen Ereignissen in der Regel das gesamte Flussgebiet betroffen ist. Durch Koinzidenz kommt es zu Überlagerungen von Scheiteln aus benachbarten Teilgebieten. Dieser Umstand sollte bei der Planung von flussgebietsweiten Rückhaltesystemen einfließen. Hieraus ergibt sich der Bedarf für eine multivariate statistische Bewertung derartiger Ereignisse durch gemeinsame Betrachtung räumlich verteilter, aber zeitgleicher Merkmale. Diese resultieren aus der Interaktion des Niederschlags (räumliche und zeitliche Verteilung) mit den Teileinzugsgebieten (**Bild 1**). Es handelt sich dabei um einen statistischen Zusammenhang. So wurde bereits 1989 im DVWK-Merkblatt „Wahl des Bemessungshochwassers" festgestellt [4]: „Sowohl das zeitliche Zusammentreffen verschiedener Einwirkungen als auch deren Überlagerung mit aktuellen Zuständen folgt im allgemeinen keinen rein deterministischen Zusammenhängen, sondern hat Wahrscheinlichkeitscharakter." Das Merkblatt weist auf die damit verbundenen Probleme hin: „Die wahrschein-

S. Heimerl (Hrsg.), *Vorsorgender und nachsorgender Hochwasserschutz*,
https://doi.org/10.1007/978-3-658-21839-3_28

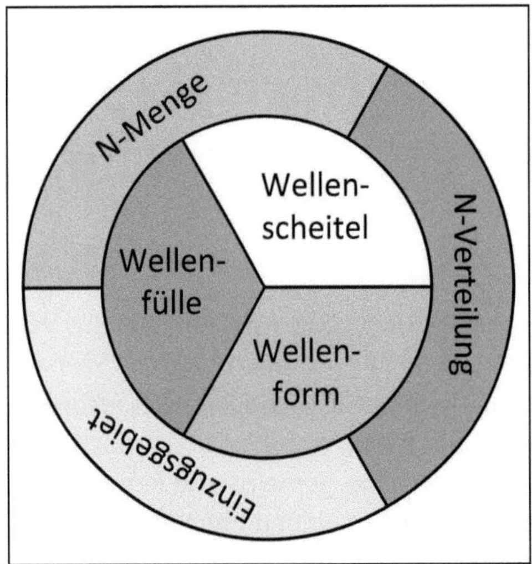

Bild 1: Einflussfaktoren der Hochwassercharakteristika (Quelle: Schulte)

lichkeitsbedingten Zusammenhänge exakt zu erfassen, dürfte aber bisher nur in Einzelfällen möglich sein. Sonst muss man sich mit einer Abschätzung begnügen, die in ihrer Sorgfalt der Bedeutung der Einwirkungen anzupassen ist." Obwohl das Attribut „exakt" im Zusammenhang mit Wahrscheinlichkeiten schwierig zu beurteilen ist, wurden seitdem Ansätze wie die Hochwassermerkmalsimulation oder Niederschlag-Abfluss-Modelle, in Kombination mit Bemessungsniederschlägen bzw. generierten Niederschlagsreihen, zur Charakterisierung von Bemessungsereignissen entwickelt. Bei beiden Methoden ergibt sich jedoch das Problem, dass die kritischen Belastungsfälle nicht bezüglich ihrer Plausibilität bewertet werden können. So lassen sich für Ganglinien, die zu einem maximalen Wasserstand oder zur Überlastung führen, keine direkten Aussagen treffen, ob die Konstellation der Belastungen realitätsnah ist bzw. welches der Szenarien wahrscheinlicher ist. Dies gilt insbesondere, wenn räumliche Unterschiede in den Niederschlag-Abfluss-Verhältnissen maßgebend sind. Es fehlen Möglichkeiten zur Einschätzung, ob bzw. wie plausibel die jeweils angenommene räumliche Verteilung ist.

2 Multivariate Wiederkehrintervalle mittels Copula-Statistik

Um die beschriebenen Zusammenhänge adäquat zu berücksichtigen, können multivariate statistische Modelle, sogenannte Copulas verwendet werden. Ein derartiges Modell beschreibt die Wahrscheinlichkeiten, mit der miteinander korrelierte Zufallsvariablen zu einem Zeitpunkt bestimmte Werte aufweisen. Erste Anwendungen von Copulas im Bereich der Hochwasserkoinzidenz finden sich z. B. bei Wang [5], Ghizzoni [6] oder Chen [7].

Im vorliegenden Beitrag werden zwei Möglichkeiten dargestellt, wie Copulas auf Grundlage gemessener Daten zur stochastischen Einschätzung der Hochwasserkoinzidenz und zur Bewertung technischer Rückhaltemaßnahmen eingesetzt werden können. Anwendungen der Copula-Statistik sind in der Hydrologie mittlerweile häufig zu finden [2], [8]. Copulas fußen auf dem Theorem von Sklar [9], welches den Zusammenhang der Copula-Funktion C und der multivariaten Verteilungsfunktion der Zufallsvariablen X_i definiert:

$$F(x_1, \dots, x_d) = C\,[F_1(x_1), \dots, F_d(x_d)] =$$

$$P\,(X_1 \leq x_1, \dots, X_d \leq x_d) \qquad (1)$$

$F_1, \dots F_d$ sind die univariaten Randverteilungen der Zufallsvariablen. Diese können unterschiedlichen Arten von Verteilungen folgen. Der korrelative Zusammenhang der Variablen muss nicht linearer Natur sein. Diese Eigenschaften zeichnen Copulas gegenüber klassischen mehrdimensionalen Verteilungsfunktionen aus.

Zur Beschreibung spezifischer Abhängigkeitsstrukturen stehen verschiedene Modellfamilien zur Verfügung. Eine davon ist die der Archimedischen Copulas. Sie basieren auf der spezifischen Generatorfunktion φ, so dass sich die Copula im trivariaten Fall ergibt zu:

$$C\,(u, v, w) = \varphi^{-1}\,[\varphi(u) + \varphi\,(v) + \varphi\,(w)] \qquad (2)$$

u, v, und w stehen hierbei für die Randverteilungen $F_1(x_1)$, $F_2(x_2)$ und $F_3(x_3)$. Unter Verwendung von $\varphi(t) = -\ln[1-(1-t)^\theta]$ erhält man beispielsweise die trivariate Joe-Copula mit dem Parameter θ:

$$C(u, v, w) = 1 - \{1 - [1 - (1-u)^\theta] \cdot$$

$$[1 - (1-v)^\theta] \cdot [1 - (1-w)^\theta]\}^{1/\theta} \quad (3)$$

Die Kombination der Abflussscheitel zusammenfließender Gewässer charakterisiert ein Hochwasserereignis bezüglich seiner räumlichen und zeitlichen Verteilung. Die zugehörige multivariate Jährlichkeit, bei der die Scheitel an drei Pegeln größer als die durch die Unterschreitungswahrscheinlichkeiten u, v und w definierten Werte sind, lässt sich entsprechend Gl. (4) bestimmen. μ beschreibt die mittlere Zeitspanne zwischen den Ereignissen der verwendeten Stichprobe. Im Falle von Jahresmaxima ist μ = 1 a.

$$T_{U>u \wedge V>v \wedge W>w} = \frac{\mu}{P(U>u \wedge V>v \wedge W>w)}$$

$$= \frac{\mu}{1-u-v-w+C(u,v)+C(u,w)+C(v,w)-C(u,v,w)} \quad (4)$$

Wie Gl. (4) zeigt, werden zur Berechnung auch bivariate Copula-Funktionen benötigt, die sich analog zu Gl. (2) bilden lassen.

Die bivariate Jährlichkeit, wenn zwei Zufallsvariablen entsprechende Grenzwerte überschreiten, lässt sich wie folgt ermitteln:

$$T_{U>u \wedge V>v} = \frac{1}{P(U>u \wedge V>v)}$$

$$= \frac{1}{1-u-v+C[u,v]} \quad (5)$$

Eine andere Möglichkeit zur Bildung höherdimensionaler Copula-Modelle bieten Pair-Copulas [10], [11]. Sie basieren auf (abhängigen) bivariaten Copulas, die gemäß dem Konzept der Vines [12] verknüpft werden. **Bild 2** zeigt einen D-Vine, der leicht als Modell dreier zusammenfließender Gewässer interpretiert werden kann. Dabei fungiert v als verknüpfendes Element der drei Variablen. Entsprechend [10] ergeben sich die benötigten bedingten Randverteilungen zu

$$F_{u|v}(u|v) = \frac{\delta C_{11}(u,v)}{\delta F_v(v)} \quad (6)$$

und

$$F_{w|uv}(w|u,v) = \frac{\delta C_{21}(F_{w|v}(w|v), F_{u|v}(u|v))}{\delta F_{u|v}(u|v)} \quad (7)$$

Während sich die trivariaten Jährlichkeiten für die Archimedischen Copulas direkt berechnen lassen, wurden die Jährlichkeiten der Pair-Copula-Modelle durch einen Bootstrap-Ansatz bestimmt. Dazu wurden mittels Pair-Copula zehn trivariate Stichproben mit je 1 000 000 Elementen generiert und durch Häufigkeitsanalysen ausgewertet. Analog zur univariaten Statistik existiert auch für Copulas eine Vielzahl von Parameterschätzmethoden und Anpassungstests. Alle hier vorgestellten Modelle wurden entsprechend ausgewählt und überprüft. Weitere Informationen zu Schätzern und Tests finden sich in Joe [13] und Salvadori et al. [14].

Multivariate Wahrscheinlichkeiten lassen sich neben Copulas auch mit anderen Methoden, wie der Hochwassermerkmalsimulation, multivariaten Verteilungsfunktionen oder auch durch deterministisch-stochastisch Ansätze, bestimmen. So bietet beispielsweise die hydrologische Modellierung in Verbindung mit Monte-Carlo-Simulatio-

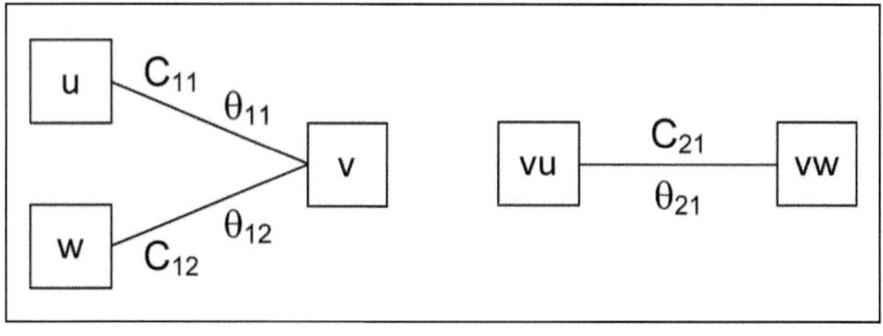

Bild 2: Aufbau von Pair-Copulas (Quelle: Schulte)

nen hierzu eine Möglichkeit [15]. Jedoch gestaltet sich dabei eine Aussage zur Plausibilität der Belastung bzgl. ihrer räumlichen Verteilung als problematisch.

3 Fallstudien im Flussgebiet der Mulde

Nachfolgende Beispiele zeigen die Verwendung von Copulas bei der Hochwasserbemessung und zur stochastischen Einschätzung von flussgebietsweiten Ereignissen. Die erste Fallstudie legt dar, wie bivariate Copula-Modelle zur Bewertung der Schutzwirkung und des Restrisikos von Rückhalteanlagen eingesetzt werden können. In der zweiten Anwendung werden zwei multivariate Modelle vergleichend eingesetzt, um Extremereignisse hinsichtlich ihrer räumlichen Verteilung und Koinzidenz zu bewerten. Für die Untersuchungen wurden ausschließlich gemessene Abflussdaten verwendet. Weitergehende Beschreibungen der Analysen finden sich in [16].

3.1 Anwendung bivariater Statistik zur Bewertung von Rückhaltemaßnahmen bei Hochwasserkoinzidenz

Der Einfluss von Rückhaltemaßnahmen lässt sich mit der Reduzierung von Hochwasserscheiteln beschreiben. Funktioniert ein Rückhaltesystem planmäßig, werden die Scheitel bis zur Belastungsgrenze entsprechend der Kapazitäten reduziert. Dieser Einfluss verändert die Randverteilungen der Scheitel. Je ungünstiger die Relation zwischen der Größe des Einzugsgebietes und dem Rückhalteraum ist desto geringer fällt die Scheitelminderung aus. Im Beispiel wurden die Verteilungsfunktionen der koinzidierenden Scheitelabflüsse an den Pegeln Hopfgarten (Zschopau, 530 km²) und Borstendorf (Flöha, 640 km²) (**Bild 3**) so verändert, wie dies näherungsweise durch technischen Rückhalt möglich wäre. **Bild 4** zeigt die Scheitelreduktion. Die Veränderungen der Verteilungsfunktionen sind hier lediglich Annahmen. Diese können je nach Situation und Steuerung des Systems angepasst werden. An der Methodik des Verfahrens ändert dies indes nichts. Die Reduzierung der Scheitel ist in diesem Beispiel also idealisiert, der Einfluss der Füllen und die ereignisabhängige Variabilität der Scheitelreduktion wurden im Sinne der statistisch zu erwartenden Wirkung des technischen Rückhalts nicht betrachtet. Die Hochwas-

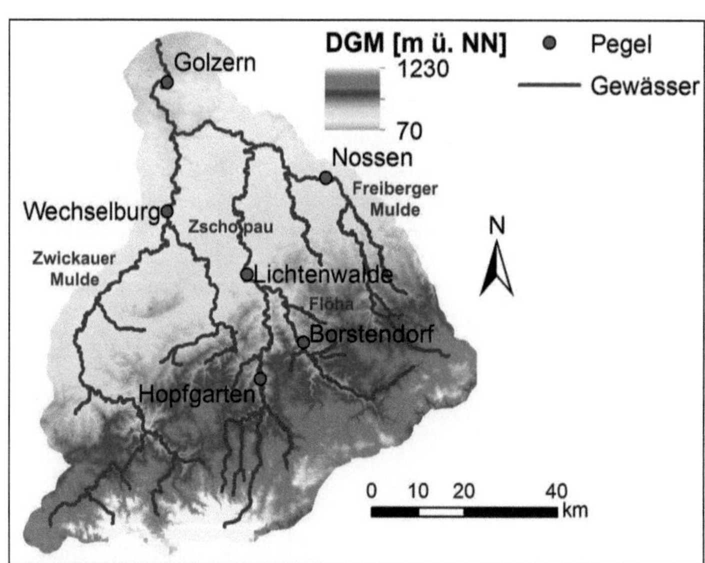

Bild 3: Lage der Pegel Hopfgarten und Borstendorf an Zschopau und Flöha sowie Wechselburg, Lichtenwalde, Nossen und Golzern im Flussgebiet der Mulde (Quelle: Schulte)

serscheitelstatistiken wurden für einen angenommenen Bereich der wirksamen Scheitelminderung gemäß **Bild 4** modifiziert. Der Abflussbereich mit Veränderungen der Überschreitungswahrscheinlichkeiten ist nach oben begrenzt (hier bei einer angenommenen Jährlichkeit von 75 a), d. h. darüber hinaus gelten die gleichen Verteilungsfunktionen wie für den Zustand ohne Maßnahmen.

Basierend auf 250 zeitgleichen Hochwasserereignissen und den (modifizierten) Randverteilungen wurden drei sogenannte BB5-Copulas zur Ermittlung der bivariaten Wahrscheinlichkeit koinzidierender Scheitelabflüsse aufgestellt. Die erste beschreibt den Zustand ohne Maßnahmen, die anderen beiden Modelle jeweils den Einfluss von Scheitelreduktion in einem der beiden Gebiete. Die Isolinien in **Bild 5** zeigen die Kombinationen von Scheiteln, die gemäß Gl. (5) die gleiche Jährlichkeit aufweisen. In den beiden unteren Darstellungen werden die Veränderungen der Randverteilungen und damit die Wirksamkeiten der jeweiligen Anlage deutlich. Durch die Reduktion ändert sich auch die Lage der Stichprobe. Die diagonalen Geraden bezeichnen Scheitelkombinationen von 400 bzw. 500 m³/s.

Die Copulas können nun verwendet werden, um den Zusammenhang zwischen den Scheiteln aus beiden Flussgebieten und die Wirkung der möglichen Maßnahmen auf den Unterlauf zu beschreiben. Abflüsse am Zusammenfluss lassen sich aus verschiedenen, hydrologisch sinnvollen Kombinationen zusammensetzen, für die jeweils die bivariaten Wiederkehrintervalle bestimmt werden können. Verwendet wird die Jährlichkeit, die beschreibt, dass an beiden Pegeln der jeweilige Wert überschritten wird (T_{und}). Die Kombinationen weisen unterschiedliche Jährlichkeiten auf. **Bild 6** stellt diese sowohl im unbeeinflussten als auch für die veränderten Zustände dar. Die wahrscheinlichsten Kombinationen der Scheitel Hopfgarten zu Borstendorf lauten 175 zu 225 m³/s für einen Gesamtabfluss von 400 m³/s bzw. 225 zu 275 m³/s für 500 m³/s. Die Jährlichkeiten liegen bei etwa 30 bzw. 60 a. Die Unterschiede zu den Kurven mit Maßnahmen charakterisieren deren Wirksamkeiten. So sind für Konstellationen von 400 m³/s beide Maßnahmen im plausibelsten Bereich (geringste Jährlichkeit) in etwa gleich wirksam. Für andere Kombinationen lässt sich deutlich ablesen, welche Maßnahme eine höhere Reduktion des Scheitels nach dem Zusammenfluss bewirken würde. Diese hängt von der Positionierung der Anlage und der Niederschlagsverteilung ab. Für größere zeitgleiche Abflüsse (500 m³/s) würde ein Becken im Einzugsgebiet der Zschopau größtenteils einen wirksameren Rückhalt ermöglichen. Damit wird auch der

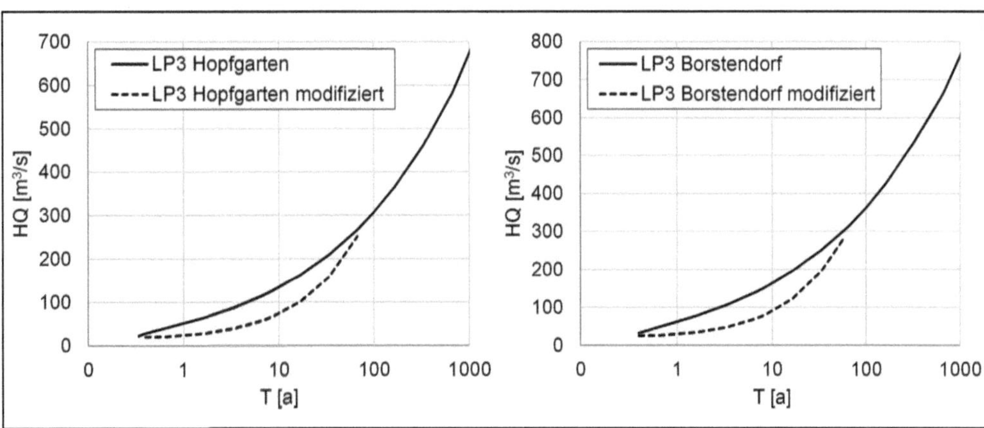

Bild 4: Log-Pearson-III-Verteilungen für die (modifizierten) koinzidierenden Scheitelabflüsse der Hochwasserereignisse an den Pegeln Hopfgarten (Zschopau) und Borstendorf (Flöha) der Jahre 1930 bis 2012; die logarithmische Skalierung der Abszisse verbirgt die asymptotisch verlaufende Anbindung der jeweiligen Kurven (Quelle: Schulte)

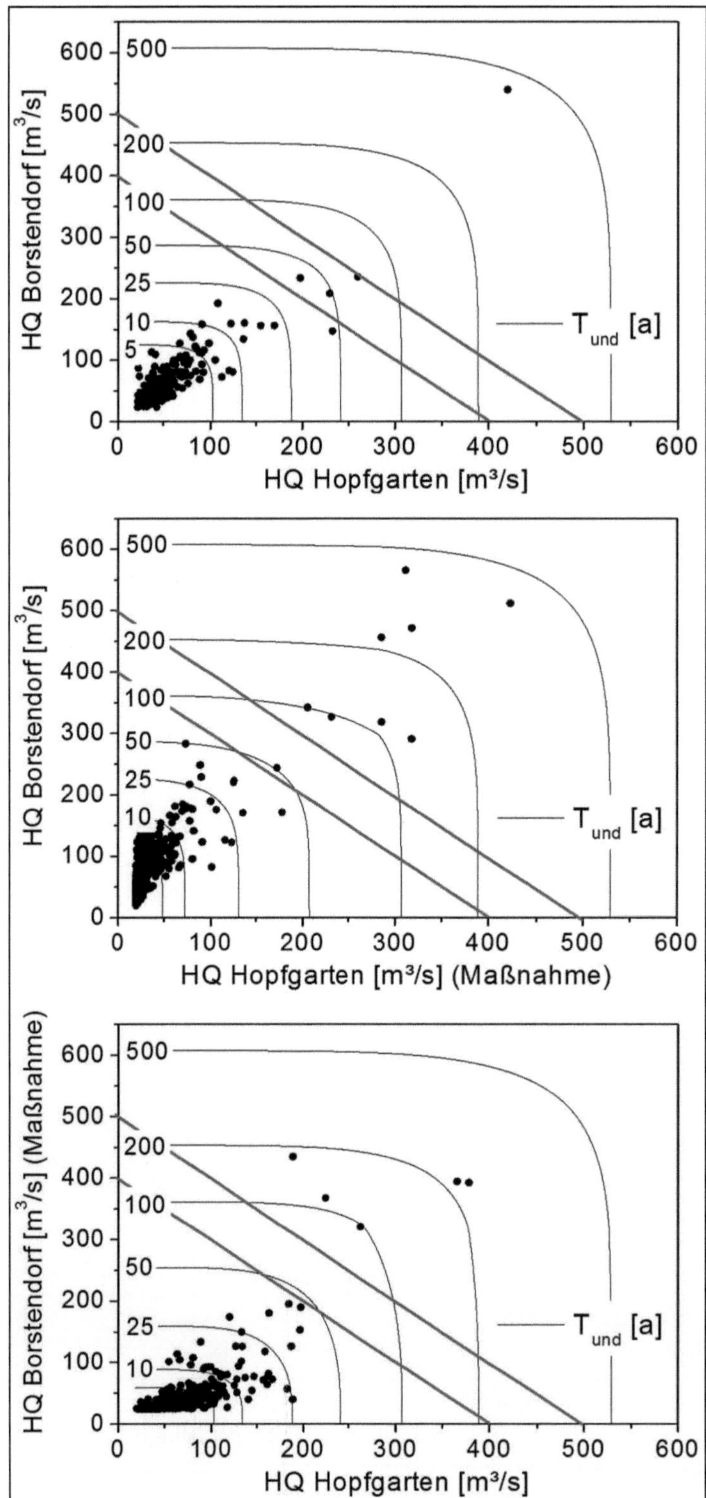

Bild 5: Isolinien der gemeinsamen Jährlichkeiten der Und- bzw. Oder-Kombinationen für die koinzidierenden Hochwasserabflüsse der Pegel Hopfgarten und Borstendorf auf Grundlage der angepassten Copula: oben: Ausgangszustand ohne Maßnahmen inkl. gemessener Stichprobe; Mitte: Zustand mit Maßnahmen im Gebiet des Pegels Hopfgarten inkl. generierter Stichprobe; unten: Zustand mit Maßnahmen im Gebiet des Pegels Borstendorf inkl. generierter Stichprobe; außerdem dargestellt: Visualisierung der Scheitel-Kombinationen von 400 bzw. 500 m³/s, die an den beiden Pegeln zeitgleich ablaufen, so dass gilt: $HQ_{Hopfgarten} + HQ_{Borstendorf}$ = 400 bzw. 500 m³/s (Quelle: Schulte)

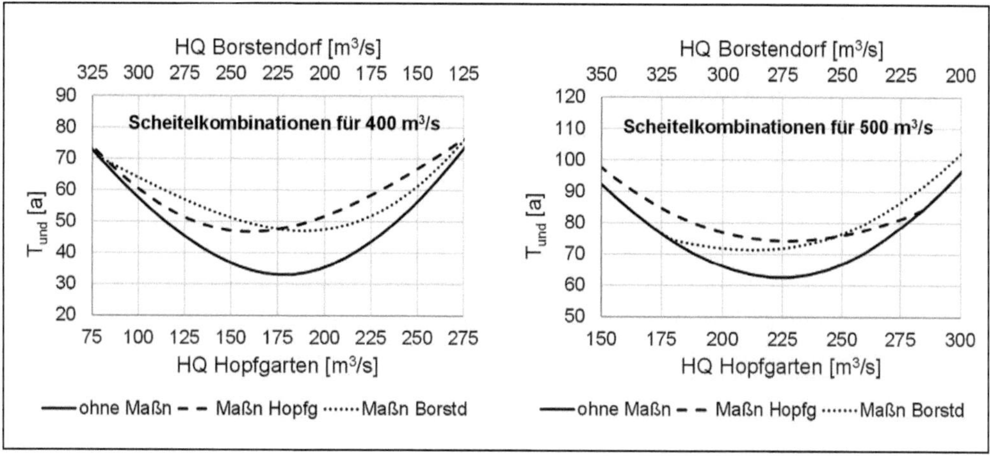

Bild 6: Wiederkehrintervalle für verschiedene Scheitelkombinationen von 400 und 500 m³/s an den beiden Pegeln Hopfgarten und Borstendorf im Ausgangszustand sowie unter Einfluss von Rückhaltemaßnahmen (Quelle: Schulte)

Einfluss der Zielgröße (zulässiger Höchstabfluss nach Zusammenfluss) deutlich. Ab den Schnittstellen der maßnahmenbeeinflussten Kurven mit den Kurven ohne Maßnahmen ist keine Wirkung des jeweiligen Beckens mehr erkennbar.

Die erläuterte Methodik und Ergebnisdarstellung zeigt, wie die bivariaten Jährlichkeiten sowohl von den Randverteilungen (also der Art und des Umfangs der Maßnahmen) als auch von der Abhängigkeitsstruktur der Variablen und der Zielgröße abhängig sind. Der große Vorteil der Copula-Modelle besteht in der Verknüpfung aller betrachten Größen in ihren Abhängigkeiten zu einer gemeinsamen Wahrscheinlichkeit, die einen Variantenvergleich ermöglicht.

3.2 Anwendung trivariater Statistik zur stochastischen Bewertung von Hochwasserkoinzidenz in einem Flussgebiet

Bei der gleichzeitigen Betrachtung mehrerer Pegel mittels Copulas können extreme Hochwasser auch flussgebietsweit analysiert und bewertet werden. Vor allem die räumliche Verteilung bzw. deren Wahrscheinlichkeit zeigt sich als großer Einflussfaktor auf die resultierenden Jährlichkeiten. Die Methodik wird exemplarisch anhand der Pegel Wechselburg (Zwickauer Mulde, 2 107 km²), Lichtenwalde (Zschopau, 1 575 km²) und Nossen (Freiberger Mulde, 585 km²) (**Bild 3**) vorgestellt. Gesucht sind die multivariaten Wahrscheinlichkeiten der zeitgleichen Hochwasserabflüsse, deren Überlagerung sich am Pegel Golzern (Vereinigte Mulde, 5 442 km²) ergibt. An den Pegeln wurden für die hydrologischen Jahre 1926 bis 2012 alle Scheitelabflüsse selektiert, deren zeitlicher Abstand an benachbarten Pegeln maximal ein Tag beträgt. Weitere Voraussetzung für die Aufnahme in die trivariate Stichprobe ist das Überschreiten des örtlichen 2,5-fachen mittleren Abflusses MQ. Letztendlich umfasst die so gebildete partielle Serie 178 Hochwasserereignisse.

An die drei univariaten Stichproben wurden Verteilungsfunktionen angepasst (für Wechselburg und Lichtenwalde die Log-Weibull-Verteilung; für Nossen die Allgemeine Extremwertverteilung). Anschließend erfolgte die Aufstellung von zwei verschiedenen Copula-Modellen: eine trivariate Joe-Copula und ein Pair-Copula-Modell. Letzteres wurde gemäß des D-Vines konstruiert, wobei der Pegel Lichtenwalde als Verbindungselement fungiert (v in **Bild 2**). Die Anpassung der Copulas Wechselburg-Lichtenwalde (C_{WL}), Lichtenwalde-Nossen (C_{LN}) und Wechselburg-Nossen|Lichtenwalde ($C_{WN|L}$) erfolgte mit Hilfe des R-Pakets CDVine [17]. Als geeignete Copulas erwiesen sich die Funktionen nach Joe

(C_{WL}), Gumbel (C_{LN}) und Frank ($C_{WN|L}$). Dass beide Modelle die trivariate Verteilung gut beschreiben, lässt sich mittels Streudiagramm, das die Überlagerung zufällig generierter Stichproben mit den gemessenen Scheiteln zeigt, veranschaulichen (**Bild 7**).

Zur statistischen Einordung und Bewertung koinzidierender Hochwasser im Muldegebiet stehen somit drei statistische Modelle zur Verfügung: zwei trivariate statistische Modelle, die die räumliche Verteilung der Zuflüsse aus den drei Teileinzugsgebieten mitbewerten, und die herkömmliche univariate Verteilungsfunktion. Da die Art der räumlichen Konstellation eines Hochwassers in der herkömmlichen univariaten Hochwasserstatistik keine Berücksichtigung findet, sind die univariaten Jährlichkeiten in der Regel kleiner und nicht direkt mit multivariat ermittelten Werten zu vergleichen. Um diese Unterschiede zu verdeutlichen, wurden für ausgewählte Extremhochwasser jeweils die trivariaten Jährlichkeiten bestimmt. Neben diesen sind in **Tabelle 1** die zugehörigen univariaten Jährlichkeiten, basierend auf den angepassten Verteilungsfunktionen und am Pegel Golzern auf Grundlage der Hochwasserstatistik des Freistaates Sachsen, dargestellt. Die Kombinationen der Scheitel lassen die räumlichen Schwerpunkte der Ereignisse erkennen. Der Scheitelabfluss in Golzern kann sich aus den verschiedensten räumlichen Konstellationen der Zuflüsse ergeben, die aber unterschiedlich wahrscheinlich sind. Wenn die jeweilige räumliche Konstellation von der wahrscheinlichsten Abhängigkeitsstruktur abweicht, äußert sich das auch in einem Zuwachs der

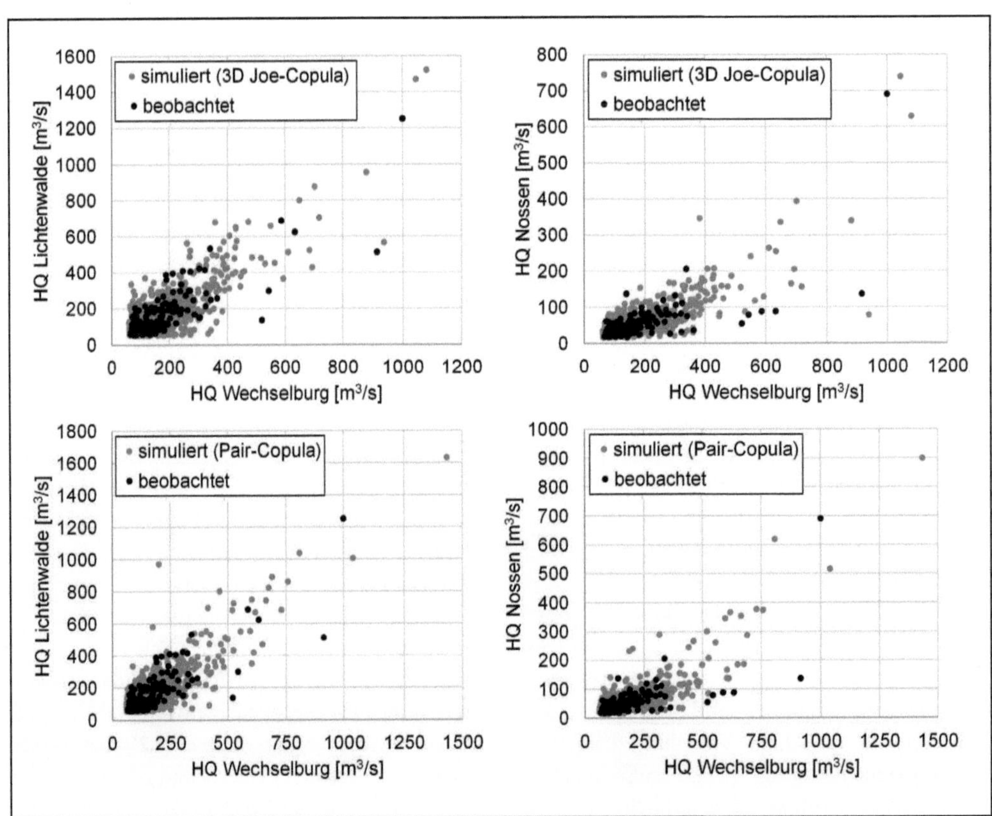

Bild 7: Zufällig generierte trivariate Stichprobe mit 1 000 Elementen aus der angepassten Joe-Copula (oben) und Pair Copula (unten) jeweils überlagert mit den gemessenen koinzidierenden Scheitelabflüssen an den Pegeln Wechselburg, Lichtenwalde und Nossen (Quelle: Schulte)

Tab. 1: Jährlichkeiten auf Grundlage der trivariaten Joe-Copula und der Pair-Copula für die koinzidierenden Hochwasserscheitel der Pegel Wechselburg, Lichtenwalde und Nossen für ausgewählte Ereignisse sowie univariate Jährlichkeiten basierend auf den angepassten Verteilungsfunktionen und am Pegel Golzern auf Grundlage der offiziellen Pegelstatistik (Quelle: Schulte)

Ereignis	Wechselb.		Lichtenw.		Nossen		$T_{Joe\text{-}Cop}$ [a]	$T_{PairCopula}$ [a]	$T_{Golzern}$ [a]
	Q [m³/s]	T [a]	Q [m³/s]	T [a]	Q [m³/s]	T [a]			
Juli 1954	915	164	511	20	136	13	**167**	**168**	108
Juli 1958	338	8	532	22	205	31	**40**	**43**	22
Aug 2002	1 000	225	1 250	256	690	439	**556**	**627**	471
Aug 2010	521	26	136	1,2	54	1,9	**26**	**26**	6
Juni 2013	1 010	233	774	61	312	78	**257**	**274**	172

trivariaten Jährlichkeit. Erkennbar wird dies am Hochwasser 2010, dessen Schwerpunkt im Westen des Gebietes lag (75 % Scheitelanteil aus der Zwickauer Mulde). Diese Kombination weicht deutlich von der wahrscheinlichsten ab, welche in etwa den Proportionen zwischen den Teilgebietsflächen entspricht. Dieser räumlich eher seltene Umstand führt zu einem trivariaten Wiederkehrintervall von 26 a. Die univariate Jährlichkeit dieses Scheitelabflusses beträgt dagegen nur 6 a. Die räumliche Struktur des Ereignisses 2010 beeinflusst die multivariate Wahrscheinlichkeit also sehr viel stärker als die absoluten Abflusswerte. Dementsprechend ist die trivariate Jährlichkeit, die ja die Wahrscheinlichkeit der räumlichen Konstellation mit berücksichtigt, mehr als vier Mal so groß wie die univariate Jährlichkeit in Golzern. Im Jahr 2013 entsprach die räumliche Verteilung der Scheitel dagegen der geläufigen Konstellation. Zwar sind auch hier die trivariaten Jährlichkeiten größer als die univariate am Pegel Golzern (dies ist dadurch begründet, da die Einbeziehung der räumlichen Konstellation zwangsläufig die Wahrscheinlichkeit eines Einzelereignisses reduziert, weil diese Kombination nur eine von vielen möglichen ist), sie weicht aber nicht so deutlich wie im Fall des Ereignisses 2010 von der univariaten Jährlichkeit in Golzern ab. Auch bei den übrigen Ereignissen fällt der (relative) Unterschied zwischen den Wiederkehrintervallen weniger stark aus. In jedem Fall bezieht die Copula die Herkunft der Abflüsse ein und bietet so die Möglichkeit, ein Hochwasser umfassender zu beschreiben, indem zusätzlich die aufgetretene Kombination der Teilgebietsabflüsse statistisch bewertet wird. Eine flussgebietsbezogene Bewertung flächendeckender, räumlich verteilter Extremereignisse wird somit möglich. Außerdem wird ersichtlich, dass sich die Jährlichkeiten zwischen den beiden hier verwendeten Copula-Modellen nur für das Extremereignis 2002 unterscheiden – und bei dieser Größenordnung auch nur in einem geringen Maße. Beide Modelle lassen sich also zur Bewertung verwenden. Aufgrund der differenzierteren Betrachtungsweise sollte jedoch vor allem bei Simulationsstudien auf Pair-Copulas zurückgegriffen werden.

4 Zusammenfassung und Ausblick

Copula-Modelle lassen sich in vielfältiger Form zur Bewertung von hydrologischen Belastungen und Einschätzung der Leistungsfähigkeit technischer Rückhaltemaßnahmen einsetzen. Da sie nicht nur eine Größe, sondern mehrere, korrelierte Charakteristika beschreiben und statistisch bewerten können, stellen sie ein hilfreiches Instrument für das Hochwasserrisikomanagement dar. Sie sind zur Abbildung der Koinzidenz von Scheitelabflüssen und der flussgebietsweiten Bewertung von Hochwasserereignissen geeignet. Eine Verknüpfung von standortbezogenen bivariaten

Scheitel-Füllen-Betrachtungen mit Untersuchungen zur Koinzidenz im Sinne einer umfassenden statistischen Bewertung von Rückhaltesystemen ist ebenfalls möglich [16].

Autoren

Dr.-Ing. Markus Schulte
Stadtwerke Essen AG
Rüttenscheider Str. 27-37
45128 Essen
markus.schulte@stadtwerke-essen.de

Prof. Dr. Andreas Schumann
Ruhr-Universität Bochum
Lehrstuhl für Hydrologie,
Wasserwirtschaft und Umwelttechnik
Universitätsstraße 150
44801 Bochum
andreas.schumann@rub.de

Literatur

[1] Norm DIN 19 700: Stauanlagen: Teil 10 – Gemeinsame Festlegungen; Teil 11 – Talsperren, Teil 12 – Hochwasserrückhaltebecken. Berlin: Beuth-Verlag, 2004.

[2] Klein, B.: Ermittlung von Ganglinien für die risikoorientierte Hochwasserbemessung von Talsperren. In: Schriftenreihe Hydrologie/Wasserwirtschaft der Ruhr-Universität Bochum (2009), Nr. 24.

[3] Richtlinie 2007/60/EG des Europäischen Parlaments und des Rates vom 23. Oktober 2007 über die Bewertung und das Management von Hochwasserrisiken (Hochwasserrisikomanagement-Richtlinie; HWRM-RL). In: ABl. der EU L 288/27 vom 6.11.2007.

[4] DVWK (Hrsg.): Wahl des Bemessungshochwassers: Entscheidungswege zur Festlegung d. Schutz- u. Sicherheitsgrades. Hamburg: Parey-Verlag, 1989.

[5] Wang, C.; Chang, N.-B.; Yeh, G.-T.: Copula-based flood frequency (COFF) analysis at the confluences of river systems. In: Hydrological Processes 23 (2009), S. 1 471-1 486.

[6] Ghizzoni, T., Roth, G.; Rudari, R.: Multisite flooding hazard assessment in the Upper Mississippi River. In: Journal of Hydrology (2012), S. 412-413.

[7] Chen, L., Singh, V. P., et al.: Flood Coincidence Risk Analysis Using Multivariate Copula Functions. In: Journal of Hydrologic Engineering (2012), Nr. 17, S. 742-755.

[8] Salvadori, G.; De Michele, C.: Frequency analysis via copulas: Theoretical aspects and applications to hydrological events. In: Water Resources Research (2004), Vol. 40, S. W12 511.

[9] Sklar, A.: Fonctions de rèpartition à n dimensions et leurs marges. In: Publ. Inst. Stat. Univ. Paris (1959), Nr. 8, S. 229-231.

[10] Joe, H.: Families of m-Variate Distributions with Given Margins and m(m-1)/2 Bivariate Dependence Parameters. In: Lecture Notes-Monograph Series (1996), Nr. 28, S. 120-141.

[11] Aas, K.; Czado, C.; et al.: Pair-copula constructions of multiple dependence. In: Insurance: Mathematics and Economics 44 (2009), Nr. 2, S. 182-198.

[12] Bedford, T.; Cooke, R. M.: Vines – a new graphical model for dependent random variables. In: The Annals of Statistics 30 (2002), Nr. 4, S. 1 031-1 068.

[13] Joe, H.: Dependence Modeling with Copulas. Chapman & Hall/CRC, 2014.

[14] Salvadori, G.; De Michele, C. et al.: Extremes in Nature: An Approach Using Copulas. In: Water Science and Technology Library (2007), Nr. 57.

[15] Schumann, A. H. (Hrsg.): Integrative Nutzung des technischen Hochwasserrückhalts in Poldern und Talsperren am Beispiel des Flussgebiets der Unstrut. In: Schriftenreihe Hydrologie/Wasserwirtschaft der Ruhr-Universität Bochum (2009), Nr. 23.

[16] Schulte, M.: Anwendung von Copula-Modellen in der Hochwasserstatistik zur Planung technischer Rückhaltemaßnahmen. In: Schriftenreihe Hydrologie/Wasserwirtschaft der Ruhr-Universität Bochum (2015), Nr. 28.

[17] Brechmann, E. C.; Schepsmeier, U.: Modeling Dependence with C- and D-Vine Copulas: The R Package CDVine. In: Journal of Statistical Software 52 (2013), Nr. 3, S. 1-27.

Markus Schulte and Andreas Schumann

Evaluation of Flood Coincidence and Retention Measures by Copulas

In case of extreme flood events, the superposition of peak discharges of adjoining catchments leads to flood coincidence. Risk-oriented design approaches require the assessing of the plausibility of such scenarios. However, the univariate peak statistics is not sufficient for that purpose. Therefor there is a demand of a multivariate statistical evaluation for that kind of events, considering the spatially distributed but simultaneous flood characteristics. In this paper, we present multivariate copula-approaches to handle this problem.

Ryszard Kosierb

Hochwasserwellentransformation an Rückhaltebecken am Beispiel der Speicher-Kaskade der Glatzer Neiße

Der schadlose Abfluss unterhalb von Rückhaltebecken ist einer der grundlegenden Faktoren, die eine ordnungsgemäße Wasserwirtschaft und insbesondere den Hochwasserschutz beeinflussen. Wenn man die Durchlassfähigkeit der Flussabschnitte unterhalb der Speicher analysiert, lässt sich feststellen, dass diese Kapazitäten mit der Zeit oft beträchtlich eingeschränkt werden. Dies ist in der Regel auf eine ungeeignete Bewirtschaftung der Überschwemmungsgebiete zurückzuführen. Die Bebauung nähert sich immer mehr dem Flussbett, was die Überflutung von Gebäuden bereits bei niedrigen Hochwasserabflusswerten verursacht. Wegen den sich wiederholenden Überflutungen und somit immer höheren Hochwasserschäden werden Rückhaltebeckenbetreiber angehalten, eine geringe Abgabe in der ersten Phase des Hochwassers zu gewährleisten, was zum schnellen Auffüllen der Hochwasserschutzreserven führt. Der Hochwasserscheitel trifft dann auf bereits gefüllte Speicher und so entsteht leider die Notwendigkeit, hohe Wassermengen in den Unterlauf abzugeben, was die Überflutung von Flächen und Gebäuden zur Folge hat.

1 Einführung

Der schadlose Abfluss unterhalb von Rückhaltebecken ist einer der grundlegenden Faktoren, die eine ordnungsgemäße Wasserwirtschaft und insbesondere den Hochwasserschutz beeinflussen. Wenn man die Abflusskapazität der Flussabschnitte unterhalb von Speichern analysiert, lässt sich feststellen, dass diese Kapazitäten mit der Zeit oft beträchtlich eingeschränkt werden. Dies ist in der Regel auf eine ungeeignete Bewirtschaftung der Überschwemmungsgebiete zurückzuführen. Die Bebauung nähert sich immer mehr dem Flussbett, was die Überflutung von Gebäuden bereits bei niedrigen Hochwasserabflusswerten verursacht und immer höhere Hochwasserschäden zur Folge hat.

Solche Situationen ließen sich vermeiden, wenn Flussbetten und Überschwemmungsgebiete an die Abführung der höchsten zulässigen Abflüsse, die der Wasserwirtschaft an dem jeweiligen Speicher und im Flusstal unterhalb des Absperrbauwerkes zugrunde gelegt wurden, angepasst wären. Dies kann durch entsprechende hydrotechnische Maßnahmen, die die Umweltanforderungen berücksichtigen, sowie eine geeignete raumordnerische Gestaltung von Flächen unterhalb der Rückhaltebecken erreicht werden. Eine solche Lösung wurde im Flusstal der Glatzer Neiße unterhalb des Speichers Nysa umgesetzt. Einer der grundlegenden Faktoren, die die Wirksamkeit und Effektivität des Betriebs der Rückhaltebecken Otmuchów und Nysa beeinflussen, ist die Möglichkeit, hohe Wasserabgaben zu tätigen, die keine Schäden an der kommunalen Infrastruktur der unterwasserseitig gelegenen Ortschaften verursachen würden.

S. Heimerl (Hrsg.), *Vorsorgender und nachsorgender Hochwasserschutz*,
https://doi.org/10.1007/978-3-658-21839-3_29

2 Abfluss aus dem Speicher Nysa, bei dem eine Überflutungsgefahr bei Lewin Brzeski entstand

Zur Ermittlung der Größen dieser Abgaben wurde in erster Linie der Abfluss bestimmt, bei welchem keine erheblichen Schäden im Flusstal entstehen würden. Während des Hochwassers im Jahre 2001 erfolgte eine Wasserabgabe aus dem Speicher Nysa in der Höhe von $Q = 150$ m³/s. Die durchgeführte Vor-Ort-Begehung ermöglichte eine Einschätzung des Zustands des Flussbetts und der anliegenden Flächen bei diesem Hochwasser. Es wurden Ausuferungen und Überflutungen von Ackerland bei Lewin Brzeski festgestellt. Eine höhere Abgabe als 150 m³/s würde jedoch die kommunale Bebauung bei Lewin Brzeski gefährden, und dies sowohl im links- als auch im rechtsseitigen Überflutungsgebiet der Glatzer Neiße.

In Bewirtschaftungsplänen und wasserrechtlichen Genehmigungen wurde die zulässige (schadlose) Abgabe aus dem Speicher Nysa auf 400 m³/s festgelegt. Sie würde jedoch zur Entstehung von Schäden in der kommunalen Infrastruktur von Lewin Brzeski und Skorogoszcz führen.

Sogar relativ große Hochwasserschutzräume der Speicher bringen nicht so gute Effekte bei der Reduzierung der Flutwelle wie es bei der möglichen Anwendung hoher Abgaben, die keine Schäden anrichten, der Fall ist. Nur durch eine Verbindung dieser zwei Elemente, d. h. einer entsprechenden Vergrößerung der Hochwasserschutzräume der Speicher Otmuchów und Nysa im Zeitraum vom 15. Juni bis zum 15. September und der Möglichkeit, Abflüsse von über 400 m³/s aus dem Speicher Nysa reibungslos abzugeben, werden sehr gute Effekte bei der Kappung der Hochwasserwelle erzielt. Die zulässige Wasserabgabe aus dem Speicher Nysa in dieser Höhe, bei der keine Schäden an der Bebauung entstehen, verlangt eine Anpassung dieses Abschnitts des Flusstales an eine solche Kapazität. Derartige Maßnahmen wurden auf Initiative des Autors nach 1997 ergriffen.

3 Ursachen für eine geringe Durchlassfähigkeit des Flussbetts und des Tals der Glatzer Neiße im Querprofil von Lewin Brzeski

Der fehlende komplexe und zusammenhängende Hochwasserschutz von Lewin Brzeski für eine sichere Ableitung der Abflüsse von über 150 m³/s war durch folgende Faktoren verursacht:

- ein festes Steinkistenwehr am km 13,8 der Glatzer Neiße, schräg zum Flusslauf situiert, blockierte den Abfluss im Flussbett, erschwerte den Hochwasserabfluss und verursachte die Verflachung der Flusssohle durch Ablagerungen von Geschiebe oberhalb des Wehres,
- die Straßenbrücke am km 13,38 der Glatzer Neiße zwischen den Ortschaften Lewin Brzeski und Niemodlin war infolge einer teilweisen Verschlammung aller Brückenjoche nicht durchgängig,
- der Hochwasserabfluss über den rechtseitigen Umflutkanal (Umgehung von Lewin Brzeski) war durch die Geländeumgestaltung infolge Grubenabraumlagerung stark beeinträchtigt,
- das Flussbett der Glatzer Neiße war in diesem Abschnitt zu schmal und zu flach, um das Hochwasser entsprechend abführen zu können,
- es fehlten geeignete Hochwasserschutzdeiche.

Der Gewässerknoten von Lewin Brzeski wurde an die Wasserwirtschaft der Speicher-Kaskade der Glatzer Neiße angepasst, wobei $Q_B = 600$ m³/s als Bemessungsabfluss und $Q_K = 800$ m³/s als Kontrollabfluss zugrunde gelegt wurden.

Solche Abflüsse wurden auf Grundlage der vom Autor durchgeführten Simulationen der Transformation von Hochwasserwellen durch die Speicher Otmuchów und Nysa, insbesondere der Flutwelle von 1997, bestimmt.

4 Maßnahmen zur Verbesserung der Abflussverhältnisse in dem betrachteten Gebiet

Bei den vergrößerten Hochwasserschutzräumen könnte die Flutwelle von 1997 auf den Wert von 600 m³/s reduziert werden, ohne die Abgabe während der Fortbewegung des Hochwasserscheitels in der Oder einzuschränken, und weiter auf den Wert von 800 m³/s bei der Begrenzung der Abgabe aus dem Speicher Nysa in der Zeit der Fortbewegung der Scheitelwelle in der Oder.

Aus dieser Analyse ergab sich auch die Zweckmäßigkeit, Maßnahmen durchzuführen, die auf dem Umbau bzw. der Anpassung des Flussbetts der Glatzer Neiße und des rechtsseitigen Umflutkanals beruhen. Zur Verbesserung des Hochwasserschutzes von Lewin Brzeski wurden folgende grundlegende Maßnahmen umgesetzt:

- das erwähnte feste Steinkistenwehr wurde durch ein 3-jochiges Klappenwehr mit einer maximalen Abgabe von 550 m³/s am km 13,845 der Glatzer Neiße ersetzt (**Bild 1**),
- die Durchgängigkeit des Flussbetts der Glatzer Neiße oberhalb dieses Wehres wurde auf dem Abschnitt von km 13,845 bis km 16,000 einschließlich der Gestaltung der Überflutungsflächen wiederhergestellt,
- die Durchlassfähigkeit des Flussbetts der Glatzer Neiße unterhalb dieses Wehres auf dem Abschnitt von km 11,000 bis km 13,845 sowie des Flusstales wurde durch eine entsprechende Gestaltung der Überflutungsflächen erhöht,
- die Durchgängigkeit der Straßenbrücke am km 13,380 wurde wiederhergestellt,
- ein Überlaufbauwerk aus Gabionen mit einer maximalen Kapazität von 250 m³/s wurde am Eingang zum Umflutkanal der Glatzer Neiße errichtet,
- der Umflutkanal (Hochwasserkanal) wurde durchgängig gemacht,
- neue Hochwasserschutzdeiche wurden errichtet und bestehende modernisiert.

5 Simulationsberechnungen

Simulationsberechnungen wurden für zwei Varianten durchgeführt:

- Null-Variante: Sie berücksichtigt die vorhandenen Regulierungsbauwerke auf dem Abschnitt vom Speicher Nysa bis zur Mündung der Glatzer Neiße in die Oder vor der Umsetzung hydrotechnischer Maßnahmen bei den Städten Nysa und Lewin Brzeski.
- Investitionsvariante: Sie bezieht sich auf das Ausmaß der Überflutung bei denselben Abflüssen wie in der Null-Variante unter Berücksichtigung von Maßnahmen, die in den Jahren 2013 und 2014 umgesetzt wurden. Eine notwendige Voraussetzung für die Anwendung dieser Maßnahmen im Modell war deren As-Built-Dokumentation. Für den betrachteten Abschnitt wurden zwei

Bild 1: Klappenwehr an der Glatzer Neiße, Ansicht von der Unterwasserseite (Quelle: Kosierb)

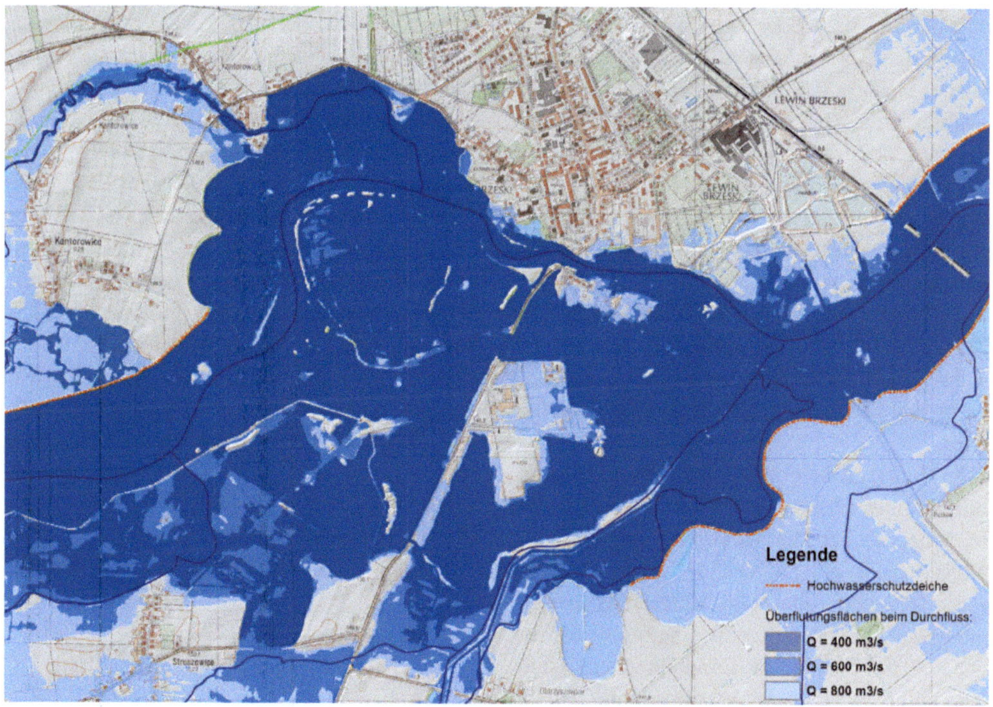

Bild 2: Ausdehnung der Überflutung bei Lewin Brzeski für die Null-Variante (Quelle: Kosierb)

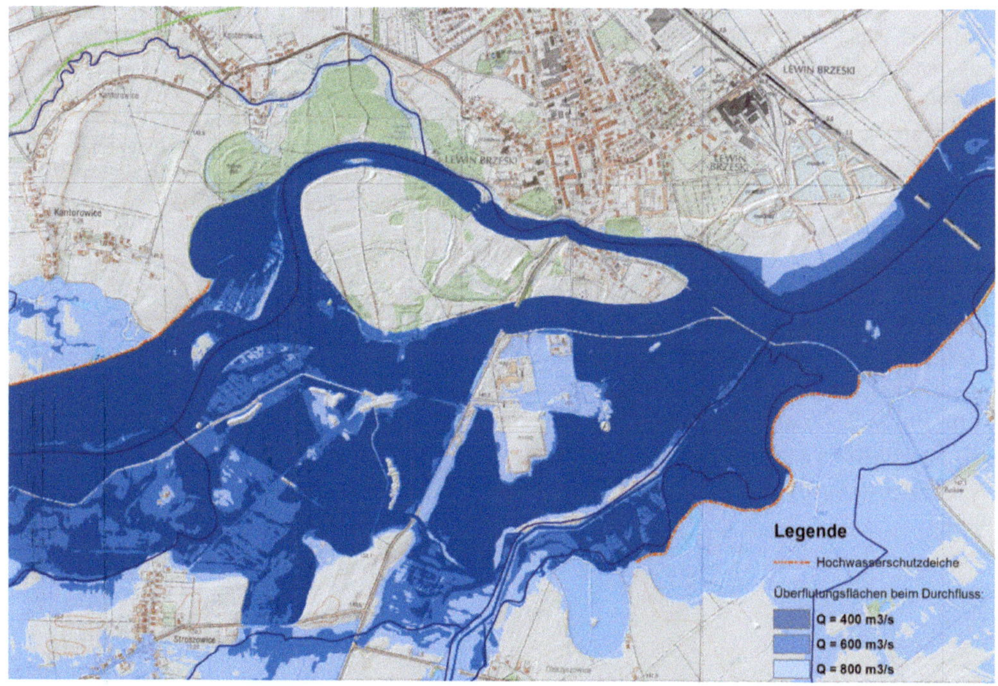

Bild 3: Ausdehnung der Überflutung bei Lewin Brzeski für die Investitionsvariante (Quelle: Kosierb)

Maßnahmen im Model berücksichtigt: Die erste betraf den Umbau des Gewässerknotens der Glatzer Neiße in Lewin Brzeski und die andere die Erhöhung der Durchlassfähigkeit des Flussbetts und des Vorlandes der Glatzer Neiße unterhalb des Speichers Nysa.

Zur Durchführung der Simulationen von Abgaben aus dem Speicher Nysa wurden folgende Ausgangsdaten verwendet:

- die Bathymetrie des Flussbetts der Glatzer Neiße,
- das digitale Geländemodell (DTM), erstellt anhand des Laserscannings der Überflutungsflächen,
- Rauheitsbeiwerte für die Strickler-Manning-Formel, generiert auf Grundlage von Informationen aus der Datenbank für topographische Objekte (poln. Abk.: BDOT),
- die festgelegte obere und untere Randbedingung, wobei die obere Randbedingung als Abfluss von 400, 600 und 800 m^3/s und die untere Randbedingung als Höhe des Wasserspiegels je nach dem betrachteten Flussabschnitt definiert wurden.

Für beide Varianten (Null- und Investitionsvariante) wurden Simulationen der Abgaben aus dem Rückhaltebecken Nysa in einer Höhe von 400, 600 sowie 800 m^3/s durchgeführt und Überflutungsflächen bestimmt, die diesen Größen entsprechen. Die Berechnungen wurden mit Hilfe des hydrodynamischen Modells MIKE-11 ausgeführt. Es wurde angenommen, dass die Abgabe aus dem Speicher Nysa quasistationär erfolgt und kein erheblicher Zufluss aus dem Teileinzugsgebiet unterhalb des Speichers Nysa besteht. Auf dem **Bild 2** wurde die Ausdehnung der Überflutung bei Lewin Brzeski für die Null-Variante dargestellt. Das **Bild 3** veranschaulicht das Ausmaß der Überflutung in demselben Gebiet bei der Investitionsvariante.

6 Schlussfolgerungen

Wenn man die Ausdehnung der Überflutung bei diesen zwei Varianten vergleicht, lässt sich feststellen, dass nach der Umsetzung hydrotechnischer Maßnahmen bei Lewin Brzeski die Bebauung auf diesem Gebiet bei Wasserabgaben von 400, 600 und 800 m^3/s aus dem Speicher Nysa nicht gefährdet wird. Die Sicherung der Stadt Lewin Brzeski vor solchen höheren Abflüssen ermöglicht es, dass hohe Abgaben aus dem Speicher Nysa früher, noch vor dem Eintreten des Hochwasserscheitels erfolgen, und somit bessere Möglichkeiten bestehen, Abflüsse in der Oder selbst zu reduzieren.

Autor

Dr.-Ing. Ryszard Kosierb
Institut für Meteorologie und Wasserwirtschaft, Staatsforschungsinstitut, Abteilung Wrocław Parkowa 30
51-616 Wrocław, Polen
ryszard.kosierb@imgw.pl

Literatur

[1] Kosierb, R.: Non-damaging flow below Mietków reservoir on Bystrzyca river. In: Meteorology Hydrology and Water Management (2013), Nr. 1.

[2] DHI (Hrsg.): MIKE 11 – A Modelling System for Rivers and Channels. Reference Manual. 2008.

[3] Hydroprojekt Wrocław (Hrsg.): Poprawa Ochrony Przeciwpowodziowej Lewina Brzeskiego na rzece Nysie Kłodzkiej. Projekt Budowlany. 2012.

[4] Kosierb, R.; Barański, P.; Broś, K.: Modernisierung des Mehrzweckbeckens Neiße an der Glazer Neiße, Polen. In: WasserWirtschaft 100 (2010), Nr. 4.

Ryszard Kosierb

Transformation of Flood Waves on Storage Reservoirs on the Example of Reservoir Cascade on the River Nysa Kłodzka

The so called permitted discharge below storage reservoirs is one of the main factors affecting a proper water management, especially the protection of a valley against flooding. Analysing the river flow capacities below reservoirs it should be noted, that over the years, these capacities are often subject to significant limitations. It is usually caused by an inappropriate floodplain management. Buildings are often located closer to the river channels, which in consequence causes flooding of the buildings even at low flood discharges. Repeated inundations and corresponding with them increasing losses oblige the local authorities to maintain low outflows from reservoirs in the first phase of the freshet, which leads to a rapid filling of the reservoirs. Then, the culmination of flood wave takes often place at full reservoirs and consequently higher discharges from the reservoirs must be realized. This causes often flooding of the valley and of the buildings below the reservoirs.

Wolfgang Rieger, Sonja Teschemacher, Susanne Haas, Johanna Springer und Markus Disse

Multikriterielle Wirksamkeitsanalysen zum dezentralen Hochwasserschutz

Das ProNaHo-Entwicklungsvorhaben beinhaltet die standort- und ereignisabhängige prozessbasierte Modellierung natürlicher und dezentraler Hochwasserschutzmaßnahmen. Im Fokus stehen Kleinrückhaltebecken, Landnutzungsänderungen, Renaturierungsmaßnahmen und Biberdämme. Erste Modellierungsergebnisse für die Untersuchungsgebiete, welche verschiedene Skalen und Naturräume in Bayern abdecken, lassen Hypothesen bezüglich relevanter Prozesse und Wirksamkeiten einzelner und kombinierter Maßnahmen zu, welche bis Projektende überprüft werden sollen.

1 Problemstellung

Zum natürlichen Hochwasserrückhalt zählen Retentionsmaßnahmen an Fließgewässern und in der Aue sowie Landnutzungs- und Bewirtschaftungsänderungen. Der Oberbegriff Dezentraler Hochwasserschutz schließt zusätzlich u. a. im Einzugsgebiet verteilte Kleinrückhaltebecken mit ein [2]. Das von der bayerischen Staatsregierung nach dem Juni-Hochwasser 2013 erweiterte Hochwasserschutz-Aktionsprogramm 2020plus beinhaltet die drei Handlungsfelder „Natürlicher Rückhalt“, „Technischer Hochwasserschutz“ und „Hochwasservorsorge“, welche in den Kreislauf des Hochwasserrisikomanagements eingebunden werden [9]. Während man beim technischen Hochwasserschutz die Wirksamkeit mit Hilfe von hydraulischen Modellen sehr gut berechnen kann, wird das Potenzial des natürlichen Rückhalts noch immer kontrovers diskutiert, was der Auflistung zu unterschiedlichen Studien im themenbezogenen Merkblatt [2] entnommen werden kann. Einen weitgehend prozessbasierten Modellansatz beinhaltet die sogenannte Windachstudie [6], welche für dezentrale Rückhaltebecken den größten Einfluss auf die Hochwasserscheiteldämpfung belegt, gefolgt von Renaturierungsmaßnahmen. Aufforstungsmaßnahmen brachten eine vergleichsweise geringe Wirksamkeit mit sich und die konservierende Bodenbearbeitung trug am wenigsten zur Retention bei. Die Ergebnisse besitzen insbesondere bei Kleinrückhalten und bei Renaturierungsmaßnahmen eine gewisse Zuverlässigkeit und Übertragbarkeit. Diejenigen Maßnahmen allerdings, die sich auf die bodenhydraulischen Eigenschaften beziehen (Forst- und Landwirtschaft), sind mit großen Unsicherheiten behaftet und primär gebietsbezogen gültig. Daher hat die vorliegende Studie zum Ziel, die unterschiedlichen natürlichen und dezentralen Hochwasserschutzmaßnahmen ereignis-, gebiets- und skalenübergreifend zu untersuchen, um allgemeingültige Aussagen zu deren Wirksamkeit bezogen auf Bayern zu erhalten.

Kompakt

- Die Wirksamkeit natürlicher und dezentraler Hochwasserschutzmaßnahmen variiert maßnahmen-, ereignis- und gebietsspezifisch.
- Ein gekoppelter Ansatz aus prozessnahem hydrologischem Modell und 2-D-hydrodynamisch-numerischem Modell ermöglicht die hinreichend genaue Simulation des dezentralen Rückhalts.

S. Heimerl (Hrsg.), *Vorsorgender und nachsorgender Hochwasserschutz*,
https://doi.org/10.1007/978-3-658-21839-3_30

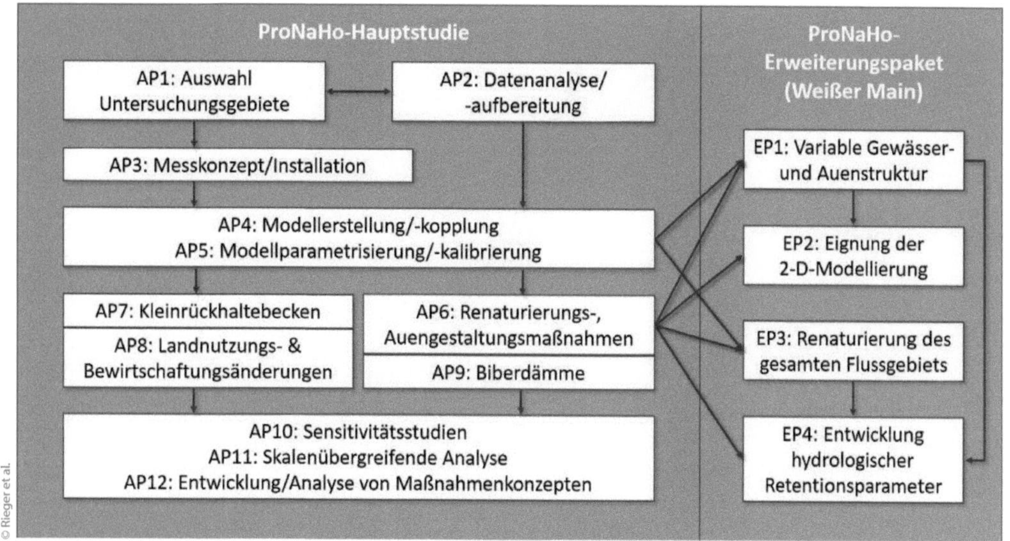

Bild 1: Projektübersicht, Arbeitspakete (AP) und Erweiterungspakete (EP) des ProNaHo-Entwicklungsvorhabens

2 Projektbeschreibung

2.1 Ziele

Im Projekt ProNaHo (Prozessbasierte Modellierung natürlicher und dezentraler Hochwasserschutzmaßnahmen zur Analyse der ereignis- und standortabhängigen Wirksamkeit) werden nachfolgende Projektziele verfolgt:

- Verbesserung des Prozessverständnisses und der Modellparametrisierung durch Einbindung landnutzungsabhängiger Messdaten zu Abflussprozessen und bodenhydraulischen Parametern.
- Quantifizierung der gebiets- und skalenabhängigen Wirksamkeit der unterschiedlichen Maßnahmen sowie Minimierung der Modellunsicherheiten durch Auswahl geeigneter Untersuchungsgebiete und einer begründeten Modellierungsstrategie.
- Besondere Beachtung von regionalen und überregionalen Renaturierungs- und Auengestaltungsszenarien neben Landnutzungsänderungen sowie dezentralen Rückhaltebecken.
- Untersuchung des gebietsabhängigen Beitrags von Biberdämmen zum Hochwasserrückhalt mittels geeigneter Modellierungsstrategie.
- Definition von Grenzwerten zur standortabhängigen Wirksamkeit der unterschiedlichen Maßnahmen durch gebiets-, maßnahmen- und ereignisübergreifende Sensitivitätsanalysen.

2.2 Ablauf

Der Ablauf des ProNaHo-Projektes (Hauptstudie) gliedert sich in zwölf Arbeitspakete (AP) gemäß **Bild 1**. Dabei bilden die Auswahl von vier geeigneten Untersuchungsgebieten und die begleitende Datenanalyse den Grundstein für die Entwicklung einer zielgerichteten Messstrategie sowie für die Erstellung, Parametrisierung und Kalibrierung des (gekoppelten) Modellierungsansatzes. Die Berechnung der unterschiedlichen Maßnahmentypen wird im ersten Schritt getrennt in vier Arbeitspaketen durchgeführt. Anschließende gebiets-, skalen-, maßnahmen- und ereignisübergreifende Analysen ermöglichen allgemeingültige Aussagen zu den standortabhängigen Möglichkeiten und Grenzen natürlicher und dezentraler Hochwasserschutzmaßnahmen sowie die Entwicklung effektiver Maßnahmenkonzepte. Der besondere Fokus auf Renaturierungs- und Auengestaltungsmaßnahmen in dieser Studie zeigt sich auch dadurch, dass das Projekt um entsprechende Erweiterungspakete (EP) ergänzt wurde. Diese be-

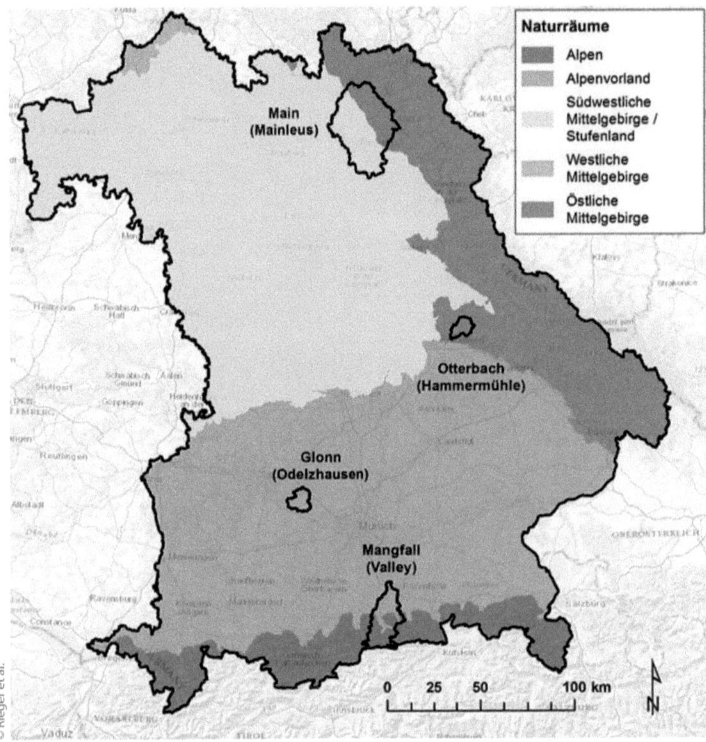

Bild 2: Übersichtskarte zur Lage der vier ausgewählten Einzugsgebiete in Bayern mit den maßgebenden Pegeln und zugehörigen Naturräumen

inhalten den Vergleich und die Anwendung unterschiedlicher hydraulischer und hydrologischer Methoden zur Parametrisierung sowie Modellierung der Retentionseigenschaften von Maßnahmen der Gewässerrenaturierung und Auengestaltung.

3 Methoden

3.1 Gebietswahl

Anhand von Kriterien, die zum einen die Heterogenität Bayerns auf unterschiedlichen Skalen abbilden und zum anderen die Modellierbarkeit der gewählten Gebiete bzw. der Maßnahmen sicherstellen, wurden Einzugsgebiete in Bayern analysiert, sortiert und gegliedert. Dabei war es das Ziel, drei Größenordnungen (100 km², 500 km² und 1 000 km²) abzudecken und innerhalb der vier größeren Naturräume (**Bild 2**) jeweils ein Gebiet zu ermitteln.

Die Vorgehensweise zur Gebietsauswahl erfolgte zweistufig. Zunächst wurden sechs Kriterien u. a. zur Abdeckung der Naturräume, zum Messdatenzeitraum sowie zu Lage, Typ und Modellierbarkeit der bayerischen Einzugsgebiete definiert. Nach diesen konnte die Anzahl der Gebiete von 911 aktiven Abflusspegeln in Bayern auf 74 für die weiteren Analysen geeignete Pegel reduziert und in die Kategorien verschiedener Größen eingeteilt werden. Für die Auswahl der Gebiete in den einzelnen Größenkategorien wurden sieben weitere Kriterien eingeführt. Diese beinhalten die Größenklassifizierung sowie die Eignung für Teilgebietsbetrachtungen, als Messgebiet und für die Berechnung der vier Maßnahmenszenarien. So wurde als 1 000 km² Gebiet der Main bis zum Pegel Mainleus (A_{EZG} = 1 172 km²), als 500 km² Gebiet die Mangfall bis Valley (A_{EZG} = 387 km²) und als 100 km² Gebiet zum einen das Glonn-Einzugsgebiet bis Odelzhausen (A_{EZG} = 105 km²) und zum anderen das Einzugsgebiet des Otterbachs bis zum Pegel Hammermühle (A_{EZG} = 91 km²) gewählt. Die Gebiete beinhalten neben der unterschiedlichen Skala und Region eine Bandbreite an relevanten Gebietsparametern, wie dem mittleren Fließ- und Geländegefälle sowie der Boden- und Landnutzungsverteilung, was sich in den unterschiedlichen Abflussbeiwerten ($\Psi = 0{,}35$ bis $\Psi = 0{,}81$) und Konzentrationszeiten der Gebiete zeigt.

3.2 Ereigniswahl

Innerhalb der Szenarienrechnungen werden pro Gebiet fünf Ereignisse mit unterschiedlicher Jährlichkeit (HQ_5, HQ_{20} und HQ_{100}) und Niederschlagscharakteristik (konvektiv/advektiv) verwendet. Die hierbei angewendete Methodik beinhaltet die Generierung von Abflussereignissen aus skalierten, charakteristischen Niederschlagsereignissen. Dabei werden die aufgezeichneten Niederschläge im Gebiet nach Intensität und Dauer in zwei Gruppen (konvektiv/advektiv) eingeteilt. Um Eigenschaften für diese Niederschlagsereignisse zu bestimmen, werden die jeweiligen charakteristischen räumlichen und zeitlichen Verteilungen der beiden Gruppen analysiert, statistisch ausgewertet und geclustert. Das Ergebnis ist für jede Gruppe eine typische räumliche und zeitliche Niederschlagsverteilung, welche anschließend über Dauer und Intensität skaliert werden kann.

3.3 Modellansatz

Analog zu Rieger [6] wird die hydrologische Modellierung zur Abschätzung der Wirksamkeit von Landnutzungs- und Bewirtschaftungsänderungen sowie von dezentralen Rückhaltebecken und zusätzlich zur Bereitstellung der Zuflussrandbedingungen für das hydraulische Modell mithilfe des deterministischen Wasserhaushaltsmodells WaSiM (MPI-Version 9.09.08) durchgeführt. Aufgrund des modularen Aufbaus von WaSiM können die unterschiedlichen Einzugsgebiete mit guter Genauigkeit abgebildet werden. Die flexible Rasterweite sowie die Möglichkeit der zeitlich und räumlich detaillierten Berücksichtigung von Boden- und Landnutzungseigenschaften in WaSiM gewährleisten eine prozessnahe Abbildung von Abflussbildung und Verdunstung. Die Implementierung einzelner Bodenschichten und Makroporeneigenschaften im Richards-Bodenmodell lässt zudem die Simulation einer größeren Wurzeldichte, einer erhöhten Regenwurmaktivität oder einer Verdichtung durch regelmäßigen Pflugeinsatz zu. Somit können Veränderungen in Landnutzungsart und Bewirtschaftungsform analysiert werden. Einschränkungen sind bei der landnutzungsabhängigen Beeinflussung der Abflusskonzentration, welche über einen Speicheransatz im Modell abgebildet wird, gegeben. Die Untersuchung der Wirksamkeit dezentraler Rückhaltebecken ist mit WaSiM unter Nutzung des Seen- und Speichertools prinzipiell möglich. Auf Grund der Rechenzeiten empfiehlt sich für die Standortoptimierung dezentraler Beckenkonzepte ein externes Programm, mit dem basierend auf den Simulationsergebnissen von WaSiM die Wirkung verschiedener Beckenkombinationen ermittelt werden kann.

Da WaSiM für die Modellierung von Renaturierungen und Auengestaltung nicht geeignet ist, werden diese Maßnahmen mithilfe des 2-D-hydrodynamisch-numerischen Modells Hydro_AS-2D durchgeführt. Das Berechnungsnetz spiegelt die Landoberfläche wider und wird aus verbundenen Knoten gebildet, für die für jeden Zeitschritt die Flachwassergleichungen gelöst und so die Wasserspiegellage, Wassertiefe und Fließgeschwindigkeit ermittelt werden [5]. Auf Grund der Abbildung von unterschiedlichen Strömungsrichtungen ist der Rechenaufwand für 2-D-Modelle wesentlich höher als bei einem 1-D-Modell. Hochwasserwellenausbreitung und Ausuferungen sowie Interaktionen zwischen Hauptgewässer und Vorland können jedoch realitätsnäher abgebildet werden, da insbesondere die Fließrichtung des Wassers in Auenbereichen korrekt dargestellt wird [8]. Die Abbildung von Maßnahmen der Gewässerentwicklung mit dem hydraulischen Modell Hyro_AS-2D hat sich in mehreren Studien ([6], [7], [8]) als geeignetes Instrument bewährt.

3.4 Experimentelle Untersuchungen

Zur Erfassung landnutzungsabhängiger bodenhydraulischer Parameter sowie der ereignis- und landnutzungsabhängigen Bildung sowie Konzentration der Direktabflusskomponenten wurde für das Untersuchungsgebiet Glonn ein Mess-

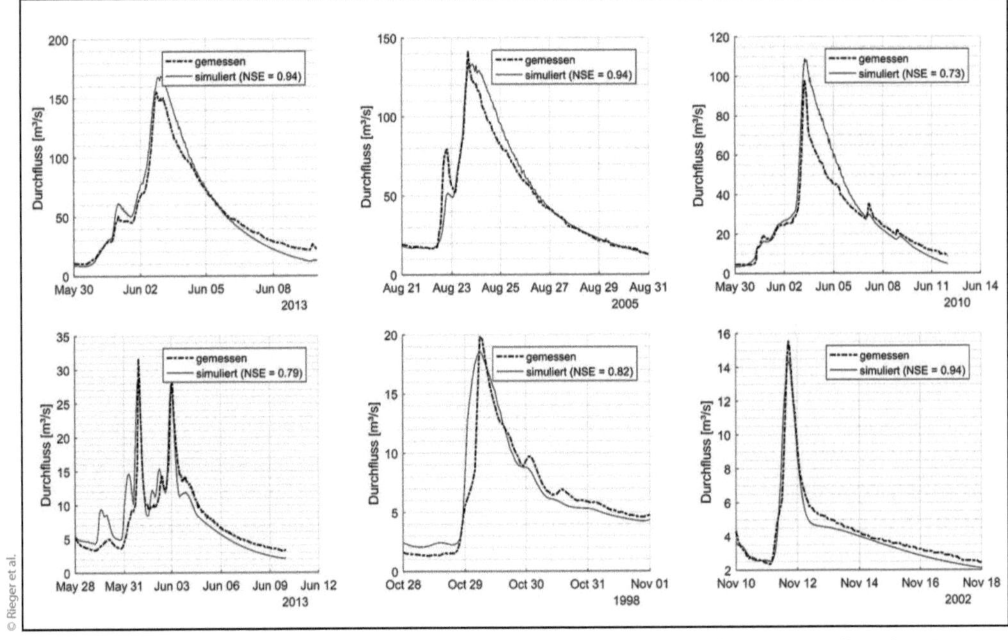

Bild 3: Gemessene und modellierte Hochwasserereignisse beispielhaft für das Einzugsgebiet der Mangfall/Pegel Valley (obere Reihe, v. li n. re: ca. HQ_{100}, ca. HQ_{50}, ca. HQ_{10}) und des Otterbachs/Pegel Hammermühle (untere Reihe: ca. HQ_{50}, ca. HQ_{5}, ca. HQ_{3}); NSE: Gütekriterium nach Nash-Sutcliffe [-∞,1]

konzept entwickelt. Für die Installation der Messaufbauten wurde ein Messhang gemäß den Kriterien „Vorliegende Hauptlandnutzungsarten“, „Ausreichendes Gefälle“, „Vergleichbare Akkumulationsflächen“ sowie „Vergleichbare Bodeneigenschaften“ gewählt. Die Messkonzeption beinhaltet drei Grabensysteme, welche an den Standorten „Wald“, „Wiese“ und „Acker“ mittels Rinnen, Messwehren und Kippwaagen sowohl den Oberflächenabfluss als auch Zwischenabflüsse in unterschiedlichen Tiefen erfassen. Zusätzlich werden neben den meteorologischen Eingangsgrößen flächenverteilt und tiefenabhängig bodenhydraulische Parameter wie Bodenfeuchte und Saugspannung gemessen. Ergänzend wurden im Gebiet flächendeckend und tiefenabhängig Bodenproben für die Laboranalyse entnommen, um die Vergleichbarkeit der einzelnen Messflächen zu verifizieren und weitere relevante Bodenparameter, wie Bodendichte, organische Anteile und bodenhydraulische Parameter (pF-Kurve, (un-)gesättigte Leitfähigkeit), zu bestimmen. Die bisherigen Messungen zeigen, dass im Untersuchungsgebiet unterirdisch Fließpfade vorhanden sind, die weitgehend dem Höhenmodell der Oberfläche entsprechen. Zudem ist durch die Messungen der Einfluss unterschiedlicher Landnutzungs- und Bewirtschaftungsformen sowie der Einfluss der Vegetationsperiode in Form von untereinander abweichendem Transpirationsverhalten und Reaktionsverhalten auf Niederschläge grundsätzlich erkennbar.

4 Ergebnisse, Fazit und Ausblick

Zum aktuellen Zeitpunkt ist die Erstellung des gekoppelten Modellierungsansatzes für den Ist-Zustand der gewählten Untersuchungsgebiete weitgehend abgeschlossen. Charakteristische Hochwasserereignisse können mit dem hydrologischen Modell WaSiM gut nachsimuliert werden (**Bild 3**). Im Zuge der finalen Ereignisauswahl bzw. -gene-

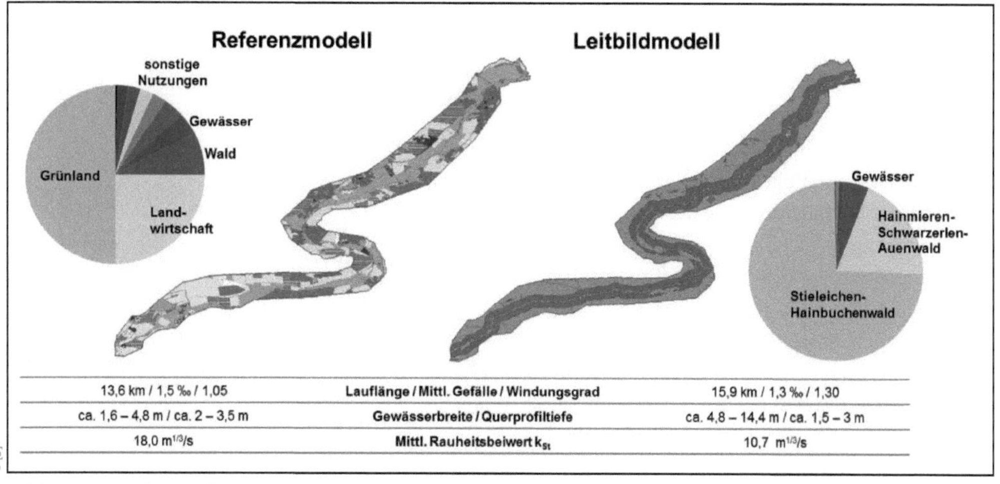

13,6 km / 1,5 ‰ / 1,05	Lauflänge / Mittl. Gefälle / Windungsgrad	15,9 km / 1,3 ‰ / 1,30
ca. 1,6 – 4,8 m / ca. 2 – 3,5 m	Gewässerbreite / Querprofiltiefe	ca. 4,8 – 14,4 m / ca. 1,5 – 3 m
18,0 $m^{1/3}/s$	Mittl. Rauheitsbeiwert k_{St}	10,7 $m^{1/3}/s$

Bild 4: Gegenüberstellung der Berechnungsnetze für Ist-Zustand und renaturiertes Leitbildmodell am Beispiel des Glonn-Einzugsgebiets

rierung erfolgt eine abschließende Modellkalibrierung an Hand charakteristischer Hochwasserereignisse für alle (Teil-) Gebiete.

Die bereits vorhandenen 2-D-hydraulischen Modelle der bayerischen Wasserwirtschaftsverwaltung wurden durch eigens angestellte Messkampagnen erweitert. Zusätzlich wurden für die kleineren Einzugsgebiete, wie das Otterbachgebiet, die hydraulischen Modelle für den Hauptfluss neu erstellt und mit den entsprechenden Randbedingungen, wie Rauheiten und Ausläufen, belegt und bestehende Bauwerke integriert. Für die Untersuchungsgebiete Glonn und Mangfall wurden zusätzlich bereits Leitbilder für eine potenziell natürliche Auenlandschaft und Gewässerstruktur basierend auf [1] und [4] entwickelt und im hydraulischen Modell umgesetzt (**Bild 4**).

Für einzelne Gebiete und ausgewählte Ereignisse liegen somit bereits erste Modellierungsergebnisse für Renaturierungsmaßnahmen und dezentrale Kleinrückhaltebecken vor. Diese lassen in Verbindung mit den Messergebnissen, mit Literaturauswertungen und vorangegangenen Studien die Formulierung der nachfolgenden Hypothesen zu, welche im weiteren Projektverlauf überprüft werden sollen:

- Die Speicherkapazität und Infiltrationsfähigkeit des Bodens wird von der Landnutzung und der Bewirtschaftungsform beeinflusst. Aufgrund der sich verändernden Wurzel- und Makroporentiefe ist mit Unterschieden im Jahresverlauf zu rechnen.
- Die Vorbedingungen eines Niederschlagsereignisses beeinflussen die Ausprägung der zeitlichen und räumlichen Variabilität des unterirdischen Wasserflusses. Maßgebende Faktoren für die Charakteristik des Zwischenabflusses sind daher neben der Verfügbarkeit präferentieller Fließwege und vorhandene Stauhorizonte auch die Schwellwerte für deren Aktivierung.
- Durch eine aus hydrologischer Sicht sinnvolle Standortwahl dezentraler Rückhaltebecken unter Berücksichtigung von Wellenüberlagerungseffekten kann deren Wirksamkeit deutlich gesteigert werden.
- Die Anordnung dezentraler Rückhaltebecken zueinander hat einen größeren Einfluss auf die Wirksamkeit der Beckenkombination als die Beckenanzahl bei gleichem Gesamtretentionsvolumen.
- Ausgehend vom gleichen Gesamtretentionsvolumen können mehrere dezentrale Rückhaltebecken bei optimierter Beckenkonfiguration und -anordnung ereignisabhängig einen ähnlichen Retentionseffekt aufweisen wie wenige dezentrale Rückhaltebecken. Ab einem gebietsabhängigen

Schwellwert der Beckenanzahl ist eine deutliche Abnahme der Wirksamkeit dezentraler Kleinrückhalte zu erwarten.

- Die Wirksamkeit von Landnutzungs- und Bewirtschaftungsmaßnahmen ist von der Infiltrations- und Speicherfähigkeit des Bodens und damit auch von der Vorfeuchte sowie der Gebietscharakteristik abhängig.
- Landnutzungs- und Bewirtschaftungsänderungen haben, wenn sie in realistischem Umfang umgesetzt werden, sowohl bei mittleren als auch bei seltenen Hochwasserereignissen einen vergleichsweise geringen Einfluss auf die Scheiteldämpfung.
- Die zu erwartende Scheitelabminderung aufgrund von Renaturierungs- und Auengestaltungsmaßnahmen wird maßgeblich vom Ausgangszustand des Gewässers und dem (potenziell-natürlichen) Fließgewässertyp beeinflusst und ist damit gebietsspezifisch.
- Bei der Betrachtung der Wirksamkeit von Renaturierungs- und Auengestaltungsmaßnahmen spielt bei selteneren Hochwasserereignissen das frühzeitige Ausufern verbunden mit einer erhöhten Vorlandrauheit eine dominierende Rolle gegenüber der Laufverlängerung.
- Aufgrund der aus hydrologischer Sicht nicht optimalen Anordnung von Biberdämmen sowie des infolge von Dauerstau nur geringen verfügbaren Rückhaltevolumens ohne Optimierung auf bestimmte Ereignisse wird die hochwasserscheitelreduzierende Wirkung von Biberdämmen als vergleichsweise gering eingeschätzt.
- In realistischen Maßnahmenkonzepten spielen hinsichtlich des Retentionspotenzials dezentrale Kleinrückhaltebecken eine dominierende Rolle gegenüber den weiteren dezentralen und natürlichen Hochwasserschutzmaßnahmen.

Danksagung

Die Untersuchungen erfolgen innerhalb des ProNaHo-Forschungsvorhabens, das im Auftrag des Bayerischen Landesamtes für Umwelt durchgeführt wird.

Autoren

Dr.-Ing. Wolfgang Rieger
Sonja Teschemacher, M. Sc.
Johanna Springer, M. Sc.
Prof. Dr.-Ing. Markus Disse
Lehrstuhl für Hydrologie und Flussgebietsmanagement
Technische Universität München
Arcisstr. 21
80333 München
wolfgang.rieger@tum.de
sonja.teschemacher@tum.de
johanna.springer@tum.de
markus.disse@tum.de

Susanne Haas, M. Sc.
Wasserwirtschaftsamt Weilheim
Pütrichstr. 15
82362 Weilheim
susanne.haas@wwa-wm.bayern.de

Literatur

[1] Dahm, V.; Kupilas, B.; Rolauffs, P.; Hering, D.; Haase, P.; Kappes, H.: Strategien zur Optimierung von Fließgewässer-Renaturierungsmaßnahmen und ihrer Erfolgskontrolle. Dessau-Roßlau, 2014.

[2] DWA (Hrsg.): Dezentrale Maßnahmen zur Hochwasserminderung. In: DWA-Merkblätter (2015), Nr. M 550.

[3] Fischer, A.: Entwicklung des potentiell natürlichen Gewässer- und Auenzustandes und Quantifizierung der Retention mittels 2D-Modellierung für das Einzugsgebiet der Glonn. Masterarbeit an der Technischen Universität München, 2016.

[4] Koenzen, U.: Fluss- und Stromauen in Deutschland: Typologie und Leitbilder. In: Angewandte Landschaftsökologie (2005), Heft 65.

[5] Nujić, M.; Hydrotec: Hydro_AS-2D Benutzerhandbuch: Version 4.2.1, 2D-Strömungsmodell für die wasserwirtschaftliche Praxis. 2016.

[6] Rieger, W.: Prozessorientierte Modellierung dezentraler Hochwasserschutzmaßnahmen. In: Mitteilungen des Institutes für Wasserwesen der Universität der Bundeswehr München (2012), Nr. 116.

[7] Schwaller, G.: Einfluss von Maßnahmen der Gewässerentwicklung auf den Hochwasserabfluss. In: Dresdner wasserbauliche Mitteilungen (2006), Nr. 32.

[8] Skublics, D. A.: Großräumige Hochwassermodellierung im Einzugsgebiet der bayerischen Donau – Retention, Rückhalt, Ausbreitung. In: Berichte des Lehrstuhls und der Versuchsanstalt für Wasserbau und Wasserwirtschaft der TU München (2014), Heft 131.

[9] StMUV (Hrsg.): Hochwasserschutz: Aktionsprogramm 2020plus. München, 2014.

Wolfgang Rieger, Sonja Teschemacher, Susanne Haas, Johanna Springer and Markus Disse

Multicriteria analysis of natural and distributed flood control measures

The presented project ProNaHo consists of catchment and event dependent process based modelling of natural and distributed flood protection measures. Thereby, distributed uncontrolled retention basins, land use and tillage changes, restoration of rivers, as well as beaver dams are considered. To achieve general statements about the catchment dependent effectives of these measures, four characteristical catchments, which cover the different natural regions of Bavaria, were chosen. The first modelling results enable the establishment of different hypotheses about the relevant processes and the effectiveness of single and combined measures. These hypotheses should be verified in the course of the project.

Johannes Hübl

Hochwasser Simbach 2016: Dokumentation und Analyse

Am 1. Juni 2016 führte eine Schauerzelle mit sehr hohen Niederschlägen im Bereich des Landkreises Rottal-Inn im Einzugsgebiet des Simbachs zu äußerst hohen Abflüssen. Verschärfend auf die Abflusssituation wirkten sich das Versagen eines Straßendammes vor und der Bruch eines Deiches im Ortsbereich von Simbach am Inn aus. Im Auftrag des Bayerischen Landesamtes für Umwelt sollte eine Dokumentation und Analyse des Ereignisses die Auswirkung des Versagens der technischen Bauwerke quantifizieren.

1 Das Einzugsgebiet des Simbachs

Mit einem Einzugsgebiet von 30,3 km² mündet der Simbach in der gleichnamigen Stadt linksufrig in den Inn. Bei Hektometer (hm) 25 vereinigen sich die beiden Zubringer, der Antersdorfer- und Kirchbergerbach, zum Simbach. Das Einzugsgebiet ist durch einen hügeligen Charakter geprägt. Es überwiegen tiefgründige, bindige Böden mit geringen Infiltrationsraten, aber mit hohem Speichervermögen. Der Bodentyp Braunerde ist am meisten verbreitet, einen bedeutenden Anteil haben auch die Gley-Böden, die vorwiegend entlang des Gewässernetzes auftreten. Der Großteil der Einzugsgebietsfläche ist land- und forstwirtschaftlich geprägt. Die Waldfläche nimmt 32 % ein, das zumeist für den Maisanbau genutzte Ackerland 29 % und das Grünland 23 %. Siedlungs- und Verkehrsflächen weisen einen Anteil von 13 % auf.

Das Gerinne queren bei hm 22,5 und hm 17,3 zwei Straßendämme mittels Wellstahldurchlässen mit einer Durchflussfläche von jeweils rund 18 m². Bei hm 10,4 beginnt mit einem Einlaufbauwerk die Ortsregulierung. In diesem Abschnitt queren fünf Brücken das Gerinne. Der Ortsbereich von Simbach ist von Hochwässern des Inns durch Deiche geschützt, wodurch die Polder Simbach und Erlach gebildet werden.

Kompakt

- Das Einzugsgebiet des Simbachs wurde mit einem endbetonten Gebietsniederschlag von über 180 mm in 48 Stunden beaufschlagt.
- Daraus resultierte ein Spitzenabfluss von 190 m³/s, der durch den Breschenabfluss auf knapp 300 m³/s vergrößert wurde.
- Durch das Dammversagen und den Deichbruch wurde die Überflutungsfläche kaum vergrößert, es traten aber größere Abflusstiefen in der Stadt Simbach auf.

2 Ereignisdokumentation

Die Ereignisdokumentation liefert die Eingangsdaten zur Rekonstruktion des räumlichen und zeitlichen Ablaufes eines Ereignisses. Sie versucht durch Messungen im Feld, Befragungen von Augenzeugen und Nutzung von Bilddokumentationen unterschiedliche Ereignisphasen sowohl räumlich als auch zeitlich zu identifizieren, zu beschreiben und ihre Ursachen zu ermitteln. Die Erhebungen dazu fanden kurze Zeit nach dem Ereignis statt. Es wurden Anschlagmarken und Querprofile aufgenommen, Augenzeugen befragt sowie Foto- und Videomaterial gesammelt.

S. Heimerl (Hrsg.), *Vorsorgender und nachsorgender Hochwasserschutz*,
https://doi.org/10.1007/978-3-658-21839-3_31

3 Beschreibung des Ereignisses

Schon am Morgen und frühen Vormittag des 1. Juni 2016 treten erhöhte Abflüsse auf, die im Gerinne abgeführt werden. Ab 11:11 Uhr (alle Zeitangaben in MEZ) wird der Lagerplatz der Firma Holz Eiblmeier (hm 20,9) geflutet und ab 12:30 Uhr das gelagerte Holz abgeschwemmt, nachdem die Dammkrone des etwas oberhalb liegenden Straßendammes Schulstraße überstrichen wird (**Bild 1**). Um 12:34 Uhr wird im Rückstaubereich eine Einstauhöhe von 8,9 m bei einem retendierten Volumen von rund 120 000 m³ vor dem teilverklausten maulförmigen Wellstahldurchlass erreicht. Dies bedeutet oberwasserseitig eine Tiefe von 1,8 m über Fahrbahnniveau. Die luftseitige Böschung wird durch das überströmende Wasser erodiert, ab 12:37 Uhr beginnt sich eine Bresche im Damm zu entwickeln. Innerhalb von längstens 20 Minuten tieft sich der Bach auf das ursprüngliche Sohlenniveau ein.

Der gerinneabwärts gelegene Damm der Bundesstraße 12 (B12; hm 17,3) wird ab 12:35 Uhr überflossen, obwohl das Durchlassrohr nicht verlegt war. Hinter dem Damm werden bis auf Straßenniveau rund 100 000 m³ retendiert. Die in diesem Bereich Richtung Westen eingeschnittene Bundesstraße 12 wird auf einer Länge von rund 1 km bis über 2,5 m eingestaut. Durch den Breschenabfluss erhöht sich die Abflusstiefe ab 12:54 Uhr beim Rohreinlass auf 8,1 m, das zurückgestaute Volumen auf fast 180 000 m³.

Im Ortsbereich (hm 8 bis 11) überbordet der Simbach ab 12:20 Uhr. Der Abfluss erfolgt über das Straßennetz in die Polder Simbach und Erlach. Am Pegelstandort wird um 12:38 Uhr eine Abflusstiefe von über 3,6 m erreicht. Der Schwall durch das Dammversagen erreicht um 12:55 Uhr den Ortsbereich. Dieser führt das Sägeholz sowie weiteres Wildholz mit, das in weiterer Folge die Abflussverhältnisse im Ortsbereich beeinflusst. Der Wasserstand am Pegel steigt bis um 13:15 Uhr auf den Höchststand von 5,1 m an. Der gerinneabwärts gelegene linksufrige Deich an der Wilhelm-Dieß-Straße (hm 6,4) wird ab 12:45 Uhr überströmt und bricht um 13:00 Uhr.

Ein Teil des Abflusses wird direkt in den Polder Erlach abgeleitet und führt dort zu einem raschen Anstieg des Wasserspiegels. Der rechtsufrige Abfluss auf der Inn Straße Richtung Polder Simbach wird durch den sieben Meter brei-

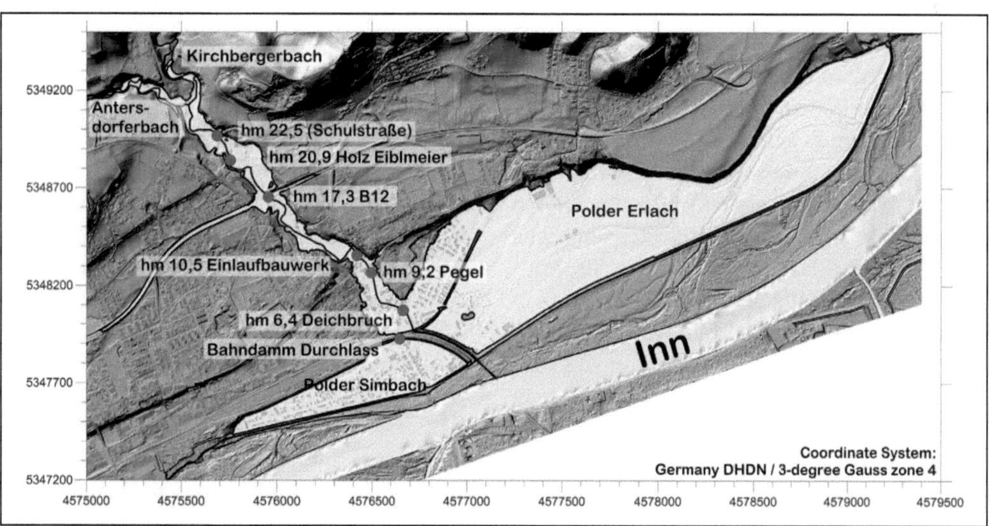

Bild 1: Schematische Darstellung der Abflusssituation in Simbach am Inn mit dokumentierten Überflutungsflächen

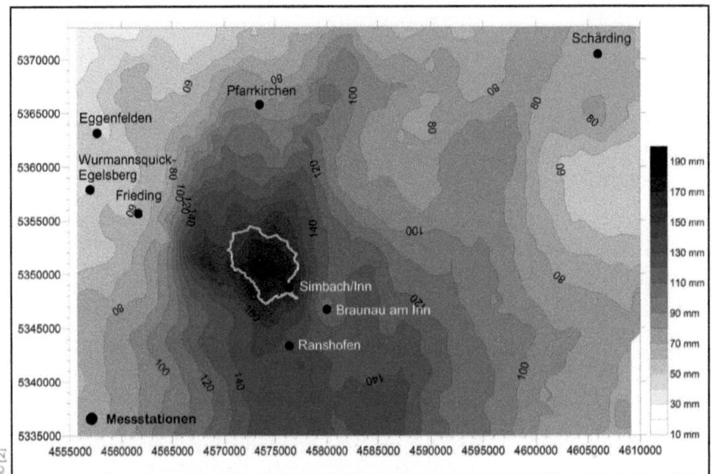

Bild 2: Gebietsniederschlag für das Einzugsgebiet Simbach vom 31.5.2016 07:00 bis 2.6.2016 00:00

ten Bahndamm-Durchlass gedrosselt, die Einstauhöhe vor dem Durchlass beträgt bis zu 3,7 m. Die aufgemessenen Anschlagmarken weisen auf ein Rückstauvolumen im Polder Simbach von 0,4 Mio. m^3, im Polder Erlach auf 1,5 bis 1,7 Mio. m^3 hin.

4 Ereignisanalyse

4.1 Ermittlung des Gebietsniederschlags

Die Großwetterlage Tief Mitteleuropa (TM) beherrscht vom 22. Mai bis 4. Juni 2016 das Witterungsgeschehen in Deutschland. Das Tief zog von Westfrankreich über Mittel- und Süddeutschland weiter in den Südwesten Deutschlands und setzte sich dort vom 28. bis 30. Mai bis zu seiner ersten Auflösung fest. In dieser Zeitspanne kommt es zu teils heftigen Gewittern und Hagelschauern, welche zahlreiche Überflutungen, unter anderem in Braunsbach, zur Folge hatten. Am 31. Mai zogen von Polen und Tschechien kommend neuerlich Gewitter- und Niederschlagszellen in Richtung Deutschland. Die Zentren lagen diesmal vor allem in Ostbayern, Altmark, Lüneburger Heide und dem westlichen Alpenvorland. In der Nacht zum 1. Juni 2016 bildet sich die Gewitterlinie in Niederbayern aus, die zu den Überflutungen in Tann, Untertürken, Triftern, Anzenkirchen und Simbach am Inn führte [1].

Vom 31.05. 00:00 Uhr bis 02.06. 00:00 Uhr registrierten 21 Niederschlagsstationen im Landkreis Rottal-Inn und Innviertel (Oberösterreich) eine mittlere kumulative Niederschlagssumme von 63 mm. Die maximale Niederschlagssumme von 184 mm wurde an der Station Simbach/Inn gemessen, gefolgt von Ranshofen mit 151 mm und Braunau am Inn mit 108 mm. Die maximalen Intensitäten lagen in Simbach/Inn bei 5,6 mm/5 Min., in Eggenfelden bei 5,4 mm/5 Min. und in Wurmannsquick-Egelsberg bei 3,9 mm/5 Min.

Die Niederschlagsradardaten haben eine zeitliche Auflösung von einer Stunde (RW) sowie 5 Minuten (RY) und sind auf einen Raster von 1 km^2 bezogen. Beide Datensätze sind qualitätsgeprüft und mit einer verfeinerten Z-R-Beziehung in Niederschlagsintensitäten umgerechnet. Die RY-Datensätze wurden mit Hilfe der 21 Bodenstationen kalibriert. Diese erfolgte für jeden Zeitschritt der Radarniederschlagszeitreihe mit fünf unterschiedlichen Verfahren, wobei letztendlich das additive Verfahren Anwendung fand. Der berechnete Korrekturfaktor für jedes Stations-Radar-Paar wurde mittels inversem Distanzenverfahren auf das gesamte Radarfeld interpoliert.

Der Gebietsniederschlag, berechnet vom 31.05.16 01:00 Uhr bis zum 02.06.16 00:00 Uhr,

Bild 3: Abflussverhältnisse am Pegelstandort vor und beim Eintreffen des Breschenabflusses

beträgt 183 mm, wobei die Niederschlagshöhe im Einzugsgebiet von 162 bis 199 mm schwankt (**Bild 2**).

Zeitlicher Niederschlagsverlauf

Am 31. Mai und 1. Juni 2016 regnet es insgesamt 37 Stunden. Am 01.06. von 00:05 Uhr und bis 05:30 fallen 31,7 mm Niederschlag, von 07:45 bis 12:55 Uhr werden 56,2 mm gemessen. Gleich anschließend, von 13:05 bis 18:50 Uhr, werden weitere 45,1 mm aufgezeichnet. Somit fallen von 07:45 bis 18:50 Uhr 55 % des Niederschlags. Dieser zeitliche Niederschlagsverlauf kann eindeutig als endbetont bezeichnet werden.

Räumlicher Niederschlagsverlauf

Das gesamte Einzugsgebiet wird relativ gleichmäßig überregnet. Die höchsten Niederschlagsummen treten im Einzugsgebiet des westlichen Zubringers, dem Antersdorfer Bach, auf. Diese liegen, berechnet vom 31.05.16 00:00 Uhr bis 02.06.16 00:00 Uhr, zwischen 155 bis 195 mm. Die Zugrichtung der Schauerzelle verläuft am 1. Juni von Nord nach Süd, so dass zuerst die oberen Teile des Einzugsgebietes betroffen werden und ab 11:30 Uhr die südlich gelegenen Teile. Ab diesem Zeitpunkt verlagert sich das Zentrum der Schauerzelle nach Osten, sodass anschließend bis um etwa 14:00 Uhr das gesamte Einzugsgebiet überdeckt ist. Die Verlagerung der Schauerzelle in Fließrichtung bedeutet eine weitere Verschärfung der Abflusssituation.

4.2 Ermittlung der Wasserstand-Abfluss-Beziehung

Der Pegel Simbach mit der Messstellen-Nummer 18 719 006 ist im Siedlungsbereich bei hm 9,2 situiert. Die Aufzeichnung des Wasserstandes erfolgt über einen Radar- und über einen Druckpegel. Letzterer zeichnete den Wasserstand des Ereignisses durchgehend auf, der Radarpegel fiel jedoch ab 12:30 Uhr aus. Für den Pegelstandort liegt ein Pegelschlüssel des HND-Bayern vor, der bis zu einer Wassertiefe von rund 2,6 m angegeben wird. Um den beim Ereignis aufgetretenen Wasserstand einem Abfluss zuordnen zu können, musste der Pegelschlüssel bis auf über 5 m Wassertiefe und der durchflossene Querschnitt auf rund 100 m erweitert werden, wobei Gebäude, Straßen und bewachsene Flächen zu berücksichtigen waren (**Bild 3**). Die Ergebnisse verschiedener Berechnungsszenarien mit 1-D und 2-D-Modellen zeigen massive Unterschiede in den Abflüssen und Abflussfrachten. Tendenziell überschätzen die Berechnungen in 1-D die Abflüsse und Frachten in hohem Maße, wenn man die üblichen Rauheitswerte verwendet. Deshalb wurde die im 2-D-Modell mit zahlreichen Ganglinien entwickelte Wasserstand-Abfluss-Beziehung für alle weiteren Berechnungen festgelegt. Unter Anwendung dieses Pegelschlüssels erreicht der Abflussscheitel zwischen 13:00 Uhr und 13:15 Uhr einen Wert von knapp 300 m^3/s am Pegelstandort. Die Abflussfracht für die Zeitdauer von 31.5.2016 07:00 Uhr bis 2.6.2016 07:00 Uhr ergibt rund 3,3 Mio. m^3.

4.3 Niederschlag-Abfluss-Simulation

Für die hydrologische Simulation wurde das konzeptionelle Modell NASIM gewählt, das als Gebietsparameter topographische Daten, die Landnutzung, Bodenarten und Bodentypen verwendet. Die Abflusskonzentration wurde mit Hilfe des Isochronenverfahrens durchgeführt und mit linearen sowie nicht linearen Speichern berechnet. Dafür wurde das Gesamteinzugsgebiet in 29 Teileinzugsgebiete mit einer mittleren Größe von ca. 0,5 km² untergliedert und die Zeitflächenfunktionen für jedes Teileinzugsgebiet ermittelt. Als Endknoten der Berechnung wird der Zusammenfluss der beiden Zubringerbäche bei hm 25 gesetzt, da die Wellenverformung durch die Speicherräume, durch den flächenhaften Abfluss im Ortsbereich und durch das Dammversagen erst im nachgeschaltenen hydraulischen Modell berechnet wird.

Die Kalibrierung des Modells erfolgte anhand verschieden langer Zeitreihen und unterschiedlich langer Simulationsschritte. Mit den ermittelten Modellparametern ließ sich jedoch das Ereignis nicht zufriedenstellend simulieren, insbesondere sowohl der sehr steile Anstieg der Hochwasserwelle als auch der Abflussscheitel konnten nicht erreicht werden. Erst durch eine weitere Anpassung der Modellparameter, vor allem der Retentionskonstanten, konnte das Ereignis zufriedenstellend simuliert werden. Als Beurteilungskriterien werden der ansteigende und abfallende Ast der gemessenen Ganglinie sowie die ermittelte Abflussfracht zusammen mit weiteren qualitativen Angaben aus der Ereignisdokumentation herangezogen. Aus dieser Simulation mit NASIM ergibt sich um 13:30 Uhr am Endknoten eine Abflussspitze von rund 190 m³/s, die Abflussfracht liegt etwa bei 3,4 Mio. m³.

Plausibilisierung der ermittelten Ganglinie

Um das Simulationsergebnis zu überprüfen wird eine Plausibilisierung auf Basis der Pegelmessdaten ohne hydrologische Simulation durchgeführt. Der gemessene Durchfluss am Pegel Simbach unterscheidet sich vom theore-

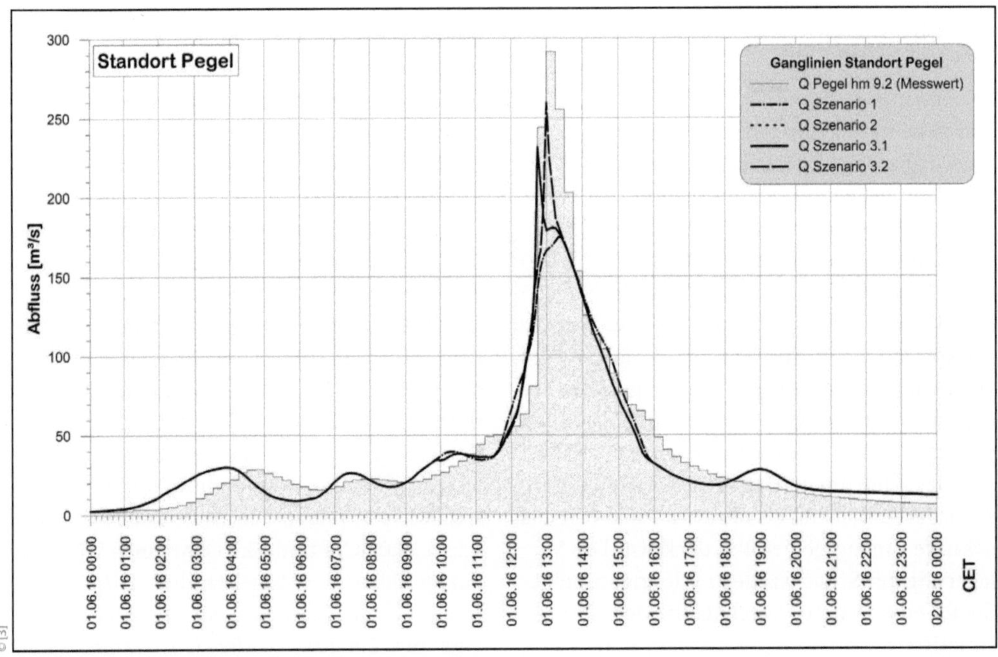

Bild 4: Gegenüberstellung der Abflussganglinien für den Pegelstandort für Szenario 1 und 3. Die Unterszenarien 3.1 und 3.2 resultieren aus unterschiedlichen Versagenszeiten des Dammes an der Schulstraße

tisch unbeeinflussten Abfluss durch die Wirkung der oberliegenden Rückhalteräume und der aus dem Dammversagen resultierenden Welle. Kann man diese Wirkung abschätzen, lässt sich der „natürliche" Abfluss rekonstruieren.

Aus der Dokumentation ist bekannt, dass die Speicherräume vor dem Dammversagen bereits voll eingestaut waren und der Abfluss über die Dammkronen erfolgte. Unter Berücksichtigung, dass der Speicher B12 noch nicht bis zur beobachteten Maximalhöhe verfüllt war, ergibt sich für den Zeitpunkt 12:30 Uhr in Summe eine retendierte Fracht von rund 265 000 m³. Der Beginn des Einstaus lässt sich aus der Ganglinie am Pegel mit etwa 11:00 Uhr bestimmen, der Einfluss des Breschenabflusses und der Speicherentleerung endet etwa um 18:00 Uhr. Zwischen diesen beiden Zeitwerten wird die kumulierte Abflussfracht um 12:30 Uhr um 265 000 m³ erhöht. Der Abfluss wird dadurch vor dem Dammversagen erhöht und danach reduziert, die Abflussfracht bleibt unverändert. Die mit diesen Randbedingungen rekonstruierte Ganglinie mit einem Zeitschritt von 15 Minuten erreicht den Scheitelwert von knapp über 200 m³/s zwischen 12:45 und 13:00 Uhr (**Bild 4**). Daher ist das Ergebnis der Niederschlag-Abfluss-Simulation plausibel und kann für die nachfolgende hydraulische Simulation verwendet werden.

4.4 Abfluss im Ortsbereich

Für die hydraulische 2-D-Simulation im Ortsbereich werden drei Szenarien definiert, um die Auswirkung des Dammversagens und Deichbruches auf den Abfluss im Ortsbereich bestimmen zu können:

- Szenario 1: Abfluss erfolgt ohne Dammversagen und Deichbruch sowie ohne Verklausung des Durchlasses an der Schulstraße.
- Szenario 2: Abfluss erfolgt unter Berücksichtigung des Dammversagens und einer Teilverklausung von rund 65 % des Durchlasses an der Schulstraße.
- Szenario 3: Wie Szenario 2, aber zusätzlich Berücksichtigung des Deichbruches.

Im Szenario 1 erreicht der Scheitelabfluss am Pegel rund 170 m³/s (**Bild 4**). Dieser Abfluss ist um rund 20 m³/s geringer als der Zufluss aus dem Einzugsgebiet, da zwischen dem Zusammenfluss der beiden Zubringer und dem Pegelstandort die Retention durch die Speicher Schulstraße und B12 wirksam wird. Der Ortsbereich sowie die beiden Polder, vor allem der Polder Simbach, werden geflutet.

Das Dammversagen fällt in etwa mit dem Eintreffen der Hochwasserspitzen aus den beiden Zubringern zusammen. Mit einer Teilverklausung von ungefähr 67 % der Durchflussfläche am Damm Schulstraße wird die dokumentierte Einstauhöhe erreicht. Dadurch errechnet sich für das Szenario 2 beim Pegel ein Scheitelwert von 230 bis 260 m³/s, je nachdem wann der Zeitpunkt des Dammversagens angesetzt wird. Der gemessene Abflussscheitel von knapp 300 m³/s konnte durch die Simulationen nicht erreicht werden. Der Polder Simbach füllt sich mit 0,5 Mio. m³, der Polder Erlach mit 0,2 Mio. m³ Wasser.

Im Szenario 3 wird der Deichbruch 20 Minuten nach dem Dammversagen angesetzt. Dadurch ändert sich gegenüber Szenario 2 am Abfluss beim Pegel (Szenario 3.1 und 3.2) nichts, jedoch wird der Polder Simbach mit 0,4 Mio. m³ und der Polder Erlach mit 0,8 Mio. m³ dotiert. Die Differenz von 0,9 Mio. m³ zum dokumentierten Speichervolumen im Polder Erlach stammt aus Einzugsgebieten, die direkt in den Polder entwässern.

Vergleicht man die Überflutungsflächen der Szenarien, so gibt es nur geringe Abweichungen, am größten sind sie für den Polder Erlach. Die Abflusstiefen im Siedlungsbereich sind im Szenario 3 jedoch im Mittel um einen halben Meter größer als im Szenario 1.

5 Schlussfolgerungen

Dieses Ereignis am Simbach zeigt, dass aus dem Zusammentreffen hydrologisch ungünstiger Faktoren, wie endbetonter, intensivster flächenhafter Niederschlag, Zugrichtung der Schauerzelle in Fließrichtung und Entstehung eines Kleingerinnenetzes auf landwirtschaftlichen Flächen, ein äußerst hoher Abfluss resultieren kann, der zu einem Überlastfall für technische Bauwerke wird. Deshalb ist es für Risikoanalysen angebracht, auch sehr seltene Ereignisse zu betrachten, um die Konsequenzen von Überlastfällen aufzuzeigen.

Autor

Prof. Dipl.-Ing. Dr. Johannes Hübl
Institut für Alpine Naturgefahren
Universität für Bodenkultur, Wien
Peter Jordan Straße 82
1190 Wien, Österreich
johannes.huebl@boku.ac.at

Literatur

[1] Ziese, M.; Junghänel, T.; Becker, A.: Andauernde Großwetterlage Tief Mitteleuropa entfaltet ihr Unwetterpotential mit starken Gewittern und massiven Schadensgeschehen in Deutschland. In: DWD-Hintergrundberichte, Bericht vom 3. Juni 2016, 2016.

[2] Hübl J.; Heiser, M.; Braito, S.; Tscharner, S.; Kuntner, K.; Schraml, K.; Falkensteiner, M; Rabanser, E.: Ereignisdokumentation und Ereignisanalyse 2016 Rottal-Inn. In: IAN-Report (2017), Nr, 180, Band 1 (unveröffentlicht).

[3] Hübl J.; Heiser, M.; Braito, S.; Tscharner, S.; Kuntner, K.; Prenner, D.; Falkensteiner, M.; Rabanser, E.: Ereignisdokumentation und Ereignisanalyse 2016 Rottal-Inn. In: IAN-Report (2017), Nr, 180, Band 2 (unveröffentlicht).

Johannes Hübl

Flashflood Simbach 2016: Documentation and Analysis

On June 1st, 2016, in Simbach am Inn, Germany a flash flood occured. The event originated after heavy rainfall in the river Simbach and caused five fatalities and severe damages on residential, non-residential properties and infrastructure. During this event the failure of a road dam and a lateral dyke lead to a sudden increase of the discharge within the town. On behalf of the Bavarian Environment Agency this flash flood was investigated in order to evaluate the impact of these failures. It may be evidenced that the flooded area with or without the failures is more or less the same, but the flow depths differ about half a meter within the town.

Planung und Umsetzung

Peter Heiland

Beitrag der Raumplanung beim Hochwasserrisikomanagement

Der Auftrag der Raumplanung, unterschiedliche Erfordernisse und Wünsche an Flächennutzungen in Städten und im Freiraum untereinander zu koordinieren, schließt explizit auch die Berücksichtigung von Anforderungen der Hochwasservorsorge sowie von Risiken in der Planung mit ein. Dafür stehen umfangreiche Instrumente zur Risikoverminderung zur Verfügung. Gute Beispiele belegen, dass die Raumplanung wirkungsvolle Beiträge zum Hochwasserrisikomanagement leisten kann. Allerdings mangelt es vielfach an Akzeptanz, da zuweilen Nutzungsbeschränkungen zu befürchten sind. Durch einen vernünftigen, kombinierten Einsatz regulativer, ökonomischer und konsensbildender Instrumente kann jedoch das Akzeptanz- und Umsetzungsdefizit überwunden werden.

1 Raumplanung und Hochwasserrisikomanagement

Hochwasserrisikomanagement (HWRM) hat die reine Hochwasservorsorge und den Hochwasserschutz abgelöst. Der zuweilen in der öffentlichen Kommunikation schwer brauchbare, sperrige Begriff HWRM gibt die notwendige Aufgabe gut wider: da wir einsehen mussten, dass wir keinen vollständigen oder auch nur weitgehenden Schutz vor extremen Hochwasserereignissen realisieren und sicher stellen können, müssen wir alles tun, um die Schäden im Falle eines Hochwasserereignisses gering zu halten. Wir können nicht alles schützen, also müssen wir die Risiken managen. Das bedeutet, dass wir vereinbaren müssen, welches Risiko wir tragen können und wollen, und dass wir an allen Einflussgrößen für das Risiko arbeiten müssen, um in der Summe die Risiken so gering wie möglich zu halten.

Die Einflussgrößen werden durch den Abfluss, die Ausbreitung bzw. den Rückhalt des Hochwassers einerseits und durch die betroffenen schadensanfälligen Nutzungen andererseits bestimmt. Ferner haben der Umgang und das Verhalten der Bevölkerung sowie der zuständigen Organisationen mit dem Ereignis einen maßgeblichen Einfluss auf die Vermeidung von Schäden. Daher besteht ein umfassendes HWRM aus Beiträgen zahlreicher Akteure in ihren Aufgabengebieten (vgl. HWRM-Zyklus, **Bild 1**). Im HWRM-Zyklus sind die Aufgaben hervorgehoben, bei denen insbesondere die Raumplanung gefragt ist, Beiträge zu leisten, da andere Disziplinen nicht über geeignete Instrumente zur Flächenvorsorge oder Nutzungssteuerung verfügen. Ab 2018 wird die zwar auch bislang schon generell verankerte Pflicht zur Berücksichtigung von Hochwasserrisiken in der Raumplanung aufgrund des Hochwasserschutzgesetzes II (HWG II) von Juni 2017 [7] rechtlich nochmal deutlich zugespitzt. Diese sind im Weiteren erläutert.

Kompakt

- Die Mitwirkung der Raumplanung an der Risikominderung ist aufgrund ihrer Nutzungssteuerung wichtig.
- Effektive Hochwasservorsorge erfordert den kombinierten Einsatz der drei Instrumententypen: regulativ, ökonomisch, konsensual.
- Zuweilen geringe Akzeptanz für Nutzungsbeschränkungen muss so erhöht werden.

S. Heimerl (Hrsg.), *Vorsorgender und nachsorgender Hochwasserschutz*,
https://doi.org/10.1007/978-3-658-21839-3_32

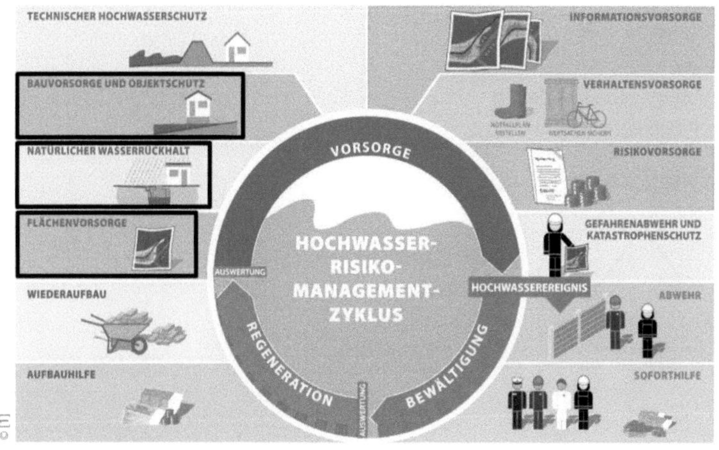

© [1]

Bild 1: Aufgaben der Raumplanung beim HWRM (insbesondere die eingerahmten Handlungsfelder müssen durch die Raumordnung maßgeblich beeinflusst werden)

2 Instrumente und deren Kopplung

Bei der Entwicklung von Beiträgen unterschiedlicher Aufgabenfelder zum integrierten HWRM sollte nicht die Frage der formalen „Zuständigkeit für den Hochwasserschutz", sondern die Frage nach den effektivsten Möglichkeiten und Instrumenten der jeweiligen Zuständigen für unterschiedliche Handlungsfelder im Zentrum der Koordination stehen. Die Wasserwirtschaft ist für die Koordination des HWRM und für alle wasserwirtschaftlichen Aufgaben darin verantwortlich. Für zahlreiche andere Aufgaben haben andere Akteure die Instrumente und die Zuständigkeit. Sie sollten diese in das HWRM effektiv einbringen.

Für die Aufgaben des HWRM und insbesondere der Flächenvorsorge (z. B. Sicherung von Überschwemmungsflächen, Risikominderung in Gefahrengebieten, hochwasserangepasste Stadtplanung) stehen verschiedene Instrumententypen zur Verfügung, die nicht einzeln, sondern in ihrer Kombination die effektivste Wirkung erzielen (**Bild 2**).

Die angestrebte Kopplung der Einzelinstrumente soll innerhalb der raumordnungsrelevanten Handlungsfelder des vorsorgenden Hochwasserschutzes insbesondere folgende Defizite überwinden helfen:

a) die unzureichende Freihaltung von existierenden und potenziellen Retentionsräumen bei wirtschaftlich bedeutsamen konkurrierenden Interessen,
b) die ansteigende intensive Nutzung von Gefährdungsgebieten und damit der Steigerung von Risiken bei unzureichender regulativer Steuerung (insbesondere hinter Deichen) sowie
c) fehlende Anreize zur Akzeptanzerhöhung bei Oberliegern für Rückhaltemaßnahmen am Fluss und in der Fläche, die Unterliegern zugutekommen sollen.

Es handelt sich somit sowohl um Defizite in den Ordnungsfunktionen der Raumordnung (a und b) als auch in den Entwicklungsfunktionen im Zusammenhang mit der Umsetzung von Retentionsstrategien. Als Grundstruktur eines Lösungsansatzes für die „gekoppelte Steuerung" wird ein Instrumenten-Mix aus regulativen, kooperativen und ökonomischen Steuerungsformen angestrebt.

Erfahrungen der Umweltpolitik zeigen, dass im Falle eines zu straffen Ordnungsrahmens die Effektivität der Zielerreichung sinkt, weil dadurch „das chronische Vollzugsdefizit" nicht behoben, aber effizienzsteigernde Instrumente zunehmend behindert würden [3]. Die entwickelte Konzeption zur Instrumenten-Kopplung verfolgt einerseits (freiwillige) kooperative Ansätze in der Raumordnung, denn gerade die länderübergreifenden und transnationalen Aufgaben der Raumentwicklung erfordern neben dem Einsatz regulativer Instrumente sowohl koordinierende als

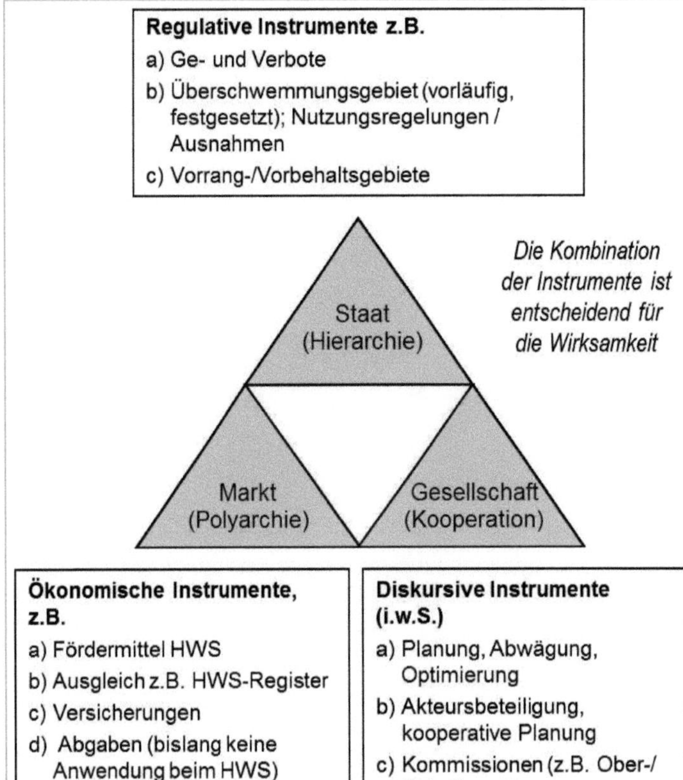

Bild 2: Instrumentenmix für effektive Flächenvorsorge

auch umsetzungsorientierte Kooperationsstrukturen. Andererseits können Kooperationen nur dann zur Lösung von überregionalen Problemen beitragen, wenn ein ausreichender Ordnungsrahmen existiert und wenn sich die für die Umsetzung der Kooperationsziele notwendigen Akteure an der Kooperation aktiv beteiligen. Dies tun sie aber nur freiwillig, wenn ihnen dadurch unmittelbar ein Vorteil entsteht oder wenn explizit Anreize für die Mitwirkung geschaffen werden. Alternativ müssten sie zur Kooperation gezwungen werden. Die potenziellen Kooperationsvorteile sind außer von der individuellen Problemlage und möglichen Lösungen vor allem von der tatsächlichen Realisierbarkeit der Vorteile abhängig. Dazu müssen auch die Möglichkeiten des Lastenausgleiches zwischen Unter- und Oberliegern in eine ganzheitliche Konzeption einbezogen werden.

2.1 Ökonomische und kooperative Instrumente

Ökonomische Instrumente müssen vor allem Anreize für Oberlieger schaffen, Maßnahmen mit einem Nutzen für Unterlieger zu realisieren oder sich daran zu beteiligen. Das Prinzip ist einfach: bei Verhandlungslösungen treten gefährdete Unterlieger-Akteure mit den Oberliegern in Verhandlungen über Angebote zur finanziellen Beteiligung an den Kosten und sonstigen Lasten für Rückhaltemaßnahmen ein. Bei Fondslösungen sollen potenziell Begünstigte Beiträge in einen Fonds einzahlen, aus dem Vorsorgemaßnahmen finanziert werden. Für beide Fälle sind zunächst die beteiligten bzw. zahlungspflichtigen Akteure zu identifizieren. Dazu müssen private und öffentliche Akteure an Verhandlungen beteiligt werden. Dies kann nur über Interessenvertretungen, Gebietskörperschaften oder Verbände geschehen. Verhandlungen sollten, je nach Detaillierungsgrad der vorliegenden Daten und Informationen, unter Einbeziehung der Bundesländer, Regionen und Kommunen durchgeführt werden. Eine differenzierte Umlegung auf lokaler Ebene sollte den Kommunen oder „Gefährdungsverbänden" vorbehalten bleiben. Sofern einzelne Eigentümer und Betreiber in die Transferbeziehungen eingebunden werden sollen, ist hierzu eine ausreichend differenzierte Datenlage erforderlich.

Für die praktische Umsetzung ergeben sich verschiedene, im Einzelfall zu lösende Fragen und Monetarisierungsprobleme:

- Die Vorteile der Schadensverminderung liegen nur potenziell vor, so dass buchhalterisch keine Haushaltsmittel in einer eindeutig bestimmbaren Zeit eingespart werden.
- Die kalkulatorische Verminderung der Schadenserwartung ist in der Regel erheblich größer als die tatsächliche, öffentlich und politisch akzeptierte Zahlungsbereitschaft für die nicht sichtbaren und mit geringerer Eintrittswahrscheinlichkeit behafteten Vorteile bei den Unterliegern.
- Die Gruppe der Nutznießer ist groß und inhomogen. Direkte Verhandlungslösungen unter Einbeziehung aller Nutznießer sind nicht möglich. Daher sind Institutionen erforderlich, die die Verhandlungen übernehmen.
- In der Praxis wird nach Hochwasserereignissen meist aus öffentlichen Haushalten freiwillig eine umfangreiche finanzielle Unterstützung an Geschädigte ausgezahlt, die zur erheblichen Reduzierung der Mitwirkungsbereitschaft an Verhandlungen und der Zahlungsbereitschaft führt.
- Es konnte gezeigt werden, dass durch Retentionsmaßnahmen bei den Oberliegern selbst neben der Erhöhung des eigenen Schutzes auch indirekte Vorteile entstehen, die ebenfalls in die Verhandlungen einbezogen werden müssen, aber kaum monetarisierbar sind.

Praktische Beispiele für entsprechende Kooperationen mit gemeinsamem ökonomischen Handlungsrahmen stellen z. B. die Retentionsraumbewirtschaftung im Zweckverband Hochwasserschutz Einzugsbereich Seckach/Kirnau dar [4].

2.2 Überörtliche Raumplanung und Hochwasservorsorge

Innerhalb der (freiwilligen) Kooperation der Akteure mit entsprechendem ökonomischen Rahmen markieren die förmlichen Raumplanungsinstrumente (regulativ) die Grenzen der Rauminanspruchnahme – auch in Risiko- oder Retentionsgebieten. Überörtliche Raumordnungspläne sind Landesentwicklungs- und Regionalpläne. Sie ordnen den Raum durch Vorranggebiete als Ziele und Vorbehaltsgebiete als Grundsätze der Raumordnung. Für den vorbeugenden Hochwasserschutz werden beide Kategorien in den Raumordnungsplänen festgelegt. Während Ziele in der Bauleitplanung lediglich konkretisiert werden, dienen Grundsätze als Vorgaben zur weiteren Abwägung auf kommunaler Ebene. Erforderlich ist, dass die Raumplanung die gesamte Flächenkulisse mit Hochwassergefahren einbezieht, also nicht nur HQ_{100}-Gebiete, sondern darüber hinaus auch HQ_{extrem}-Gebiete, um ihrem Vorsorgeanspruch gerecht zu werden. Gerade hierin unterscheiden sich die konfliktlösenden Raumplanungsinstrumente von restriktiven wasserrechtlichen Überschwemmungsgebieten. Und dies schreiben ab 2018 die neuen §§ 78b und 78d WHG aufgrund des neuen HWG II [7] nun auch explizit vor.

In Vorranggebieten, die dem Hochwasserschutz dienen, sind in der Regel Nutzungen, die damit in Konflikt stehen, in der weiteren Planung auszuschließen. In Vorbehaltsgebieten sind weitere Nutzungen im Hinblick auf die Verträglichkeit mit Hochwasserrisiken zu überprüfen und im Zweifelsfall an die Risiken anzupassen. In Vorbehaltsgebieten muss stets zwischen verschiedenen Grundsätzen, die zueinander im Widerspruch stehen können, abgewogen und soweit wie möglich ein Ausglich hergestellt werden.

2.3 Bauleitplanung und Hochwasservorsorge

Wasserrechtliche Überschwemmungsgebiete, die den Hochwasserabfluss gewährleisten und regelmäßig überflutete Bereiche vor Bebauung schützen, können nicht nur im Außen-, sondern auch im Siedlungsbereich festgesetzt sein. In Überschwemmungsgebieten gilt ein grundsätzliches Verbot für die Planung neuer Baugebiete sowie für neue bauliche Anlagen. Die Errichtung und Erweiterung baulicher Anlagen sind wasserrechtlich genehmigungspflichtig und nur in streng geregelten Ausnahmen zulässig [5], [6].

Die veröffentlichten Hochwassergefahren- und –risikokarten stellen die Ausdehnung von Hochwasserereignissen häufiger (i. d. R. HQ_{10}), mittlerer (HQ_{100}) und seltener (HQ_{extrem}) Eintrittswahrscheinlichkeit dar. Extremereignisse gehen in der Regel über die Überschwemmungsgebiete hinaus. Da die Risikokarten seit Ende 2013 veröffentlicht sein müssen, geht von ihnen seither eine faktische Wirkung auf die Bauleitplanung aus, auch wenn sich konkrete Regelungen und Verbote nur auf die Überschwemmungsgebiete beschränken: Die Bauleitplanung hat den allgemeinen Anforderungen an gesunde und sichere Wohn- und Arbeitsverhältnisse Rechnung zu tragen und muss somit die Risikoinformationen bei der Planung und der Abwägung über die Planung berücksichtigen. Ab 2018 sind die Regeln für die planerische Berücksichtigung aller Risikogebiete im neu gefassten § 78 WHG und des geänderten BauGB (Erg. in § 5 Abs. 4a S. 1) explizit verankert.

HWRM-Pläne enthalten Maßnahmenkataloge (i. d. R. bezogen auf konkrete Kommunen oder Teile der Kommunen), die sich auf alle Handlungsbereiche, also auch auf die Bauleitplanung, beziehen. Somit sind auch HWRM-Pläne nach deren Fertigstellung und Veröffentlichung in die Planung einzubeziehen.

Bei der Entwicklung neuer Baugebiete sind Überschwemmungsgebiete grundsätzlich als Ausschluss und HQ_{extrem}-Gebiete als Risikoinformation für die planerische Abwägung und für das Ergreifen von Vorsorgemaßnahmen von besonderer Bedeutung. Eine hochwasserangepasste Bauweise ist nun grundsätzlich ab 2018 im geänderten WHG auch für die Risikogebiete außerhalb festgesetzter Überschwemmungsgebiete (HQextrem-Gebiete) vorgeschrieben. In festgesetzten und vorläufig gesicherten Überschwemmungsgebieten sind durch Bauleitpläne oder sonstige Satzungen nach dem BauGB keine neuen Baugebiete zulässig (zu Ausnahmen siehe u. a. [5], [6]).

Der Flächennutzungsplan einer Gemeinde muss Regelungen zum vorbeugenden Hochwasserschutz durch Ausweisung bzw. Unterlassung der Ausweisung von Bauflächen zur Sicherung der Überschwemmungsbereiche beinhalten. Auch außerhalb förmlich festgesetzter Überschwemmungsgebiete müssen die Belange des Hochwasserschutzes schon auf der Ebene der Flächennutzungsplanung berücksichtigt werden, um Bauflächen und Baugebiete hochwasserangepasst und unter Wahrung sicherer Lebensbedingungen entwickeln zu können. Die umfangreichen Darstellungsmöglichkeiten für den Hochwasserschutz im Flächennutzungsplan sind im DWA-Merkblatt [6] dargestellt.

Auch der Bebauungsplan muss die Hochwasservorsorge eingehend berücksichtigen. Risiken und Gefährdungen müssen untersucht sowie in die Planung eingestellt werden. Die Festsetzungsmöglichkeiten für den Hochwasserschutz im Bebauungsplan sind ebenfalls in [6] eingehend erläutert.

3 Resümee: Möglichkeiten und Grenzen der Raumplanung

Die Raumplanung hat auf überörtlicher und örtlicher Ebene nicht nur umfangreiche Möglichkeiten, sondern auch die Pflicht, zur Verminderung von Naturgefahren und -risiken effektiv beizutragen. Formal ist das Instrumentarium längst rechtlich geregelt und muss allen verantwortlichen Planerinnen und Planern bekannt sein. Das HWG II [7] hat insbesondere die Risikovorsorge in Risikogebieten auch außerhalb von gesetzlichen Überschwemmungsgebieten deutlicher und verbindlicher geregelt. Hochwasservorsorge ist jedoch nur einer von zahlreichen Planungsbelangen. Daher wird in der Abwägung von sich widersprechenden Forderungen der Hochwasservorsorge zuweilen ein geringeres Gewicht beigemessen als beispielsweise der kommunalen Entwicklungsfreiheit, der wirtschaftlichen Entwicklung von Gewerbegebieten oder dem erforderlichen Ausbau von Infrastrukturnetzen. Dies ist das Prinzip räumlicher Planung. Belange werden fachgerecht aufgearbeitet, bewertet und in einer sachgerechten Abwägung, soweit möglich, miteinander in Einklang gebracht.

Die Grenzen der Abwägungsfreiheiten markieren die fachgesetzlichen Schranken. Dies sind in der Flächenvorsorge die wasserrechtlichen Überschwemmungsgebiete sowie ihre Ver- und Gebote für die Nutzung dieser Gebiete. Diese kann die raumplanerische Abwägung nicht überwinden. In der Abwägungspraxis der Stadt- und Regionalplanung wird der Erfolg des HWRM oftmals stark vom Wissen um die Gefahren, Kenntnissen über Lösungsmöglichkeiten und dem Willen zur langfristigen Vorsorge geprägt.

Umso wichtiger ist daher im Sinne der Hochwasserrisikovorsorge, dass die Risikoinformationen öffentlich bekannt gemacht und so in die Planung und Abwägung sachgerecht eingestellt werden. Da für alle potenziellen Risikogewässer mittlerweile Gefahren- sowie Risikokarten vorliegen und öffentlich zugänglich sind, müssen diese auch bei Planungen und raumplanerischen Entscheidungen berücksichtigt werden. HWRM-Pläne sollten für alle Akteure, also auch für die Verantwortlichen der Stadt- und Regionalplanung, entsprechende Maßnahmen benennen. Vielfach sind diese aber zu abstrakt formuliert oder gar nicht räumlich so konkret, dass sie tatsächlich einen Einfluss auf die tägliche Arbeit der Akteure haben. Zuweilen ist dies sogar so gewollt, um nicht mit zusätzlichen Restriktionen umgehen zu müssen. Hier ist festzustellen, dass die Chance der HWRM-Planung bislang in vielen Bereichen verpasst wurde, tatsächlich die Akteure der Raumplanung zum aktiven Beitrag zur Zielerreichung und zum hochwasserangepassten Planen zu motivieren.

Notwendig ist ferner die Verzahnung regulativer Instrumente mit ökonomischen und diskursiven. Regulative Instrumente sind in der Raum- und Umweltplanung nur dann erfolgreich, wenn gleichzeitig das tatsächliche Problembewusstsein für erforderliche, zuweilen subjektiv negative Maßnahmen geschaffen werden kann, und wenn gleichzeitig Anreize sichtbar werden, die es allen Akteuren und Multiplikatoren ermöglichen, Kompromisse einzugehen. Politisch tragfähige Restriktionen in diesem Bereich sind nur denkbar, wenn ein gesellschaftlicher Konsens über deren Notwendigkeit hergestellt werden kann.

In diesem Bereich besteht noch erheblicher Handlungsbedarf. Der Wert von individuellen Vorsorgemaßnahmen, Verzicht auf risikobehaftete oder für andere Akteure gefahrbringende Nutzungen oder der Investition in Schutzmaßnahmen wird nur dann von Akteuren in ihre eigenen wirtschaftlichen Bewertungen richtig einbezogen, wenn sie gleichzeitig auch die Folgen des Nichtstuns oder des Verweigerns selbst tragen müssen. Solange die Solidargemeinschaft am Ende für die Schäden aufkommt, wird sich die Bereitschaft zum individuellen Handeln nicht maßgeblich ändern. Und damit stößt auch hochwasserangepasstes Planen – trotz allen verfügbaren Möglichkeiten – an klare politische und gesellschaftliche Grenzen.

Hinweis

Die DWA-Arbeitsgruppe Hochwasserangepasstes Planen und Bauen hat von 2014 bis 2016 das gleichnamige Merkblatt DWA-M 553 erarbeitet [6]. Der vorliegende Beitrag baut zum Teil auf den Ergebnissen dieser Bearbeitung auf. Ferner sind die Erkenntnisse aus zahlreichen Projekten zur Umsetzung der HWRM-Richtlinie z. B. in den Ländern Baden-Württemberg und Nordrhein-Westfalen in den Beitrag eingeflossen, in die der Autor als Consultant eingebunden war.

Autor

Dr.-Ing. Peter Heiland
Infrastruktur & Umwelt Professor Böhm und Partner
Julius-Reiber-Str. 17, 64293 Darmstadt
peter.heiland@iu-info.de

Literatur

[1] Strima (Hrsg.): Sächsisch-Tschechisches Hochwasserrisikomanagement; Abschlussbericht des INTERREG-A-Projektes Sachsen-Tschechien; Lead Partner: Sächsisches Landesamt für Umwelt, Landwirtschaft und Geologie; Bearbeitung: Infratruktur & Umwelt Professor Böhm und Partner, 2014.

[2] Heiland, P.: Vorsorgender Hochwasserschutz durch Raumordnung, interregionale Kooperation und ökonomischen Lastenausgleich. In: Schriftenreihe WAR, Wasserversorgung, Abwassertechnik und Grundwasserschutz, Industrielle Stoffkreisläufe, Umwelt- und Raumplanung der TU Darmstadt (2002), Bd. 143.
[3] Ewringmann, D.; Hansmeyer, K.-H.: Der Stand der Diskussion bei marktsteuernden Instrumenten der Umweltpolitik. Die Sicht der Wissenschaft. In: IzR (1992), Heft 2/3, S. 81-96.
[4] Zweckverband Hochwasserschutz Einzugsbereich Seckach/Kirnau (Hrsg.): Hochwasserschutzsystem, Flächendeckende Betrachtung (Darstellung des Konzepts der Rückhaltungen im Einzugsgebiet), 2017.
[5] Arge Bau (Hrsg.): Handlungsanleitung für den Einsatz rechtlicher und technischer Instrumente zum Hochwasserschutz in der Raumordnung, in der Bauleitplanung und bei der Zulassung von Einzelbauvorhaben (Neufassung, Stand: 17.05.2016).
[6] DWA (Hrsg.): Hochwasserangepasstes Planen und Bauen. In: DWA-Merkblätter (2016), M 553.
[7] Gesetz zur weiteren Verbesserung des Hochwasserschutzes und zur Vereinfachung von Verfahren des Hochwasserschutzes (Hochwasserschutzgesetz II) vom 30. Juni 2017 (BGBL Jg. 2017, Teil I, Nr. 44, S. 2193ff)

Peter Heiland

Contributions of spatial planning in the context of flood risk management

The objective of spatial planning is the coordination of different demands and interests on land use in cities and rural areas. This includes necessities of flood protection and flood risk mitigation within planning processes. To fulfil this obligation according spatial planning instruments exist in Germany. Good practise examples proof that spatial planning is able to contribute to flood risk management effectively. Nevertheless acceptance is often limited for planning decisions that bring restrictions for certain land uses in risk areas. A well balanced combined application of regulative, economic and consensual instruments could help to overcome the deficits of acceptance and implementation of necessary measures.

Ellen Müller, Uwe Müller, Walter Schmidt und Olaf Nitzsche

Gute landwirtschaftliche Praxis für die Hochwasservorsorge

Zur Umsetzung der EG-Hochwasserrisikomanagementrichtlinie muss die Landwirtschaft im Sinne des integrierten Hochwasserrisikomanagements handeln. Ackerbauverfahren mit Pflugeinsatz wirken wenig infiltrationsfördernd. Im Rahmen guter fachlicher Praxis der Bodenbewirtschaftung und des Bodenschutzes sind vielmehr umfassend die infiltrationsfördernde und erosionsmindernde konservierende Bodenbearbeitung und Direktsaat sowie gefügeschonende Maßnahmen umzusetzen. Ergänzende Maßnahmen, wie z. B. Verwallungen in Hangrinnen, erhöhen auf konservierend bestellten Flächen zusätzlich den Wasserrückhalt.

1 Einführung

Die EG-Hochwasserrisikomanagementrichtlinie (HWRM-RL) fordert von den Mitgliedsstaaten die Anwendung eines integrierten HWRM. Damit sind neben der Wasserwirtschaft auch viele Akteure aus anderen Wirtschafts- und Infrastrukturbereichen zum Handeln aufgefordert [3], [4]. Im LAWA-Maßnahmenkatalog sind deshalb auch Maßnahmen zur angepassten Flächennutzung, zur hochwassermindernden Flächenbewirtschaftung, zur Wiedergewinnung von natürlichen Rückhalteflächen und Beratungsmaßnahmen genannt. In diesen Maßnahmefeldern kann die Landwirtschaft entscheidende Beiträge leisten.

Kompakt

- Nach guter fachlicher Praxis muss Bodenerosion auf Ackerflächen möglichst vermieden werden.
- Dies gelingt am besten mit konservierender Bodenbearbeitung und Direktsaat, die zudem umfassend die Wasserversickerung auf Ackerflächen fördern.
- Damit tragen Maßnahmen der guten landwirtschaftlichen Praxis zur Hochwasservorsorge bei.

Im Freistaat Sachsen werden über 50 % der Landesfläche landwirtschaftlich genutzt. Das Augenmerk der Landwirte im Acker- und Pflanzenbau gilt u. a. dem Erhalt und der Verbesserung der Fruchtbarkeit sowie der Ertragsfähigkeit der Böden und den vielfältigen Maßnahmen zum vorsorgenden Bodenschutz. Entsprechend Bundes-Bodenschutzgesetz (BBodSchG) muss gegen schädliche Bodenveränderungen Vorsorge getroffen werden. Die im BBodSchG aufgeführten Grundsätze der guten fachlichen Praxis landwirtschaftlicher Bodennutzung dienen der Erfüllung der in § 17 BBodSchG formulierten Kriterien, wie Erhalt der Bodenstruktur, Vermeiden von Bodenverdichtung und von Bodenabträgen durch Erosion. Gerade die Vermeidung der Wassererosion ist in Sachsen von herausragender Bedeutung. So weisen rund 60 % der Ackerfläche Sachsens ein hohes bis sehr hohes Wassererosionsgefährdungspotenzial auf (Einschätzungen nach DIN 19 708:2005). Hoch bis sehr hoch winderosionsgefährdet sind dahingegen nur ca. 7 % der Ackerfläche (standortabhängige Winderosionsgefährdung nach DIN 19 706).

Sowohl für den dauerhaften Erhalt der Ertragsfähigkeit der Ackerböden als auch im Hinblick auf die Erfüllung gesetzlicher Anforderungen (BBodSchG, Wasserrahmenrichtlinie, HWRM-RL) müssen von Seiten der Landwirtschaft Maßnahmen gegen Wasser- und Winderosion gemäß

S. Heimerl (Hrsg.), *Vorsorgender und nachsorgender Hochwasserschutz*,
https://doi.org/10.1007/978-3-658-21839-3_33

guter fachlicher Praxis umfassend sowie konsequent angewendet werden.

Beim Schutz der Ackerflächen vor Wassererosion steht die Optimierung der Wasserinfiltration als wirksamste Maßnahme gegen den bodenabtragsauslösenden Oberflächenabfluss im Mittelpunkt. Durch diesen umfassenden Wasserrückhalt auf landwirtschaftlich genutzten Flächen im Sinne des vorsorgenden Schutzes vor Wassererosion ist eine direkte Verbindung zur Hochwasservorsorge gegeben [2]. Dies insbesondere auch deshalb, da die Landwirtschaft in vielen Einzugsgebieten der größte Flächennutzer ist.

2 Optimierung der Wasserinfiltration auf Ackerflächen durch konservierende Bodenbearbeitung

Konservierende bzw. nichtwendende Bodenbearbeitung verzichtet auf den Einsatz des Pfluges und lockert den Boden mit nichtwendenden Bodenbearbeitungsgeräten (**Bild 1**). Bei der Direktsaat erfolgt die Aussaat der Kulturen ohne jegliche Bearbeitung. Beide Verfahren hinterlassen eine dauerhafte Bodenbedeckung aus Pflanzenresten bzw. Mulchmaterial.

Nicht gepflügte Flächen weisen im Vergleich zu gepflügten Flächen eine geringere infiltrationshemmende Verschlämmungsneigung des Bodens auf, da einerseits die Mulchbedeckung den Boden vor dem Aufprall durch Regentropfen schützt und andererseits die Aggregatstabilität u. a. als Folge eines aktiveren Bodenlebens (Regenwürmer, Bodenbakterien und -pilze usw.) höher ist. Dies führt zu einer dauerhaft erhöhten Infiltration des Niederschlagswassers in den Boden und im Umkehrschluss zu einem verringerten Oberflächenabfluss sowie Bodenabtrag von geneigten Ackerflächen [5].

Dauerhaft konservierende Bodenbearbeitung hat positive Wirkungen auf die Bodenfauna und insbesondere auf tiefgrabende Regenwurmarten. Dies ist für das Infiltrationsverhalten der Böden relevant, da die vertikal-kontinuierlichen Makroporen der tiefgrabenden Regenwürmer in der Lage sind, erhebliche Niederschlagsmengen in den Unterboden zu leiten. Bei Pflugverzicht bleiben diese vertikalen Makroporen besser erhalten. Außerdem durchstoßen sie die Pflugsohle, so dass ei-

Bild 1: Konservierende Bodenbearbeitung

ne erhöhte Wasserversickerung von der Krume in den Unterboden stattfinden kann [5].

Je weniger eine konservierend bestellte Mulchsaatfläche bearbeitet wird, desto größer sind die infiltrationsverbessernden und erosionsmindernden Wirkungen. Die höchste Wasserversickerung und den geringsten Bodenabtrag durch Wassererosion weisen Direktsaatflächen mit dichter Mulchbedeckung und vielen stabilen Bodenkrümeln auf. Durch Streifenbearbeitung kann eine mit Direktsaatflächen vergleichbare sehr gute Wasserinfiltration erreicht werden.

Viele Beregnungsversuche auf geneigten Ackerflächen haben die positive Wirkung der konservierenden Bodenbearbeitung und der Direktsaat auf die Infiltrationsleistung in den Boden belegt [1], [5], [9]. **Bild 2** verdeutlicht, dass sich bei einer Umstellung von konventioneller auf dauerhaft konservierende Bodenbearbeitung einerseits der Abflussbeginn verzögert und andererseits die Endinfiltrationsrate erhöht.

3 Wirksamkeit der konservierenden Bodenbearbeitung im HWRM

Seit 1993 fördert der Freistaat Sachsen die konservierende Bodenbearbeitung und Direktsaat über verschiedene Förderprogramme, so dass ein hoher Umsetzungsstand dieser Anbauverfahren erreicht werden konnte. Anfangs wurden die einjährige konservierende Bodenbearbeitung und dann die dauerhafte Anwendung der konservierenden Bodenbearbeitung gefördert. In der jetzigen Förderperiode wird auf Grund des erreichten hohen Anwendungsumfangs der nichtwendenden Bodenbearbeitung nur noch die in besonderem Maße infiltrationsfördernde und damit sehr umfassend erosionsmindernde bzw. -verhindernde Streifen- und Direktsaat gefördert. Der Anteil konservierend bearbeiteter Flächen an der gesamten Ackerfläche in Sachsen wird auf mindestens 50 %, in manchen Regionen auf bis zu 100 % geschätzt. 2014 wurden im Rahmen der Richtlinie „Agrarumweltmaßnahmen und Waldmehrung“ (AuW/2007) in Sachsen die dauerhaft konservierende Bodenbearbeitung und Direktsaat auf rund 250 000 ha Ackerfläche (ca. 35 % der Ackerfläche in Sachsen) gefördert [8]. Modellierungen zeigen beispielhaft für das sächsische Muldeeinzugsgebiet, dass bei diesen Anwendungsumfängen der dauerhaft konservierenden Bodenbearbeitung von einer Minderung von Hochwasserwellen auszugehen ist [6]. In diesem Sinne trägt die dauerhaft konservierende Bodenbearbeitung zur Hochwasserminderung bei [2]. Zu beachten ist, dass das Speicherpotenzial von Ackerböden durch infiltrationsmindernde Verschlämmungsprozesse, Bodenverdichtung usw. reduziert wird. Daher ist konservierende bzw. nichtwendende Bodenbearbeitung in Verbindung mit gefügeschonenden Maßnah-

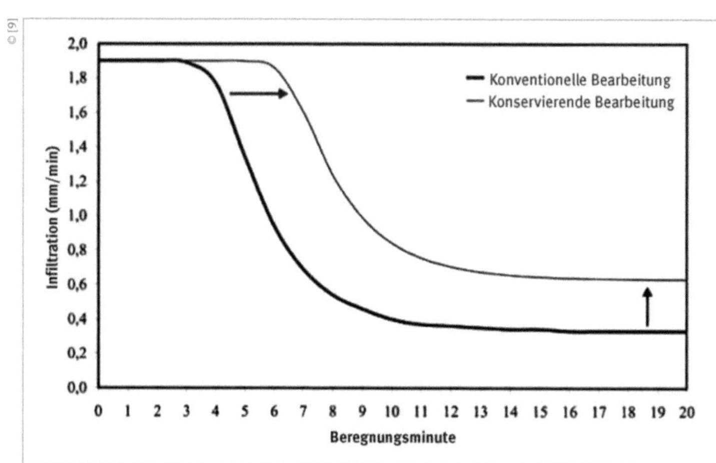

Bild 2: Änderungen des Wasserinfiltrationsverlaufs bei Umstellung von konventioneller auf dauerhaft konservierende Bodenbearbeitung (Beregnungsversuche, 38 mm/h, Bodenart Ut3)

men auch im Sinne der Vorsorge gegen Erosion und Hochwasserereignisse konsequent zu praktizieren.

4 Einbindung der konservierenden Bodenbearbeitung in ein Ackerbausystem

Dauerhaft konservierende Bodenbearbeitung verlangt veränderte bzw. neue Anbaustrategien. Wichtig sind z. B. eine spezifische, vielgestaltige Fruchtfolge, das Strohmanagement, das Pflanzenschutzmanagement, der Einsatz geeigneter Sätechnik sowie eine auf das Verfahren abgestimmte Düngestrategie [1].

Vorsorgemaßnahmen gegen infiltrationshemmende Bodenverdichtungen umfassen acker- und pflanzenbauliche Vorsorgemöglichkeiten, Arbeitsverfahren bei der Bodennutzung und technische Möglichkeiten zur Minderung gefügezerstörender sowie schadverdichtender Lasteinträge in den Boden (z. B. Ausstattung von Schleppern, Erntetechnik usw. mit Reifen mit Innendruckabsenkung bzw. Bandlaufwerken, Reduktion der Maschinenlasten usw. [1]).

Die landwirtschaftlichen Fachbehörden des Bundes und der Länder erproben und entwickeln diese Strategien weiter und geben den Landwirten Empfehlungen. Sie bilden die Grundlage für die umfassende sowie dauerhafte Anwendung der konservierenden Bodenbearbeitung im gesamten Fruchtfolgeverlauf und sie zeigen mit Blick auf den steigenden Anwendungsumfang der dauerhaft konservierenden Bodenbearbeitung Erfolge.

5 Ergänzende Maßnahmen zum Wasserrückhalt auf Ackerflächen

Zusätzlich zur dauerhaft konservierenden Bodenbearbeitung und Direktsaat sind im Einzelfall weitere acker- und pflanzenbauliche sowie ergänzende Maßnahmen zur Vorsorge gegen Wassererosion mit gleichzeitig wasserückhaltender Wirkung umzusetzen (**Tabelle 1**).

Hangrinnen bzw. Tiefenlinien bilden auf Ackerflächen bevorzugte Abflussbahnen, in denen in kurzer Zeit größere Wassermengen abfließen und in einen Vorfluter übertreten können. Diesem raschen Wasserabfluss kann durch die Schaffung von Wasserrückhalte- und Sedimentationsraum (**Tabelle 1**) entgegengewirkt werden. In diesem Sinne wurden in einer Tiefenlinie auf einer Ackerfläche im Sächsischen Lößhügelland in Ergänzung zur dauerhaft konservierenden Bodenbearbeitung zwei Verwallungen angelegt (**Bild 3**) [7]. Herauszustellen ist, dass diese Verwallungen, wie aus **Bild 3** ersichtlich wird, weiterhin ackerbaulich genutzt werden können. Modellierungen zeigen, dass durch die zusätzlich in der Tiefenlinie angelegten Verwallungen der bereits durch konservie-

Tab. 1: Maßnahmen der guten fachlichen Praxis zur Vorsorge gegen Wassererosion (Quelle: [1])

Acker- und pflanzenbauliche Maßnahmen gegen Wassererosion	Ergänzende Maßnahmen gegen Wassererosion
▪ Konservierende Bodenbearbeitung/Direktsaat und Streifenbearbeitung im Sinne des Belassens einer bodenschützenden Mulchauflage sowie des Erhalts stabiler Bodenaggregate möglichst im gesamten Fruchtfolgeverlauf, mindestens jedoch zu einzelnen, von Erosion besonders betroffenen Fruchtarten (insbesondere Mais, Zuckerrüben) im Sinne eines flächenhaft wirkenden Schutzes. ▪ Minimierung der Zeitspannen ohne Bodenbedeckung u. a. durch Fruchtfolgegestaltung, Zwischenfrüchte sowie Untersaaten. ▪ Vermeidung oder Intervallbegrünung hangabwärts gerichteter Fahrspuren.	▪ Schlagunterteilung bzw. Hanggliederung durch Fruchtartenwechsel. ▪ Dauerbegrünung von besonders gefährdeten Acker(teil)flächen bzw. Hangdellen- und -rinnen. ▪ Auf den Schutz vor Bodenerosion ausgerichtete Flurneuordnungsverfahren. ▪ Bewirtschaftung quer zum Hang, Anlage quer zum Gefälle laufender Grün- sowie Flurgehölzstreifen, Anlage von Wegseitengräben und ausreichend dimensionierten Durchlässen, ggf. Schaffung von Wasserrückhalte- und Sedimentationsraum (z. B. Verwallungen) im Hangbereich. ▪ Vermeiden von Fremdwasserzutritt auf Ackerflächen durch fachgerechte Wasserableitung vom Oberlieger.

Bild 3: Ackerbaulich nutzbare Verwallung

rende Bodenbearbeitung verminderte Abfluss im Sinne des vorsorgenden Hochwasserschutzes auf ein Minimum reduziert wird [7]. Die gleichzeitig auf der Ackerfläche praktizierte dauerhaft konservierende Bodenbearbeitung vermindert sehr wirksam die Bodenerosion durch Wasser und sorgt auf diese Weise dafür, dass die hinter den Verwallungen liegenden Mulden nur sehr langsam verfüllt werden. Damit bleibt die wasserrückhaltende Wirkung der Verwallungen lange erhalten [7].

Grünland fördert den Wasserrückhalt durch eine geringe Verschlämmung, hohe Interzeption und eine hohe Evapotranspiration. Die Wasserinfiltration wird von der Dichte und dem Zustand des Grasbewuchses sowie der Bodenverdichtung durch Befahrung, Beweidung usw. bestimmt. Außerdem ist der Umfang des Wasserrückhaltes von der Bodenmächtigkeit abhängig. Daher bewirkt Grünland, insbesondere bei konzentriertem Wasserabfluss in Hangrinnen, nicht automatisch eine Erhöhung des Wasserrückhaltes zur Hochwasserminderung.

Autoren

Ellen Müller
Dr. Walter Schmidt
Sächsisches Landesamt für Umwelt, Landwirtschaft und Geologie (LfULG)
Waldheimer Straße 219
01683 Nossen
Ellen.Mueller@smul.sachsen.de
Walter.Schmidt@smul.sachsen.de

Dr.-Ing. habil. Uwe Müller
Sächsisches Landesamt für Umwelt, Landwirtschaft und Geologie (LfULG)
Zur Wetterwarte 11
01109 Dresden
Uwe.Mueller@smul.sachsen.de

Dr. Olaf Nitzsche
Staatliche Betriebsgesellschaft für Umwelt und Landwirtschaft
Waldheimer Straße 219
01683 Nossen
Olaf.Nitzsche@smul.sachsen.de

Literatur

[1] aid Infodienst – Ernährung Landwirtschaft und Verbraucherschutz e. V. (Hrsg.): Gute fachliche Praxis – Bodenbewirtschaftung und Bodenschutz. 2. A. Heft 3612/2015, Bonn.

[2] DWA (Hrsg.): Dezentrale Maßnahmen zur Hochwasserminderung. In: DWA-Merkblätter (2015), Nr. M 550.

[3] Jüpner, R; Müller, U.: Wer hat was zu tun? Arbeitsteilung bei der Umsetzung der Europäischen-Hochwasserrisikomanagement-Richtlinie. In: WasserWirtschaft 100 (2010), Heft 11, S. 47-50.

[4] Müller, U.: Hochwasserrisikomanagement – Theorie und Praxis. Wiesbaden: Springer-Vieweg Verlag, 2010.

[5] Schmidt, W., Nitzsche, O., Krück, S.; Zimmermann, M.: Entwicklung von dauerhaft umweltgerechten Landbewirtschaftungsverfahren im sächsischen Einzugsge-

biet der Elbe. 2002 (www.landwirtschaft.sachsen.de/landwirtschaft/10895.htm; aufruf: 01.09.2017).

[6] Schmidt, W., Müller, E., Peschke, S.; Seidel, N.: Wasserrückhalt in landwirtschaftlich genutzten Gebieten. In: WasserWirtschaft 105 (2015), Heft 9, S. 37-40.

[7] Seidel, N., Peschke, S.; Schütze, S.: Erosionsschutz und Wasserrückhalt mit Hilfe von bewirtschaftungsbedingten Verwallungen. In: WasserWirtschaft 105 (2015), Heft 4, S. 42-47.

[8] SMUL (Hrsg.): Erosionsminderung. (www.umwelt.sachsen.de/umwelt/4566.asp?id=4517&headline=Umweltindikatoren von A bis E; Aufruf: 01.09.2017).

[9] Zimmerling, B.: Beregnungsversuche zum Infiltrationsverhalten von Ackerböden nach der Umstellung der konventionellen auf konservierende Bodenbearbeitung. In: Horizonte – Herrenhäuser Forschungsbeiträge zur Bodenkunde (2004), Bd. 15 (Dissertation).

Ellen Müller, Uwe Müller, Walter Schmidt and Olaf Nitzsche

Good agricultural practice for the prevention against flood desasters

For successfully achieving the European Flood Risk Management Directive agriculture also needs to act according to principles of integrated integrated flood risk management. There are several options for acting concerning a highly professional practice in the field of the cultivation of land and the soil protection. Agricultural methods that use a plough, do not operate in a supportive way for the infiltration. Therefore it is important to realize procedures that are preventive and gentle for the soil. Furthermore there needs to be conservative soil cultivation and direct seeding. Locally, it is possible to increase water retention through additional procedures, such as dams.

Daniel Skublics und Peter Rutschmann

Hochwasserrückhalt durch natürliche Hochwasserretention entlang der bayerischen Donau

Hochwasserrückhalt durch natürliche Hochwasserretention ist ein sehr komplexes Thema, das stark von hydrodynamischen Vorgängen in den Ausuferungsflächen beeinflusst wird. Vor der Flusskorrektion der bayerischen Donau Anfang des 19. Jh. waren diese Ausuferungsvorgänge noch kaum vom Menschen beeinflusst. Mithilfe 2-D-hydrodynamischer Modellierung wurde gezeigt, dass im Falle eines großen bis extremen Hochwasserereignisses immense zusätzliche Rückhaltevolumina, wie sie in den Auen der historischen bayerischen Donau vorlagen, nicht zu einer nennenswerten Abminderung der Scheitelabflüsse führen würden. Der vorliegende Beitrag vergleicht den heutigen und den historischen Zustand an einem besonders interessanten Teilabschnitt der Donau zwischen Neu-Ulm und Donauwörth. Es wird der Einfluss der Hochwasserretention unter Vernachlässigung des Zwischeneinzugsgebietes systematisch über eine Bandbreite verschiedener synthetischer Ganglinien quantifiziert. Die Wirkung natürlicher Hochwasserretention wird durch die Scheiteldämpfung und die Laufzeitverzögerung der Wellenscheitel im Untersuchungsgebiet dargestellt. Die Ergebnisse zeigen eindeutig, dass die Wirkung von Hochwasserretention nicht mit dem aktivierbaren Retentionsvolumen korreliert werden kann.

1 Einleitung

Das Hochwasserereignis 2013 hat in Bayern vielerorts gezeigt, dass die in den letzten Jahren durchgeführten Hochwasserschutzmaßnahmen greifen. Allerdings sind dennoch durch Überschwemmungen größere Sachschäden entstanden. Im Wesentlichen ist dies darauf zurückzuführen, dass dieses Ereignis einerseits vielerorts die Bemessungsabflüsse übertraf und andererseits der Ausbau des Hochwasserschutzes noch nicht genügend weit fortgeschritten war. Nach dem Pfingsthochwasser 1999 hat die bayerische Staatsregierung das Hochwasserschutz-Aktionsprogramm 2020 beschlossen, mit dem die bisherigen Anstrengungen im Bereich Hochwasserschutz noch intensiviert wurden. Basis für den Hochwasserschutz ist eine Kombination der Handlungsfelder „natürlicher Rückhalt", „technischer Hochwasserschutz" und „Hochwasservorsorge" [2]. Die Darstellung der öffentlichen Meinung in den Medien ist dagegen oft so, dass die Hochwassergefährdung angeblich „menschengemacht" ist und dass allein durch weniger Versiegelung und natürlichen Hochwasserrückhalt in den Flussauen die Hochwassersituation an den Flüssen entscheidend entschärft werden könnte. Diese Meinungsbildung wird in vielen Bereichen durch die Naturschutzverbände gestützt [11].

Hochwasserereignisse entstehen im Allgemeinen durch starke Niederschläge auf ein Einzugsgebiet. Ein Teil des Niederschlagswassers versickert oder verdunstet, während der andere Teil als Direktabfluss in den Flüssen zur Ausbildung einer Hochwasserwelle führen kann. Übersteigt der Hochwasserabfluss den bordvollen Abfluss, so kann es in besiedelten Regionen zu Hochwasserschäden kommen [7]. Seit der Besiedelung der

S. Heimerl (Hrsg.), *Vorsorgender und nachsorgender Hochwasserschutz*,
https://doi.org/10.1007/978-3-658-21839-3_34

Talräume durch den Menschen gibt es auch Bestrebungen zum Hochwasserschutz. In Mitteleuropa entstanden Erdwälle und erste Deichsysteme im frühen Mittelalter, um Weide und Ackerland in den Talauen vor Überschwemmungen zu schützen [4]. Die Flusskorrektionen Ende des 18. (Rhein) und Anfang des 19. Jh. (Donau) hatten neben der Melioration von Flussniederungen und der verbesserten Schiffbarmachung auch den Hochwasserschutz zum Ziel. Die nach dem Ersten Weltkrieg einsetzende massive Eindeichung führte ebenso dazu, dass kultiviertes Land und Siedlungen seltener von Überschwemmungen betroffen waren.

Moderner technischer Hochwasserschutz umfasst neben dem schadlosen Ableiten von Hochwasser mittels Deichen, Mauern und mobilen Systemen auch das gezielte Rückhalten von Hochwasservolumina in Speichern, Rückhaltebecken und Flutpoldern. Gleichzeitig wird versucht, den Flüssen durch Deichrückverlegungen wieder mehr Raum zu geben und natürliche Überschwemmungen ehemaliger Auenlandschaften wenigsten stellenweise wieder zuzulassen. Aufgrund der entsprechend intensiven Besiedlung und Nutzung der Talräume entlang der bayerischen Donau stehen allerdings nur noch in begrenztem Ausmaß reaktivierbare Flächen zu Verfügung. Dadurch ergibt sich die Notwendigkeit, die verbliebenen, reaktivierbaren Räume möglichst effektiv zu nutzen, z. B. an der Donau durch gesteuerte Flutpolder. Dieser Zielkonflikt kann nur durch entsprechendes Wissen über die natürliche Hochwasserretention entlang der bayerischen Donau objektiviert werden.

Natürliche Hochwasserretention in der „Urform“ gab es an der bayerischen Donau noch um das Jahr 1800, also vor der Flusskorrektion. Wie sich eine solche historische Flusslandschaft auf heutige große bis extreme Hochwasserereignisse ausgewirkt hätte, wird in Veröffentlichungen von Skublics, Fischer und Rutschmann [9] und Skublics und Rutschmann [10] beschrieben, die im folgenden Kapitel 2 zusammengefasst sind. Die systematische Quantifizierung des Einflusses natürlicher Hochwasserretention über eine Bandbreite an Hochwasserabflüssen wird dann an einem Teilabschnitt der bayerischen Donau in Kapitel 3 vorgestellt.

2 Natürliche Hochwasserretention an der historischen bayerischen Donau

Bis Anfang des 19. Jh. war die bayerische Donau noch „... sehr verwildert und floss in vielen stets sich ändernden Krümmungen und Rinnsalen im kilometerbreiten Flussbette durch die der Zerstörung und der Versumpfung ausgesetzten Niederungen“ [6] (**Bild 1**). Nahezu jährliche Überschwemmungen des Talraumes führten zu Ernteausfällen, Tierseuchen und Schäden an Bauwerken und Siedlungen [5]. Zwischen 1806 und 1867 wurde daher der Verlauf der Donau korrigiert. Durchstiche von Flussmäandern, die Einengung des Flussbettes und die Sicherung der Ufer erhöhten die Schleppkraft, womit eine Tiefenerosion der Flusssohle einsetzte. Dies führte zu einer Drainierung und Melioration des Umlandes und dazu, dass Hochwasserabflüsse seltener auszufern. Im bayerischen Donauraum wurden nach dem Ersten Weltkrieg aufgrund des Ernährungsnotstandes intensive Deichbau- und Entwässe-

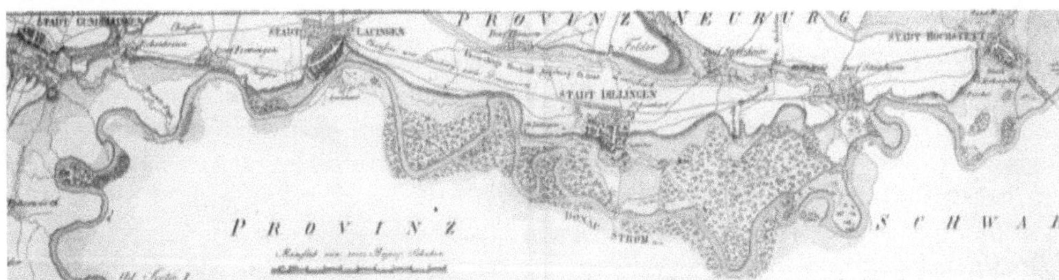

Bild 1: Ausschnitt einer historischen Karte der Donau vor der Korrektion im Bereich Dillingen [8]

rungsmaßnahmen durchgeführt [6]. Ab 1958 wurden zur Verhinderung der fortschreitenden Eintiefungen und zur Energieerzeugung Staustufen errichtet. Einige Stauhaltungen sind dabei so ausgelegt, dass oberhalb eines bestimmten Durchflusses Abflüsse zur Ausuferung gebracht werden, um weiterhin eine annähernd natürliche Auenüberflutung zu gewährleisten.

In Bezug auf die Donaukorrektion und die folgenden flussbaulichen Maßnahmen wird häufig die Frage gestellt, inwiefern sich dadurch die Hochwassersituation verändert hat. Um dieser Frage auf den Grund zu gehen, wurden 2-D-hydrodynamische Simulationen an einem Modell der historischen bayerischen Donau durchgeführt. Ergebnisse dieser Untersuchungen sollen hier kurz zusammengefasst werden.

Die Untersuchungen umfassen die Modellierung der historischen bayerischen Donau von Neu-Ulm bis Straubing (ca. 265 Flusskilometer). Dabei stützen sich Skublics und Rutschmann [10] auf drei bestehende Modelle des Ist-Zustandes (Neu-Ulm bis Donauwörth, Donauwörth bis Kelheim und Kelheim bis Straubing), die am Lehrstuhl für Wasserbau und Wasserwirtschaft im Rahmen von Forschungsprojekten im Auftrag des Bayerischen Landesamtes für Umwelt (LfU) erstellt wurden. Diese Modelle wurden entsprechend den Karten der Donau von Adrian von Riedel [8] und weiteren historischen Aufzeichnungen verändert und angepasst. Neben der Modellierung eines historischen Flussschlauchs wurden Stauhaltungsdämme, Deiche und einige Straßendämme aus dem Geländemodell entfernt. Die Lage der Gewässersohle wurde aus alten Aufzeichnungen abgeschätzt sowie die Landnutzung entsprechend angepasst. Die drei historischen Modelle wurden anschließend einzeln mit Ganglinien der Hochwasserereignisse Mai 1999 und August 2005 beaufschlagt und mit den Ergebnissen des Ist-Zustandes an ausgewählten Pegeln verglichen.

Die Ergebnisse zeigen, dass trotz immenser zusätzlicher Rückhaltevolumina (über 300 Mio. m³) der Hochwasserscheitel im historischen Szenario in seiner Höhe nicht nennenswert geringer ist als im Ist-Zustand. Im Bereich Neu-Ulm bis Donauwörth ist der Scheitel der historischen Ganglinie sogar etwas höher als im Ist-Zustand (HW 1999). Die großflächigen Überschwemmungen bewirken allerdings eine starke Verzögerung der Hochwasserwellen (**Bild 2**). Eine Sensitivitätsanalyse der Höhenlage der historischen Gewässersohle zeigen lediglich Auswirkungen auf den ansteigenden Ast der Hochwasserwelle und bekräftigen dadurch diese Ergebnisse.

Eine Analyse der überraschenden und unerwarteten Ergebnisse zeigt, dass durch das sehr frühzeitige Ausufern im historischen Szenario kaum noch Retentionspotenzial im Bereich des Hochwasserscheitels zur Verfügung steht und dadurch die Wirkung auf die Scheitelabflüsse gering

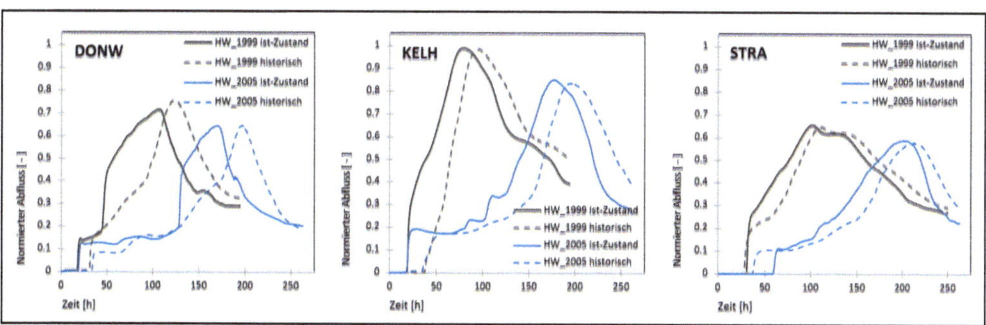

Bild 2: Simulierte Ganglinien für den Ist-Zustand und den historischen Zustand für die Hochwasserereignisse Mai 1999 und August 2005 an den Pegeln Donauwörth (DONW), Kelheim (KELH) und Straubing (STRA); die Abflusswerte sind auf den Scheitel des jeweiligen 100-jährlichen Hochwasserereignis normiert [10]

ist. Auf der anderen Seite werden im Ist-Zustand die Rückhalteflächen, die viel kleiner als im historischen Szenario sind, zu einem günstigeren Zeitpunkt, d. h. erst im Bereich höherer Abflüsse, beaufschlagt. Die starke Abhängigkeit der Wirksamkeit natürlicher Hochwasserretention von der Art der Ausuferung und vom Ausuferungsbeginn bestätigen beispielsweise auch Haider und Vischer [3] in ihren Untersuchungen.

3 Untersuchungen natürlicher Hochwasserrückhalt

Die in Kapitel 2 vorgestellten Untersuchungen eröffnen weiteren Forschungsbedarf. Im Rahmen dieser Veröffentlichung werden an den oben vorgestellten digitalen Geländemodellen weitere Untersuchungen durchgeführt, um die Wirkung heutiger und historischer Hochwasserretention systematischer zu beschreiben. Der Untersuchungsraum wurde dafür auf einen Flussabschnitt der bayerischen Donau zwischen den Pegeln Neu-Ulm Bad Held (NEUL) und Donauwörth (DONW) eingegrenzt (**Bild 3**). Dieser Flussabschnitt ist für die Untersuchung von Hochwasserrückhalt und natürlicher Hochwasserretention besonders interessant, da sich im östlichen Teil dieses Donauabschnittes der sogenannte Riedstrom befindet. Der Riedstrom ist eine noch vorhandene Überflutungsfläche, die sich, beginnend im Bereich der Stauhaltung Faimingen, parallel zur Donau über ca. 40 Flusskilometer erstreckt. Der Riedstrom wird bei Hochwasser über natürliche Ausuferungen gespeist, die durch Überstauregelungen an den Donaustaustufen und entsprechende Ausleitungsstrukturen unterstützt werden. Der Riedstrom wirkt daher wie ein ungesteuerter, durchflossener Polder, der an wenigen Stellen mit der Donau verbunden ist, ansonsten aber weitgehend hydraulisch getrennt verläuft. Bei den vergangenen Hochwasserereignissen hatte der Riedstrom einen maßgebenden verzögernden und dämpfenden Effekt auf die Hochwasserwellen der Donau. Im westlichen Teil des Untersuchungsabschnittes wird das Vorland (Schwäbisches Donaumoos) heute aufgrund der Eintiefung der Donau erst ab relativ hohen Abflüssen überflutet.

3.1 Methodik

Die Geländemodelle des oben beschriebenen Donauabschnittes (NEUL bis DONW) wurden sowohl im Ist-Zustand als auch im historischen Zustand zunächst unmodifiziert verwendet (Szenario 1). Anschließend wurden die Modelle so verändert, dass Ausuferungen ausschließlich im Bereich des Riedstroms (Szenario 2) oder ausschließlich im Bereich des Schwäbischen Donau-

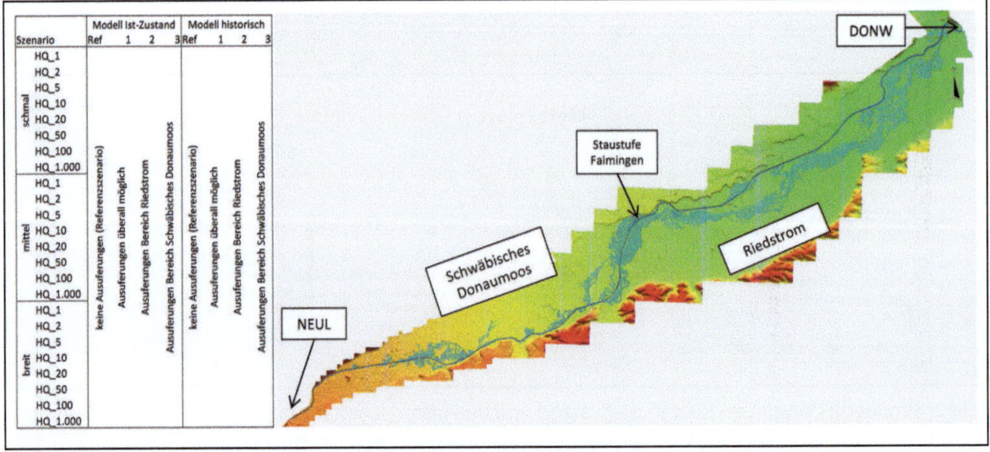

Bild 3: Überblick über alle berechneten Szenarien (Tabelle links) und über das Untersuchungsgebiet (rechts)

mooses (Szenario 3) auftreten können (**Bild 4**). Das heißt, dass in den jeweiligen anderen Bereichen Ausuferungen in den numerischen Berechnungen durch undurchlässige Berechnungselemente unterbunden wurden. Zusätzlich wurden für beide Zustände (historisch und Ist-Zustand) Referenzberechnungen durchgeführt, bei denen im gesamten Untersuchungsabschnitt keine Überschwemmungen des Vorlandes zugelassen wurden (Referenzszenario) (**Bild 4**). Dadurch wurde der Hochwasserabfluss ausschließlich auf den Bereich des Flussschlauchs konzentriert. Dieses unnatürliche Referenzszenario erlaubte auf die reine Retentionswirkung der Vorländer zurückzuschließen.

Als oberstromige Zuflussrandbedingung (NEUL) wurden synthetische Ganglinien mit Jährlichkeiten von 1, 2, 5, 10, 20, 50, 100 und 1 000 (bezogen auf den Pegel NEUL) erzeugt. Dazu wurden als Basis Hochwasserwellen von Unbehauen [12] (Ereignisse zwischen 1845 und 1965) und die Ereignisse 1999, 2002 und 2005 herangezogen. Aus den Ganglinien dieser 23 Ereignisse wurde ein Zusammenhang zwischen Hochwasserfülle und Hochwasserjährlichkeit hergestellt. Das Volumen der jeweiligen Hochwasserwelle, das den 1-jährlichen Hochwasserabfluss übersteigt, wurde dafür herangezogen. Bei der Gegenüberstellung der Hochwasserfüllen und der Jährlichkeiten ergab sich ein Zusammenhang für breite, mittlere und schmale Hochwasserereignisse. Es wurde also je ein synthetisches Ganglinien-Set breiter, mittlerer und schmaler Ereignisse über die genannten Jährlichkeiten erzeugt und als Zufluss in die Modelle beider Zustände gespeist. In **Bild 3** gibt die Tabelle einen Überblick über die berechneten 192 Szenarien.

Zuflüsse aus dem Zwischeneinzugsgebiet wurden vernachlässigt, da nur so die Wirkung der Hochwasserretention losgelöst von Überlagerungen durch die Zubringer betrachtet werden kann. Ausgewertet wurden die simulierten Ganglinien am Pegel DONW, wobei der Einfluss der Retention dimensionslos durch die Dämpfung des Hochwasserscheitels ($Q_{max,i}/Q_{max,Ref}$) und die Laufzeitverzögerung des Wellenscheitels ($t(Q_{max,i})/t(Q_{max,Ref})$) ausgedrückt wird. Ein Vergleich des Retentionseinflusses für

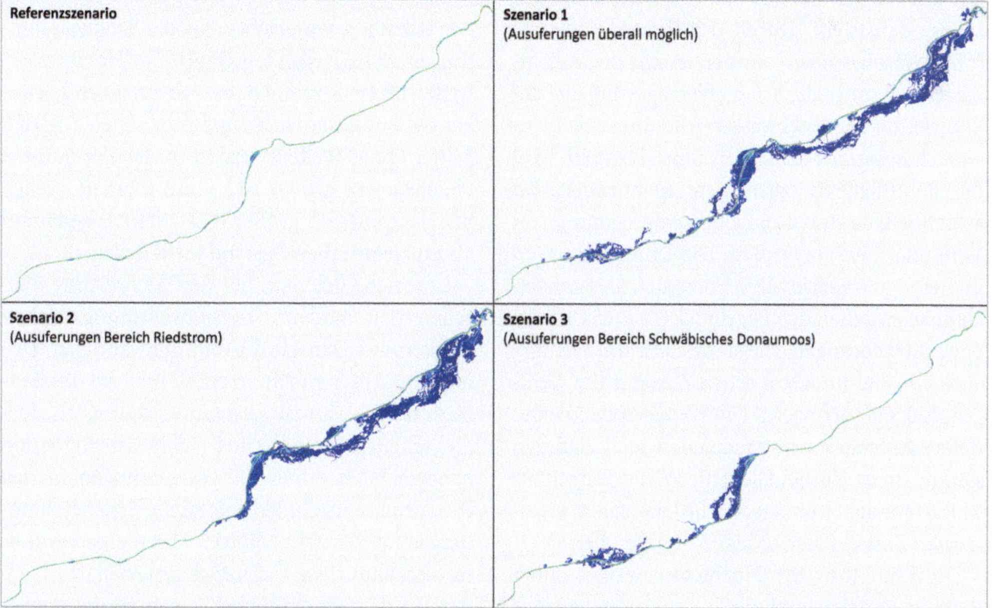

Bild 4: Visualisierung der Überflutungsflächen der berechneten Szenarien; beispielhaft für den Ist-Zustand und ein mittel breites 50-jährliches Hochwasserereignis

unterschiedliche Überflutungsflächen und -volumina erlaubt eine Interpretation der Ergebnisse. Dafür werden aus den maximal ermittelten Wasserspiegeln (WSPL_max) der instationären Simulationen die maximalen Überflutungsgebietsgrenzen und die Volumina in den Vorländern ermittelt. Benachbarte Berechnungselemente können die jeweilige maximale Wasserspiegellage auch zu unterschiedlichen Berechnungszeitschritten erreichen, woraus sich eine leichte Überschätzung der Flächen und Volumina ergeben kann. Dennoch ist diese Methode bei einem knapp 80 km langen Gebiet aufgrund der langen Wellenlaufzeit zu bevorzugen. Zur Bewertung der Retentionseffektivität wurde zu der ermittelten Scheiteldämpfung die Information über den jeweiligen Flächenbedarf hinzugezogen. Die Retentionseffektivität wird festgelegt als der Kehrwert der Scheiteldämpfung bezogen auf die jeweilig aktivierte Überflutungsfläche.

3.2 Ergebnisse

In den folgenden Grafiken (**Bild 5**) sind die Ergebnisse der Szenarien 1 (Ausuferungen überall möglich), 2 (Ausuferungen Bereich Riedstrom) und 3 (Ausuferungen Bereich Schwäbisches Donaumoos) dargestellt. Durch das Referenzszenario (ohne Ausuferungen) wurden jeweils die Wellendämpfung sowie die Scheitelverzögerung aus der Translation der Hochwasserwelle durch das Untersuchungsgebiet herausgerechnet. Dadurch wird der anschließend betrachtete Retentionseffekt ausschließlich durch die Überschwemmung von Vorländern hervorgerufen. Die Untersuchungen im Referenzszenario zeigen, dass sich die Scheitelabflüsse zwischen den Pegeln NEUL und DONW ohne Ausuferungen im Ist-Zustand um weniger als 0,1 % und im historischen Zustand um weniger als 0,3 % verringern. Die Wellenlaufzeiten des Referenzszenarios unterschieden sich dagegen stärker. Im Ist-Zustand liegt die Wellenlaufzeit bei 4 bis 5 Stunden, wohingegen die Laufzeit im historischen Zustand hier 10 bis 13 Stunden beträgt.

Die Dämpfung der Hochwasserwellen durch Retentionseffekte wird durch den Quotienten aus jeweiligem Scheitelwert am Modellauslauf ($Q_{max,i}$) und Scheitelwert des entsprechenden Referenzszenarios ($Q_{max,Ref}$) bestimmt. In den Grafiken (**Bild 5**) sind diese Werte auf der linken Seite über die Hochwasserjährlichkeit aufgetragen. Die Laufzeitverzögerung des Wellenscheitels durch Vorlandretention wird entsprechend durch den Quotienten aus der jeweiligen Wellenlaufzeit ($t(Q_{max,i})$) und der entsprechenden Wellenlaufzeit im Referenzszenario ($t(Q_{max,Ref})$) bestimmt. Diese Werte sind auf der in **Bild 5** auf der rechten Seite dargestellt.

Die Auswertung der Scheiteldämpfung (**Bild 5** links) zeigt allgemein, dass schmale Hochwasserwellen eine stärkere Dämpfung erfahren als breite. Im historischen Zustand tritt im Szenario 1 (Ausuferungen überall möglich) schon bei kleinen Ereignissen (HQ_1) eine starke Dämpfung der Hochwasserwelle auf. Darüber hinaus erfahren nur noch schmale Wellen bis HQ_{20} eine ansteigende Scheiteldämpfung, ansonsten stagnieren die Werte weitgehend, teilweise geht die Dämpfung sogar zurück. Im Ist-Zustand erfahren 1- und 2-jährliche Hochwasserereignisse kaum eine Dämpfung des Wellenscheitels. Ab einem 5-jährlichen Ereignis steigt die Scheiteldämpfung aber stark an und schwächt sich nur bei breiten Hochwasserwellen im Bereich HQ_{100} bzw. $HQ_{1\,000}$ wieder leicht ab. Vergleicht man die Scheiteldämpfungen, so stellt man fest, dass breite Hochwasserwellen im Ist-Zustand bereits ab einem HQ_{10} stärker gedämpft werden als im historischen Zustand. Mittel breite Wellen werden im Ist-Zustand bei Hochwassern größer HQ_{20} und schmale Wellen bei Hochwassern größer HQ_{100} stärker gedämpft als im historischen Zustand (**Bild 5** oben).

Unterscheidet man bei der Auswertung zwischen den beiden Überschwemmungsflächen Riedstrom (Szenario 2) und Schwäbisches Donaumoos (Szenario 3), so erhält man ein differenzierteres Bild. Im Ist-Zustand wird deutlich, dass die Scheiteldämpfung aus Hochwasserretention hauptsächlich durch die Ausuferungen in den Riedstrom entsteht. So zeigen die Scheiteldämpfungen im Szenario 2 (**Bild 5** Mitte) einen grundsätzlich ähnlichen Verlauf wie im Szenario 1. Im Bereich des Schwäbischen Donaumooses entstehen kleinere Vorlandabflüsse erst ab einem 5-jährlichen Ereignis, größere Volumina werden bei Ab-

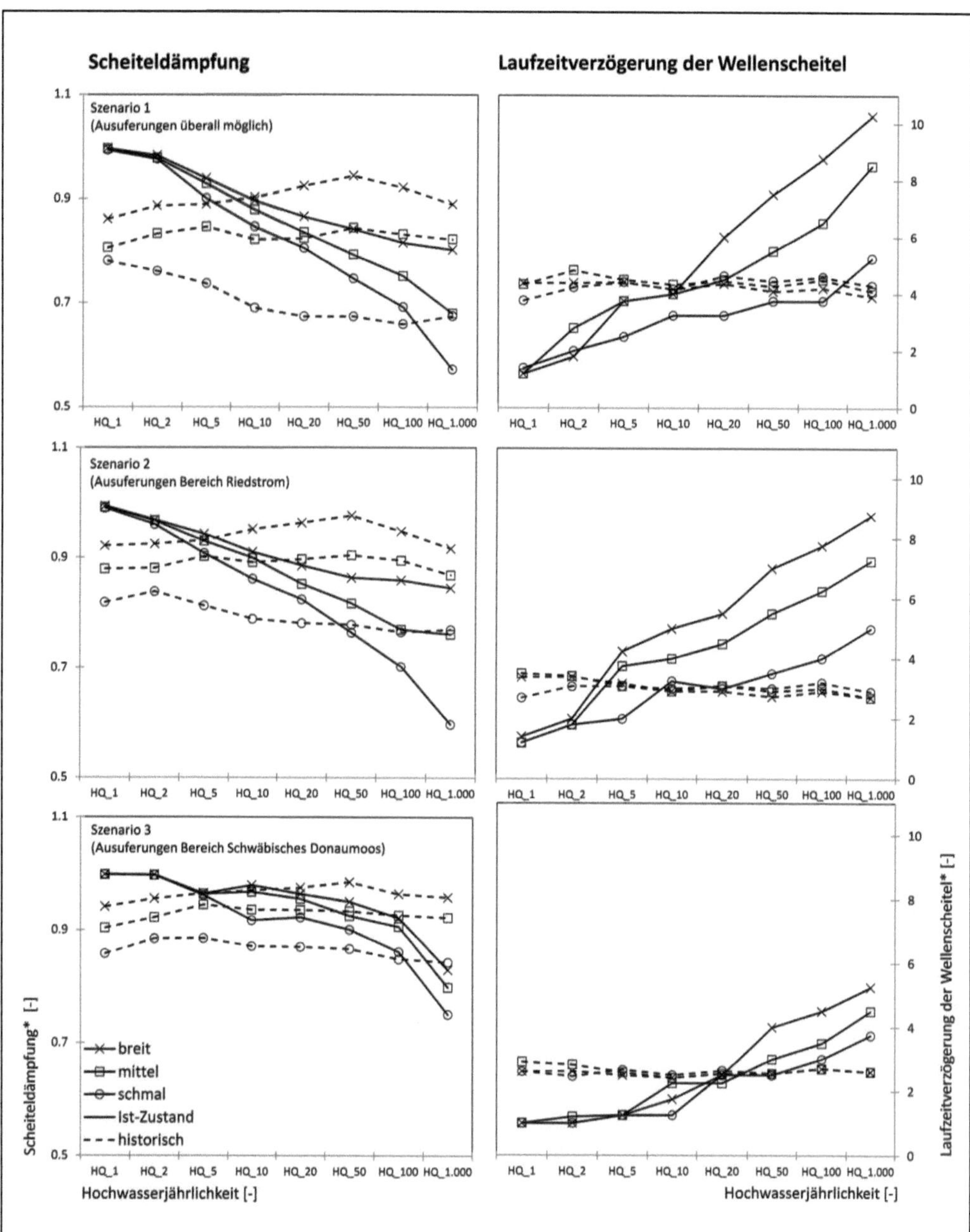

Bild 5: Ergebnisse der Retentionsuntersuchungen dargestellt in Form der Scheiteldämpfung (links) und der Laufzeitverzögerung der Wellenscheitel (rechts) über die Hochwasserjährlichkeit zwischen NEUL und DONW; Szenario 1 (Ausuferungen überall möglich) oben, Szenario 2 (Ausuferungen Bereich Riedstrom) Mitte, Szenario 3 (Ausuferungen Bereich Schwäbisches Donaumoos) unten; Ist-Zustand durchgezogenen Linien, historischer Zustand gestrichelte Linien

flüssen größer HQ_{100} in das Vorland abgeschlagen. In diesem Bereich tritt dann auch eine deutlichere Wirkung der Hochwasserretention durch das Schwäbische Donaumoos auf. Ebenfalls ist zu erkennen, dass die Retentionsflächen teilweise miteinander konkurrieren. So kann die Wirkung der beiden Überflutungsflächen nicht einfach superponiert werden. Treten Ausuferungen im Schwäbischen Donaumoos auf, so geht die Wirkung der Retentionsfläche Riedstrom etwas zurück, da hier geringere Mengen in das Vorland abgeschlagen werden. Historisch treten die Ausuferungen in das Schwäbische Donaumoos viel früher auf. Es ist daher bei häufigeren Hochwassern auch eine Scheiteldämpfung zu verzeichnen. Die Wirkung geht allerdings bei selteneren Ereignissen zurück, so dass breite und mittlere Hochwasserwellen nur noch vernachlässigbare Scheiteldämpfungen erfahren. Schmale Hochwasserwellen dagegen erfahren durch das Schwäbische Donaumoos eine nahezu konstante Scheiteldämpfung. Grundsätzlich ist die Größenordnung der Scheiteldämpfungen im historischen Zustand im Szenario 3 (Schwäbisches Donaumoos) ab einem 10-jährlichen Hochwasserereignis in etwa vergleichbar mit den Werten im Ist-Zustand. Erst jenseits eines 100-jährlichen Hochwassers übersteigt aber die Wirkung der Hochwasserretention auf die Scheitelhöhe im Ist-Zustand die historischen Werte (**Bild 5** unten). Der Riedstrom wird im historischen Zustand bei größeren Hochwassern klar ungünstiger beaufschlagt. Mittlere und breite Hochwasserwellen werden schon ab 5- bzw. 10-jährlichen Hochwasserereignissen schwächer gedämpft als im Ist-Zustand (schmale Ganglinien ab einem 50-jährlichen Ereignis) (**Bild 5** Mitte).

Die normierte Laufzeitverzögerung des Wellenscheitels zeigt im historischen Zustand über alle Szenarien einen grundsätzlich unterschiedlichen Verlauf verglichen mit dem Ist-Zustand (**Bild 5** rechts). Bereits bei 1-jährlichen Ereignissen treten starke Verzögerungen des Hochwasserscheitels durch Hochwasserretention auf. Bei selteneren Ereignissen nimmt die Verzögerung dann leicht aber kontinuierlich ab. Dies lässt sich dadurch erklären, dass die Ausuferungen im historischen Szenario die effektiven Fließwege verkürzen. Dieses Phänomen ist auch von anderen mäandrierenden Flüssen bekannt. Dabei ist die Wirkung auf breite, mittlere oder schmale Ereignisse kaum zu unterscheiden. Im Ist-Zustand wird der Scheitel bei 1-jährlichen Ereignissen so gut wie nicht verzögert. Mit ansteigender Hochwasserintensität steigt auch die Verzögerung der Laufzeit an, wobei breite Ganglinien durchweg stärker verzögert werden als schmale Ganglinien. Auch an der Scheitelverzögerung hat das Schwäbische Donaumoos einen geringeren Anteil als der Riedstrom. Die verzögernde Wirkung der heutigen Retentionsflächen ist ab mittleren Hochwasserereignissen durchaus vergleichbar mit den historischen Werten. Im Bereich extremer Ereignisse liegt die normierte Laufzeitverzögerung der Wellenscheitel sogar über den historischen Werten. Allerdings muss dabei bedacht werden, dass die Laufzeit der Hochwasserwellen im historischen Zustand auch ohne Ausuferungen (Referenzszenario) knapp 10 Stunden länger ist.

Durch die Korrektionsmaßnahmen an der bayerischen Donau sind große Retentionsflächen und Retentionsvolumina verloren gegangen. Auch im Bereich NEUL bis DONW hat sich das verfügbare Retentionsvolumen in etwa halbiert. Heute können bei einem $HQ_{1\,000}$ auf einer Fläche von ca. 150 km² im Mittel 125 Mio. m³ zurückgehalten werden. Vor 200 Jahren waren es in diesem Fall auf ca. 250 km² im Mittel 230 Mio. m³. Gerade bei selteneren Hochwasserereignissen werden aber im Ist-Zustand die Scheitelabflüsse ähnlich stark (teilweise sogar stärker) gedämpft verglichen mit dem historischen Zustand. Die Retentionswirkung korreliert also nicht mit den aktivierten Retentionsvolumen (**Bild 6** links). Die Wirkung der Hochwasserretention spiegelt sich aber im Verlauf der aktivierten Rückhaltefläche, also im Gradienten des Grafen, wider (**Bild 6** links). Der Vergleich der heutigen und der historischen Werte macht deutlich, dass im Ist-Zustand einige Flächen erst sehr spät aktiviert werden und die Steigung der Kurven zunimmt. Im historischen Zustand werden sehr früh bereits große Retentionsflächen gefüllt, wodurch die Steigung der Kurven über die Hochwasserjährlichkeit dann weitgehend abflacht. Die Retentionseffektivität wird deutlich, wenn die ermittelte Scheiteldämpfung auf diesen Flächenbedarf bezogen wird. **Bild 6** zeigt auf der rechten Seite zwei Eigenschaften der Retentionseffektivität für das Szenario 1. Zum einen fällt in beiden Zuständen die Retentionseffektivität bei steigender Hochwasserjährlichkeit ab, zum anderen wirkt natürliche Hochwasserretention im Ist-Zustand deutlich effektiver auf die Höhe der Abflussscheitel als im historischen Zustand.

4 Schlussfolgerungen

Die Untersuchungen von Skublics und Rutschmann [10] haben anhand von 2-D-hydrodynamischen Simulationen bereits großräumig gezeigt, dass große zusätzliche Retentionsvolumina, wie sie an der historischen bayerischen Donau vorhanden waren, für die Hochwasserereignisse Mai 1999 und August 2002 keine nennenswerte Abminderung der Hochwasserspitzen bewirken konnten. Die vorliegende Untersuchung schlüsselt nun die Wirkung natürlicher Hochwasserretention hinsichtlich Scheiteldämpfung und der Laufzeitverzögerung der Wellenscheitel über eine Bandbreite unterschiedlicher Hochwasserereignisse auf. Dabei wurde der Untersuchungsabschnitt auf den Bereich zwischen den Pegeln Neu-Ulm und Donauwörth begrenzt sowie zusätzlich zwischen den Ausuferungsflächen Schwäbisches Donaumoos und Riedstrom differenziert. Analysiert wurden die Abflussganglinien am Modellauslauf (Pegel DONW). Die Auswertung erfolgte hinsichtlich der Höhe und der Laufzeit der Hochwasserscheitel, wobei die ermittelten Werte jeweils auf ein Referenzszenario ohne Ausuferungen bezogen wurden.

Es ergaben sich mehrere interessante Aspekte. Die immensen zusätzlichen Retentionsvolumina im historischen Zustand bewirken hauptsächlich im Bereich geringer Wiederkehrzeiten einen stärkeren Retentionseffekt, der mit steigender Jährlichkeit weitgehend stagniert. Bei selteneren Ereignissen ist dann die Dämpfung der Hochwasserscheitel im Ist-Zustand größer. Zudem nimmt im historischen Zustand die im Bereich geringer Wiederkehrzeiten deutliche Scheitelverzögerung durch Retention bei steigender Hochwasserintensität ab. Im Ist-Zustand verhält sich dies andersherum. Dabei wirken die Ausuferungen im Bereich des Riedstroms im Ist-Zustand deutlich effektiver als im historischen Zustand. Das ist auf die besonderen Eigenschaften des heutigen Riedstroms zurückzuführen. Als eine Art ungesteuerter Fließpolder wird diese Retentionsfläche erst bei höheren Abflüssen aktiviert und ist auch bei extremen Abflüssen noch wirkungsvoll. Außerdem bewirkt die hydraulisch weitgehende Trennung

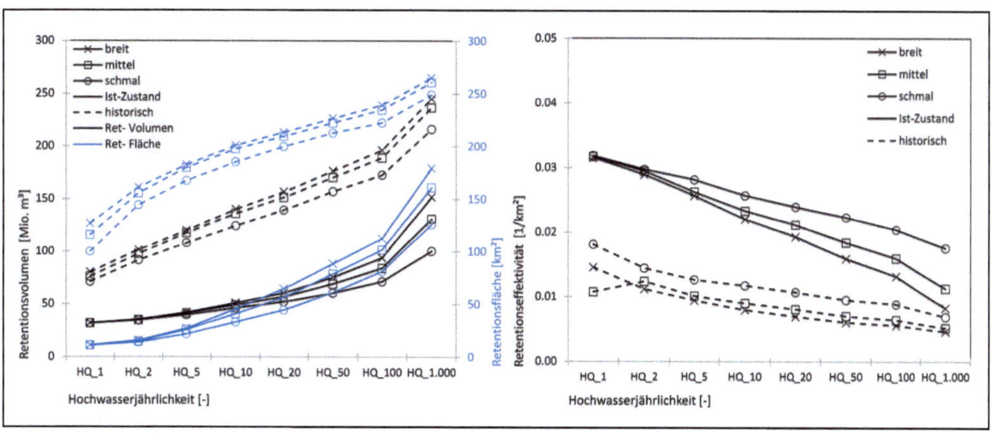

Bild 6: Links: Retentionsvolumen (primäre y-Achse, schwarz) und Retentionsfläche (sekundäre y-Achse, blau); rechts: Retentionseffektivität; im Ist-Zustand (durchgezogen) und im historischen Zustand (gestrichelt) für das Szenario 1 (Ausuferungen überall möglich)

dieser Überschwemmungsfläche vom Hauptabfluss eine Entzerrung der Abflüsse und damit eine starke Verzögerung sowie Dämpfung des Hochwasserscheitels. Rein hypothetisch betrachtet könnte bei Einsatz des noch heute vorhandenen Rückhaltevolumens durch optimal gesteuerte Maßnahmen eine theoretische Kappung des Hochwasserscheitels um bis zu 60 % erreicht werden. Diese Abschätzung soll das Potential von gesteuerten Rückhaltemaßnahmen nur verdeutlichen, ohne Nutzungsveränderung der noch vorhandenen natürlichen Überflutungsflächen zu befürworten.

Die Untersuchungen zeigen eindrucksvoll, dass die Wirkung von Hochwasserrückhalt durch Hochwasserretention nicht über die ausufernden Volumina beschreibbar ist. Vielmehr sind die Art, der Zeitpunkt und die hydraulischen Vorgänge in den Überflutungsflächen ausschlaggebend für die Minderung und Verzögerung des Hochwasserscheitels. Zieht man den Flächenbedarf mit heran, um die Retentionseffektivität zu beschreiben, zeigt sich zum einen, dass die Effektivität natürlicher Hochwasserretention bei steigender Hochwasserjährlichkeit abnimmt, und zum anderen, dass im heutigen Zustand natürliche Hochwasserretention deutlich effektiver auf die Höhe der Abflussscheitel wirkt.

Abschließend sei festgehalten, dass der Hochwasserschutz an der bayerischen Donau aus wissenschaftlicher Sicht und trotz wiederkehrender Schadensereignisse einen recht komfortablen Stand aufweist. Insbesondere ist in keiner Weise zu erkennen, dass Schlagworte wie „Breitenwasser statt Hochwasser" eine wissenschaftliche Legitimierung besitzen. Eher ist sogar das Gegenteil festzustellen, dass nämlich die heutige, räumlich stark eingeschränkte bayerische Donau dank vieler flussbaulicher Maßnahmen und vorhandener Hochwasserschutzeinrichtungen den Anliegern einen besseren Hochwasserschutz liefert, als dies die breite, anthropogen unberührte Donau hätte tun können. Auch schon früher berichteten die „Medien" von historischen Hochwasserereignissen, bei denen: „Menschen wie Tiere von den Wogen mitgerissen und in den wilden Fluten ein nasses Grab fanden." (Auszüge aus den Quellentexten zur Witterungsgeschichte von Weikinn zitiert nach [1]). Im Vergleich dazu scheinen, abgesehen von den monetären Schäden, die Auswirkungen des Juni-2013-Ereignisses doch sehr viel weniger dramatisch ausgefallen zu sein. Dennoch ist es vielleicht gerade diese Situation der relativen Sicherheit, die dazu führt, dass die Schadenspotenziale entlang der Flüsse noch immer ansteigen und dass das Hochwasserbewusstsein in der Bevölkerung nach einem Ereignis wie dem Hochwasser Anfang Juni 2013 i. d. R. nur wenige Jahre anhält.

Autoren

Dipl.-Ing. Daniel Skublics
Prof. Dr.-Ing. Peter Rutschmann
Lehrstuhl für Wasserbau und Wasserwirtschaft
Technische Universität München
Arcisstraße 21, 80333 München
skublics@tum.de
rutschmann@tum.de

Literatur

[1] Bayerisches Landesamt für Umwelt (Hrsg.): Leben mit dem Fluss, Hochwasser im Spiegel der Zeit. Augsburg: Bayerisches Landesamt für Umwelt, 2008.

[2] Bayerisches Landesamt für Wasserwirtschaft (Hrsg.): SpektrumWasser 1 – Hochwasser, Naturereignis und Gefahr. München: Bayerisches Landesamt für Wasserwirtschaft, 2004.

[3] Haider, S.; Vischer, D.: Der Beitrag von Vorlandüberflutungen zur Verformung von Hochwasserwellen. In: Mitteilungen der Versuchsanstalt für Wasserbau, Hydrologie und Glaziologie der Eidgenössischen Technischen Hochschule Zürich (1994), Heft 128.

[4] Haselsteiner, R.: Hochwasserschutzdeiche an Fließgewässern und ihre Durchsickerung. In: Berichte des Lehrstuhls und Versuchsanstalt für Wasserbau und Wasserwirtschaft der Technischen Universität München (2007), Heft 111.

[5] Kern-Kernried, R.: Die Correktion der Donau im Regierungs-Bezirke Schwaben & Neuburg, Königreich Bayern. Dillingen: Kolb-Verlag, 1874.

[6] Oberste Baubehörde Bayern (Hrsg.): Der Hochwasserschutz an der Donau in Bayern. München: Staatsministerium des Innern Bayern, 1927.

[7] Patt, H.: Hochwasser-Handbuch. Berlin: Springer Verlag, 2001.

[8] Riedl, A.: Donaustrom von der Schwäbischen Gränze durch Baiern bis an die Oesterreichische. In: Stromatlas von Baiern, München, 1808.

[9] Skublics, D.; Fischer, M.; Rutschmann, P.: Numerical investigation on natural flood retention at the Bavarian

Danube. 33rd International Association of Hydraulic Engineering & Research (IAHR) Congress. Vancouver, 2009.

[10] Skublics, D.; Rutschmann, P.: Progress in Natural Flood Retention at the Bavarian Danube. In: Natural Hazards. Heidelberg: Springer Verlag (in Begutachtung).

[11] Süddeutsche Zeitung (Hrsg.): Gebt den Flüssen mehr Raum. Interview mit Beate Jessel, Bundesamt für Naturschutz, 13. Juni 2013.

[12] Unbehauen, W.: Die Hochwasserabflussverhältnisse der Bayerischen Donau, Hochwasser der Jahresreihe 1845/1965. In: Besondere Mitteilung zum Deutschen Gewässerkundlichen Jahrbuch Nr. 30. München: Bayerische Landesstelle für Gewässerkunde, 1971.

Daniel Skublics and Peter Rutschmann

Flood Retention for Flood Mitigation along the Bavarian Danube

Natural flood retention in river basins is a complex topic very much influenced by hydrodynamic processes in the flooded areas. Before the first anthropogenic corrections in the early 19th century, the Bavarian Danube was a braided river not significantly influenced by human civilization or activities. With two-dimensional simulations using a historical digital terrain model of this time it was shown, that despite the immense retention volume in the historical meadows the flood peaks would not have been significantly reduced compared to the nowadays and heavily channelized, man-made modified situation. This present paper compares the present and historical states of the Danube River basin for the very interesting and hydro-dynamically complex river stretch from Neu-Ulm to Donauwörth. For the comparison a systematic study considering synthetic hydrographs of different width, neglecting the inflows of the intermediate catchment, is performed. The effect of flood retention is quantified by the damping and detention of the flood peaks. The results show clearly that flood retention cannot be correlated with the amount of activated retention volume.

Michael Kühberger und Clemens Berger

Vorlandmanagement an der niederbayerischen Donau im Spannungsfeld von Hochwasserschutz, Landwirtschaft und Naturschutz

An der Donau zwischen Straubing und Vilshofen besteht ein umfangreiches Hochwasserschutzsystem. Beim Augusthochwasser 2002 erreichten die Wasserstände fast die Deichkronen, obwohl es sich nur um ein ca. 15-jährliches Ereignis handelte. Die Analyse zeigte, dass sowohl die starke Zunahme von Gehölzbeständen als auch der Maisanbau in den Vorländern die erhöhten Wasserstände verursachten. Weil dadurch die Hochwassergefahr für die zahlreichen Siedlungen in den Poldern deutlich gestiegen war, bestand dringender Handlungsbedarf. Um die Abflussleistung der Vorländer kurzfristig wieder zu erhöhen, wurde ein Maisanbauverbot im Vorland erlassen und die Gehölzbestände massiv reduziert. Existenzgefährdungen von Landwirten mussten vermieden werden. Die naturschutzfachlichen Eingriffe mussten kompensiert werden. Das Vorlandmanagement an der Donau zwischen Straubing und Vilshofen bleibt eine Daueraufgabe. Beim Hochwasser 2013 konnten aber infolge der durchgeführten Maßnahmen einige Deichbrüche vermieden werden.

1 Ausgangssituation

An der 70 km langen Donaustrecke zwischen Straubing und Vilshofen wurde zwischen 1930 und 1955 ein umfangreiches Hochwasserschutzsystem errichtet. Beidseitig der Donau wurden neben der Binnenentwässerung vor allem Deiche gebaut und damit der abflusswirksame Bereich auf ca. 500 m begrenzt. Für den Hochwasserabfluss sind die verbliebenen Vorländer – die Flächen zwischen Fluss und Deich – von großer Bedeutung.

Beim Augusthochwasser 2002 erreichte der Wasserspiegel der Donau unterhalb von Straubing fast die Deichkronen, ein Deichbruch konnte gerade noch verhindert werden. Obwohl es sich in diesem Bereich nur um ein etwa 15-jährliches Abflussereignis gehandelt hat, waren die alten Deiche, die bordvoll zumindest vor einem 80- bis 100-jährlichen Hochwasser schützen sollen, fast bis zur Krone eingestaut. Der Wasserstand am Pegel Straubing war um 50 cm höher als nach den bis dahin bekannten Wasserstand-Abfluss-Beobachtungen erwartet werden konnte.

Die Untersuchungen der Ursachen ergaben, dass der überproportionale und ungewöhnliche Anstieg des Wasserspiegels erst einsetzte, als die Donau über die Ufer trat und die Vorländer beaufschlagt wurden. Historische Recherchen zeigten, dass sich die (hydraulische) Beschaffenheit der Ufer und Vorländer gegenüber dem Zustand während des Deichbaus in den 1930er- und 1940er-Jahren deutlich verändert hat. Sowohl der Bewuchs an den Ufern als auch in den Vorländern hat aufgrund der geänderten Landnutzung in den letzten Jahrzehnten so zugenommen, dass die Vorländer nicht mehr ausreichend abflusswirksam waren [1].

Zum Zeitpunkt des Ausbaus des Hochwasserschutzsystems an der Donau Ende der 1930er-Jahre lag der Anteil der Grünlandnutzung im Strau-

S. Heimerl (Hrsg.), *Vorsorgender und nachsorgender Hochwasserschutz*,
https://doi.org/10.1007/978-3-658-21839-3_35

Kompakt

- In den Donauvorländern haben im Laufe der Jahre Maisanbau und Gehölzaufwuchs stark zugenommen.
- Um die frühere Hochwassersicherheit wieder herzustellen, wurde ein Maisanbauverbot erlassen und Gehölzbestände reguliert.
- Dafür mussten Kompensationsmaßnahmen erbracht werden, welche jetzt abgeschlossen wurden.

binger Bereich bei über 80 % der Vorlandflächen. Bis Ende der 1990er-Jahre ist der Anteil an Grünland in den Vorlandbereichen auf circa ein Drittel der Fläche gesunken. Dem gegenüber haben sich die Ackerflächen verdreifacht, die Zunahme an Gehölzstrukturen ist mit dem Siebenfachen noch deutlich höher (**Bild 1**) [2].

Der dichte Uferbewuchs entlang des Mittelwasserbettes sowie Maisnutzung in den Vorländern stellten mittlerweile abflusshemmende Barrieren und Querriegel dar, die den Zu- und Abfluss sowie die Durchströmung der Vorländer und damit deren Abflussleistung reduzierten.

Ein Vergleich der Bewuchssituation im Sommer und Winter zeigte auf, dass der Einfluss der Ufer- und Begleitvegetation nur geringen jahreszeitlichen Schwankungen unterliegt. Die landwirtschaftlich genutzten Flächen stellen in der Regel im Winter kein Abflusshindernis dar, wo hingegen der Aufwuchs im Sommer - dort im Speziellen von Mais - die Hochwassersituation verschärft. Berechnungen haben ergeben, dass der Hochwasserspiegel aufgrund der geänderten Rauheit der Vorländer bei einem hundertjährlichen Abflussereignis um bis zu einem Meter höher steigt. [2]

2 Vorlandmanagement an der niederbayerischen Donau

Auf Grundlage von verschiedenen Landnutzungsszenarien in den Vorländern, die durch ein hydrodynamisch-nummerisches 2-D-Modell berechnet wurden, hat das Wasserwirtschaftsamt Deggendorf unverzüglich begonnen, kurzfristig erfolgsversprechende Maßnahmen zur Absenkung der Hochwasserstände bei HQ_{100} zu planen und umzusetzen. Ziel war eine nachhaltige Nutzung der Vorländer aus wasserwirtschaftlicher und naturschutzfachlicher Sicht. Entsprechend ihrer Realisierbarkeit wurden

Bild 1: Änderung der Landnutzung in den Vorländern bei Straubing seit dem Deichbau in den 1930er-Jahren

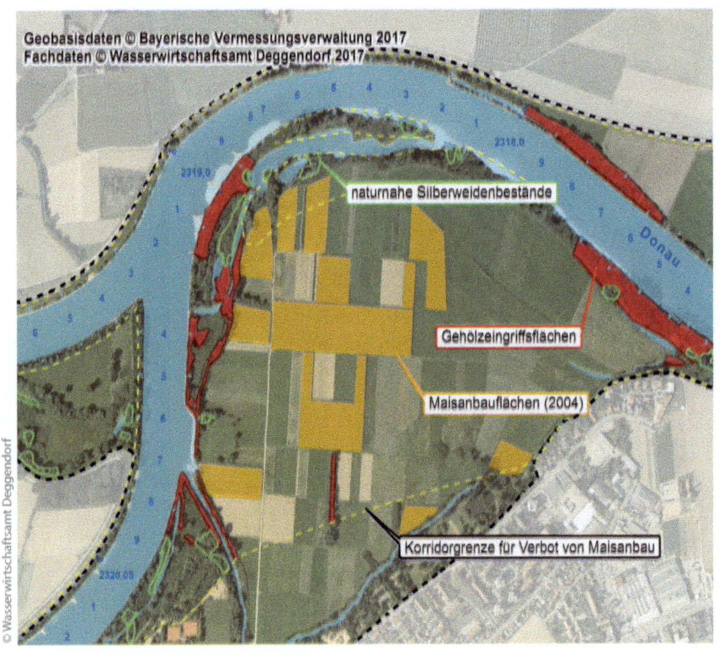

Bild 2: Maßnahmen des Vorlandmanagements im Bereich Pillmoos (Stadt Straubing); rot eingezeichnet sind die Gehölzregulierungsmaßnahmen, hier vor allem an den Ein- und Ausströmbereichen der Vorländer; naturnahe Silberweidenbestände (grüne Umrandung) wurden von den Gehölzeingriffen möglichst verschont; gelb markiert sind die Flächen mit Maisanbau im Jahr 2004, durch das Maisanbauverbot von 2008 wurde der Anbau von Mais innerhalb des Korridors (gelbe gestrichelte Linie) verboten

die Maßnahmen in kurz-, mittel- und langfristig umsetzbare Maßnahmen unterteilt.

2.1 Kurzfristige Maßnahmen

Zu den vordringlichen, kurzfristigen Maßnahmen zur Verbesserung des Vorlandabflusses bei HQ_{100} zählten die Regulierung der Gehölzbestände und die Änderung der Landnutzung in den Vorländern.

2.1.1 Gehölzregulierungsmaßnahmen

Die Grundlagen des Vorlandmanagements an der Donau wurden im Rahmen des SUMAD-Projektes („Sustainable Use and Management of Alluvial Plains in Diked River Areas") entwickelt. Einer der beiden bayerischen Beiträge zu diesem transnationalen Projekt wurde an der Donau zwischen Straubing und Pfelling erarbeitet. Auf der Grundlage eines Pflege- und Entwicklungsplanes für die Vorländer des SUMAD-Gebietes wurden im Winterhalbjahr 2005/06 erste Regulierungsmaßnahmen an den Gehölzen durchgeführt. Der Bewuchs in hydraulisch besonders kritischen Bereichen der Ufer sowie Vorländer wurde gerodet oder aufgelichtet. Dies waren vor allem die Ein- und Ausströmbereiche der Vorländer sowie bei Bewuchsriegeln quer zur Strömung (**Bild 2**). Der Abschnitt Straubing bis Pfelling wurde damit zum ersten Umsetzungsabschnitt des Vorlandmanagements an der niederbayerischen Donau. Dem folgten weitere Umsetzungsabschnitte bis Vilshofen (**Tabelle 1** und **Bild 3**) [1].

Bereits im Planungsprozess wurde durch enge Zusammenarbeit der Fachplaner seitens Wasserwirtschaft bzw. Hydraulik und Naturschutz eine weitgehende Minimierung der Eingriffe erreicht. Vor allem naturnahe Gehölzbestände (Silberweidenbestände) wurden weitestgehend von Eingriffen ausgespart (**Bild 2** und **Bild 4**). Außerdem erfolgten die Eingriffe nicht grundsätzlich als Rodung, vielmehr wurden häufig nur Auflichtungen in verschiedener, dem Bestand angepasster Intensität vorgenommen [4].

Von den im Rahmen des Vorlandmanagements durchgeführten Gehölzregulierungen waren insgesamt 99,67 ha Gehölzbestände betroffen. Die Donau, ihre Uferbereiche und Vorländer sind zwischen Straubing und Vilshofen aber fast durchweg von erheblicher naturschutzfachlicher Bedeutung und als Schutzgebiete verschiedener Kategorien ausgewiesen (Natura 2000-Gebiete, Na-

Tab. 1: Umsetzungsabschnitte des Vorlandmanagements an der niederbayerischen Donau (Quelle: [4], verändert)

Umsetzungsabschnitt Lage		Donau-km (von bis)	Länge [km]	Fläche [ha]	Umsetzung Jahr
1	Straubing-Pfelling	2 321 – 2 305	16	1 150,6	2005/06
2	Pfelling-Vilshofen (ohne Isarmündungsgebiet und Staatshaufen)	2 305 – 2 249	56	2 398,2	2006/07
3	Isarmündungsgebiet mit Staatshaufen	2 284 – 2 277	7	508,9	2009 und 2010
3b	Rechtes Vorland von Thundorf bis Aicha a.d. Donau	2 277 – 2 271	6	73,7	2011

turschutzgebiete, Landschaftsschutzgebiete, u. a.).

Die Durchführung der Maßnahmen erforderte damit eine besonders sorgfältige Planung, die die Eingriffe in Gehölzstrukturen auf ein Minimum beschränkt (§ 15 (1) BNatSchG). Unvermeidliche Eingriffe müssen nach naturschutzfachlichen (§ 15 (2) BNatSchG) und forstlichen Grundsätzen (BayWaldG) ausgeglichen werden. Zum Ausgleich der seit Winter 2005/06 durchgeführten Maßnahmen wurden seit 2008 insgesamt 106,33 ha neue Waldflächen entwickelt (**Bild 3**). Dies geschah teilweise mit erheblichem Aufwand, da die erforderliche Überflutungsdisposition der Standorte v. a. für Weichholzauen meist durch Bodenabtrag hergestellt werden musste (ca. 527 000 m³ Aushub auf 33,57 ha, **Bild 5**).

Da die Donauvorländer praktisch vollständig europäische Schutzgebiete sind (FFH-Gebiete sowie SPA/Vogelschutz-Gebiete), teilweise auch Schutzgebiet nach nationalem Recht, ist für die Durchführung der angesprochenen Gehölzpflegemaßnahmen die Durchführung verschiedener Genehmigungsverfahren nach Naturschutz- und auch nach Forstrecht nötig:

- FFH- bzw. SPA-Verträglichkeitsuntersuchung zum Antrag auf Befreiung nach § 34 BNatSchG, FFH-Richtlinie bzw. Vogelschutzrichtlinie der EU,
- Landschaftspflegerischer Begleitplan zur Abhandlung der Eingriffsregelung (§ 17 BNatSchG),
- Angaben zur speziellen artenschutzrechtlichen Prüfung (saP; § 44 BNatSchG),
- Umweltverträglichkeitsprüfung hinsichtlich der umfassenden Rodungserlaubnis nach Art. 39 a Abs. 1 BayWaldG.

Die in den Vorländern durchgeführten Arbeiten an den Gehölzbeständen führten zu flächigen Verlusten oder strukturellen Beeinträchtigungen (Auslichtungen) von hauptsächlich Weichholzauen, aber auch Hartholzauwäldern sowie sonstigen Gehölzbeständen, v. a. Pappelforsten. Diese sind

Bild 3: Eingriffsfläche im Pillmoos (Stadtbereich Straubing) aus dem Jahr 2006 vor (oben) und nach (unten) der Gehölzregulierung, neben einzelnen Hybridpappeln wurde hier vor allem der dichte Strauchunterwuchs entfernt

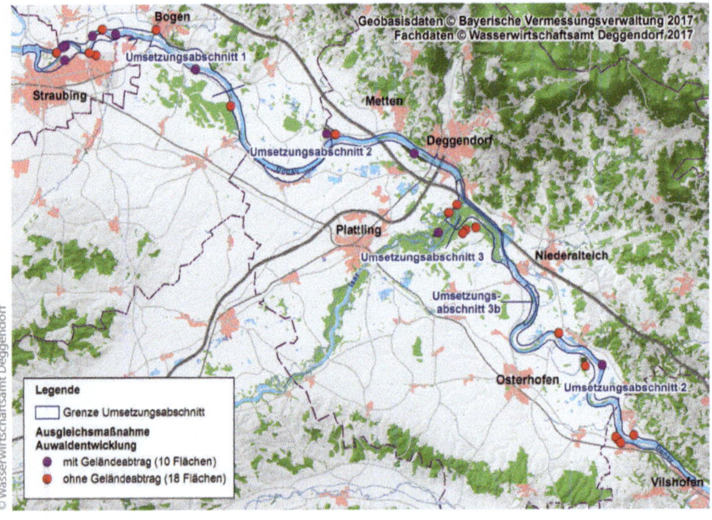

© Wasserwirtschaftsamt Deggendorf

Bild 4: Übersicht des Projektgebietes des Vorlandmanagements an der Donau zwischen Straubing und Vilshofen mit den einzelnen Umsetzungsabschnitten, mit eingezeichnet sind die 28 Ausgleichsflächen zur Entwicklung von Auwald, die zwischen 2008 und 2016 umgesetzt wurden

aber nicht zuletzt auch Lebensraum verschiedener auetypischer, teils seltener und (streng) geschützter Tier- und Pflanzenarten, die von den Eingriffen betroffen sein können. Die laut Bescheidsauflagen bis Ende 2016 durchzuführenden Ausgleichs- und Vermeidungsmaßnahmen werden hier aufgelistet:

- Neuentwicklung von 106,33 ha Weich- und Hartholzauwald auf 28 Flächen, davon Umbau von naturfernen Pappelforsten (3 ha),
- Sicherung von ca. 300 Altbäumen,
- Entwicklung von artenreichen Wiesen,
- Entwicklung von Hochstaudenfluren,
- Temporäre Nutzungsruhe in strukturreichen Wäldern außerhalb der Vorländer,
- Anlage von 26 Totholzhaufen,
- Anbringen von 210 Nistkästen für Fledermäuse, Waldkauz, Halsbandschnäpper, Bilche; regelmäßige Betreuung und Kontrolle der Kästen sowie
- Monitoringmaßnahmen (Vögel, Fische, Mollusken, Annuellenfluren, morphologische Veränderungen an ausgewählten Altwassern).

Da der notwendige Ausgleich (Auwaldentwicklung) aufgrund der hydraulischen Vorgaben nicht vollständig in den Vorländern geleistet werden konnte, wurde in geeigneten Deichrückverlegungsflächen Ausgleichsflächen zur Waldentwicklung vorgesehen [4].

© Herrmann

Bild 5: Ausgleichsfläche „Schaudeckenwörth" bei Winzer, mit Blick auf die Abtragsfläche zur Herstellung einer tief gelegenen Weichholzaue, im Vordergrund ist im 2. Jahr nach Fertigstellung bereits ein beachtlicher Weidenaufwuchs allein durch Samenanflug erkennbar

Die erforderlichen Kompensationsmaßnahmen wurden zwischenzeitlich erbracht. Der durch die Gehölzmaßnahmen verbesserte Abflusszustand in den Vorländern wird durch regelmäßige Pflege- und Unterhaltungsmaßnahmen vom Freistaat Bayern dauerhaft erhalten.

2.1.2 Änderung der Landnutzung der Vorländer

Die zweite kurzfristig umzusetzende Maßnahme war die Optimierung der landwirtschaftlichen Nutzung hinsichtlich des Hochwasserabflusses der Vorländer. Im Jahr 2004 wurde in den Donauvorländern zwischen Straubing und Vilshofen auf ca. 200 ha Mais angebaut. Durch die Umstellung von Pachtverträgen auf Flächen der öffentlichen Hand sowie durch die intensive Beratung der Landwirte mit Hilfe eines beauftragten Fachbüros sowie der Ämter für Landwirtschaft und Forsten konnte bis 2006 der Maisanbau um ca. 60 ha verringert werden. [1]

Seit April 2008 wurde durch Allgemeinverfügungen der Kreisverwaltungsbehörden der Stadt Straubing sowie der Landkreise Straubing-Bogen, Deggendorf und Passau ein Anbauverbot von Mais und Sonnenblumen sowie weiterer Ackerkulturen mit vergleichbarer abflusshemmender Wirkung für die Vorländer zwischen Straubing und Vilshofen erwirkt.

Die Rechtmäßigkeit der Allgemeinverfügung wurde in einem Urteil des Bayerischen Verwaltungsgerichtes in Regensburg im Wesentlichen bestätigt. Das Gericht kam zu dem Urteil, dass das Anbauverbot im Rahmen der Sozialbindung des Eigentums entschädigungslos hinzunehmen ist.

Um das Fehlen einer sonst üblichen Übergangsfrist auszugleichen, hat der Freistaat Bayern dennoch Maßnahmen beschlossen, um die Auswirkungen des Maisanbauverbotes für Eigentümer und Bewirtschafter von landwirtschaftlichen Flächen innerhalb des Verbotskorridors zu minimieren. Neben der Gewährung einer einmaligen Ersatzzahlung (1 265 €/ha) wurde im Zuge eines Flächenmanagements (Flächenankauf, Flächentausch) betroffenen Bewirtschaftern im Donauvorland Unterstützung angeboten. Dadurch konnten Existenzgefährdungen vermieden und besondere Härtefälle abgemildert werden.

Das seit 2008 unbefristet geltende Anbauverbot von Mais und Sonnenblumen wird durch das Wasserwirtschaftsamt Deggendorf mehrmals jährlich kontrolliert. Verstöße werden konsequent geahndet. Gegen das Verbot wird aber nur selten verstoßen.

2.2 Mittel- und langfristige Maßnahmen

Zu den mittelfristigen Maßnahmen zählen örtlichen Maßnahmen wie Abtrag nicht mehr notwendiger Sommerdeiche, Abtrag von Uferrehnen, Beseitigung bzw. Aufweitung von Durchlässen und Brückenbauwerken. Diese Arbeiten wurden zwischenzeitlich vom Wasserwirtschaftsamt Deggendorf umgesetzt.

Die Rückverlegung von Deichabschnitten und Schaffung von Flutmulden werden als langfristige Maßnahmen im Rahmen des Donauausbaus geplant und ausgeführt.

3 Kosten

Die Gesamtkosten des Projektes belaufen sich auf über 32 Mio. Euro. 13 Mio. Euro wurden für das Flächenmanagement der Landwirtschaft sowie für Ersatzzahlungen aufgewendet. 3 Mio. Euro wurden für die Rodungs- und Auflichtungsmaßnahmen ausgegeben. Die restlichen 16 Mio. Euro sind für die Umsetzung der naturschutzfachlichen Kompensationsmaßnahmen verwendet worden, hier geht die Hälfte der Kosten zu Lasten des Grunderwerbs für Ausgleichsflächen.

4 Fazit

Das Vorlandmanagement bleibt eine Daueraufgabe: Die durch die Gehölzregulierung hergestellte hydraulische Situation muss durch ständige Gehölz- und Vorlandpflege aufrechterhalten werden. Ebenso sind weiterhin Kontrollen zur Einhaltung des Maisanbauverbotes notwendig.

Während des Junihochwassers 2013 waren die Auswirkungen der Maßnahmen deutlich erkennbar [5]: „[...] die nach 2004 durchgeführten Maßnahmen zum Vorlandmanagement der Donau mit der Abflussertüchtigung der Vorländer haben zu einer wirksamen Absenkung der Wasserspiegellagen auf der Gesamtstrecke um 0,2 bis 0,3 Meter beigetragen. Ohne diese Maßnahmen wären weitere Deichbrüche, zum Beispiel am Öblinger Bruch, Niederalteich oder Osterhofen, sehr wahrscheinlich gewesen."

Autoren
Michael Kühberger
Clemens Berger
Wasserwirtschaftsamt Deggendorf
Detterstraße 20, 94469 Deggendorf
poststelle@wwa-deg.bayern.de

Literatur

[1] Ebner, K.-H.; Kleinert, E.: Hochwasserschutz durch Vorlandmanagement. In: Die Flußmeister (2007), S. 49-52.

[2] Haimerl, G.; Ebner, K.-H.: Hochwasserschutz durch Vorlandmanagement – Untersuchungen an der Donau bei Straubing. In: WasserWirtschaft 96 (2006), Heft 3, S. 17-21.

[3] Haimerl, G.; Kröbl, P.; Kettler-Hardi, S.: SUMAD – Projektgebiet Bayerische Donau von Straubing bis Pfelling. Bericht über die Grundlagenermittlung, Ist-Zustandsanalyse und Szenarienuntersuchungen am 2-dimensionalen HN-Modell. Unveröffentlichte Studie im Auftrag des Wasserwirtschaftsamtes Deggendorf, 2006.

[4] Herrmann, T.; Berger, C.: Auwaldentwicklung an der Donau – Ausgleichsmaßnahmen für das Vorlandmanagement zwischen Straubing und Vilshofen. In: Auenmagazin (2013), Heft 5, S. 29-35.

[5] Bayerisches Landesamt für Umwelt (Hrsg.): Das Junihochwasser 2013 in Bayern – Wasserwirtschaftlicher Bericht. Augsburg, 2014.

Michael Kühberger and Clemens Berger

Foreshore management along the Lower Bavarian Danube – between flood control, agriculture, and nature conservation

Flood control alongside the Danube is extensive between Straubing and Vilshofen. During the August 2002 flood, which was a 15-year event only, flood water levels almost reached the dyke tops. Both maize cultivation in the foreshore and a strong increase in riparian vegetation/woodland could be identified as the reasons for this. As this meant that the numerous settlements in the polders were more and more threatened by flooding, intervention was necessary. In order to quickly increase runoff volumes, maize cultivation in the foreshore was banned and the riparian vegetation/woodland was reduced drastically. Throughout this process, it was vital to avoid threatening the farmers' existence and to compensate for interventions in the environment. Foreshore management along the Danube between Straubing and Vilshofen remains a permanent task, however. Nevertheless, measures already proved to be successful during the 2013 flood, where dyke breaks could be avoided.

Hermann Onko Aeikens

Das Juni-Hochwasser 2013 in Sachsen-Anhalt

Die vergangenen Jahre haben gezeigt, dass verheerende Hochwasserereignisse in kurzen Zeiträumen wiederholt auftreten können. Das Hochwasserereignis im Juni 2013 hat Sachsen-Anhalt schwer getroffen. Noch immer sind nicht alle Schäden beseitigt. Nach gegenwärtiger Einschätzung sind Schäden in Höhe von bis zu 2 Mrd. € entstanden. Unter Berücksichtigung der fachlichen Auswertung des Hochwasserereignisses 2013 sowie der Ergebnisse der Sonderumweltministerkonferenz „Hochwasser" am 2. September 2013 und der Elbeministerkonferenz am 6. Dezember 2013 wird die Hochwasserschutzkonzeption des Landes Sachsen-Anhalt aktualisiert und fortgeschrieben. Dabei werden auch die Belange der Kommunen berücksichtigt und ca. 20 Mio. € aus dem EFRE-Fonds für kommunale Hochwasserschutzmaßnahmen bereitgestellt. Letztlich muss es das Bestreben aller am Hochwasserschutz beteiligter Akteure sein, gemeinsam und länderübergreifend Vorsorge- und Schutzmaßnahmen zu erarbeiten und umzusetzen.

1 Einführung

Gut ein Jahr nach der verheerenden Flutkatastrophe vom Juni 2013 gilt es, auf die Ereignisse zurückzublicken, die viele Menschen in Sachsen-Anhalt und den anderen Elbe-Anrainerländern schwer getroffen haben.

Mein Dank gilt an dieser Stelle auch den Einsatzkräften und zahlreichen Helfern, die bis zum Rande der Erschöpfung tatkräftig angepackt haben und den vom Hochwasser Geschädigten unterstützend zur Seite gestanden sind.

Schwere Hochwasserereignisse, auch sogenannte „Jahrhunderterteignisse" können in kurzen Zeiträumen wieder auftreten, das haben wir in den vergangenen Jahren erfahren müssen. Auch vor dem Hintergrund möglicher klimatischer Veränderungen ist es daher notwendig, erhebliche Anstrengungen zu vollbringen, um den Hochwasserschutz voranzubringen.

Große Anstrengungen sind noch immer notwendig, um die entstandenen Hochwasserschäden zu beseitigen, beschädigte Hochwasserschutzanlagen zu sanieren und darüber hinaus weitere mögliche Schutzmaßnahmen zu bewerten beziehungsweise umzusetzen. Die fachliche Auswertung des Hochwasserereignisses 2013 wird Grundlage für die Festlegung zusätzlicher Hochwasserschutzmaßnahmen sein.

Welche Faktoren haben also zu diesem extremen Hochwasserereignis geführt? Was ist im Juni 2013 passiert?

2 Ursachen und Hochwasserverlauf

Die ungewöhnliche Dimension des Hochwasserereignisses im Land Sachsen-Anhalt von Anfang Juni 2013 resultierte maßgeblich aus außergewöhnlich ergiebigen Niederschlägen. Dabei betrugen die Monatssummen bereits im Verlauf des Mais in weiten Teilen Mitteldeutschlands mehr als das Doppelte des Normalen. Die Bodenfeuchte erreichte extrem hohe Werte. Dies war die entscheidende Ausgangsbedingung dafür, dass der gefallene Niederschlag nicht oder kaum vom Boden aufgenommen und zwischengespeichert wurde, sondern zum größten Teil direkt zum Abfluss gelangte. Daraus resultierten teils extreme Hochwasserwellen in Elbe, Mulde, Schwarzer Elster, Saale,

S. Heimerl (Hrsg.), *Vorsorgender und nachsorgender Hochwasserschutz*,
https://doi.org/10.1007/978-3-658-21839-3_36

Weißer Elster und Havel. Über weite Flussabschnitte wurden die bisher bekannten Pegelhöchststände überschritten.

Die Dimension des abgelaufenen Hochwassers wird dadurch verdeutlicht, dass sich in Sachsen-Anhalt am 6. und 7. Juni 2013 die Wasserstände von Elbe und Saale durchgängig sowie die Unterläufe von Mulde, Schwarzer und Weißer Elster gleichzeitig im Bereich oberhalb der Richtwerte der Alarmstufe 4 gemäß Hochwassermeldeordnung des Landes Sachsen-Anhalt befanden. Einige Tage später erreichte auch die Havel diese Größenordnung. Insbesondere die Saale hat erheblich zur Erhöhung des Elbescheitels beigetragen.

Um die untere Mittelelbe stromab des Pegels Wittenberge vor der herannahenden Hochwasserwelle der Elbe zu entlasten, wurde ab dem 9. Juni mit der Flutung der Havelpolder begonnen. Durch diese Maßnahme wurden fast 10 000 ha im Bereich der Havelpolder auf dem Territorium Brandenburgs und Sachsen-Anhalts eingestaut. Grundlage für die Flutung der Havelpolder ist der Staatsvertrag der Länder Sachsen-Anhalt, Mecklenburg-Vorpommern, Niedersachsen und Brandenburg sowie des Bundes.

Nach vorläufiger Abschätzung führte die gezielte Havelpolderflutung in Zusammenhang mit dem Deichbruch Fischbeck am Pegel Wittenberge zu einer Absenkung des Hochwasserscheitels in der Größenordnung von 34 cm.

Im Gegensatz zum Augusthochwasser 2002 an Elbe und Mulde waren im Juni 2013 nahezu alle Gewässer gleichzeitig betroffen (Schwerpunktgewässer: Weiße Elster, Saale, Mulde, Schwarze Elster und Elbe sowie Havel).

Bereits zu Beginn des Hochwassers waren in Sachsen-Anhalt deutlich höhere Abflüsse in den Gewässern als 2002 und insgesamt hohe Abflussmengen aus allen der Elbe zufließenden Gewässern zu beobachten. In Sachsen blieben die Hochwasserstände der Elbe unter denen von 2002.

Das Ergebnis waren extrem hohe Hochwasserscheitel an Pegeln der Flussgebiete Mulde, Weiße Elster, Saale und Elbe, die größtenteils weit oberhalb von Abflüssen mit 100-jährlichem Wiederkehrintervall lagen. Die sehr hohe Abflussfülle verzögert die Dauer des Ereignisses.

3 Nach der Flut

3.1 Schadensbilanz

In Sachsen-Anhalt sind während des Juni-Hochwassers 2013 nach gegenwärtiger Einschätzung Schäden in Höhe von bis zu 2 Mrd. € entstanden. Darin enthalten sind ca. 295 Mio. € Schäden an wasserwirtschaftliche Anlagen und Gewässern des Landes und 20 Mio. € an Gewässern und Anlagen, die sich in der Unterhaltungspflicht der Unterhaltungsverbände befinden.

Die Schadensbeseitigung an den Anlagen und Gewässern des Landes wird in Verantwortung der 7 Flussbereiche des Landesbetriebs für Hochwasserschutz und Wasserwirtschaft des Landes Sachsen-Anhalt (LHW) durchgeführt. Mittel hierfür stehen aus dem Aufbauhilfefonds zur Verfügung.

Die Schadensbeseitigung an den Gewässern 2. Ordnung sowie an den darin befindlichen Anlagen erfolgt in Verantwortung der Unterhaltungsverbände.

3.2 Sonderumweltministerkonferenz und Elbeministerkonferenz

Zur Auswertung der Flutkatastrophe fand am 2. September 2013 in Berlin die Sonderumweltministerkonferenz „Hochwasser“ und am 6. Dezember 2013 die Elbeministerkonferenz statt.

Zu den dort getroffenen zentralen Forderungen gehört, dass das Schadenspotenzial in allen überflutungsgefährdeten Gebieten, also auch hinter den Hochwasserschutzanlagen, so klein wie möglich zu halten ist und der Wiederaufbau nach großen Hochwasserschäden an neuralgischen Stellen vermieden werden sollte. Es wurde festgestellt, dass Rückverlegung von Deichen und die Errichtung steuerbarer Flutpolder erhebliche Synergiepotenziale mit Zielen des Naturschutzes bieten. Weitere Forderungen beinhalten:

- Erarbeitung eines nationalen Hochwasserschutzprogramms (Benennung prioritärer Maßnahmen, Finanzierung erfolgt maßgeblich durch den Bund);
- Schaffung zusätzlicher Polder- und Retentionsflächen;
- Prüfung der verfahrens- und prozessrechtlichen Möglichkeiten zur Straffung von Genehmi-

gungsverfahren sowie Überprüfung des bestehenden wasserrechtlichen, baurechtlichen und raumordnungsrechtlichen Instrumentariums;

- Analyse der Hochwasservorhersage und eine Optimierung des Hochwasservorhersagesystems;
- Überprüfung und Fortschreibung der hydrologischen/hydraulischen Bemessungsgrundlage.

Diese Forderungen sind auch die Kernfragen der künftigen Hochwasserschutzstrategie in Sachsen-Anhalt.

4 Weitere Schritte in Sachsen-Anhalt

Unter Berücksichtigung des Hochwasserereignisses 2013 wird die Hochwasserschutzkonzeption des Landes aktualisiert und fortgeschrieben. Eine solche Überprüfung der Hochwasserschutzstrategie erfolgt nicht nur im Land Sachsen-Anhalt, sondern entlang der Elbe bzw. bundesweit. In diesen Prozess fließen auch die Ergebnisse der Sonder-Umweltministerkonferenz und der Elbe-Ministerkonferenz mit ein.

In Sachsen-Anhalt ist man zu der Auffassung gekommen, dass die Auswertung des Hochwasserereignisses nur Sinn macht, wenn alle Akteure an einen Tisch geholt werden. Aus diesem Grund wurde vom Autor jeder Landkreis und jede kreisfreie Stadt besucht und Gespräche zur Auswertung des Hochwasserereignisses im Juni 2013 geführt. Dabei wurden die Hochwasserschutzziele des Landes erläutert sowie der aus Sicht der Kommunen erforderliche Handlungsbedarf mit den kommunalen Vertretern abgestimmt.

Die im Rahmen dieser Gespräche gewonnenen Erkenntnisse fließen in die weiteren Betrachtungen sowie die Aktualisierung der Hochwasserschutzkonzeption des Landes ein.

Eine wichtige Erkenntnis dieser Gespräche war, dass ein Programm zur finanziellen Unterstützung der Kommunen bei der Wahrnehmung ihrer Aufgaben in Bezug auf den Hochwasserschutz erforderlich ist.

War dies am Anfang der Gespräche in den Landkreisen noch eine erste Idee, kann heute verkündet werden, dass es gelungen ist, ein solches Programm aufzustellen. Dank der in anderen Ressorts und im Ministerium für Landwirtschaft und Umwelt des Landes Sachsen-Anhalt erbrachten Umschichtungen ist es gelungen ca. 20 Mio. € aus dem EFRE-Fonds für kommunale Hochwasserschutzmaßnahmen bereitzustellen. Eine Förderrichtlinie wird derzeit erarbeitet.

Neben einer umfassenden Beteiligung der Kommunen zielt die Überarbeitung der Hochwasserschutzkonzeption Sachsen-Anhalts auf eine Optimierung der Hochwasservorhersage sowie eine Verbesserung der Informationsmöglichkeiten für Behörden und Bürger ab. Die vorhandenen Deiche müssen weiter saniert werden. Das Ziel ist die Normen-gerechte Sanierung der Landesdeiche bis zum Jahr 2020.

Unter Berücksichtigung der Hochwasserereignisse in den Jahren 2010/2011 und im Juni 2013 besteht an den rund 1 312 km Deichen im Land immer noch ein Sanierungsbedarf von ca. 47 % entsprechend der landesinternen Übersicht Stand 01/2015. An den seit 2002 bis dato rund 631 km sanierten Deichen traten beim Junihochwasser 2013 keine Schäden auf.

Insgesamt flossen seit 2002 ca. 530 Mio. € in die Umsetzung von Hochwasserschutzprojekten. Hiervon entfallen allein auf das Jahr 2013 33 Mio. €. In 2014 wurden etwa 24 Mio. € zur Schadensbeseitigung und knapp 30 Mio. € für Hochwasserschutzmaßnahmen verausgabt.

Neben der Deichsanierung ist die Verbesserung des Wasserrückhalts in der Fläche ein wichtiges Element des Hochwasserschutzes. Derzeit werden in Sachsen-Anhalt zusätzliche geeignete Flächen für Deichrückverlegungen und steuerbar Flutungspolder gesucht sowie auf ihre Eignung hin bewertet.

Bereits in der Umsetzung befindet sich die Deichrückverlegung Lödderitz an der Elbe mit einer Rückhaltefläche mit 600 ha. Weitere 17 Maßnahmen sind in Sachsen-Anhalt konkret geplant.

Eine sehr hohe Bedeutung hat für den Wasserrückhalt die Errichtung des bereits planfestgestellten Polders Rösa an der Mulde.

Weiterhin hat die seit 2007 geltende europäische Hochwasserrisikomanagement-Richtlinie und deren strikte Umsetzung eine hohe Bedeutung. Ausgehend von der vorläufigen Bewertung des Hochwasserrisikos wurden bis Ende 2012 Hochwasserrisiko- und Hochwassergefahrenkarten erarbeitet.

Wesentliche fachliche Grundlagen für die Kartenerstellung bilden aufwändige hydraulische Modellierungen der Gewässer, die weitestgehend in den Jahren 2009 bis 2012 stattfanden. Demzufolge konnten die Erkenntnisse des Extremhochwassers vom Mai/Juni 2013 an Elbe, Mulde, Saale und Weißer Elster für die erste Veröffentlichung der Hochwassergefahren- und Hochwasserrisikokarten noch nicht berücksichtigt werden.

Nach dem Hochwasserereignis 2013 ist es daher notwendig geworden, auch die Hochwasserrisiko- und Hochwassergefahrenkarten zu überarbeiten, auf deren Grundlage bis Ende 2015 ein Hochwasserrisikomanagementplan aufzustellen ist. Der LHW wertet zur Zeit Ergebnisse von Befliegungen während der Scheitelwasserstände sowie über 4 000 Wasserstandseinmessungen, die während des Hochwassers 2013 vorgenommen wurden, aus und kalibriert damit die bestehenden Wasserspiegellagenmodelle. Danach werden neue Modellierungen durchgeführt, woraus sich ggf. Aktualisierungen der Hochwassergefahren- und Hochwasserrisikokarten ergeben werden. Es wird angestrebt bis Anfang 2015 überarbeitete Karten vorzulegen.

Die Karten sind eine wichtige Informationsquelle für öffentliche Einrichtungen, Landkreise, Kommunen und auch für den einzelnen Bürger. Auf Grundlage der Karten können das Land, die Landkreise, die Kommunen, Institutionen und auch jeder einzelne Bürger bestehenden Hochwasserrisiken sowie -gefahren besser einschätzen.

Die Eigenvorsorge der Bürgerinnen und Bürger zur Minimierung eventueller Hochwasserschäden ist ein wichtiger Aspekt der Hochwasservorsorge. Daher steht das Land Sachsen-Anhalt im Gespräch mit dem Gesamtverband der Deutschen Versicherungswirtschaft (GDV). Die Informationen, die den Hochwasserrisiko- und Hochwassergefahrenkarten Sachsen-Anhalts zugrunde liegen, werden dem GDV zur Einbindung in das Informationssystem ZÜRS (Zonierungssystem für Überschwemmungen, Rückstau und Starkregen) zur Verfügung gestellt. Damit wird sichergestellt, dass die Versicherungsunternehmen auf aktuelle und offiziell ermittelte Daten bei der Beurteilung der Versicherbarkeit von Grundstücken zurückgreifen können.

Es ist zudem vorgesehen, die öffentliche Plattform ZÜRS public in Sachsen-Anhalt zügig einzuführen. Die diesbezüglichen Abstimmungen mit dem GDV laufen. ZÜRS public wird für viele Bürgerinnen und Bürger von Interesse sein, wenn sie sich über Möglichkeiten der Elementarschadenversicherung informieren wollen.

Aber nicht nur die Bürger, auch die Städte und Gemeinden müssen sich der bestehenden Risiken bewusst sein und dies in ihren Planungen berücksichtigen. Bestehende Planungen müssen gegebenenfalls überprüft werden. Daher hat das Landesverwaltungsamt Sachsen-Anhalt alle Kommunen schriftlich zur Überprüfung ihrer Bauplanungen aufgefordert.

Für die Hochwasserabwehr und Hochwasservorsorge während eines Hochwassers sind eine möglichst zuverlässige Vorhersage und Prognose der zu erwartenden Wasserstände unabdingbare Voraussetzung. Darauf basieren sämtliche Handlungen der Katastrophenstäbe und Wasserwehren.

Beim Hochwasserereignis vom Juni 2013, das durch nie beobachtete Abflüsse und Wasserstände gekennzeichnet war, stießen die Vorhersagesysteme teilweise an ihre Grenzen. Im Bereich der Elbe kam hinzu, dass die Vorhersage der Wasserstände zusätzlich durch Deichbrüche deutlich erschwert wurde. Es bedurfte daher einer großen Erfahrung im Umgang mit dem System, um die sich dynamisch ändernden Rahmenbedingungen in die Vorhersage zu integrieren und die Ergebnisse zu plausibilisieren. Daher ist nun zu prüfen, wie die Zuverlässigkeit der Vorhersage weiter verbessert werden kann.

5 Ausblick

Das extreme Hochwasserereignis im Juni letzten Jahres ist uns mit seinen schwerwiegenden Auswirkungen noch immer präsent. Das gemeinsame Bestreben aller am Hochwasserschutz beteiligter

Akteure muss es daher sein, gemeinsam und länderübergreifend Vorsorge- und Schutzmaßnahmen zu erarbeiten und umzusetzen. Hier sind auch die Bürger gefordert. Jeder Einzelne sollte aktiv werden und für seine persönliche Situation hinterfragen, ob er selbst von einem Hochwasser betroffen sein könnte. Informieren Sie sich und treffen Sie gegebenenfalls Vorsorgemaßnahmen! Oftmals lässt sich schon mit einfachen organisatorischen und baulichen Maßnahmen das Risiko von schweren Schäden erheblich verringern.

Denn auf eines können wir uns ganz sicher verlassen: Das nächste Hochwasser kommt bestimmt. Wir wissen nur nicht, wann.

Autor
Dr. Hermann Onko Aeikens
Minister für Landwirtschaft und Umwelt
des Landes Sachsen-Anhalt
Leipziger Straße 58
39112 Magdeburg
pr@mlu.sachsen-anhalt.de

Hermann Onko Aeikens

The Flood Event in June 2013 in Saxony-Anhalt

Previous years have shown that devastating flood events can occur repeatedly in short periods of time. The flood event in June 2013 caused serious harm in Saxony-Anhalt. Still, not all damage could be fixed. According to current estimates damages in the amount of up to € 2 billion have been caused. Taking into account the analytical results of the flood event in 2013 as well as the results of the Special Flood Conference of the Environment Ministers on September 2, 2013, and the conference of the Elbe-Ministers on December 6, 2013, the flood protection conception of Saxony-Anhalt is currently updated and adjusted. In this process the concerns of the communities are taken into account, about € 20 million from the ERDF funds are provided for local flood protection measures. Finally, it must be the effort of all stakeholders involved in flood protection, to develop and implement prevention and protection measures jointly and across administrative borders.

Lutz-Georg Berkling

Arbeit des Krisenstabes der Landesregierung Sachsen-Anhalts

Der Krisenstab der Landesregierung steht in Sachsen-Anhalt an der Spitze des Katastrophenschutzes und koordiniert für alle Ressorts die Aufgabenwahrnehmung der Katastrophenschutzbehörden im Land. Im Rahmen der Hochwasserkatastrophe 2013 konnte er im Land auf erfahrene und ausgebildete Stäbe sowie Einsatzleitungen zurückgreifen und damit eine erfolgreiche Katastrophenbekämpfung organisieren.

1 Einleitung

Am 04.06.2013 ist auf Grund der Hochwasserlage in Sachsen-Anhalt der Krisenstab der Landesregierung mit Sitz im Ministerium für Inneres und Sport (MI) einberufen worden. Der Krisenstab wurde gemäß „Beschluss der Landesregierung über die Regelung zur Bewältigung von Krisenlagen auf Landesebene" vom 19.05.2009 auf Weisung des Ministerpräsidenten eingerichtet. Am 02.07.2013 ist die Arbeit des Krisenstabes auf Weisung des Herrn Ministerpräsidenten gemäß Niederschrift über die 98. Sitzung der Landesregierung wieder eingestellt worden.

2 Aufgaben und Aufbau des Krisenstabes

Sofern eine Krisenlage eine so enge Kooperation mehrerer Ressorts erfordert, dass sie im Rahmen des normalen Geschäftsgangs nicht gewährleistet werden kann, wird auf Weisung des Ministerpräsidenten der Krisenstab der Landesregierung auf Grundlage des Beschlusses der Landesregierung über die Regelung zur Bewältigung von Krisenlagen auf Landesebene (MBl. LSA Nr. 23/2009 vom 06.07.2009) einberufen (**Bild 1**). Auch aufgrund der Erfahrungen des Hochwassers 2002 hat sich die Landesregierung entschlossen, die bisher beim jeweils zuständigen Ressort angesiedelte Leitung der Krisenbewältigung dem MI zu übertragen.

Die Leitung und Geschäftsführung obliegt dem MI. Das Hinzuziehen weiterer Ressorts richtet sich nach den Erfordernissen der jeweiligen Krisenlage. Der Ministerpräsident trägt die Gesamtverantwortung und hat das Letztentscheidungsrecht. Im Benehmen mit den übrigen Ressorts erstellte das MI eine Stabsdienstordnung („Stabsdienstordnung des Krisenstabes der Landesregierung des Landes Sachsen-Anhalt (Stabsdienstordnung, StabsDO)" mit Stand ihres In-Kraft-Setzens vom 23.03.2010) und schreibt diese regelmäßig fort.

Um die Funktionsfähigkeit des Krisenstabes zu gewährleisten, wurde jede Stabsfunktion dreifach besetzt. Die Ressorts haben jeweils eine dreifache personelle Besetzung der von ihnen zu besetzenden Funktionen zu gewährleisten.

Im Kernbereich arbeitet das Stabsmanagement und dient als Herzstück der Stabsarbeit. Die Leitung des Krisenstabes besteht aus Vertretern der anderen Ressorts auf der Ebene der Staatssekretäre und der Staatskanzlei unter Vorsitz des MI. Sie wird bei Bedarf einberufen.

Insgesamt umfasste der Krisenstab der Landesregierung 165 Personen. Davon gehören 108 Mitglieder dem festen Bestand an, 57 Mitglieder wurden zusätzlich hinzugezogen.

Der Krisenstab der Landesregierung ist im Katastrophenschutzgestz des Landes nicht ausdrücklich erwähnt. Vielmehr versteht er sich als ein den eigentlichen Katastrophenschutzbehörden übergeordnetes Organ, dass während des Hochwassers 2013 allerdings die Aufgaben des Katastrophenschutzstabes der obersten Katastrophenschutzbehörde, dem MI, wahrgenommen hat.

S. Heimerl (Hrsg.), *Vorsorgender und nachsorgender Hochwasserschutz*,
https://doi.org/10.1007/978-3-658-21839-3_37

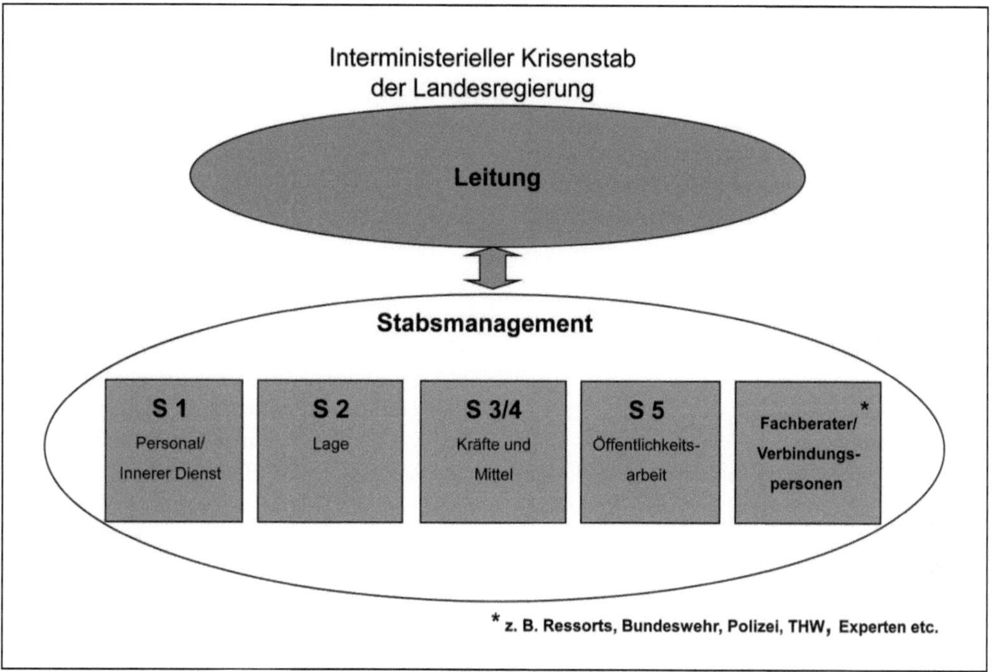

Bild 1: Organigramm des Krisenstabes der Landesregierung (Quelle: MI)

3 Organisation der Katastrophenabwehr in Sachsen-Anhalt

3.1 Katastrophenschutzgesetz

Die Rechtsgrundlage für Maßnahmen im Katastrophenfall ist das Katastrophenschutzgesetz des Landes Sachsen-Anhalt (KatSG-LSA) in der Fassung der Bekanntmachung vom 05.08.2002 (GVBl. LSA, S. 339), geändert durch Gesetz vom 28.06.2005 (GVBl. LSA S. 329).

Den Katastrophenschutzbehörden kommt die zentrale Rolle bei der Planung, Koordinierung und Steuerung des Katastrophenschutzes zu.

Untere Katastrophenschutzbehörden sind die Landkreise und kreisfreien Städte im Rahmen des übertragenen Wirkungskreises. Sie unterliegen der Fachaufsicht durch das Landesverwaltungsamt als obere Katastrophenschutzbehörde. Das MI ist als oberste Katastrophenschutzbehörde oberste Fachaufsichtsbehörde.

Die Zuständigkeiten anderer Behörden, Dienststellen, öffentlicher Einrichtungen und sonstiger Träger öffentlicher Aufgaben bleiben unberührt. Die allgemeinen und besonderen Sicherheitsbehörden (z. B. Baubehörden, Immissionsschutzbehörden, Polizei) haben sich sowohl im Vorfeld als auch im Katastrophenfall mit hochwasserspezifischen Gefahren auseinanderzusetzen, soweit diese Belange ihren Aufgabenbereich berühren (z. B. Bauanträge in Überschwemmungsgebieten, Schutz von Industrieanlagen vor Überflutung, Absperrmaßnahmen an Deichen). Im Katastrophenfall haben sie sich mit der zuständigen Katastrophenschutzbehörde abzustimmen und sollen, soweit sie nicht deren Weisungsbefugnissen unterliegen, nur im Einvernehmen mit ihr handeln.

Gemäß § 11 KatSG-LSA sind Einheiten und Einrichtungen des Katastrophenschutzes (Katastrophenschutzeinheiten) nach landesrechtlichen Stärke- und Gliederungsvorgaben gebildete sowie nach Fachdiensten ausgerichtete, zur Katastrophenabwehr bestimmte Zusammenfassungen von Personen und Material. In diesen Einheiten und Einrichtungen leisten freiwillige Helfer ehrenamtlichen Dienst (§ 13 Abs. 1 KatSG-LSA).

Nach § 12 Abs. 1 KatSG-LSA sind öffentliche Organisationen, wie das Technische Hilfswerk (THW), dann zur Mitwirkung im Katastrophenschutz verpflichtet, wenn die von ihnen aufgestellten Einheiten als solche von den für ihren Standort zuständigen Katastrophenschutzbehörden erfasst sind. Private Organisationen wirken mit, wenn sie sich gegenüber der Katastrophenschutzbehörde hierzu bereit erklärt haben und die Katastrophenschutzbehörde der Mitwirkung zugestimmt hat (§ 12 Abs. 2 KatSG-LSA).

3.2 Führungsorganisation

Die Katastrophenschutzbehörden haben Katastrophenschutzstäbe zu bilden und die Bildung Technischer Einsatzleitungen (TEL) vorzubereiten.

Der Katastrophenschutzstab bereitet nach seiner Einberufung Entscheidungen des gesamtverantwortlichen Behördenleiters vor bzw. trifft im Rahmen der ihm übertragenen Befugnisse eigene Entscheidungen. Daneben koordiniert und erfüllt er Anforderungen der TEL und berät den jeweiligen Landrat bzw. Oberbürgermeister. Die organisatorische Gliederung des Katastrophenschutzstabes ist unten dargestellt. Sie ist durch die in Sachsen-Anhalt mit Erlass des MI vom 22. November 2011 eingeführte Version der „Führungsdienstvorschrift für den Feuerwehrdienst sowie für die Bewältigung von Großschadenslagen und Katastrophen" (DV 100) vorgegeben.

Der Aufbau eines Katastrophenschutzstabs ergibt sich aus **Bild 2.**

Die TEL koordinieren und leiten die Maßnahmen am Schadensort. Sie können im Katastrophenfall mit der selbstständigen Leitung der Schadensbekämpfung in Schwerpunkten oder Abschnitten beauftragt werden. Zur organisatorischen Gliederung der TEL – einschl. Besetzung der Sachgebiete – gilt das oben Gesagte analog.

3.3 Mitwirkung öffentlicher und privater sowie Hilfeleistung sonstiger Organisationen

Zu den gemäß § 12 KatSG-LSA mitwirkenden öffentlichen Organisationen zählen die Feuerwehren und das THW. Als private Organisationen sind im Land Sachsen-Anhalt der Arbeiter-Samariter-Bund (ASB), das Deutsche Rote Kreuz (DRK), die Deutsche Lebens-Rettungs-Gesellschaft (DLRG), die Johanniter-Unfall-Hilfe (JUH) und der Malteser Hilfsdienst (MHD) anerkannt.

Der Aufstellungserlass zum Katastrophenschutzgesetz – AufstErlKatS – (RdErl. des MI vom 24.01.2011, MBl. LSA S. 92) sieht folgende Fachdienste vor:

- Brandschutz,
- Sanität,
- Betreuung,
- ABC,
- Wasserrettung,
- Logistik,
- Führungsunterstützung.

Ihre Aufgaben und Struktur sind im AufstErlKatS geregelt.

Träger des Sanitäts-, Betreuungs- und Wasserrettungsdienstes sind die im Katastrophenschutz mitwirkenden privaten Organisationen. Der Bedarf an Sanitäts-, Betreuungs- und Wasserrettungszügen in den Landkreisen und kreisfreien Städten hat sich regelmäßig aus der entsprechend

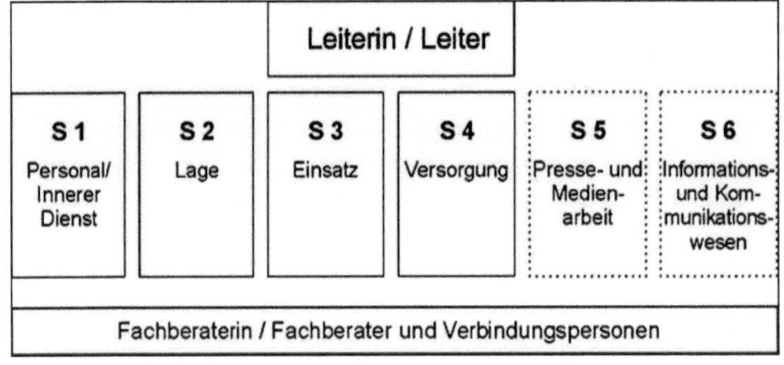

Bild 2: Aufbau Katastrophenschutzstab (Quelle: MI)

aufgestellten Gefährdungsanalyse zu ergeben. Die Katastrophenschutzbehörden, in deren Verantwortungsbereich verstärkt Gefahren durch Fließgewässer auftreten können, haben einen Wasserrettungsdienst vorzuhalten. Diese Aufgabe nehmen vorrangig das DRK und die DLRG wahr; in der Landeshauptstadt Magdeburg obliegt auch dies der Berufsfeuerwehr.

4 Maßnahmen während des Hochwassers

Das MI fungiert als oberste Katastrophenschutzbehörde. In dieser Eigenschaft wurde am 01.06.2013 ein Meldekopf und am 03.06.2013 zunächst ein Stab für außergewöhnliche Ereignisse eingerichtet. Am 04.06.2013 wurde nach Entscheidung des Ministerpräsidenten der Krisenstab der Landesregierung einberufen. Die Leitung und Geschäftsführung des Krisenstabes obliegt dem MI. Die Aufgaben des Krisenstabes sind insbesondere:

- Koordination des Verwaltungshandelns auf der Ebene der obersten Landesbehörden;
- Treffen von wichtigen Grundsatzentscheidungen;
- Fertigung und Fortschreibung des Landeslagebildes;
- Laufende und einheitliche Information der Öffentlichkeit und der Presse;
- Koordination der Zusammenarbeit mit anderen Ländern und dem Bund.

Der Krisenstab der Landesregierung arbeitete im 24-Stunden-Präsenzdienst sowie 12-Stunden-Schichtrhythmus und hatte einen Gesamtpersonalansatz von 165 Personen. Neben dem Leiter des Stabsmanagements war der Stab in die Sachgebiete S 1 bis S 5 untergliedert. Zudem wurden Verbindungspersonen aus den Ressorts bzw. anderen Stellen und Einrichtungen einbezogen. Somit gehörten dem Stab Vertreter aus dem MI, dem Ministerium für Landwirtschaft und Umwelt, dem Ministerium für Landesentwicklung und Verkehr, der Staatskanzlei, Verbindungsbeamte der Bundeswehr, Polizei, Bundespolizei, der Privaten Organisationen, dem THW und dem Landkreis Stendal an.

Erforderliche länderübergreifende Katastrophenhilfe wurde im Zusammenwirken mit dem Gemeinsamen Melde- und Lagezentrum des Bundes und der Länder sowie den Lagezentren der Länder angefordert. Die Aufgaben der obersten Katastrophenschutzbehörde wurden ebenfalls durch das Stabsmanagement des Krisenstabes wahrgenommen.

Koordinierende Maßnahmen bezüglich von Entlastungssprengungen an der Landesgrenze im Raum Anhalt-Bitterfeld erfolgten unmittelbar durch den Ministerpräsidenten und den Minister für Inneres und Sport des Landes Sachsen-Anhalt mit dem Ministerpräsidenten und dem Innenminister des Freistaates Sachsen.

Im Rahmen der Koordinierung der Amtshilfe im Land wurden durch den Krisenstab in großem Umfang Hubschraubereinsätze veranlasst sowie materielle und personelle Engpassressourcen beschafft.

Im Rahmen der Fachaufsicht können sowohl die oberste auch die obere Katastrophenschutzbehörde einzelne Aufgaben der jeweils nachgeordneten Katastrophenschutzbehörde ohne vorherige Androhung und Fristsetzung an deren Stelle und auf deren Kosten wahrnehmen.

Am 10.06.2013 hat der Stab aufgrund der aktuellen Lage im Landkreis Stendal und der damit erforderlichen länderübergreifenden Abstimmung die Leitung der Abwehrmaßnahmen bis zum 17.06.2013, 18.00 Uhr, übernommen. In diesem Zeitraum wurde u. a. die Deichschließung bei Fischbeck durch Versenken von drei Schuten organisiert und realisiert. Eine Steuerung der Maßnahmen vor Ort erfolgte durch die vom Krisenstab eingerichtete „Koordinierungsstelle Fischbeck" in Jerichow.

In Einzelfällen wurden Weisungen des Krisenstabes zur Gefahrenabwehr unmittelbar erteilt (z. B. Deichsprengung THW in Breitenhagen, Nichtinbetriebnahme des Schöpfwerkes Aken), bei denen Abstimmungsprobleme mit der örtlichen Ebene beklagt wurden.

Nachdem bis zum 17.06.2013 acht Landkreise bzw. kreisfreie Städte die Feststellung des Katastrophenfalls aufgehoben hatten, ließ die Einsatzdichte deutlich nach. Dennoch blieb in drei Landkreisen die Feststellung des Katastrophenfalles zunächst bestehen, wodurch auch der Krisenstab der Landesregierung weiterhin erforderlich blieb.

Am 02.07.2013 um 17.00 Uhr stellte der Krisenstab der Landesregierung seine Tätigkeit ein.

5 Wertung

5.1 Grundsätzliche Feststellungen zur Bewältigung der Hochwasserkatastrophe insgesamt

Die Hochwasserkatastrophe 2013 traf auf Behörden und Einrichtungen, die größtenteils bereits durch das Hochwasser 2002 betroffen waren und somit bei derartigen Ereignissen bereits Erfahrungen gesammelt hatten. Auf diese Erfahrungen aufbauend gelang es den mit der Katastrophenabwehr betrauten Stellen sehr schnell mit entsprechenden Maßnahmen sachgerecht zu reagieren. So wurde durch die betreffenden Katastrophenschutzbehörden grundsätzlich der Katastrophenfall zeitgerecht festgestellt sowie die erforderlichen Stabs- und Leitungsstrukturen unverzüglich funktionsfähig eingerichtet. Im Zusammenwirken mit den Landesbehörden, Gemeinden, privaten Organisationen, Bundeseinrichtungen und einer Vielzahl von Einsatzkräften aus den anderen Bundesländern sowie freiwilligen Helfern konnten Abwehrmaßnahmen organisiert und durchgeführt werden, die die Auswirkungen dieser Naturkatastrophe auf das Land Sachsen-Anhalt weitestgehend begrenzt haben.

Die insgesamt positive Bewertung soll nicht verhehlen, dass es einzelne Unstimmigkeiten gab. Diese führen zum einen dazu, dass Abwehrmaßnahmen künftig anders zu planen sind; zum anderen muss aber im Rahmen der Katastrophenabwehr hingenommen werden, dass es sich dabei nicht um alltägliche und planbare Ereignisse handelt, bei denen Störungen der gewohnten Lebensführung unvermeidbar sind. Dieses ist der Extremsituation bei einer lang anhaltenden Großschadenslage geschuldet.

Die Hochwasserkatastrophe 2013 zeigte deutlich, dass eine wirkungsvolle Katastrophenabwehr das gemeinsame Handeln aller Zuständigen und Betroffenen erfordert. Bei der Katastrophenbewältigung wurde klar, dass in unserer Gesellschaft weiterhin eine große Bereitschaft besteht, andere zu unterstützen und sich selbst aktiv einzubringen.

5.2 Tätigkeit der Katastrophenschutzbehörden

Landkreise und kreisfreie Städte

Die bei den Landkreisen bzw. kreisfreien Städten angesiedelten unteren Katastrophenschutzbehörden haben sich mit den von ihnen gebildeten Katastrophenschutzstäben und Technischen Einsatzleitungen als tragende Grundstruktur für die Katastrophenabwehr bewährt.

Nach der Vergrößerung der Kreisflächen durch die Kreisgebietsreform 2007 sind die Landkreise so ortsnah geblieben, dass sie ihre Aufgaben in der Katastrophenabwehr sach- und fachgerecht im Sinne der Gemeinden wahrnehmen konnten. Wie auch bei der Hochwasserkatastrophe 2002 ist es den unteren Katastrophenschutzbehörden gelungen, ihre Katastrophenschutzstäbe so mit Mitarbeitern aus der Verwaltung und Fachberatern bzw. Verbindungspersonen zu besetzen, dass eine stabsmäßige Koordinierung und Leitung der Abwehrmaßnahmen ermöglicht wurde.

Tatsächliche Strukturen einzelner Katastrophenschutzleitungen wichen geringfügig von den Vorgaben des Landes ab. Insbesondere bei der Einbeziehung der gemeindlichen Strukturen gab es Unterschiede. Die Betroffenheit einzelner Landkreise erstreckte sich auf das Gebiet vieler Gemeinden. Daher war es sachgerecht, diese Gemeinden unabhängig von deren sonstigen Aufgaben mit ihrer notwendigen Ortskenntnis in die Katastrophenabwehr einzubinden. Dies erfolgte teilweise dadurch, dass gemeindliche Einsatzleitungen durch Entsendung von Kräften der Landkreise zu Technischen Einsatzleitungen nach dem KatSG erklärt wurden. In anderen Fällen wurden Technische Einsatzleitungen der Landkreise durch Kräfte der Gemeinden verstärkt. Diese Einsatzstrukturen wurden allerdings unterschiedlich gehandhabt.

Landesverwaltungsamt

Das Landesverwaltungsamt war nach der Hochwasserkatastrophe 2002 als Nachfolgeeinrichtung der bisher als Mittelbehörde fungierenden Regierungspräsidien Magdeburg, Halle und Dessau gegründet worden. Als neue zentrale Mittelbehörde im Land hält das Landesverwaltungsamt auch außerhalb von Katastrophen eine rund um die Uhr erreichbare Krisenmanagement-Basis (K-Basis) vor und war daher für die Einrichtung seines Katastrophenschutzstabes gut vorbereitet. Durch die sonstigen Aufgaben im Rahmen der Rechts- oder Fachaufsicht als Mittel- und damit als landesweite Vollzugsbündelungsbehörde war es vereinfacht möglich, auf sachgerechte Entscheidungen der Landkreise und kreisfreien Städte unmittelbar Einfluss zu nehmen. Dies gilt u. a. für die Aufgabenbereiche Ladenöffnungszeiten, Ölbeseitigung, Sperrmüllbeseitigung und Sperrung des Luftraumes. Die Erledigung der per Gesetz zugewiesenen Aufgabe, die überörtliche Hilfe zu koordinieren, wurde durch das Landesverwaltungsamt sachgerecht erfüllt. Sofern die Kräfte und Mittel aus dem eigenen Land nicht mehr verfügbar waren, wurden Anforderungen nach dementsprechender Prüfung an den Krisenstab der Landesregierung weitergeleitet. Für eine sachgerechte Zusammenarbeit zwischen der oberen und den unteren Katastrophenschutzbehörden muss jederzeit die Erreichbarkeit sichergestellt sein.

Die Entgegennahme und Auswertung der Meldungen und Berichte der unteren Katastrophenschutzbehörden waren sehr zeitaufwändig und haben einen hohen Personalaufwand gefordert. Dies lag zum einen an der hohen Anzahl der regelmäßigen Berichtsanforderungen und zum anderen an der lagebedingt hohen Informationsdichte sowie am Nachbearbeitungsbedarf der kreislichen Berichte. Erschwerend waren auch die unterschiedlichen Schichtwechselzeiten der nachgeordneten Stäbe.

Die verlässliche Vertretung der öffentlichen und privaten Organisationen, der Polizeien des Bundes und der Länder sowie der Bundeswehr durch Fachberater bzw. Verbindungspersonen ist für die Aufgabenwahrnehmung von besonderer Bedeutung. Eine mögliche Vertretung der fünf im Katastrophenschutz mitwirkenden privaten Organisationen durch nur eine Person bedarf der vorherigen einvernehmlichen Abstimmung. Die nach Erlasslage beim Landesverwaltungsamt angesiedelte Anforderung von Unterstützungsleistungen an die Bundeswehr bei Naturkatastrophen erfordert die ständige Gestellung eines Verbindungselementes.

Land

Für den Krisenstab der Landesregierung handelte es sich um den ersten Echteinsatz nach dem Kabinettsbeschluss von 2009.

Bei den Auswertungsgesprächen mit den unteren Katastrophenschutzbehörden, dem LVwA, Feuerwehrführungskräften, der Landespolizei, privaten Organisationen, Bundespolizei, THW, Bundeswehr, GMLZ und einzelnen anderen Bundesländern konnte festgestellt werden, dass die Steuerung der Katastrophenbewältigung durch den Krisenstab der Landesregierung durchweg als positiv angesehen wird.

Die Zusammenarbeit mit allen Beteiligten wird als zielführend und konstruktiv eingeschätzt.

Mit einer verstärkten Einbeziehung der anderen beteiligten Ressorts gegenüber 2002 und dem damit verbundenen größeren Personalansatz im Krisenstab der Landesregierung war die Handlungsfähigkeit jederzeit wahrnehmbar. Dennoch sollte zukünftig zur Entlastung des MI verstärkt Personal der anderen Ressorts ausgebildet werden.

Durch die landesweite Betroffenheit (11 von 14 Landkreisen bzw. kreisfreien Städten) erwies sich die Erstellung und Fortschreibung des Landeslagebildes aus mehreren unterschiedlichen Informationsquellen als sehr umfangreich.

Der immense Bedarf an Kräften und Mitteln in den vom Hochwasser betroffenen Gebieten konnte durch eine Vielzahl von erfüllten Hilfeleistungsersuchen an Bund, Länder und Sonstige insgesamt gedeckt werden.

Bewährt hat sich auch der größere Personaleinsatz im Bereich Presse- und Öffentlichkeitsarbeit einschließlich des Bürgertelefons. Der in diesem Maße noch nicht da gewesene flächendeckende Einsatz von Informations- und Kommunikationsmöglichkeiten eröffnete neue Möglichkeiten und stellte den Bereich Presse- und Öffentlichkeitsarbeit nebst Bürgertelefon vor neue Herausforderungen. Es war nicht festzustellen, dass die verbesserten Informationsmöglichkeiten für die Bürger (z. B. Internet) zu einer spürbaren Entlastung des Bürgertelefons geführt hätten. Die Erwartungshaltung der regionalen und überregionalen Medien hinsichtlich aktueller Informationen aus dem Krisenstab verursachte bei dem zuständigen Stabsbereich einen erhöhten Arbeitsaufwand.

Während des Ablaufes der Katastrophenbewältigung war festzustellen, dass auf den Krisenstab der Landesregierung Aufgaben zukamen, die über seine eigentliche Aufgabenstellung hinausgingen. Der Krisenstab war in Einzelfällen veranlasst, zum einen die Leitung von Abwehrmaßnahmen selbst zu übernehmen und zum anderen Weisungen zur Gefahrenabwehr für die Durchführung einzelner Einsätze unmittelbar zu erteilen.

Grundsätzlich hat sich bewährt, dass das Stabsmanagement des Krisenstabes der Landesregierung auch Aufgaben der obersten Katastrophenschutzbehörde wahrgenommen hat. Die Vorhaltung eines zusätzlichen Stabes auf dieser Ebene wird als nicht verhältnismäßig und damit entbehrlich angesehen.

Bestimmte Parallelitäten zwischen der oberen und der obersten Katastrophenschutzbehörde bedürfen einer weiteren Prüfung.

6 Ausblick

Zur Hochwasserkatastrophe im Juni 2013 ist in Sachsen-Anhalt der Krisenstab der Landesregierung im MI erstmals einberufen worden. Seine Einrichtung hat sich bewährt. Zukünftig soll er auch für Aufgaben eines Katastrophenschutzstabes ausgerichtet werden.

Danksagung

Ich bedanke mich bei allen Mitwirkenden im Krisenstab der Landesregierung sowie in den anderen Stäben und Einsatzleitungen im Land ebenso wie allen Einsatzkräften und freiwilligen Helfern für ihre erfolgreiche Mitarbeit bei der Bewältigung der Hochwasserkatastrophe 2013 in Sachsen-Anhalt. Bei den Mitarbeitern des Referates 24 im MI, insbesondere Hartmut Eipper, Eckhard Bögelsack, Matthias Bublitz, Ronald Erfurth und Alexander Warthemann, bedanke ich mich auch für die Mithilfe bei der Erstellung dieses Fachbeitrags.

Autor

Ministerialrat Lutz-Georg Berkling
Ministerium für Inneres und Sport
des Landes Sachsen-Anhalt
Halberstädter Str. 2
39112 Magdeburg
Lutz-Georg.Berkling@mi.sachsen-anhalt.de

Lutz Georg Berkling

Work of the Crisis Staff of the Provincial Government of Saxony-Anhalt

The crisis staff of the provincial Government stands in Saxony-Anhalt at the head of the civil protection and coordinates all departmental performance of the duties of the civil protection authorities in the country. During the flood disaster in 2013 it could fall back in the country on experienced and trained staffs as well as operations management and organize a successful disaster response.

Uwe Müller

Die Arbeit des Landeshochwasserzentrums Sachsen im Juni 2013

Im Beitrag wird ein kurzer Rückblick auf die Arbeit des Landeshochwasserzentrums des Freistaates Sachsen während des Hochwassers vom Juni 2013 gegeben. Dabei wird nicht nur die klassische Hochwasservorhersage, die inzwischen eine sehr gute Qualität erreicht hat, beleuchtet, sondern es werden auch Ausführungen zu wichtigen begleitenden Aktivitäten und erste Schlussfolgerungen ausgeführt.

1 Einführung

Die Leitung und Koordinierung des Hochwassernachrichten- und Alarmdienstes im Freistaat Sachsen obliegt zentral dem beim Landesamt für Umwelt, Landwirtschaft und Geologie (LfULG) angesiedelten Landeshochwasserzentrum (LHWZ) [2]. In **Bild 1** sind die Melde- und Informationswege dargestellt.

Das LHWZ bezieht, zum großen Teil automatisch, alle für den Hochwassernachrichtendienst erforderlichen Informationen über meist redundante Informationswege. Die Wetterprognosen werden vom Deutschen Wetterdienst (DWD) bereitgestellt. Die Niederschlagsdaten werden ebenfalls vom DWD, von privaten Wetterdiensten oder vom landeseigenen Ombrometermessnetz geliefert (**Bild 2**). Die aktuellen Wasserstandsdaten werden über die landeseigenen Hochwassermeldepegel (**Bild 2**) und die Pegeldaten Dritter, wie z. B. der Wasser- und Schifffahrtsverwaltung, der Landestalsperrenverwaltung oder die tschechischen oder polnischen Partnerbehörden, bereitgestellt. Insgesamt stehen in Sachsen über 260 Pegel für Wasserstandsmessungen und über 230 Pegel für Durchflussmessungen zur Verfügung, wovon ca. 190 Pegel zum Basisnetz gehören und die restlichen Pegel dem Kontroll- und Steuernetz zugeordnet werden. Ca. 150 Pegel sind mit Datenfernübertragung ausgestattet. Die landeseigenen Messnetze werden durch die Staatliche Betriebsgesellschaft für Umwelt- und Landwirtschaft betreut. Zusätzlich werden noch Daten und Informationen aus Nachbarländern oder anderen Informationsplattformen verwendet. Mit diesen Daten und Informationen sowie den Talsperrensteuerungsdaten der bei der LTV angesiedelten Talsperrenmeldezentrale liegen zentral beim LHWZ alle für den Hochwassernachrichtendienst erforderlichen Informationen zeitnah vor [1].

Die Flussgebiete des Freistaates Sachsen sind für die Hochwasservorhersage zurzeit in sieben Vorhersagegebiete aufgeteilt. Das sind die Elbe, die Lausitzer Neiße, die Mulde, die Nebenflüsse der Elbe, die Schwarze Elster, die Spree und die Weiße Elster. Für jedes dieser Gebiete existiert ein Vorhersagemodell, welches ständig gepflegt und weiterentwickelt wird. Mit Inbetriebnahme des neuen Hochwasserinformations- und Managementsystems (HWIMS) wird die Vorhersage noch kleinteiliger und wellenablaufbezogen erfolgen.

Das LHWZ selbst hat die fünf funktionale Bereiche Meldezentrale, Vorhersagezentrale, Notfallleitstand, Informationsverteiler sowie Öffentlichkeitsplattform und ist durch einen Zweischichtbetrieb täglich von 06:00 Uhr bis 22:00 Uhr besetzt und deckt die Zeit zwischen 22:00 Uhr und 06:00 Uhr durch einen Bereitschaftsdienst ab. Während eines Hochwassers arbeitet das LHWZ rund um die Uhr.

Die vom LHWZ gesammelten und erarbeiteten Daten und Informationen werden entsprechend **Bild 1** direkt an die oberen und unteren Wasserbehörden, die Kommunen sowie an von den Kommunen benannte Private verteilt. Neben der Be-

S. Heimerl (Hrsg.), *Vorsorgender und nachsorgender Hochwasserschutz*,
https://doi.org/10.1007/978-3-658-21839-3_38

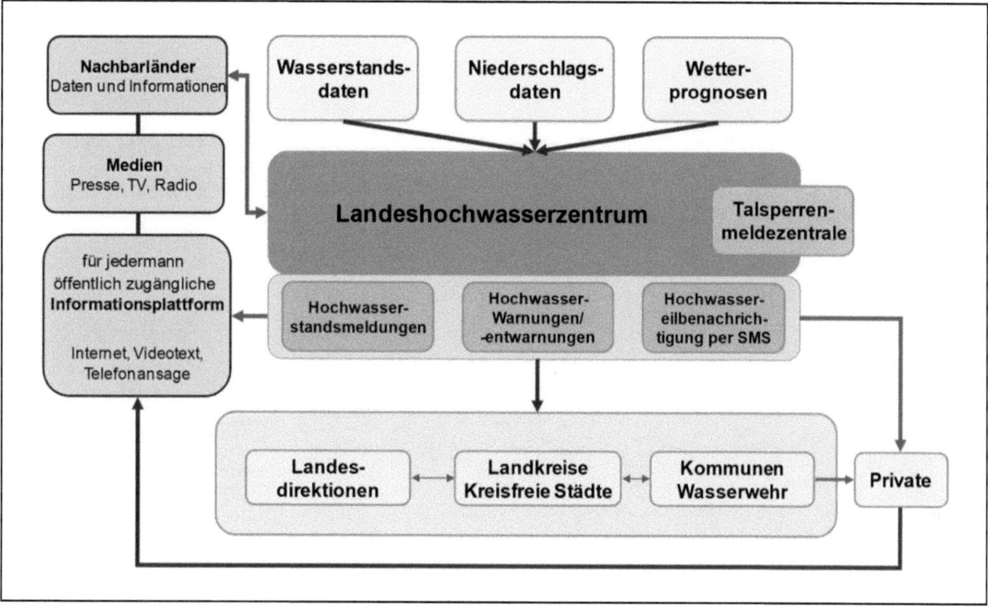

Bild 1: Meldeschema Hochwassernachrichtendienst Sachsen (Quelle: LfULG)

reitstellung der Informationen über die Öffentlichkeitsplattform werden selbstverständlich auch die Nachbarländer informiert. Folgende Hochwassernachrichten werden flussgebietsweise abgesetzt [1]:

1. Hochwassereilbenachrichtigung an über 1 200 Empfänger:
   - unverzügliche Information per SMS über Beginn des Hochwassernach-richten- und Alarmdienstes; Pflicht der Empfänger zur Empfangsbestätigung;
   - unverzügliche Information per SMS bei Überschreitung der Alarmstufe 3; Pflicht der Empfänger zur Empfangsbestätigung.
2. Hochwasserstandsmeldungen an ca. 750 Empfänger: Information über Wasserstände an den laut Hochwassermeldeordnung festgelegten Pegeln bei Erreichen von Alarm- und Meldestufen oder zu festgelegten Terminen per E-Mail oder Telefax.
3. Hochwasserwarnungen an über ca. 500 Empfänger: bewertete Information über Hochwassergefahr im Flussgebiet mit Angabe über Stand und Prognose zur meteorologischen sowie hydrologischen Lage.

Mit diesen nach dem Hochwasser von 2002 eingeführten Funktionalitäten besitzt der Freistaat Sachsen ein modernes und gut funktionierendes Hochwassernachrichten- und Alarmdienstsystem, welches sich schon bei mehreren Hochwassern (2006, 2010/2011 und 2013) grundsätzlich bewährt sowie entscheidend zur Verringerung von Hochwasserschäden beigetragen hat. Momentan wird das im LHWZ betriebene Hochwasserinformations- und Managementsystem auf eine neue technische Basis gestellt.

2 Hochwasservorhersage zum Junihochwasser 2013

Die Mitarbeiter des LHWZ haben durch die Beobachtung der Wettersituation unter Verwendung der Informationen des DWD und anderer Wetterdienste sowie der eigenen Messnetze die Lage beobachtet. Dadurch dass der Mai 2013 schon überdurchschnittlich nass war und ebenfalls bekannt war, dass die Bodenfeuchte die höchsten Werte der letzten Jahr-

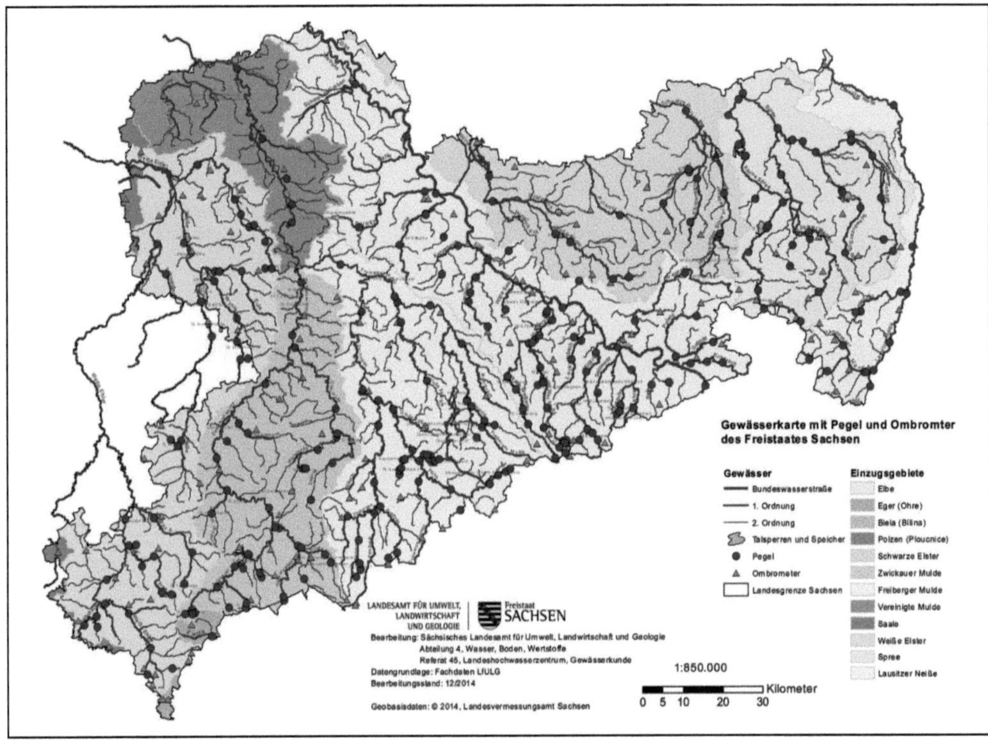

Bild 2: Hochwassermeldepegel und Ombrometermessnetz Sachsen (Quelle: LfULG)

zehnte erreicht hatte, sind die Wetterbeobachtungen intensiviert worden.

Die Analyse der Gesamtsituation veranlasste die Mitarbeiter des LHWZ bereits am Freitag den 24.05.2013 gegen Mittag für alle Flussgebiete außer der Elbe den Hochwassernachrichtendienst zu eröffnen. Damit haben alle in diesen Flussgebieten liegenden und im Informationsverteiler registrierten Stellen eine Eilbenachrichtigung (SMS) mit der Nachricht über die Eröffnung des Hochwassernachrichtendienstes bekommen. Ebenfalls wurden für all diese Flussgebiete Hochwasserwarnungen mit einer Lageeinschätzung und einer Prognose, u. a. dass ab Sonntag den 26.05.2013 vereinzelt mit einer Überschreitung der niedrigsten Alarmstufe 1 gerechnet werden kann, über alle Medien (Fax, Internet, E-Mail etc.) bereit gestellt.

Da sich die hydrologische Situation vorerst nicht weiter verschärfte und die Pegelstände sich unter den Richtwerten der Alarmstufe 1 befanden, wurde die Hochwasserberichterstattung für fünf der sechs aktiven Flussgebiete am 26.05.2013 vorübergehend eingestellt.

Der weitere Witterungsverlauf, die präzisierten Vorhersagen des DWD und die Einschätzung der hydrologischen Lage veranlassten die Mitarbeiter des LHWZ gegen Mittag des 30.05.2013 (Donnerstag) den Hochwassernachrichtendienst für die fünf eingestellten Flussgebiete wieder zu eröffnen. Dadurch wurde wieder an alle Informationsempfänger eine Eilbenachrichtigung (SMS) verschickt. Diesmal enthielten die Hochwasserwarnungen neben der Lageeinschätzung schon Prognosen, die auf das Erreichen der Alarmstufe 3 und vereinzelt das Erreichen der Alarmstufe 4 sowie den zu erwartenden Eintritt der Hochwasserscheitel ab Sonnabend den 01.06.2013 hinwiesen.

Am Mittag des Folgetages, den 31.05.2013, wurde dann auch der Hochwassernachrichtendienst für die Elbe eröffnet. Für die Elbe sind in diesem

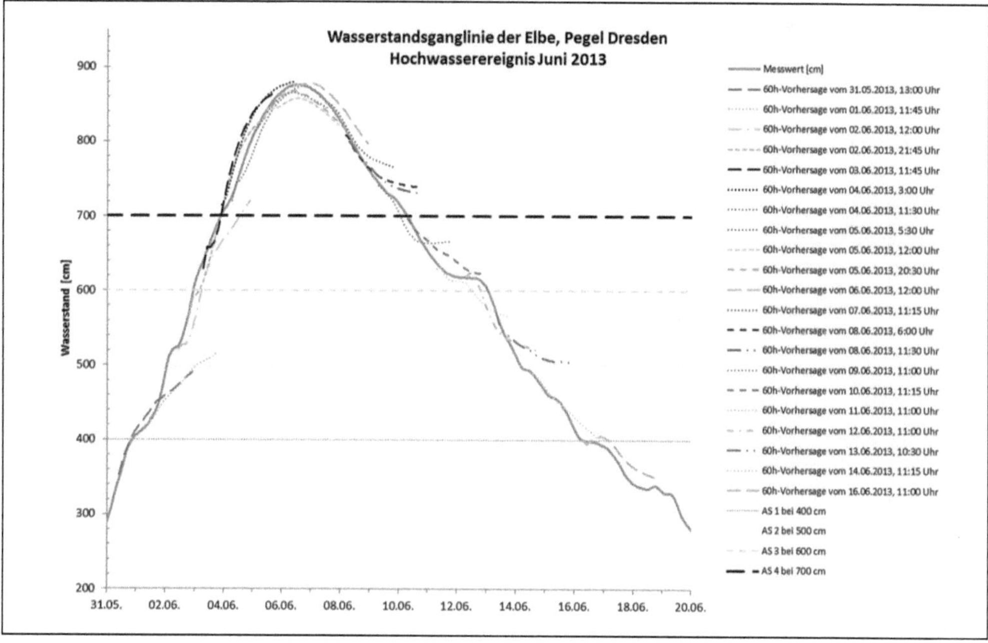

Bild 3: Vorhersagen und Wasserstandsganglinie der Elbe am Pegel Dresden im Juni 2013 (Quelle: LfULG)

frühen Stadium erst einmal steigende Wasserstände mit Überschreitung der Alarmstufe 2 prognostiziert worden.

Im weiteren Verlauf des für Sachsen flächendeckenden extremen Hochwasserereignisses wurden die Vorhersagen ständig an die aktuellen Situationen angepasst und aktualisiert. Die durch die Kombination von moderner Technik und großer Erfahrung der Hydrologen erreichte Qualität soll anhand der Vorhersagen für den Pegel Dresden mit **Bild 3** verdeutlicht werden.

Die Vorhersagegenauigkeit war z. B. an der Elbe am Pegel Dresden mit ca. 1 cm Abweichung sehr gut. Bereits am 03.06.2013 11:00 Uhr ist für den Pegel Dresden ein Wasserstand von bis zu 8,70 m vorhergesagt worden. Am 04.06.2013 02:00 Uhr ist für den Pegel Dresden für den 06.06.2013 ein Wasserstand von 8,75 m bis 8,80 m vom LHWZ prognostiziert worden, der dann auch in dieser Höhe eingetreten ist. Am 05.06.2013 04:00 Uhr konnte dann noch präzisiert werden, dass der prognostizierte Pegelstand für den 06.06.2013 am Pegel Dresden gegen Mittag den Scheitel darstellt.

Tabelle 1 verdeutlicht, dass aufgrund der umsichtigen Arbeit im LHWZ und der dadurch frühzeitigen Warnung selbst in den sehr schnell reagierenden Einzugsgebieten der Mittelgebirge bezogen auf die zweite Aktivierung des Hochwassernachrichtendienstes bis zum Erreichen der höchsten Alarmstufe mindestens 67 Stunden Vorwarnzeit bestanden.

Der mit dem Hochwassernachrichtendienst verbundene Arbeitsaufwand stellt eine hohe Belastung für die Mitarbeiterinnen und Mitarbeiter in der Meldezentrale, der Vorhersagezentrale aber auch im IT-Bereich dar. Beispielhaft kann man dies an den Hochwasserwarnungen verdeutlichen. Nach jeder neuen Berechnung mit den Vorhersagemodellen wird das Ergebnis in einem kleinen Bericht mit teilweise mehreren Seiten Umfang als Hochwasserwarnung zusammengefasst und veröffentlicht. In **Tabelle 2** sind die Anzahl der Warnungsberichte pro Flussgebiet aufgelistet.

Tab. 1: Vorwarnzeiten an ausgewählten Pegeln

Flussgebiet	Pegel	Eröffnung HW-Nachrichten-dienst	Eintritt erster Scheitelwert mit Alarmstufe 4
Zwickauer Mulde	Rautenkranz	30.05.2013 13:30 Uhr	02.06.2013 09:15 Uhr
Nebenflüsse Elbe	Munzig 1 (Triebisch)	30.05.2013 12:00 Uhr	02.06.2013 14:30 Uhr
Weiße Elster	Magwitz	24.05.2013 12:50 Uhr	02.06.2013 16:15 Uhr
Freiberger Mulde	Hopfgarten (Zschopau)	30.05.2013 13:30 Uhr	02.06.2013 19:15 Uhr
Vereinigte Mulde	Golzern 1	30.05.2013 13:30 Uhr	03.06.2013 09:45 Uhr
Spree	Schöps (Schwarzer Schöps)	30.05.2013 12:00 Uhr	03.06.2013 10:15 Uhr („nur" A 3)
Lausitzer Neiße	Zittau 1	30.05.2013 15:45 Uhr	03.06.2013 11:00 Uhr
Schwarze Elster	Großdittmannsdorf (Gr. Röder)	30.05.2013 14:50 Uhr	03.06.2013 21:15 Uhr
Elbe	Schöna	31.05.2013 13:00 Uhr	06.06.2013 03:30 Uhr

Tab. 2: Hochwasserwarnungen in Sachsen (Zeitraum: 24.05.2013 – 16.06.2013)

Elbe	22
Lausitzer Neiße	15
Mulde	16
Nebenflüsse der Elbe	15
Schwarze Elster	11
Spree	16
Weiße Elster	22
Summe	**117**

3 Weitere Aktivitäten des Landeshochwasserzentrums

Neben einer rechtzeitigen und präzisen Hochwasservorhersage sowie der entsprechend schnellen Verteilung dieser Informationen sind weitere Aktivitäten zur Akzeptanz dieser Arbeit nötig. An dieser Stelle sollen nur drei dieser Maßnahmen benannt werden.

Sehr wichtig für die Nachrichtenverteilung und das angestrebte Single-Voice-Prinzip sind neben den üblichen Kommunikationskanälen, wie Telefon, Fax und Videotext, das Internet, ein gut funktionierendes Bürgertelefon sowie eine aktive Presse- und Medienarbeit.

Über den Internetauftritt des LfULG werden neben den Produkten des Hochwassernachrichtendienstes (Hochwasserwarnungen, Pegelstände, Niederschlagsdaten etc.) viele weitere Informationen (z. B. Gefahrenkarten, Risikokarten, Grundwasserstände, Analysen, Berichte etc.), die im Hochwasserfall von Interesse sein können, bereit gestellt. **Bild 4** zeigt die Zugriffe auf diese Internetseiten pro Stunde. Das Diagramm verdeutlicht, dass die meisten Zugriffe (bis ca. 1 Mio./h) erwartungsgemäß auf die Pegelseiten erfolgten. Interessant ist, dass weitere 3,5 Mio. Zugriffe pro Stunde auf die anderen Informationsangebote erfolgten. Daraus lässt sich schlussfolgern, dass in Hochwassersituationen der Bedarf an hochwasserrelevanten Informati-

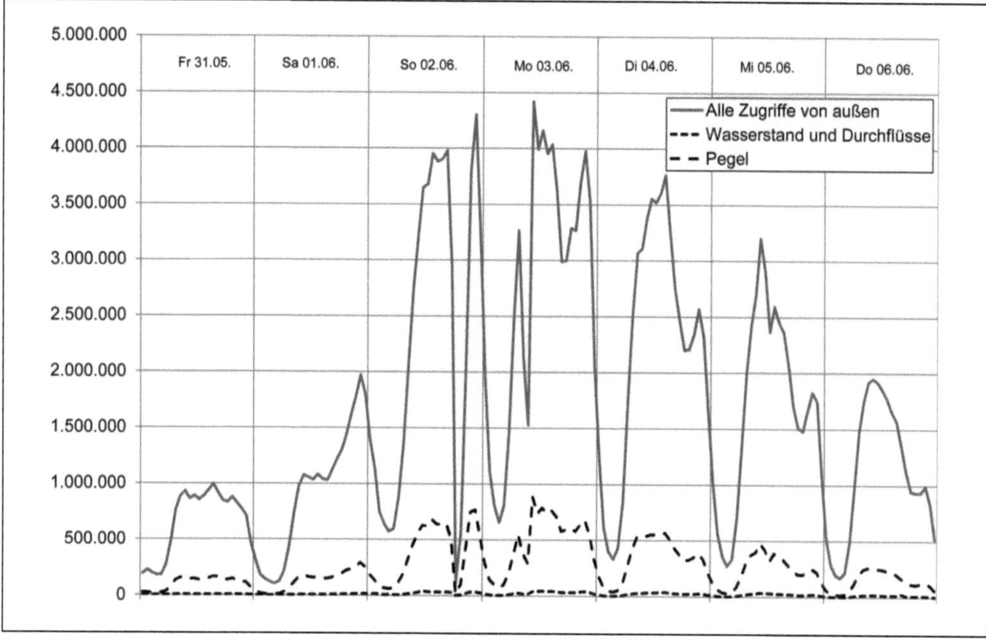

Bild 4: Objektzugriffe auf den Internetauftritt des LfULG pro Stunde (Quelle: LfULG)

onen extrem stark ansteigt und die IT-Systeme den hohen Zugriffszahlen standhalten müssen. Um dies sicherzustellen, sind z. B. einige interaktive Karten auf andere Server ausgelagert worden oder die Kartenwerke als stationäre Datei bereitgestellt worden.

Wichtig in Hochwassersituationen ist auch die Ansprechbarkeit des LHWZ für Bürgeranfragen. Damit die Fachleute in der Vorhersagezentrale nicht bei ihrer hydrologischen Tätigkeit gestört werden, wird das standardmäßig vorhandene Bürgertelefon des LfULG in einer derartigen Situation in einen extra Raum des LHWZ verlegt und mit bis zu 4 Personen rund um die Uhr besetzt worden. Der Andrang auf das Bürgertelefon war sehr hoch und korrelierte mit den Ganglinien der Hochwasserwellen. Viele der Anfragen lagen außerhalb der Zuständigkeiten des LHWZ und wurden entsprechend weiter vermittelt. Dabei wurde festgestellt, dass etliche Akteure erst relativ spät oder wegen eigener Betroffenheit schwer für die Bürger erreichbar waren.

Eine aktive Presse- und Medienarbeit ist für eine möglichst präzise und zeitnahe Information vieler Betroffener wichtig. Aus diesem Grund verlegt die Pressesprecherin des LfULG ihren Arbeitsplatz in Hochwassersituationen an den im LHWZ vorbereiteten Arbeitsplatz. Von dort aus werden alle Presse- und Medienaktivitäten koordiniert. Durch den direkten Kontakt zur Melde- und Vorhersagezentrale können auf kürzestem Wege aktuelle Presse- und Medieninformationen bereitgestellt werden. Dadurch gelingt es meist, dass die Medien die originale Informationsquelle LHWZ verwenden und nicht andere oder veränderte Informationen zu Verunsicherungen führen. Der damit verbundene Aufwand darf nicht unterschätzt werden. Zum Junihochwasser 2013 hatte das LHWZ gleich zu Beginn des Hochwasserereignisses die Medien zu einer Pressekonferenz eingeladen und über die bevorstehende Lage informiert. Dadurch ist die Bevölkerung auch sehr zeitig über die Medien informiert gewesen.

4 Fazit

Das LHWZ Sachen hat im Juni 2013 aufgrund der vorhandenen Datenlagen die Hochwassersituation richtig eingeschätzt und konnte dadurch rechtzeitig sowie präzise informieren. Für eine umfassende Information möglichst vieler Akteure und Betroffener benötigt man ein leistungsfähiges Hochwasserinformations- und Warnsystem sowie entsprechend qualifiziertes Personal. Die Bereitstellung möglichst vieler hochwasserrelevanter Informationen bedingt leistungsfähige IT-Systeme, da die Zugriffe enorm steigen. Durch ein sofort verfügbares Bürgertelefon und eine aktive Presse- und Medienarbeit kann man die Informationsgüte und das Vertrauen in die bereitgestellten Informationen erhöhen.

Autor
Dr.-Ing. Uwe Müller
Sächsisches Landesamt für Umwelt, Landwirtschaft und Geologie
Zur Wetterwarte 11
01109 Dresden
Uwe.Mueller@smul.sachsen.de

Literatur

[1] Müller, U.: Hochwasserrisikomanagement – Theorie und Praxis. Wiesbaden: Vieweg+Teubner Verlag, 2010.
[2] Landeshochwasserzentrum Sachsen (www.hochwasserzentrum.sachsen.de; Aufruf: 15.09.2014).

Uwe Müller

Employment of the Flood Forecast Centre of the Free State of Saxony in June 2013

This paper gives a brief review of the employment of the flood forecast centre of the Free State of Saxony during the flood in June 2013. It doesn't only emblaze the classic flood forecasting which has already reached a very high quality. The explanation of important accompanying activities is also mentioned as well as some leadoff conclusions.

Falk Lepie

Das Technische Hilfswerk im Juni-Hochwasser 2013 in Sachsen-Anhalt

Das Hochwasser 2013 war für das THW der zweitgrößte Einsatz seit der Gründung im Jahr 1950. Dabei waren die Einsatzkräfte in vielfältiger Weise gefordert, um während und nach dem Hochwasser Regionen zu schützen und die Auswirkungen soweit möglich zu reduzieren. Vor allem spezielle Technik, wie Hochleistungspumpen oder „Mobile Pegel", und das Fachwissen der gut ausgebildeten THW-Einsatzkräfte waren 2013 noch stärker gefragt als es beim Hochwasser 2002 der Fall war.

1 Was ist das THW?

Das Technische Hilfswerk (THW) ist eine Bundesanstalt mit eigenem Verwaltungsunterbau im Geschäftsbereich des Bundesministeriums des Innern. Es besteht zu 99 % aus ehrenamtlichen Helferinnen und Helfern. Das THW verfügt über 1 000 Fachgruppen und 1 440 Bergungsgruppen in 730 Technischen Zügen. Bundesweit gehören mehr als 8 400 Fahrzeuge zur Ausstattung des THW. Das THW leistet technische Hilfe nach dem Zivilschutz- und Katastrophenhilfegesetz, im Ausland im Auftrag der Bundesregierung, im Inland bei der Bekämpfung von Katastrophen, öffentlichen Notständen und Unglücksfällen größeren Ausmaßes auf Anforderung der für die Gefahrenabwehr zuständigen Stellen. Das Technische Hilfswerk ist modular aufgebaut. So gibt es in jedem Ortsverband einen Zugtrupp als Führungskomponente, mindestens eine Bergungsgruppe und je nach örtlichen Gefahrenschwerpunkten eine Fachgruppe. Für diese Gruppen gelten bundesweit einheitliche Ausrüstungsstandards.

2 Juni-Hochwasser in Deutschland

Mit rund 16 000 Einsatzkräften war das Hochwasser 2013 für das THW der zweitgrößte Einsatz seit der Gründung im Jahr 1950. Nur beim Hochwasser 2002 gab es mit etwa 24 500 Personen eine höhere Zahl an im Einsatz tätigen THW-Angehörigen. Damit waren im Jahr 2013 insgesamt 653 der 668 Ortsverbände des THW in den Einsatz eingebunden.

3 Der THW Einsatz in Sachen-Anhalt

Während des Hochwassers 2013 ging die Koordinierung des THW-Einsatzes in Sachsen-Anhalt von den Leitungs- und Koordinierungsstäben der 20 Ortsverbände, den beiden Geschäftsstellen in Halle (Saale) und Magdeburg und dem Landesverband Berlin/Brandenburg/Sachsen-Anhalt in Berlin aus.

3.1 Chronologischer Einsatzablauf in Sachsen-Anhalt (Ausschnitte)

Am 2. Juni 2013 kam es in Sachsen-Anhalt zu ersten THW-Einsätzen.

3. Juni bis 11. Juni 2013

Um eine weitere Überflutung von Ortschaften, u. a. der Industriestadt Bitterfeld, zu verhindern und den Abfluss des Wassers zu lenken, wurden durch das THW und die Bundeswehr am 4. und 6. Juni Deichsprengungen an der Mulde bei Löbnitz durchgeführt. Weiter nördlich konnte der Einsatz des THW am 5. und 6. Juni 2013 ein Großteil des Tierbestandes des Wildtierzoos

S. Heimerl (Hrsg.), *Vorsorgender und nachsorgender Hochwasserschutz*,
https://doi.org/10.1007/978-3-658-21839-3_39

Bernburg (Sachsen-Anhalt) vor den Fluten der Saale gerettet werden. Zu dieser Zeit traf eine Regierungsdelegation aus Tunesien in Berlin ein. Im Gepäck führte sie als Zeichen der Verbundenheit des tunesischen Volkes 2 t Datteln für die Einsatzkräfte im Hochwassereinsatz mit. Die Datteln wurden durch das THW übernommen und am 7. Juni an den Sandsackfüllplätzen in Dessau und Magdeburg an die Einsatzkräfte sowie zivile Helferinnen und Helfer verteilt.

In Folge der Überflutung des technischen Polizeiamtes in Magdeburg kam es zu erheblichen Ausfällen der Internet- und Kommunikationstechnik der Landesregierung Sachsen-Anhalts. Durch den Einsatz einer Fachgruppe Wasserschaden/Pumpen des THW vom 8. bis 12. Juni konnte hier ein Totalausfall vermieden werden, von dem auch der Digitalfunk im Land Sachsen-Anhalt erheblich betroffen gewesen wäre. Aufgrund der Unzugänglichkeit der Schadensstelle mussten zusätzliche Pumpen mit Hubschraubern eingeflogen werden.

So waren in Sachsen-Anhalt bereits am 7. Juni ca. 2 000 Einsatzkräfte aus mehreren THW-Landesverbänden tätig. Da im Land Sachsen-Anhalt keine weiteren Kräfte verfügbar waren, wurden am 8. Juni im Zusammenhang mit einer befürchteten weiteren Verschärfung der Lage um Magdeburg durch das Land Sachsen-Anhalt 2 000 Kräfte zur Deichverteidigung beim Gemeinsamen Melde- und Lagezentrum von Bund und Ländern (GMLZ) angefordert. Das THW entsandte am Abend des 8. Juni hiervon 1 000 Einsatzkräfte in vier Kontingenten zu je 250 Personen aus den Landesverbänden Baden-Württemberg, Nordrhein-Westfalen, Bremen/Niedersachsen und Hessen/Rheinland-Pfalz/Saarland. Durch die Stadt Magdeburg wurden parallel 400 Einsatzkräfte des THW über das Innenministerium des Landes Sachsen-Anhalt und das GMLZ zur „Sicherung kritischer Infrastruktur durch Abpumpen eingedrungenen Wassers“ angefordert. Diese Kräfte kamen aus den Landesverbänden Baden-Württemberg und Nordrhein-Westfalen und bestanden aus mehreren Technischen Zügen. Somit wurden innerhalb kürzester Zeit real ca. 1 500 THW-Angehörige nach Magdeburg entsandt, die hauptsächlich am Sonntag, den 9. Juni, eintrafen und in mehreren Bereitstellungsräumen in Magdeburg untergebracht wurden – ein Großteil davon im sog. „Bördepark“. Hier waren am 10. und 11. Juni jeweils insgesamt 1 200 THW-Kräfte und ca. 350 Personen anderer Organisationen untergebracht. Die Aufgaben des THW bestanden in diesem Zeitabschnitt vorrangig in der Deichverteidigung, Sicherungsarbeiten, Pumparbeiten sowie der Evakuierung und Versorgung der vom Hochwasser eingeschlossenen Bevölkerung (**Bilder 1 bis 4**). Am 10. Juni wurde die Höchstzahl von über 4 000 im Hochwassereinsatz befindlichen THW-Angehörigen im Land Sachsen-Anhalt erreicht. Die Einsatzkräfte kamen aus fast allen Bundesländern der Republik.

12. Juni bis 21. Juni 2013

Durch die Entspannung der Hochwassersituation aufgrund der Deichbrüche und der Polderflutung entwickelte sich die Lage in und um Magdeburg nicht mehr so dramatisch wie zunächst befürchtet. Daher kamen große Teile der alarmmäßig am 9. und 10. Juni nach Magdeburg entsandten Kräfte nicht in der Deichverteidigung zum Einsatz, sondern wurden durch den Katastrophenschutzstab der Stadt als Reserve vorgehalten, um – im Zusammenhang mit der andauernden hohen Belastung der Deiche – bei einer befürchteten erneuten Verschärfung der Gesamtlage handlungsfähig zu sein. Aufgrund der anhaltenden Entspannung der Situation konnten die als Reserve vorgehaltenen Einsatzkräfte ab dem 12. Juni in die Heimat-Ortsverbände zurückverlegt werden. Zudem wurde am 13. Juni mit der Auflösung des Bereitstellungsraumes „Schönebeck“ im Salzlandkreis (Sachsen-Anhalt) begonnen. Hier waren über mehrere Tage ca. 400 Einsatzkräfte des THW – hauptsächlich aus Nordrhein-Westfalen – untergebracht, die insbesondere bei Deichsicherungsmaßnahmen tätig waren.

Am 13. Juni bauten 330 THW-Einsatzkräfte zwischen Wulkau und Kamern im Landkreis

Bild 1: Deichverteidigung am Elbdeich im Wissenschaftshafen in Magdeburg (Quelle: THW)

Bild 2: Versorgung eines vom Hochwasser eingeschlossenen Hotels in Magdeburg (Quelle: THW)

Stendal einen 750 m langen und 0,5 m hohen Deich mit ca. 80 000 Sandsäcken in nur 12 Stunden (**Bild 5**). Das Bauwerk war Teil einer Schutzmaßnahme für die Stadt Sandau.

Um die überfluteten Flächen in der Region Aken (Elbe-Saale-Winkel) zu entlasten und einen gezielten Abfluss der Wassermassen zu ermöglichen, wurden am 15. und 16. Juni durch das THW zwei Sprengungen zur Vergrößerung des Deichbruches an der Alten Saale bei Breitenhagen vorgenommen. Die Sprengmaßnahmen stellten eine besondere Herausforderung dar, da die Sprengstellen auf dem Landweg nicht erreichbar waren und daher das notwendige Personal sowie Material nur mit Booten herangeführt werden konnte (**Bild 6**). Insgesamt wurden 2 t Sprengstoff zur Zündung gebracht.

Bild 3: Positionierung von BigBags zum Schutz des Müllheizkraftwerkes im Magdeburger Hafen (Quelle: THW)

Aufgrund der großflächigen Überflutung des Binnenlandes und der Gefährdung weiterer größerer Ortschaften wurden umfangreiche Maßnahmen zur Schließung des Deichbruches bei Fischbeck umgesetzt. Hierfür wurden zwischen dem 15. und dem 16. Juni drei Lastkähne in eine fast 100 m breite Deichlücke eingebracht, zwei davon anschließend durch Sprengungen auf den Gewässergrund gesetzt. Der dritte Lastkahn wurde durch eine kontrollierte Flutung und Beschwerung mit Lasten versenkt. Etwa 1 500 „BigBags“, Betonfertigteile und Panzersperren – von einem nahegelegenen Truppenübungsplatz der Bundeswehr – wurden zum Verfüllen der Lücken und zur Sicherung der Kähne mittels Hubschrauber abgesetzt. Die besonderen Aufgaben des THW bestanden in der Vorbereitung der Lastkähne zur Versenkung (Schlitzung von Kiel und Bordwänden unter Atemschutz, teilweise in der Nacht; **Bild 7**), dem Befüllen und Anschlagen der BigBags, dem Transport und der Vorbereitung von großen Betonfertigteilen (durch Kernbohrungen) sowie in der Führung und Koordinierung der

Bild 4: Beginn der Schutzmaßnahmen für den Stadtteil Werder in Magdeburg (Quelle: THW)

Bild 5: Errichtung eines Deiches zwischen Wulkau und Kamern (Quelle: THW)

Bild 6: Mehrzweckarbeitsboote bereiten sich auf den Transport von 2 t Sprengstoff für die Deichsprengung bei Breitenhagen vor (Quelle: THW)

genannten Arbeiten (**Bild 8**). Insgesamt waren über 200 THW-Kräfte bei dieser Einsatzaufgabe beteiligt.

Um eine vom Wasser vollständig eingeschlossene Schweinemastanlage mit über 8 000 Tieren bei Stendal in Sachsen-Anhalt zu halten, wurden Hochleistungspumpen und Einsatzkräfte des THW durch Hubschrauber der Bundespolizei eingeflogen. Vom 14. Juni bis zum 10. Juli waren hier Spezialisten mehrerer Fachgruppen Wasserschaden/Pumpen des THW im Einsatz.

22. Juni bis 11. Juli

Von Ende Juni und bis Anfang Juli war das THW insbesondere für Aufräumarbeiten oder für Schadensbeseitigungen nach dem Abfluss der Wassermassen eingesetzt. Dies betraf beispielsweise Räum- und Transportaufgaben, Pumparbeiten sowie Treibgutbeseitigung (**Bild 9**). Im Tagesverlauf des 11. Juli waren schließlich alle direkten Einsatzmaßnahmen in der Elbregion von Sachsen und Sachsen-Anhalt beendet. Sachsen-Anhalt war mit 41 000 Einsatztagen der größte Einsatzschwerpunkt des

Tab. 1: Einsatztage und höchste Tagesstärke

Bundesländer	Einsatztage kumuliert	Höchste Tagesstärke Einsatzkräfte
Baden-Württemberg	3 777	1 314 am 01.06.2013
Bayern	25 761	2 906 am 03.06.2013
Berlin	195	22 am 03.06.2013
Brandenburg	5 296	529 am 09.06.2013
Bremen	200	23 am 09.06.2013
Hamburg	200	30 am 11.06.2013
Hessen	3 537	157 am 03.06.2013
Mecklenburg-Vorpommern	3 500	378 am 14.06.2013
Niedersachsen	11 257	994 am 14.06.2013
Nordrhein-Westfalen	2 222	261 am 08.06.2013
Rheinland-Pfalz	988	100 am 01.06.2013
Saarland	140	21 am 03.06.2013
Sachsen	20 102	1 491 am 08.06.2013
Sachsen-Anhalt	41 000	4 054 am 10.06.2013
Schleswig-Holstein	6 039	527 am 12.06.2013
Thüringen	1 553	186 am 01.06.2013
Bundesweit	125 767	9 601 am 10.06.2013

Bild 7: Vorbereitung der Schuten mit Schneidbrennern und Trennschleifern für die Versenkung an der Deichbruchstelle in Fischbeck (Quelle: THW)

Bild 8: Koordinierung des Einsatzes zwischen Wulkau und Kamern bei Havelberg (Quelle: THW)

Bild 9: Pumparbeiten am überfluteten August-Bebel-Damm in Magdeburg-Rothensee (Quelle: THW)

Technischen Hilfswerks (**Tabelle 1**). Die bundesweit insgesamt über 16 000 THW-Angehörigen waren im Durchschnitt acht Tage im Einsatz tätig.

4 Fazit

Vor allem spezielle Technik, wie Hochleistungspumpen oder „Mobile Pegel", und das Fachwissen der gut ausgebildeten THW-Einsatzkräfte waren 2013 noch stärker gefragt als es zum Hochwasser 2002 der Fall war. Schon in der THW-Grundausbildung ist Deichverteidigung ein Thema, welches sich in der Fachausbildung der Bergungsgruppen und Fachgruppen fortsetzt. Durch den bundesweiten Einsatz der Helferinnen und Helfer bei Hochwasserereignissen ist selbst bei jungen Einsatzkräften ein großer Erfahrungsschatz zum Thema Hochwasserbekämpfung vorhanden, der sich im Einsatz bewährt hat. Festzuhalten ist, dass die Zusammenarbeit zwischen den beteiligten Behörden und Organisationen bei der Bekämpfung des Hochwassers grundsätzlich als gut und kooperativ zu bezeichnen ist.

Sowohl für die eingesetzten Helferinnen und Helfer als auch für das gesamte THW stellt der Hochwassereinsatz 2013 einen großen Motivationsfaktor dar. Zudem lässt sich ein positiver Effekt bei dem Helferzuwachs feststellen. So sind in den Wochen und Monaten nach dem Hochwasser ca. 900 neue Helferinnen und Helfer dem THW beigetreten.

Autor
Falk Lepie
Bundesanstalt Technisches Hilfswerk, Ortsverband Magdeburg
An der Enckekaserne 7
39110 Magdeburg
mitmachen@thw-magdeburg.de

Falk Lepie

The Activities of the Federal Agency for Technical Relief during the Flood in 2013 in Saxony-Anhalt

The flood in 2014 was for the Federal Agency for Technical Relief (THW) the second largest commitment since its foundation in 1950. The commitment demanded many different jobs of the THW staff to save regions and reduce the consequences as far as possible during and after the flood. Mainly special technics like high output pumps or mobile gauging stations in combination with the specific knowledge of the well-educated THW staff supported the measures in 2013 even more than during the flood in 2002.

André Scholz

Die Arbeit des Technischen Hilfswerks in Sachsen

Nach dem Hochwasserereignis 2002 war das Hochwasser im Juni 2013 der zweitgrößte Einsatz in der Geschichte des Technischen Hilfswerks mit bundesweit rund 16 000 Helferinnen und Helfern. Zuständig für den Katastrophenschutz in der Bundesrepublik Deutschland sind die Bundesländer. Das Technische Hilfswerk ist eine Zivilschutzorganisation des Bundes. Nach § 12 Zivilschutz- und Katastrophenhilfegesetz stehen die Einrichtungen des Bundes für den Zivilschutz den Ländern für ihre Aufgaben im Bereich des Katastrophenschutzes zur Verfügung. Das sind das Bundesamt für Bevölkerungsschutz und Katastrophenhilfe und das Technisches Hilfswerk. Darüber hinaus können Bundespolizei und Bundeswehr im Zuge der Amtshilfe Unterstützung bei der Bekämpfung von Katastrophen leisten. Der Beginn des Einsatzes des Technischen Hilfswerks zog sich aus Thüringen kommend über Westsachsen nach Nord- sowie Ostsachsen hin und begann am 31. Mai 2014. Das Einsatzende des Technischen Hilfswerks in Sachsen war der 21. Juni 2014. Alle Dienststellen des Technischen Hilfswerks in Sachsen waren im Hochwassereinsatz 2013 eingebunden. Das Einsatzspektrum beinhaltete im Wesentlichen Pumparbeiten, Logistikaufgaben, Aufbau und Betreiben von Sandsackbefüllplätzen, Evakuierungen, Deichbegehungen, Erkundungsaufgaben, Aufbau und Betrieb von Bereitstellungsräumen, Ölbeseitigungen, Pegelmessungen, Sprengungen, Verpflegungs- und Betreuungsaufgaben, Beleuchtung, Infrastrukturmaßnahmen, Elektroversorgung, Baufachberatung, Aufräumarbeiten, Führung und Kommunikation ([1], [2], [3], [7], [14]).

1 Das Technische Hilfswerk

Die Struktur des Technischen Hilfswerks

Das Technische Hilfswerk (THW) ist eine Bundesbehörde im Geschäftsbereich des Bundesministeriums des Innern mit eigenem Verwaltungsunterbau. Bundesweit gliedert sich das THW in 668 Ortsverbände, 66 Geschäftsstellen (Geschäftsführerbereiche), 8 Landesverbände und einer THW-Leitung mit Sitz in Bonn. Die 66 Geschäftsstellen stellen dabei die Schnittstelle zwischen dem ehren- und hauptamtlichen Bereich des THW dar.

Das THW in Sachsen und Thüringen

Zuständig für Sachsen und Thüringen ist die Dienststelle des Landesbeauftragten für Sachsen/Thüringen mit Sitz in Altenburg. Der Landesverband untergliedert sich in die Geschäftsführerbereiche Erfurt, Chemnitz, Leipzig und Dresden. Insgesamt befinden sich im Landesverband Sachsen/Thüringen 34 Ortsverbände mit ca. 3 000 Helferinnen und Helfern (**Bild 1**).

2 Das Juni-Hochwasser 2013

2.1 Allgemeine Lage

Am 17. Mai 2013 setzten lang anhaltende Regenfälle ein. Das Niederschlagsgebiet erstreckte sich fast auf das ganze Bundesgebiet. Gebietsweise waren beträchtliche Regenmengen zu verzeichnen. Der starke Dauerregen führte u. a. zu einer nicht unerheblichen Bodensättigung mit Wasser. Die hohe Bodensättigung war ein er-

S. Heimerl (Hrsg.), *Vorsorgender und nachsorgender Hochwasserschutz*,
https://doi.org/10.1007/978-3-658-21839-3_40

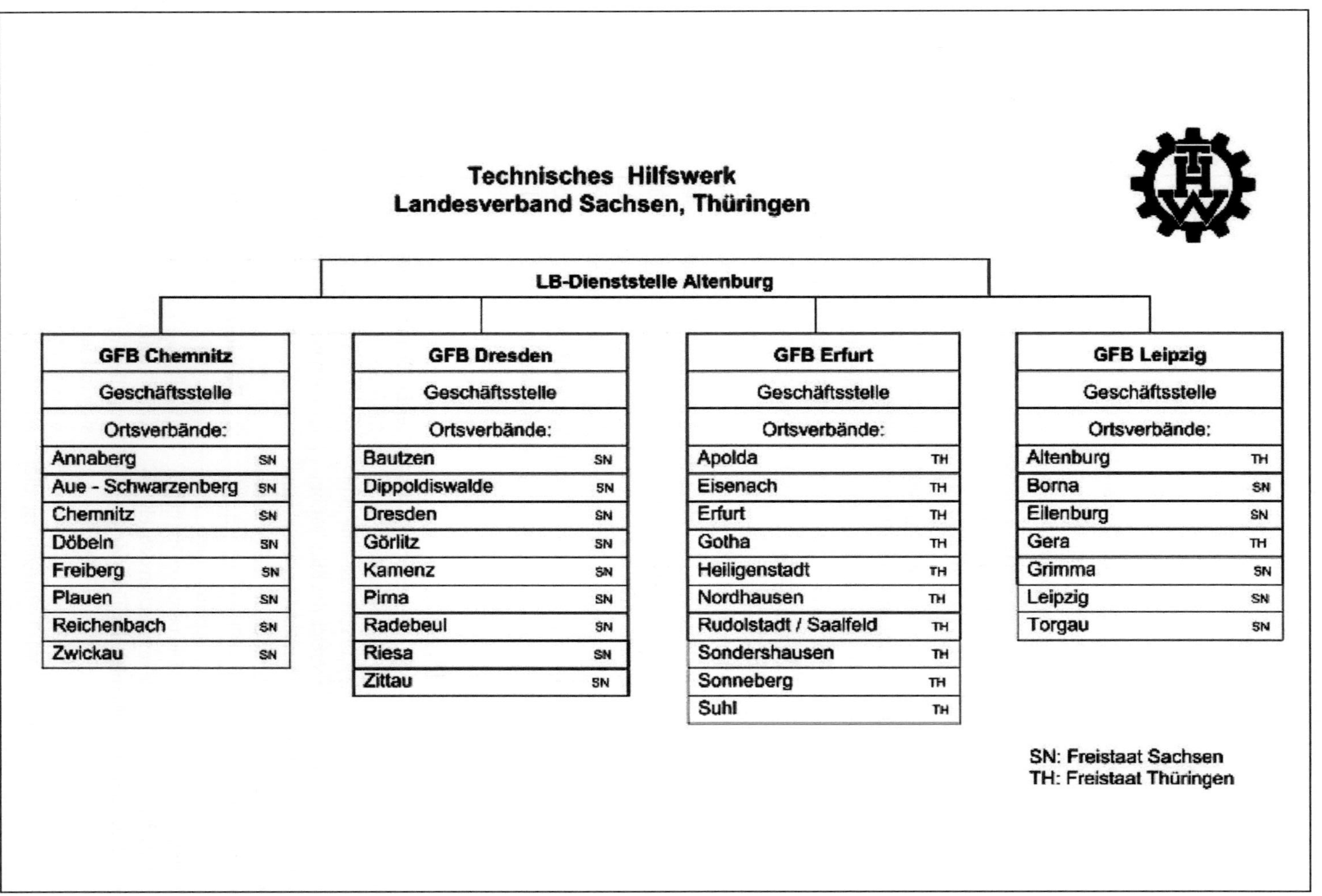

Bild 1: Organisationsstruktur des Landesverbandes Sachsen-Anhalt des THW (Quelle: THW)

heblicher Faktor, der letztlich zum Hochwasserereignis im Jahr 2013 führte. Durch eine am 30. Mai 2013 beginnende Unwetterlage, die bis zum 3. Juni 2013 anhielt, wurde die Hochwasserkatastrophe ausgelöst. Starkregen und lang anhaltender und großflächiger Dauerregen mit sehr hohen Niederschlagsmengen führten zu einer Hochwasserlage, von der insbesondere die Bundeswasserstraßen Donau und Elbe betroffen waren. Im Weiteren waren Flüsse und Bäche in Teilen von Bayern, Baden-Württemberg, Sachsen, Thüringen, Sachsen-Anhalt und Brandenburg betroffen [5], [6].

2.2 Einsatz im Landesverband Sachsen/Thüringen

Der Einsatz im Landesverband Sachsen/Thüringen begann aufgrund anhaltender Regenfälle am 27. Mai 2013 in Thüringen. Im Landesverband Sachsen/Thüringen wurde am 30. Mai 2013 für alle Geschäftsstellen Rufbereitschaft angeordnet. Grund waren aufwachsende Einsätze und die durch den Deutscher Wetterdienst angekündigte Unwettersituation. Die Einsatzanforderung stieg sprunghaft an. Noch am 31. Mai 2013 gingen zahlreiche Ortsverbände des Geschäftsführerbereiches Chemnitz in den Einsatz. In der Folge gingen die Ortsverbände der Geschäftsführerbereiche in Leipzig und Dresden auch in den Einsatz. Die Geschäftsführerbereiche Chemnitz und Leipzig nahm den Leitungs- und Koordinierungsbetrieb (LuK-Betrieb) am 2. Juni 2013, der Geschäftsführerbereich Dresden am 5. Juni 2013 auf.

Aufgrund der Starkniederschläge war ein weiteres Ansteigen der Wasserstände in den Zuflüssen der Elbe sowie den Flüssen Mulde, Saale, Unstrut, Pleiße und Weißer Elster zu verzeichnen. Die Hauptaufgabe des THW in Sachsen war die Deichsicherung sowie Pumparbeiten und Sandsacklogistik.

Am 2. Juni 2013 wurden weitere Kräfte bei der THW-Leitung in Bonn angefordert. Kräfte und Mittel wurden aus den Landesverbänden Berlin/Brandenburg/Sachsen-Anhalt und Hessen/Rheinland-Pfalz/Saarland entsandt.

Das THW arbeitete überwiegend mit den örtlichen Feuerwehren, der Polizei von Bund und Land, Bundeswehr und Bevölkerung zusammen. Bei letzteren ist der Einsatz von sozialen Netzwerken nicht zu unterschätzen gewesen.

Insgesamt waren in Sachsen rund 1 500 THW-Kräfte im Einsatz. Der Einsatz endete am 21. Juni 2014 im Landesverband Sachsen/Thüringen [12].

2.3 Einsatzaufgaben

Die Einsatzaufgaben des THW in Sachsen entsprachen im Wesentlichen dem Katalog der Einsatzoptionen des THW, Kennziffer 3153 „Hochwasser in Bächen, Flüssen und Stromtälern" [15]

Im Wesentlichen handelte es sich um folgende Einsatzaufgaben, entsprechend des Kataloges der Einsatzoptionen des THW:

Prävention, Unterstützung, Ortungs-, Rettungs-, Bergungsmaßnahmen, Bekämpfung von Überschwemmungen/Überflutungen, Damm-/Deichsicherung, Begutachtung und Sicherungsarbeiten von Gebäude-/Bauwerksschäden, Beseitigung von Infrastrukturschäden, Stromversorgung, Logistik, Einrichten und Betreiben von Logistiksystemen für Beschaffungs-, Transport-, Lager- und Verteileraufgaben, Einrichten und Betrieb von Bereitstellungsräumen und THW-Fachberatereinsätze.

3 Einsatz an der Elbe und ihren Nebenflüssen

3.1 Einsatz des THW im Landkreis Sächsische Schweiz-Osterzgebirge

Im Landkreis Sächsische Schweiz-Osterzgebirge gibt es zwei Ortsverbände des THW. Diese befinden sich in Dippoldiswalde und Pirna. In den Ortsverbänden ist jeweils ein Technischer Zug, in Dippoldiswalde mit der Fachgruppe Räumen und in Pirna mit den Fachgruppen Wassergefahren und Bergungstaucher, disloziert.

Am 2. Juni 2013 wurde durch den Landrat des Landkreises Sächsische Schweiz-Osterzgebirge die Voralarmierung für das THW ausgelöst.

Der Einsatz des THW im Landkreis Sächsische Schweiz-Osterzgebirge begann am 2. Juni 2013 in Tharandt. Tharandt ist eine sächsische

Forststadt im Landkreis mit einer Flächenausdehnung von 71,21 km² und hat rund 5 500 Einwohner. In Tharandt befindet sich nach St. Petersburg die zweitälteste Forstfakultät der Welt. Zur Unterstützung bei Pumparbeiten des Ortsverbandes Dippoldiswalde wurden die Erste und Zweite Bergungsgruppe des Ortsverbandes Pirna alarmiert und in den Einsatz gebracht. In der Ortslage Tharandt waren insgesamt 3 300 l Oberflächenwasser pro Minute auf dem Gelände der Technischen Universität Dresden (Fachrichtungen: Forstwissenschaften, Geowissenschaften, Wasserwesen) zu pumpen. Die Pumparbeiten wurden im Keller des Universitätsgebäudes durchgeführt. Der Einsatz wurde am 3. Juni 2013, 22 Uhr, beendet. Insgesamt kamen 15 Helfer des THW Pirna zum Einsatz.

Im weiteren Verlauf wurden für Damm-/Deichsicherungen Sandsäcke in Zusammenarbeit mit der Feuerwehr befüllt, Transport- und Logistikaufgaben übernommen sowie technische Hilfeleistung verschiedener Art und Taucharbeiten durchgeführt.

In den Verwaltungs- und Koordinierungsstab der unteren BRK-Behörde wurden Fachberater entsandt. Diese arbeiteten in einem 12-Stunden-Schichtsystem. Die Fachberater wurden durch die THW-Dienststellen in Dippoldiswalde und Pirna abgeordnet.

Aufgrund der Entwicklungen wurde eine für den vom 3. bis 7. Juni 2013 geplante Projektwoche mit der Grundschule „Diesterweg“ aus Pirna mit der Zusage abgesagt, die Projektwoche im Jahr 2014 durchzuführen.

Der in den Verwaltungs- und Koordinierungsstab der unteren BRK-Behörde entsandte THW-Fachberater berichtete am 2. Juni 2013 wie folgt:

- Lage ähnlich wie zur Hochwasserkatastrophe im August 2002,
- 3 Technische Einsatzleitungen im Landkreis eingerichtet,
- Empfehlung der Bildungsagentur: schulfrei,
- Prüfauftrag: Einsatz der Mehrzweckarbeitsboote (MzA-Boote) für diverse Versorgungsfahrten.

Aufgrund der Lageentwicklung, nach einer Bera-

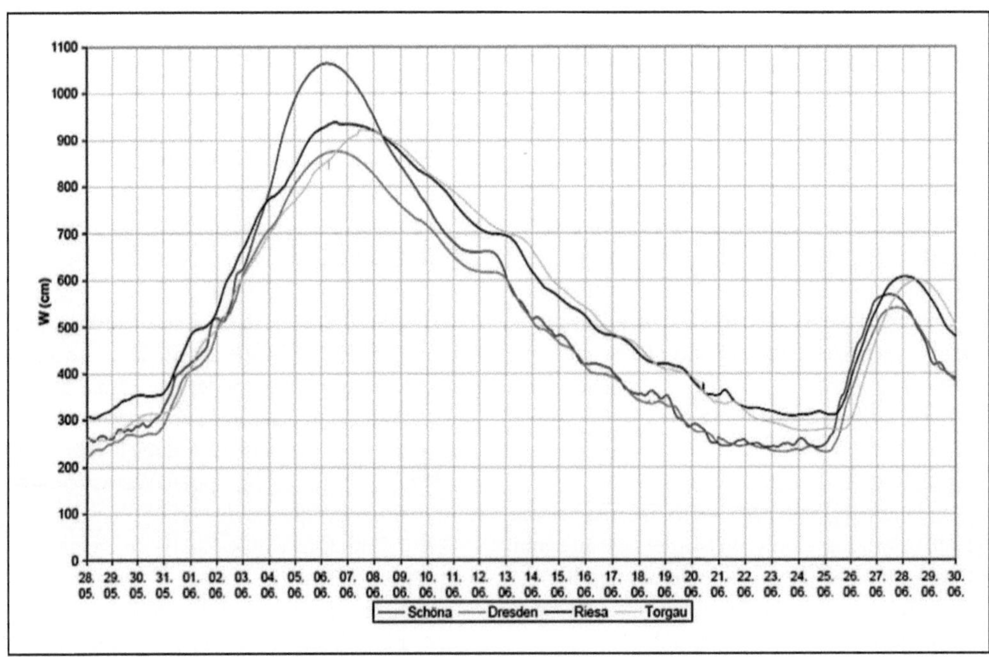

Bild 2: Wasserstandganglinien für die Elbpegel Schöna, Dresden, Riesa und Torgau im Juni 2013 (Quelle: [8])

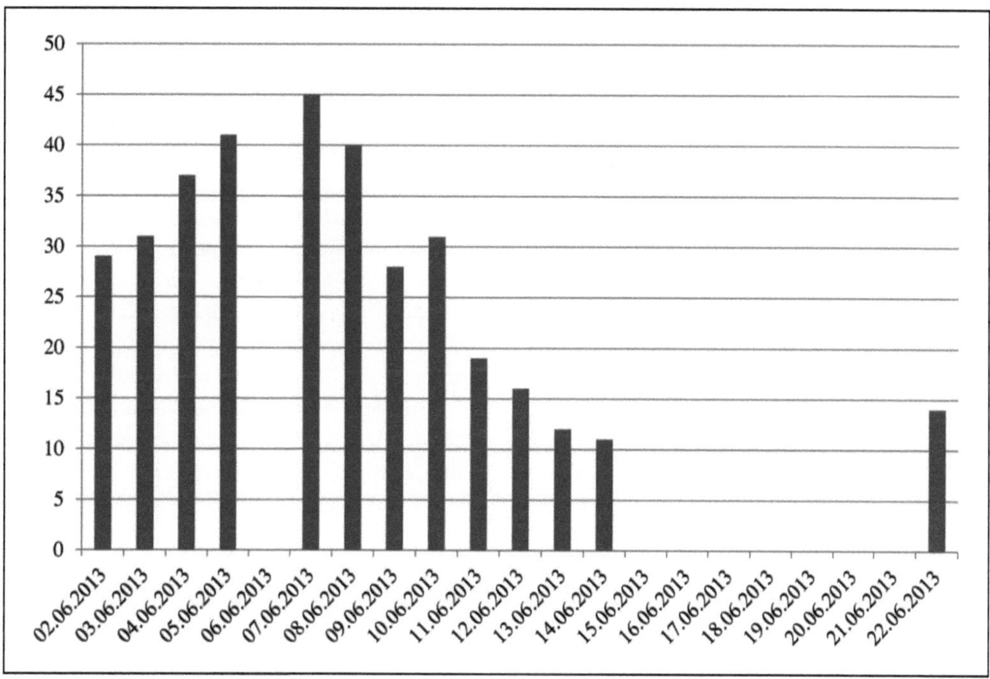

Bild 3: Helferanzahl während des Hochwassereinsatzes (Quelle: THW)

tung des OV-Stabes und in Abstimmung mit dem Verwaltungs- und Koordinierungsstab der unteren BRK-Behörde wurde für die THW-Dienststelle des Ortsbeauftragten für Pirna noch am Abend des 2. Juni 2013 Vollalarm ausgelöst. In der THW-Dienststelle Pirna wurde ein LuK-Stab eingerichtet [10].

3.2 Einsatz des THW Ortsverbandes Pirna

Der Ortsverband Pirna verfügt über insgesamt 93 Helferinnen und Helfer. Davon stehen ca. 60 Helferinnen und Helfern für den aktiven Einsatzdienst zur Verfügung. In der Dienststelle ist ein Technischer Zug mit den Fachgruppen Wassergefahren und Bergungstaucher stationiert. Das THW in Pirna verfügt über zwei Mannschaftstransportwagen, einen Personenkraftwagen, Gerätekraftwagen und Mehrzweckkraftwagen. Weiterhin hält die Dienststelle verschiedene Anhänger für Transportarbeiten bis 5 t sowie zusätzlich ein 80-kVA-Aggregat vor und kann drei Einsatzboote zur Verfügung stellen.

Der Einsatz des Ortsverbandes begann am 2. Juni 2013 mit Pumparbeiten und endete am 22. Juni 2013 mit einem Einsatz der Bergungstaucher zur Bergung eines Kombianlegers. Insgesamt wurden in dieser Zeit Einsätze an 97 Einsatzstellen, teils gleichzeitig, durchgeführt. Durch die Helferinnen und Helfer wurden dabei insgesamt 3 728,2 Einsatzstunden erbracht. Der höchste Stand der Einsatzkräfte wurde am 7. Juni 2013 mit insgesamt 45 Helfern festgestellt. Mithin waren rund 75 % der aktiven Helfer an einem Tag im Hochwassereinsatz aktiv gebunden. Über den gesamten Einsatzzeitraum waren über 90 % der Helferinnen und Helfer des Ortsverbandes Pirna im Hochwassereinsatz.

Die Einsatzaufgaben nahmen das gesamte Spektrum des Katalogs der Einsatzoptionen des THW, Kennziffer 3153 „Hochwasser in Bächen, Flüssen und Stromtälern" ein.

Aufgrund der Auswertung kann festgehalten werden, dass die Anzahl der im Einsatz befindlichen Helfer im Zusammenhang mit der Wasserstandsganglinie für den Elbpegel in Schöna im Juni 2013 stand (**Bild 2**). Im Zeitraum vom 5. bis 7 Juni 2013 hatte die Elbe am Elbpegel Schöne ihren Höchststand erreicht (**Bild 2**). Im gleichen Zeitraum kam es auch zum höchsten Stand der eingesetzten Kräfte im Ortsverband Pirna (**Bild 3**).

3.3 Einsatzverlauf

Für die Berichterstattung zum Einsatz des THW aus Pirna wurden die Angaben (auszugsweise) aus den Einsatztagebüchern der THW-Dienststelle des Ortsbeauftragten für Pirna entnommen [11].

Einsatztag 2. Juni 2013

Durch den Ortsbeauftragten für Pirna wurde in der THW-Dienststelle in Pirna ein LuK-Stab eingerichtet und im 12-Stunden-Schichtsystem betrieben (Einsatzende: 14. Juni 2013).

Des Weiteren wurden im Keller der Technischen Universität Dresden in Tharandt Pumparbeiten durchgeführt (Einsatzende 3. Juni 2013).

Einsatztag 3. Juni 2013

Bei der Feuerwehr in Dippoldiswalde wurden für Damm-/Deichsicherung in Zusammenarbeit mit den örtlichen Feuerwehren Sandsäcke befüllt.

In Altendorf, aus dem Elbtal kommend ca. 3 km von Bad Schandau entfernt, wurde ein Landeplatz für Hubschrauber ausgeleuchtet.

Der Luftkurort Rathen, der unterhalb der weltbekannten Bastei im Nationalpark Sächsische Schweiz liegt, betreibt eine Gierseilfähre. Durch den Bürgermeister des Kurortes wurde das THW in Pirna beauftragt, die Fähre zu sichern.

Weiterhin wurde in verschiedenen Gebäuden der Stadt Bad Schandau auf Anforderung gepumpt. Diese Pumparbeiten mussten aufgrund des steigenden Elbpegels am 4. Juni 2013 eingestellt werden. Kräfte und Mittel wurden für weitere Einsatzaufträge eingesetzt.

Einsatztag 4. Juni 2013

In Bad Schandau befindet sich die Toskana-Therme. Diese verfügt über insgesamt 1 800 m² Thermenlandschaft und liegt direkt am Elbufer. Das THW erhielt den Auftrag, bei der Sicherung des Objektes mit den Pumpen zu unterstützen. Aggregate und Pumpen wurden aufgebaut und an den Betreiber übergeben, da die Kräfte für weitere Einsatzstellen benötigt wurden. Trotz des Einsatzes von Personal der Toskana-Therme und des THW konnten Hochwasserschäden an diesem erheblichen Sachwert nicht vermieden werden. Die Toskana-Therme hat nach langer Schließzeit aufgrund von Hochwasserschäden im Juni 2013 seit Frühjahr 2014 wieder geöffnet.

Durch das THW wurde der Transport von 5 000 Sandsäcken vom ehemaligen Katastrophenschutzlager des Landkreises nach Königstein übernommen.

Durch den Verwaltungs- und Koordinierungsstab der unteren BRK-Behörde im Landkreis Sächsische Schweiz-Osterzgebirge wurde das THW beauftragt, die Absicherung einer Verteilerstation durchzuführen. Der Einsatz wurde am 5. Juni 2013 beendet.

Durch das Notfallmanagement der Deutschen Bahn AG, Produktionsdurchführung Dresden, wurde das THW zur Absicherung eines Eisenbahnstellwerks mit Sandsäcken alarmiert. Die Erfüllung des Einsatzauftrages erfolgte auf der Grundlage von § 1 Abs. 2 Nummer 4 THWG [14] und der zwischen THW und Deutscher Bahn geschlossenen Vereinbarung.

Das THW wurde beauftragt, den Transport von zwei 13-kVA-Stromaggregaten von Freital nach Rathen zu organisieren und durchzuführen. Die Aggregate wurden bei der Freiwilligen Feuerwehr Rathen benötigt.

Im Ortsteil Pötzscha der Stadt Wehlen befand sich ein ungesicherter, befüllter Gastank. Dieser drohte aufgrund des Hochwassers aufzuschwimmen. Das THW wurde mit der Sicherung des Tanks beauftragt. Mit Hilfe von Spanngurten, Sandsäcken und Sandsteinen wurde der Gastank gegen ein mögliches Aufschwimmen gesichert [4].

Einsatztag 5. Juni 2013

Im Rahmen einer Sicherung eines umhertreibenden Gastanks in der Bundeswasserstraße Elbe wurde das THW Pirna mit der Ersten Bergungsgruppe hinzugezogen. Mit Hilfe der Wasserschutzpolizei und deren Besatzung wurde der Tank gestoppt und konnte am Ufer fest gemacht und gesichert werden. Folgendes Material kam zum Einsatz: 16-kN-Greifzug, 25 m Stahlseil, Rundschlinge 10 t und 6 t sowie drei 10-t-Schäkel. Da zum damaligen Zeitpunkt die Sprengung des Tanks vorgesehen war, ist von der vollständigen Zerstörung des Materials ausgegangen worden. Eine ad-hoc-Neubeschaffung erfolgte im Auftrag des Verwaltungs- und Koordinierungsstabes der unteren BRK-Behörde.

In Königstein wurde eine Technische Einsatzleitung (TEL) 4 eingerichtet und betrieben. Dieser wurde ein MzA-Boot mit Truppstärke unterstellt. Das Einsatzfahrzeug des THW wurde zu Sicherungsarbeiten in Königstein benötigt.

In Bad Schandau wurde ein weiteres MzA-Boot der dort zuständigen TEL 1 in Altendorf unterstellt.

Durch die Stadtverwaltung Chemnitz, Tiefbauamt, kam es über die Berufsfeuerwehr Chemnitz zu einer Anforderung der THW-Bergungstaucher. Durch das Tiefbaumt der Stadt Chemnitz wurde das THW beauftragt, eine Gefahrenstelle in der Talsperre Euba in Chemnitz zu beseitigen. In einer Tiefe von ca. 12 m sollte ein Schieberbauwerk unmittelbar an der Talsperren-Mauer abgetrennt werden.

Das THW wurde beauftragt, die Sicherung einer ENSO-Verteilerstation im Kirnitzschtal vorzunehmen. Damit sollte die Stromversorgung Ostrau, ein Ortsteil der Stadt Bad Schandau, aufrecht gehalten werden.

Einsatztag 6. Juni 2013

Zur Verstärkung der Kräfte und Mittel im Zuständigkeitsbereich der TEL 4 „Königstein“ wurde dieser einen Bergungsgruppe mit GKW I und ein MzA-Boot unterstellt.

Im Übrigen kam es zu Pumparbeiten entlang der Elbanrainer und zur Sicherung der Elbfähre in Pirna. Des Weiteren wurden Logistikleistungen zum Sandsackbefüllplatz Autobahnraststätte „Dresdner Tor“ übernommen (Transport, Einkauf von Teichfolie, Bereitstellung von Mineralwasser etc.).

Einsatztag 7. Juni 2013

Neben der Nachbereitung des Taucheinsatzes wurde das THW zum Transport von Sandsäcken vom Rasthof „Dresdner Tor“ nach Sachsen-Anhalt angefordert.

Im Bereich der Stadt Wehlen kam es zu einem Fachberatereinsatz aufgrund einer Öllache. Zur Erkundung wurde der Zugtrupp des Ortsverbandes Pirna eingesetzt.

Einsatztag 8. Juni 2013

Ein abgerissener und vollgefüllter Gastank in Pirna sorgte für einen Fachberatereinsatz des THW.

In Obervogelgesang (Stadt Wehlen OT Pötzscha) sorgte ein Hangrutsch für den Einsatz der Ersten und Zweiten Bergungsgruppe. Eine Schutzwand zum Schutz der Anwohner wurde errichtet.

Zu einer Technischen Hilfe „groß“ kam es in Struppen. Hierzu erfolgte einer Erkundung, da die Lage vor Ort unklar war. Nach Starkniederschlägen kam es zu erheblichen Überschwemmungen von Grundstücken. Zur Wasserableitung sollten entsprechende Sandsackverbauten her. Die Umsetzung sollte durch THW, Freiwillige Feuerwehr und Berufsfeuerwehr erfolgen.

Das MzA-Boot befindet sich weiterhin in Bad Schandau im Einsatz. Das THW übernahm die Transportleistung von Paletten der Freiwilligen Feuerwehr Pirna zur Einsatzstelle Struppen.

Einsatztag 9. Juni 2013

Transport von Matratzen und Gepäck nach Dresden. Im Betriebsbereich der Malzfabrik kam es aufgrund einer unklaren Lage zu einer Erkundung durch den Zugtrupp des THW aus Pirna.

In der Ortslage Struppen kam es zu einem weiteren Einsatz, um Überflutungen nach Starkniederschlägen zu verhindern. Hier wurde ein Abwasserrohr als Schadensverursacher ausgemacht. Das defekte Rohr wurde beseitigt.

An fünf Einsatzstellen kam es zum Einsatz eines THW-Fachberaters Öl für den Verwaltungs- und Koordinierungsstab der unteren BRK-Behörde. Die Erkundungsstellen wurden befundet und das Ergebnis dem Verwaltungsstab mitgeteilt.

Aufgrund von erneuten Starkniederschlägen wurde im Auftrag des Verwaltungs- und Koordinierungsstabes der unteren BRK-Behörde eine Erkundung des Müglitztals durch die Erste Bergungsgruppe des THW Pirna vorgenommen. Im Ergebnis wurde festgestellt, dass es keine besonderen Auffälligkeiten gibt. Am Abend übernahm das THW auf Anforderung den Transport von 5 000 Sandsäcken von der Freiwilligen Feuerwehr Pirna zur TEL 1 in Altendorf.

Einsatztage 10. und 11. Juni 2013

Neben sonstigen Logistikaufgaben intern und extern ist das THW mit einem MzA-Boot und Mitarbeitern der ENSO in Bad Schandau und Rathen unterwegs gewesen.

In der Toskana-Therme wurde ein weiterer Pumpeinsatz erkundet. Im Auftrag der Sächsischen Dampfschifffahrts-GmbH & Co. Conti Elbschifffahrt KG wurden die Kombianleger in Wehlen und Heidenau von Treibgut beräumt, um eine Entlastung der Drahtseile zu erreichen. Zusätzlich wurden hier zur Bergungsgruppe die Bergungstaucher des THW aus Pirna eingesetzt.

Einsatztage 12. bis 14. Juni 2013

Der Fachberatereinsatz im Verwaltungs- und Koordinierungsstab der unteren BRK-Behörde wurde beendet.

Bis 14. Juni wurden diverse Logistikarbeiten durchgeführt. Einsatzstellen zurück gebaut und die Nachbereitung der Einsätze und Aufbereitung/Instandsetzung der Einsatztechnik durchgeführt.

Einsatztag 21. Juni 2013

Aufgrund von Starkniederschlägen kam es mit einer Schlammlawine zur Überflutung eines Möbeleinrichtungshauses in Pirna. Im Wesentlichen bestanden die Arbeiten des THW aus Räum- und Pumparbeiten.

Einsatztag 22. Juni 2013

Einer durch das Hochwasser gekenterter Kombianleger der Sächsischen Dampfschifffahrts-GmbH & Co. Conti Elbschifffahrt KG wurde geborgen und aufgerichtet. Zum Einsatz kam die Fachgruppe Wassergefahren und die Bergungstaucher des THW.

Neben den Einsatzkräften des THW aus Pirna waren Kräfte und Mittel des THW u. a. aus Dippoldiswalde, Dresden, Görlitz, Borna, Nordhausen, Kamenz und Zittau im Landkreis Sächsische Schweiz-Osterzgebirge im Einsatz. Die Einsatzschwerpunktbildung des THW Pirna lag entlang der Elbe im Bereich Königstein, Bad Schandau, Wehlen, Rathen, Pirna und Heidenau.

Am 14. Juni 2013, 17 Uhr, wurde das Einsatztagebuch Hochwasser Juni 2013 geschlossen.

3.4 Beurteilung der Lage

Neben den Lagebeurteilungen im Verwaltungs- und Koordinierungsstab der unteren BRK-Behörde im Landkreis Sächsische Schweiz-Osterzgebirge wurde ständig eine eigene Lagebeurteilung fortgeschrieben. Hierbei wurde das Lagebild in zwei wesentlichen Darstellungen ermittelt. Das sind die Beschreibung des Schadensereignisses und die Schadensabwehr gewesen. Insbesondere ging die Betrachtung der Kräfte und Mittelplanung mit den Pegelvorhersagen des sächsischen Landeshochwasserzentrums einher. Diese Betrachtungsweise war essenziell, um den Zeitpunkt möglichst genau einzuschränken, wann aus den Krisenbetrieb in den Normalbetrieb zurückgegangen werden kann.

Hierbei wurden u. a. die Ereignisse und bereits ergriffene Maßnahmen beurteilt, Auswirkungen und die mögliche Entwicklung in Abhängigkeit des Elbepegels und der zu erwartenden Wetterlage besprochen sowie Reaktionen und mögliche Handlungen abgeleitet [9].

3.5 Kosten

Das THW rechnet grundsätzlich die Einsätze nach der THW-Abrechnungsverordnung ab. Es kann ausnahmsweise auf die Geltendmachung des Anspruchs ganz oder teilweise verzichten. Dies lag bei der abzurechnenden Hilfeleistung vor, da Gründe der Billigkeit und des öffentlichen Interesse dies erforderten (Entscheidung der Bundesregierung zum Kostenverzicht) [13].

4 Zusammenfassung

Der Hochwassereinsatz 2013 ist mit rund 16 000 Einsatzkräften der zweitgrößte Einsatz in der Geschichte des THW. Der bisher größte Einsatz ist mit rund 24 500 Einsatzkräften der Hochwassereinsatz 2002. Von den insgesamt bundesweiten 668 Ortsverbänden waren 653 Ortsverbände in den Einsatz eingebunden. Mit rund 9 600 Einsatzkräften wurde der höchste Stand an THW-Einsatzkräften im Rahmen der Einsatzauswertung durch die THW-Leitung an einem Tag im Bundesgebiet festgestellt.

In den Stäben vor Ort wurden Fachberater des THW einbezogen. Die Zusammenarbeit bei der Bekämpfung der Hochwasserkatastrophe 2013 mit den beteiligten Behörden war gut, kooperativ und ist als zielführend zu bezeichnen.

Abschließend bleibt festzuhalten, dass das THW jederzeit einsatzbereit war und ist. Der modulare Aufbau, die bundeseinheitliche Struktur und bundesweite Verfügbarkeit des THW sind hierbei essenziell [12].

Autor

André Scholz
Bundesanstalt Technisches Hilfswerk
Landesverband Sachsen/Thüringen
Ortsverband Pirna
Rottwerndorfer Straße 45p
01796 Pirna
andre.scholz@thw-pirna.de

Literatur

[1] Zusammenstellung des Bundesamtes für Bevölkerungsschutz und Katastrophenhilfe (BBK) im Rahmen des Wissensforums des BBK am 12. Februar 2014 in Bonn.

[2] Schutz Kritischer Infrastrukturen – Risiko- und Krisenmanagement; Leitfaden für Unternehmen und Behörden, 2011.

[3] Deutscher Bundestag, 17. Wahlperiode; Drucksache 17/14460 vom 30. Juli 2013.

[4] Elektrische Gefahren an der Einsatzstelle, Ausgabe September 2008

[5] Deutscher Wetterdienst (Hrsg.): Das Hochwasser an Elbe und Donau im Juni 2013, Berichte des Deutschen Wetterdienstes Nr. 242, Offenbach 2013.

[6] Angaben zur meteorologischen Lage, Deutscher Wetterdienst und Bundesanstalt für Gewässerkunde (Hrsg.): Das Juni-Hochwasser des Jahres 2013 in Deutschland, BfG-1793, Koblenz 2013, S 11 ff.

[7] Klöster, K; Sölken, F.: Führen in Großschadenslagen. Berlin: HUSS-MEDIEN GmbH, Verlag Technik, 2006.

[8] Gewässerkundlicher Monatsbericht mit vorläufiger Auswertung des Hochwasser Juni 2013 vom 9. August 2013.

[9] Technisches Hilfswerk, Länderverband Sachsen/Thüringen, Referat Einsatz: Einsatzauswertung Hochwasser, Interner Bericht des Landesverbandes Sachsen Thüringen vom 9. Januar 2014.

[10] THW-DV 1-101, Handbuch Führen im Technischen Hilfswerk, Bundesanstalt Technisches Hilfswerk, Leitung, Januar 2006, Bonn

[11] ETB HW Juni 2013 des LuK-Stabes THW Pirna.

[12] THW (Hrsg.): Interner Abschlussbericht über den Einsatz der Bundesanstalt Technisches Hilfswerk vom 11. März 2014, Bonn.

[13] Verordnung über die Durchführung und Abrechnung von Hilfeleistungen des technischen Hilfswerks (THW-Abrechnungsverordnung – THW-AbrV) vom 13. Dezember 2012 (BGBl. I S. 2674).

[14] THW-Gesetz, am 1. September 2009 in Kraft getreten; Verkündet am 3. August 2009 (BGBl. 2009 I, 2350).

[15] Katalog der Einsatzoptionen des THW auf der Grundlage des Kennziffern-Katalogs der bundeseinheitlichen Gefährdungsbeschreibung, der Arbeitsgruppe Risiken in Deutschland des AK V der IMK vom Oktober 2003, Stand November 2007, Bundesanstalt Technisches Hilfswerk, Leitung, Referat E1, in Bonn.

André Scholz

The Work of the Federal Agency for Technical Relief in Saxony

After the flood event in 2002, the flood in June 2013 was the second biggest operation in the history of the Federal Agency for Technical Relief, involving approximately 16,000 male and female volunteers throughout Germany. The federal states are responsible for disaster control in the Federal Republic of Germany. The Federal Agency for Technical Relief is a civil defence organization of the Federal Government. According to § 12 of the Civil Defence and Disaster Assistance Act, the facilities of the Federal Government for civil defence are available to the federal states for their responsibilities in the field of disaster control. These are the Federal Office of Civil Protection and Disaster Assistance and the Federal Agency for Technical Relief. Furthermore, the Federal Police and the German Federal Armed Forces can provide assistance in combating disasters in connection with support through official channels. The beginning of the employment of the Federal Agency for Technical Relief came from Thuringia via West Saxony to North and East Saxony and commenced on May 31, 2014. The operation by the Federal Agency for Technical Relief in Saxony ended on June 21, 2014. All the departments of the Federal Agency for Technical Relief in Saxony were involved in the 2013 flood operation. The spectrum of the operation covered mainly pumping work, logistics tasks, establishing and operating sandbag filling stations, evacuations, dike inspections, reconnaissance tasks, setting up and operation of assembly areas, removal of oil spills, level measurements, blasting operations, provision of food, drink and care, lighting, infrastructure measures, power supply, specialist construction counselling, cleanup operations, management and communication.

Gert Bamler

Hochwasserangepasster Umbau der Kläranlage Dresden-Kaditz

Bedingt durch die Lage der Kläranlage (KA) Dresden-Kaditz unmittelbar an der Elbe war der Hochwasserschutz für diese zentrale Kläranlage bei der Modernisierung sowie Erweiterung ab 1990 stets Bestandteil der Planung und Genehmigung. Das extreme Hochwasser im August 2002 mit einem Pegel von 9,40 m führte trotz allem zu einem vollständigen Ausfall der KA Dresden-Kaditz und zu Millionenschäden. Infolge der sich ab 2003 unmittelbar an die Schadensbeseitigung anschließenden Erstellung von Hochwasserkonzepten für die Abwasseranlagen in Dresden konnte mit der Bewältigung des Elbehochwassers im Jahr 2013 gezeigt werden, dass eine entsprechende Hochwasservorsorge nicht nur leistbar, sondern betriebs- und volkswirtschaftlich sinnvoll ist.

1 Rückblick Hochwasser August 2002

Trotz der damals weitgehend unzureichenden Vorhersagen war bereits etwa ab dem 13.08.2002 erkennbar, dass das Hochwasser der Elbe im August 2002 ein Ereignis würde, welches den Erfahrungshorizont aller Akteure sprengt. Selbst nach Überschreiten der Pegelmarke des bis dahin geltenden HHW von 1845 mit 8,77 m in Dresden wurde alles unternommen, um die wesentlichen Funktionen der Abwasseranlagen aufrecht zu erhalten. Nach Ausfall der für das Kanalnetz nur auf der Kläranlage (KA) Dresden-Kaditz vorhandenen Pumpkapazität war dies jedoch nicht mehr möglich. Trotzdem wurde weiterhin versucht, die wesentlichen Anlagenteile der Kläranlage, wie Pumpwerk oder Trafostation, vor einer Überflutung zu schützen. Diese Versuche scheiterten letztlich jedoch in Anbetracht eines Hochwasserscheitels von 9,40 m am Pegel Dresden und der für ein derartiges Ereignis fehlenden baulichen, technischen und organisatorischen Hochwasservorsorge. Nicht nur Verwaltungsgebäude, Sozialräume, Lager und Werkstätten, sondern vor allem der Einlaufbereich der Kläranlage mit Grob- und Feinrechen, Sandfang, Haupt- sowie Schlammpumpwerk wurden vollständig überflutet. Ebenso betroffen war die Baustelle zur Erweiterung der Kläranlage mit einer neuen biologischen Reinigungsstufe mit Leitwarte und neuer Nachklärung.

Die Schäden am Standort Kaditz einschließlich aller Objekte der Verwaltung und allgemeinen Infrastruktur beliefen sich auf ca. 6,6 Mio. Euro. Die Gesamtschäden der Stadtentwässerung Dresden einschließlich der Pumpwerke und des Kanalnetzes im Stadtgebiet wurden später mit ca. 46 Mio. Euro ermittelt. Als gravierendstes Problem stellte sich dabei der Ausfall der KA Kaditz heraus. So gelangte nicht nur das Abwasser einer Stadt mit einer halben Mio. Einwohnern direkt in die Elbe, sondern auch die Behebung der Flutschäden in der Stadt drohte sich erheblich zu verzögern, da die erforderliche Pumpkapazität von bis zu 18 m^3/s zur Entwässerung des Stadtgebietes vorerst nicht mehr zur Verfügung stand.

Kompakt

- Bis zum August 2002 gab es für die Kläranlage Dresden-Kaditz weder baulich, technisch noch organisatorisch eine ausreichende Hochwasservorsorge.
- Mit dem ab 2003 umgesetzten Hochwasserkonzept zeigte sich, dass Hochwasservorsorge nicht nur leistbar, sondern betriebs- und volkswirtschaftlich sinnvoll ist.

S. Heimerl (Hrsg.), *Vorsorgender und nachsorgender Hochwasserschutz*,
https://doi.org/10.1007/978-3-658-21839-3_41

Mit allen zur Verfügung stehenden Mitteln und außergewöhnlichem Engagement der Mitarbeiter wurde in den nachfolgenden Tagen eine Instandsetzung der wesentlichen Anlagenteile vorangetrieben. So konnten bereits am 7. Tag nach der Überflutung der KA die Stromversorgung für die biologische Reinigungsstufe und am 8. Tag ein Interimspumpwerk DN 900 in Betrieb genommen werden. Nach 13 Tagen war eine Wiederaufnahme des Betriebs mit biologischer Reinigungsstufe für die normale Trockenwettermenge und nachfolgend weiterer Anlagenteile möglich.

Gleichzeitig mit der Schadensbeseitigung wurde die Entscheidung zur Erarbeitung von Hochwasserkonzepten getroffen, um einerseits soweit wie möglich mit der Schadensbeseitigung bereits Verbesserungen bei der Hochwasservorsorge zu erreichen und andererseits mittelfristig Vorsorge bis über ein vergleichbares Hochwasserereignis hinaus zu treffen, auch wenn es zu diesem Zeitpunkt dafür noch keine rechtlichen Rahmenbedingungen oder technische Regelwerke gab.

2 Handlungsbedarf und Schutzziele 2003

Bereits vor dem Jahr 2002 gab es zu Fragen der konstruktiven Gestaltung von Hochwasserschieberbauwerken im Kanalnetz erste Kontakte zu den Stadtentwässerungsbetrieben Köln. Deshalb war das Vorliegen des im Ergebnis der großen Hochwasserereignisse am Rhein in den 1990er-Jahren entstandenen Konzeptes für Köln bekannt und diente der Orientierung für die Erarbeitung geeigneter Lösungen für die Stadtentwässerung Dresden.

Im Jahr 2003 wurde gemeinsam mit drei Ingenieurbüros mit der Bearbeitung der Teilkonzepte begonnen für das

- Kanalnetz,
- den Standort der Kläranlage Kaditz sowie die
- Pumpwerke und Ortskläranlagen.

Weiterhin wurde mit dem beauftragten Ingenieurbüro die Planung der in Bau befindlichen neuen biologischen Reinigungsstufe überprüft und hinsichtlich des Hochwasserschutzes geringfügig modifiziert. Dabei wurden folgende Ziele definiert:

- Sicherstellung der Abwasserbehandlung bis ca. 8,70 m Pegel Dresden (etwa HHW_{alt} von 1845).
- Sicherstellung der Abwasserförderung bis HW_{100} mit einer Förderleistung von mindestens 10 m^3/s bis zu einem Pegel Dresden von 9,24 m.
- Schutz vor Überflutung der wesentlichen Anlagenteile der KA Dresden-Kaditz bis ca. 10 m Pegel Dresden bzw. 111 m ü. NN am Standort Kaditz.
- Aufrechterhaltung des Betriebes der Pumpwerke im Stadtgebiet bis zur Überschwemmung bzw. Evakuierung des Standortes/Einzugsgebietes, Minimierung von Schäden zur schnellstmöglichen Wiederaufnahme des Betriebes.
- Aufrechterhaltung der Funktion der Kanalisation in nicht überschwemmten Gebieten der Stadt.

Die in den Folgejahren zu vollziehende Umsetzung der Maßnahmen wurde unterstützt durch die Novellierung des Wasserhaushaltsgesetzes (WHG 2009) im Jahr 2009, worin in § 5 (2) unter den Allgemeinen Sorgfaltspflichten festgeschrieben wurde: „Jede Person, die durch Hochwasser betroffen sein kann, ist im Rahmen des ihr Möglichen und Zumutbaren verpflichtet, geeignete Vorsorgemaßnahmen zum Schutz vor nachteiligen Hochwasserfolgen und zur Schadensminderung zu treffen, insbesondere die Nutzung von Grundstücken den möglichen nachteiligen Folgen für Mensch, Umwelt oder Sachwerte durch Hochwasser anzupassen."

3 Standortspezifische Szenarien 2002/2013

Beim Vergleich der Hochwasserscheitel der beiden Hochwasser 2002 und 2013 fiel das Hochwasser 2013 mit 8,78 m gegenüber dem Hochwasser von 2002 mit 9,40 m bezogen auf den Pegel Dresden um 62 cm niedriger aus. Die Differenz der absoluten Höhen der Wasserstände der Elbe unmittelbar am Gelände der Kläranlage Kaditz betrug 42 Zentimeter. Der Wasserstand entsprach 2013 etwa der Höhe der Deichkrone, welche trotz vorgesehenem Deichausbau zum Schutz der Kläranlage bisher noch die gleiche Höhe aufweist wie im Jahr 2002.

Der zeitliche Ablauf der schrittweisen Flutung der Kläranlage Kaditz beim Hochwasser im August 2002 orientiert sich an drei wesentlichen Ereignissen:

1. Beginnende Flutung über die Zu- und Ablaufkanäle aus der Kanalisation bzw. von der Elbe her über geschlossene aber überströmbare Absperrschütze.
2. Nachfolgende weitere Flutung aus Richtung bereits überschwemmter benachbarter Grundstücke über einen Radweg mit einem Höhenniveau unterhalb des Elbdeiches und Ausspiegelung mit dem Elbniveau.
3. Weiterer Anstieg entsprechend des Wasserstandes der Elbe über die Höhe des Elbdeiches hinaus.

Unter Berücksichtigung der Höhenlage des Radweges, über den im Jahr 2002 große Teile der Kläranlage überschwemmt wurden und welche 34 Zentimeter niedriger als der Hochwasserscheitel von 2013 war, kann festgestellt werden, dass ohne die Erfahrungen des Hochwassers 2002 und die nachfolgenden Maßnahmen zur Hochwasservorsorge im Jahr 2013 eine Überflutung der Kläranlage sehr wahrscheinlich gewesen wäre und wegen der zwischenzeitlich vollzogenen Erweiterungen der Anlage zu erheblich größeren Schäden geführt hätte als im Jahr 2002.

4 Schutzmaßnahmen – Beispiele

Neben der Etablierung einer Arbeitsgruppe Hochwasservorsorge, welche bei Eintritt eines Hochwassers die Funktion des Hochwasserstabs der Stadtentwässerung Dresden GmbH übernimmt, der Erarbeitung verbindlicher organisatorischer Regelungen inklusive detaillierter Einsatzpläne sowie regelmäßigen Hochwasserübungen wurden im Ergebnis des Hochwasserkonzeptes für die Kläranlage insbesondere folgende Maßnahmen umgesetzt:

- Herstellung Flächenschutz der Schlammbehandlungsanlage zwischen Flutrinne und Autobahn,
- Ersatz der Sicherheitsschütze gegen Hochwasserschieber,
- Ersatz der Antriebe der Schmutzwasserpumpen und dadurch Wegfall der Anlasser,
- Erweiterung und Aufständerung der Mittelspannungsanlage,
- Anschaffung eines mobilen Hochwasserschutzsystems (temporär bis zum Ausbau des Elbdeiches) zum Flächenschutz der Abwasserbehandlungsanlagen,
- Objektschutzsysteme an ausgewählten Einzelgebäuden,
- Abdichtung von Wanddurchführungen unter Geländeniveau,
- Schaffung eines Hochufers im Bereich neue Biologie,
- Abschottungen in den Medienkanälen der neuen Biologie,
- Bearbeitung Diplomarbeit zum Thema Grundwasser bei Hochwasser,
- Modellierung und Grundwasser-Monitoring.

5 Kosten und Nutzen der HW-Vorsorge

Unter Berücksichtigung der funktionalen Zusammenhänge der wesentliche Bestandteile des Systems der Abwasserentsorgung mit Pumpwerken, Kanalisation und Kläranlage insbesondere auch bei Hochwasser sollten die Investitionen in die Hochwasservorsorge für Abwasseranlagen und deren Nutzen auch mit Blick auf das Gesamtsystem betrachtet werden. Das Hochwasser 2002 hatte an den Abwasseranalgen in Dresden Gesamtschäden in Höhe von ca. 46 Mio. Euro zur Folge. Die Kläranlage Dresden-Kaditz fiel über 13 Tage vollständig aus. 12 Pumpwerke wurden stark bzw. sehr stark beschädigt und standen z. T. über viele Wochen nicht zur Verfügung. Die Kanalisation verlor in großen Teilen der Stadt über längere Zeit ihre Funktion mit Folgen auch für nicht vom Hochwasser betroffene Gebiete.

Für die Umsetzung der Hochwasserkonzepte wurden in den folgenden Jahren ca. 26 Mio. Euro investiert. Ein Schwerpunkt war dabei die Errichtung mehrerer Hochwasserpumpwerke und insbesondere des Hochwasserpumpwerks Johannstadt mit einer maximalen Förderleistung von

18 m³/s.

Trotz des vor allem durch die Erweiterung der Kläranlage Kaditz deutlich gestiegenen Schadenspotenzials konnte das nach dem Hochwasser von 2002 zweithöchste Hochwasser der letzten 500 Jahre in Dresden sehr gut bewältigt werden. Die Kläranlage Kaditz stand ohne Einschränkungen bei Förder- und Reinigungsleistung vollständig zur Verfügung. Keines der Pumpwerke im Stadtgebiet wurde zerstört. In nicht vom Hochwasser betroffenen Stadtteilen war ein nahezu rückstaufreier Betrieb der Kanalisation möglich. Die eingetretenen Schäden von ca. 2 Mio. Euro entfielen vor allem auf einzelne größere Kanalnetzschäden sowie auf Schäden an schwer vor Hochwasser zu schützende Baustellen im Kanalnetz. Zur Verfügung stehende Fördermittel zur Schadensbeseitigung mussten gegenüber 2002 somit nur in sehr begrenztem Umfang in Anspruch genommen werden.

Zusätzlich zur Sicherung der Funktion der Abwasseranlagen auch bei sehr seltenen Hochwasserereignissen konnte mit den Investitionen in die Hochwasservorsoge allein beim Hochwasser im Jahr 2013 ein gegenüber den umgesetzten Investitionen deutlich höherer betriebs- und volkswirtschaftlicher Nutzen erreicht werden.

Autor
Gert Bamler
Stadtentwässerung Dresden GmbH
Scharfenberger Straße 152, 01139 Dresden
gbamler@se-dresden.de

Gert Bamler

Flood-adapted conversion of Dresden-Kaditz wastewater treatment plant

Due to the location of the sewage treatment plant (STP) Dresden-Kaditz directly on the Elbe, the flood protection for this central sewage treatment plant was always part of the planning and approval for the modernization and expansion from 1990 onwards. The extreme flood in August 2002 with a level of 9.40 m led to a complete loss of STP Dresden-Kaditz and millions of damages. As a result of the preparation of flood water concepts for the wastewater plants in Dresden, which took place immediately since 2003 after elimination of the damages, the accomplishment of the Elbe flood event in 2013 showed that a corresponding flood water supply is not only possible, but also makes operational and economic sense.

Bernd Worreschk

HWRM-Pläne im Rheineinzugsgebiet von IKSR, IKSMS und Rheinland-Pfalz: Ziele und Maßnahmen

Die Ziele und Maßnahmen in den HWRM-Plänen von IKSR und IKSMS berücksichtigen die vorgeschriebene Koordination und den Informationsaustausch nach EU-Richtlinie. Im Vergleich zu den nationalen Plänen enthalten sie nur Maßnahmen mit grenzüberschreitender Ausrichtung. Im deutschen Rheingebiet werden die HWRM-Pläne durch jedes deutsche Bundesland in eigener Verantwortung nach den LAWA-Empfehlungen aufgestellt und durch die Flussgebietsgemeinschaft Rhein koordiniert. Die Maßnahmen in Rheinland-Pfalz wurden in Hochwasserpartnerschaften entwickelt.

1 Einführung

Im Rheingebiet werden die in der Hochwasserrisikomanagement-Richtlinie (HWRM-RL) vorgeschriebene internationale Koordination des HWRM und der Informationsaustausch für das Gewässernetz auf A-Ebene (Einzugsgebiete > 2 500 km²) durch die Internationale Kommission zum Schutz des Rheins (IKSR) und auf B-Ebene im internationalen Bearbeitungsgebiet Mosel-Saar durch die Internationalen Kommissionen zum Schutze der Mosel und der Saar (IKSMS) durchgeführt. Die Staaten und Länder bzw. Regionen mit Anteilen an der internationale Flussgebietseinheit (IFGE) Rhein haben zur Erfüllung der Koordinierungs- und Informationspflichten gemeinsame internationale HWRM-Pläne in der IKSR (**Bild 1**) [1] und in den IKSMS (**Bild 2**) [3] erarbeitet. Diese enthalten international abgestimmte Ziele sowie Maßnahmen mit grenzüberschreitenden Effekten und die Maßnahmen, für die die Staaten eine gemeinsame Relevanz für das jeweilige internationale Einzugsgebiet sehen. Die nationalen und regionalen Maßnahmen sind Bestandteil der nationalen und regionalen HWRM-Pläne der Staaten.

Alle HWRM-Pläne enthalten entsprechend den Vorgaben der HWRM-Richtlinie neben den zuständigen Behörden eine Beschreibung des Einzugsgebietes, die Erläuterung der vorläufigen Bewertung des Hochwasserrisikos und Festlegung der Hochwasserrisikogebiete sowie die Beschreibung der Hochwassergefahren- und Hochwasser-

Bild 1: Hochwasserrisikomanagementplan für die Internationale Flussgebietseinheit Rhein (Quelle: IKSR)

S. Heimerl (Hrsg.), *Vorsorgender und nachsorgender Hochwasserschutz*,
https://doi.org/10.1007/978-3-658-21839-3_42

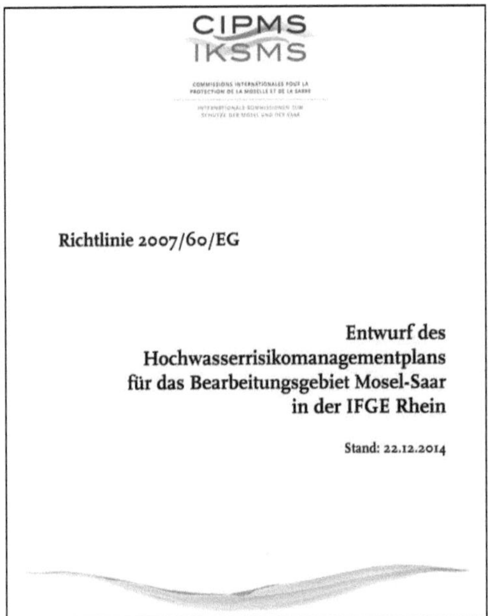

CIPMS
IKSMS

Richtlinie 2007/60/EG

Entwurf des
Hochwasserrisikomanagementplans
für das Bearbeitungsgebiet Mosel-Saar
in der IFGE Rhein

Stand: 22.12.2014

Bild 2: Hochwasserrisikomanagementplan für das Bearbeitungsgebiet Mosel-Saar in der IFGE Rhein (Quelle: IKSMS)

risikokarten. Die von der EU-Kommission vorgeschriebene Berichterstattung der Pläne betrifft nur die EU-Mitgliedstaaten. Die wesentlichen Ergebnisse der bisherigen Umsetzung der Aktionspläne Hochwasser von IKSR und IKSMS bilden für die Maßnahmen des HWRM – auch auf nationaler Ebene – eine gute Grundlage.

2 Ziele der nationalen und internationalen HWRM-Pläne

Ziel des HWRM ist es, bestehende Hochwasserrisiken auf ein gesellschaftlich akzeptables Maß zu bringen und neue, inakzeptable Risiken zu verhindern. Mit Blick auf die längerfristige Zukunft soll für Menschen, Bauten, Infrastrukturen und Sachwerte eine angemessene Sicherheit geschaffen und langfristig erhalten werden. Die in den internationalen HWRM-Plänen festgelegten Ziele berücksichtigen die Vorgaben der Richtlinie und wurden von den Mitgliedstaaten selbst festgelegt. Die Staaten sind für ihr Hoheitsgebiet verantwortlich und haben dort die Ziele festgelegt.

2.1 Ziele auf strategischer Ebene

Die HWRM-Richtlinie setzt jedem Mitgliedsstaat das strategische Ziel, die potenziellen nachteiligen Folgen von Hochwasserereignissen auf die menschliche Gesundheit, die Umwelt, das Kulturerbe und die wirtschaftlichen Tätigkeiten in Gebieten mit potenziellem signifikantem Hochwasserrisiko auf ihrem jeweiligen Staatsgebiet zu verringern. Die Mitgliedsstaaten von IKSR und IKSMS haben sich entsprechend dieser Vorgaben darauf verständigt, die Handlungsziele der Aktionspläne Hochwasser für den Rhein und im Einzugsgebiet von Mosel und Saar mittels vier allgemeiner übergeordneter Ziele neu zu formulieren:

- Vermeidung neuer inakzeptabler Risiken im Vorfeld eines Hochwassers.
- Verringerung bestehender Risiken auf ein akzeptables Niveau.
- Verringerung nachteiliger Folgen während eines Hochwassers.
- Verringerung nachteiliger Folgen nach einem Hochwasser,
- Rückkehr der betroffenen Gebiete zum Normalzustand.

Diese werden durch die in den HWRM-Plänen der Staaten vorgesehenen Maßnahmen umgesetzt.

Bei der Erarbeitung der HWRM-Pläne von IKSR und IKSMS sind die Ziele der nationalen und regionalen HWRM-Pläne in den Mitgliedstaaten untersucht und auf Kompatibilität geprüft worden. Ergebnis war, dass es beim HWRM eine Übereinstimmung zwischen den Zielen der übergeordneten HWRM-Pläne für die IFGE Rhein sowie der IKSMS und den nationalen bzw. regionalen Zielen der Staaten, Länder oder Regionen im Rheingebiet gibt. Die übergeordneten Ziele entsprechen den in den LAWA-Empfehlungen [5] genannten grundlegenden Zielen für das HWRM in Deutschland. Diese Ziele sind auch Grundlage für die HWRM-Pläne des Landes Rheinland-Pfalz und der anderen deutschen Bundesländer.

2.2 Konkretisierung der Ziele

Die o. g. vier Ziele sind im HWRM-Plan der IKSR durch die Maßnahmen konkretisiert. Auf Ebene des Bearbeitungsgebietes Mosel-Saar sind die strategischen Ziele durch vier Zielsetzungen konkretisiert, die den in Abschnitt 3 erläuterten Maßnahmenkategorien 1 bis 4 entsprechen.

3 Maßnahmen in den HWRM-Plänen von IKSR und IKSMS

Die HWRM-Richtlinie legt die Verpflichtung zur Verringerung des Hochwasserrisikos und der Schäden in die Hand der Staaten. Diese sind für die Festlegung von Maßnahmen in ihren nationalen HWRM-Plänen sowie für deren Umsetzung zuständig. Diese Pläne enthalten somit die Gesamtheit der nationalen Maßnahmen sowie alle Einzelheiten des nationalen HWRM unter Berücksichtigung aller Aspekte und Maßnahmen aus der EU-Maßnahmenliste für das Reporting (Anlage 1 in [5]).

Die HWRM-Pläne von IKSR und IKSMS enthalten demgegenüber nur Maßnahmen mit grenzüberschreitenden Effekten und die Maßnahmen, für die eine internationale Koordination und ein Informationsaustausch erforderlich sind. Als Grundlage für die Maßnahmen in den internationalen Plänen von IKSR und IKSMS wurden die in der o. g. EU-Maßnahmenliste aufgeführten Maßnahmentypen analysiert. Ergebnis war, dass für 17 Maßnahmentypen ein Abstimmungs- und bzw. oder Koordinierungsbedarf besteht, acht Maßnahmentypen sind nur von nationaler Zuständigkeit [3].

Die Staaten, Länder und Regionen sind gemäß Artikel 9 HWRM-RL verpflichtet, angemessene Maßnahmen zu treffen, um die Anwendung dieser Richtlinie und mit der EG-Wasserrahmenrichtlinie (WRRL) zu koordinieren. Deshalb wurden die in der o. g. EU-Maßnahmenliste aufgeführten Maßnahmentypen ebenfalls in Bezug auf ihre Auswirkungen auf die Ziele der WRRL bewertet. Ergebnis war, dass fünf Maßnahmentypen potenziell positive und vier Maßnahmentypen potenziell negative Auswirkungen auf die Umweltziele der WRRL haben können. Neun Maßnahmentypen sind neutral [3].

Für die IFGE Rhein und das internationale Bearbeitungsgebiet Mosel-Saar wurden auf diesen Grundlagen die Maßnahmen abgestimmt. Die konkreten gemeinsamen Maßnahmen für die IFGE Rhein sind für die nachfolgend erläuterten 5 Maßnahmenkategorien im HWRM-Plan der IKSR [1] beschrieben. Die Staaten, Länder und Regionen im Bearbeitungsgebiet Mosel-Saar haben sich ergänzend auf weitere konkrete Maßnahmen für die Maßnahmenkategorien 1 bis 4 verständigt, die im HWRM-Plan der IKSMS [3] enthalten sind.

3.1 Maßnahmenkategorie 1: Internationale Koordinierung von Maßnahmen

Die Staaten, Länder und Regionen in der IFGE Rhein haben sich darauf verständigt, das Hochwasserrisiko außerhalb ihres jeweiligen Hoheitsgebietes nicht zu erhöhen und hierzu Maßnahmen mit grenzüberschreitenden Auswirkungen wirksam zu koordinieren.

3.2 Maßnahmenkategorie 2: Verbesserung des Informationsaustausches und Informationszugangs

Bei Hochwasser sind Ober- und Unterlieger aufeinander angewiesen. Die Staaten, Länder und Regionen in der IFGE Rhein und im Bearbeitungsgebiet Mosel-Saar vertiefen somit die in der HWRM-Richtlinie geforderte internationale Zusammenarbeit und den Informationsaustausch.

3.3 Maßnahmenkategorie 3: Verbesserung der Hochwasservorhersage und Hochwasserwarnsysteme

Hochwasservorhersage und das Hochwassermeldewesen sind ein wichtiger Aspekt der Hochwasservorsorge, um Schäden durch Hochwasser zu verringern. Deshalb arbeiten die Staaten, Länder und Regionen in IKSR und IKSMS auf internationaler Ebene beim Austausch der Abfluss- und Niederschlagsdaten sowie bei deren Verwendung für die Hochwasservorhersage zusammen.

Die Staaten und Länder im Bearbeitungsgebiet Mosel-Saar haben bereits 1987 und 2007 die Zusammenarbeit auf internationaler Ebene beim Austausch der Abfluss- und Niederschlagsdaten sowie bei der Hochwasservorhersage vertraglich vereinbart und sich auf eine Vertiefung dieser internationalen Zusammenarbeit verständigt. Der bereits bestehende multilaterale Austausch hydrologischer und hydrometeorologischer Daten soll fortgesetzt und intensiviert werden.

3.4 Maßnahmenkategorie 4: Maßnahmen zur Koordinierung der HWRM-RL mit der WRRL

Die Maßnahmen in den HWRM-Plänen mit Auswirkungen auf Grenzoberflächenwasserkörper und grenzüberschreitende Oberflächenwasserkörper nach WRRL müssen abgestimmt und koordiniert werden. Die Auswirkungen geplanter nationaler Maßnahmen sollen geprüft und Maßnahmen mit potenziellen Synergien mit der WRRL gefördert werden.

3.5 Maßnahmenkategorie 5: Umsetzung von wasserstandsenkenden Maßnahmen

In der IKSR erfolgt der Informationsaustausch über die Umsetzung der bereits im Aktionsplan Hochwasser Rhein vorgesehenen wasserstandsenkenden Maßnahmen und Retentionsmaßnahmen der Mitgliedstaaten. Die Umsetzung aller nationalen Maßnahmen soll wie bisher durch die IKSR dokumentiert und deren Wirkung ermittelt werden.

4 HWRM-Pläne in Rheinland-Pfalz

4.1 Nationale Abstimmung im deutschen Rheingebiet und in der LAWA

Im deutschen Rheingebiet werden die HWRM-Pläne durch jedes deutsche Bundesland in eigener Verantwortung als Teilbeitrag für die nationalen und internationalen Bearbeitungsgebiete in der IFGE Rhein aufgestellt. Die nationale Koordination der HWRM-Pläne der deutschen Bundesländer erfolgt im Rahmen der deutschen Flussgebietsgemeinschaft Rhein (Bericht in www.dk-rhein.de).

Bild 3: Informationsbroschüre Hochwasserschutz in Rheinland-Pfalz (Quelle: MULEWF)

Grundlage für die HWRM-Pläne in Deutschland sind die LAWA-Empfehlungen [5]. In diesen sind die Ziele und Schutzgüter des Hochwasserrisikomanagements beschrieben sowie die EU-Maßnahmenarten für das Reporting und die LAWA-Handlungsfelder für den HWRM-Zyklus zusammengeführt. Bei der Zuordnung der EU-Maßnahmenarten und LAWA-Handlungsfelder zu den Aspekten des HWRM wurde der LAWA-Maßnahmenkatalog berücksichtigt (Anlage 4 in [5]). Dieser bildet die Maßnahmen der WRRL und die der HWRM-Richtlinie auf Grundlage der EU-Maßnahmenarten in einem ganzheitlichen Katalog ab.

4.2 Maßnahmen in Rheinland-Pfalz

Für die Bearbeitungsgebiete nach WRRL gibt es in Rheinland-Pfalz die vier HWRM-Pläne Oberrhein, Mittelrhein, Mosel/Saar und Niederrhein (Entwürfe der Pläne s. www.hochwassermanagement.rlp.de). In diesen sind die rund 50 rheinland-pfälzischen Gewässerabschnitte mit signifikantem Hochwasserrisiko berücksichtigt. Die Federführung bei der Aufstellung der HWRM-Pläne hat die Wasserwirtschaftsverwaltung. Die Pläne orientieren sich am Gliederungsvorschlag in den LAWA-Empfehlungen [5].

Für die Entwicklung und Abstimmung der Maßnahmen in den HWRM-Plänen sind auf regionaler Ebene in Abstimmung mit dem Innenministerium und den kommunalen Spitzenverbänden bis heute 25 Hochwasserpartnerschaften eingerichtet worden. Diese sind freiwillige Zusammenschlüsse der kommunalen Gebietskörperschaften entlang von Gewässern mit einem signifikanten Hochwasserrisiko. Das Informations- und Beratungszentrum Hochwasservorsorge (IBH) bei der Hochwassernotgemeinschaft Rhein unterstützt die landesweit eingerichteten Hochwasserpartnerschaften (www.ibh.rlp.de).

Die Maßnahmen in den HWRM-Plänen wurden im Rahmen der Hochwasserpartnerschaften von den zuständigen Akteuren, insbesondere den Kommunen entwickelt. Die in den vier HWRM-Plänen enthaltenen Maßnahmen berücksichtigen alle Aspekte und Maßnahmen aus der EU-Maßnahmenliste für das Reporting. Maßnahmen in den Hochwasserpartnerschaften betreffen in erster Linie die Verbesserung von Gefahrenabwehr und Katastrophenschutz, die Bewusstseinsbildung und Information der Bevölkerung, die Optimierung der Bauleitplanung und die Erstellung von Vorsorgekonzepten unter aktiver Einbeziehung der Bürgerinnen und Bürger. Die Hochwasserschutzmaßnahmen im Hochwasserschutzkonzept Rheinland-Pfalz in Zuständigkeit des Landes sind ebenfalls Bestandteil der HWRM-Pläne [6] (**Bild 3**). Hierzu gehören auch die Maßnahmen des Landes im nationalen Hochwasserschutzprogramm (NHWSP).

Die in den LAWA-Empfehlungen [5] vorgegebene Maßnahmentabelle mit EU-Aspekten, EU-Maßnahmenarten und LAWA-Handlungsfeldern war Grundlage für die Zusammenstellung der Maßnahmen in den HWRM-Plänen von Rheinland-Pfalz. Die vier HWRM-Pläne enthalten insgesamt rund rd. 580 Maßnahmen (www.hochwassermanagement.rlp.de). Die Rangfolge der Maßnahmen entspricht dem Zeitplan der Umsetzung, der in den Hochwasserpartnerschaften abgestimmt wurde. Dadurch ist die Umsetzbarkeit der Maßnahmen gewährleistet.

5 Ausblick

Die Auswirkungen des Klimawandels sind in den HWRM-Plänen grundsätzlich berücksichtigt. Untersuchungen zum Klimawandel werden in IKSR [2] und IKSMS [4] weiter fortgesetzt. Im deutschen Kooperationsvorhaben KLIWA (www.kliwa.de) werden derzeit Berechnungen im Rheineinzugsgebiet bis zum Pegel Köln durchgeführt (Abschluss 2016).

Nach Vorgabe der HWRM-Richtlinie muss der Öffentlichkeit Zugang zur ersten Bewertung des Hochwasserrisikos, zu den Gefahren- und Risikokarten sowie zu den HWRM-Plänen ermöglicht werden. Es obliegt dem jeweiligen Staat bzw. Land die Bevölkerung, die Gebietskörperschaften sowie Verbände etc. über den Inhalt der Entwürfe für die HWRM-Pläne zu informieren.

Die Entwürfe der HWRM-Pläne von IKSR und IKSMS stehen für die Information und Konsultation der Öffentlichkeit seit dem 22.12.2014 auf der jeweiligen Homepage. Die Öffentlichkeitsbeteiligung in Rheinland-Pfalz zu den Umweltberichten der Strategischen Umweltprüfung für die vier HWRM-Pläne und zu den HWRM-Plänen erfolgt von Juni bis September 2015 im Internet unter www.hochwassermanagement.rlp.de.

Die HWRM-Pläne von IKSR und IKSMS wie auch die Pläne des Landes Rheinland-Pfalz sollen bis zum 22.12.2015 fertig gestellt werden.

Autor

Dr.-Ing. Bernd Worreschk

Ministerium für Umwelt, Landwirtschaft, Ernährung, Weinbau und Forsten Rheinland-Pfalz (MULEWF)
Kaiser-Friedrich-Straße 1
55116 Mainz
bernd.worreschk@mulewf.rlp.de

Literatur

[1] IKSR (Hrsg.): Entwurf Hochwasserrisikomanagementplan für die Internationale Flussgebietseinheit Rhein, Teil A, Stand: 17. Dezember 2014 (www.iksr.org; Aufruf: 04.06.2015).

[2] IKSR (Hrsg.): Klimawandelanpassungsstrategie für die IFGE Rhein. IKSR-Bericht (2015) Nr. 219 (www.iksr.org; Aufruf: 04.06.2015).

[3] IKSMS (Hrsg.): Entwurf des Hochwasserrisikomanagementplans für das Bearbeitungsgebiet Mosel-Saar in der

IFGE Rhein, Stand: 22.12.2014 (www.iksms-cipms.org; Aufruf: 04.06.2015).

[4] IKSMS (Hrsg.): Ermittlung der möglichen Auswirkungen des Klimawandels im Mosel- und Saareinzugsgebiet, FLOW MS, 2013 (www.iksms-cipms.org; Aufruf: 04.06.2015).

[5] LAWA (Hrsg.): Empfehlungen zur Aufstellung von Hochwasserrisikomanagementplänen. 2013 (www.lawa.de; Aufruf: 04.06.2015).

[6] Ministerium für Umwelt, Landwirtschaft, Ernährung, Weinbau und Forsten, Rheinland-Pfalz (Hrsg.): Hochwasserschutz in Rheinland-Pfalz – Hochwasserrisikomanagement nach Wasserhaushaltsgesetz und europäischen Vorgaben – Bestandsaufnahme (www.hochwassermanagement.rlp.de; Aufruf: 04.06.2015).

Bernd Worreschk

Flood Risk Management Plans in the River Basin District Rhine of ICPR, ICPMS and Rhineland-Palatinate: Objectives and Measures

The objectives and measures in the flood risk management (FRM) plans of the International Commission for the Protection of the Rhine (ICPR) and the International Commissions for the Protection of Moselle and Saar (ICPMS) take into account the required coordination and exchange of information according to EU Directive. Compared to the national plans they contain only measures with transnational interest. In the German Rhine area, the FRM-plans are developed by each German state on its own responsibility in accordance with the LAWA recommendations and coordinated by Rhine River Basin Community. The measures in Rhineland-Palatinate were developed in flood partnerships.

Heinrich Webler

Erstellung der Hochwasserrisikomanagement-Pläne in Rheinland-Pfalz

In Rheinland-Pfalz erfolgt die Erstellung der HWRM-Pläne in zweistufiger Vorgehensweise. In der ersten Stufe wurden von regionalen Hochwasserpartnerschaften Maßnahmen erarbeitet und von Ingenieurbüros in die Datenbank des Landes eingestellt. In der zweiten Stufe erfolgt die Zusammenfassung in vier HWRM-Pläne mit Erläuterungsberichten und Maßnahmenübersichten für die Bearbeitungsgebiete Oberrhein, Mittelrhein, Mosel-Saar und Niederrhein.

1 Einführung

Mit Inkrafttreten des Wasserhaushaltsgesetzes (WHG) vom 31.07.2009 am 01.03.2010 ist die europäische Hochwasserrisikomanagement-Richtlinie [5] (HWRM-RL) in deutsches Recht umgesetzt worden. In § 75 WHG ist die Erstellung von HWRM-Plänen verbindlich geregelt.

Die Bundesländer haben bis 22.12.2015 für die Gewässer mit potenziellen signifikanten Hochwasserrisiken HWRM-Pläne zu erarbeiten, in denen für die Risikogebiete angemessene Ziele und Maßnahmen, mit denen die Hochwasserrisiken reduziert werden können, aufgeführt sind.

HWRM umfasst alle zeitlichen Phasen im Ablauf eines Hochwasserereignisses (vor/während/nach dem Ereignis) und bezieht alle Akteure mit ihren jeweiligen Handlungsmöglichkeiten ein, die Beiträge zur Risikominderung leisten können.

2 Generelle Vorgehensweise in Rheinland-Pfalz

Die LAWA-Empfehlungen zur Aufstellung von HWRM-Plänen von 2013 [1] sind Basis für die Erarbeitung der rheinland-pfälzischen HWRM-Pläne. Für die Ableitung der Maßnahmen zur Erreichung der vorrangigen Ziele und die Aufstellung der HWRM-Pläne wird in Rheinland-Pfalz eine zweistufige Vorgehensweise umgesetzt.

Die Erarbeitung der Maßnahmen erfolgte unter Koordinierung durch das Informations- und Beratungszentrum Hochwasservorsorge Rheinland-Pfalz (IBH) gemeinsam mit den betroffenen Kommunen sowie den zuständigen und interessierten Stellen bis zum 30.09.2014 in den Workshops der Hochwasserpartnerschaften.

Zusätzlich hat das Land Rheinland-Pfalz sein Paket von Landesmaßnahmen in die Datenbank eingestellt. Damit war die erste Stufe der Erstellung der HWRM-Pläne abgeschlossen.

In der zweiten Stufe wurden die regionalen Maßnahmenpläne je nach Zugehörigkeit zu den vier Bearbeitungsgebieten (BG), an denen das Land Rheinland-Pfalz Anteil hat, nämlich Oberrhein, Mittelrhein, Mosel-Saar und Niederrhein, zusammengefasst. Die vier Entwürfe der HWRM-Pläne [4] wurden im Mai 2015 offen gelegt und werden bis zum Jahresende endgültig fertig gestellt.

3 Ingenieuraufträge

Analog zur Vorgehensweise bei der Erstellung der rheinland-pfälzischen HWRM-Pläne wurden vom Land RLP, vertreten durch die Struktur und Genehmigungsdirektionen Nord und Süd, Aufträge an Ingenieurbüros erteilt.

In der ersten Stufe wurden Ingenieurbüros mit der Mitarbeit bei der Durchführung der Beteiligung der zuständigen und interessierten Stellen sowie der Information der breiten Öffentlichkeit

S. Heimerl (Hrsg.), *Vorsorgender und nachsorgender Hochwasserschutz*,
https://doi.org/10.1007/978-3-658-21839-3_43

Tab. 1: Neutralisierter Auszug aus der Datenbank

Ziel/Handlungsfeld	Maßnahme	Träger
Flächenvorsorge: Anpassung der Bauleitplanung	Übernahme von Informationen über Überschwemmungsflächen in die bestehenden Bauleitpläne	Städte, Orts- und Verbandsgemeinden
Verbesserung des natürlichen Wasserrückhalts	Anlage von Feuchtwiesen mit Rückhaltepotenzial am Großbach	Verbandsgemeinde
Verbesserung des technischen Hochwasserschutzes	Ertüchtigung der vorhandenen Hochwasserschutzdeiche	SGD Nord
Verbesserung der Hochwasserfrühwarnung	Einrichtung einer einzugsgebiets-bezogenen Hochwasserfrühwarnung und aktive Alarmierung der Feuerwehren über SMS und E-Mail.	Land Rheinland-Pfalz
Verbesserung der Hochwassergefahrenabwehr	Aufstellung und Erweiterung der Alarm- und Einsatzpläne Hochwasser	Landkreise, Städte und Verbandsgemeinden
Verbesserung der Hochwasserschutzes und der Hochwasservorsorge	Erarbeitung eines örtlichen Hochwasserschutzkonzepts für unter Beteiligung von Bürgerinnen, Bürgern und Gewerbebetrieben mit Beratung zu privaten Schutzmaßnahmen	Stadtverwaltung

bei allen Hochwasserpartnerschaften beauftragt. Konkret bedeutete das die Vorbereitung und Teilnahme sowie Protokollierung der Workshops und beinhaltete die Formulierung der Maßnahmenvorschläge, deren Abstimmung mit den Hochwasserpartnern und das Einstellen in die Datenbank des Landes (**Tabelle 1**). Abschließend wurde eine Informationsbroschüre für die Öffentlichkeit [3] erstellt.

Die Erarbeitung der rheinland-pfälzischen Beiträge zu den vier Bearbeitungsgebieten wurde an ein Ingenieurbüro vergeben, das in Zusammenarbeit mit den Struktur- und Genehmigungsdirektionen Nord und Süd sowie dem Umweltministerium Rheinland-Pfalz (MULEWF) die redaktionelle Arbeit beim Verfassen der Berichte und die Zusammenstellung der Maßnahmentabellen übernommen hat.

4 HWRM-Pläne in Rheinland-Pfalz

4.1 Regionale Beiträge der Hochwasserpartnerschaften

HWRM umfasst zahlreiche Handlungsbereiche und bindet viele Akteure ein. Eine zentrale Rolle spielen die Kommunen aufgrund ihrer vielfältigen Zuständigkeiten (z. B. für Gefahrenabwehr, Bauleitplanung, Information der Bevölkerung usw.). Den Gemeinden und Städten ein Programm mit der ganzen Palette von gesetzlichen und weiteren denkbaren Aufgaben der Hochwasservorsorge vorzugeben, schien jedoch nicht zielführend. Vielmehr wurde in Rheinland-Pfalz der Versuch unternommen, die Kommunen zur Eigeninitiative zu motivieren.

Maßnahmen werden von unten, also durch die jeweiligen Akteure, vorgeschlagen. Die Betroffenen kennen die Handlungsdefizite und die notwendigen Maßnahmen in ihren Verantwortungsbereichen am besten. Durch ihre aktive Beteiligung steigen die Motivation und damit die Aussicht, dass Maßnahmen sinnvoll sind und umgesetzt werden.

In Rheinland-Pfalz wurden 24 Hochwasserpartnerschaften gegründet. Auf freiwilliger Basis schlossen sich Städte, Gemeinden und Landkreise an Gewässern oder Gewässerabschnitten, an denen eine gemeinsame Hochwasserbetroffenheit besteht, zusammen. Die Hochwasserpartner treffen sich auch über die abgeschlossene Bearbeitung der regionalen Beiträge hinaus bis zu viermal im Jahr zu Workshops, die folgende Themen behandeln:

- Gefahrenabwehr und Katastrophenschutz,
- Wasserrückhalt in der Fläche und angepasste Flächennutzung,
- Hochwasserschutz und hochwasserangepasstes Planen, Bauen und Sanieren,
- Regional- und Bauleitplanung,
- Information und Vorbereitung der betroffenen Bürgerinnen und Bürger.

Zum Teilnehmerkreis gehören neben den stets eingeladenen Spitzen der Verwaltungen (Bürgermeister, Landrat) alle im einzelnen Handlungsfeld zuständigen Stellen der kommunalen Verwaltungen sowie anlassbezogen auch die interessierten Stellen, wie Vertreter von Industrie und Gewerbe, der Land- und Forstwirtschaft, des Naturschutzes, von Bürgerinitiativen u. ä.

Zur organisatorischen und fachlichen Unterstützung der Hochwasserpartnerschaften wurde 2009 das Informations- und Beratungszentrum Hochwasservorsorge Rheinland-Pfalz (IBH) ins Leben gerufen. Hinter dieser Einrichtung stehen der Gemeinde- und Städtebund, der Landkreistag und der Städtetag, das Innen- und das Umweltministerium sowie die Hochwassernotgemeinschaft Rhein. Das IBH versteht sich als Dienstleister für die Hochwasserpartnerschaften, denen hierfür keine Kosten entstehen.

Da die Arbeit in den Hochwasserpartnerschaften freiwillig ist und lokale Besonderheiten berücksichtigt werden sollen, findet jede Hochwasserpartnerschaft den Einstieg mit dem ihr wichtigsten Thema. Oft ist dies die Gefahrenabwehr. Es sind meist nur kleine Maßnahmen, die vorgeschlagen werden und die so auch in die HWRM-Pläne aufgenommen werden. Es geht um Fragen und Probleme, die die jeweilige Region und die vertretenen Hochwasserpartner betreffen. Wichtig ist, dass die Hochwasserpartner am Runden Tisch miteinander reden und dabei realistische Vorsorgemaßnahmen erarbeiten.

Die so entwickelten Maßnahmen bilden in ihrer Gesamtschau den HWRM-Plan. Sie sind als erste Schritte eines dauerhaften Prozesses zu verstehen, der zum Ziel hat, die Hochwasservorsorge durch gezielte Maßnahmen einen Schritt weiter zu bringen.

In der Datenbank des Landes (www.hochwassermanagement.rlp.de) wurden alle in den Hochwasserpartnerschaften bis zum Stichtag 30.09.2014 entwickelten Maßnahmen sowie die Maßnahmen des Landes detailliert erfasst und nach den vier Bearbeitungsgebieten Oberrhein, Mittelrhein, Mosel-Saar und Niederrhein geordnet.

Informationen zu den Hochwasserpartnerschaften sind auf der IBH-Internetseite (www.ibh.rlp.de) zu finden.

4.2 HWRM-Pläne für die vier Bearbeitungsgebiete

4.2.1 Allgemeiner Aufbau der HWRM-Pläne

Analog zu den Bearbeitungsgebieten nach WRRL werden in Rheinland-Pfalz die vier HWRM-Pläne Oberrhein, Mittelrhein, Mosel/Saar und Niederrhein erstellt.

Die Gliederung der Pläne greift die Vorschläge der LAWA [1] auf. Sie wurde in Anlehnung an die innerhalb der LAWA 2014 abgestimmten Textbausteine für das Reporting der HWRM-Pläne weiter entwickelt und im Rahmen der redaktionellen Bearbeitung der HWRM-Pläne 2015 an die Besonderheiten in den Bearbeitungsgebieten und die neuesten Gegebenheiten angepasst:

1 Einführung
1.1 Hochwasserrisikomanagement
1.2 Räumlicher Geltungsbereich
1.3 Zuständige Akteure
1.4 Beschreibung Bearbeitungsgebiet
1.5 Entstehung und Verlauf vergangener Hochwasserereignisse
1.6 Auswirkungen des Klimawandels
2 Vorläufige Bewertung des Hochwasserrisikos
3 Beschreibung der Hochwassergefahr und des Hochwasserrisikos

Tab. 2: Auszug aus der Überblickstabelle der Maßnahmen für das BG Oberrhein

EU-Aspekte des HWRM	EU-Maßnahmen-art (LAWA-Handlungsbereich)	LAWA-Handlungsfeld (Maßnahmen-Nr. gem. Empfehlungen zur Aufstellung von HWRM-Plänen, Anlage 4)	Einheit (Indikator) (Eingabe optional)	Gesamtanzahl der Maßnahmen	Fortlaufend	Bis 2021	Nach 2021
Konzeptionelle Maßnahmen	Konzeptionelle Maßnahmen	Einrichtung und Anpassung von Förderprogrammen (505) Landesmaßnahmen	Anzahl Einzelmaßnahmen	1 ****	1	–	–
	Konzeptionelle Maßnahmen	Untersuchungen zum Klimawandel (509) Landesmaßnahmen	Anzahl Einzelmaßnahmen	2 ****	2	–	–
Alle	Alle	Summe aller Maßnahmen	Anzahl Einzelmaßnahmen	143	48	86	9

4 Ziele des Hochwasserrisikomanagements
5 Zusammenfassung der Maßnahmen und deren Rangfolge
5.1 EU-Aspekte, EU-Maßnahmenarten und LAWA-Handlungsfelder
5.2 Ermittlung der Maßnahmen; Hochwasserpartnerschaften
5.3 Zusammenfassung der Maßnahmen
5.4 Berücksichtigung der Seveso-III-Richtlinie
5.5 Koordination mit der Wasserrahmenrichtlinie (WRRL)
5.6 Rangfolge der Maßnahmen
5.7 Umsetzbarkeit
5.8 Ökonomische Bewertung und Wirksamkeit
6 Koordination innerhalb der internationalen Flussgebietseinheiten
7 Information und Einbeziehung interessierter Stellen und der Öffentlichkeit
8 Überwachung der Fortschritte bei der Umsetzung

Auf die Wiedergabe der Inhalte der HWRM-Pläne wird mit Ausnahme der folgenden Ausführungen verzichtet.

4.2.2 Klimawandel, Beispiel BG Oberrhein

Die bisherigen Untersuchungen des Langzeitverhaltens von meteorologischen und hydrologischen Zeitreihen belegen, dass die Trends von Kenngrößen des Niederschlags und des Abflusses in einzelnen Einzugsgebieten (im Gegensatz zur eindeutigen Zunahme der Lufttemperatur) sehr unterschiedlich sein können.

Für Hochwasser zeigen die Modellierungen saisonal differenzierte Tendenzen. Die Berechnungen für das Zukunftsszenario 2021 bis 2050 ergeben für Pegel im nördlichen Oberrheingebiet einen möglichen Rückgang der Hochwasser im Sommerhalbjahr, während an Pegeln im südlichen Oberrheingebiet mögliche Anstiege der Hochwasser von über +15 % simuliert wurden. Im Winterhalbjahr sind dagegen durchweg Anstiege in den Hochwasserabflüssen zu erwarten, im südlichen Oberrheingebiet sind diese Tendenzen deutlich stärker als im nördlichen Oberrheingebiet. Es ist folglich nicht auszuschließen, dass es in naher Zukunft in kleineren Einzugsgebieten zu Abflüssen kommen kann, die 20 bis 40 % über den derzeitigen Spitzenabflüssen des 100-jährlichen Hochwassers liegen. Für den Rhein sind höhere Abflüsse von ca. 5 % zu erwarten.

Die wasserwirtschaftlichen Anpassungsmaßnahmen müssen die Bandbreiten tolerieren können, außerdem flexibel und nachsteuerbar sowie robust und effizient sein. Generell leisten alle Maßnahmen des HWRM letztlich auch einen Beitrag zur Anpassung an den Klimawandel.

4.2.3 Koordination mit der WRRL

Der HWRM-Plan wurde mit den Maßnahmen in den Bewirtschaftungsgebieten nach WRRL abgestimmt. Entsprechend Art. 9 HWRM-RL wurden beide Richtlinien besonders im Hinblick auf die Verbesserung der Effizienz, den Informationsaustausch und gemeinsame Vorteile für die Erreichung der Umweltziele der WRRL (Art. 4) entsprechend der LAWA-Empfehlungen zur koordinierten Anwendung der HWRM-RL und WRRL koordiniert [6].

Die Ziele der WRRL und der HWRM-RL sind unterschiedlich. Da potenzielle Synergien und Konflikte überwiegend bei der praktischen Umsetzung der Maßnahmen entstehen können, wurde die Kohärenz beider Richtlinien vor allem auf der Maßnahmenebene sichergestellt. Zur Identifizierung der Maßnahmen, die zu potenziellen Synergien zwischen den beiden Richtlinien führen können, wurden die Maßnahmen aus dem LAWA-Maßnahmenkatalog bezüglich ihrer Wirkungen auf die Zielerreichung der jeweils anderen Richtlinie den drei nachfolgend erläuterten Maßnahmengruppen zugeordnet:

- M1: Maßnahmen, die die Ziele der jeweils anderen Richtlinie unterstützen. Zu nennen sind hier beispielsweise das Freihalten der Auen von Bebauung durch rechtlich festgesetzte Überschwemmungsgebiete oder Maßnahmen zum verstärkten natürlichen Wasserrückhalt in der Fläche, z. B. durch Deichrückverlegungen.
- M2: Maßnahmen, die ggf. zu einem Zielkonflikt führen können und einer Einzelfallprüfung unterzogen werden müssen. Zu nennen ist hier z. B. die WRRL-Maßnahme zur natürlichen Gewässerentwicklung in Ortslagen, die zu einer erhöhten Hochwassergefahr führen könnte.
- M3: Maßnahmen, die für die Ziele der jeweils anderen Richtlinie nicht relevant sind, z. B. Planungen und Vorbereitungen zur Gefahrenabwehr sowie zum Katastrophenschutz oder Konzepte zur Nachsorge und Regeneration.

4.2.4 Öffentlichkeitsarbeit

Zur Unterstützung einer erfolgreichen und nachhaltigen Umsetzung der HWRM-RL wurde die Öffentlichkeit über den Prozess der Umsetzung der Richtlinie informiert und in den Umsetzungsprozess einbezogen. Außerdem erfolgt eine aktive Einbeziehung der interessierten Stellen bei der Erstellung der HWRM-Pläne; eine Einbeziehung erfolgt auch bei der späteren Überprüfung und Aktualisierung.

Die Bevölkerung wird mit Broschüren, Faltblättern, Internetpräsentationen und Veranstaltungen in den kommunalen Gebietskörperschaften, bei denen Maßnahmen in größerem Umfang vorgesehen sind, informiert. Die Anhörung im Rahmen der Öffentlichkeitsbeteiligung erfolgt vom Mai bis August 2015 im Rahmen der Strategischen Umweltprüfung (SUP) zum HWRM-Plan.

4.2.5 Anhang 2 der HWRM-Pläne

In der Datenbank des Landes RLP (www.hochwassermanagement.rlp.de) sind alle Maßnahmen detailliert erfasst und nach Hochwasserpartnerschaften sowie Maßnahmenarten geordnet worden. **Tabelle 2** (Auszug aus Anhang 2 der HWRM-Pläne) gibt einen Überblick über die Anzahl der jeweiligen Maßnahmen unter Bezugnahme auf die Maßnahmennummern gemäß LAWA [1], Anlage 4. Die konzeptionellen Maßnahmen (Maßnahmennummern 501 bis 509) wurden ebenfalls aufgenommen. Die Maßnahmen entsprechen dem Stand der Abstimmung in den Hochwasserpartnerschaften vom 30.09.2014.

Autor

Dipl.-Ing. Heinrich Webler
icon Ing.-Büro H. Webler
Marktplatz 11
55130 Mainz
h.webler@webler-icon.de

Literatur

[1] LAWA (Hrsg.): Empfehlungen zur Aufstellung von Hochwasserrisikomanagementplänen, 2013 (www.lawa.de; Aufruf: 04.06.2015).

[2] Rheinland-Pfalz (Hrsg.): Hochwasserschutz in Rheinland-Pfalz – Hochwasserrisikomanagement nach Wasserhaushaltsgesetz und europäischen Vorgaben – Bestandsaufnahme 2014 und Ausblick, 2014 (www.hochwassermanagement.rlp.de; Aufruf: 04.06.2015).

[3] SGD Nord, IBH, icon (Hrsg.): Hochwasserpartnerschaft Obere Nahe. Broschüre zum regionalen Beitrag zum HWRM-Plan Mittelrhein, 2014.

[4] Rheinland-Pfalz (Hrsg.): HWRM-Pläne für die Bearbeitungsgebiete Oberrhein, Mittelrhein, Mosel-Saar und Niederrhein. Entwürfe, 2015.

[5] Richtlinie 2007/60/EG des Europäischen Parlaments und des Rates vom 23. Oktober 2007 über die Bewertung und das Management von Hochwasserrisiken (Hochwasserrisikomanagement-Richtlinie; HWRM-RL). In: ABl. der EU L 288/27 vom 6.11.2007.

[6] LAWA (Hrsg.): Empfehlungen zur Koordinierten Anwendung der HWRM-RL und WRRL. Tangermünde, 2013.

Heinrich Webler

Development of Flood Risk Management Plans in Rhineland-Palatinate

In the Federal State of Rhineland-Palatinate the flood risk management plans have been set up in two steps. First, twenty-four flood neighbourhoods have been founded by communities with high flood risk along the rivers. In a series of workshops the neighbourhoods have developed measures which are suitable to ease the impacts of a flood. Engineering offices attended to the workshops and set the results as a kind of regional plans into the internet portal of the Water Management Administration. In a second step the regional plans have been concentrated to four flood risk plans including reports and lists of measures for the parts of the Upper Rhine, the Middle Rhine, the Moselle-Saar catchment area and the Lower Rhine in Rhineland-Palatinate.

Klaus Piroth

Starkniederschläge: Umsetzungsaspekte in der praktischen Planung

Starkniederschläge haben in den letzten Jahren immer wieder schwere Überschwemmungen mit enormen Sachschäden verursacht. Der DWA-BWK-Praxisleitfaden zur Überflutungsvorsorge nimmt diese Thematik auf und zeigt eine für jede Kommune praktizierbare Vorgehensweise zur Verhinderung/Minimierung von Schäden auf. Bewältigt werden kann diese Aufgabe nur dann, wenn sie als „kommunale Gemeinschaftsaufgabe" verstanden wird. D. h. alle maßgebenden Akteure im öffentlichen Raum müssen hier gemeinsam arbeiten, die Siedlungswasserwirtschaft ist nur einer von Vielen. Im Artikel werden die Bedeutung des Straßenraums als wesentlich Abfluss- und Speicherelement während eines Starkregens und die Möglichkeiten der Stadtplanung im Zusammenhang mit der gemeinsamen Umsetzung der urbanen Überflutungsvorsorge näher erläutert sowie anhand von praktischen Beispielen verdeutlicht.

1 Einführung

Starkniederschläge haben in den letzten Jahren immer wieder schwere Überschwemmungen mit enormen Sachschäden verursacht. Zu nennen sind z. B. Dortmund 2008 [7], Münster 2013 [6] oder Meißen 2014. Immer wieder zeigen diese Ereignisse die Empfindlichkeit von Siedlungsgebieten gegenüber Sturzfluten. Auf kommunaler Ebene wird inzwischen bereits aktiv an Anpassungsmaßnahmen gearbeitet, meist jedoch dort, wo bereits einschlägige Erfahrungen mit Starkregenereignissen vorliegen. Dabei untermauern die Erkenntnisse aus der Klimaforschung den Trend zu häufigeren und intensiveren Starkregenereignissen in Deutschland. Als Beispiel sind hier die Ergebnisse aus dem dynaklim-Projekt [9] genannt, in dem die Auswirkungen des Klimawandels für die Emscherregion in Nordrhein Westfalen untersucht wurden.

Den zunehmenden Erkenntnissen auf der einen Seite stehen dabei oft große Hemmnisse in der Umsetzung auf der kommunalen Ebene gegenüber. Dabei ist unbestritten, dass die weitgehende Überflutungsvorsorge mit Blick auf seltene und außergewöhnliche Starkregenereignisse nur als kommunale Gemeinschaftsaufgabe zu verstehen und zu meistern ist. Dafür gibt es bisher jedoch keine etablierten Handlungsschemata und die Kommunen sind weitgehend auf sich selbst gestellt. Vor diesem Hintergrund wurde im November 2011 eine verbandsübergreifende DWA/BWK-Arbeitsgruppe gebildet, die einen Praxisleitfaden zur Überflutungsvorsorge bei Sturzfluten im urbanen Bereich erstellt und im August 2013 veröffentlicht hat [1]. Mittlerweile wurde der Leitfaden in vielen Veranstaltungen vorgestellt und findet großes Interesse.

Entscheidend für den Erfolg sind die praktisch umsetzbaren Maßnahmen vor Ort, die mit einer vorausschauenden Planung und frühzeitiger Einbindung der Öffentlichkeit (Anlieger) beginnen und mit einer konsequenten Umsetzung in Planung und Bauüberwachung fortgeführt werden müssen. Über Empfehlungen und Erfahrungen wird in diesem Artikel berichtet.

2 Der Leitfaden im Kurzüberblick

Der Leitfaden ist in drei wesentliche Teile gegliedert und wird um ein Kapitel zur Risikokommunikation ergänzt. Er zeigt den Weg auf, wie man durch ei-

S. Heimerl (Hrsg.), *Vorsorgender und nachsorgender Hochwasserschutz*,
https://doi.org/10.1007/978-3-658-21839-3_44

ne Gefährdungsanalyse sowie einen Abgleich mit vorhandenem Schadenspotenzial die relevanten „Risikostellen" in der Kommune identifiziert (Schritt 1) und anschließend mittels kommunaler Maßnahmen zur Überflutungsvorsorge (Schritt 2) und objektbezogener Schutzmaßnahmen in Eigenregie der Grundstückseigentümer (Schritt 3) die Wirkungen von Sturzfluten infolge von Starkregen verringern sowie das Schadensausmaß reduzieren kann. Dabei können im kommunalen Bereich sowohl technische als auch bauleitplanerische und städtebauliche sowie administrative und organisatorische Maßnahmen zum Einsatz kommen.

Die Niederlegung dieser Vorgehensweise und Darstellung möglicher Maßnahmen zur urbanen Überflutungsvorsorge in dem Leitfaden hat zwar noch keinen verbindlichen Charakter im Sinne eines Standes der Technik oder der allgemein anerkannten Regeln der Technik, wie z. B. in einem DWA-Merkblatt. Der Leitfaden gibt jedoch den kommunal Handelnden die Sicherheit, dass sie sich einer von Fachleuten der relevanten berufsständigen Vereinigungen (DWA und BWK) entwickelten Methodik bedienen, die das beste derzeit verfügbare wasserwirtschaftliche Wissen zu diesem Thema bündelt.

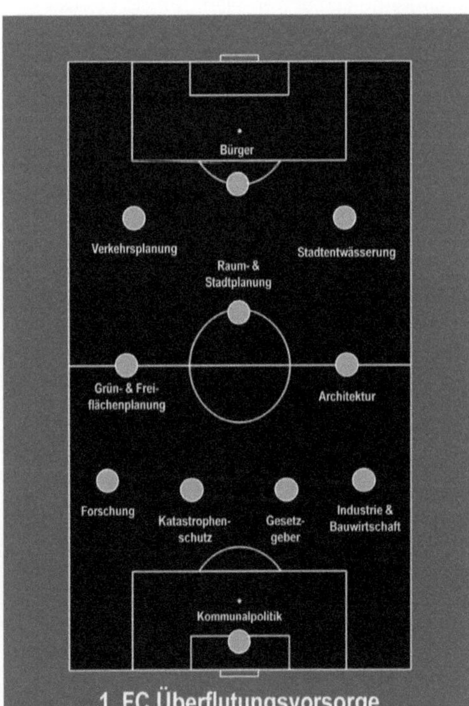

Bild 1: Teamwork Überflutungsvorsorge (Quelle: [8])

3 Akteure im öffentlichen Raum

Der eingeführte Begriff der „kommunalen Gemeinschaftsaufgabe" weist bereits darauf hin, dass die „siedlungswasserwirtschaftliche Disziplin" nicht alleine zuständig und handelnd ist, sondern nur eine von vielen. So spielen z. B. die Stadtplanung mit Bauleitplanungskompetenz, die Straßen- und Verkehrsplanung sowie die Freiraumplanung, die oft sehr individuelle Haus- und Grundstücksgestaltung (Architekten) mit ihren spezifischen Anforderungen (ebene Zufahrten, Lichtschächte, Souterrainwohnungen) usw. eine wichtige, zum Teil bedeutendere Rolle als die Siedlungswasserwirtschaft. Dies wird von Illgen et al. [8] als Teamwork Überflutungsvorsorge mit dem Bild einer Fußballmannschaft (**Bild 1**) verglichen.

Im Straßenraum kommt noch hinzu, dass die einschlägigen Vorschriften zur Siedlungsentwässerung und Straßenplanung z. T. nicht aufeinander abgestimmt sind. Ein Manko, welches insbesondere im Starkregenfall von Bedeutung ist. Wenn die Kanalisation die Wassermengen nicht mehr aufnehmen kann, müssen der Straßenraum und weitere innerörtliche Flächen zur Ableitung oder auch kurzzeitigen Zwischenspeicherung des Wassers in Anspruch genommen werden. Hier liegt aus Sicht der DWA/BWK-Arbeitsgruppe neben dem gezielten Objektschutz das größte Potenzial zur Beherrschung und Verminderung der Schadensauswirkungen bei Starkregenereignissen in urbanen Gebieten.

4 Praktische Umsetzungsaspekte im öffentlichen Raum

4.1 Straßenraumgestaltung

Grundlage der Entwässerungsplanung im siedlungswasserwirtschaftlichen Bereich ist die DIN-EN 752 und im untersetzten Regelwerk das DWA-Arbeitsblatt A118 [4]. **Bild 2** zeigt die zentralen Elemente und Wirkungsbereiche des Überflutungsschutzes in Abhängigkeit von der Niederschlagsbelastung aus dem o. g. Regelwerk der Entwässerungsplanung. Dabei sind je nach Örtlichkeit (Straßen, Unterführungen etc.) und je nachdem ob es sich um Neubau oder Sanierung handelt, unterschiedliche Bemessungsniederschläge anzusetzen.

Verkehrs- und Freiflächen werden nach Überschreitung der Bemessungsniederschläge im Einzugsgebiet der Kanalisation temporär für Abfluss und Einstau in Anspruch genommen und leisten bei außergewöhnlichen Starkregen ergänzend Objektschutzmaßnahmen (technisch-konstruktiv) Beiträge zum Überflutungsschutz bzw. zur Schadensminderung. Für die Nutzung von Straßenräumen und Freiflächen gibt es mittlerweile gute praktische Beispiele, die in Gemeinden und Städten schon geplant sowie ausgeführt wurden und auch schon Bewährungsproben bestanden haben. Beispiele dazu sind im Leitfaden dargestellt.

Für die Entwässerungsplanung von Straßen ist die RAS-EW (Richtlinie für die Anlage von Straßen – Teil Entwässerung) [5] maßgebend. In dieser Richtlinie geht man von einer Bemessungsregen r15;1 (15 Minuten Dauer, 1-jährlich) aus. Die Leistungsfähigkeit der Kanalisation wird dagegen in Abhängigkeit von der Örtlichkeit für seltenere Ereignisse ausgelegt. D. h. Niederschlagsereignisse die seltener als 1- bis 3-jährlich auftreten, können schon einen Wasserstau in den Straßen verursachen. In Karlsruhe [3] werden deshalb beispielsweise statt der in der RAS-EW empfohlenen 400 m^2 Anschlussgröße je Straßeneinlauf nur ca. 200 m^2 zu Grunde gelegt. Bei kleineren Sinkkästen (30/50 cm) sogar nur 120 m^2. Starkniederschläge liegen erheblich über den Bemessungsannahme beider Vorschriften [4] und [5]. Von Dörr und Schöning [3] wird weiter ausgeführt, dass mit einem vorübergehenden Wassereinstau auf den Straßen zu rechnen ist und somit die Aktivierung des Rückstauvolumens der Straße (Fahrbahnüberflutung) erforderlich wird. Dies kann unterschiedliche Ursachen haben. Neben der hydraulischen Überlastung bzw. Vollfüllung der Kanäle kann auch die Ableitungskapazität der Einleitstellen generell oder durch Verlegung/Verstopfung überschritten sein.

Somit spielt das Rückhalte- und Speichervolumen im Straßenraum eine wichtige Rolle bei der Beherrschung von seltenen und außergewöhnlichen Starkregen. Die niedrigste Gehweghinterkante im Straßenverlauf legt das Speichervolumen des gesamten Straßenraums fest und entscheidet im Wesentlichen über die Gefährdungslage der

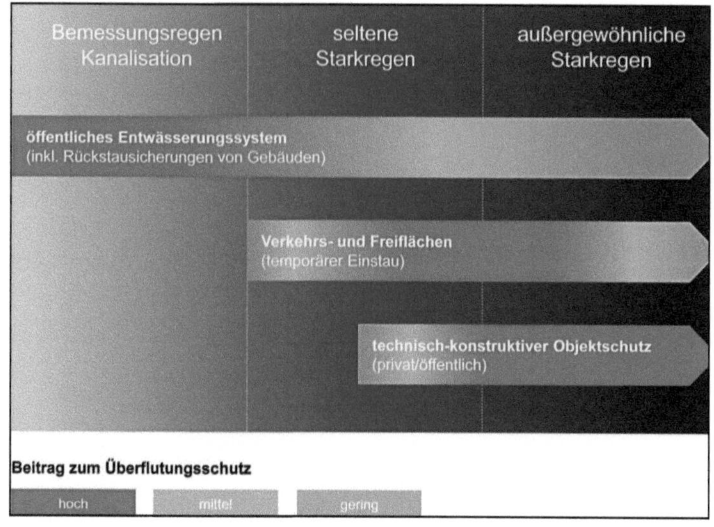

Bild 2: Zentrale Elemente und Wirkungsbereiche des Überflutungsschutzes, abhängig von der Niederschlagsintensität (Quelle: [8])

Anwohner. Für die Beurteilung des kurzfristigen Rückhalte- und Speichervolumens im Straßenraum ist die Abschätzung des Speichervolumens der Straße zwischen den Straßenabläufen bei Totalverschluss unter Berücksichtigung der niedrigsten Gehweghinterkante erforderlich. Das Speichervolumen einer Straße kann durch verschiedene Maßnahmen erhöht werden. Beispiele dazu sind in [1] und [3] dargestellt, wie z. B. Bau einer Fahrbahn mit beidseitigen Bordsteinanlagen statt niveaugleichem Straßenausbau. Dies ist beispielhaft in **Bild 3** illustriert.

4.2 Stadtplanerische Aspekte

Ebenso wie die Gestaltung des Straßenraums spielen auch stadtplanerische Aspekte und Maßnahmen eine wichtige Rolle in der kommunalen Gemeinschaftsaufgabe der Überflutungsvorsorge. Dies wird von David et al. [2] vor dem Hintergrund des Baugesetzbuches (BauGB) ausführlich diskutiert und nachfolgend zusammengefasst.

Für die Entwässerungsplanungen sind sowohl die die topografisch (z. B. Außengebiete) als auch kanalisationstechnisch (Überlastung, Rückstau) bedingten Einzugsgebiete im Einzelfall zu ermitteln und zu berücksichtigen. Das Einzugsgebiet erstreckt sich somit in der Regel deutlich über das geplante Baugebiet hinaus. Die Anforderungen und Einschränkungen, die sich aus den Berechnungsergebnissen ergeben, können nach § 9 Abs. 5 Nr. 1 BauGB im Bebauungsplan festgesetzt werden. Über den Festsetzungskatalog nach § 9 BauGB hinausgehende Anforderungen können nur in textlichen Hinweisen bzw. innerhalb der Begründung festgehalten werden.

Es wird empfohlen, insbesondere durch großes Abflusspotenzial gekennzeichnete Flächen und Senken, die sich ausschließlich durch Niederschläge mit Oberflächenwasser füllen besonders zu beachten und zu kennzeichnen. Gelingt es diese von einer Bebauung frei zu halten und im Flächennutzungsplan entsprechend zu kennzeichnen (§ 5 Abs. 3 BauGB), wäre schon ein erster Schritt getan und im Flächennutzungsplan wären überflutungsgefährdete Bereiche erkennbar. Das könnte sicherstellen, dass gefährdete Flächen bei der weiterführenden Bebauungsplanung als solche berücksichtigt und idealerweise von Bebauung freigehalten werden.

Basierend auf den Darstellungen des Flächennutzungsplanes enthält der Bebauungsplan rechtsverbindliche Festsetzungen für die städtebauliche Ordnung. Bei der Aufstellung eines Bebauungsplanes und der Erarbeitung des städtebaulichen Entwurfs sind die allgemeinen Belange nach § 1 Abs. 6 BauGB zu berücksichtigen. In diesem Zusammenhang sind Stellungnahmen der einzelnen Fachdisziplinen (verkehrstechnische Erschließung, Entwässerung, Umweltschutz etc.) einzuholen und führen erfahrungsgemäß zu Restriktionen, die unmittelbar positiv oder negativ auf Bestimmungen oder Festsetzungen anderer Gewerke Einfluss nehmen. An dieser Stelle muss die Überflutungsvorsorge eine Schlüsselrolle einnehmen.

Zur Sicherung des Überflutungsschutzes in dem o.g. Prozess werden von David et al. [2] folgende Arbeitsschritte empfohlen:

1) Anpassung des städtebaulichen Entwurfes an die Topografie

Bereits bei der Erstellung des städtebaulichen Entwurfs sind die Veränderungen des Geländes, die Lage der Gebäude, Terrassen etc. (Höhenlage) im Zusammenhang mit den möglichen Fließwegen

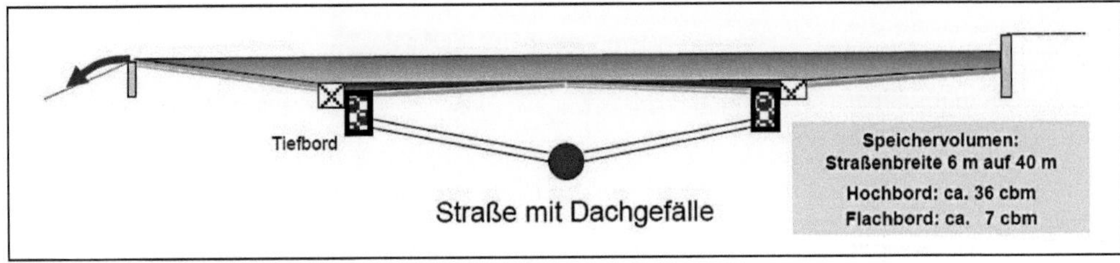

Bild 3: Die Straße als Speicherraum (Quelle: in Anlehnung an [1])

bei Starkregenereignissen abzuschätzen und zu berücksichtigen.

Leitsatz: Kein Bebauungsplan ohne Höhenlinien!

2) Notwasserwege

Ermittlung und Festsetzung von Flächen, über die im Überflutungsfall das Oberflächenwasser schadlos aus einen Siedlungsgebiet abgeleitet werden kann. Die Schlussfolgerungen dieser Arbeitsschritte münden in den entsprechenden Festsetzungen nach § 9 Abs. 1 Nr. 1 bis 26 BauGB:

a) Festsetzungen, die einer flächensparenden Bauleitplanung dienen (z. B. Maß der baulichen Nutzung, Bauweise oder Höchstmaße für die Fläche von Wohnbaugrundstücken).
b) Flächen, die von Bebauung freizuhalten sind und ihre Nutzung (§ 9 Abs. 1 Nr. 10 BauGB).
c) Flächen für die Abfall- und Abwasserbeseitigung, einschließlich der Rückhaltung und Versickerung von Niederschlagswasser (§ 9 Abs. 1 Nr. 14 BauGB).
d) Flächen für die Wasserwirtschaft, für Hochwasserschutzanlagen und für die Regelung des Wasserabflusses (§ 9 Abs. 1 Nr. 16 BauGB).

Wenn der Katalog der Festsetzungsmöglichkeiten nach § 9 Abs. 1 BauGB für einen Spezialfall keine Festsetzung vorhält, muss in solchen Fällen auf textliche Hinweise zurückgegriffen werden. Effektiver und nachhaltiger wäre es aber, wenn der Gesetzgeber eine Erweiterung des Festsetzungskataloges vornähme, um entsprechende Festsetzungsmöglichkeiten für einen ausreichenden Überflutungsschutz zu schaffen.

3) Multifunktionale Flächennutzung

Multifunktionale Flächen sind Flächen, die neben ihrer originären Nutzung im Starkregenfall überflutet werden und dann der Zwischenspeicherung von Niederschlagswasser dienen. Hierzu eignen sich i. d. R. alle öffentlichen Flächen, auf denen keine wasserempfindlichen Objekte untergebracht sind, wie z. B. Freiflächen, Sportplätze, Kinderspielplätze.

Konflikte können sich aus den unterschiedlichen Interessen der kommunalen Verantwortlichen untereinander oder aus abweichenden Interessenslagen von öffentlicher Hand und Bürgern ergeben. Aus entwässerungstechnischer Sicht ist die temporäre Zwischenspeicherung von Niederschlagswasser auf einer multifunktional genutzten Fläche ein probates Mittel, einen abwendbaren hohen Schaden zu einer Stelle mit einem geringeren Schadenspotenzial zu verlagern. Dennoch sind verschiedene rechtliche Fragen zu klären, wie z. B.:

a) Wie muss auf diese multifunktionale Flächennutzung hingewiesen werden?
b) Müssen Nutzer einer multifunktionalen Fläche mit der gezielten Überflutung rechnen?
c) Insbesondere bei Kinderspielplätzen stellt sich die Frage nach der Aufsichtspflicht der Eltern.
d) Gibt es Begrenzungen der Einstautiefe für in ihrer Intensität nicht vorhersehbare Starkregenereignisse?
e) Muss ein Notüberlauf eingebaut werden, der die Einstautiefe begrenzt?

Auch wenn diese Fragen noch nicht abschließend und allgemeinverbindlich geklärt sind, kann in jedem Einzelfall die Nutzung einer multifunktionalen Fläche im Konsens eines Bebauungsplanverfahren und der anschließenden Umsetzung mit entsprechenden Auflagen festgelegt werden.

Die Darlegungen machen deutlich, dass eine bessere Abstimmung zwischen der siedlungswasserwirtschaftlichen Planung, der Straßenplanung und der Bauleitplanung erforderlich ist, um die Gemeinschaftsaufgabe der Überflutungsvorsorge bei urbanen Sturzfluten in der praktischen Umsetzung zu bewältigen.

Autor

Dr.-Ing. Klaus Piroth
CDM Smith Consult GmbH
Neue Bergstraße 13
64665 Alsbach
Klaus.piroth@cdmsmith.com

Literatur

[1] BWK und DWA (Hrsg.): Starkregen und urbane Sturzfluten: Praxisleitfaden zur Überflutungsvorsorge. In: DWA-Themen T2/2013, 2013.

[2] David, S.; Göttlicher, J.; Sommer, U.: Stadtplanung als kommunale Gemeinschaftsaufgabe. In: Raumplanung 175 (2014), Nr. 1.

[3] Dörr, A.; Schöning, F.: Die wasserwirtschaftlichen Aufgaben einer Straße – Beitrag der Straßenentwässe-

rung bei Starkregen und urbanen Sturzfluten. In: Straße und Autobahn 65 (2014), Nr. 4.
[4] DWA (Hrsg.): Hydraulische Bemessung und Nachweis von Entwässerungssystemen. In: DWA-Arbeitsblatt (2006), Nr. A-118.
[5] Forschungsgesellschaft für Straßen- und Verkehrswesen (Hrsg.): Richtlinien für die Anlage von Straßen –Teil: Entwässerung- (RAS-EW). Köln: FGSV-Verlag (2005), Nr. 539.
[6] Gruening, H.; Grimm, M: Unwetter mit Rekordniederschlägen in Münster. In: Korrespondenz Wasserwirtschaft 8 (2015), Nr. 2, S. 88.
[7] Grünewald, U.: Erkenntnisse und Konsequenzen aus dem Sturzflutereignis in Dortmund im Juli 2008. In: Korrespondenz Wasserwirtschaft 2 (2009), Nr. 2.
[8] Illgen, M.; Kissel, M.; Piroth, K.: Starkregen und urbane Sturzfluten – Handlungsempfehlungen zur kommunalen Überflutungsvorsorge. In: Korrespondenz Wasserwirtschaft 6 (2013), Nr. 11, S. 951.
[9] Schulze, J.; Kohlgrüber, M.; Hasse, J.: dynaklim Roadmap 2020, Regionale Klimaanpassung in ausgewählten Themenfeldern. TU Dortmund, 2014.

Klaus Piroth

Heavy Rain and Flash Floods: Implementation Aspects in the Practical Design Process

Flash Floods from heavy rains have caused floodings with severe damages in the last years in urban areas. The DWA-BWK guideline for practical precaution measures demonstrates explains a practical approach how damages in municipalities can be prohibited or at least minimized. Therefore the process has to be understood as a municipal common task. All stakeholders in the design process must work together, the sanitary environmental engineering discipline is only one among many other players. In this paper the importance of roads as discharge and retention elements during heavy rains and the role of the municipal planning is described by means of best practice examples.

Linda Heydeck, Michael Spannring und Peter Rutschmann

Sanierung der Unteren Salzach – Renaturierung = Hochwasserschutz?

Zur flussbaulichen und gewässerökologischen Sanierung der Unteren Salzach wurden für das Freilassinger und das Tittmoninger Becken unterschiedliche Sanierungsvarianten entwickelt. Kenntnisse über Wirkung und Ausmaß der Vorlandretention in den verschiedenen Varianten sollen mitunter in die anstehende Variantenentscheidung einfließen. Im Rahmen einer Retentionsstudie wurde daher der aktivierte Rückhalt in den Varianten ermittelt sowie die Wirkung auf den Hochwasserabfluss analysiert. Darüber hinaus wurden verschiedene Möglichkeiten zur Optimierung der Retentionsraumnutzung untersucht.

1 Projektbeschreibung und Vorgeschichte

Bereits in Spannring et al. [1] wurde in der WasserWirtschaft über die Variantenuntersuchung für die Sanierung der Unteren Salzach im sogenannten Tittmoninger Becken (**Bild 1**) berichtet. Nach dem Hochwasserereignis im Juni 2013 mit enormen Schäden an Inn und Donau sollten die diskutierten fünf Varianten zusätzlich hinsichtlich ihres Potenzials zur Optimierung des vorhandenen Retentionsraums und damit der Möglichkeit zur Verbesserung der Hochwassersituation untersucht werden.

Aufgrund von Regulierungsmaßnahmen im 19. Jahrhundert folgt die Untere Salzach einem weitgehend gestreckten Lauf mit durchweg stark befestigten Ufern. Zusammen mit dem Rückhalt von Geschiebe im Einzugsgebiet bewirkt dies einen stetigen Erosionsprozess. Beim Hochwasserereignis im August 2002 kam es im Freilassinger Becken zu einem mehrere Kilometer langen Sohlendurchschlag. Die Kiesüberdeckung war wegerodiert. Die darunter liegenden eiszeitlichen Feinsedimente (Seeton) leisteten der Strömung praktisch keinen Widerstand. Dadurch entstanden mehrere Meter tiefe Kolke und bezogen auf die mittlere Sohle eine durchschnittliche Sohleneintiefung von etwa einem Meter während eines nur ca. 24 Stunden andauernden Hochwasserereignisses.

Hauptziele der Sanierung der Unteren Salzach sind eine dynamische Stabilisierung der Flusssohle sowie das Erreichen des guten ökologischen Zustands gemäß WRRL. Dazu wurden in einer zusammenfassenden Darstellung [2] zwei flussbauliche Varianten A und B entwickelt, die im Wesentlichen auf einer Kombination aus Aufweitung und Energieabbau über Querbauwerke basieren. Zudem wurde eine weitere Variante C entworfen, mit der auf Querbauwerke weitgehend verzichtet werden kann. Auf Grundlage der Variante B mit vergleichsweise hohen Querbauwerken wurden von potenziellen Betreibern zwei Varianten mit einer energetischen Nutzung der Wasserkraft erarbeitet.

Variantenübergreifend streben die Sanierungskonzepte eine Aufweitung des Flussbetts von derzeit rund 100 m auf wesentlich größere Gewässerbreiten an. In Variante A ist eine Aufweitung auf bis zu 200 m Breite in Kombination mit vier aufgelösten Sohlenrampen zur Sohlenstabilisierung geplant. Variante B sieht bei einer zum Teil bogenförmigen Linienführung und fünf Sohlenrampen eine durchschnittliche Aufweitung auf 140 m vor. Die dritte rein flussbauliche Sanierungsvariante C beabsichtigt eine Aufweitung analog zu Variante A. Durch ein System ständig durchflossener Nebenarme kann jedoch auf zwei der vier Sohlenrampen verzichtet werden. Die beiden Varianten E1 und E2 mit Nut-

S. Heimerl (Hrsg.), *Vorsorgender und nachsorgender Hochwasserschutz*,
https://doi.org/10.1007/978-3-658-21839-3_45

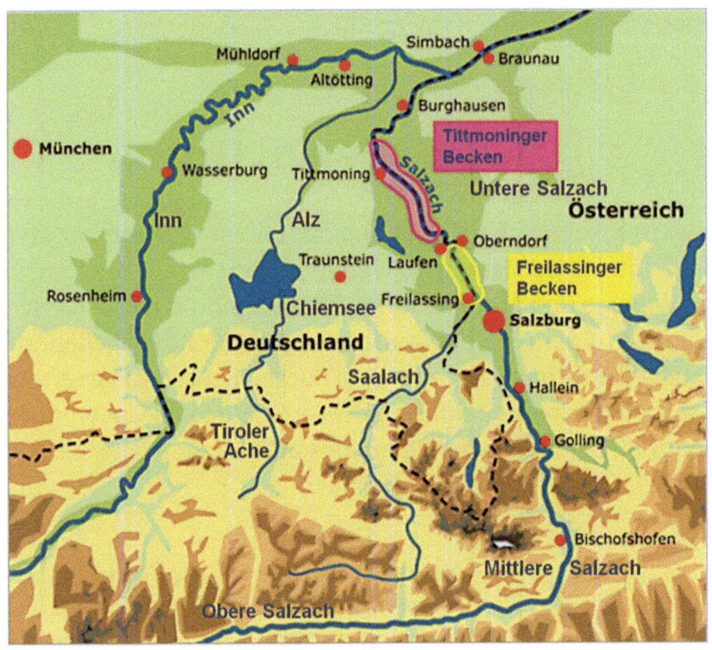

Bild 1: Geographischer Überblick der Unteren Salzach (Quelle: Heydeck)

zung der Wasserkraft basieren auf der Variante B. Sie unterscheiden sich im Wesentlichen im geplanten Kraftwerkskonzept. Variante E1 schließt drei sogenannte Fließgewässerkraftwerke ein. Die vorhandenen Steuereinrichtungen ermöglichen einen Höherstau der Wasserspiegel im Vergleich zu den Rampen der Variante B. Die Planungen zur Variante E2 umfassen zwei Buchtenkraftwerke im Nebenschluss an zwei der fünf geplanten Rampenstandorten der Variante B. Da Variante E2 im Hochwasserfall identisch mit Variante B ist, werden für diese Variante keine gesonderten Berechnungen durchgeführt.

2 Aufgabenstellung

Im Rahmen der nachfolgenden, zusammenfassend dargestellten Retentionsstudie wurden u.a. folgende Fragen untersucht:

- Haben die konzipierten Maßnahmen der fünf Sanierungsvarianten Auswirkungen auf die Nutzung des vorhandenen Retentionsraums und damit Auswirkungen auf die Hochwasserabflussverhältnisse?
- Gibt es Möglichkeiten zur Optimierung der Wirkung des vorhandenen Retentionsraums bzw. kann zusätzlicher Retentionsraum geschaffen werden?

Bei der Studie werden naturschutzfachliche Belange zunächst nicht berücksichtigt. Ebenso erfolgt vorerst eine lokale Betrachtung der Salzach ohne eine weitergehende Untersuchung der Auswirkungen durch den Zusammenfluss der Hochwasserwellen mit Inn und Donau. In den folgenden Ausführungen sollen zudem nur die Ergebnisse im Tittmoninger Becken dargestellt werden. Die Studie im Freilassinger Becken zeigte jedoch vergleichbare Resultate.

3 Vorgehensweise und Retentionswirkung im Istzustand

In Anlehnung an Habersack et al. [3] wird zur Beurteilung der Retentionsraumwirkung die Veränderung des Scheitelabflusses ΔQ sowie die zeitliche Verzögerung des Wellenscheitels ΔT ausgewertet. Als Grundlage hierfür wurde eine halbsynthetische Hochwasserwelle verwendet, indem die Welle des

Hochwasserereignisses von 1959 auf einen Scheitelabfluss HQ_{100} (ca. 3 100 m^3/s am Pegel Laufen) gestreckt wurde. Als Werkzeuge für die Erfassung der Retentionsraumwirkung werden instationäre 2-D-Berechnungen mit dem Programm HYDRO_AS-2D durchgeführt.

Zur Beurteilung der Wirkung des Retentionsraums im Istzustand wurde nach Skublics und Rutschmann [4] ein Referenzzustand ohne Vorländer definiert und relative Änderungen in den Abflüssen mittels dieses Referenzzustandes normiert. Durch das Abtrennen der Vorländer links und rechts besteht der Referenzzustand lediglich aus dem eigentlichen Flussschlauch der Salzach, wobei Wasseraustritte aus dem Flussschlauch numerisch verhindert werden.

Die Wirkung des Retentionsraums im Istzustand kann an den Ganglinien in **Bild 2** gut gezeigt werden, wobei die umkreisten Ziffern signifikante Bereiche bzw. Knicke in verschiedenen Kurven darstellen, auf die nachfolgend eingegangen wird:

1) Im Referenzzustand passiert die Hochwasserwelle das 22 km lange Tittmoninger Becken praktisch unverändert. Die zeitliche Verschiebung des Scheitelabflusses gegenüber der Zuflussganglinie von etwa zwei Stunden ist alleinig auf die Wellenlaufzeit zurückzuführen. Der Retentionsraum im Tittmoninger Becken bewirkt eine Reduzierung des Scheitelabflusses von knapp 90 m^3/s und eine Verzögerung des Wellenscheitels von etwa fünf Stunden gegenüber dem Referenzzustand. Dies entspricht einer relativen Änderung des Scheitelabflusses von ca. 3 %.
2) Die Ganglinien der Entwicklung des Retentionsvolumens getrennt im linken (Bayern) und rechten (Österreich) Vorland zeigen einerseits, dass mit insgesamt etwa 50 Mio. m^3 ein sehr beträchtliches Volumen zur Verfügung steht. Anderseits wird aber auch deutlich, dass die Füllung der Vorländer bereits bei relativ kleinen Abflüssen beginnt und damit die Retentionswirkung beim Durchgang des Wellenscheitels nur mehr sehr gering ist. Für die Reduzierung des Wellenscheitels um 90 m^3/s wären „bei idealer Steuerung" lediglich ca. 1,4 Mio. m^3 Retentionsvolumen nötig, also weniger als 3 % des vorhandenen Retentionsraums!
3) Da mit der Volumenganglinie die Vorgänge in den Vorländern nur unzureichend analysiert werden können, wurde zudem der Abfluss vom Flussschlauch ins Vorland und wieder zurück an einer gedachten Linie entlang des Flussschlauchs ausgewertet. Mathematisch entspricht dies der ersten Ableitung der Volumenganglinie. Anhand dieser beiden Ganglinien für das linke und rechte Vorland können die Fül-

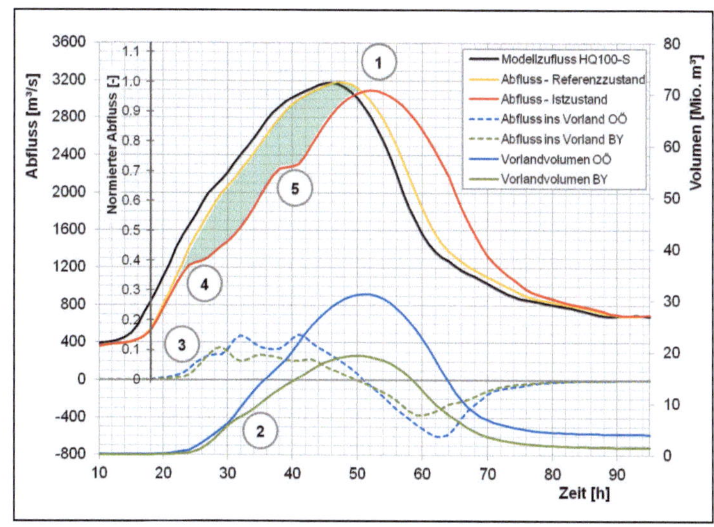

Bild 2: Wirkung des Retentionsraums im Istzustand: Abfluss- und Volumenentwicklung im Tittmoninger Becken (Quelle: Heydeck)

lungsvorgänge sehr gut dargestellt werden. Insbesondere ist zu erkennen, dass beim Durchgang des Wellenscheitels praktisch kein Abfluss vom Flussschlauch ins Vorland stattfindet. Damit ist auch zu erklären, warum im Vergleich zu dem großen Retentionsvolumen die Scheitelreduzierung sehr gering ist. Beim Durchgang des Hochwasserscheitels ist der Wasserspiegel „ausgespiegelt", d.h. das Vorland ist bereits gefüllt, die Wasserspiegel im Flussschlauch und im Vorland sind praktisch identisch. Eine wirksame Retention ist beim Durchgang des Scheitelabflusses somit nicht mehr möglich.

4) Der Knick in der Abflussganglinie im Istzustand ist durch den beginnenden Vorlandabfluss begründet. Der Flussschlauch ist bereits bei Abflüssen von etwa 1 200 m^3/s bordvoll gefüllt, die Vorlandüberströmung setzt ein.
5) Bis zum nächsten Knick bei etwa 2 300 m^3/s ist der Abfluss ins Vorland mit insgesamt ca. 700 m^3/s einigermaßen konstant. Mit dem planmäßigen Überströmen des Ettenauer Damms steigt der Abfluss ins österreichische Vorland noch einmal stark an. Die Ettenau ist ein ca. 364 Hektar großer, meist landwirtschaftlich genutzter Polder, der zur Salzach hin durch den überströmbar ausgebildeten Ettenauer Damm begrenzt wird. Das bei der HQ_{100}-Welle aktivierte Poldervolumen beträgt ca. 8,4 Mio. m^3. Der Polder ist allerdings bereits wenige Stunden nach Überflutungsbeginn, also noch vor Eintreffen des Wellenscheitels vollständig gefüllt und hat praktisch keine Auswirkungen auf die Höhe des Scheitelabflusses.

4 Retentionsraumwirkung in den Varianten

Die Wirkung des Retentionsraums in den Vorländern für die untersuchten Varianten wird durch einen Vergleich der Abflussganglinien an einem Kontrollquerschnitt am unterstromigen Ende des Tittmoninger Beckens in **Bild 3** deutlich. Zwar sind gegenüber dem Istzustand deutliche Änderungen im anlaufenden Ast der Hochwasserwelle zu erkennen, der Scheitelabfluss aber ist sowohl hinsichtlich Größe als auch Zeitpunkt für alle Varianten praktisch identisch mit dem Istzustand.

Die Unterschiede in der anlaufenden Hochwasserwelle sind bedingt durch die veränderten Wasserspiegel im Flussschlauch infolge der unterschiedlichen Sohlenbreiten der Varianten und auch der dadurch veränderten Uferhöhen. Damit unterscheiden sich die Füllungsvorgänge der Vorländer in den Varianten.

Tabelle 1 zeigt, dass bei den Varianten A und C das gesamte Retentionsvolumen gegenüber dem Istzustand und den Varianten B und E1 um ca. 6 bzw. 8 Mio. m^3 kleiner ist. Dies liegt an den durch die relativ große Aufweitung bedingten niedrigeren Fließtiefen.

Bei kleineren Hochwasserereignissen haben die unterschiedlichen Füllungsvorgänge der Vorländer durchaus Auswirkungen auf die Hochwasserabfuhr. Bei Abflüssen, die im Bereich eines 100-jährlichen Ereignisses liegen oder höher sind, ist unabhängig von der gewählten Variante der Retentionsraum in den Vorländern bereits gefüllt und damit im Hinblick auf eine mögliche Reduzierung des Scheitelab-

Tab. 1: Auswertung der Retentionsvolumina im Tittmoninger Becken (Quelle: Heydeck)

Variante	Fluss-schlauch [Mio. m^3]	Vorland Bayern [Mio. m^3]	Vorland Österreich [Mio. m^3]	Vorland gesamt [Mio. m^3]	Gesamt [Mio. m^3]
Istzustand	18,9	19,2	31,3	49,5	69,4
Referenzzustand	23,2	0	0	0	23,2
Variante A	23,4	14,5	25,7	40,2	63,6
Variante B (E2)	22,2	17,5	29,5	47,0	69,2
Variante C	25,7	12,4	23,3	35,7	61,4
Variante E1	22,0	17,7	29,9	47,6	69,6

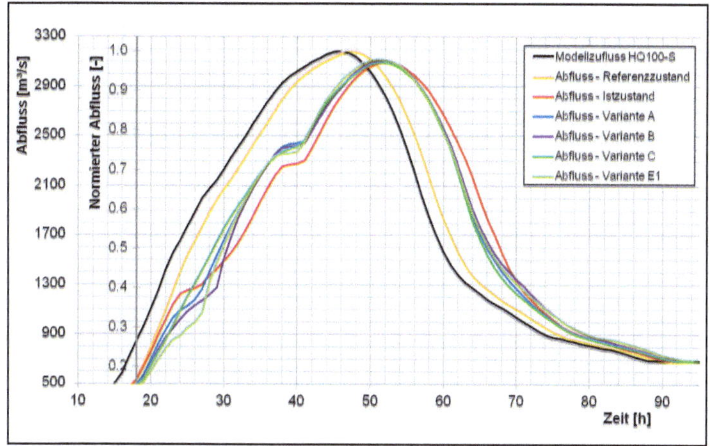

Bild 3: Ganglinienvergleich im Tittmoninger Becken (Quelle: Heydeck)

flusses bereits verbraucht. Der Hochwasserscheitel kann somit nicht beeinflusst werden.

Diese Ergebnisse weisen deutliche Parallelen zu einer Studie am Lehrstuhl für Wasserbau der TU München auf [5]. In einer Studie zum Hochwasserrückhalt durch natürliche Hochwasserretention entlang der bayerischen Donau konnte gezeigt werden, dass große zusätzliche Retentionsvolumina, wie sie an der historischen bayerischen Donau vorhanden waren, zwar bei Hochwasserabflüssen mit geringen Wiederkehrzeiten einen wahrnehmbaren Effekt auf die Hochwasserspitze haben. Mit Zunahme der Wiederkehrzeit stagniert dieser Effekt allerdings.

Für die Variantenuntersuchung an der Unteren Salzach kann als Ergebnis somit festgehalten werden, dass die Varianten keine Auswirkungen auf die Hochwasserabflussverhältnisse haben. Dies ist auch insofern wichtig, da sowohl in der öffentlichen Diskussion als auch unter vermeintlichen Fachleuten Maßnahmen zur Renaturierung eines Gewässers immer wieder pauschal mit einer Verbesserung des Hochwasserschutzes für die Unterlieger gleichgesetzt werden.

5 Optimierung der Vorlandretention

Das Missverhältnis zwischen dem vorhandenen Rückhaltevolumen und dessen Wirkung auf den Spitzenabfluss einer HQ_{100}-Welle führt zwangsläufig zu Überlegungen zur Verbesserung der Retentionswirkung. Dabei bietet sich die bereits als Polder genutzte Überschwemmungsfläche der Ettenau geradezu an. Um die vorhandenen 8,4 Mio. m³ Retentionsraum optimal einzusetzen, muss der Füllungsvorgang des Polders während des Durchgangs des Wellenscheitels erfolgen. Dazu wurde die Höhe des Ettenauer Damms entsprechend angepasst und in einem iterativen Prozess Breite und Höhe des Einlaufbereichs variiert, bis eine nahezu horizontale Kappung der Hochwasserwelle erreicht wurde. **Bild 4** zeigt, dass dadurch eine durchaus beeindruckende Reduzierung des Spitzenabflusses um knapp 270 m³/s bzw. mehr als 8 % gegenüber dem Referenzzustand (bzw. um rund 180 m³/s bzw. 6 % gegenüber dem Istzustand) erzielt werden kann. Die Ganglinien des Vorlandvolumens in der Ettenau bestätigen die zeitverzögerte Füllung der Ettenau gegenüber dem Istzustand.

Natürlich muss dazu angemerkt werden, dass diese optimierten Ergebnisse mit den gewählten Einstellungen für den Einlaufbereich nur für die vorliegende HQ_{100}-Welle erzielt werden können. Um die Wirkung des Polders Ettenau auf ein anderes Hochwasserereignis zu zeigen, wurde die Hochwasserwelle vom Juni 2013 nachgerechnet. Mit einem Spitzenabfluss von ca. 3 600 m³/s am Pegel Laufen wurde das 100-jährliche Hochwasser (rund 3 100 m³/s) deutlich überschritten. Ebenso ist die Wellenfülle des Ereignisses größer als das der unter-

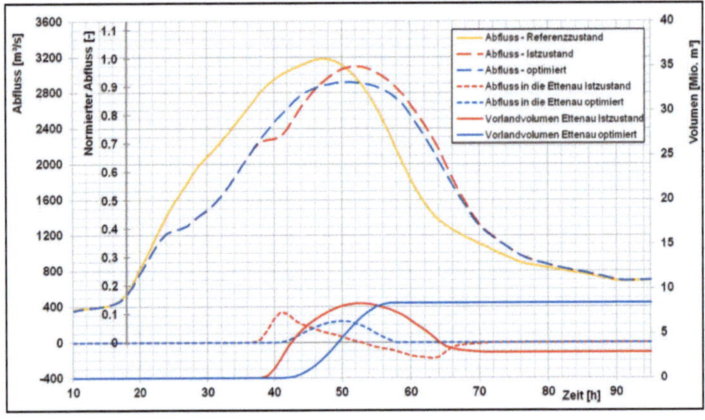

Bild 4: Optimierung der Retentionsraumnutzung im Polder Ettenau auf Basis eines hundertjährlichen Ereignisses (Quelle: Heydeck)

suchten Modellwelle. Die Ganglinien in **Bild 5** zeigen, dass zwar gegenüber dem Istzustand eine Reduzierung des Scheitelabflusses erreicht wird, die Kappung der Hochwasserwelle aber absolut nicht in einer optimalen Art und Weise erfolgt. Diese Ergebnisse verdeutlichen, dass eine Steuerung des Poldereinlaufs in jedem Fall sinnvoll erscheint. Natürlich ist bei einem gesteuerten Flutpolder die Güte der erzielten Ergebnisse von der Qualität der Hochwasserprognose abhängig.

Als zweite Variante wurde untersucht, ob eine optimierte Retentionsraumnutzung auch mit den vorhandenen Steuerungseinrichtungen bei der Kraftwerksvariante E1 erzielt werden kann. Dazu wurde an den drei Kraftwerksstandorten jeweils der Wasserspiegel vor Eintreffen des Hochwasserscheitels um etwa 50 cm angehoben, um so zusätzlichen Rückhalt zu generieren. Weiterhin wurde auch der Effekt einer vorhergehenden Absenkung des Wasserspiegels um 50 cm untersucht. In Summe können damit maximal etwa 1,4 Mio. m³ zusätzlicher Retentionsraum gegenüber dem Istzustand erzeugt werden. Die Wirkung auf den Scheitelabfluss ist aber vernachlässigbar gering.

6 Fazit

An der Unteren Salzach steht im Tittmoninger Becken für die untersuchte Hochwasserwelle mit rund 50 Mio. m³ ein enormes Retentionsvolumen zur Verfügung. Im Istzustand genau-

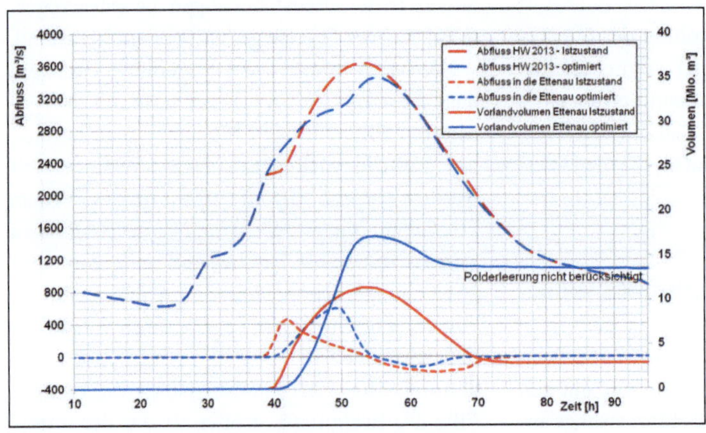

Bild 5: Wirkung des optimierten Flutpolders in der Ettenau für das Junihochwasser 2013 (Quelle: Heydeck)

so wie in den untersuchten Varianten zur Sanierung der Unteren Salzach sind die Vorländer aber bereits vor dem Durchgang des Scheitelabflusses gefüllt, die Wirkung des Retentionsraums verpufft. Bezogen auf den Referenzzustand kann der Scheitelabfluss lediglich um etwa 90 m^3/s reduziert werden. Pro einer Million m^3 Retentionsraum beträgt die Scheitelabflussminderung lediglich 1,8 m^3/s. Die häufig geäußerte Meinung „Renaturierung = Hochwasserschutz" oder der Slogan „Breitenwasser statt Hochwasser" trifft hier eindeutig nicht zu.

Eine effektive Nutzung des Retentionsraums wäre durch gesteuerte Flutpolder möglich. Aufgrund der bereits vorhandenen Strukturen bietet sich der Polder Ettenau geradezu an. Bei der untersuchten Hochwasserwelle kann der Scheitelabfluss bei idealer Steuerung des bereits vorhandenen Retentionsvolumens von 8,4 Mio. m^3 mit 180 m^3/s um annähernd 6 % reduziert werden. Gegenüber dem Referenzzustand beträgt die Scheitelreduktion mit 270 m^3/s mehr als 8 %. Durch die Optimierung des Polders Ettenau kann somit pro einer Million m^3 eingesetztem Retentionsraum eine Scheitelabflussreduzierung von über 21 m^3/s erzielt werden. Damit wird die annähernd 12-fache (!) Wirkung gegenüber der ungesteuerten Situation erreicht.

Autoren

Linda Heydeck, M. Sc. (TUM)
Prof. Dr. sc. techn. Peter Rutschmann
Lehrstuhl für Wasserbau und Wasserwirtschaft
Technische Universität München
Arcisstraße 21
80333 München
linda.heydeck@tum.de
rutschmann@tum.de

Dr.-Ing. Michael Spannring
SKI GmbH + Co. KG
Lessingstraße 9
80336 München
spannring@ski-ing.de

Literatur

[1] Spannring, M.; Hengl, M.; Michor, K.; Schaufler, R.; Zinsser, T.: Wasserkraft und/oder Naturschutz? – Variantenuntersuchung zur Sanierung der Unteren Salzach. In: WasserWirtschaft 103 (2013), Heft 7-8, S. 56-60.

[2] Amt der Salzburger Landesregierung (Hrsg.): Wasserwirtschaftliche Rahmenuntersuchung Salzach: Zusammenfassende Darstellung und Bewertung der Lösungsvarianten, 2001.

[3] Habersack, H.; Schober, B.; Hauer, C.: Nicht-baulicher Hochwasserschutz – Überflutungsflächen, Floodplain Evaluation Matrix FEM. In: FloodRisk II – Vertiefung und Vernetzung zukunftsweisender Umsetzungsstrategien zum integrierten Hochwassermanagement. Wien, 2009.

[4] Skublics, D.; Rutschmann, P.: Hochwasserrückhalt durch natürliche Hochwasserretention entlang der bayerischen Donau. In: WasserWirtschaft 104 (2014), Heft 4, S. 20-27.

[5] Skublics, D.; Rutschmann, P.: Großräumige Hochwassermodellierung im Einzugsgebiet der bayerischen Donau – Retention, Rückhalt, Ausbreitung. In: Berichte des Lehrstuhls und Versuchsanstalt für Wasserbau und Wasserwirtschaft der Technischen Universität München (2014), Heft 131.

Linda Heydeck, Michael Spannring and Peter Rutschmann

Rehabilitation of the Lower Salzach River – Restoration = flood protection?

Along the lower course of the river Salzach a river restoration is mandatory to stop the continuing erosion process of the river bed and to ameliorate the ecosystem's conditions. In recent years, various rehabilitation options have been developed which also include concepts to generate hydropower. The retention studies investigate the flood retention capability of the river's floodplain in each restoration alternative presented. Afterwards, the knowledge about the water retention potentials should be considered in the upcoming decision for one restoration concept. Further, the retention studies contain diverse proposals how to optimize the retention capability of identified or new created retention areas.

Technik und IT

Armin Hansmann

Flexibles Hochwasserschutzsystem für Gebäude

In diesem Beitrag wird ein ganzheitliches Hochwasserschutzkonzept für Gebäude beschrieben. Die Konzeption beinhaltet innovative Hochwasserschutz-Systemlösungen nach dem Prinzip einer gebäudeummantelnden Schutzhülle. Sie erfordert eine Reihe von systemtechnischen, bautechnischen, materialtechnischen und betrieblichen bzw. logistischen Problemlösungen, die für Bestandsbauten und Neubauten geeignet sein müssen. Das Problem der aufwändigen Anpassung an die Gebäudestruktur und wechselnde Hochwasserpegel wird durch einen modularen, baukastenartigen Systemaufbau gelöst.

1 Ausgangslage

Der Klimawandel als Folge der globalen Erderwärmung bedroht zunehmend Mensch und Umwelt. Die Hochwasser der Jahre 2002 und 2005 sowie im Mai/Juni 2013 hatten katastrophale Auswirkungen. Besonders betroffen waren Siedlungsgebiete mit großen Schäden an Infrastruktur und an Gebäuden. Man schätzt den volkswirtschaftlichen Gesamtschaden im Jahr 2002 auf ca. 11 Mrd. Euro und 2013 auf ca. 8 Mrd. Euro.

Wer also sein Eigentum schützen will, muss sein spezifisches Hochwasserrisiko besser einschätzen können und entsprechende Vorsorgemaßnahmen treffen. Insbesondere bei extremen Hochwasserereignissen kann der Schadensumfang so stark ansteigen, dass die Betroffenen die Folgen nicht mehr aus eigener Kraft bewältigen können. Die Bandbreite der Aufgaben erstreckt sich von der Verhaltensvorsorge über die Flächenvorsorge bis hin zur Bau- und Risikovorsorge. Damit können die Hochwasserrisiken für Mensch, Umwelt, Kulturgüter und Wirtschaft spürbar gesenkt werden.

2 Hochwasserschutz in Deutschland – Stärkung der Eigenvorsorge

Das Hauptaugenmerk des nachfolgenden Beitrags wird auf die privaten und öffentlichen Bauvorsorgen gerichtet. Wie aktuelle Studien zeigen, lässt sich durch private Vorsorgemaßnahmen das Schadensrisiko und der Schadensumfang deutlich reduzieren. In einem Infobrief des Deutschen Komitees Katastrophenvorsorge e. V. (DKKV) wurde aufgezeigt, dass durch private Bauvorsorge Hochwasserschäden bis zu 50 % reduziert werden können [1].

Während für das Bauen in hochwassergefährdeten Gebieten strenge Vorschriften bestehen, sind in Gegenden, in denen durch Fließgewässer keine Hochwassergefahren drohen, Gebäude bei plötzlichen Starkregenfällen den Wassermassen schutzlos ausgesetzt. Nach Informationen des Gesamtverbandes der Deutschen Versicherungswirtschaft (GDV) entstanden durch das Juni-Hochwasser 2013 in Deutschland nahezu 85 % der Schäden an Häusern in den vermeintlich ungefährdeten Versicherungszonen 1 und 2 [2].

3 Hochwasserschäden an Gebäuden minimieren – Bauwerke besser schützen

Für einen effizienten Hochwasserschutz ist neben der öffentlichen Hand auch der Hausbesitzer gefordert. Das wird insbesondere da besonders deutlich, wo die öffentlichen Schutzsysteme häufig überfordert sind und damit ganze Siedlungsgebiete mit alleinstehenden Wohngebäuden dem Hochwasser schutzlos ausgesetzt sind. Deshalb gilt es in Zukunft mehr denn je, die Bürger für eine

S. Heimerl (Hrsg.), *Vorsorgender und nachsorgender Hochwasserschutz*,
https://doi.org/10.1007/978-3-658-21839-3_46

stärkere Eigenversorge zu sensibilisieren (**Bild 1**).

In hochwassergefährdeten Gebieten können einzelne Gebäude auf unterschiedliche Weise durch eine hochwasserangepasste Bauweise gegen Grund- und Oberflächenwasser geschützt werden. Je nach Bauweise und Lage der zu schützenden Objekte werden dem Immobilienbesitzer stationäre und mobile Schutzanlagen angeboten. Stationäre Schutzsysteme sind in der Regel feste bauliche Einrichtungen, die ohne fremde Hilfe eingesetzt werden können. Zum Schließen von Bauöffnungen, wie Türen, Fenster, Schächten und Durchführungen, kommen mobile Schutzsysteme zur Anwendung. Insgesamt lässt sich durch zahlreiche Einzelmaßnahmen ein höherer Sicherheitsstandard erreichen. Dieser könnte jedoch durch einen erweiterten Gebäudekomplettschutz noch deutlich erhöht werden.

Für eine zukunftsweisende Ertüchtigung des Hochwasserschutzes von Gebäuden reicht jedoch die Beseitigung typischer baulicher und anlagentechnischer Schwachstellen nicht aus. Ebenso können Sandsäcke oder sporadische Einzelmaßnahmen keinen sicheren und dauerhaften Schutz bieten. Benötigt wird eine längerfristig angelegte Hochwasserstrategie, die bereits bei der Planung des Gebäudes ansetzt und auf einen wirkungsvollen Gebäudegesamtschutz zielt.

Ähnlich der bereits bestehenden „Wärmeschutzverordnung“ bzw. neuen Energieeinsparverordnung ließen sich durch eine HWS-Verordnung (HWS-VO) bzw. HWS-Richtlinie (HWS-RL) bestimmte bautechnische Anforderungen für einen verbesserten Hochwasserschutz für Wohngebäude regeln und die wesentlichen baulichen Anforderungen an einen umfassenden Hochwasserschutz für Gebäude festlegen, wie z. B.:

- Anforderungen an neu zu errichtende Wohngebäude,
- Bauvorschriften und Auflagen in hochwasserexponierten Gebieten,
- Bautechnische Maßnahmen und Instrumente für eine hochwasserangepasste Bauweise,
- Anwendungsbereiche und Planungsgrundsätze für Neubauten und Bestandsbauten,
- Nachrüstungsmaßnahmen für Bestandsbauten,
- Merkmale hochwasserbeständiger Baumaterialien, Abdichtungsvorschriften und Anwendungsverfahren,
- Festlegung effizienter baulicher Mindeststandards und Qualitätsstandards,
- hochwasserspezifische Inspektionen, Sicherheitschecks und HWS-Ausweise.

Eine HWS-VO ist damit nicht nur eine technische Richtlinie, sondern auch Wegweiser für Investitionen sowie Innovationen in Architektur

Bild 1: Hochwasserkatastrophe 2013 in Bayern (Quelle: Passauer Neue Presse/Roland Binder)

und Bauwesen. Die Vorteile liegen neben der eher technisch ausgerichteten Standardsetzung und damit Regelsicherheit auch in der politischen Dimension: allgemeine öffentliche Bewusstseinsbildung, Förderung von Innovationen, Investitionssicherheit und letztlich volkswirtschaftlicher Nutzen. Damit einher geht freilich die Frage der gerechten Nutzen-Kosten-Verteilung.

4 Leitgedanken für ein Hochwasserschutzsystem für Gebäude

Sollen Wohngebäude bzw. öffentliche Gebäude besser vor Hochwasser geschützt werden, müssen neue Schutzkonzepte entwickelt werden. Die bekannten Schutzsysteme, dies zeigen die Produktrecherchen und Schadensanalysen vergangener Hochwasserereignisse, bieten hierfür nur suboptimale Lösungen.

Herkömmliche Schutzmaßnahmen weisen den Nachteil auf, dass sie das gesamte Gebäude nicht sicher und zuverlässig schützen. Benötigt wird ein kompletter Gebäudeschutz, der das Gebäude vom Kellergeschoss bis zum Erd- und Obergeschoss wasserundurchlässig umschließt. Er sollte in der Lage sein, sich sowohl auf die individuellen Gebäudeformen und Bauweisen anzupassen als auch auf wechselnde Hochwasserpegel einstellen können. Fundament und Erdgeschoss sowie Ober- bzw. Dachgeschoss müssen hierbei eine durchgehend zu schützende Einheit bilden und den gesamten Gebäudekomplex vor einer Berührung mit Wasser schützen. Ein derartiges objektspezifisches Hochwasserschutzsystem (HWSS) sollte sowohl auf Alt- als auch Neubauten anwendbar sein.

Im Mittelpunkt des Leitgedankens steht die Entwicklung eines integrierten HWSS, mit dem einzelne Wohngebäude, wie Ein-, Zwei- und Mehrfamilienhäuser, öffentliche Hochbauten, wie bspw. Kindergärten, Schulen, Verwaltungsgebäude, sowie kleinere Gewerbebetriebe geschützt werden können. Dies erfordert einen ganzheitlichen, d. h. das komplette Gebäude schützenden Lösungsansatz sowie zusätzlich Forschungs- und Entwicklungsinitiativen für neue Produkte und Dienstleistungen.

An ein integriertes HWSS werden folgende Anforderungen gestellt:

- Einfacher Aufbau der Schutzeinrichtungen möglichst ohne fremde Hilfe,
- Schnelle und unkomplizierte Inbetriebnahme der Schutzeinrichtungen,
- Mehrfachanwendung muss gewährleitet sein,
- Einfache, witterungsgeschützte und sichere Lagerung der Schutzeinrichtungen,

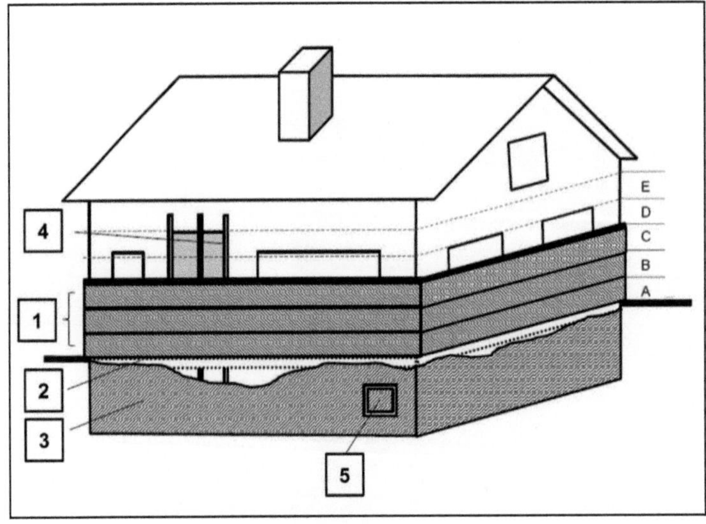

Bild 2: Schematische Skizze eines flexiblen HWSS für Gebäude (Quelle: Armin Hansmann)

- Auf unterschiedliche Gebäudegrundrisse und Bauweisen anwendbares modulares Gesamtsystem,
- Anwendbar für Neubauten und Bestandsbauten,
- Flexibel auf unterschiedliche Hochwasserpegel anpassbares Schutzsystem,
- Gewährleistung, dass kein Wasser (Grund- und Oberflächenwasser) mit der Gebäudeaußenhaut in Berührung kommt,
- Realisierung eines günstigen Nutzen-Kosten-Verhältnisses sowie
- Versicherbarkeit des Objektes muss gewährleistet sein.

Die Konzeption von innovativen HWS-Systemlösungen nach dem Prinzip einer gebäudeummantelnden Schutzhülle erfordert eine Reihe von systemtechnischen, bautechnischen, materialtechnischen und betrieblichen sowie logistischen Problemlösungen, die jeweils für Bestands- und Neubauten geeignet sein müssen. Das Prinzip einer umfassenden wasserdichten Schutzhülle kann mit den heute verfügbaren Materialien (z. B. Betonwände, Putzsysteme, vorgesetzte feste Wände, Foliensysteme) erfüllt werden. Das Problem der aufwändigen Anpassung an die Gebäudestruktur, dem wasserdichten Anschluss an das o. g. Wannensystem (Weiße oder Schwarze Wanne), der Umschließung und Dichtigkeit der vielfältigen Gebäudeöffnungen sowie der unterschiedlichen Hochwasserstände können durch einen modularen, baukastenartigen Systemaufbau und Gebäudegesamtschutz gelöst werden.

Aus den bisherigen Schadensanalysen kann der Schluss gezogen werden, dass mit steigendem Hochwasserpegel der Schadensumfang deutlich zunimmt. Dies bestätige die Vermutung, dass insbesondere im oberirdischen Gebäudebereich, in dem sich die sensiblen Wohn-, Aufenthalts-, Schlaf- und Arbeitsräume mit ihren hochwertigen Inneneinrichtungen befinden, ein erhöhtes Schadensrisiko besteht. Daraus kann gefolgert werden, dass von einem flexiblen Folienschutzsystem, welches den oberirdischen Gebäudeteil wasserundurchlässig umschließt und mit dem Wannensystem verbunden ist, die größten Schutzwirkungen ausgehen.

Mit einem integrierten Lösungsansatz, der insbesondere die gefährdeten Bereiche von der Gebäudesohle (Gebäudefundament, Kellergeschoss) bis zu den oberirdischen Stockwerken (Erd-, Dachgeschoss) sicher und zuverlässig gegen Grund- und Oberflächenwasser schützt, ließen sich die heutigen Schwachstellen beseitigen.

Das nachfolgend beschriebene HWSS wurde vom Autor als Patent angemeldet und zwischenzeitlich vom Deutschen Patentamt als patentfähig anerkannt. Das Grundprinzip des HWSS ist in der Prinzip-Skizze in **Bild 2** aufgezeigt.

Das vorgeschlagene HWSS verfolgt einen ganzheitlichen Lösungsansatz und umfasst folgende Subsysteme:

1. Folienschutzsystem, welches den oberirdischen Gebäudeteil wasserdicht umschließt und sich auf unterschiedliche Hochwasserpegel einstellen lässt.
2. Kanalsystem zur Aufbewahrung bzw. Lagerung der Folie im „Ruhezustand".
3. Wannensystem als wasserundurchlässiger Baukörper mit Schnittstelle zum Folienschutzsystem.
4. Führungs- und Stützelemente zur Aufnahme der horizontalen Hochwasserkräfte, um besonders sensible Gebäudeteile und Hausöffnungen zu schützen.
5. Steuerungs- und Überwachungseinheit zum Befüllen und Kontrollieren des Folienschutzsystems im Einsatzfall.

Funktionsweise und Zusammenwirken der Subsysteme des HWSS werden in schematischer Darstellung in **Bild 3** aufgezeigt. Die einzelnen Luftkammermodule (1) sind übereinander angeordnet, untereinander verbunden und umhüllen den gesamten Baukörper. Der Vorteil dieser technischen Konzeption ist es, dass mit dem Luftkammermodul eine flexible Anpassung an die Gebäudeformen und an wechselnde Hochwasserpegel (Ebenen: A bis E) möglich ist (3). Im „Ruhezustand" befindet sich die Schutzfolie im gefalteten Zustand in einem Kanalsystem (2), welches das Gebäude allseitig umschließt. Durch den schlauchförmigen und modularen Aufbau der Schutzfolie wird erreicht, dass das Luftkam-

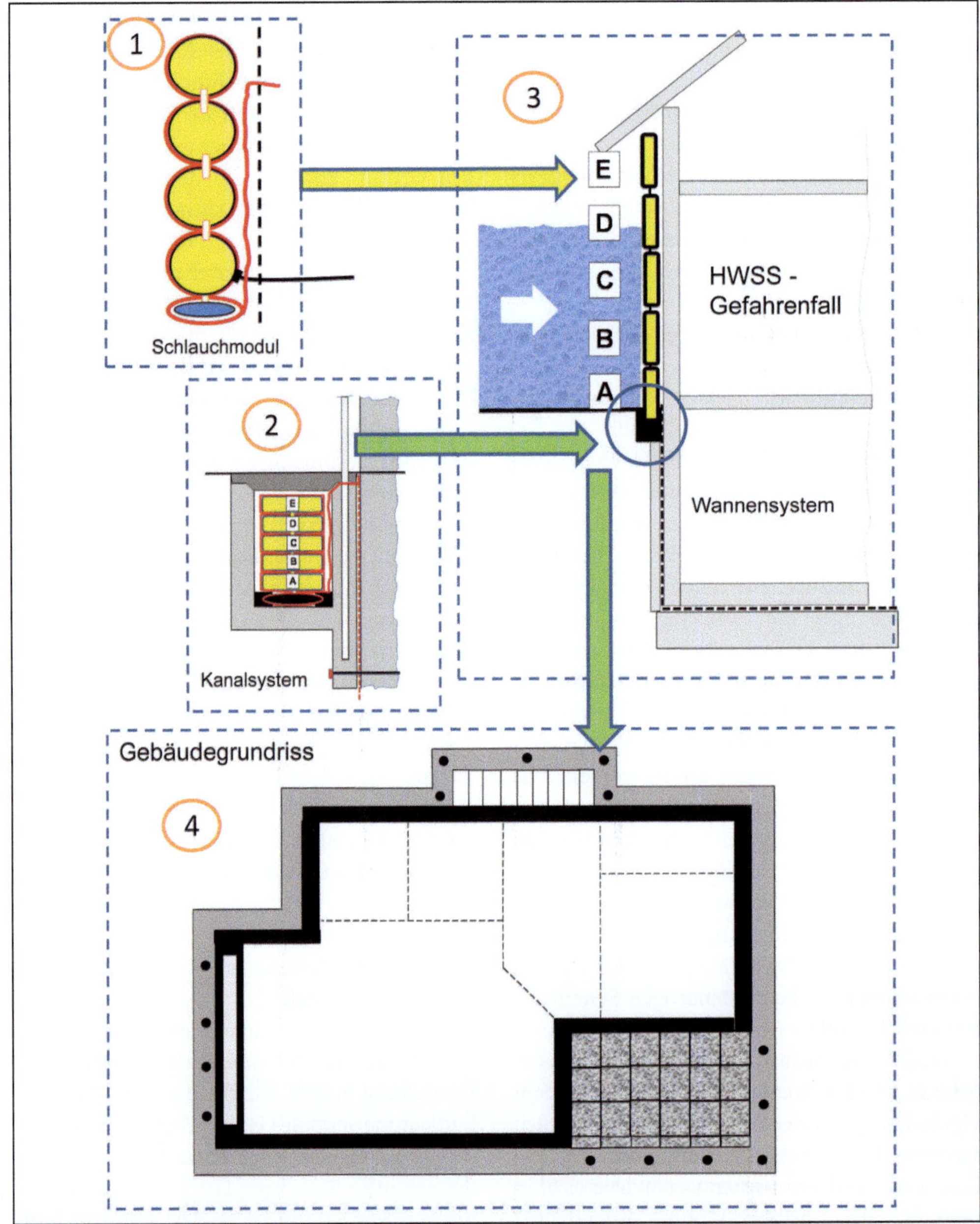

Bild 3: Schematische Darstellung und Funktionsweise des HWSS für Gebäude (Quelle: Armin Hansmann)

mermodul sich den individuellen Gebäudegrundrissen, Gebäudeformen und Bauweisen optimal anpassen kann (4).

Je nach gewählter Systemvariante stehen hierfür verschiedene technische Lösungskonzepte zur Verfügung. Sie unterscheiden sich in folgenden Merkmalen:

- Im technischen Aufbau des Schutzsystems (manuell oder automatisch),
- An den Schnittstellen zwischen Gebäudesockel

und Erdgeschoss durch unterschiedliche Befestigungsarten,

- In der Flexibilität und Anpassbarkeit an wechselnde Hochwasserpegel (manuell, stufenweise, automatisch),
- In der Anwendbarkeit und Anpassbarkeit an unterschiedliche Gebäudeformen und Bauweisen,
- In den Fertigungs-, Installations- und Betriebskosten.

Durch den modularen Aufbau sind einzelne Komponenten unabhängig voneinander austauschbar und erweiterbar. So ist es je nach angewandtem Systemkonzept bspw. möglich, die Schutzfolie am Gebäude in einem Kanalsystem witterungsgeschützt zu lagern oder außerhalb des Gebäudes in einem separaten Lagerraum unterzubringen. Bei einer anderen Lösungsvariante besteht die Möglichkeit, die Schutzfolie mittels eines Schnellverschlusses am Gebäudesockel zu befestigen. Welche Systemvariante letztendlich zur Anwendung kommt und welche die technischen sowie wirtschaftlichen Anforderungen optimal erfüllt, ist Gegenstand weiterer Forschungs- und Entwicklungsarbeiten.

Foliendesign und modularer Aufbau sollen eine einfache Herstellung, leichte Handhabung bei der Montage bzw. Installation und Inbetriebnahme (manueller oder automatischer Betrieb) ermöglichen. Die das Gebäude umschließende Schutzfolie besteht aus Kunststoff (z. B. PVC und verstärktes Polyestergewebe). Die einzelnen Luftkammermodule sind getrennt aufblasbar und untereinander – ähnlich einer herkömmlichen Luftmatratze – entlang einer horizontalen Mantellinie miteinander verbunden. Folienschutzsystem und Keller bzw. Fundament (Weiße oder Schwarze Wanne) werden am Gebäudesockel miteinander wasserundurchlässig verbunden, so dass kein Wasser mit der Gebäudeaußenhaut in Berührung kommen kann.

Wie ein integriertes Lösungskonzept eines HWSS praktisch aussehen könnte, ist in **Bild 4** am Beispiel eines Anschauungsmodells gezeigt. Das mantelförmig um das Gebäude angeordnete Folienschutzsystem wird in dieser Systemvariante mit Hilfe eines Schnellverschlusses am Gebäudesockel befestigt. Mit einem weiteren Schnellverschluss wird am Ende die Folienumhüllung geschlossen.

Das Anschauungsmodell wurde Anfang Mai 2014 auf dem ersten Hochwassertag Baden-Württemberg vom Verfasser der Öffentlichkeit vorgestellt.

Gegenüber herkömmlichen Schutzmaßnahmen mit festen und mobilen Schutzelementen lassen sich mit dem konzipierten HWSS die Aktivierungszeiten für den Aufbau und die Inbetriebnah-

Bild 4: Anschauungsmodell: Wohngebäude mit Folienschutzsystem und Schnellverschluss (Quelle: Armin Hansmann)

me deutlich reduzieren. Einfacher und schneller Aufbau möglichst ohne fremde Hilfe und automatische Anpassung an veränderte Hochwasserpegel sind weitere Alleinstellungsmerkmale und wichtige Bestandteile des neuen HWSS-Konzeptes.

5 Von der Idee zur Umsetzung

Die Herausforderungen, vor denen die Gesellschaft bei Hochwasserkatastrophen steht, sind immens und verlangen zukunftsweisende Konzepte. Es gilt, neue Antworten und Lösungen für die drängenden Fragen eines besseren Hochwasserschutzes zu finden, die sich weltweit vermarkten lassen und die helfen können, die Betroffenen besser zu schützen. Ausgangspunkt auf dem Weg ist die vorgestellte Idee eines flexiblen Hochwasserschutzsystems für Gebäude. Hierbei geht es vor allem um die Vielzahl an Wohngebäuden, die heute im Hochwassergefahrenfall unzureichend geschützt sind und deren fehlender Schutz zu hohen volkswirtschaftlichen Schäden führen.

Um diese Idee effektiv zu verwerten und zum Erfolg zu führen, bedarf es innovativer Forschungsinitiativen und finanzieller Unterstützung für eine anwendungsorientierte Produktentwicklung und Umsetzung. Die bisherigen Arbeiten wurden im Rahmen der SIGNO-KMU-Patentaktion vom Bundesministerium für Wirtschaft und Technologie gefördert. In einem weiterführenden Forschungsprogramm in Zusammenarbeit von Wissenschaft, Forschungseinrichtungen und Wirtschaft muss es gelingen, für das vorgestellte HWSS-Konzept einen technischen und wirtschaftlichen Machbarkeitsnachweis zu führen sowie in einem Pilotprojekt die funktionale und praktische Anwendung nachzuweisen.

Autor

Dipl.-Ing. Armin Hansmann
Consultingbüro Hansmann
Hinterer Birken 19
88677 Markdorf
armin.hansmann@gmx.net

Literatur

[1] Deutsches Komitee Katastrophenvorsorge e. V. (Hrsg.): Infobrief 2013.

[2] Gesamtverband der Deutschen Versicherungswirtschaft (Hrsg.): Verteilung der Juni-Hochwasserschäden 2013 in Deutschland.

Armin Hansmann

Integrated Flood Protection System for Buildings

The increasing number of flood catastrophes needs a stronger engagement for all kind of protection measures. The integrated flood protection system, introduced in this abstract, is based on an innovative idea for a reliable protection of buildings. It follows the principle of an encasing sheath which is mounted at the building wall and attached to a building tank which encases the subsurface construction. This puts high demands on the quality of system and construction techniques, the material and manufacturing as well as on the logistics and operation. Furthermore it should be applicable to both, existing as well as newly constructed buildings.

Robert Jüpner, Jens Brauneck und Reinhard Pohl

Einsatz von Drohnen im Hochwasserfall – Erfahrungen und Ideen

Bei großen Hochwasserereignissen sind die technischen Schutzanlagen einer besonderen Belastung ausgesetzt und können versagen. Die Einsatzkräfte benötigen daher umfassende und belastbare Informationen zum Schadensbild oder bereits eingetretenen Schaden, um angemessen reagieren zu können. Drohnen bzw. unbemannte Luftfahrzeuge sind mittlerweile durch eine beeindruckende technische Entwicklung in hohem Maße geeignet, auch in für Einsatzkräfte nicht zugänglichen Bereichen schnelle und präzise Informationen zu gewinnen sowie zu übertragen. Anhand des Deichbruchs bei Breitenhagen an der Saalemündung in die Elbe im Juni 2013 wird beispielhaft eine Vorgehensweise illustriert, mit der aufbereitete Informationen aus einer Multikopterbefliegung in ein hydrodynamisches Modell übertragen werden.

1 Hintergrund

Bei den vergangenen großen Hochwasserereignissen in Deutschland ist es mehrfach zu Deichbrüchen gekommen, die zu einer Gefahr für Leib und Leben der von der resultierenden Überflutung des Hinterlandes betroffenen Menschen geführt haben [1]. In einem solchen Katastrophenfall ist es für die Einsatzkräfte von entscheidender Bedeutung, schnelle und vor allem präzise Informationen zu den absehbaren Folgen und damit dem voraussichtlichen Schadensumfang zu erhalten. Effizienz und Effektivität von Katastrophenabwehrmaßnahmen sind daher unmittelbar abhängig von der Qualität der Informationen über die Schadensursache (z. B. Deichbruch) und die daraus resultierenden Folgen. Ein weiterer Aspekt der Arbeit der Katastrophenschutzkräfte besteht in der kontinuierlichen Beobachtung und Überwachung von Schadstellen an technischen Hochwasserschutzanlagen. Beispielhaft sei hierzu eine Rutschung der luftseitigen Böschung des rechten Elbe-Hauptdeiches ca. 5 km unterstrom von Fischbeck im Juni 2013 erwähnt (**Bild 1**). Diese große Böschungsrutschung kann die sichtbare Ankündigung eines versagenden Deiches sein – jedoch blieb der Zustand über mehrere Tage stabil und es kam hier nicht zum vollständigen Deichbruch.

Die o. g. Schäden bzw. Schadensbilder treten häufig an Stellen auf, die nur begrenzt zugänglich sind [2]. Daher müssen geeignete Instrumente gefunden und praktisch eingesetzt werden, um eine ausreichende Datengrundlage für eine Folgenabschätzung bzw. Modellierung zu gewinnen. Zudem ist eine permanente Beobachtung der Situation unverzichtbar, da z. B. ein Deichbruch üblicherweise temporär veränderlich ist. In der Praxis des Hochwasser-Katastropheneinsatzes kommen verschiedene Messsysteme für die o. g. Überwachungsaufgaben zum Einsatz: neben herkömmlichen terrestrischen Aufnahmesystemen werden zunehmend luftgestützte Technologien verwendet [3].

Im Hochwasserfall sind dabei zwei grundsätzliche Fälle zu unterscheiden:

- Die Überwachung von Schadstellen, bei denen Indizien für (negative) Zustandsänderungen erkannt werden müssen (Rutschungen, Wasseraustritte etc.).
- Die Dokumentation von dynamischen Schadensprozessen (z. B. Deichbrüchen), um daraus relevante Informationen für die Lagebeurteilung und Lageentwicklung ableiten zu können (Ent-

S. Heimerl (Hrsg.), *Vorsorgender und nachsorgender Hochwasserschutz*,
https://doi.org/10.1007/978-3-658-21839-3_47

wicklung der Breschenbreite, Fließgeschwindigkeit etc.).

In der Praxis des Katastrophenschutzes kommen bei großen Hochwasserereignissen vorrangig klassische Aufnahmesysteme, wie z. B. terrestrische Vermessungen bzw. bei schwer zugänglichen Bereichen oder großflächigen Schadenslagen Hubschrauber zum Einsatz. Unbemannte Systeme zur fluggestützten Fernerkundung (engl.: unmanned aerial vehicles, UAV, oder remotely piloted aircraft systems, RPAS) können hier eine wertvolle Ergänzung in Bezug auf Schnelligkeit und Qualität der Informationsbeschaffung sein [4].

2 Informationsbeschaffung mittels Drohnen und Datenauswertung

Jüngste Entwicklungen sowohl im Bereich der digitalen Bildverarbeitung als auch in der Multikoptertechnologie bieten neue Möglichkeiten für die luftgestützte Erfassung von Objekt- und Geländeinformationen. Gerade für Untersuchungen im Katastrophenfall eignen sich Multikopter im besonderen Maße, die, je nach Fragestellung, mit unterschiedlichen Aufnahmesystemen bestückt werden können. Neben den herkömmlichen Möglichkeiten der Auswertung von Luftbildern und der Anfertigung von Orthofotos existiert das Verfahren der digitalen Photogrammmetrie, das sich mit der lagegetreuen Erfassung und Vermessung von Oberflächen sowie Objekten auf Grundlage konventioneller Bildaufnahmen beschäftigt. Während die klassische Vermessung nur einzelne markante Punkte registriert und damit Strukturen vereinfacht sowie statisch abbildet, bietet die digitale Photogrammetrie analog zum Laserscanning die Möglichkeit, nahezu beliebig viele Lagepunkte pro Objekt zu erfassen. Dieses Verfahren ermöglicht die Modellierung von 3-D-Punktwolken und texturierten Oberflächenmodellen und ist im Englischen als „structure from motion" oder auch als „dense image matching" bekannt. Dabei werden sich in der Perspektive unterscheidende Bildsequenzen in einer Softwareumgebung analysiert und zueinander passende Bilder zugeordnet. Daraus kann sowohl die Kameraposition im Raum abgeleitet als auch die relative Orientierung korrespondierender Merkmalspunkte im Raum errechnet werden. Durch in den Aufnahmen aufgezeichnete Kontroll- oder Passpunkte können diese Modelle georeferenziert werden und erlangen so ihre absolute Orientierung. Der Ablauf der Prozessierung ähnelt sich bei den verfügbaren Softwareprogrammen und unterscheidet sich im Wesentlichen nur dadurch,

Bild 1: Böschungsrutschung bei Hohengöhren am rechten Elbdeich (Quelle: Jüpner, 2013)

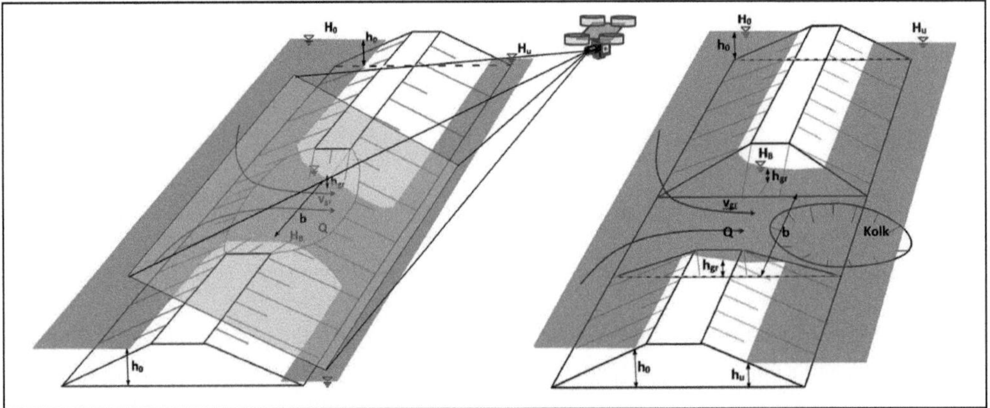

Bild 2: Deichüberströmung: links: kleinere Bresche zu Beginn des Vorganges; rechts: mit großer Bresche und Kolk sowie höherem Binnenwasserstand nach längerer Durchströmung (Quelle: Pohl)

wie stark der Anwender in die Parameter selbst eingreifen kann [5].

Die Vorteile der UAV-gestützten photogrammetrischen Verfahren insbesondere gegenüber flugzeuggestützten Luftbildaufnahmen und klassischen Vermessungsmethoden liegen in der kosteneffizienten sowie flexiblen Durchführung der Befliegung, die keiner Vorbereitung bedarf und somit auch einen sehr effektiven Einsatz im Katastrophenfall ermöglicht. Den Vorteilen stehen Einschränkungen bei schlechter Beleuchtung und bei schlechter Witterung (vor allem bei hohen Windstärken) gegenüber. Für photogrammetrische Aufnahmen spielt es zunächst keine Rolle, welches Flugsystem eingesetzt wird. Allerdings sind Kameraobjektive mit Festbrennweite zu bevorzugen und extreme Weitwinkel und Fischaugenobjektive zu vermeiden.

Grundsätzlich können die unbemannten Flugsysteme in Multikopter und Flächenflieger (Modellflugzeuge) unterteilt werden. Die längeren Flugzeiten und damit verbundene größere Flächenaufnahmen werden bei den Flächenfliegern erreicht, allerdings benötigen diese auch immer eine Landezone. Multikopter können punktuell starten sowie landen und bieten sich für die Stationierung über einem zu beobachtenden Areal an (als sogenannte Luftnagel). Zurzeit liegen die Flugzeiten bei etwa 15 bis 25 Minuten pro Akkuladung.

In Deutschland ist der Einsatz von unbemannten Luftfahrtsystemen über die Luftverkehrs-Ordnung (LuftVO) geregelt. Nach § 16 Abs. 1 Nummer 7 LuftVO bedarf jeder Aufstieg von unbemannten Luftfahrtsystemen einer Erlaubnis. Allerdings kann unter Beachtung der jeweiligen Auflagen für jedes Bundesland eine allgemeine Aufstiegserlaubnis eingeholt werden. Die Vergabe der Erlaubnis ist für kommerzielle und private Flüge mit dem Abschluss einer speziellen Luftfahrt-Haftpflichtversicherung verbunden. Aufgrund des vorgeschriebenen Betriebs auf Sicht gelten Beschränkungen für den erlaubten Betriebsradius von 400 m um den Steuerer herum.

3 Erforderliche Daten und hydromechanische Überlegungen

Für die nachträgliche Auswertung und Bewertung von Deichbrüchen sowie für die operativen Maßnahmen im Hinterland während des Deichbruches ist die Kenntnis der Fließgeschwindigkeit und des Durchflusses von entscheidender Bedeutung. Mit diesen Werten können bei bekannter Morphologie des Polders bzw. Hinterlandes und bei bekannten Entlastungsmöglichkeiten die Ausbreitung des Wassers und der Wasserspiegelanstieg abgeschätzt werden. Um die dafür notwendige Durchflussberechnung durch die Deichbresche vornehmen zu können, müssen die sich während des Ereignisses instationär ändernden Abmessungen der Bresche und die Abflussverhältnisse im Oberwasser (Fluss, See, Meer) sowie im Unterwasser (Polder, Hinterland, ggf. mit Entlastungsmöglichkeiten, Siel, Schöpfwerk) bekannt sein. Für Nachrechnungen können aus den Beobachtungswerten und Abmessungen der Bresche die hydraulischen Vorgänge meist einigermaßen rekonstruiert werden, zumal dann Vergleichswerte aus dem gesamten Flussgebiet zur Verfügung stehen.

Anders ist es während des Ereignisses, wenn direkte Messungen der Wasserstände, Geschwindigkeiten und Geländepunkte im Nahbereich der Bresche nicht möglich sind. Dann muss versucht werden, aus den z. B. mit Hilfe von Luftbildern photogrammetrisch ermittelten Daten die benötigten Eingangswerte für die Durchflussberechnung abzuleiten. Die Schwierigkeit dabei ist, dass die Höhenlage der Breschensohle sowie deren Flankenneigung unterhalb des Wasserspiegels nicht zugänglich und daher im Moment des Ereignisses unbekannt sind. Auch wenn die Breschenbreite in Höhe des Wasserspiegels, der Ober- und Unterwasserstand sowie die Fließgeschwindigkeit an der Oberfläche aus Luftbildern bestimmt werden können, bedarf es einiger Zusatzannahmen, um die Berechnung durchführen zu können. So kann wegen der großen Fließfläche auf der Oberwasserseite (Vorland) und auf der Polderseite dort jeweils eine sehr geringe Fließgeschwindigkeit in genügend großer Entfernung zur Bresche angenommen werden. Die Umlenkung der Fließrichtung ähnlich wie bei einem Streichwehr kann dann meist vernachlässigt werden. Zumindest in der Anfangszeit des Breschenausflusses kann das hydraulische System in Analogie zu einem breitkronigen Überfall oder einem Venturigerinne mit der Grenztiefe und der Grenzgeschwindigkeit in der Engstelle (Bresche) ausgegangen werden. Wenn das Unterwasser auf mehr als ungefähr drei Viertel der Oberwassertiefe ansteigt, wird der Überfall rückgestaut und damit bei gleicher Fließfläche reduziert. Wenn die unterwasserseitige Energiehöhe die minimale Energiehöhe in der Engstelle übersteigt, kommt es nicht mehr zum Fließwechsel und falls noch ein Restdeich in der Bresche vorhanden ist, wirkt dieser eher wie eine (positive) Sohlschwelle. Die Gerinnegeometrie im Bereich der Bresche kann näherungsweise als Trapez berücksichtigt werden. Bei den mitunter beobachteten sehr steilen Bruchrändern scheint dessen Vereinfachung zum Rechteck durchaus akzeptabel zu sein, wodurch sich wesentliche Erleichterungen bei der Berechnung ergeben. Die möglicherweise durch Auskolkung vertiefte und nicht horizontale Sohle ist während des Hochwassers nicht einzusehen und demzufolge nur näherungsweise anzunehmen.

Der Durchfluss berechnet sich mit den Angaben aus **Bild 2** zu:

$$Q = v \cdot A \tag{1}$$

(s. a. Bollrich [6]) und ergibt mit der Grenztiefe sowie der Grenzgeschwindigkeit wegen $Fr = v / \sqrt{g \cdot h_{gr}} = 1$ für eine (nahezu) rechteckige Bresche mit der Fließfläche $A = h_{gr} \cdot b$:

$$Q = \sqrt{g} \cdot b \cdot h_{gr}^{3/2} \tag{2}$$

Weil für die Mindestenergiehöhe im Rechteckquerschnitt $h_{E\,min} = 1{,}5 \cdot h_{gr} = h_{gr} + v_{gr}^2/2g$ gilt, kann der Durchfluss bei vernachlässigbarer Anströmgeschwindigkeit allein aus dem Wasserspiegelunterschied zwischen Oberwasser (H_O) und Bresche (H_B):

$$\Delta h = H_O - H_B = \frac{h_{gr}}{2} + \zeta \cdot \frac{v_{gr}^2}{2g} = \frac{h_{gr}}{2} + \zeta \cdot \frac{h_{gr}}{2} = (1 + \zeta) \cdot \frac{h_{gr}}{2} \tag{3}$$

mit

$$h_{gr} = \frac{2 \cdot \Delta h}{(1 + \zeta)} \tag{4}$$

zu

$$Q = \left(\frac{1}{1 + \zeta}\right)^{\frac{3}{2}} \cdot \sqrt{g} \cdot b\,(2 \cdot \Delta h)^{\frac{3}{2}} = C \cdot \sqrt{g} \cdot b\,(2 \cdot \Delta h)^{\frac{3}{2}} \tag{5}$$

abgeschätzt werden, wobei $C < 1$ einen Abminderungsbeiwert infolge Reibung und lokaler Verluste

Bild 3: oben: Punktwolkenmodell mit berechneten Kamerapositionsangaben (blaue Flächen), unten: texturiertes Oberflächenmodell (Quelle der Videoaufnahme: LAW Sachsen-Anhalt)

darstellt oder durch den Einlaufverlust ζ ausgedrückt werden kann, welcher im ungünstigen Fall des scharfkantigen Brescheneinlaufes den Wert 0,5 annehmen kann. Hier werden einschließlich der Reibung auf der kurzen Fließstrecke kleinere Werte erwartet. Die während des Ausflusses unbekannte Breschensohle liegt auf folgender Höhe:

$$H_S = H_B - h_{gr} = H_B - \frac{2 \cdot \Delta h}{(1 + \zeta)} \qquad (6)$$

Bei Annahme einer trapezförmigen Bresche (Index T) der Überfallbreite b mit den Flankenneigungen $1 : m_1$ und $1 : m_2$ als breitkroniger Überfall können die nachfolgenden Gleichungen Anwendung finden:

$$\begin{aligned} Q_{gr} &= v_{grT} \cdot A_{grT} \\ &= v_{gr} \cdot \left(b \cdot h_{grT} + \frac{1}{2}(m_1 + m_2) \cdot h_{grT}^2\right) \end{aligned} \qquad (7)$$

Mit

$$v_{grT} = \sqrt{g \cdot h_{grT} \cdot \frac{1 + \frac{h_{grT}}{b'}}{1 + \frac{2 \cdot h_{grT}}{b'}}} \quad \text{und}$$

$$b' = \frac{2 \cdot b}{m_1 + m_2} \qquad (8)$$

Wenn ein hoher Unterwasserstand den Ausflussquerschnitt (die Bresche) teilweise einstaut und kein Fließwechsel auftritt, wird zusätzlich zum Oberwasserstand und den Verlusten noch der Unterwasserstand als Eingangsgröße benötigt, um mit Hilfe des Energieerhaltungssatzes den Durchfluss zu berechnen. Auch numerische Berechnungen gestatten je nach Handhabbarkeit des Programmes eine schnelle Durchflussberechnung mit wenigen Eingangsinformationen, zu denen allerdings die Querschnittsgeometrie gehört, wofür mit Hilfe der o. g. Vorbemessung Annahmen getroffen werden müssten.

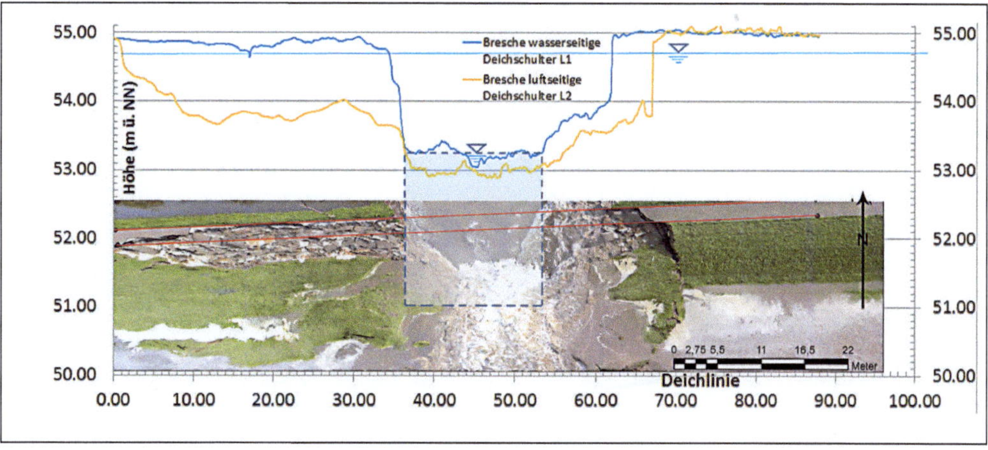

Bild 4: Profile (in m ü. NHN) entlang der wasser- und luftseitigen Deichschulter aus der photogrammetrischen Auswertung der Luftbilder; der in der stark überhöhten Darstellung schraffierte Bereich wurde als Fließfläche bei der überschläglichen Durchflussberechnung berücksichtigt (Quelle der Videoaufnahme: LAW Sachsen-Anhalt)

4 Auswertung am Beispiel Breitenhagen

Während des Deichbruches an der Saale-Mündung bei Breitenhagen wurde am 8. Juni 2013 ein UAV im Auftrag des Landesbetriebes für Hochwasserschutz und Wasserwirtschaft Sachsen-Anhalt (LHW) zur Lagebeurteilung eingesetzt. Die Auswertung der Befliegungen wurde im Rahmen der Ereignisanalyse als Studienarbeit durchgeführt [7]. Die Auflösung des Systems beträgt 1 280 * 720 Pixel mit 50 fps (Einzelbilder pro Sekunde, frames per second). Pro Sekunde wurde ein Frame entnommen und mit Hilfe der Software Agisoft Photoscan weiterverarbeitet. Dort erfolgte zunächst eine Reduktion sämtlicher Bildausschnitte auf die unmittelbare Umgebung des Untersuchungsgebiets. Nach einer ersten Orientierung der Aufnahmen zueinander wurden manuell Passpunkte in die einzelnen Aufnahmen integriert, um die Georeferenzierung zu ermöglichen. Anschließend können die Objektdaten als Punktwolke sowie als digitales Oberflächenmodell berechnet werden (**Bild 3**). Das ausgewertete Beispiel stammt aus dem zweiten Video (**Bild 3**) unter Verwendung der Frames von Sekunde 556 bis 640.

Bei der Auswertung der Aufnahmen musste im vorliegenden Fall mit folgenden Randbedingungen umgegangen werden:

- geringe Auflösung der Aufnahmen,
- Brennweite war nicht bekannt (keine EXIF-Datei),
- größtenteils einseitige Befliegung,
- nur wenige identifizierbare Passpunkte.

Daraus ergaben sich Unschärfen und Verzerrungen im Randbereich der Modelle (**Bild 3**). Die Wasseroberfläche selbst wird durch Spiegelungen, Bewegungen und Schattenwurf nicht in allen Punkten korrekt dargestellt. Trotz dieser Voraussetzungen konnten Oberflächenmodelle erstellt werden, deren leichte Verkippung durch eine lineare Anpassung der in ArcGIS extrahierten Höhenprofile an die bekannten Höhen des Deiches korrigiert werden konnte. Zusätzlich zu den Profilen der wasser- und luftseitigen Deichschulter wurden die Wasserspiegel für OW und UW anhand der Anschlaglinien ermittelt. Dazu wurden die Anschlaglinien kartiert und deren Höhen außerhalb der Strahlabsenkung gemittelt. Die so gefundenen Werte wurden als Grundlage der hydraulischen Modellierung benutzt (**Bild 2** und **Bild 4**).

Die Wasserspiegelbreite wurde zum Zeitpunkt der Aufnahme zu b_w = 17 m bestimmt. Die Was-

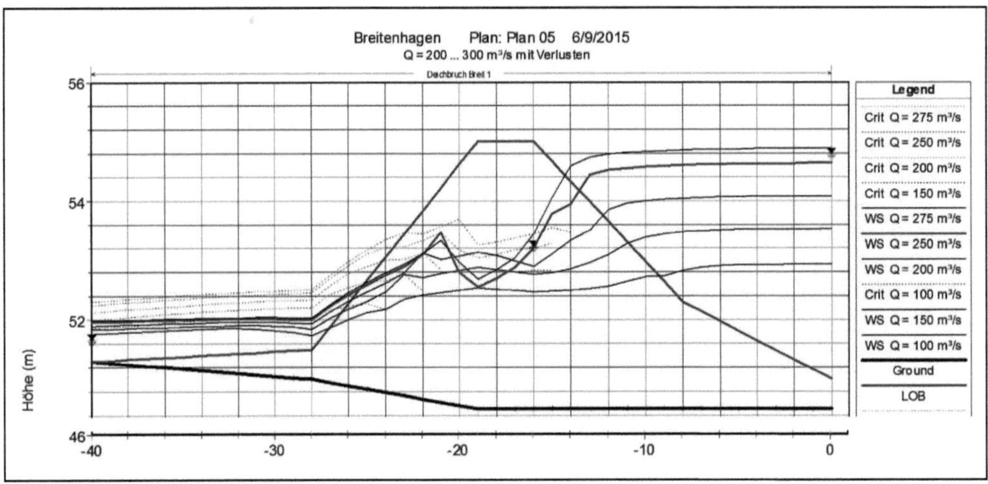

Bild 5: Hydraulischer 1-D-Längsschnitt der Deichbreschendurchströmung (Quelle: Pohl)

serspiegeldifferenz zwischen der Bresche und weiter oberhalb beträgt $\Delta h = H_O - H_U = 54{,}80 - 53{,}25 = 1{,}55$ m. Aus den o. g. Ansätzen kann für die Grenztiefe im näherungsweise rechteckigen Fließquerschnitt bei steilen Abbruchkanten berechnet werden:

$$h_{gr} = \frac{2 \cdot 1{,}55}{(1 + 0 \ldots 0{,}5)} = 3{,}10\ \text{m} \ldots 2{,}07\ \text{m} \qquad (9)$$

Der Durchfluss ergibt sich wie folgt:

$$Q = \left(\frac{1}{1 + 0 \ldots 0{,}5}\right)^{\frac{3}{2}} \cdot \sqrt{g} \cdot 17\ \text{m} \cdot (2 \cdot 1{,}55\ \text{m})^{\frac{3}{2}}$$

$$= 290 \ldots 158\ \frac{\text{m}^3}{\text{s}} \qquad (10)$$

Die Sohle im Bereich der Bresche liegt danach auf einer Höhe von:

$$H_S = 53{,}25\ \text{m} - \frac{2 \cdot 1{,}55\ \text{m}}{(1 + 0 \ldots 0{,}5)}$$

$$= 50{,}15\ \text{m} \ldots 51{,}18\ \text{m} \qquad (11)$$

Diese Werte passen zu der nach dem Ende des Breschendurchflusses, eingetretenen Situation, wonach sich kein wesentlicher Kolk gebildet hatte.

Die Berechnung des Breschendurchflusses wurde mit einem hydronumerischen 1-D-Modell (HEC-RAS) überprüft. Die vereinfachten Querschnitte werden auf Grund der verfügbaren Daten außerhalb des Deiches, im Bereich der Böschungen sowie jeweils an der Deichschulter erstellt und dazwischen automatisch interpoliert. Die lokalen Verluste infolge Querschnittsänderungen wurden für eine mittlere Ausrundung und der Manningwert zu $n = 0{,}033\ \text{s/m}^{1/3}$ gewählt. Das Berechnungsergebnis als hydraulischer Längsschnitt in **Bild 5** zeigt einen Durchfluss von etwa 260 m^3/s, bei dem die Wasserspiegellinie durch die Beobachtungspunkte verläuft.

Die Ergebnisse der hydronumerischen 1-D-Berechnung liegen in der gleichen Größenordnung bzw. im Intervall der Handrechnung und sind für eine Momentaufnahme der sich entwickelnden Deichbresche ermittelt worden. Wenn die Werte der Handrechnung an $Q = 260\ \text{m}^3/\text{s}$ angepasst werden würden, ergäben sich $\zeta = 0{,}075$, $h_{gr} = 2{,}88$ m und $H_S = 50{,}36$ m. **Bild 6** zeigt die entsprechende Untersuchung in einem 2-D-Modell. Mit $Q = 244\ \text{m}^3/\text{s}$ liegt der (Momentan-) Durchfluss im erwarteten Bereich.

Um den instationären Ablauf des Vorganges darzustellen, müsste die Berechnung auf Grund weiterer Luftbilder zu anderen Zeiten und deren Auswertung mit veränderten Wasserständen und Breschenbreiten wiederholt werden.

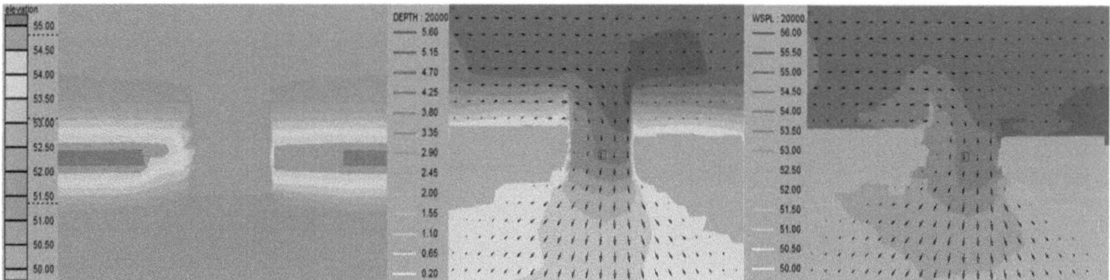

Bild 6: 2-D-Wasserspiegellagen während der in Bild 4 dargestellten Deichbreschendurchströmung, v. l. n. r.: Gelände, Wassertiefe, Wasserspiegel (Quelle: Pohl)

5 Ausblick

Das Beispiel Breitenhagen zeigt deutlich die grundsätzliche Eignung von Luftbildaufnahmen mittels UAV für die Analyse von Deichbrüchen, auch wenn die hier ausgewertete Befliegung ursprünglich nicht dafür vorgesehen war. Insbesondere für die ereignisbezogene Detailaufnahme und Datenerhebung sowie die Erstbewertung von Gefahrensituationen im Hochwasser-Katastrophenfall sind UAV-Einsätze hervorragend geeignet. Aus den Erfahrungen der vergangenen Hochwasserereignisse in Deutschland lässt sich ableiten, dass bisher insbesondere die präzise und schnelle Datenerfassung nach Deichbrüchen als unzureichend eingeschätzt wird, so dass hier der Einsatz neuer luftgestützter Technologie einen erheblichen Erkenntnisgewinn erwarten lässt.

Der Einsatz der UAV ist grundsätzlich ohne großen Aufwand durchführbar. Eine Reihe technischer Neuerungen, insbesondere die Integration von elektronischen Kamerastabilisatoren („Gimbals"), die direkte Bildübertragung auf Bildschirme oder Tablets, hochauflösende Aufnahmesysteme sowie die GPS-gestützte Waypointnavigation ermöglicht es auch Anfängern diese Systeme schnell und effektiv für die Luftbildaufnahmen einsetzen zu können. Darüber hinaus existieren deutschlandweit kommerzielle Anbieter für UAV-Befliegungen.

Um diese Daten für eine schnelle Auswertung und Bewertung von Deichbrüchen anhand hydraulischer Modelle einsetzen zu können, ist allerdings eine fundierte Expertise im Bereich Geoinformationssysteme und Geodäsie nötig, da die Verarbeitung zahlreiche Fehlerquellen birgt. Zusätzlich verhindert häufig der Mangel an verwertbaren und nachvollziehbaren Passpunkten eine ausführlichere Auswertung von Luftbildern. Da nur wenige, sehr teure UAV-Systeme über präzise On-Board-Systeme zur Positionserfassung verfügen, wären deutliche Markierungen im Schadensfall, beispielsweise anhand der Kilometrierung (wie beim Deich an der kleinen Rhone bei Arles in **Bild 7**), eine sinnvolle Maßnahme, die eine Verortung der Aufnahmen vereinfachen und die geometrische Genauigkeit der Modelle und damit der gesamten Datengrundlage deutlich erhöhen würden.

Bild 7: Stationierungsmarken auf dem Deich an der kleinen Rhone (PRD = Petit Rhone Digue) bei Arles, Frankreich
(Quelle: Pohl)

Autoren
Prof. Dr. Robert Jüpner
Dr. Jens Brauneck
TU Kaiserslautern
Paul-Ehrlich-Straße 14
67663 Kaiserslautern
robert.juepner@bauing.uni-kl.de
jens.brauneck@bauing.uni-kl.de

Prof. Dr.-Ing. habil. Reinhard Pohl
TU Dresden
01062 Dresden
Reinhard.Pohl@TU-Dresden.de

Literatur

[1] Landesbetrieb für Hochwasserschutz und Wasserwirtschaft Sachsen-Anhalt (Hrsg.): Bericht über das Hochwasser im Juni 2013 in Sachsen-Anhalt, Entstehung, Ablauf, Management und statistische Einordnung. Magdeburg, 2014.

[2] Jüpner, R.: Erfahrungen aus dem Hochwasser - Katastropheneinsatz im Juni 2013 an der Elbe. In: Verband Region Rhein-Neckar (Hrsg.): Das Junihochwasser 2013 - Erfahrungen und Konsequenzen. Schriftenreihe des Verbandes Region Rhein-Neckar (2014), Heft 13, S. 1-5.

[3] Jüpner, R.; Assmann, A.; Weichel, T.; Ettmer, B.; Müller, S. (2014): Abschätzung von Überflutungssituationen infolge von großen Deichbrüchen unter Berücksichtigung der Erfahrungen im Juni-Hochwasser 2013 an der Elbe. In: Dresdner Wasserbauliche Mitteilungen (2014), Heft 50.

[4] Jüpner, R.: Juni-Hochwasser 2013 an der Elbe – neue Fragestellungen. In: WasserWirtschaft 105 (2015), Heft 3, S. 38-41.

[5] Kersten, T.; Lindstaedt, M.: Automatic 3D Object Reconstruction from Multiple Images for Architectural, Cultural Heritage and Archaeological Applications Using Open-Source Software and Web Services. In: Photogrammetrie – Fernerkundung – Geoinformation, (2012), Heft 6, S. 727-740.

[6] Bollrich, G.: Technische Hydromechanik. 7. A. Berlin: Beuth-Verlag, 2013.

[7] Weber, C.: Photogrammetrische Modellierung des Deichbruches bei Breitenhagen. Studie an der TU Kaiserslautern, 2015 (unveröffentlicht).

Robert Jüpner, Jens Brauneck and Reinhard Pohl

Use of UAV during Floods – Experiences and Outlook

During floods technical protection works are subjected to high loads and might fail. Therefore the task force personnel needs comprehensive and reliable information about the hazard and the damages occurred to react in an adequate way. After an impressive progress meanwhile unmanned aerial vehicles/remotely piloted aircraft systems are highly capable to collect and transmit precise information from not accessible areas to the task force very quickly. Using the example of the Breitenhagen levee failure near the Saale-Elbe junction in June 2013 the steps are explained that are needed to come from the visual UAV-flight information to a hydronumeric model.

Jens Wilhelmi und Ulrich Barjenbruch

Einführung des Web Service XHydro zur harmonisierten Pegeldatenübertragung

Zur kontinuierlichen Erfassung der Wasserstände und Abflüsse an Bundeswasserstraßen unterhält die Wasser- und Schifffahrtsverwaltung des Bundes (WSV) ein gewässerkundliches Messnetz. Durch dessen sukzessiven Ausbau und bereichsweise vorgenommene Modernisierungen hat sich im Laufe der Zeit eine Vielfalt von Datenformaten und -abrufprotokollen entwickelt. Diese heterogene Struktur soll nun durch die verbindliche Einführung einer einheitlichen, standardisierten Übertragungstechnik auf Basis von Web Services harmonisiert werden.

1 Einleitung

Das hydrologische Messnetz der WSV umfasst die zentrale Datenbank PEGELONLINE (www.pegelonline.wsv.de), mehrere regionale Messnetzzentralen und ca. 1 200 Messstationen. Über die Jahrzehnte wurde das Messnetz kontinuierlich den jeweils geltenden Anforderungen angepasst, wobei mehrfach regionale Erweiterungen bzw. Modernisierungen erfolgten. Somit etablierte sich eine Vielzahl von Datenformaten und Übertragungsprotokollen. Langfristig resultieren aus dieser heterogenen Struktur Kostennachteile sowie technische und administrative Mehraufwendungen: Die Weiterverarbeitung bzw. Analyse der unterschiedlich kodierten Messdaten sowie deren Austausch, insbesondere über Fach- und Organisationsgrenzen hinweg, werden dadurch erschwert. Damit sich z. B. Daten sämtlicher Stationstypen beziehen lassen, stattete man die Zentralen mit sehr spezialisierten, proprietären Multiprotokollservern aus. Im Laufe der Zeit musste die Software dieser Server entsprechend neu hinzugekommener Datenformate bzw. DFÜ-Protokolle sukzessive erweitert werden.

Um einer weiteren Format-Diversifizierung entgegen zu wirken sowie die Voraussetzung für einen effizienteren und kostengünstigeren Datenaustausch zu schaffen, ist eine Standardisierung des Übertragungsverfahrens erforderlich. Vor diesem Hintergrund wurde ein flexibles, für die Belange des WSV-Messnetzes optimiertes Datenaustauschverfahren auf Basis von Web Services erarbeitet und für zukünftig aufzubauende Messstellen verbindlich eingeführt. Die wesentlichen Vorteile beim Einsatz dieses Verfahrens und die damit angestrebten strategischen Ziele skizziert **Bild 1**.

2 Web Services

Web Services sind dazu bestimmt, Daten bzw. Dienste uneingeschränkt programmiersprachen- und plattformunabhängig zur Verfügung zu stellen. Durch eine Internet-Adresse wird der Service eindeutig identifiziert und es wird eine Schnittstelle offeriert, die präzise und in maschinenlesbarer Form beschreibt, wie sich der Dienst nutzen lässt. Im Allgemeinen erfolgt diese Schnittstellenbeschreibung mittels einer WSDL-Datei (Web Service Description Language) [1], [2]. Gewährleistung von Interoperabilität ist das übergeordnete und strategische Ziel bei Web Services. Alle beteiligten Instanzen können ad hoc miteinander kommunizieren, da keine gegenseitige Abhängigkeit der involvierten Hard- bzw. Software-Komponenten besteht. Ein Web Service wird vom World Wide Web Consortium (W3C) folgendermaßen definiert [3]:

S. Heimerl (Hrsg.), *Vorsorgender und nachsorgender Hochwasserschutz*,
https://doi.org/10.1007/978-3-658-21839-3_48

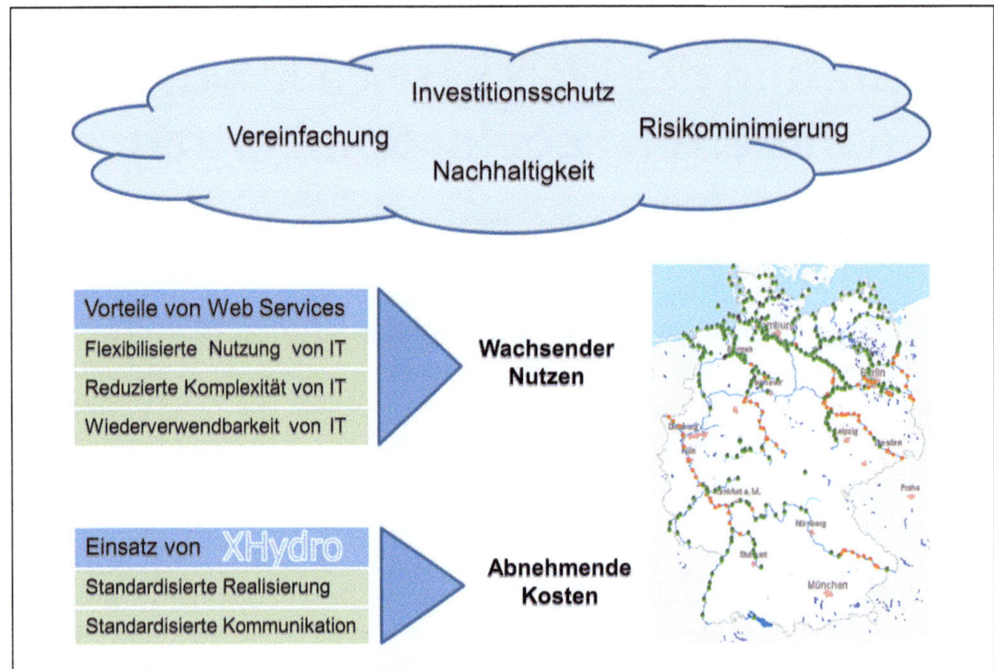

Bild 1: Entscheidende Vorteile beim Einsatz von Web Services bzw. XHydro für den Datenaustausch im hydrologischen Messnetz (Quelle: Wilhelmi und Barjenbruch; Karte: www.pegelonline.wsv.de)

„Ein Web Service ist ein Softwaresystem, welches dazu dient, Maschine-zu-Maschine-Interaktion über ein Netzwerk zu unterstützen. Hierzu bietet es eine für Maschinen zu verarbeitende Schnittstelle. Andere Systeme interagieren über SOAP-Nachrichten mit dem Web Service, in der Regel unter Verwendung von HTTP mit einer XML-Serialisierung in Verbindung mit anderen webbezogenen Standards."

Es werden hierbei also keine HTML-Seiten an einen Webbrowser geliefert, um von Menschen betrachtet zu werden. Vielmehr sind Web Services zur automatisierten Kommunikation zwischen Applikationen bzw. Systemen konzipiert. Das World Wide Web (WWW) hat sich zweifellos zu einem im höchsten Maße erfolgreichen Standard zum Austausch für an Menschen gerichtete Informationen entwickelt. Sein Durchbruch gründet sich ganz entscheidend auf der hersteller- und plattformunabhängigen Nutzbarkeit der angebotenen Informationen, also den offenen Web-Standards HTTP und HTML. Web Services bauen auf der Erfolgsgeschichte des WWW auf und wiederholen dessen Integrationsleistung nun für den automatisierten, Maschine-zu-Maschine-Datenaustausch (M2M), insbesondere da sie ihrerseits ausschließlich etablierte Web-Standards verwenden. Im M2M-Umfeld sind dies bevorzugt SOAP (ursprünglich ein Akronym für Simple Object Access Protocol) als Nachrichtenformat und üblicherweise XML (Extensible Markup Language) zur Kodierung der Nutzdaten.

3 SOAP

SOAP ist ein vergleichsweise einfaches und leichtgewichtiges Protokoll. Es beschreibt ausschließlich, wie die XML-basierten Nachrichten bei Web Services zu gestalten und interpretieren sind [4], [5]. Die Art und Weise des Versands dieser Nachrichten wird dabei nicht vorgeschrieben und es können grundsätzlich beliebige Transportprotokolle verwendet werden, wie beispielsweise FTP (File Transfer Protocol) zur Dateiübertragung oder das beim Email-Versand genutzte SMTP (Simple Mail Transfer Protocol). Allerdings wird in der Praxis hierzu fast ausschließlich auf HTTP (Hypertext Transfer Protocol) zurückgegriffen. Da Web-Seiten immer über HTTP ausgeliefert werden, kann dieses Protokoll aufgrund seiner Kompatibilität mit gängigen Netzwerk-Architekturen und Firewall-Konfigurationen quasi überall unkompliziert eingesetzt werden. Eine Nutzung von HTTP bedeutet somit, dass sich Daten prinzipiell in allen Netzwerk-Umgebungen und mittels sämtlicher Endgeräte per SOAP übertragen lassen, die eine Intra- bzw. Internetnutzung erlauben. Per Web Services übermittelte Nutzdaten sind zwar nicht zwingend, aber üblicherweise in XML kodiert.

4 XML

XML ist ein textbasiertes Auszeichnungsformat, welches HTML in vielen Dingen ähnelt [6], [7]. Es wurde allerdings insbesondere für die Übertragung sowie Archivierung von hierarchisch strukturierten Daten ausgelegt und ist ein hierfür seit Jahren etablierter Industriestandard. Während die Auszeichnungen (sog. Tags) bei HTML-Dokumenten deren Aussehen, d. h. Layout, verwendete Schriftgrößen und -farben etc. beschreiben, definieren XML-Tags die Bedeutung der enthaltenen Elemente. Ein sinnvoll gewähltes Tag, wie z. B. Wasserstand, signalisiert einem Betrachter unmittelbar, welche Bedeutung dem assoziierten Zahlenwert beizumessen wäre. XML-Dokumente werden daher als selbstbeschreibend bezeichnet. Welche konkreten Tag-Bezeichnungen verwendet werden und wie die Nutzdaten im Dokument hierarchisch strukturiert sind, bleibt dem Ersteller des Dokuments überlassen. Für einen automatisierten Datenaustausch ist es daher Grundvoraussetzung, dass XML-Dokumente nicht nur syntaktisch korrekt aufgebaut sind, sondern in Vokabular und Semantik strikt einer für diesen Anwendungskontext vereinbarten Konvention entsprechen. Als Werkzeug zur formalen Beschreibung solcher Festlegungen wird meist der W3C-Standard XML-Schema verwendet. Hierbei werden in einer XSD-Datei (XML-Schema-Definition) entsprechende Struktur- und Inhaltsregeln in maschinenlesbarer Form hinterlegt. Ein vorliegendes XML-Dokument lässt sich somit automatisiert dahingehend überprüfen, ob es sämtlichen, in der Schema-Definition getroffenen Vorgaben genügt. Auf der logischen Ebene gleicht der Prozess einer Schemakonzeption stark dem eines Formblattentwurfs: So müssen je nach Anwendungsfall u. a. zweckmäßige Schlüsselfelder festgelegt werden und Vorgaben erfolgen, welche Daten obligatorisch bzw. welche Zusatzangaben optional zu erfassen sind.

5 XHydro

Für die Datenübertragung im hydrologischen Messnetz der WSV wurde mit XHydro ein XML-Schema zur Kodierung der Messdaten entwickelt [8]. Zudem wurde ein darauf aufbauender Web Service für den Datenabruf als auch zum automatisierten Versand definiert. Hierbei standen folgende Aspekte im Fokus der Entwicklung:

- Interoperabilität,
- Möglichkeit zur Signierung, Verschlüsselung und Komprimierung,
- Flexibilität und Erweiterbarkeit.

Zu Beginn der Entwicklung von Web Services ließen die betreffenden Standards (SOAP und WSDL) noch einige Fragen offen und Spezifikationen wiesen z. T. Mehrdeutigkeiten auf. Vor diesem Hintergrund gründeten branchenführende Unternehmen die Web Services Interoperability Organization (WS-I), die für existierende Web-Service-Standards sogenannte Profile entwickelt [9]. Unter Berücksichtigung der in diesen Profilen definierten Randbedingungen werden Probleme mit Spezifikationslücken beseitigt und Interoperabilitätsprobleme ausgeräumt. Bei XHydro wurden die dort getroffenen

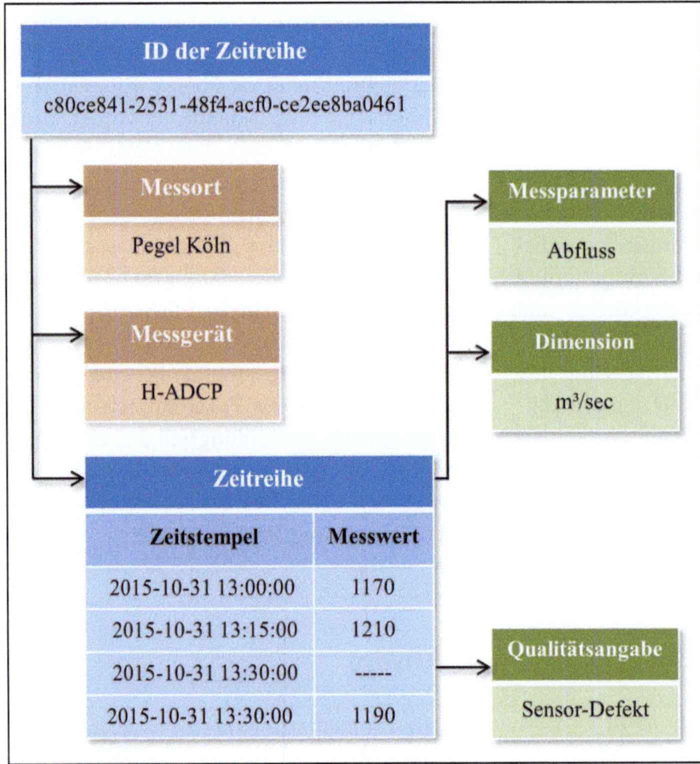

Bild 2: Struktur eines XHydro-Dokuments mit Zeitreihenkern (blau) inkl. einigen Metadaten (Quelle: Wilhelmi und Barjenbruch)

Vorgaben umgesetzt. Somit ist für Web Dienste gemäß XHydro-Spezifikation gewährleistet, dass sie ad hoc miteinander kommunizieren können, unabhängig vom jeweilig eingesetzten Betriebssystem bzw. der zugrunde liegenden Softwareumgebung. Bei der Entwicklung wurde zudem darauf Wert gelegt, dass sich XHydro-Dokumente unmittelbar mit Microsoft-Excel laden und verarbeiten lassen.

Das XML-Schema beinhaltet ausschließlich Datenstrukturen, die zur Erfüllung der fachlichen Anforderungen benötigt werden. Für IT-technische Belange, wie Datenkomprimierung oder Sicherheitsaspekte (Verschlüsselung, Authentisierung, Authentizität) enthält es keine implizite Unterstützung. Verfahren zur Gewährleistung der IT-Sicherheitsanforderungen sind somit jederzeit frei wählbar. Hierzu können und sollen die jeweils dem Stand der Technik entsprechenden Standardtechnologien zum Einsatz kommen.

Die Elemente des Schemas lassen sich, wie in **Bild 2** angedeutet, in die Hauptkategorien Zeitreihenkern (blau) und Metadaten unterteilen.

Im Zeitreihenkern wird die Zuordnung von Werten zu einem bestimmten Zeitpunkt sowie einem eindeutigen Bezeichner zur Identifikation der Zeitreihe abgebildet. Metadaten dienen der Zeitreihenbeschreibung und schaffen die Voraussetzung zu deren korrekten Interpretation. XHydro bietet hierzu einen umfangreichen Satz von Elementen zur Charakterisierung von Herkunft, Art und Qualität der Daten. Um das Datenvolumen bei der Fernübertragung zu begrenzen, sind hierbei ausschließlich die Kernelemente obligatorisch. Metadaten können jedoch, je nach Erfordernis, in beliebiger Auswahl beigefügt werden.

Das XHydro-Schema ist modular aufgebaut, um im Bedarfsfall möglichst leicht bei veränderten Anforderungen angepasst werden zu können. Zudem ist es darauf vorbereitet, sich

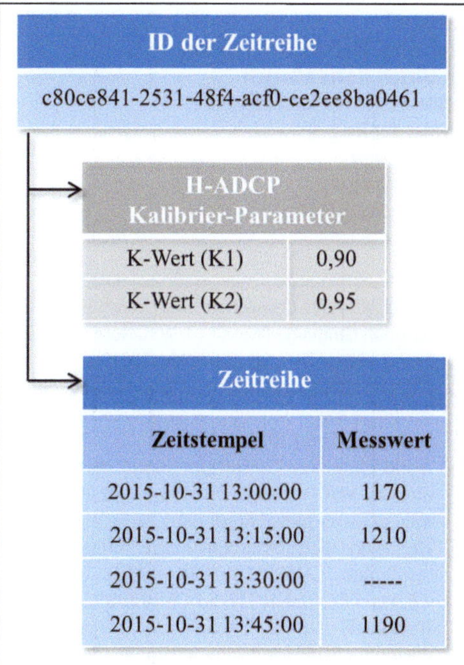

Bild 3: Struktur eines XHydro-Dokuments mit zusätzlich beigefügten Datenelementen (grau) (Quelle: Wilhelmi und Barjenbruch)

auch ohne Schemaveränderungen um beliebige neue Informationen, z. B. wie in **Bild 3** mit spezifischen Kalibrier-Parametern, ergänzen zu lassen. Solche Ergänzungen dürfen im Dokument auch nachträglich an praktisch allen Stellen und Hierarchieebenen vorgenommen werden.

Bemerkenswert ist, dass dies bei bereits existierender Software zu keinerlei Verarbeitungsschwierigkeiten führt. Zudem werden Mechanismen bereitgestellt, um evtl. im Nachhinein ergänzte Daten vor ihrer eigentlichen Verarbeitung auf formale Korrektheit prüfen zu können.

Die Bedeutung eines bestimmten Daten-Elements vorab genau zu spezifizieren, ist häufig nicht sinnvoll bzw. sogar unmöglich. Zum Beispiel lässt sich jeder Messung eine Ortsangabe zuordnen, aber je nach Art der Messung kann sich dies auf einen Punkt, eine Fläche oder einen 3-D-Raumabschnitt beziehen. In derartigen Fällen kommen flexible XML-Elemente zum Einsatz, bei denen sich der konkret benötigte Datentyp aus einer vordefinierten Liste selektieren lässt.

Zur Wahrung einer einheitlichen Nomenklatur, beispielsweise für Bezeichner von Messgrö-

```
# Import der SOAP-Client - Bibliothek "suds"
import suds

# Zeitreihen-Parameter festlegen
uuid = 'c80ce841-2531-48f4-acf0-ce2ee8ba0461'
von  = '2015-10-09T13:15:00+01:00'
bis  = '2015-10-09T14:15:00+01:00'

# Adress-Parameter festlegen
basisURL    = 'http://www.xhydro-test.de/ObservationService/'
endPunktURL = basisURL + 'Retrieval/'
wsdlURL     = basisURL + \
              'wsdl/2013/11/XHydroObservationService_Flat.wsdl'

# WebService aufrufen und Werte-Tabelle ausgeben
try:
  client = suds.client.Client(wsdlURL, location=endPunktURL)
  xids           = client.factory.create('xids')
  xids.xid       = client.factory.create('xids.xid')
  xids.xid.uuid = uuid
  result = client.service.GetObservation(xids, von, bis)
  for tde in result.tse[0].d.tde:
    print tde.ts.tsv, tde.vls.v[0].vf
except suds.WebFault, e:
  print e
```

Bild 4: Minimalistisches Python-Skript zum Abruf eines XHydro-Web-Service (Quelle: Wilhelmi und Barjenbruch)

ßen und deren Dimensionsangaben, wurden entsprechende Codelisten fest vorgegeben. Im Bedarfsfall lassen sich auch bislang nicht definierte Bezeichner verwenden. Sämtliche Codelisten sind daher so gestaltet, dass sich entweder genau ein Element der vordefinierten Liste oder ein beliebiger Freitext verwenden lässt.

6 Ausblick

Zur Illustration, in welchem Ausmaß sich von verfügbarer Software profitieren lässt, soll das in **Bild 4** dargestellte minimalistische Beispiel-Skript dienen: Das in der Programmiersprache Python geschriebene Skript generiert einen XHydro-Web-Service-Aufruf und gibt die angefragte Zeitreihe anschließend tabellarisch aus. Erkennbar ist der geringe Programmieraufwand, mit dem sich der Web-Service-Aufruf im gezeigten Beispiel realisieren lässt, obwohl die verwendete Softwarekomponente zur SOAP-Kommunikation generischer Natur ist, d. h. sie ist in keiner Weise explizit auf XHydro zugeschnitten.

XML und darauf basierende Techniken haben sich im industriellen Umfeld fest etabliert und werden seit Jahren in der Hydrometrie [10], [11] eingesetzt. Kein anderes Datenaustauschformat ist hinsichtlich Akzeptanz und Durchdringungsgrad vergleichbar. Mit XHydro wurde ein XML-basierter Standard zur Datenübertragung im hydrologischen Messnetz der WSV definiert, der bei zukünftigen Neu- bzw. Ersatzbeschaffungen verwendet werden soll. Durch Festschreibung eines einheitlichen Standards lässt sich langfristig ein reibungsloserer und damit wirtschaftlicherer Betrieb des Pegelmessnetzes erwarten. Insbesondere die Nutzungsmöglichkeit der im XML- bzw. Web-Service-Umfeld im großen Umfang verfügbaren Softwarebibliotheken und -werkzeuge, bietet die Perspektive, den Geräte- und Software-Entwicklungsaufwand zukünftig signifikant zu reduzieren.

Autoren

Dipl.-Ing. (FH) Jens Wilhelmi
Dr. Ulrich Barjenbruch
Bundesanstalt für Gewässerkunde
Am Mainzer Tor 1
56068 Koblenz
wilhelmi@bafg.de
barjenbruch@bafg.de

Literatur

[1] World Wide Web Consortium (Hrsg.): Web Services Description Language (WSDL) 1.1, W3C Note, 15.03.2001 (www.w3.org/TR/wsdl; Abruf: 10.09.2015).

[2] Wikipedia: Web Services Description Language: (de.wikipedia.org/wiki/Web_Services_Description_Language; Abruf 10.09.2015).

[3] World Wide Web Consortium (Hrsg.): Web Services Glossary: W3C Working Group Note, 11.02.2004 (www.w3.org/TR/ws-gloss/; Abruf 10.09.2015).

[4] World Wide Web Consortium (Hrsg.): Simple Object Access Protocol (SOAP) 1.1, W3C Note, 08.05.2000: (www.w3.org/TR/2000/NOTE-SOAP-20000508/; Abruf 10.09.2015)

[5] Wikipedia: SOAP (de.wikipedia.org/wiki/SOAP; Abruf 10.09.2015)

[6] World Wide Web Consortium (Hrsg.): Extensible Markup Language (XML): (www.w3.org/XML/; Abruf 10.09.2015)

[7] Wikipedia: Extensible Markup Language (de.wikipedia.org/wiki/Extensible_Markup_Language; Abruf 10.09.2015)

[8] Bundesanstalt für Gewässerkunde (Hrsg.): Datenaustausch mit XHydro: (www.xhydro.org; Abruf 10.09.2015).

[9] Web Services Interoperability Organization (Hrsg.): WS-I Basic Profile 1.1, Final Material, 10.04.2006 (www.ws-i.org/Profiles/BasicProfile-1.1.html; Abruf 10.09.2015).

[10] Wasser- und Schifffahrtsverwaltung des Bundes (Hrsg.): Bundesanstalt für IT-Dienstleistungen: Pegelonline Webservices (www.pegelonline.wsv.de/webservice; Abruf 10.09.2015).

[11] USGS (Hrsg.): USGS Water Services (waterservices.usgs.gov/; Abruf 10.09.2015).

Jens Wilhelmi and Ulrich Barjenbruch

Introduction of the Web Service XHydro for harmonized Data-Transmission in Gauging Networks

For the continuous monitoring of water level and stream flow at federal waterways the German Federal Waterways and Shipping Administration operates a network of gauging stations. In the course of its step-by-step expansion and area-wise conducted modernizations a variety of data formats and transmission protocols has been established. This heterogeneous structure shall be harmonized by the mandatory introduction of a standardized transmission technology on the basis of Web Services.

Neues Hochwasserinformations- und -managementsystem für Sachsen

Im Landeshochwasserzentrum (LHWZ) Sachsen werden Daten, welche die Entstehung, den zeitlichen Verlauf und die räumliche Ausdehnung von Hochwasserereignissen charakterisieren, erfasst und ausgewertet. Diese Daten dienen als Grundlage für das Hochwasserrisikomanagement und sollen eine frühzeitige und sichere Identifikation von Hochwassersituationen sowie einen schnellen Informationsfluss zu allen Akteuren sicherstellen. Das Hochwasserinformations- und -managementsystem (HWIMS) soll eine weitgehend automatisierte Prozessunterstützung des LHWZ ermöglichen. Den Schwerpunkt bilden dabei die drei Bereiche Datensammlung, Datenaufbereitung und Datenveröffentlichung. Das im Jahr 2005 in Betrieb genommene Altsystem entsprach nicht mehr den aktuellen Anforderungen und wurde basierend auf Analysen sowie Konzepten neu aufgesetzt. Im Beitrag werden die Entwicklungsschritte und die Funktionalitäten des HWIMS im Kontext zum Hochwasserrisikomanagementprozess erläutert.

Uwe Müller

1 Hochwassernachrichten- und -alarmdienst in Sachsen

1.1 Allgemeines

Im Rahmen des integrierten Hochwasserrisikomanagements (HWRM; **Bild 1**) spielt die Hochwasservorbeugung zur Begrenzung negativer Auswirkungen von Hochwasserereignissen eine entscheidende Rolle. Die Hochwasservorbeugung untergliedert sich in die Handlungsfelder Prävention und Hochwasservorsorge.

Kompakt

- Das modulare und zukunftssichere Hochwasserinformations- und -managementsystem dient einer nachhaltigen Verbesserung des Hochwasserrisikomanagements.
- Das System bietet durch Vereinheitlichung, Integration und Automatisierung von Fachaufgaben eine Qualitäts- und Effizienzsteigerung im Landeshochwasserzentrum.

Zur Prävention gehören u. a. angepasste Raumnutzung, raumplanerische Maßnahmen, natürlicher Hochwasserschutz, technischer Hochwasserschutz und die Hochwassergefahren- und Hochwasserrisikokarten entsprechend der 2007 verabschiedeten Hochwasserrisikomanagement-Richtlinie (HWRM-RL) [1]. Unter Hochwasservorsorge versteht man die Risikovorsorge, die Verhaltensvorsorge, die Vorhaltung und Vorbereitung des Katastrophenschutzes, die HWRM-Pläne und die Informationsvorsorge, zu der der Hochwassernachrichtendienst dazu zählt [5].

In Auswertung der Hochwasserereignisse 2002, 2010, 2013 sowie des Kirchbach- und des Jeschke-Berichtes [2], [4] ist der Hochwassernachrichten- und -alarmdienst im Freistaat Sachsen umstrukturiert und mit einer neuen Hochwassernachrichten- und -alarmdienstverordnung sowie einer neuen Hochwassermeldeordnung auch auf eine neue rechtliche Basis gestellt worden.

1.2 Details zum Hochwassernachrichten- und -alarmdienst in Sachsen

Die Leitung und Koordinierung des Hochwassernachrichten- und -alarmdienstes obliegt zentral dem beim Landesamt für Umwelt, Landwirtschaft

S. Heimerl (Hrsg.), *Vorsorgender und nachsorgender Hochwasserschutz*,
https://doi.org/10.1007/978-3-658-21839-3_49

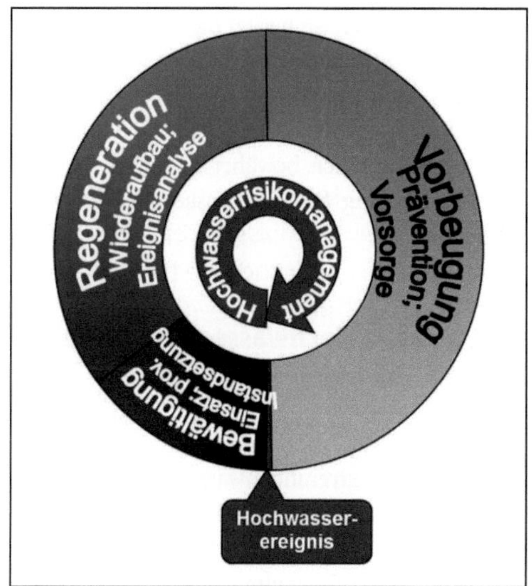

Bild 1: Kreislauf HWRM (Quelle: [5])

und Geologie angesiedelten Landeshochwasserzentrum (LHWZ). In **Bild 2** sind die stark gestrafften Melde- und Informationswege dargestellt.

Das LHWZ bezieht alle für den Hochwassernachrichtendienst erforderlichen Informationen über meist automatische und redundante Informationswege. Die Wetterprognosen werden vom Deutschen Wetterdienst (DWD) bereitgestellt. Die Niederschlagsdaten werden vom DWD, von privaten Wetterdiensten oder vom landeseigenen Ombrometermessnetz geliefert (**Bild 3**). Die aktuellen Wasserstandsdaten werden über die landeseigenen Hochwassermeldepegel (**Bild 3**) und die Pegeldaten Dritter, wie z. B. der Wasser- und Schifffahrtsverwaltung oder der Landestalsperrenverwaltung (LTV), bereitgestellt. Insgesamt stehen in Sachsen über 260 Pegel für Wasserstandmessungen und über 230 Pegel für Durchflussmessungen zur Verfügung, wovon ca. 190 Pegel zum Basisnetz gehören und die restlichen Pegel dem Kontroll- und Steuernetz zugeordnet werden. Ca. 150 Pegel sind mit Datenfernübertragung ausgestattet. Die landeseigenen Messnetze werden durch die Staatliche Betriebsgesellschaft für Umwelt und Landwirtschaft betreut. Zusätzlich werden noch Daten und Informationen aus Nachbarländern oder anderen Informationsplattformen verwendet. Mit diesen Daten und Informationen und den Talsperrensteuerungsdaten der bei der LTV angesiedelten Talsperrenmeldezentrale liegen zentral beim

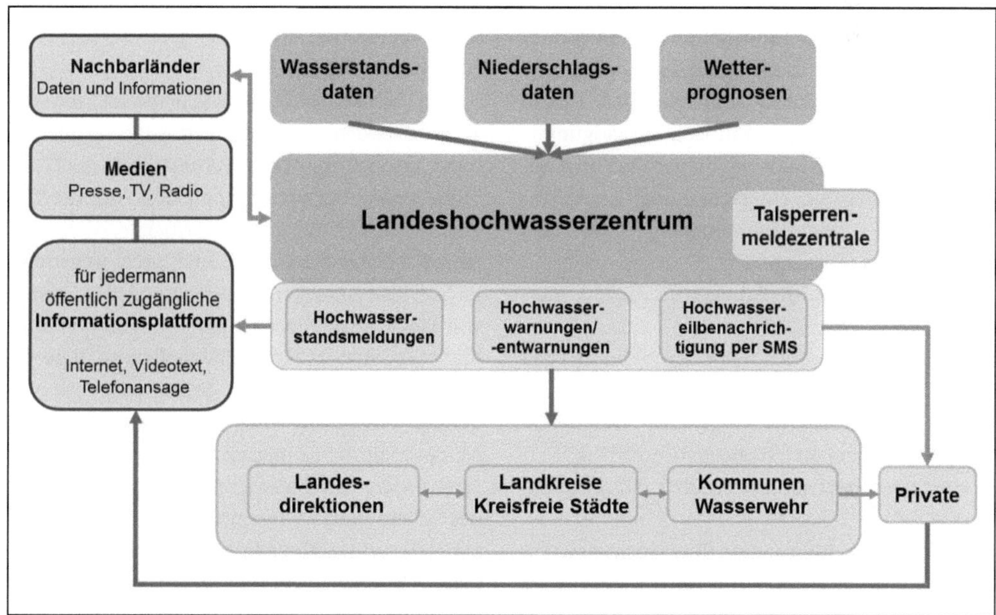

Bild 2: Meldeschema Hochwassernachrichtendienst Sachsen (Quelle: LfULG)

LHWZ alle für den Hochwassernachrichtendienst erforderlichen Informationen zeitnah vor [5].

Das LHWZ selbst hat fünf funktionale Bereiche (Meldezentrale, Vorhersagezentrale, Informationsverteiler, Öffentlichkeitsplattform, Presseraum). Die Meldezentrale ist durch einen Zweischichtbetrieb täglich von 06:00 Uhr bis 22:00 Uhr besetzt und deckt die Zeit zwischen 22:00 Uhr und 06:00 Uhr durch einen Bereitschaftsdienst ab. Die Vorhersagezentrale ist außerhalb der regulären Dienstzeiten durch eine Rufbereitschaft der zuständigen Hydrologen erreichbar. Im Hochwasserfall stehen alle Funktionalitäten des LHWZ einschließlich der Melde- und Vorhersagezentrale rund um die Uhr zur Verfügung.

Die vom LHWZ gesammelten und erarbeiteten Daten sowie Informationen werden entsprechend **Bild 2** direkt an die oberen und unteren Wasserbehörden, die Kommunen sowie an von den Kommunen benannte Private verteilt. Neben der Bereitstellung der Informationen über die Öffentlichkeitsplattform werden selbstverständlich auch die Nachbarländer informiert. Folgende Hochwassernachrichten werden fluss- bzw. warngebietsweise abgesetzt [5]:

- Hochwassereilbenachrichtigung an über 1 200 Empfänger:
  - unverzügliche Information per SMS oder andere Wege über Beginn des Hochwassernachrichten- und -alarmdienstes; Pflicht der Empfänger zur Empfangsbestätigung;
  - nverzügliche Information per SMS oder andere Wege bei Überschreitung der Alarmstufe 3; Pflicht der Empfänger zur Empfangsbestätigung.
- Hochwasserstandsmeldungen an ca. 750 Empfänger:
  - Information über Wasserstände an den laut Hochwassermeldeordnung festgelegten Pegeln bei Erreichen von Alarm- und Meldestufen oder zu festgelegten Terminen.
- Hochwasserwarnungen an über 500 Empfänger:
  - bewertete Information über Hochwassergefahr im Flussgebiet mit Angabe über Stand und Prognose zur meteorologischen und hydrologischen Lage.

Der Freistaat Sachsen besitzt damit ein modernes und gut funktionierendes Hochwassernachrichten- und -alarmdienstsystem, welches sich schon bei mehreren Hochwassern (2006, 2010/2011 und 2013) grundsätzlich bewährt und entscheidend zur Verringerung von Hochwasserschäden beigetragen hat.

2 Das neue Hochwasserinformations- und -managementsystem

2.1 Allgemeines

Das nach dem Extremhochwasser 2002 in Sachsen etablierte Hochwasserinformations- und -managementsystem (HWIMS) ist nach fast 10 Jahren Betrieb einer Risikoanalyse unterzogen worden. Unkalkulierbare Betriebsrisiken infolge aufgetretener Betriebsfehler und technologischer Weiterentwicklungen führten zur Entscheidung, das HWIMS auf eine völlig neue Software- und Hardwarebasis zu stellen.

Eine vor der Neuentwicklung des HWIMS durchgeführte Analyse bestehender Systeme ergab, dass kein Produkt verfügbar war, das alle funktionalen und insbesondere nicht-funktionalen Anforderungen an das neue System, wie Performance und Stabilität, unterstützt oder das in vertretbarem Aufwand erweiterbar ist.

Den Schwerpunkt der Neuentwicklung des HWIMS bildeten die Ziele: Verbesserung der Stabilität und Verfügbarkeit; Verbesserung der Flexibilität gegenüber neuen fachlichen Anforderungen; Verbesserung der Performance; Verbesserung der Nutzerfreundlichkeit; Einführung mobiler Services; einfachere Bestätigung des Empfangs von Hochwassereilbenachrichtigungen; Verwendung von Standardkomponenten sowie State-of-the-Art-Technologien und -Schnittstellen; konsequente Umsetzung einer Schichtenarchitektur; Modularität von Komponenten unter Berücksichtigung der Schichtenarchitektur; Verbesserung des System- und Prozessmonitorings; Einführung einer Testumgebung; Integration derzeit bestehender Insellösungen und Kleinanwendungen in das System sowie die Reduzierung von Redundanzen bei den Stammdaten bzw. der Stammda-

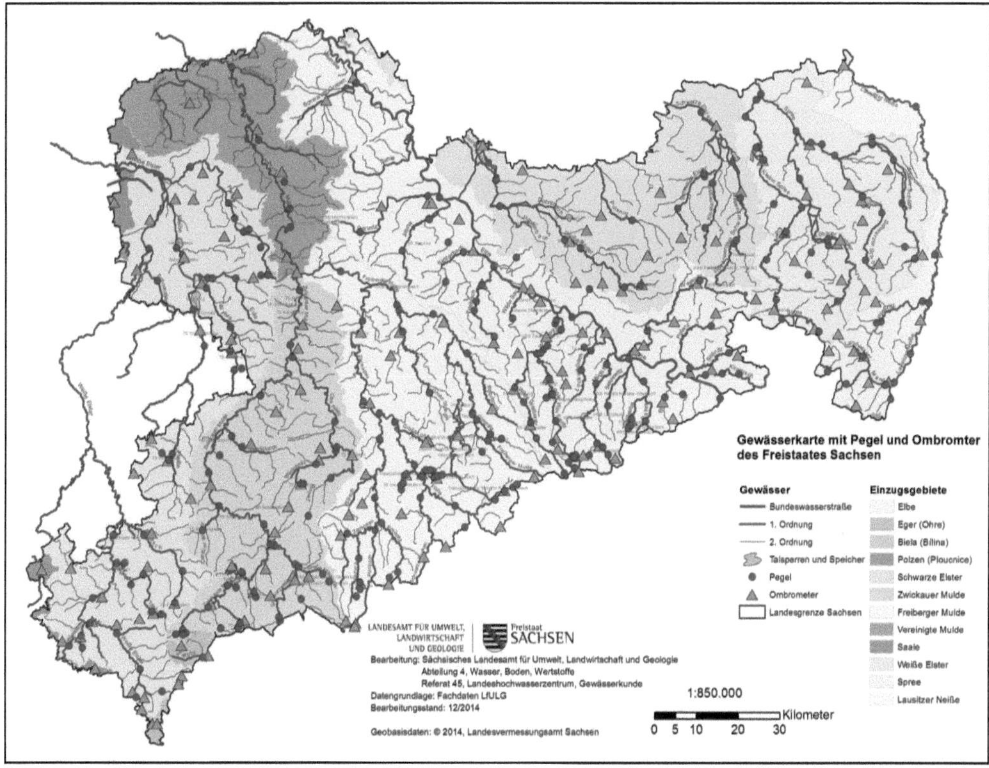

Bild 3: Hochwassermeldepegel und Ombrometermessnetz in Sachsen (Quelle: LfULG)

tenverwaltung. Um diese Anforderungen umzusetzen, wurde das System als Individualentwicklung mit einer serviceorientierten Architektur konzipiert und unter Verwendung von Standardtechnologien und etablierten Frontend- und Middleware-Produkten realisiert.

2.2 Aufbau des HWIMS

Unter Berücksichtigung der im Vorfeld gemeinsam mit den zukünftigen Nutzern erhobenen funktionalen (was) und nicht-funktionalen (wie) Anforderungen wurde die HWIMS-Anwendungssoftware mittels Dreischichtenarchitektur, bestehend aus Präsentationsschicht, Logikschicht und Integrationsschicht (**Bild 4**), umgesetzt.

Die Präsentationsschicht enthält die für unterschiedliche Nutzergruppen zugeschnittenen Applikationen:

- Der für die Mitarbeiter des LHWZ konzipierte Leitstand unterstützt operative Aufgaben, wie z. B. die Überwachung der aktuellen hydrologischen Lage, die Übernahme von Vorhersagewerten oder die Erstellung von Hochwasserwarnungen und ebenso die Überprüfung der automatisiert vom System gesteuerten Prozesse. Die Verwaltung von Messstationen und Informationsempfängern sowie die Konfiguration von Messwert-Abrufen gehören zu den vom Leitstand unterstützen administrativen Aufgaben.
- Das in den Internetauftritt des Freistaats Sachsen eingebundene Webportal ermöglicht der Öffentlichkeit Zugriff auf hochwasserrelevante Informationen, wie Wasserstände, Niederschläge, Alarmzustände und Hochwasserwarnungen. Im Rahmen der HWIMS-Neuentwicklung wurde das Webportal mit einer zeitgemäßen Oberfläche und Navigation ausgestattet. Die mobile Variante des Webportals ist speziell für die Bedienung auf mobilen Endgeräten angepasst.
- Das Webportal für registrierte Informations-

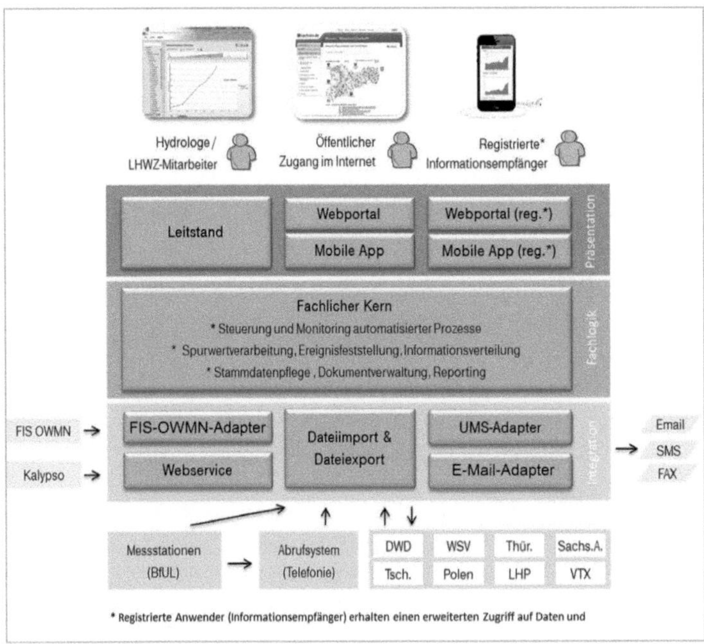

Bild 4: Funktionaler Aufbau und Drei-Schicht-Architektur des neuen HWIMS (Quelle: [6])

empfänger ermöglicht eine individuelle Auskunft zur Situation der für sie relevanten Messstationen und Flussgebiete. Die Informationsempfänger können ihre Kommunikationseinstellungen selbst verwalten. Insbesondere die mobile Portalvariante erlaubt neben dem Empfang auch die komfortable Bestätigung von Nachrichten und die Eingabe von Beobachterwerten.

In der Logikschicht sind Verarbeitungsmechanismen und die Anwendungslogik enthalten. Hier erfolgt die Steuerung und das Monitoring folgender automatisiert ablaufender Prozesse:

- Die Spurwertverarbeitung dient der Plausibilisierung von Spurwerten (z. B. Messreihen) und der Berechnung abgeleiteter Werte. Das System unterstützt den Einsatz und die Parametrisierung verschiedener Plausibilisierungs- und Berechnungsfunktionen. Als Spurwerte werden dabei entweder durch das System eingelesene Datenreihen (Datenspur) oder daraus berechnete Ergebnisreihen (Ergebnisspur) bezeichnet, ein Beispiel wäre die Ganglinie eines Pegels.
- Die Ereignisfeststellung dient der Feststellung von Hochwasserereignissen für Spurwerte basierend auf hinterlegten Schwellenwerten. Das System unterstützt die Konfiguration unterschiedlicher Ereignistypen (z. B. Alarmstufen 1 bis 4, Niedrigwasser, Flussgebietsaktivierung) und Schwellenwerte.
- Die Informationsverteilung verteilt Nachrichten an Informationsempfänger, basierend auf festgestellten Ereignissen und den Zustellplänen der Informationsempfänger. Das System unterstützt verschiedene Kommunikationskanäle (E-Mail, SMS, Fax, Sprachdialog) sowie die Verwaltung der Zustellpläne, Nachrichtentypen und -vorlagen.
- In der Dokumentverwaltung werden Dokumente revisionssicher abgelegt. Als Dokumente gelten beispielsweise sowohl von außen eingehende Dokumente (z. B. Wetterbericht) als auch vom HWIMS generierte (z. B. Hochwasserwarnungen).
- Stammdatenverwaltung und Administration ermöglichen die Verwaltung der Informationsobjekte (Messstation, Informationsempfänger etc.), Nutzer und Rollen sowie die Konfiguration des Systems.
- Reports und Sichten sind Werkzeuge zur konfigurierbaren Darstellung von Informationen im

System. Diese Werkzeuge ersetzen die vormals extern realisierten Excel-Kleinanwendungen durch eine stabile integrierte Lösung.
Die Integrationsschicht enthält Komponenten zur Anbindung externer Systeme:

- Die Stammdaten der Messstationen werden aus dem führenden Fachinformationssystem „Oberflächenwasser Menge und Beschaffenheit" (FIS OWMN) über den entsprechenden Adapter importiert. Damit werden im Altsystem bestehende Redundanzen und der damit verbundene Datenpflegaufwand eliminiert. Der Adapter dient auch der Archivierung von Spurwerten in das FIS OWMN.
- Die Integration des Vorhersagesystems Kalypso erfolgt über den vom HWIMS angebotenen Webservice. Der Webservice stellt Stammdaten bereit und ermöglicht den bidirektionalen Austausch von Spurwerten und Dokumenten. Die Webservice-Schnittstelle ermöglicht zukünftig auch anderen, ggf. externen Systemen den Zugriff auf die Daten des HWIMS.
- Die Komponente Dateiimport und Dateiexport dient dem Abruf, Empfang und der Bereitstellung von Dateien, die Spurwerte und Dokumente enthalten. Da die Schnittstellen der umgebenden Systeme sehr heterogen sind, erlaubt die Komponente die Konfiguration verschiedener Übertragungsprotokolle (File, FTP, HTTP) mit Zugangsparametern und die Transformation unterschiedlicher Spurwert-Formate (XML, ZRXP, CSV, ASCII) durch Skripte.
- Für den Versand (und Empfang) von SMS, Fax, Sprachnachricht und E-Mail wird auf bestehende Infrastruktur zurückgegriffen und das zentrale Unified-Messaging-System (UMS) des Freistaates Sachsen sowie ein E-Mail-Server über die entsprechenden Adapter angebunden.

2.3 Funktionsweise des HWIMS

Das HWIMS unterstützt die Erfüllung der Aufgaben des LHWZ durch die Umsetzung verschiedener Prozesse. Zur Illustration der Funktionsweise des Systems sind nachfolgend die Schritte eines der automatisierten Hauptprozesse skizziert.

Beim Abruf von Messwerten werden Dateien mit Messwerten von externen Systemen (Messstationen des Freistaats Sachsen und Server anliegender Organisationen) empfangen bzw. regelmäßig abgerufen. Der Inhalt der Dateien wird mit konfigurierbaren Skripten in ein einheitliches internes Format transformiert.

Bei der Verarbeitung der Spurwerte werden die empfangenen Messwerte plausibilisiert und abgeleitete Spurwerte berechnet (z. B. Aggregationen und Durchfluss).

Für die Spurwerte werden basierend auf hinterlegten Schwellenwerten Hochwasserereignisse festgestellt.

Die Verteilung der Informationen erfolgt, indem für die Ereignisse Nachrichten erstellt werden. Je nach Art des Ereignisses werden unterschiedliche Nachrichtentypen verwendet (z. B. Hochwassereilbenachrichtigung, Hochwasserstandsmeldung). Für die Nachrichten werden basierend auf hinterlegten Zustellplänen Informationsempfänger ermittelt und über ihre Kommunikationskanäle benachrichtigt.

Viele der vom System realisierten Prozesse sind weitgehend automatisiert und können auch mit instabilen Randbedingungen (z. B. Ausfall von Messstationen) umgehen. Ein Monitoring über die Prozesse sowie die Herausstellung technischer und fachlicher Ausnahmezustände ist daher unumgänglich. Das HWIMS erfüllt diese Anforderungen durch die Bereitstellung spezifischer Sichten (im Leitstand) zur Überwachung von Abrufen und Informationsverteilung sowie einer Statusübersicht für Messstationen. Warn- und Fehlermeldungen werden zudem in einen zentralen Meldungsmonitor geloggt.

Einige Ausnahmezustände können vom System gelöst werden (z. B. durch das Starten eines Alternativabrufs über einen anderen Kanal). Andere Situationen erfordern ein manuelles Eingreifen der LHWZ-Mitarbeiter in den ansonsten automatischen Ablauf. Das System stellt dafür bestimmte Einstiegspunkte bereit, an denen automatische Prozesse gestoppt und gestartet sowie Eingaben für die Prozesse geändert werden können (z. B. deaktivieren /aktivieren von Berechnungen an einzelnen Spuren und manuelle Eingabe von Spurwerten).

Weitere Ausführungen insbesondere zu Anwendungsszenarien des HWIMS können in [6] nachgelesen werden.

2.4 Ausfallsicherheit

Zur Gewährleistung der Ausfallsicherheit des HWIMS wurde eine durchgängig redundante Zweistranglösung konzipiert und umgesetzt.

Dazu wurde der Leitstand als Cluster bestehend aus zwei Knoten realisiert. Die Verteilung der Aufgaben erfolgt (insbesondere Messdatenabrufe, Spurwertverarbeitung, Ereignisfeststellung) auf beide Knoten. Bei Ausfall eines Knotens übernimmt der jeweils andere Knoten die Ausführung der Aufgaben. Die Datenbank wurde als Cluster mit zwei separaten Knoten ausgelegt. Der Ausfall eines Knotens kann ebenfalls systemseitig beherrscht werden, die Daten liegen repliziert vor. Auch für das Webportal wurde eine analoge Zweistranglösung umgesetzt. Die einzelnen Knoten jedes Clusters stehen örtlich getrennt in separaten Rechenzentren und Gebäuden und auch die Internetanbindung ist redundant. Für jeden Strang bestehen darüber hinaus eine getrennte Stromversorgung, eine getrennte USV (Unabhängige Stromversorgung) und eine getrennte NEA (Netzersatzanlage). Jeder Server ist redundant an Stromversorgung, Netzbetreiber und USV angeschlossen. Bei Ausfall der Stromversorgung des Netzbetreibers puffert die USV, die NEA übernimmt die Stromversorgung der Hardware bis zur Rückkehr der Stromversorgung des Netzbetreibers.

3 Zusammenfassung

Das neukonzipierte und von Grund auf neu erstelle HWIMS des Freistaates Sachsen dient einer nachhaltigen Verbesserung des HWRM. Erfahrungen der vergangenen, teilweise extremen, Hochwasserereignisse fanden bei der Konzeption und Umsetzung ihren Niederschlag. Das neue HWIMS bietet eine Vereinheitlichung, Integration und Automatisierung von Fachaufgaben, was die Qualität und Effizienz der Arbeit des LHWZ unterstützt. Damit wurde eine modularen, zukunftssichere Lösung geschaffen, welche ohne erneute Veränderungen an der Software an neue Randbedingungen, Datenformate, Technologien etc. anpassbar ist, z. B. Wegfall/Neubau von Messstationen, Übernahme neuer/anderer Daten, Änderung von Kommunikationswegen/Protokollen (z. B. IP-basierte DFÜ). Mit der Erhöhung der Ausfallsicherheit und Skalierbarkeit im Ereignisfall- bzw. Hochlastbetrieb ist durch verteilte serverseitige Lösungen eine volle, zukunftssichere Skalierbarkeit gegeben.

Darüber hinaus plant, koordiniert und bearbeitet das LHWZ Vorhaben und Projekte, welche der nachhaltigen Verbesserung und Stärkung des HWRM dienen. Zu nennen sind hier die fortwährende und wissenschaftlich fundierte Optimierung der landeseigenen meteorologischen und hydrologischen Messnetze, Fortschreibung und fachlich-inhaltliche Konsolidierung von für das HWRM relevanten Daten (beispielsweise Risikokarten) oder aber die Verbesserung der Hochwasserwarnung in kleinen Einzugsgebieten [3]. Ein weiteres, eher mittel- und langfristig angelegtes Ziel ist die niedrigschwellige, nahtlose („Seamless Media") Abgabe o. g. Produkte und Dienste sowie die Verschneidung und Kombination der dahinterliegenden Daten, um für die Akteure des HWRM einen wachsenden Mehrwert zu generieren.

Autor
Dr.-Ing. habil. Uwe Müller
Sächsisches Landesamt für Umwelt,
Landwirtschaft und Geologie (LfULG)
Zur Wetterwarte 11
01109 Dresden
Uwe.Mueller@smul.sachsen.de

Literatur

[1] Richtlinie 2007/60/EG des Europäischen Parlaments und des Rates vom 23. Oktober 2007 über die Bewertung und das Management von Hochwasserrisiken (Hochwasserrisikomanagement-Richtlinie; HWRM-RL). In: ABl. der EU L 288/27 vom 6.11.2007.

[2] Jeschke, K; Graf, B.; Kolf, R.: Bericht der Kommission der Sächsischen Staatsregierung zur Analyse der Meldesysteme im Zusammenhang mit dem Augusthochwasser 2010. Dresden, 2010.

[3] Kerl, F.; Philipp, A.; Müller, U.: Kleinräumige Hochwasserfrühwarnung im Lichte operationeller Anforderun-

gen: Chancen und Grenzen bezüglich Nutzeransprüchen, Antriebsdaten sowie hydrologischer Modellansätze. In: Beiträge zum Tag der Hydrologie 2016. Koblenz, 2016.

[4] Kirchbach von, H.-P.; Franke, S.; Biele, H.; et.al.: Bericht der Unabhängigen Kommission der Sächsischen Staatsregierung – Flutkatastrophe 2002. Dresden, 2002.

[5] Müller, U.: Hochwasserrisikomanagement – Theorie und Praxis. Wiesbaden: Vieweg+Teubner Verlag, 2010.

[6] Müller, U.; Philipp, A.; Härta, R.: Das neue Hochwasser-informations- und -managementsystem in Sachsen. In: Forum für Hydrologie und Wasserbewirtschaftung, (2016), Heft 37.16, S. 339-351

Uwe Müller

The new flood information and management system in Saxony

Data which characterize the formation, the time course and spatial extent of floods are recorded and evaluated in the flood forecast center of Saxony (LHWZ). These data build the basement for the flood risk management and are told to ensure an early and reliable identification of flood situations and a rapid flow of information to all stakeholders. The flood-information and management system (HWIMS) enables an automated process supporting for the LHWZ. Therefore it is mainly focused on three areas: collection of data, processing of data and publication of data. The old system has been in operation since 2005 and could not fulfil the current requirements anymore. The new one was relaunched on a base of analyzes and concepts. The article explains the development and the functionalities of HWIMS in context of flood risk management process.

Markus Disse, Iris Konnerth, Punit Kumar Bhola und Jorge Leandro

Unsicherheitsabschätzung für die Berechnung von dynamischen Überschwemmungskarten – Fallstudie Kulmbach

Das vom BMBF geförderte Projekt FloodEvac hat zum Ziel, im Hochwasserfall räumliche und zeitliche Informationen der Hochwassergefährdung bereitzustellen. Im hier vorgestellten Teilprojekt werden Überschwemmungskarten zu Wassertiefen und Fließgeschwindigkeiten unter Angabe der Modellunsicherheiten berechnet. Die Unsicherheiten setzen sich zusammen aus der räumlichen Interpolation des Niederschlages und der Modellparameter des Wasserhaushaltsmodells LARSIM sowie des hydrodynamischen Modells Hydro-AS_2D und werden als Unsicherheitsbänder der Überschwemmungsflächen dargestellt. Durch die kartographische Visualisierung der Überflutungen im Stundenrhythmus können letztendlich Evakuierungswege besser ermittelt und den Rettungskräften diese Informationen zur Verfügung gestellt werden.

1 Das Projekt FloodEvac

Das deutsch-indische Projekt FloodEvac wird vom Bundesministerium für Bildung und Forschung (BMBF, FKZ 13N13196 (TUM)) seit 2015 gefördert und hat zum Ziel, die Sicherheit von Personen und Anlagen im Fall von extremen Hochwasserereignissen zu verbessern. Hierfür werden risikobasierte Methoden, Technologien und Prozesse entwickelt, um speziell die gefährdeten Verkehrsinfrastrukturen, die im Katastrophenfall entscheidend sind für Versorgung und Evakuierung, besser bewerten zu können. FloodEvac hat folgende Partner mit ihren zugehörigen Aufgaben:

- Koordination und Administration sowie Bewertung kritischer Transportinfrastrukturen: Universität der Bundeswehr München, Prof. Norbert Gebbeken.
- Hochwassermodellierung und Überschwemmungsflächen: Technische Universität München, Prof. Markus Disse.
- Smartphone basierte Sensorfusion: Hochschule Mittweida, Prof. Thomas Haenselmann.
- Unterwasser Roboter: Jacobs University Bremen, Prof. Andreas Birk.
- Robuste Evakuierung und zivile Sicherheitsplanung: Technische Universität Kaiserslautern, Prof. Horst W. Hamacher.
- Katastrophenkulturen in Deutschland und Indien im Klimawandel: Freie Universität Berlin, Prof. Martin Voss.

Kompakt

- FloodEvac unterstützt die Rettungskräfte, optimale Evakuierungsrouten im Hochwasserfall anzuordnen.
- Die hydrologisch-hydraulische Berechnung von Überschwemmungsflächen berücksichtigt die Unsicherheiten der Hochwassermodellkette (Niederschlag, Abflussmodellierung, Überschwemmungsmodellierung).
- Die Überschwemmungskarten werden in stündlicher Auflösung online für den Hochwasserfall bereitgestellt.

S. Heimerl (Hrsg.), *Vorsorgender und nachsorgender Hochwasserschutz*,
https://doi.org/10.1007/978-3-658-21839-3_50

- Monitoring & Management von Inlands-Hochwasser unter Verwendung von „Crowd-Sourcing-Techniken“: Amrita Vishwa Vidyapeetham Universität (Indien), Prof. Maneesha V Ramesh.
- Das Drainage-System: Indisches Institut für Technologie Delhi, Prof. Ashwin K. Gosain.

Weitere Informationen zu FloodEvac finden sich unter: http://www.floodevac.org/

2 Das FloodEvac-Tool zur Kopplung der Hochwassermodellkette

Im Rahmen des Teilprojektes Hochwassermodellierung und Überschwemmungsflächen wurde das sogenannte FloodEvac-Tool entwickelt. Es ermöglicht die Kopplung von verschiedenen Modellen in einer einzigen Schnittstelle. Anwendungsmöglichkeiten des Interfaces umfassen den vereinfachten Datenaustausch zwischen den Modellen, die Quantifizierung von Unsicherheiten innerhalb der Modellkette und die Modellkalibrierung. Das Interface ist in Matlab geschrieben und in Unterroutinen strukturiert. Matlab wurde gewählt, um den Austausch bzw. die Anpassung der Unterroutinen zu erleichtern und um bei der Darstellung von Ergebnissen von den grafischen Fähigkeiten von Matlab zu profitieren. Drei Arten von Unterroutinen können hier unterschieden werden: Die erste ermöglicht die Kopplung und den Austausch von Daten zwischen den Modellen, die zweite ist verantwortlich für die Kalibrierung der Modelle sowie die Quantifizierung der Unsicherheiten und die dritte beinhaltet die Darstellung und Analyse der Ergebnisse (**Bild 1**).

2.1 Das hydrologische Modell LARSIM

LARSIM (Large Area Runoff Simulation Model) ist ein konzeptionelles Wasserhaushaltsmodell (WHM), mit welchem komplexe Prozesse im Wasserkreislauf mit einfachen mathematischen Gleichungen berechnet werden (**Bild 2**). Das Modell besteht aus einem Bodenmodul und einem Gebietsspeicher, welche die Aufteilung des Wasserdargebotes auf Direktabfluss, Zwischenabfluss und Basisabfluss regulieren. Das Modell ermöglicht die Verknüpfung von kontinuierlichen Langzeitsimulationen des Wasserhaushalts mit der ereignisbezogenen Hochwasservorhersage. Eingangsdaten des Modells sind meteorologische Mess- und Vorhersagedaten, räumlich verteilte Daten zu Landnutzung und Bodeneigenschaften sowie Abflussmessungen und Informationen zu wasserwirtschaftlichen Maßnahmen, wie dem Betrieb von Talsperren oder Rückhaltebecken [1]. Das Modell wurde dem Lehrstuhl für Hydrologie und Flussgebietsmanagement der TU München vom Bayerischen Landesamt für Umwelt zur Verwendung im FloodEvac-Projekt überlassen.

2.2 Hydro-AS_2D

Die hydrodynamische Modellierung wird mit dem kommerziellen Strömungsmodell Hydro-AS_2D durchgeführt. Das Programm basiert auf den tiefengemittelten Flachwassergleichungen und verwendet die Finite-Volumen-Methode zur Diskretisierung eines unstrukturierten Netzes, welches sich aus dreieckigen und rechteckigen Elementen zusammensetzt [6]. Das Modell wird in Bayern zur Erstellung von Hochwassergefahren- und Hochwasserrisikokarten eingesetzt. Im Projekt FloodEvac wird ein kalibriertes Modell des Wasserwirtschaftsamts Hof verwendet.

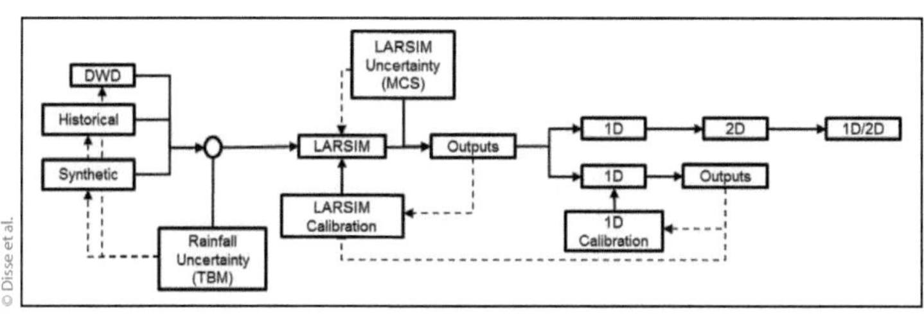

Bild 1: FloodEvac-Tool und Modellkette

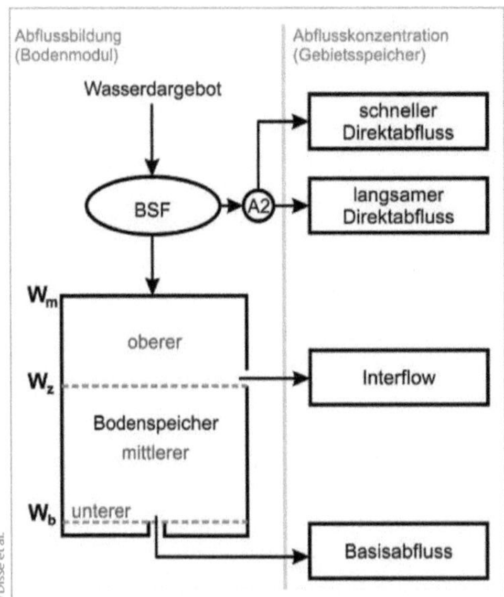

Bild 2: Schema des LARSIM-Wasserhaushaltsmodells

2.3 FloodEvac-Tool Unsicherheitsbetrachtung

Ein erheblicher Vorteil des FloodEvac-Tools ist die Möglichkeit der Abschätzung der Vorhersageunsicherheit. Da die Modellkette ein hydrologisches und ein hydrodynamisches Modell umfasst, ist es möglich, nicht nur die Unsicherheiten aus Niederschlagsdaten zu propagieren, sondern auch die Unsicherheiten von Modellparametern der verschiedenen Modelle zu betrachten. Tatsächlich können Unsicherheiten aus verschiedenen Quellen entstehen: aus Eingabedaten-, Modellkalibrierungs- und Modellunsicherheiten.

Die Interpolation von Regendaten ist eine Quelle von Unsicherheiten der Eingabedaten. FloodEvac verwendet die Turning-Bands-Methode (TBM, [5]) mit stündlich aggregierten Niederschlagsdaten. Um die Unsicherheit der Interpolation zu quantifizieren, wird eine große Anzahl von TBM-Berechnungen durchgeführt. Damit werden verschiedene Raster von Niederschlagswerten hergestellt, die insgesamt den gleichen Gebietsniederschlag haben. Dieses Vorgehen wird es ermöglichen, den Einfluss der Unsicherheiten der Niederschlagsinterpolation auf die Ergebnisse der hydrologischen und hydraulischen Modelle zu quantifizieren. Eine weitere Quelle von Unsicherheit ergibt sich aus den Kalibrierungsparametern von LARSIM. Die Unsicherheit wird mit Hilfe von Monte-Carlo-Simulationen (MCS) bestimmt, indem die Parameter innerhalb der für die Kalibrierung angesetzten Grenzwerte variiert werden [4]. Die festgelegten Grenzwerte basieren auf [2] und wurden an die im aktuellen LARSIM-WHM Oberer Main verwendeten Werte angeglichen. In diesem Beitrag werden nur die Unsicherheiten der Modellparameter des hydrologischen Modells untersucht.

3 Parameterunsicherheit des LARSIM-Modells Oberer Main

Die Ungenauigkeit der Hochwasservorhersage für die Stadt Kulmbach, die sich aus der Unsicherheit der Ausgabe von LARSIM ergibt, wird in der Betrachtung einer längeren Zeitreihe deutlich. **Bild 3** zeigt die simulierten und gemessenen Abflüsse von 2006 bis 2008 des Weißen Mains (Pegel Ködnitz) und der Schorgast (Pegel Kauerndorf), welche oberhalb von Kulmbach zusammenfließen. Das Hochwasser Ende Mai 2006 wird an keinem der Pegel vom Modell abgebildet und auch kleinere Abflussspitzen im Simulationszeitraum werden im Modell nur in wenigen Fällen erreicht. Insgesamt lässt sich beobachten, dass das Modell Abflussspitzen an beiden Pegeln unterschätzt. Zunächst wurde die Parameterunsicherheit des Modells mit MCS bestimmt und anschließend Unsicherheitsbänder für das Ereignis Mai 2006 ermittelt (**Bild 4**).

Am Pegel Kauerndorf liegt der gemessene Spitzenabfluss dieses Hochwasserereignisses deutlich außerhalb des Unsicherheitsbandes. Die Ergebnisse der MCS zeigen somit, dass die zu niedrig berechneten Abflussspitzen nicht ausschließlich durch die Parameterunsicherheit des Modells begründet sein können, sondern dass entweder konzeptionelle Modellfehler oder Fehler der Eingabedaten ursächlich sein müssen. Um die Abflussspitzen anzuheben, wurde der Korrekturfaktor für den Nieder-

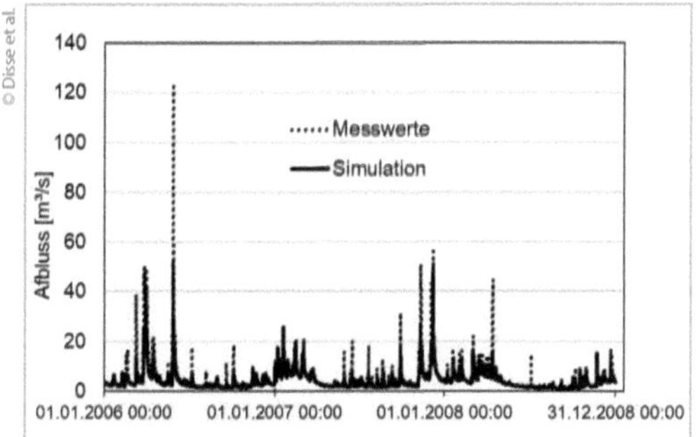

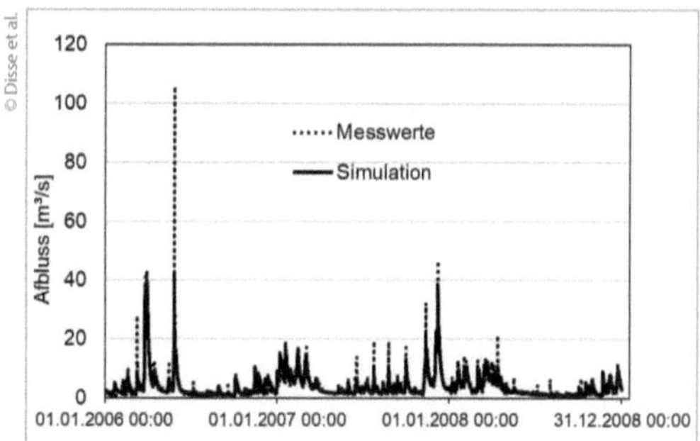

Bild 3: Gemessener und simulierter Abfluss an den Pegeln Ködnitz (links) und Kauerndorf (rechts)

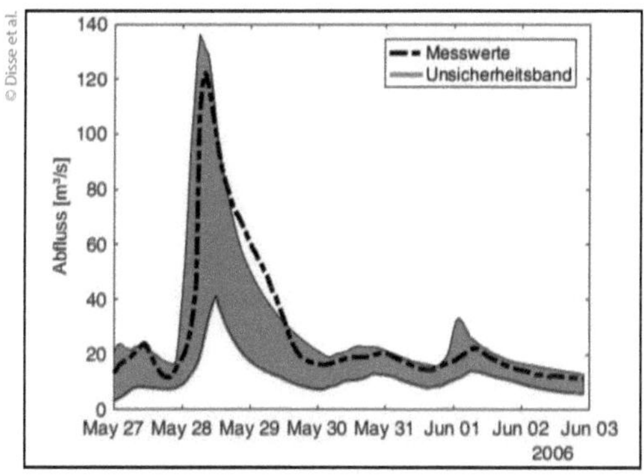

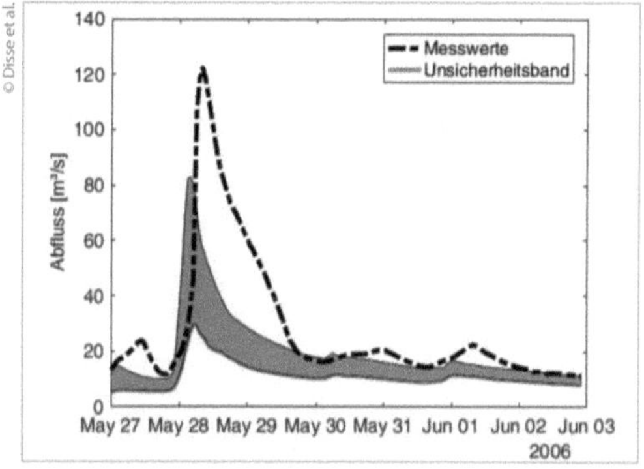

Bild 4: Unsicherheitsbänder für das Hochwasserereignis Mai 2006 für die Pegel Ködnitz (links) und Kauerndorf (rechts)

schlag KG für beide Teileinzugsgebiete angepasst und die MCS wiederholt. Für Ködnitz wurde der Niederschlag um einen Faktor von 1,15 und für Kauerndorf um 1,31 erhöht. Modellläufe mit einer durchschnittlichen absoluten Abweichung über dem Mittelwert der absoluten Abweichungen aller Modellläufe wurden verworfen. Aus den verbleibenden circa 50 % der simulierten Zeitreihen wurden die 10-%-, 50-%- und 90-%-Quantile extrahiert (**Bild 5**). Die Auswirkungen der auf diese Weise abgeschätzten Parameterunsicherheit des WHM Oberer Main auf die im hydrodynamischen Modell bestimmte Ausdehnung von Überschwemmungsflächen in Kulmbach wird im nächsten Abschnitt erörtert.

4 Unsicherheit der dynamischen Überschwemmungskarten

Die Kreisstadt Kulmbach hat circa 26 000 Einwohner und eine Bevölkerungsdichte von 280 Einwohnern pro km². Das Hochwasser im Mai 2006 übertraf sowohl am Weißen Main bei Ködnitz mit 123 m³/s als auch an der oberhalb von Kulmbach zufließenden Schorgast bei Kauerdorf mit 106 m³/s deutlich das HQ_{100} (**Tabelle 1**). Kulmbach wird aktuell durch eine in den 1930er-Jahren errichtete Flutmulde vor Hochwasser geschützt, welche den innerstädtischen Mühlkanal von Abflüssen über 5 m³/s abschirmt. Ausgelöst durch untersuchte und weitere Hochwasserereignisse ist derzeit die Erneuerung der teilweise veralteten Schutzinfrastruktur der Stadt in Planung. Durch die Optimierung des Abflussprofils der Flutmulde und die Erhöhung der Deiche soll in Zukunft der

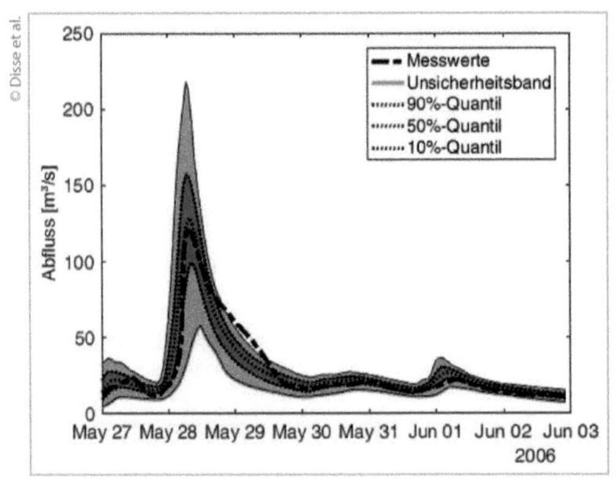

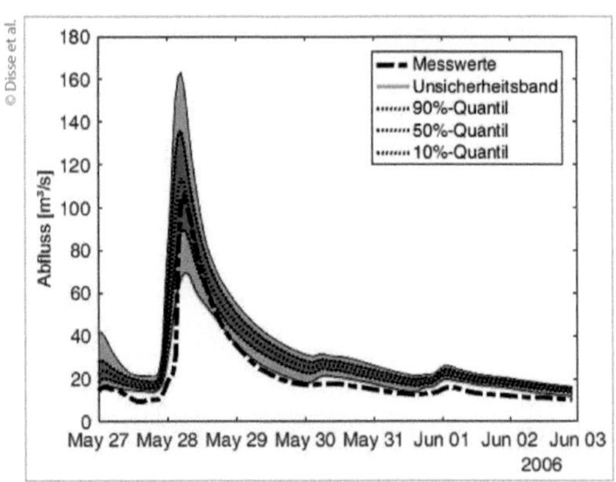

Bild 5: Unsicherheitsbänder für das Hochwasserereignis Mai 2006 nach der Anpassung des Niederschlagskorrekturfaktors für die Pegel Ködnitz (links) und Kauerndorf (rechts)

Tab. 1: Abflussstatistik und simulierte Spitzenabflüsse der Pegel Ködnitz und Kauerndorf (Quelle: Disse et al.)

	MCS-10-%-Quantile [m³/s]	MCS-Mittelwert [m³/s]	MCS-90-%-Quantile [m³/s]	HQ_{100} [m³/s]	MQ [m³/s]
Weißer Main bei Ködnitz	99,5	128,8	157,5	123	4,09
Schorgast bei Kauerndorf	89,9	113,7	135,8	106	3,66

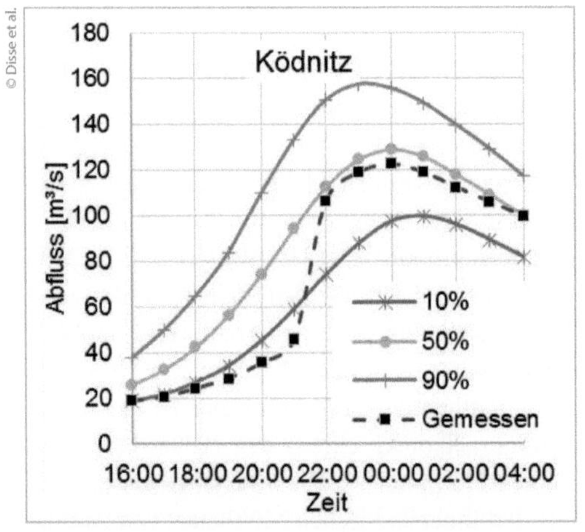

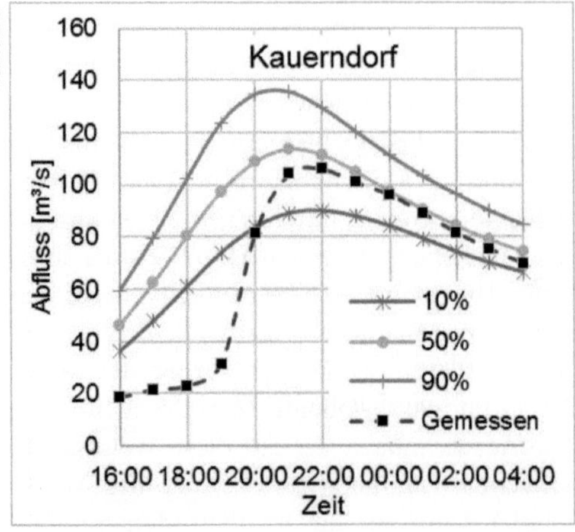

Bild 6: Randbedingungen für die hydraulische Simulation: Mit LARSIM ermittelte Abflüsse an den Pegeln Ködnitz (links) und Kauerndorf (rechts) 28.05.-29.05.2006

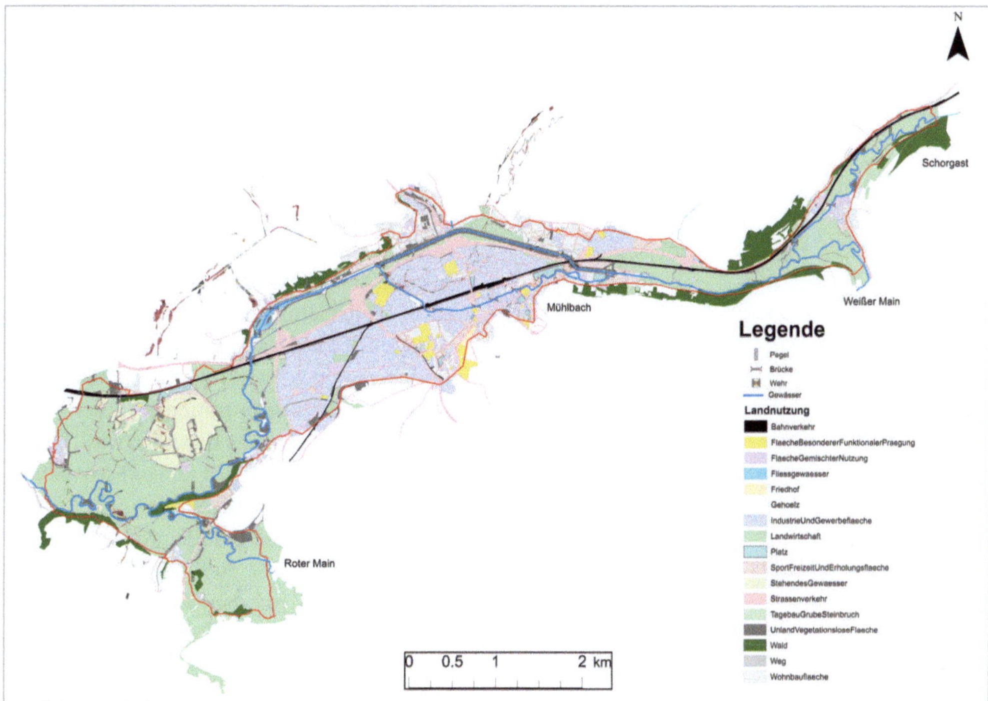

Bild 7: Landnutzungskarte der Stadt Kulmbach

Schutz der Innenstadt bei einem HQ_{100} gewährleistet werden [7].

Die hydrodynamische 2-D-Simulation für das Ereignis vom 28. Mai 2006 wurde für 12 Stunden mit 16 Stunden Warmlaufphase gerechnet. Als Randbedingungen wurden die Abflusszeitreihen der 10-%-, 50-%- und 90-%-Quantilen der MCS Simulationen des hydrologischen Modells gesetzt (**Bild 6**).

Die Diskretisierung wurde sehr fein eingestellt mit einer Gesamtzahl von etwa 300 000 Knoten und 600 000 Elementen. Voreingestellte Parameter wurden angepasst, um eine stabile Simulation zu erzielen. Der minimale Wasserstand, ab der ein Knoten als nass gilt wurde zu 0,01 m definiert. Der wichtigste Modellparameter, der Rauheitsbeiwert, ist im Modell als Stricklerwert (k_{St} [$m^{1/3}/s$]) parametrisiert. Die Werte für kst sind räumlich verteilt und basieren auf einer detaillierten Landnutzungskarte mit 17 Landnutzungsklassen (**Bild 7**).

Die resultierenden Überschwemmungskarten für vier Zeitschritte sind in **Bild 8** dargestellt. Es lässt sich beobachten, dass die Überschwemmungsflächen der 10-%- und 50-%-Quantile, welche im bzw. unter dem Bereich des HQ_{100} liegen, sich nicht stark unterscheiden und dass demnach Wasser bei einem HQ_{100} größtenteils über die Flutmulde abgeleitet werden kann. Die Überschwemmungsfläche der 90-%-Quantile hingegen erstreckt sich in die Altstadt, das Industriegebiet und über die wichtige Verkehrsachse B289. Dies verdeutlicht, dass die Parameterunsicherheit des hydrologischen Modells für Kulmbach ein kritischer Faktor für die Vorhersage von Überschwemmungsflächen ist. Daher sollte die amtliche Hochwasservorhersage nicht nur die Unsicherheit des Abflusses angeben, sondern zusätzlich die resultierenden Veränderungen in den überfluteten Gebieten darstellen. Dadurch können je nach Sensitivität der betroffenen Stadtteile frühzeitig Evakuierungsmaßnahmen priorisiert und geplant werden.

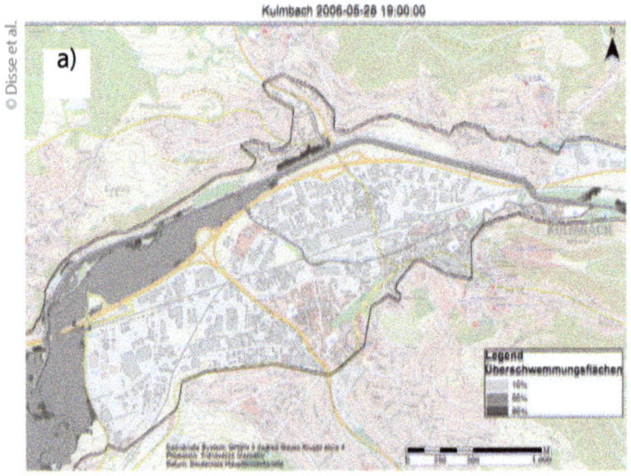

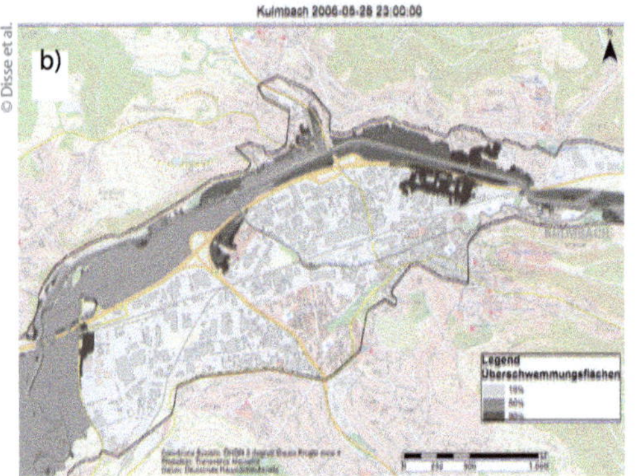

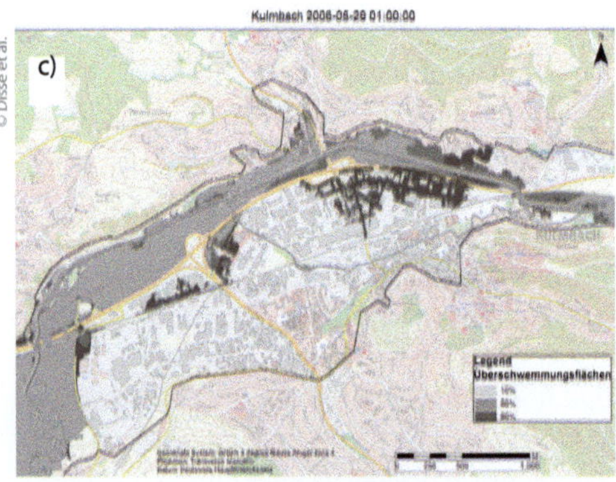

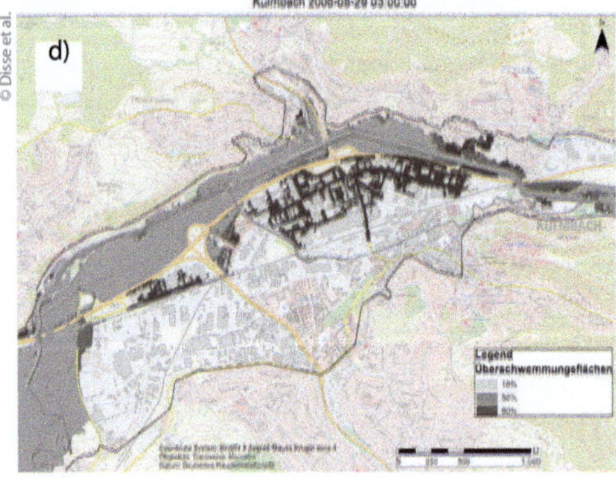

5 Schlussfolgerung und Ausblick

Jede Hochwasservorhersage ist mit Unsicherheiten verbunden. Grundsätzlich nehmen diese zu, wenn aufgrund der (geringen) Größe des Einzugsgebietes vorhergesagte Niederschläge einbezogen werden müssen. In dem Projekt FloodEvac wird die Gesamtunsicherheit aus Niederschlagsvorhersage sowie hydrologischer und hydrodynamischer Modellierung berücksichtigt.

In diesem Artikel wird der Einfluss der Parameterunsicherheit des Wasserhaushaltmodells LARSIM untersucht, dass operationell in der Hochwasservorhersage Bayerns eingesetzt wird. Für die Stadt Kulmbach ergeben sich für das Ereignis vom Mai 2006 erhebliche Differenzen in den Überschwemmungsflächen, basierend auf den Unsicherheitsquantilen 10 %, 50 % und 90 %. Diese Informationen sind für den Katastrophenschutz sehr wichtig, da für unterschiedliche Vulnerabilitäten hinsichtlich Hochwasserschäden zeitlich und örtlich differenzierte Schutz- und Evakuierungsmaßnahmen getroffen werden können.

Ziel des Projektes FloodEvac ist es, mit Hilfe von High Performing Computing (HPC) dynamische Überschwemmungskarten in stündlicher Auflösung bereit zu stellen. Dadurch können zum Beispiel Evakuierungswege rechtzeitig geplant und die entsprechenden Maßnahmen umgesetzt werden. Für größere Fließstrecken sind allerdings auch HPC-Rechner momentan nicht in der Lage, in entsprechender Zeit die Überschwemmungsflächen inklusive der Unsicherheitsbänder zu generieren. Daher wird in FloodEvac der Lösungsweg beschritten, für viele Hochwasserszenarien die 2-D-hydrodynamischen Berechnungen vorab durchzuführen und stündlich abzuspeichern. Im Hochwassserfall werden dann diejenigen Karten dargestellt und gegebenenfalls interpoliert, die den zuvor berechneten (Szenario-) Ganglinien am meisten entsprechen. Dadurch können auch mit

Bild 8: Überschwemmungsflächen für Kulmbach:
a) 28.05.2006 um 19:00 Uhr,
b) 28.05.2006 um 23:00 Uhr,
c) 29.05.2006 um 01:00 Uhr und
d) 29.06.2006 um 03:00 Uhr

Standard-PC stündliche Hochwasservorhersagekarten bereitgestellt werden.

Autoren

Prof. Dr.-Ing. Markus Disse
Iris Konnerth, M. Sc.
Punit Kumar Bhola, M. Sc.
Dr. Jorge Leandro
Lehrstuhl für Hydrologie und Flussgebietsmanagement
Technische Universität München
Arcisstraße 21
80333 München
markus.disse@tum.de
iris.konnerth@mytum.de
punit.bhola@tum.de
jorge.leandro@tum.de

Literatur

[1] Gerlinger, K.; Bremicker, M.; Haag, I.: Echtzeit-Vorhersagen des Abflusses mit dem Wasserhaushaltsmodell LARSIM am Beispiel des Neckargebiets; Klima, Wasser, Flussgebietsmanagement im Lichte der Flut. In: Forum für Hydrologie und Wasserbewirtschaftung (2003), Heft 4, S. 163-166.

[2] Haag, I.; Johst, M.; Sieber, A.; Bremicker, M.: Guideline for the Calibration of LARSIM Water Balance Models for operational Application in Flood Forecasting. LARSIM-Entwicklergemeinschaft – Hochwasserzentralen LUBW, BLfU, LfU RP, HLNUG, BAFU (2016).

[3] HOPLA Main: Hochwasserrisikomanagement-Plan: Einzugsgebiet bayrischer Main, Regierung von Unterfranken, 2016 (www.hopla-main.de; Aufruf: 01.09.2017).

[4] Leandro, J.; Leitão, J. P.; de Lima, J. L. M. P.: Quantifying the uncertainty in the SCS flood hydrographs: a case study in the Azores islands. In: Journal of Flood Risk Management 6 (2013), Heft 3, S. 279-288.

[5] Mantoglou, A.; Wilson, J.: The Turning Bands Method for simulation of random fields using line generation by a spectral method. In: Water Resources Research 18 (1982), Heft 5, S. 1 379-1 394.

[6] Nujić, M.: Benutzerhandbuch, Hydro_AS-2D, 2D-Strömungsmodell für die wasserwirtschaftliche Praxis. Aachen: Hydrotec Ingenieurgesellschaft für Wasser und Umwelt mbH, 2014.

[7] Wasserwirtschaftsamt Hof: Hochwasserschutz Kulmbach (www.wwa-ho.bayern.de/hochwasser/hochwasserschutzprojekte/kulmbach/index.htm; Aufruf: 01.09.2017).

Markus Disse, Iris Konnerth, Punit Kumar Bhola and Jorge Leandro

Uncertainty assessment for the calculation of dynamic flood maps – case study Kulmbach

The project FloodEvac, funded by the German Federal Ministry of Education and Research (BMBF), aims at providing spatial and temporal information on the flood risk in the event of a flood. In the subproject presented here, flood maps of water depths and flow velocities are calculated including model uncertainties. The effects of different uncertain inputs on the flooding areas are presented. These uncertainties include the spatial interpolation of the precipitation as well as the model parameters of the hydrological model LARSIM and of the hydrodynamic model Hydro-AS_2D. The floods areas are visualized in an hourly time step in order to determine evacuation paths more effectively. This information will support the rescue forces for optimizing their alert and evacuation plans.

Michael Eiden und Robert Jüpner

Treibgutrückhalt in unteren Mittelgebirgsregionen – Möglichkeiten und Grenzen

Treibgut ist eine Ursache für Hochwasserschäden, die insbesondere bei Starkregenereignissen auftreten. In einer Machbarkeitsstudie für das Landesamt für Umwelt (LfU) Rheinland-Pfalz wurden technische und nichttechnische Maßnahmen zum Treibgutrückhalt im Mittelgebirgsbereich untersucht. Die Analyse ergab, dass V-Rechen als besonders geeignet anzusehen sind. Bauliche Anlagen dieser Art sind in Rheinland-Pfalz derzeit in der Umsetzung und sollen in einem wissenschaftlich fundierten Langzeitmonitoring begleitet werden.

1 Einführung

Bei lokalen Starkregenereignissen und Flusshochwasser entstehen die Schäden häufig nicht nur durch die großen Wassermengen. Oftmals führen der verstärkte Eintrag von abdriftbarem Material in Fließgewässern und der intensivierte Transport von Fest- und Schwimmstoffen zu Problemen, z. B. durch Verklausungen an hydraulischen Engstellen [1]. Es resultieren Schäden durch Ausuferungen oberhalb dieser Verlegungen, aber auch der Unterwasserbereich kann infolge des Bruches einer Verklausung gefährdet werden. Ufererosion, Bauwerksunterspülung, Hangrutschungen sowie die Ausbildung völlig neuer Gewässerläufe sind die möglichen Folgen. Als Quellen abdriftbaren Materials dienen vor allem Wildholz, Totholz im Gewässer, aber auch Schlagabfälle oder im Abflussbereich gelagerte Materialien, wie Feuer- und Bauholz, Heuballen etc. Im Rahmen der Überflutungsvorsorge für Starkregen- und lokale Hochwasserereignisse stellt daher neben der Vermeidung bzw. Verminderung von Sediment- und Geschiebeverlagerungen auch das Abfangen von Treibgut vor Ortschaften und die damit erreichbare Verminderung der Verklausungsgefahr sowie den einhergehenden Schäden einen wichtigen Teilaspekt der Hochwasser-Schadensminderung dar.

Schutzmaßnahmen zum Treibgutrückhalt werden in der wasserbaulichen Praxis vor allem bei Gewässern mit hoher Strömungsenergie eingesetzt. Für Wildbäche existiert daher ein entsprechendes technisches Regelwerk für die Wildbachverbauung, bei dem sowohl der Geschiebe- als auch der Treibgutrückhalt durch verschiedene Bauwerke beschrieben wird, u. a. in der DIN 19 663 „Wildbachverbauung: Begriffe, Planung und Bau". In den unteren Mittelgebirgslagen und im Flachland werden technische Maßnahmen nur in wenigen Ausnahmefällen ergriffen, um Geschiebe oder Treibgut zurück zu halten. Dementsprechend existieren weder DIN-Normen noch technische Regelungen aus dem nachgeord-

Kompakt

- Treibgut kann bei Starkregenereignissen im Mittelgebirge zu erheblichen Schäden führen.
- Es sind keine Regelwerke für den Mittelgebirgs- und Flachlandbereich vorhanden.
- Langzeitmonitoring mit wissenschaftlicher Begleitung soll Bemessungsgrundlagen schaffen.

S. Heimerl (Hrsg.), *Vorsorgender und nachsorgender Hochwasserschutz*,
https://doi.org/10.1007/978-3-658-21839-3_51

neten Regelwerk, die konkrete Vorgaben enthalten.

Aufgrund mehrerer Starkregenereignisse in Rheinland-Pfalz mit katastrophalen Überflutungen sowie dem Transport großer Mengen an Treibgut und Geschiebe, wurde im Rahmen einer Machbarkeitsstudie für das LfU des Landes Rheinland-Pfalz 2016 untersucht, welche grundsätzlichen Strategien zur Treibgutrückhaltung im unteren Mittelgebirgsbereich geeignet sind. Die möglichen technischen Schutzmaßnahmen zum Treibgutrückhalt wurden ebenso betrachtet wie Maßnahmen des Treibgutmanagements im Einzugsgebiet. Zusätzlich wurde untersucht, welche Erfahrungen mit bestehenden Anlagen praktisch genutzt werden können und wie man aus der vertieften Analyse von Pilotanlagen eine Bemessung solcher Anlagen ableiten kann.

2 Verklausungs- und Schadensprozesse

Um Schutzmaßnahmen zum Treibgutrückhalt in ihrer Wirkungsweise zu verstehen und Bemessungsansätze abzuleiten, müssen zunächst der mögliche Treibgutanfall sowie resultierende Verklausungs- und Schadensprozesse genauer betrachtet werden. Die bisherigen Untersuchungen haben ergeben, dass Schwemmholz, bzw. Treibholz, den größten Anteil am Treibgut besitzt, weswegen im Folgenden vorrangig auf Schwemmholz eingegangen wird. Schwemmholz wird entweder rutschend, rollend oder schwimmend in einem Fließgewässer transportiert (**Bild 1**).

Ist in einem Gewässer ein genügend großer Querschnitt vorhanden und sind die mittransportierten Hölzer mehr oder weniger in Fließrichtung ausgerichtet, so kann Schwemmholz in der Regel schadlos mit dem Abfluss weitergeleitet werden. Bei sinkendem Abfluss und damit abnehmender Wassertiefe wird das Schwemmholz an flachen Ufern, Vorländern oder Aufweitungen liegen bleiben. Die Gefahr einer Verklausung ist durch den Transport sperriger Elemente bei großen Abflüssen am höchsten, also im Bereich der Spitze und beim Beginn des Abklingens eines Hochwassers [2].

Nach Verengung oder Verschließung des Abflussquerschnitts infolge einer Verklausung kann

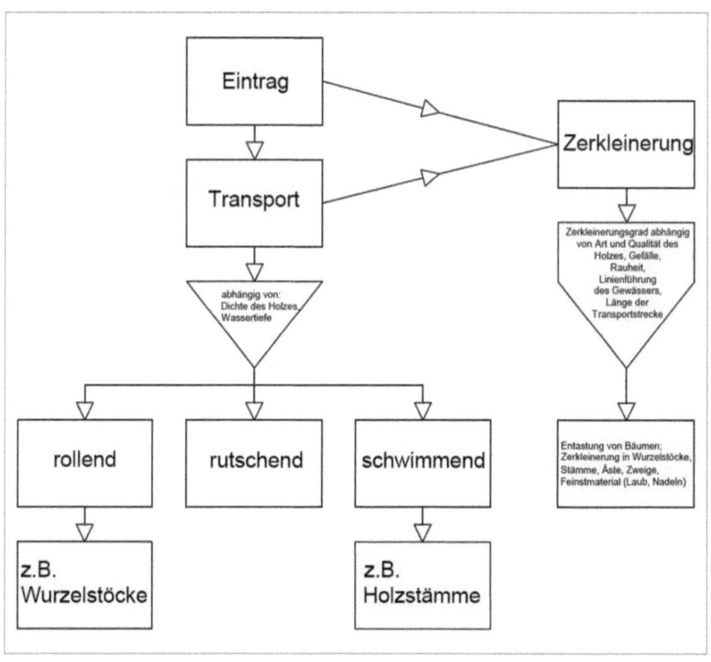

© nach [9]

Bild 1: Ablaufschema Eintrag, Transport, Zerkleinerung von Schwemmholz

es zu Rückstau und Geschiebeablagerungen kommen. Dabei können ausgedehnte Überflutungen entstehen und Siedlungsflächen, land- und forstwirtschaftliche Flächen, Verkehrswege und andere Infrastruktureinrichtungen betroffen sein [3]. Um Folgeschäden zu vermeiden, muss das abgelagerte Schwemmholz nach dem Hochwasserereignis umgehend aus dem Gewässerquerschnitt geräumt werden [4].

3 Maßnahmen zum Treibgutrückhalt

Maßnahmen zum Treibgutrückhalt in Fließgewässern dienen der Verringerung des Verklausungsrisikos und somit indirekt dem Schutz vor Überflutung. Die unterschiedlichen Maßnahmen können sinnvoll in technische und nichttechnische Maßnahmen unterteilt werden.

Zu den technischen Maßnahmen zählen vor allem Rückhaltesysteme, wie zum Beispiel Ringnetzsperren oder V-Rechen (**Bild 2**), die den Weitertransport von angeströmtem Holz in den Unterlauf des Fließgewässers unterbinden sollen. Ringnetzsperren bestehen aus Netzen, welche an Seilen befestigt sind und über das gesamte Gerinne gespannt werden. Der für die Anlagen verwendete hochfeste Stahldraht wird durch Anker an den Flanken befestigt [5]. V-Rechen wurden u. a. von der Arbeitsgruppe Prof. Knauss an der Versuchsanstalt Obernach der TU München im Rahmen von Modellversuchen für den Lainbach in Oberbayern getestet und für die praktische Anwendung optimiert [6]. Weiterhin zählen auch bauliche Maßnahmen zur schadlosen Weiterleitung, die an Engstellen im Gewässer umgesetzt werden, zu den technischen Maßnahmen [7].

Nichttechnische Maßnahmen zur Verringerung des Verklausungsrisikos zielen auf die Vermeidung des Schwemmholzeintrags in ein Gewässer durch angepasste Unterhaltung der Ufervegetation und der Freihaltung der Fließquerschnitte durch die Räumung von Treibgut. Der Unterhalt sollte sich jedoch nur auf Gewässerabschnitte beschränken, in denen ein großes Verklausungsrisiko durch Engstellen besteht, um den Eingriff in das Ökosystem Gewässer so gering wie möglich zu halten. Eine abschnittsweise Betrachtung für die Feststellung der hydraulischen Engpässe sowie den jeweiligen ökologischen Zielen und Vorhaben ist daher sinnvoll [7].

4 Auswertungen von Praxisbeispielen

Im Rahmen einer Machbarkeitsstudie für das LfU wurden 2016 mehrere technische Maßnahmen zum Treibgutrückhalt hinsichtlich ihrer Dimensionierung und der dabei verwendeten Bemes-

Bild 2: V-Rechen als Treibgutfang im Bereich des Hochwasserrückhaltebeckens Wippra in Sachsen-Anhalt

sungsansätze sowie ihrer Wirksamkeit untersucht. Dabei wurden in der Fachliteratur verfügbare Informationen zu Ringnetzsperren sowie V-Rechen ausgewertet und um persönliche Interviews mit Betreibern einzelner Anlagen ergänzt [8].

Die Analyse der ausgewählten Beispiele technischer Maßnahmen zum Treibgutrückhalt ergab, dass fehlende Regelwerke zur Bemessung zu einer grundsätzlichen Überdimensionierung der Bauwerke bezüglich der Verankerung der Rechenstäbe und den Befestigungen an Ufern und in der Gewässersohle geführt haben. Das liegt vor allem darin begründet, dass in den untersuchten Fällen sehr ungünstige Belastungsannahmen gewählt wurden, um ein Versagen im Betriebsfall möglichst auszuschließen. Im Hochwasserfall traten diese hohen Belastungen dann jedoch – zumindest bisher – nicht auf.

Beispielhaft kann hier ein V-Rechen an der Wipper in Sachsen-Anhalt genannt werden (**Bild 2**), der als temporärer Schutz während der Bauphase eines Hochwasserrückhaltebeckens realisiert wurde. In eine Baugrube wurden 6 Meter lange Stahlrohre (300 x 6,3 mm) eingebracht und mit Beton verfüllt. Die Baugrube wurde dann mit Beton als Fundament verfüllt und die Gewässersohle im Bereich der Rechen hydraulisch gebunden, um Auskolkungen zu verhindern. Laut Aussage des Bauherrn (Talsperrenbetrieb des Landes Sachsen-Anhalt) erfolgte die Bemessung gemäß Erfahrungswerten.

Die Ableitung konkreter Bemessungsansätze ist vor allem deshalb schwierig, weil das zurückgehaltene Treibgut in Zusammensetzung, Menge und stofflichen Eigenschaften stark variieren kann. Grundsätzlich besteht zudem die Möglichkeit, dass beim Versagen eines Treibgutrückhaltes und der daraus resultierenden Bewegung einer großen Menge an Treibgut die Hochwassergefährdung sogar noch vergrößert werden kann. Daher werden für größere Bauvorhaben häufig physikalische Modellversuche durchgeführt, um eine geplante Anlage auf diese Art und Weise für den konkreten Einsatzort und die regionalspezifischen Randbedingungen zu optimieren. Zur Berechnung der Aufstauhöhe wurden an der Versuchsanstalt für Wasserbau, Hydrologie und Glaziologie (VAW) der ETH Zürich umfangreiche physikalische Modellversuche unternommen [7].

5 Möglichkeiten und Grenzen von Maßnahmen zum Treibgutrückhalt im Mittelgebirgsbereich

Die ausgewerteten Praxisbeispiele sowie die in der Literatur verfügbaren Erfahrungen führen zu einer allgemeinen Darstellung von Vor- und Nachteilen verschiedener technischer und nichttechnischer Maßnahmen (**Tabelle 1**).

Dabei ist festzustellen, dass eine eindeutige Präferierung einer einzelnen Lösungsvariante schwer zu begründen ist und immer die regionalspezifische Situation, wie z. B. Art und Menge des anfallenden Treibgutes, Transportbedingungen für das Treibgut, aber auch die Größe und Eigenschaften des Gewässereinzugsgebietes wesentliche Einflussfaktoren darstellen. Als besonders geeignet für den Einsatz im Mittelgebirgsbereich sind V-Rechen anzusehen, die in den meisten Gewässern aufgrund der Topographie deutlich besser umgesetzt werden können als andere bauliche Ausführungen.

Technische Maßnahmen zum Rückhalt des Treibgutes finden bevorzugt Anwendung in Fließgewässern mit stark bewaldetem Einzugsgebiet, in denen große Treibgutmengen anfallen. Da die Bauwerke im Gewässerquerschnitt errichtet werden und das Hochwasser diese durchströmen muss, wird kontinuierlich Treibgut ab einer bestimmten Größe zurückgehalten. Da es sich hierbei um einzelne Bauwerke im Fließgewässer handelt, kann die Lage so gewählt werden, dass eine gute Erreichbarkeit und effiziente Unterhaltung und Wartung realisiert werden kann. Allerdings kann durch wasserbauliche Schutzmaßnahmen an den Böschungen und der Sohle gegen Erosion und Auskolkung im Bereich des Bauwerks der natürliche Gewässerzustand negativ beeinflusst werden. Der Aufstau, der sich durch das zurückgehaltene Treibgut hinter dem Bauwerk bildet, kann auch hier über

Tab. 1: Anforderungen sowie Vor- und Nachteile ausgewählter technischer und nichttechnischer Schutzmaßnahmen (Quelle: Eiden und Jüpner)

	technische Maßnahmen			nichttechnische Maßnahmen
	V-Rechen	**Ringnetzsperren**	**bauliche Veränderungen zur schadlosen Weiterleitung**	**Unterhaltung/ Waldbewirtschaftung**
Anforderungen	breite und flache Gewässerstellen Befestigung in der Sohle (Fundamente, Bohrpfähle) ausreichender Stauraum für Wasser und Treibgut hohe Ufer	hohe Stabilität der Ufer für Ankerbefestigung ausreichender Stauraum für Wasser und Treibgut enge Täler	–	–
Vorteile	geringer Unterhaltungsaufwand punktuelle Maßnahme hohe Funktionssicherheit erreichbar	geringer Unterhaltungsaufwand punktuelle Maßnahme hohe Funktionssicherheit erreichbar	keine zusätzlichen Bauwerke unabhängig von der anfallenden Treibgutmenge	keine Bauwerke nötig nachträgliche Anpassung, möglich
Nachteile	Platzbedarf im Gewässerquerschnitt Verbau des Gewässerquerschnitts durch Rechenstäbe Befestigungen gegen Erosion und Auskolkung, Fundamente Beeinträchtigung des Landschaftsbildes Baukosten, Materialkosten Aufstau oberhalb Rückhaltebauwerk Erreichung der Kapazitätsgrenze möglich (Rückhaltevolumen) - vorherige Abschätzung der Schwemmholzmengen - nachträgliche Änderungen (Erhöhung der Säulen) schwierig	Verbau des Gewässerquerschnitts durch Netze und Zwischenpfeiler Beeinträchtigung des Landschaftsbildes Baukosten, Materialkosten Aufstau hinter Rückhaltebauwerk Erreichung der Kapazitätsgrenze möglich (Rückhaltevolumen) - vorherige Abschätzung der Schwemmholzmengen - nachträgliche Änderungen (Erhöhung der Netze) schwierig	Baukosten Veränderung des Erscheinungsbildes z. B. bei historischen Brücken	kontinuierliche Pflege der Vegetation Personalkosten Eingriff in die Natur Anpassung der Unterhaltungsmaßnahmen auf Wetterlage (z. B. nach Sturm)

die Ufer treten und Überschwemmungen verursachen.

Die Gewässerunterhaltung und Waldbewirtschaftung im Einzugsgebiet bzw. in Gewässernähe als sogenannte nichttechnische Maßnahmen dienen zur Reduzierung der potenziellen Treibgutmenge. Die durchzuführenden Arbeiten, wie z. B. die Entnahme von Holz aus dem Einzugsgebiet bzw. dessen Umlagerung können kurzfristig den prognostizierten Wetterereignissen angepasst werden. Ein Nachteil der nichttechnischen Maßnahmen im Rahmen der Gewässerunterhaltung ist die erforderliche kontinuierliche personalintensive Pflege der Vegetation.

6 Fazit und Ausblick

Aus der Darstellung und Analyse unterschiedlicher Schutzmaßnahmen gegen Treibgut in Fließgewässern ergibt sich eine sinnvolle Unterscheidung in technische und nichttechnische Maßnahmen:

Als technische Maßnahmen werden dabei punktuelle bauliche Lösungen an verklausungsgefährdeten Stellen bzw. Bauwerke im Fließgewässer, wie Ringnetzsperren und V-förmige Rechen, bezeichnet. Solche baulichen Lösungen eignen sich besonders an einfach zugänglichen Stellen in Einzugsgebieten mit großem Waldanteil und hohen Schadenspotenzialen flussabwärts. Bei Planung und Umsetzung kommt der Erarbeitung von realistischen Bemessungsgrundlagen eine wesentliche Rolle für die Funktionsweise und die erforderliche Standsicherheit zu. Es existieren bisher nur sehr wenig allgemein nutzbare Daten zur tatsächlichen Belastung dieser baulichen Anlagen im Hochwasserfall. Es erscheint daher zielführend, neue Anlagen als Pilotanlagen auszuführen und mit einem wissenschaftlich fundierten Langzeitmonitoring zu begleiten sowie die bisherigen Erfahrungen einzelner Betreiber in einer Erfahrungsdatenbank zu sammeln. Erste Vorhaben für die Installation von V-Rechen zum Treibgutrückhalt in ausgewählten Gewässerabschnitten befinden sich in Rheinland-Pfalz derzeit in der Umsetzung.

Nichttechnische Maßnahmen verfolgen das generelle Ziel, das Treibgutaufkommen im Fließgewässer zu reduzieren, was durch eine angepasste Gewässerunterhaltung und Bewirtschaftung gewässernaher Gebiete erreicht werden kann. Dabei müssen die gesetzlichen Vorgaben des Wasserhaushaltsgesetzes (WHG) und landesspezifischen Regelungen der Landeswassergesetze genauso wie ökologische Aspekte und Hochwasserschutzgesichtspunkte berücksichtigt werden. Weiterhin spielt die Information der Bevölkerung über die hochwasserangepasste Lagerung von im Hochwasserfall potenziell abschwemmbaren Materialien, wie Brennholz und Grünschnitt, eine wichtige Rolle.

Sowohl die technischen als auch die nichttechnischen Maßnahmen müssen vom Träger der Unterhaltungslast als Daueraufgaben angesehen und wahrgenommen werden, damit sie ihre Wirkung entfalten können. Dazu gehören vor allem die regelmäßige Gewässerunterhaltung sowie die Wartung und Räumung der technischen Schutzanlagen.

Autoren

Dipl.-Ing. Michael Eiden
Uniwasser GmbH
Schumannstraße 1
67655 Kaiserslautern
eiden@uniwasser.com

Prof. Dr. Robert Jüpner
Fachgebiet Wasserbau und Wasserwirtschaft
TU Kaiserslautern
Paul-Ehrlich-Straße 14
67663 Kaiserslautern
robert.juepner@bauing.uni-kl.de

Literatur

[1] Patt, H.; Jüpner, R.: Hochwasser-Handbuch. 2. A. Berlin: Springer Verlag, 2013.
[2] Bezzola, G. R.; Gantenbein, S.; Hollenstein, R.; Minor, H.-E. et al.: Verklausung von Brückenquerschnitten. In: VAW-Mitteilungen (2002), Nr. 175.
[3] Overney, O.; Bezzola, G. R.: Schwemmholz: Strategien und Perspektiven. In: VAW-Mitteilungen (2008), Nr. 207.
[4] Rudolf-Micklau, F.; Hübl, J.; Schattauer, G.; Rauch, H. P.; Kogelnig, A.; Habersack, H.; Schulev-Steindl, E.: Handbuch Wildholz – Praxisleitfaden. Internationale Forschungsgesellschaft INTERPRAEVENT. Klagenfurt, 2011.

[5] Rimbäck, A.: Schwemmholzrückhalt in Wildbächen – Grundlagen zu Planung und Berechnung von Seilnetzsperren. In: Berichte des Lehrstuhls und der Versuchsanstalt für Wasserbau und Wasserwirtschaft der TU München (2003), Band 94.
[6] Hartlieb, A.: Schwemmholz in Fließgewässern – Gefahren und Lösungsmöglichkeiten. In: Berichte des Lehrstuhls und der Versuchsanstalt für Wasserbau und Wasserwirtschaft der TU München (2015), Band 133.
[7] Lange, D.; Bezzola, G. R.: Schwemmholz. Probleme und Lösungsansätze. In: VAW-Mitteilungen (2006), Nr. 188.
[8] Jüpner, R.; Eiden, M.; Riedle, J.; Bier, T.: Schutzmaßnahmen gegen Treibgut in Fließgewässern zur Vermeidung von Verklausungen und Folgeschäden an ausgewählten Gewässern im Donnersbergkreis, Machbarkeitsstudie für das Landesamt für Umwelt Rheinland-Pfalz. Mainz, 2016 (unveröffentlicht).
[9] Zollinger, F.: Die Vorgänge in einem Geschiebeablagerungsplatz. Ihre Morphologie und die Möglichkeiten einer Steuerung. Dissertation an der ETH Zürich, 1983.

Michael Eiden and Robert Jüpner

Driftwood retention in lower uplands – possibilities and limits

Driftwood is a cause of flood damage, which occurs especially during heavy rain events. In a feasibility study for the State Office for the Environment Rhineland-Palatinate, technical and non-technical measures for the retention of driftwood in the uplands were investigated. The analysis showed that V-Rakes are particularly suitable. Structural systems of this kind are currently being implemented in Rhineland-Palatinate and are to be accompanied by a scientifically based long-term monitoring.

Autorenverzeichnis

A

Achleitner, Stefan 124
Aeikens, Hermann Onko 249

B

Bamler, Gert 287
Barjenbruch, Ulrich 335
Berger, Clemens 242
Berkling, Lutz-Georg 254
Bhola, Punit Kumar 350
Brauneck, Jens 326

C

Christ, Andreas 2

D

Dapp, Klaus 94
Demny, Gerd 44
Disse, Markus 202, 350

E

Eggelsmann, Frank 51
Eiden, Michael 72, 358

G

Gall, Corinna 29
Geörg, Marc 94
Gerber, Stephan 105
Goers, Sebastian 8
Golz, Sebastian 171
Gräfe, Heinz 105

H

Haas, Susanne 202
Hansmann, Armin 318
Hässler-Kiefhaber, Doris 37
Hausmann, Bernd 44
Heiland, Peter 218
Heydeck, Linda 309
Hill, Stefan 156
Holzer, Hans-Jörg 163
Homann, Christof 44
Hübl, Johannes 210
Hunger, Kristin 105

J

Jüpner, Robert 23, 29, 72, 79, 326, 358

K

Kaiser, Michael 57
Kalm, Thomas von 138
Kathmann, Matthias 16
Koch, Andreas 51
Konnerth, Iris 350
Kosierb, Ryszard 147, 196
Kufeld, Matthias 44
Kühberger, Michael 242

L

Lange, Andreas 51
Leandro, Jorge 350
Lepie, Falk 269
Lorig, Ralf 37

M

Markus Schulte 131, 185
Meon, Günter 51
Meuser, Andreas 156

S. Heimerl (Hrsg.), *Vorsorgender und nachsorgender Hochwasserschutz*,
https://doi.org/10.1007/978-3-658-21839-3

Müller, Ellen 225
Müller, Tim 51
Müller, Uwe 65, 225, 262, 342

N

Naumann, Thomas 171
Nitzsche, Olaf 225

P

Piroth, Klaus 303
Pohl, Reinhard 326

R

Rieger, Wolfgang 202
Rose, Torsten 44
Rutschmann, Peter 231, 309

S

Scharf, Ulrike 111
Schatzl, Robert 163
Schernikau, Ralf 101
Schinke, Reinhard 171
Schmidt, Walter 225
Schneider, Friedrich 8
Schöber, Johannes 124
Scholz, André 277
Schönlaub, Helmut 124
Schulte-Wülwer-Leidig, Anne 86
Schumann, Andreas 131, 185
Schüttrumpf, Holger 44
Sedlmeier, Liane 117
Sinaba, Benjamin 44
Skublics, Daniel 231
Sönnichsen, Detlef 138
Spannring, Michael 309
Springer, Johanna 202
Steinmüller, Horst 8
Stöffler, Robert 163

T

Teschemacher, Sonja 202

U

Unger, Lisa 51

W

Wackwitz, Steffen 178
Webler, Heinrich 297
Wiebe, Heinrich 138
Wilhelmi, Jens 335
Worreschk, Bernd 291

Z

Zauner, Andreas 8

MIX
Papier aus verantwortungsvollen Quellen
Paper from responsible sources
FSC® C105338

If you have any concerns about our products, you can contact us on
ProductSafety@springernature.com

In case Publisher is established outside the EU, the EU authorized representative is:
Springer Nature Customer Service Center GmbH
Europaplatz 3, 69115 Heidelberg, Germany

Printed by Libri Plureos GmbH
in Hamburg, Germany